2차 필답형 실기

2024 농산물품질관리사 2차
필답형 실기

머리말 PREFACE

농산물품질관리사란 농산물의 생산, 수확, 상품화, 유통, 홍보 등 농산물에 관련된 제반 업무를 담당하는 국가공인 농업분야 전문 자격자를 말한다. 정부도 농산물품질관리사를 고용하는 산지, 소비지, 유통시설의 사업자에게 필요한 자금의 일부를 정책적인 차원에서 지원할 수 있도록 법적 근거를 두고 있어, 농산물품질관리사는 향후 농산물 관련 전문 자격자로서의 그 역할과 전망이 매우 밝다고 할 수 있다. 실제로 농업직 공무원 · 지역농협 채용 시 가산점이 주어지는 등 혜택이 있어 자격에 대한 인식과 수요가 나날이 상승하고 있다.

SD에듀에서는 농산물품질관리사 첫 시험 때부터 1차와 2차 시험 모두를 준비할 수 있는 종합본을 출간해 많은 수험생들의 호평을 받아 왔다. 주요 인터넷 서점 판매량 1위라는 수치를 통해 본 도서가 수험생들이 가장 신뢰하고, 필요로 하는 교재로 자리매김하였다는 사실을 매우 기쁘게 생각한다. 하지만 1차 교재에 비해 2차 교재의 내용은 다소 빈약했던 아쉬움이 있었다. 따라서 SD에듀에서는 이론과 문제들을 알차게 추가하여 새롭게 2차 필답형 실기 교재를 출간하였다. 농산물품질관리사의 모든 노하우가 집약된 교재인 만큼 내용의 신뢰도와 정확성에 있어서는 누구보다 최고임을 자부한다.

도서의 특징

① 변경된 출제기준 및 개정 법령 등을 완벽 반영하고, 기출문제를 철저히 분석하여 꼭 필요한 이론과 적중예상문제를 수록하였다.

② 이론 사이사이에 예시문제 맛보기를 추가하여 실제 이론과 관계된 기출문제를 경험하고, 지루함 없이 효율적으로 학습할 수 있도록 하였다.

③ 시험을 앞두고 실전 테스트가 가능하도록 최종모의고사 2회분을 수록하였다.

④ 무엇보다도 가장 필요한 자료인 최근 기출문제를 수록하여 수험생들이 출제경향을 확실히 파악할 수 있도록 하였다.

⑤ 시험장에서 짧은 시간 동안 최종점검할 수 있도록 빨리보는 간단한 키워드를 수록하였다.

농산물품질관리사 시험을 준비하는 모든 수험생들에게 미약하나마 도움이 되고자 하는 마음에서 본 도서를 출간한 만큼 모두가 좋은 열매를 수확하여, 우리나라 농업 기반의 내실을 다지는 중요한 일꾼이 되었으면 한다. 이 책으로 공부하는 수험생 모두가 2차 시험까지 모두 합격하여 최종합격의 기쁨을 누릴 수 있기를 간절히 기원한다.

편저자 씀

시험안내 INFORMATION

주관 농림축산식품부(www.mafra.go.kr)

시행기관 한국산업인력공단(www.q-net.or.kr)

응시자격 제한 없음 (※ 예외 : 농산물품질관리사의 자격이 취소된 자로 그 취소된 날부터 2년이 경과하지 아니한 자)

수행직무

- 농산물의 등급판정
- 농산물의 출하시기 조절, 품질관리기술 등에 대한 자문
- 그 밖에 농산물의 품질 향상 및 유통효율화에 필요한 업무로서 농림축산식품부령으로 정하는 업무

시험일정

구 분	원서접수	시험일자	합격자 발표
제1차 시험	2.19 ~ 2.23	4.6	5.8
제2차 시험	6.3 ~ 6.7	7.13	9.4

※ 상기 시험일정은 시행처의 사정에 따라 변경될 수 있으니 한국산업인력공단(www.q-net.or.kr)에서 확인하시기 바랍니다.

시험방법

- 제1차 시험 : 객관식(4지 택일형), 총 100문항(과목당 25문항)
- 제2차 시험 : 주관식(단답형 · 서술형), 총 20문항(각 10문항)

시험과목

구 분	시험과목	출제영역
제1차 시험 (4과목)	① 관계 법령(법, 시행령, 시행규칙)	• 농수산물 품질관리법 • 농수산물 유통 및 가격안정에 관한 법률 • 농수산물의 원산지 표시 등에 관한 법률
	② 원예작물학	• 원예작물학 개요 • 과수, 채소, 화훼작물 재배법 등
	③ 수확 후 품질관리론	• 수확 후의 품질관리 개요 • 수확 후의 품질관리기술 등
	④ 농산물유통론	• 농산물 유통구조 • 농산물 시장구조 등
제2차 시험	① 농산물 품질관리 실무	• 농수산물 품질관리법 • 농수산물의 원산지 표시 등에 관한 법률 • 수확 후 품질관리기술
	② 농산물 등급판정 실무	• 농산물 표준규격 • 등급, 고르기, 결점과 등

검정현황

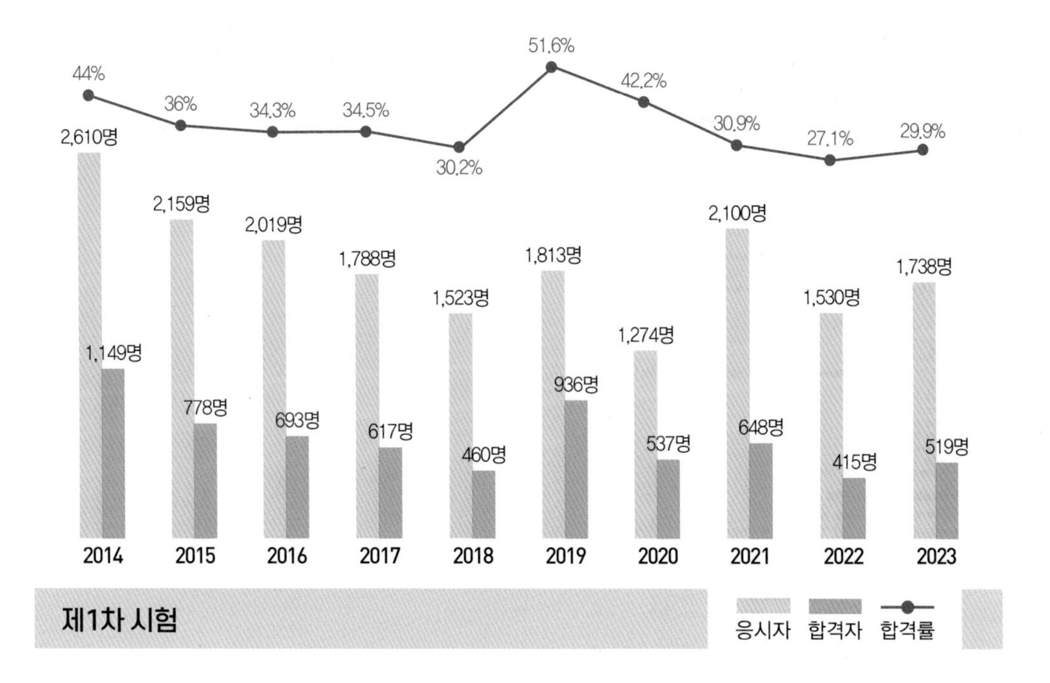
44%
36%
34.3%
34.5%
30.2%
51.6%
42.2%
30.9%
27.1%
29.9%
2,610명
1,149명
2,159명
778명
2,019명
693명
1,788명
617명
1,523명
460명
1,813명
936명
1,274명
537명
2,100명
648명
1,530명
415명
1,738명
519명
2014
2015
2016
2017
2018
2019
2020
2021
2022
2023
제1차 시험
응시자
합격자
합격률

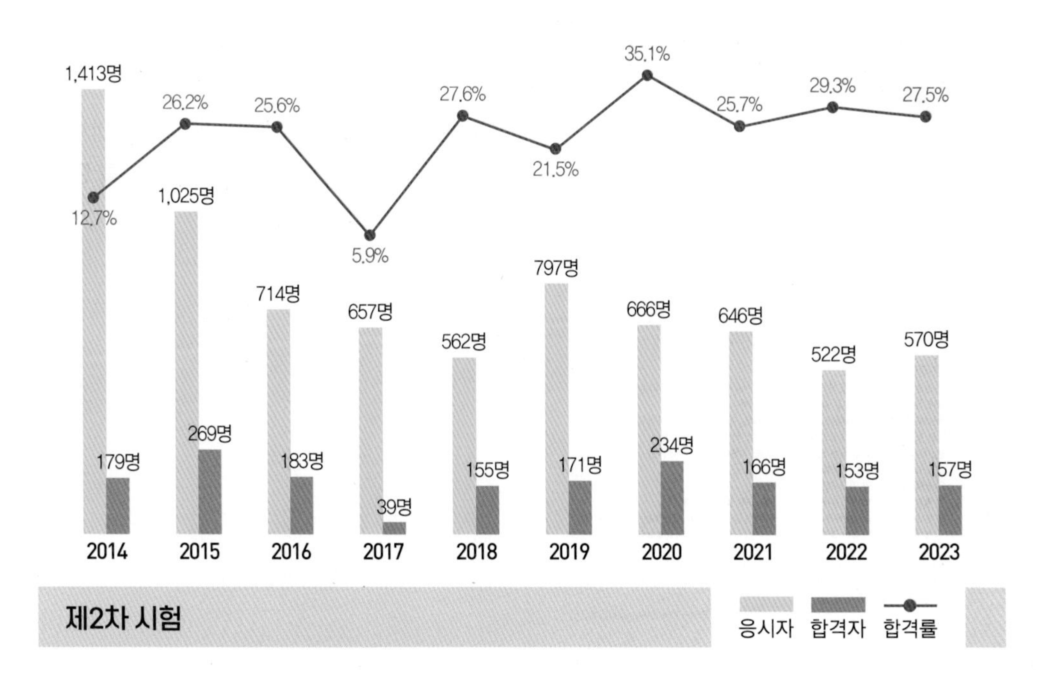
1,413명
12.7%
179명
26.2%
1,025명
269명
25.6%
714명
183명
5.9%
657명
39명
27.6%
562명
155명
21.5%
797명
171명
35.1%
666명
234명
25.7%
646명
166명
29.3%
522명
153명
27.5%
570명
157명
2014
2015
2016
2017
2018
2019
2020
2021
2022
2023
제2차 시험
응시자
합격자
합격률

이 책의 구성과 특징 STRUCTURES

제 1 과목 농수산물 품질관리법

용어의 정의 및 농수산물품질관리심의회

■ 용어의 정의(법 제2조)

- 농산물 : 농업활동으로 생산되는 산물로서 대통령령으로 정하는 것(농업 · 농촌 및 식품산업 기본법 제3조 제6호)
- 물류표준화 : 농수산물의 운송 · 보관 · 하역 · 포장 등 물류의 각 단계에서 사용되는 기기 · 용기 · 설비 · 정보 등을 규격화하여 호환성과 연계성을 원활히 하는 것
- 유전자변형농수산물 : 인공적으로 유전자를 분리하거나 재조합하여 의도한 특성을 갖도록 한 농수산물
- 유해물질 : 농약, 중금속, 항생물질, 잔류성 유기오염물질, 병원성 미생물, 곰팡이 독소, 방사성물질, 유독성 물질 등 식품에 잔류하거나 오염되어 사람의 건강에 해를 끼칠 수 있는 물질로서 총리령으로 정하는 것

※ 총리령으로 정하는 것(유전자변형농수산물의 표시 및 농수산물의 안전성조사 등에 관한 규칙 제2조)
- 농 약
- 중금속
- 항생물질
- 잔류성 유기오염물질
- 병원성 미생물
- 생물 독소
- 방사능
- 그 밖에 식품의약품안전처장이 고시하는 물질

■ 농수산물품질관리심의회의 직무(법 제4조)

- 표준규격 및 물류표준화에 관한 사항
- 농산물우수관리 · 수산물품질인증 및 이력추적관리에 관한 사항
- 지리적표시에 관한 사항
- 유전자변형농수산물의 표시에 관한 사항
- 농수산물(축산물은 제외)의 안전성조사 및 그 결과에 대한 조치에 관한 사항
- 농수산물(축산물은 제외) 및 수산가공품의 검사에 관한 사항
- 농수산물의 안전 및 품질관리에 관한 정보의 제공에 관하여 총리령, 농림축산식품부령 또는 해양수산부령으로 정하는 사항

빨리보는 간단한 키워드

빨간키!

시험에 출제되었거나 출제될 만한 중요한 이론들을 정리하였습니다. 핵심을 짚어 보세요.

제 1 장 총 칙

1. 목적(법 제1조)

이 법은 농수산물의 적절한 품질관리를 통하여 농수산물의 안전성을 확보하고 상품성을 향상하며 공정하고 투명한 거래를 유도함으로써 농어업인의 소득 증대와 소비자 보호에 이바지하는 것을 목적으로 한다.

2. 용어의 정의(법 제2조)

(1) 농산물

농업활동으로 생산되는 산물로서 대통령령으로 정하는 것을 말한다(농업 · 농촌 및 식품산업 기본법 제3조 제6호).

(2) 생산자단체

농업 · 농촌 및 식품산업 기본법 제3조 제4호, 수산업 · 어촌 발전 기본법 제3조 제5호의 생산자단체와 그 밖에 농림축산식품부령 또는 해양수산부령으로 정하는 단체를 말한다.

① 생산자단체(농업 · 농촌 및 식품산업 기본법 제3조 제4호) : 농업 생산력의 증진과 농업인의 권익보호를 위한 농업인의 자주적인 조직으로서 대통령령으로 정하는 단체

② 생산자단체의 범위(농업 · 농촌 및 식품산업 기본법 시행령 제4조)

㉠ 농업협동조합법에 따른 조합 및 그 중앙회

㉡ 산림조합법에 따른 산림조합 및 그 중앙회

㉢ 엽연초생산협동조합법에 따른 엽연초생산협동조합 및 그 중앙회

㉣ 농산물을 공동으로 생산하거나 농산물을 생산하여 공동으로 판매 · 가공 또는 수출하기 위하여 농업인 5명 이상이 모여 결성한 법인격이 있는 전문생산자 조직으로서 농림축산식품부장관이 정하는 요건을 갖춘 단체

③ 농림축산식품부령 또는 해양수산부령으로 정하는 단체(시행규칙 제2조)

㉠ 농어업경영체 육성 및 지원에 관한 법률 제16조 제1항 또는 제2항에 따라 설립된 영농조합법인 또는 영어조합법인

㉡ 농어업경영체 육성 및 지원에 관한 법률 제19조 제1항 또는 제3항에 따라 설립된 농업회사법인 또는 어업회사법인

한눈에 본다!

중요이론

출제빈도와 기준을 분석해 핵심이론들만 모아서 보다 효과적으로 학습하고, 단기간에 기본기를 탄탄하게 다질 수 있도록 하였습니다.

(1) 지리적표시의 등록(법 제32조)

① 농림축산식품부장관 또는 해양수산부장관은 지리적 특성을 가진 농수산물 또는 농수산가공품의 품질 향상과 지역특화산업 육성 및 소비자 보호를 위하여 지리적표시의 등록제도를 실시한다.

예시문제 맛보기

지리적 특성이 있는 농수산물 및 농수산가공품의 품질을 향상하고 지역특화산업으로 육성하며 소비자를 보호하기 위해 실시하는 제도는 무엇인가? [3회 기출]

정답 지리적표시 등록제도

② ①에 따른 지리적표시의 등록은 특정지역에서 지리적 특성을 가진 농수산물 또는 농수산가공품을 생산하거나 제조·가공하는 자로 구성된 법인만 신청할 수 있다. 다만, 지리적 특성을 가진 농수산물 또는 농수산가공품의 생산자 또는 가공업자가 1인인 경우에는 법인이 아니라도 등록신청을 할 수 있다.

③ ②에 해당하는 자로서 ①에 따른 지리적표시의 등록을 받으려는 자는 농림축산식품부령 또는 해양수산부령으로 정하는 등록 신청서류 및 그 부속서류를 농림축산식품부령 또는 해양수산부령으로 정하는 바에 따라 농림축산식품부장관 또는 해양수산부장관에게 제출하여야 한다. 등록한 사항 중 농림축산식품부령 또는 해양수산부령으로 정하는 중요 사항을 변경하려는 때에도 같다.

알아두기 지리적표시의 등록 및 변경(시행규칙 제56조)

① 지리적표시의 등록을 받으려는 자는 지리적표시 등록(변경)신청서에 다음의 서류를 첨부하여 농산물(임산물은 제외)은 국립농산물품질관리원장, 임산물은 산림청장, 수산물은 국립수산물품질관리원장에게 각각 제출하여야 한다. 다만, 지리적표시의 등록을 받으려는 자가 상표법 시행령 제5조 제1호부터 제3호까지의 서류를 특허청장에게 제출한 경우(2011년 1월 1일 이후에 제출한 경우만 해당)에는 지리적표시 등록(변경)신청서에 해당 사항을 표시하고 ㉡부터 ㉣까지의 서류를 제출하지 아니할 수 있다.

㉠ 정관(법인인 경우만 해당)
㉡ 생산계획서(법인의 경우 각 구성원별 생산계획을 포함)
㉢ 대상품목·명칭 및 품질의 특성에 관한 설명서
㉣ 해당 특산품의 유명성과 역사성을 증명할 수 있는 자료

이것만은 알아두자!

알아두기와 예시문제

본문과 연관되는 알아두기와 예시문제를 통해 공부의 맥을 짚어 중간점검을 할 수 있도록 하였습니다.

제1과목 농수산물 품질관리법

제 1 과목 적중예상문제

01 다음은 농수산물 품질관리법의 목적이다. ( ) 안에 들어갈 알맞은 내용을 쓰시오.

농수산물 품질관리법은 농수산물의 (①)를 통하여 농수산물의 안전성을 확보하고 상품성을 향상하여 공정하고 투명한 거래를 유도함으로써 (②)와 (③)에 이바지하는 것을 목적으로 한다.

정답 ① 적절한 품질관리
② 농어업인 소득 증대
③ 소비자 보호

풀이 목적(농수산물 품질관리법 제1조)
이 법은 농수산물의 적절한 품질관리를 통하여 농수산물의 안전성을 확보하고 상품성을 향상하여 공정하고 투명한 거래를 유도함으로써 농어업인의 소득 증대와 소비자 보호에 이바지하는 것을 목적으로 한다.

문제로 파악한다!

적중예상문제

과년도 기출문제를 철저히 분석하여 구성한 적중예상문제를 통해 본문을 복습하고, 출제경향을 파악할 수 있도록 하였습니다.

2023년 제2편 과년도 + 최근 기출문제

제 20 회 최근 기출문제

단답형

01 A업체가 '들깨미숫가루'라는 상품을 출시하려고 한다. 이 제품에 사용된 원료의 배합비율을 보고 농수산물의 원산지 표시 등에 관한 법령상 원산지 표시대상을 순서대로 쓰시오(단, 원산지 표시를 생략할 수 있는 원료는 제외함). [3점]

원 료	쌀	보리쌀	당 류	율 무	현 미	들 깨	기 타
비율(%)	50	15	12	10	8	3	2

정답 쌀, 보리쌀, 율무

풀이 원산지의 표시대상(농수산물의 원산지 표시 등에 관한 법률 시행령 제3조 제2항 제1호)
법에 따른 농수산물 가공품의 원료에 대한 원산지 표시대상은 다음과 같다. 다만, 물, 식품첨가물, 주정(酒精) 및 당류(당류를 주원료로 하여 가공한 당류가공품을 포함)는 배합 비율의 순위와 표시대상에서 제외한다.
1. 원료 배합 비율에 따른 표시대상
가. 사용된 원료의 배합 비율에서 한 가지 원료의 배합 비율이 98% 이상인 경우에는 그 원료
나. 사용된 원료의 배합 비율에서 두 가지 원료의 배합 비율의 합이 98% 이상인 원료가 있는 경우에는 배합 비율이 높은 순서의 2순위까지의 원료
다. 가목 및 나목 외의 경우에는 배합 비율이 높은 순서의 3순위까지의 원료
라. 가목부터 다목까지의 규정에도 불구하고 김치류 및 절임류(소금으로 절이는 절임류에 한정)의 경우에

Final 필수아이템!

과년도 + 최근 기출문제와 해설

농산물품질관리사 2차 필답형 실기 합격을 위해 반드시 풀어 보아야 할 기출문제와 해설을 수록하였습니다.

목 차 CONTENTS

빨리보는 간단한 키워드

제1편 핵심이론 및 적중예상문제

제1과목 농수산물 품질관리법

제2과목 농수산물의 원산지 표시 등에 관한 법률

제3과목 수확 후 품질관리기술

제4과목 등급판정 실무

제2편 과년도 + 최근 기출문제

제3편 최종모의고사

빨 간 키

당신의 시험에 빨간불이 들어왔다면!

최다빈출키워드만 쏙쏙! 모아놓은

합격비법 핵심 요약집 "빨간키"와 함께하세요!

당신을 합격의 문으로 안내합니다.

제 1 과목 농수산물 품질관리법

용어의 정의 및 농수산물품질관리심의회

■ 용어의 정의(법 제2조)

- 농산물 : 농업활동으로 생산되는 산물로서 대통령령으로 정하는 것(농업·농촌 및 식품산업 기본법 제3조 제6호)
- 물류표준화 : 농수산물의 운송·보관·하역·포장 등 물류의 각 단계에서 사용되는 기기·용기·설비·정보 등을 규격화하여 호환성과 연계성을 원활히 하는 것
- 유전자변형농수산물 : 인공적으로 유전자를 분리하거나 재조합하여 의도한 특성을 갖도록 한 농수산물
- 유해물질 : 농약, 중금속, 항생물질, 잔류성 유기오염물질, 병원성 미생물, 곰팡이 독소, 방사성물질, 유독성 물질 등 식품에 잔류하거나 오염되어 사람의 건강에 해를 끼칠 수 있는 물질로서 총리령으로 정하는 것

※ 총리령으로 정하는 것(유전자변형농수산물의 표시 및 농수산물의 안전성조사 등에 관한 규칙 제2조)

- 농 약
- 중금속
- 항생물질
- 잔류성 유기오염물질
- 병원성 미생물
- 생물 독소
- 방사능
- 그 밖에 식품의약품안전처장이 고시하는 물질

■ 농수산물품질관리심의회의 직무(법 제4조)

- 표준규격 및 물류표준화에 관한 사항
- 농산물우수관리·수산물품질인증 및 이력추적관리에 관한 사항
- 지리적표시에 관한 사항
- 유전자변형농수산물의 표시에 관한 사항
- 농수산물(축산물은 제외)의 안전성조사 및 그 결과에 대한 조치에 관한 사항
- 농수산물(축산물은 제외) 및 수산가공품의 검사에 관한 사항
- 농수산물의 안전 및 품질관리에 관한 정보의 제공에 관하여 총리령, 농림축산식품부령 또는 해양수산부령으로 정하는 사항

- 수산물의 생산·가공시설 및 해역(海域)의 위생관리기준에 관한 사항
- 수산물 및 수산가공품의 위해요소중점관리기준에 관한 사항
- 지정해역의 지정에 관한 사항
- 다른 법령에서 심의회의 심의사항으로 정하고 있는 사항
- 그 밖에 농수산물 및 수산가공품의 품질관리 등에 관하여 위원장이 심의에 부치는 사항

농수산물의 표준규격

■ 표준규격(법 제5조)

- 농림축산식품부장관 또는 해양수산부장관은 농수산물(축산물은 제외)의 상품성을 높이고 유통 능률을 향상시키며 공정한 거래를 실현하기 위하여 농수산물의 표준규격을 정할 수 있음
- 표준규격품을 출하하는 자는 포장 겉면에 표준규격품의 표시를 할 수 있음
- 표준규격의 제정기준, 제정절차 및 표시방법 등에 필요한 사항은 농림축산식품부령 또는 해양수산부령으로 정함

■ 표준규격의 제정(시행규칙 제5조)

- 법 제5조 제1항에 따른 농수산물(축산물은 제외)의 표준규격은 포장규격 및 등급규격으로 구분함
- 포장규격은 산업표준화법 제12조에 따른 한국산업표준에 따름. 다만, 한국산업표준이 제정되어 있지 아니하거나 한국산업표준과 다르게 정할 필요가 있다고 인정되는 경우에는 보관·수송 등 유통과정의 편리성, 폐기물 처리문제를 고려하여 다음의 항목에 대하여 그 규격을 따로 정할 수 있음
  - 거래단위
  - 포장치수
  - 포장재료 및 포장재료의 시험방법
  - 포장방법
  - 포장설계
  - 표시사항
  - 그 밖에 품목의 특성에 따라 필요한 사항
- 등급규격은 품목 또는 품종별로 그 특성에 따라 고르기, 크기, 형태, 색깔, 신선도, 건조도, 결점, 숙도(熟度) 및 선별상태 등에 따라 정함
- 국립농산물품질관리원장, 국립수산물품질관리원장 또는 산림청장은 표준규격의 제정 또는 개정을 위하여 필요하면 전문연구기관 또는 대학 등에 시험을 의뢰할 수 있음

■ 표준규격품의 출하 및 표시방법(시행규칙 제7조)

- 농림축산식품부장관, 해양수산부장관, 특별시장・광역시장・도지사 또는 특별자치도지사(이하 '시・도지사')는 농수산물을 생산, 출하, 유통 또는 판매하는 자에게 표준규격에 따라 생산, 출하, 유통 또는 판매하도록 권장할 수 있음
- 표준규격품을 출하하는 자가 표준규격품임을 표시하려면 해당 물품의 포장 겉면에 '표준규격품'이라는 문구와 함께 다음의 사항을 표시하여야 함
  - 품 목
  - 산 지
  - 품 종
  - 생산 연도(곡류만 해당)
  - 등 급
  - 무게(실중량)
  - 생산자 또는 생산자단체의 명칭 및 전화번호

농산물 우수관리

■ 우수관리인증의 대상품목(시행규칙 제9조)

우수관리인증의 대상품목은 농산물(축산물은 제외) 중 식용(食用)을 목적으로 생산・관리한 농산물로 함

■ 우수관리인증의 신청(시행규칙 제10조)

- 우수관리인증을 받으려는 자는 농산물우수관리인증(신규・갱신)신청서에 우수관리인증농산물의 위해요소관리계획서, 생산자집단의 사업운영계획서(생산자집단이 신청하는 경우만 해당)를 첨부하여 우수관리인증기관에 제출하여야 함
- 우수관리인증농산물의 위해요소관리계획서와 사업운영계획서에 포함되어야 할 사항, 우수관리인증의 신청방법 및 절차 등에 필요한 세부사항은 국립농산물품질관리원장이 정하여 고시함

■ 우수관리인증농산물의 표시사항(시행규칙 제13조 제1항 관련 [별표 1])

- 표 지

인증번호(또는 우수관리시설지정번호) :	Certificate Number :

- 표시항목 : 산지(시・도, 시・군・구), 품목(품종), 중량・개수, 등급, 생산연도, 생산자(생산자집단명) 또는 우수관리시설명

이력추적관리

■ 이력추적관리의 대상품목 및 등록사항(시행규칙 제46조)

- 이력추적관리 등록 대상품목은 농산물(축산물은 제외) 중 식용을 목적으로 생산하는 농산물로 함
- 이력추적관리의 등록사항
  - 생산자(단순가공을 하는 자를 포함) : 생산자의 성명, 주소 및 전화번호, 이력추적관리 대상품목명, 재배면적, 생산계획량, 재배지의 주소
  - 유통자 : 유통업체의 명칭 또는 유통자의 성명, 주소 및 전화번호, 수확 후 관리시설이 있는 경우 관리시설의 소재지
  - 판매자 : 판매업체의 명칭 또는 판매자의 성명, 주소 및 전화번호

■ 이력추적관리의 등록절차 등(시행규칙 제47조)

이력추적관리 등록을 하려는 자는 농수산물이력추적관리 등록(신규·갱신)신청서에 이력추적관리농수산물의 관리계획서, 이상이 있는 농수산물에 대한 회수조치 등 사후관리계획서를 첨부하여 국립농산물품질관리원장에게 제출하여야 함

지리적표시

■ 지리적표시의 등록(법 제32조)

농림축산식품부장관 또는 해양수산부장관은 지리적 특성을 가진 농수산물 또는 농수산가공품의 품질 향상과 지역특화산업 육성 및 소비자 보호를 위하여 지리적표시의 등록제도를 실시함

■ 지리적표시의 등록거절 사유의 세부기준(시행령 제15조)

- 해당 품목이 농수산물인 경우에는 지리적표시 대상지역에서만 생산된 것이 아닌 경우
- 해당 품목이 농수산가공품인 경우에는 지리적표시 대상지역에서만 생산된 농수산물을 주원료로 하여 해당 지리적표시 대상지역에서 가공된 것이 아닌 경우
- 해당 품목의 우수성이 국내 및 국외에서 널리 알려지지 아니한 경우
- 해당 품목이 지리적표시 대상지역에서 생산된 역사가 깊지 않은 경우
- 해당 품목의 명성·품질 또는 그 밖의 특성이 본질적으로 특정지역의 생산환경적 요인과 인적 요인 모두에 기인하지 않는 경우
- 그 밖에 농림축산식품부장관 또는 해양수산부장관이 지리적표시 등록에 필요하다고 인정하여 고시하는 기준에 적합하지 않은 경우

■ **지리적표시의 무효심판(법 제43조)**

지리적표시에 관한 이해관계인 또는 지리적표시 등록심의 분과위원회는 지리적표시가 다음의 어느 하나에 해당하면 무효심판을 청구할 수 있음

- 등록거절 사유에 해당함에도 불구하고 등록된 경우
- 지리적표시 등록이 된 후에 그 지리적표시가 원산지 국가에서 보호가 중단되거나 사용되지 아니하게 된 경우

농수산물의 안전성조사

■ **안전성조사(법 제61조)**

식품의약품안전처장이나 시・도지사는 농수산물의 안전관리를 위하여 농수산물 또는 농수산물의 생산에 이용・사용하는 농지・어장・용수(用水)・자재 등에 대하여 안전성조사를 하여야 함

- 농산물의 생산단계 : 총리령으로 정하는 안전기준의 적합 여부
- 농산물의 유통・판매단계 : 식품위생법 등 관계 법령에 따른 유해물질의 잔류허용기준 등의 초과 여부

■ **안전성조사의 절차 등(유전자변형농수산물의 표시 및 농수산물의 안전성조사 등에 관한 규칙 제9조)**

안전성조사의 대상 유해물질은 식품의약품안전처장이 매년 안전관리계획으로 정함. 다만, 국립농산물품질관리원장, 국립수산과학원장, 국립수산물품질관리원장 또는 시・도지사는 재배면적, 부적합률 등을 고려하여 안전성조사의 대상 유해물질을 식품의약품안전처장과 협의하여 조정할 수 있음

■ **안전성조사 결과에 대한 조치(유전자변형농수산물의 표시 및 농수산물의 안전성조사 등에 관한 규칙 제10조)**

- 국립농산물품질관리원장 또는 시・도지사는 안전성조사 결과 생산단계 안전기준에 위반된 경우에는 다음의 조치를 하도록 그 처리방법 및 처리기한을 정하여 알려 주어야 함
- 해당 농수산물을 생산한 자 또는 소유한 자
  - 해당 농수산물(생산자가 저장하고 있는 농수산물을 포함)의 유해물질이 시간이 지남에 따라 분해・소실되어 일정 기간이 지난 후에 식용으로 사용하는 데 문제가 없다고 판단되는 경우에는 해당 유해물질이 식품위생법 등에 따른 잔류허용기준 이하로 감소하는 기간까지 출하 연기
  - 해당 농수산물의 유해물질의 분해・소실 기간이 길어 국내에 식용으로 출하할 수 없으나, 사료・공업용 원료 및 수출용 등 다른 용도로 사용할 수 있다고 판단되는 경우에는 다른 용도로 전환
  - 출하 연기 또는 용도 전환에 따른 방법으로 처리할 수 없는 농수산물의 경우에는 일정한 기간을 정하여 폐기

- 해당 농수산물을 생산하거나 해당 농수산물 생산에 이용·사용되는 농지·어장·용수·자재 등을 소유한 자
  - 객토(客土), 정화(淨化) 등의 방법으로 유해물질 제거가 가능하다고 판단되는 경우에는 해당 농수산물 생산에 이용·사용되는 농지·어장·용수·자재 등의 개량
  - 유해물질이 시간이 지남에 따라 분해·소실되어 일정 기간이 지난 후에 이용·사용하는 데에 문제가 없다고 판단되는 경우에는 해당 유해물질이 잔류허용기준 이하로 감소하는 기간까지 농수산물의 생산에 해당 농지·어장·용수·자재 등의 이용·사용 중지
  - 개량 또는 이용·사용 중지에 따른 방법으로 조치할 수 없는 경우에는 농수산물의 생산에 해당 농지·어장·용수·자재 등의 이용·사용 금지

농수산물 등의 검사 및 검정

■ 검사대상 농산물(시행령 제30조)

- 정부가 수매하거나 생산자단체, 공공기관의 운영에 관한 법률 제4조에 따른 공공기관 또는 농업 관련 법인 등(이하 '생산자단체 등')이 정부를 대행하여 수매하는 농산물
- 정부가 수출 또는 수입하거나 생산자단체 등이 정부를 대행하여 수출 또는 수입하는 농산물
- 정부가 수매 또는 수입하여 가공한 농산물
- 농림축산식품부장관의 검사를 받는 농산물
- 그 밖에 농림축산식품부장관이 검사가 필요하다고 인정하여 고시하는 농산물

■ 농산물의 검사방법(시행규칙 제95조)

농산물의 검사방법은 전수(全數) 또는 표본추출의 방법으로 하며, 시료의 추출, 계측, 감정, 등급판정 등 검사방법에 관한 세부 사항은 국립농산물품질관리원장 또는 시·도지사(시·도지사는 누에씨 및 누에고치에 대한 검사만 해당)가 정하여 고시함

■ 검사판정의 실효(법 제86조)

검사를 받은 농산물이 농림축산식품부령으로 정하는 검사 유효기간이 지난 경우 또는 검사 결과의 표시가 없어지거나 명확하지 아니하게 된 경우에는 검사판정의 효력이 상실됨

■ 검정 등(법 제98조)

- 농림축산식품부장관 또는 해양수산부장관은 농수산물 및 농산가공품의 거래 및 수출・수입을 원활히 하기 위하여 다음의 검정을 실시할 수 있음. 다만, 종자산업법에 따른 종자에 대한 검정은 제외함
  - 농산물 및 농산가공품의 품위・품종・성분 및 유해물질 등
  - 수산물의 품질・규격・성분・잔류물질 등
  - 농수산물의 생산에 이용・사용하는 농지・어장・용수・자재 등의 품위・성분 및 유해물질 등
- 농림축산식품부장관 또는 해양수산부장관은 검정신청을 받은 때에는 검정 인력이나 검정 장비의 부족 등 검정을 실시하기 곤란한 사유가 없으면 검정을 실시하고 신청인에게 그 결과를 통보하여야 함

보 칙

■ 자금 지원(법 제110조)

정부는 농수산물의 품질 향상 또는 농수산물의 표준규격화 및 물류표준화의 촉진 등을 위하여 다음의 어느 하나에 해당하는 자에게 예산의 범위에서 포장자재, 시설 및 자동화장비 등의 매입 및 농산물품질관리사 또는 수산물품질관리사 운용 등에 필요한 자금을 지원함

- 농어업인
- 생산자단체
- 우수관리인증을 받은 자, 우수관리인증기관, 농산물 수확 후 위생・안전 관리를 위한 시설의 사업자 또는 우수관리인증 교육을 실시하는 기관・단체
- 이력추적관리 또는 지리적표시의 등록을 한 자
- 농산물품질관리사 또는 수산물품질관리사를 고용하는 등 농수산물의 품질 향상을 위하여 노력하는 산지・소비지 유통시설의 사업자
- 안전성검사기관 또는 위험평가 수행기관
- 농수산물 검사 및 검정기관
- 그 밖에 농림축산식품부령 또는 해양수산부령으로 정하는 농수산물 유통 관련 사업자 또는 단체

■ 우선구매(법 제111조)

- 농림축산식품부장관 또는 해양수산부장관은 농수산물 및 수산가공품의 유통을 원활히 하고 품질향상을 촉진하기 위하여 필요하면 우수표시품, 지리적표시품 등을 농수산물 유통 및 가격안정에 관한 법률에 따른 농수산물도매시장이나 농수산물공판장에서 우선적으로 상장(上場)하거나 거래하게 할 수 있음
- 국가・지방자치단체나 공공기관은 농수산물 또는 농수산가공품을 구매할 때에는 우수표시품, 지리적표시품 등을 우선적으로 구매할 수 있음

■ 권한의 위임 · 위탁(시행령 제42조)

- 농림축산식품부장관은 다음의 권한을 국립농산물품질관리원장에게 위임함
  - 지리적표시 분과위원회의 개최, 심의, 그 결과의 통보 등 운영에 관한 사항(수산물에 관한 사항은 제외)
  - 농산물(임산물은 제외)의 표준규격의 제정 · 개정 또는 폐지
  - 농산물우수관리인증기관의 지정, 지정 취소 및 업무정지 등의 처분
  - 소비자 등에 대한 교육 · 홍보, 컨설팅 지원 등의 사업 수행
  - 농산물우수관리 관련 보고 · 자료제출 명령, 점검 및 조사 등과 우수관리시설 점검 · 조사 등의 결과에 따른 조치 등
  - 농산물 이력추적관리 등록, 등록취소 등의 처분
  - 지위승계 신고(우수관리인증기관의 지위승계 신고로 한정)의 수리
  - 표준규격품, 우수관리인증농산물, 이력추적관리농산물 및 지리적표시품의 사후관리(수산물 또는 임산물과 그 가공품의 표준규격품 및 지리적표시품의 사후관리는 제외)
  - 표준규격품, 우수관리인증농산물 및 지리적표시품의 표시 시정 등의 처분(수산물 또는 임산물과 그 가공품의 표준규격품 및 지리적표시품의 표시 시정 등의 처분은 제외)
  - 농산물(임산물은 제외) 및 그 가공품의 지리적표시의 등록
  - 농산물(임산물은 제외) 및 그 가공품의 지리적표시 원부의 등록 및 관리
  - 농산물(임산물은 제외) 및 그 가공품의 지리적표시권의 이전 및 승계에 대한 사전 승인
  - 농산물의 검사(지정받은 검사기관이 검사하는 농산물과 누에씨 · 누에고치 검사는 제외)
  - 농산물검사기관의 지정, 지정 취소 및 업무정지 등의 처분
  - 검사증명서 발급
  - 농산물의 재검사
  - 검사판정의 취소
  - 농산물 및 그 가공품의 검정
  - 농산물 및 그 가공품에 대한 폐기 또는 판매금지 등의 명령, 검정결과의 공개
  - 검정기관의 지정, 지정 취소 및 업무정지 등의 처분
  - 확인 · 조사 · 점검 등(수산물 및 그 가공품과 임산물 및 그 가공품은 제외)
  - 농수산물(수산물 및 그 가공품과 임산물 및 그 가공품은 제외) 명예감시원의 위촉 및 운영
  - 농산물품질관리사 제도의 운영
  - 농산물품질관리사의 교육에 관한 사항
  - 농산물품질관리사의 자격 취소
  - 품질 향상, 표준규격화 촉진 및 농산물품질관리사 운용 등을 위한 자금 지원. 다만, 수산물 및 그 가공품과 임산물 및 그 가공품에 대한 지원은 제외함
  - 수수료 감면 및 징수
  - 청 문

- 과태료의 부과 및 징수(임산물 및 그 가공품에 관한 위반행위에 대한 것은 제외)
- 농산물품질관리사 자격시험 실시계획의 수립
- 농산물품질관리사 자격증의 발급 및 재발급, 자격증 발급대장 기록

• 식품의약품안전처장은 유전자변형농수산물의 표시에 관한 조사 등의 권한을 지방식품의약품안전청장에게 위임함
• 농림축산식품부장관은 농산물우수관리기준의 고시에 관한 권한을 농촌진흥청장에게 위임함
• 농림축산식품부장관은 임산물 및 그 가공품에 관한 권한을 산림청장에게 위임함

벌 칙

■ 벌 칙

• 7년 이하의 징역 또는 1억원 이하의 벌금, 이 경우 징역과 벌금은 병과 가능(법 제117조)
- 유전자변형농수산물의 표시를 거짓으로 하거나 이를 혼동하게 할 우려가 있는 표시를 한 유전자변형농수산물 표시의무자
- 유전자변형농수산물의 표시를 혼동하게 할 목적으로 그 표시를 손상·변경한 유전자변형농수산물 표시의무자
- 유전자변형농수산물의 표시를 한 농수산물에 다른 농수산물을 혼합하여 판매하거나 혼합하여 판매할 목적으로 보관 또는 진열한 유전자변형농수산물 표시의무자

• 3년 이하의 징역 또는 3천만원 이하의 벌금(법 제119조)
- 우수표시품이 아닌 농수산물(우수관리인증농산물이 아닌 농산물의 경우에는 승인을 받지 아니한 농산물을 포함) 또는 농수산가공품에 우수표시품의 표시를 하거나 이와 비슷한 표시를 한 자
- 우수표시품이 아닌 농수산물(우수관리인증농산물이 아닌 농산물의 경우에는 승인을 받지 아니한 농산물을 포함) 또는 농수산가공품을 우수표시품으로 광고하거나 우수표시품으로 잘못 인식할 수 있도록 광고한 자
- 다음의 어느 하나에 해당하는 행위를 한 자
  가. 표준규격품의 표시를 한 농수산물에 표준규격품이 아닌 농수산물 또는 농수산가공품을 혼합하여 판매하거나 혼합하여 판매할 목적으로 보관하거나 진열하는 행위
  나. 우수관리인증의 표시를 한 농산물에 우수관리인증농산물이 아닌 농산물(승인을 받지 아니한 농산물을 포함) 또는 농산가공품을 혼합하여 판매하거나 혼합하여 판매할 목적으로 보관하거나 진열하는 행위
  다. 이력추적관리의 표시를 한 농산물에 이력추적관리의 등록을 하지 아니한 농산물 또는 농산가공품을 혼합하여 판매하거나 혼합하여 판매할 목적으로 보관하거나 진열하는 행위

- 지리적표시품이 아닌 농수산물 또는 농수산가공품의 포장·용기·선전물 및 관련 서류에 지리적 표시나 이와 비슷한 표시를 한 자
- 지리적표시품에 지리적표시품이 아닌 농수산물 또는 농수산가공품을 혼합하여 판매하거나 혼합하여 판매할 목적으로 보관 또는 진열한 자
- 폐기물, 유해액체물질 또는 포장유해물질을 배출한 자
- 거짓이나 그 밖의 부정한 방법으로 농산물의 검사·재검사, 수산물 및 수산가공품의 검사·재검사 및 검정을 받은 자
- 검사 및 검정 결과의 표시, 검사증명서 및 검정증명서를 위조하거나 변조한 자
- 검정 결과에 대하여 거짓광고나 과대광고를 한 자

제 2 과목 농수산물의 원산지 표시 등에 관한 법률

목적 및 용어의 정의

■ 목적(법 제1조)

이 법은 농산물·수산물이나 그 가공품 등에 대하여 적정하고 합리적인 원산지 표시를 하도록 하여 소비자의 알권리를 보장하고, 공정한 거래를 유도함으로써 생산자와 소비자를 보호하는 것을 목적으로 함

■ 용어의 정의(법 제2조)

- 농산물 : 농업활동으로 생산되는 산물로서 대통령령으로 정하는 것(농업·농촌 및 식품산업 기본법 제3조)
- 농수산물 : 농산물과 수산물
- 원산지 : 농산물이나 수산물이 생산·채취·포획된 국가·지역이나 해역
- 통신판매 : 전자상거래 등에서의 소비자보호에 관한 법률 제2조 제2호(우편·전기통신, 그 밖에 총리령으로 정하는 방법으로 재화 또는 용역의 판매에 관한 정보를 제공하고 소비자의 청약을 받아 재화 또는 용역을 판매하는 것, 다만 방문판매 등에 관한 법률 제2조 제3호에 따른 전화권유판매는 통신판매의 범위에서 제외)에 따른 통신판매(전자상거래로 판매되는 경우를 포함) 중 대통령령으로 정하는 판매
- 이 법에서 사용하는 용어의 뜻은 이 법에 특별한 규정이 있는 것을 제외하고는 농수산물 품질관리법, 식품위생법, 대외무역법이나 축산물 위생관리법에서 정하는 바에 따름

원산지 표시 등

■ 원산지 표시(법 제5조)

대통령령으로 정하는 농수산물 또는 그 가공품을 수입하는 자, 생산·가공하여 출하하거나 판매(통신판매를 포함)하는 자 또는 판매할 목적으로 보관·진열하는 자는 다음에 대하여 원산지를 표시하여야 함

- 농수산물
- 농수산물 가공품(국내에서 가공한 가공품은 제외)
- 농수산물 가공품(국내에서 가공한 가공품에 한정)의 원료

■ 원산지의 표시대상(시행령 제3조)

• 대통령령으로 정하는 농수산물 또는 그 가공품이란 다음의 농수산물 또는 그 가공품을 말함
  - 유통질서의 확립과 소비자의 올바른 선택을 위하여 필요하다고 인정하여 농림축산식품부장관과 해양수산부장관이 공동으로 고시한 농수산물 또는 그 가공품
  - 산업통상자원부장관이 공고한 수입 농수산물 또는 그 가공품. 다만, 원산지 표시를 생략할 수 있는 수입 농수산물 또는 그 가공품은 제외

• 농수산물 가공품의 원료에 대한 원산지 표시대상은 다음과 같음. 다만, 물, 식품첨가물, 주정(酒精) 및 당류(당류를 주원료로 하여 가공한 당류가공품을 포함)는 배합비율의 순위와 표시대상에서 제외
  - 원료 배합비율에 따른 표시대상
    가. 사용된 원료의 배합비율에서 한 가지 원료의 배합비율이 98% 이상인 경우에는 그 원료
    나. 사용된 원료의 배합비율에서 두 가지 원료의 배합비율의 합이 98% 이상인 원료가 있는 경우에는 배합비율이 높은 순서의 2순위까지의 원료
    다. 가. 및 나. 외의 경우에는 배합비율이 높은 순서의 3순위까지의 원료
    라. 가.부터 다.까지의 규정에도 불구하고 김치류 및 절임류(소금으로 절이는 절임류에 한정)의 경우에는 다음의 구분에 따른 원료
      1) 김치류 중 고춧가루(고춧가루가 포함된 가공품을 사용하는 경우에는 그 가공품에 사용된 고춧가루를 포함)를 사용하는 품목은 고춧가루 및 소금을 제외한 원료 중 배합비율이 가장 높은 순서의 2순위까지의 원료와 고춧가루 및 소금
      2) 김치류 중 고춧가루를 사용하지 아니하는 품목은 소금을 제외한 원료 중 배합비율이 가장 높은 순서의 2순위까지의 원료와 소금
      3) 절임류는 소금을 제외한 원료 중 배합비율이 가장 높은 순서의 2순위까지의 원료와 소금. 다만, 소금을 제외한 원료 중 한 가지 원료의 배합비율이 98% 이상인 경우에는 그 원료와 소금으로 함
  - 표시대상 원료로서 식품 등의 표시・광고에 관한 법률 제4조에 따른 식품등의 표시기준에서 정한 복합원재료를 사용한 경우에는 농림축산식품부장관과 해양수산부장관이 공동으로 정하여 고시하는 기준에 따른 원료

• 원료(가공품의 원료를 포함) 농수산물의 명칭을 제품명 또는 제품명의 일부로 사용하는 경우에는 그 원료 농수산물이 같은 항에 따른 원산지 표시대상이 아니더라도 그 원료 농수산물의 원산지를 표시해야 함. 다만, 원료 농수산물이 다음의 어느 하나에 해당하는 경우에는 해당 원료 농수산물의 원산지 표시를 생략할 수 있음
  - 원산지 표시대상에 해당하지 않는 경우
  - 식품첨가물, 주정 및 당류(당류를 주원료로 하여 가공한 당류가공품을 포함)의 원료로 사용된 경우
  - 식품 등의 표시・광고에 관한 법률 제4조의 표시기준에 따라 원재료명 표시를 생략할 수 있는 경우

■ 거짓 표시 등의 금지(법 제6조)

- 누구든지 다음의 행위를 하여서는 아니 됨
  - 원산지 표시를 거짓으로 하거나 이를 혼동하게 할 우려가 있는 표시를 하는 행위
  - 원산지 표시를 혼동하게 할 목적으로 그 표시를 손상・변경하는 행위
  - 원산지를 위장하여 판매하거나, 원산지 표시를 한 농수산물이나 그 가공품에 다른 농수산물이나 가공품을 혼합하여 판매하거나 판매할 목적으로 보관이나 진열하는 행위
- 농수산물이나 그 가공품을 조리하여 판매・제공하는 자는 다음의 행위를 하여서는 아니 됨
  - 원산지 표시를 거짓으로 하거나 이를 혼동하게 할 우려가 있는 표시를 하는 행위
  - 원산지를 위장하여 조리・판매・제공하거나, 조리하여 판매・제공할 목적으로 농수산물이나 그 가공품의 원산지 표시를 손상・변경하여 보관・진열하는 행위
  - 원산지 표시를 한 농수산물이나 그 가공품에 원산지가 다른 동일 농수산물이나 그 가공품을 혼합하여 조리・판매・제공하는 행위

제 3 과목 수확 후 품질관리기술

수 확

■ 과실별 수확적기 판정지표

- 사과 : 전분 함량
- 복숭아 : 경도
- 감귤 : 주스 함량
- 배추 : 결구
- 단감 : 떫은 맛
- 키위, 멜론 : 산 함량

■ 수확 후의 생리작용

원예생산물의 수확 후에 일어나는 주된 생리적 변화는 호흡의 증가, 에틸렌 합성 및 작용, 세포벽 붕괴에 의한 조직의 연화, 색소의 파괴 및 합성, 당과 유기산의 함량 변화, 방향물질의 생성 등을 들 수 있다.

■ 증산에 영향을 미치는 요인들

- 외부 환경 요인 : 습도, 공기의 흐름, 온도, 광 등
- 내적 요인 : 작물의 종류, 표면적 대 부피의 비, 생산물의 표피 구조, 표피의 상처 유무, 원예생산물의 성숙도 등

■ 호흡상승과(Climacteric Fruits)와 비호흡상승과(Non-climacteric Fruits)

- 호흡상승과 : 성숙이 완료되고 익어 가는 과정에서 호흡속도가 갑자기 증가하는 양상을 나타내는 작물을 말한다.
- 비호흡상승과 : 성숙 후 호흡상승을 나타내지 않는 식물로, 비호흡상승과들은 호흡상승과에 비하여 느린 성숙변화를 보이며 대부분의 채소류는 비호흡상승과로 분류된다.

■ 에틸렌 발생의 조절

- 에틸렌의 작용을 억제시키기 위한 대표적 억제제는 STS(티오황산은)와 2,5-NDE, 1-MCP, 에탄올(Ethanol) 등이 있다.
- CA처리도 에틸렌 발생을 감소시킨다.
- 토마토에서 에틸렌을 제거하기 위해 사용 가능한 약품은 과망간산칼륨이다.

• 저장고 내에서 발생된 에틸렌은 과망간산칼륨, 졸라이트, 목탄, 활성탄, 오존, 자외선 등을 이용하여 제거한다.
• 산소농도가 낮으면 에틸렌 합성이 억제된다.

■ 에틸렌의 제거

• 과실에 따른 에틸렌 발생을 잘 숙지하여 에틸렌을 다량 발생하는 품목을 다른 품목과 같은 장소에 저장하거나 운송하지 않도록 주의해야 한다.
• 에틸렌의 제거방법에는 흡착식, 자외선파괴식, 촉매분해식 등이 있으며, 흡착제로는 과망가니즈산칼륨($KMnO_4$), 목탄, 활성탄, 오존, 자외선 등이 이용되고 있다.
• 에틸렌작용 억제제
  – STS(Silver Thiosulfate) : 생체 내에서 주로 노화를 촉진시키는 에틸렌(Ethylene) 가스의 발생을 억제하고 살균작용을 한다.
  – 1–MCP(1–Methylcyclopropene) : 에틸렌수용체에 결합하여 에틸렌작용을 억제하는 물질로서, 여러 과일과 채소 등의 연화 억제, 색택 유지, 중량 감소 억제, 호흡 억제 등의 효과가 있다.

■ 에틸렌의 효과

• 긍정적 효과 : 상품가치 향상(녹숙기 토마토 · 바나나 · 떫은 감), 개화 유도(파인애플), 과피엽록소 제거(감귤 · 레몬), 자화 증진(오이 · 호박), 과육 연화(머스크멜론 · 사과 · 양앵두), 휴면타파(감자, 인경류)
• 부정적 효과 : 노화 촉진(파슬리 · 브로콜리 · 오이 · 호박), 숙성 촉진(키위), 잎의 장해(양상추), 쓴맛 증가(당근), 맹아(감자 · 양파 · 마늘), 이층 형성(관상식물 낙엽 · 낙화 · 낙과), 육질 경화(아스파라거스)

품질구성과 평가

■ 원예산물의 품질 결정요인

요 인	요 소
외적요인	• 외관 : 크기, 모양, 색깔, 상처(물리적 손상) 등 • 조직감 : Firmness, Softness, Crispness, Juiciness, Toughness 등 • 풍미 : 맛(단맛, 신맛, 쓴맛, 떫은맛), 향(향기, 이취) 등
내적요인	• 영양적 가치 : 미네랄 함량, 비타민 함량 등 • 독성 : 솔라닌 등 • 안전성 : 농약잔류량, 부패 등

■ 원예생산물의 기본색을 조절하는 식물색소

색 소		색 상
플라보노이드계	안토시아닌	pH에 따라 빨간색, 보라색, 파란색으로 나타남
	플라본	노란색
카로티노이드계	카로티노이드	노란색~오렌지색
	리코펜	주황색
클로로필		엽록소를 주성분으로 하며 녹색

■ 관능검사법

- 검사인의 주관적인 판단에 의하여 결정된다.
- 여러 사람에 의하여 반복되고, 훈련되어진 과정을 거쳐 주관적인 결과를 객관화시키는 방법이다.
- 숙련된 검사원이 필요하다.
- 상품성의 판단은 보통 맛(당도, 산도 등), 색깔, 질감, 크기와 모양 등을 종합하는데, 이 중 당도, 질감 등은 보통 파괴적인 방법으로 평가한다.

■ 비파괴 품질평가 방법

- 영상처리기법 : 각종 농산물의 크기, 형상, 색채, 외부결점 등 주로 외관 판정
- 근적외선 분광법 : 수분, 단백질, 지질, 당산도 등 성분의 정량 분석
- X선 CT스캔법 : 청과물의 내부결함과 공동 판정
- 핵자기공명법(MRI) : 청과물의 숙도 및 내부상태 판정
- 음파・초음파 : 각각 청과물의 조직, 조직구조 및 점탄성 판정

수확 후 처리

■ 예 랭

- 예랭 적용 품목
  - 수확기의 기온에 관계없이 호흡작용이 활발한 품목
  - 여름철에 주로 고온기에 수확되는 품목
  - 인공적으로 높은 온도(하우스 재배 등)에서 수확된 시설채소류
  - 선도 저하가 빠르면서 부피에 비하여 가격이 비싼 품목
- 예랭방식
  - 진공예랭식 : 수확 후 품질관리기술에서 청과물의 증발열을 빼앗는 원리를 이용하여 냉각하는 예랭법
  - 냉수냉각식 : 예랭과 함께 세척효과도 있고 근채류에 적합하나, 골판지상자 사용이 불가능하고 부착수를 제거해야 하는 단점이 있다.

- 예랭의 효과 : 수분 손실 억제, 호흡 활성 및 에틸렌 생성 억제, 병원균의 번식 억제, 유통 손실 감소 등
  - 예랭효과가 높은 품목 : 사과, 포도, 오이, 딸기 등
  - 예랭효과가 낮은 품목 : 감귤, 마늘, 양파, 감자 등

■ 예 건

- 식물의 외층을 미리 건조시켜 내부조직의 수분 증산을 억제시키는 방법이다.
- 수확 직후에 수분을 어느 정도 증산시켜 과습으로 인한 부패를 방지한다.
- 예건처리 품목에는 양파, 마늘, 단감, 배 등이 있다.

■ 큐어링(Curing)

- 물리적 상처를 아물게 하거나 코르크층을 형성시켜 수분 증발 및 미생물 침입을 줄이는 방법이다.
- 큐어링을 해야 하는 작물 : 고구마, 감자, 양파, 마늘, 생강 등

■ 맹아 억제

- 맹아란 구근 저장 중 고온, 저장 중 에틸렌 생성, 생장억제제의 과다처리, 저온처리 등으로 인하여 화아(싹)가 형성되는 것이다.
- 맹아 억제방법 : MH 처리, 방사선 처리 등

선별과 포장

■ 선별기의 종류

- 스프링식 중량선별기 : 배, 사과, 감, 복숭아 등에 적합
- 전자식 중량선별기 : 전자저울, 전자식 콤퍼레이터 이용
- 회전원통 드럼식 형상선별기 : 과종별 크기에 따라 드럼교환이 가능
- 광학적 선별기 : 숙도, 색깔 및 크기에 의한 등급과 계급 판별
- 절화류 선별기 : CCD 카메라와 컴퓨터 영상처리를 이용하여 보다 정밀하게 선별

■ 포장재료

- 골판지 : 품질이 균일하고, 접착 불량, 골 불량, 오염, 흠 등의 사용상 해로운 결함이 없어야하며, 시험방법에 따라 시험했을 때 규정하는 파열강도 및 수직압축강도와 수분에 적합하여야 한다.
- 방담필름 : 표면에 계면활성제를 처리하여 응결현상을 방지하는 포장재이다.
- 항균필름 : 유해미생물(포장 내에 발생하는 곰팡이 등)에 대한 항균력 있는 물질을 코팅, 압축성형한 필름이다.

저 장

■ 저장의 기능

- 수확 후 신선도 유지기능 : 생산된 원예산물이 생산 이후 소비될 때까지 신선도 유지
- 수급 조절기능 : 수확시기에 따른 홍수출하로 인한 가격폭락 또는 흉작과 계절별 편재성에 따른 가격급등을 방지하며, 유통량의 수급을 조절하는 기능

■ 저장력에 영향을 미치는 요인

- 저장 중 온도 : 온도가 높으면 호흡량의 증가로 내부성분의 변화가 촉진되고 세균, 미생물, 곰팡이 등의 증식이 활발해진다. 따라서 저장 중 온도가 높으면 부패율이 증가하고 저장력이 약해진다.
- 저장 중 습도 : 저장고의 습도가 너무 낮으면 증산량이 증가하여 중량의 감모현상이 나타나며, 습도가 너무 높으면 부패발생률이 증가한다.
- 재배 중 기상 : 과일의 경우는 건조하고 온도가 높은 조건에서 재배된 것이 저장력이 강하다.
- 재배 중 토양 : 사질토보다는 점질토에서 재배된 과실, 경사지로 배수가 잘 되는 토양에서 재배된 과실이 저장력이 강하다.
- 재배 중 비료 : 질소의 과다한 사용은 과실을 크게 하지만 저장력을 저하시키고, 충분한 칼슘은 과실을 단단하게 하여 저장력이 강해진다.
- 수확시기 : 일반적으로 조생종에 비하여 만생종의 저장력이 강하다. 그리고 장기저장용 과일은 일반적으로 적정 수확시기보다 일찍 수확하는 것이 저장력이 강하다.

■ 저온저장

- 냉장원리 : 냉매가 기화되면서 주변 열을 흡수하여 주변의 온도를 낮추는 원리를 이용한다.
- 냉장기기의 구성 : 압축기, 응축기, 팽창밸브, 냉각기(증발기), 제상장치 등
- 저온저장고의 습도 유지방법
  - 적합한 냉장기기와 방습벽을 설치한다.
  - 송풍기 가동 시 공기 유동을 억제한다.
  - 환기는 가능한 극소화한다.
  - 결로현상을 줄이기 위해 저장고 온도와 냉각기 온도의 편차를 줄여야 한다.
  - 가습기를 주기적으로 가동하여 수분을 보충한다.
  - 포장용기는 수분 흡수가 적은 것을 사용한다.

■ 원예산물별 최적의 저장온도

- 0℃ 혹은 그 이하(동결점 이상) : 콩, 브로콜리, 당근, 셀러리, 마늘, 버섯, 양파, 파슬리, 시금치 등
- 0~2℃ : 아스파라거스, 사과, 배, 복숭아, 매실, 포도, 단감, 자두 등
- 2~7℃ : 서양호박(주키니) 등
- 4~5℃ : 감귤 등
- 7~13℃ : 애호박, 오이, 가지, 수박, 단고추, 토마토(완숙과), 바나나 등
- 13℃ 이상 : 생강, 고구마, 토마토(미숙과) 등

■ CA 저장과 MA 저장

- CA 저장 : 각각 다른 공기조성을 갖는 조건에서, 각 작물마다 적절한 온도와 상대습도조건을 충족시켜 농산물의 수확 후 관리를 해 주는 저장방법이다.
- MA 저장 : 플라스틱 필름 등으로 원예산물을 포장함으로써 생산물의 호흡에 의한 자연적인 현상을 이용하여 비교적 간단하게 CA 저장효과를 내는 저장방법이다.

■ 콜드체인시스템

- 수확에서부터 소비자에게 전달되는 전 과정을 저온상태로 유지·관리하는 유통시스템이다.
- 콜드체인시스템의 장점 : 호흡 억제, 숙성 및 노화 억제, 연화 억제, 증산량 감소, 미생물 증식 억제, 부패 억제 등
- 콜드체인시스템의 도입효과 : 신선도 유지, 유통체계의 안정화 등

수확 후 장해

■ 생리적 장해

- 저온장해
  - 온대 작물에 비해 열대·아열대 원산의 작물이 저온에 민감하다.
  - 고추, 오이, 호박, 토마토, 바나나, 멜론, 파인애플, 고구마, 가지 등
  - 장해증상 : 표피조직의 함몰과 변색, 곰팡이 등의 침입에 대한 민감도 증가, 세포의 손상으로 인한 조직의 수침현상, 사과의 과육 변색, 토마토·고추 등의 함몰, 복숭아 과육의 섬유질화 등
- 고온장해
  - 바나나의 경우 30℃ 이상의 고온에서는 정상적인 성숙이 불가능하다.
  - 토마토의 경우 32~38℃에서 리코펜의 합성이 억제되어 착색이 불량해지며, 펙틴 분해효소의 불활성화로 인한 과육연화 지연 등이 나타난다.
  - 사과나 배는 고온의 환경에서 껍질덴병이 발생한다.

- 이산화탄소장해
  - 후지 사과의 경우 이산화탄소 3% 이상의 조건에서 과육의 갈변현상이 나타날 수 있다.
  - 토마토의 경우 5% 이산화탄소 조건에 1주일 저장하면 착색이 부분적으로 이루어지고, 악취와 부패과의 발생이 증가한다.
- 칼슘 결핍에 의한 장해
  - 영양성분의 결핍은 다양한 갈변증상을 보인다.
  - 칼슘 부족으로 인한 장해의 유형 : 토마토의 배꼽썩음병, 사과의 고두병, 양배추의 흑심병, 배의 콜크스폿, 상추의 잎끝마름병 등

■ 과실의 주요 장해

- 사과의 내부갈변 : 저장고 내의 이산화탄소 축적으로 인해 발생하며, 밀증상이 많은 사과일수록 증상이 심하다.
- 사과의 껍질덴병 : 사과의 표피가 불규칙하게 갈변되어 건조되는 증상이다.
- 사과의 밀증상 : 사과의 유관속 주변이 투명해지는 수침현상을 말하며, 솔비톨이라는 당류가 과육의 특정 부위에 비정상적으로 축적되어 나타나는 현상이다.
- 사과의 고두병 : 칼슘 함량의 부족으로 생기는 병으로, 주로 저장 중에 많이 발생한다.
- 배의 과피흑변 : 재배 중 질소비료 과다시용으로 인해 많이 발생하며, 수확이 늦어진 과일의 저장고 입고 시 그리고 저장고 내의 과습에 의해서도 많이 발생한다.
- 단감의 과육갈변 : 저장 중 산소 농도가 지나치게 낮아지거나 이산화탄소 농도가 급격히 증가할 때 주로 발생한다.
- 포도의 탈립 : 송이로부터 포도알이 떨어지는 현상으로, 온도와 습도를 알맞게 유지하거나 에틸렌을 제거하여 억제할 수 있다.
- 토마토의 배꼽썩음병 : 칼슘의 결핍이나 토양 수분의 급격한 변화에 의하여 생긴다.

안전성과 신선편이 농산물

■ 위해요소중점관리기준(HACCP ; Hazard Analysis Critical Control Point)

- HACCP의 구성
  - HACCP은 위해분석(HA)과 중요관리점(CCP)으로 구성된다.
  - HA는 위해 가능성이 있는 요소를 찾아 분석·평가하는 것이다.
  - CCP는 해당 위해요소를 방지·제거하고 안전성을 확보하기 위하여 중점적으로 다루어야 할 관리점을 말한다.

- HACCP 도입의 효과
  - 적용 업소 및 제품에는 HACCP 인증마크가 부착되므로 기업 및 상품의 이미지가 향상된다.
  - 소비자의 건강에 대한 염려 및 관심으로 인해 제품의 경쟁력, 차별성, 시장성이 증대된다.
  - 관리요소, 제품의 불량·폐기·반품, 소비자불만 등의 감소로 인해 기업의 비용이 절감된다.
  - 체계적이고 자율적으로 위생관리를 수행할 수 있는 위생관리시스템을 확립할 수 있다.
  - 위생관리 효율성과 함께 농식품의 안전성이 제고된다.
  - 미생물오염 억제에 의한 부패가 저하되고, 수확 후 신선도 유지기간이 증대된다.

■ 신선편이 농산물

- 겉껍질, 씨앗 부분 등 먹지 않는 부분을 없애고 살균·세척 후 조리하거나 먹기 좋도록 위생적으로 손질·포장한 농산물을 말한다.
- 신선편이농산물을 자외선 처리, 건식 세척, 염소 사용, MA 포장 등을 사용하여 포장하는 이유는 농산물의 품질수명 연장을 통한 안전성 확보이다.
- 신선편의 농산물의 정의 : 신선한 상태로 다듬거나 절단되어 세척과정을 거친 농산물을 본래의 식품적 특성을 유지한 채 위생적으로 포장하여 편리하게 이용할 수 있는 농산물을 말한다.
- 신선편의 농산물의 특징
  - 간편성과 합리성을 추구한 것으로, 구입 후 다듬거나 세척할 필요없이 바로 먹을 수 있거나 조리에 사용할 수 있는 농산물이다.
  - 일반적으로 절단·세절하거나 미생물 침입을 막아 주는 표피와 껍질 등을 제거하며, 호흡열이 높고, 에틸렌 발생량이 많다.
  - 노출된 표면적이 크고, 취급단계가 복잡하여 스트레스가 심하며, 가공작업이 물리적 상처로 작용하는 특성이 있다.
- 신선편의 농산물의 MA 포장
  - 선택적 가스투과성을 가진 필름을 이용하여 포장 내부의 산소 농도는 낮추고, 이산화탄소 농도를 높여 신선편이 농산물의 선도를 유지하는 방법이다.
  - 산소와 이산화탄소의 농도에 따라 갈변현상이나 이취가 발생할 수 있으므로 적합한 포장필름의 선택이 중요하다.

제 4 과목 등급판정 실무

농산물 표준규격

■ 용어의 정의(제2조)

- 농산물 표준규격품(이하 '표준규격품') 농수산물 품질관리법(이하 '법')에 따른 포장규격 및 등급규격에 맞게 출하하는 농산물. 다만, 등급규격이 제정되어 있지 않은 품목은 포장규격에 맞게 출하하는 농산물을 말함
- 포장규격 : 농수산물 품질관리법 시행규칙(이하 '규칙')에 따른 거래단위, 포장치수, 포장재료, 포장방법, 포장설계 및 표시사항 등
- 등급규격 : 규칙에 따른 농산물의 품목 또는 품종별 특성에 따라 고르기, 형태, 크기, 색깔, 신선도, 건조도, 결점, 숙도(熟度) 및 선별상태 등 품질구분에 필요한 항목을 설정하여 특, 상, 보통으로 정한 것
- 거래단위 : 농산물의 거래 시 포장에 사용되는 각종 용기 등의 무게를 제외한 내용물의 무게 또는 개수
- 포장치수 : 포장재 바깥쪽의 길이, 너비, 높이
- 겉포장 : 산물 또는 속포장한 농산물의 수송을 주목적으로 한 포장
- 속포장 : 소비자가 구매하기 편리하도록 겉포장 속에 들어 있는 포장
- 포장재료 : 농산물을 포장하는 데 사용하는 재료로써, 식품위생법 등 관계 법령에 적합한 골판지, 그물망, 폴리에틸렌대(PE대), 직물제 포대(PP대), 종이, 발포폴리스티렌(스티로폼) 등

■ 농산물의 표준거래단위 – 과실류(제3조 관련 [별표 1])

품 목	표준거래단위
사 과	2kg, 5kg, 7.5kg, 10kg
배, 감귤	3kg, 5kg, 7.5kg, 10kg, 15kg
복숭아, 매실, 단감, 자두, 살구, 모과	3kg, 4kg, 4.5kg, 5kg, 10kg, 15kg
포 도	2kg, 3kg, 4kg, 5kg
금감, 석류	5kg, 10kg
유 자	5kg, 8kg, 10kg, 100과
참다래	5kg, 10kg
양앵두(버찌)	5kg, 10kg, 12kg
앵 두	8kg

※ 5kg 이하 표준거래 단위는 별도로 정한 품목 외에 거래 당사자 사이의 협의 또는 시장 유통 여건에 따라 자율적으로 정하여 사용할 수 있음

■ 포장치수(제4조)

• 농산물의 포장치수는 다음의 어느 하나에 해당하여야 함
- 한국산업규격(KS T 1002)에서 정한 수송포장 계열치수
- 골판지상자, 지대, 폴리에틸렌대(PE대), 직물제 포대(PP대), 그물망, 플라스틱상자, 다단식 목재상자·금속재상자, 발포폴리스티렌상자의 포장규격
- T-11형 팰릿(1,100×1,100mm) 또는 T-12형 팰릿(1,200×1,000mm)의 평면 적재효율이 90% 이상인 것

• 골판지상자, 발포폴리스티렌상자의 높이는 해당 농산물의 포장이 가능한 적정 높이로 함

■ 포장치수의 허용범위(제5조)

• 골판지상자의 포장치수 중 길이, 너비의 허용범위는 ±2.5%로 함
• 그물망, 직물제 포대(PP대), 폴리에틸렌대(PE대)의 포장치수의 허용범위는 길이의 ±10%, 너비의 ±10mm, 지대의 경우에는 각각 길이·너비의 ±5mm, 발포폴리스티렌상자의 경우는 길이·너비의 ±2mm로 함
• 플라스틱상자의 포장치수의 허용범위는 각각 길이·너비·높이의 ±3mm로 함
• 속포장의 규격은 사용자가 적정하게 정하여 사용할 수 있음

■ 포장재 표시중량의 허용범위(제5조의2)

• 골판지상자, 폴리에틸렌대(PE대), 지대, 발포폴리스티렌상자의 경우 ±5%로 함
• 직물제 포대(PP대), 그물망의 경우 ±10%로 함

품목별 등급규격(농산물 표준규격 [별첨])

■ 사 과

신선도는 윤기가 나고 껍질의 수축현상이 나타나지 않은 것이 등급규격 중 "특"에 해당

■ 감 귤

• 감귤의 등급 항목 중 "특"에 해당하는 껍질의 뜬 정도는 "없음"에 해당하는 것
• 감귤의 껍질 뜬 것 중 가벼움(1) 이상에 해당하는 등급규격은 "상"이고, 껍질 내표면적의 20% 이하가 뜬 것

■ 단 감

- 농산물 표준규격에서 꼭지가 돌아갔거나, 꼭지와 과육 사이에 틈이 있는 것을 경결점과로 보는 품목은 단감
- 미숙과 : 당도(맛), 경도 및 색택으로 보아 성숙이 덜 된 것(덜 익은 과일을 수확하여 아세틸렌, 에틸렌 등의 가스로 후숙한 것을 포함)

■ 고 추

- 중결점과
  - 부패・변질과 : 부패 또는 변질된 것
  - 병충해 : 탄저병, 무름병, 담배나방 등 병해충의 피해가 현저한 것
  - 기타 : 오염이 심한 것, 씨가 검게 변색된 것
- 경결점과
  - 과숙과 : 붉은색인 것(풋고추, 꽈리고추에 적용)
  - 미숙과 : 색택으로 보아 성숙이 덜 된 녹색과(홍고추에 적용)
  - 상해과 : 꼭지 빠진 것, 잘라진 것, 갈라진 것
  - 발육이 덜 된 것
  - 기형과 등 기타 결점의 정도가 경미한 것

■ 오 이

- 중결점과 : 과숙과, 부패・변질과, 상해과, 병충해과, 공동과, 모양이 불량한 것(열과, 기형과 등), 오염된 것
- 등급규격 항목 : 낱개의 고르기, 색택, 모양, 신선도, 중결점과, 경결점과

■ 마 늘

- 구 분
  - 통마늘 : 적당히 건조되어 저장용으로 출하되는 마늘
  - 풋마늘 : 수확 후 신선한 상태로 출하되는 마늘(4~6월 중에 출하되는 것에 한함)
- 열구 : 마늘쪽의 일부 또는 전부가 줄기로부터 벌어져 있는 것으로 포장단위 전체 마늘에 대한 개수 비율. 단, 마늘통 높이의 3/4 이상이 외피에 싸여 있는 것은 제외
- 쪽마늘 : 포장단위별로 전체 마늘 중 마늘통의 줄기로부터 떨어져 나온 마늘쪽

■ 결구배추

- 중결점
  - 부패·변질 : 배춧잎이 부패 또는 변질된 것
  - 병충해 : 병해, 충해 등의 피해가 있는 것
  - 냉해, 상해 등이 있는 것. 다만, 경미한 것은 제외
  - 모양 : 개열된 것, 추대된 것, 모양이 심히 불량한 것
  - 기타 : 경결점에 속하는 사항으로 그 피해가 현저한 것
- 경결점
  - 품종 고유의 모양이 아닌 것
  - 병해충의 피해가 외피에 그친 것
  - 상해 및 기타 결점의 정도가 경미한 것

■ 감자와 고구마

- "특"에 해당하는 감자와 고구마의 경결점 비율은 감자 5%, 고구마 5% 이하
- 감자의 크기 구분

품종 \ 호칭		3L	2L	L	M	S	2S
1개의 무게 (g)	수미 및 이와 유사한 품종	280 이상	220 이상 ~280 미만	160 이상 ~220 미만	100 이상 ~160 미만	40 이상 ~100 미만	40 미만
	대지 및 이와 유사한 품종	500 이상	400 이상 ~500 미만	300 이상 ~400 미만	200 이상 ~300 미만	40 이상 ~200 미만	40 미만

- 고구마의 크기 구분

구분 \ 호칭	2L	L	M	S
1개의 무게(g)	250 이상	150 이상 ~250 미만	100 이상 ~150 미만	40 이상 ~100 미만

■ 참 깨

- 등급규격 항목 : 모양, 수분, 용적중(g/L), 이종피색립, 이물, 조건
- 등급규격상 조건 : 생산 연도가 다른 참깨가 혼입된 경우나, 수확 연도로부터 1년이 경과되면 "특"이 될 수 없음

제1편

농산물품질관리사 2차

필답형 실기

핵심이론 및 적중예상문제

제 1 과목

농산물품질관리사 2차

농수산물 품질관리법

제 1 장 총 칙

1. 목적(법 제1조)

이 법은 농수산물의 적절한 품질관리를 통하여 농수산물의 안전성을 확보하고 상품성을 향상하며 공정하고 투명한 거래를 유도함으로써 농어업인의 소득 증대와 소비자 보호에 이바지하는 것을 목적으로 한다.

2. 용어의 정의(법 제2조)

(1) 농산물

농업활동으로 생산되는 산물로서 대통령령으로 정하는 것을 말한다(농업 · 농촌 및 식품산업 기본법 제3조 제6호).

(2) 생산자단체

농업 · 농촌 및 식품산업 기본법 제3조 제4호, 수산업 · 어촌 발전 기본법 제3조 제5호의 생산자단체와 그 밖에 농림축산식품부령 또는 해양수산부령으로 정하는 단체를 말한다.

① **생산자단체(농업 · 농촌 및 식품산업 기본법 제3조 제4호)** : 농업 생산력의 증진과 농업인의 권익보호를 위한 농업인의 자주적인 조직으로서 대통령령으로 정하는 단체

② **생산자단체의 범위(농업 · 농촌 및 식품산업 기본법 시행령 제4조)**

㉠ 농업협동조합법에 따른 조합 및 그 중앙회

㉡ 산림조합법에 따른 산림조합 및 그 중앙회

㉢ 엽연초생산협동조합법에 따른 엽연초생산협동조합 및 그 중앙회

㉣ 농산물을 공동으로 생산하거나 농산물을 생산하여 공동으로 판매 · 가공 또는 수출하기 위하여 농업인 5명 이상이 모여 결성한 법인격이 있는 전문생산자 조직으로서 농림축산식품부장관이 정하는 요건을 갖춘 단체

③ **농림축산식품부령 또는 해양수산부령으로 정하는 단체(시행규칙 제2조)**

㉠ 농어업경영체 육성 및 지원에 관한 법률 제16조 제1항 또는 제2항에 따라 설립된 영농조합법인 또는 영어조합법인

㉡ 농어업경영체 육성 및 지원에 관한 법률 제19조 제1항 또는 제3항에 따라 설립된 농업회사법인 또는 어업회사법인

(3) 물류표준화

농수산물의 운송・보관・하역・포장 등 물류의 각 단계에서 사용되는 기기・용기・설비・정보 등을 규격화하여 호환성과 연계성을 원활히 하는 것을 말한다.

예시문제 맛보기

다음 괄호 안에 들어갈 알맞은 말을 쓰시오. [5회 기출]

> 농수산물 품질관리법상 농수산물의 물류표준화란 농수산물의 운송・보관・하역・(①) 등 물류의 각 단계에서 사용되는 기기・용기・(②)・정보 등을 규격화하여 호환성과 연계성을 원활히 하는 것을 말하며, 표준규격이라 함은 (③)(와)과 등급규격을 말한다.

정답 ① 포장, ② 설비, ③ 포장규격

(4) 농산물우수관리

농산물(축산물은 제외)의 안전성을 확보하고 농업환경을 보전하기 위하여 농산물의 생산, 수확 후 관리(농산물의 저장・세척・건조・선별・박피・절단・조제・포장 등을 포함) 및 유통의 각 단계에서 작물이 재배되는 농경지 및 농업용수 등의 농업환경과 농산물에 잔류할 수 있는 농약, 중금속, 잔류성 유기오염물질 또는 유해생물 등의 위해요소를 적절하게 관리하는 것을 말한다.

(5) 이력추적관리

농수산물(축산물은 제외)의 안전성 등에 문제가 발생할 경우 해당 농수산물을 추적하여 원인을 규명하고 필요한 조치를 할 수 있도록 농수산물의 생산단계부터 판매단계까지 각 단계별로 정보를 기록・관리하는 것을 말한다.

(6) 지리적표시

농수산물 또는 농수산가공품의 명성・품질, 그 밖의 특징이 본질적으로 특정지역의 지리적 특성에 기인하는 경우 해당 농수산물 또는 농수산가공품에 표시하는 다음의 것을 말한다.

① 농수산물의 경우 해당 농수산물이 그 특정 지역에서 생산되었음을 나타내는 표시
② 농수산가공품의 경우 다음의 구분에 따른 사실을 나타내는 표시
  ㉠ 수산업법에 따라 어업허가를 받은 자가 어획한 어류를 원료로 하는 수산가공품 : 그 특정 지역에서 제조 및 가공된 사실
  ㉡ 그 외의 농수산가공품 : 그 특정 지역에서 생산된 농수산물로 제조 및 가공된 사실

(7) 동음이의어 지리적표시

동일한 품목에 대하여 지리적표시를 할 때 있어서 타인의 지리적표시와 발음은 같지만 해당 지역이 다른 지리적표시를 말한다.

(8) 지리적표시권

이 법에 따라 등록된 지리적표시(동음이의어 지리적표시를 포함)를 배타적으로 사용할 수 있는 지식재산권을 말한다.

(9) 유전자변형농수산물

인공적으로 유전자를 분리하거나 재조합하여 의도한 특성을 갖도록 한 농수산물을 말한다.

(10) 유해물질

농약, 중금속, 항생물질, 잔류성 유기오염물질, 병원성 미생물, 곰팡이 독소, 방사성 물질, 유독성 물질 등 식품에 잔류하거나 오염되어 사람의 건강에 해를 끼칠 수 있는 물질로서 총리령으로 정하는 것을 말한다.

※ 유해물질(유전자변형농수산물의 표시 및 농수산물의 안전성조사 등에 관한 규칙 제2조)

- 농 약
- 중금속
- 항생물질
- 잔류성 유기오염물질
- 병원성 미생물
- 생물 독소
- 방사능
- 그 밖에 식품의약품안전처장이 고시하는 물질

(11) 농산가공품

농산물을 원료 또는 재료로 하여 가공한 제품

3. 농수산물품질관리심의회 등

(1) 농수산물품질관리심의회의 설치(법 제3조)

① 농수산물 및 수산가공품의 품질관리 등에 관한 사항을 심의하기 위하여 농림축산식품부장관 또는 해양수산부장관 소속으로 농수산물품질관리심의회(이하 '심의회')를 둔다.

② 심의회는 위원장 및 부위원장 각 1명을 포함한 60명 이내의 위원으로 구성한다.

③ 위원장은 위원 중에서 호선(互選)하고 부위원장은 위원장이 위원 중에서 지명하는 사람으로 한다.

④ 위원은 다음의 사람으로 한다.

㉠ 교육부, 산업통상자원부, 보건복지부, 환경부, 식품의약품안전처, 농촌진흥청, 산림청, 특허청, 공정거래위원회 소속 공무원 중 소속 기관의 장이 지명한 사람과 농림축산식품부 소속 공무원 중 농림축산식품부장관이 지명한 사람 또는 해양수산부 소속 공무원 중 해양수산부장관이 지명한 사람

㉡ 다음의 단체 및 기관의 장이 소속 임원·직원 중에서 지명한 사람
- 농업협동조합법에 따른 농업협동조합중앙회
- 산림조합법에 따른 산림조합중앙회
- 수산업협동조합법에 따른 수산업협동조합중앙회
- 한국농수산식품유통공사법에 따른 한국농수산식품유통공사
- 식품위생법에 따른 한국식품산업협회
- 정부출연연구기관 등의 설립·운영 및 육성에 관한 법률에 따른 한국농촌경제연구원
- 정부출연연구기관 등의 설립·운영 및 육성에 관한 법률에 따른 한국해양수산개발원
- 과학기술분야 정부출연연구기관 등의 설립·운영 및 육성에 관한 법률에 따른 한국식품연구원
- 한국보건산업진흥원법에 따른 한국보건산업진흥원
- 소비자기본법에 따른 한국소비자원

㉢ 시민단체(비영리민간단체 지원법 제2조에 따른 비영리민간단체를 말한다)에서 추천한 사람 중에서 농림축산식품부장관 또는 해양수산부장관이 위촉한 사람

㉣ 농수산물의 생산·가공·유통 또는 소비 분야에 전문적인 지식이나 경험이 풍부한 사람 중에서 농림축산식품부장관 또는 해양수산부장관이 위촉한 사람

⑤ ④의 ㉢ 및 ㉣에 따른 위원의 임기는 3년으로 한다.

⑥ 심의회에 농수산물 및 농수산가공품의 지리적표시 등록심의를 위한 지리적표시 등록심의 분과위원회를 둔다.

⑦ 심의회의 업무 중 특정한 분야의 사항을 효율적으로 심의하기 위하여 대통령령으로 정하는 분야별 분과위원회를 둘 수 있다.

⑧ ⑥에 따른 지리적표시 등록심의 분과위원회 및 ⑦에 따른 분야별 분과위원회에서 심의한 사항은 심의회에서 심의된 것으로 본다.

⑨ 농수산물 품질관리 등의 국제동향을 조사·연구하게 하기 위하여 심의회에 연구위원을 둘 수 있다.

⑩ ①부터 ⑨까지에서 규정한 사항 외에 심의회 및 분과위원회의 구성과 운영 등에 필요한 사항은 대통령령으로 정한다.

(2) 심의회의 직무(법 제4조)

심의회는 다음의 사항을 심의한다.

① 표준규격 및 물류표준화에 관한 사항

② 농산물우수관리·수산물품질인증 및 이력추적관리에 관한 사항

③ 지리적표시에 관한 사항

④ 유전자변형농수산물의 표시에 관한 사항

⑤ 농수산물(축산물은 제외)의 안전성조사 및 그 결과에 대한 조치에 관한 사항

⑥ 농수산물(축산물은 제외) 및 수산가공품의 검사에 관한 사항

⑦ 농수산물의 안전 및 품질관리에 관한 정보의 제공에 관하여 총리령, 농림축산식품부령 또는 해양수산부령으로 정하는 사항

⑧ 수산물의 생산·가공시설 및 해역(海域)의 위생관리기준에 관한 사항
⑨ 수산물 및 수산가공품의 위해요소중점관리기준에 관한 사항
⑩ 지정해역의 지정에 관한 사항
⑪ 다른 법령에서 심의회의 심의사항으로 정하고 있는 사항
⑫ 그 밖에 농수산물 및 수산가공품의 품질관리 등에 관하여 위원장이 심의에 부치는 사항

제 2 장 농수산물의 표준규격 및 품질관리

1. 농수산물의 표준규격

(1) 표준규격(법 제5조)

① 농림축산식품부장관 또는 해양수산부장관은 농수산물(축산물은 제외)의 상품성을 높이고 유통 능률을 향상시키며 공정한 거래를 실현하기 위하여 농수산물의 포장규격과 등급규격(이하 '표준규격')을 정할 수 있다.

② 표준규격에 맞는 농수산물(이하 '표준규격품')을 출하하는 자는 포장 겉면에 표준규격품의 표시를 할 수 있다.

③ 표준규격의 제정기준, 제정절차 및 표시방법 등에 필요한 사항은 농림축산식품부령 또는 해양수산부령으로 정한다.

(2) 표준규격의 제정(시행규칙 제5조)

① 농수산물(축산물은 제외)의 표준규격은 포장규격 및 등급규격으로 구분한다.

② 포장규격은 산업표준화법 제12조에 따른 한국산업표준에 따른다. 다만, 한국산업표준이 제정되어 있지 아니하거나 한국산업표준과 다르게 정할 필요가 있다고 인정되는 경우에는 보관·수송 등 유통 과정의 편리성, 폐기물 처리문제를 고려하여 다음의 항목에 대하여 그 규격을 따로 정할 수 있다.

㉠ 거래단위

㉡ 포장치수

㉢ 포장재료 및 포장재료의 시험방법

㉣ 포장방법

㉤ 포장설계

㉥ 표시사항

㉦ 그 밖에 품목의 특성에 따라 필요한 사항

예시문제 맛보기

농산물의 표준규격은 산업표준화법에 의한 한국산업규격(KS)과 다르게 그 규격을 별도로 정할 수 있는데, 그 항목 중 포장재료의 시험방법, 포장방법, 거래단위 외에 3가지 항목을 쓰시오. [2회 기출]

정답 포장치수, 포장설계, 표시사항

③ 등급규격은 품목 또는 품종별로 그 특성에 따라 고르기, 크기, 형태, 색깔, 신선도, 건조도, 결점, 숙도(熟度) 및 선별 상태 등에 따라 정한다.

④ 국립농산물품질관리원장, 국립수산물품질관리원장 또는 산림청장은 표준규격의 제정 또는 개정을 위하여 필요하면 전문연구기관 또는 대학 등에 시험을 의뢰할 수 있다.

(3) 표준규격의 고시(시행규칙 제6조)

국립농산물품질관리원장, 국립수산물품질관리원장 또는 산림청장은 표준규격을 제정, 개정 또는 폐지하는 경우에는 그 사실을 고시하여야 한다.

(4) 표준규격품의 출하 및 표시방법 등(시행규칙 제7조)

① 농림축산식품부장관, 해양수산부장관, 특별시장 · 광역시장 · 도지사 · 특별자치도지사(이하 '시 · 도지사')는 농수산물을 생산, 출하, 유통 또는 판매하는 자에게 표준규격에 따라 생산, 출하, 유통 또는 판매하도록 권장할 수 있다.

② 표준규격품을 출하하는 자가 표준규격품임을 표시하려면 해당 물품의 포장 겉면에 "표준규격품"이라는 문구와 함께 다음의 사항을 표시하여야 한다.

㉠ 품 목

㉡ 산 지

㉢ 품종. 다만, 품종을 표시하기 어려운 품목은 국립농산물품질관리원장, 국립수산물품질관리원장 또는 산림청장이 정하여 고시하는 바에 따라 품종의 표시를 생략할 수 있다.

㉣ 생산 연도(곡류만 해당)

㉤ 등 급

㉥ 무게(실중량). 다만, 품목 특성상 무게를 표시하기 어려운 품목은 국립농산물품질관리원장, 국립수산물품질관리원장 또는 산림청장이 정하여 고시하는 바에 따라 개수(마릿수) 등의 표시를 단일하게 할 수 있다.

㉦ 생산자 또는 생산자단체의 명칭 및 전화번호

예시문제 맛보기

다음 괄호 안에 들어갈 알맞은 말을 쓰시오. [6회 기출]

표준규격품을 출하하는 자가 표준규격품임을 표시하려면 해당 물품의 포장 겉면에 (①)이라는 문구와 함께 (②), (③), (④) 등을 표시하여야 한다.

정답 ① 표준규격품, ② 품목, ③ 산지, ④ 등급

2. 농산물우수관리

(1) 농산물우수관리의 인증(법 제6조)

① 농림축산식품부장관은 농산물우수관리의 기준(이하 '우수관리기준')을 정하여 고시하여야 한다.

② 우수관리기준에 따라 농산물(축산물은 제외)을 생산·관리하는 자 또는 우수관리기준에 따라 생산·관리된 농산물을 포장하여 유통하는 자는 지정된 농산물우수관리인증기관(이하 '우수관리인증기관')으로부터 농산물우수관리의 인증(이하 '우수관리인증')을 받을 수 있다.

③ 우수관리인증을 받으려는 자는 우수관리인증기관에 우수관리인증의 신청을 하여야 한다. 다만, 다음의 어느 하나에 해당하는 자는 우수관리인증을 신청할 수 없다.

㉠ 법 제8조(우수관리인증의 취소 등) ①에 따라 우수관리인증이 취소된 후 1년이 지나지 아니한 자

㉡ 법 제119조(벌칙) 또는 법 제120조(벌칙)를 위반하여 벌금 이상의 형이 확정된 후 1년이 지나지 아니한 자

④ 우수관리인증기관은 ③에 따라 우수관리인증 신청을 받은 경우 ⑦에 따른 우수관리인증의 기준에 맞는지를 심사하여 그 결과를 알려야 한다.

⑤ 우수관리인증기관은 ④에 따라 우수관리인증을 한 경우 우수관리인증을 받은 자가 우수관리기준을 지키는지 조사·점검하여야 하며, 필요한 경우에는 자료제출 요청 등을 할 수 있다.

⑥ 우수관리인증을 받은 자는 우수관리기준에 따라 생산·관리한 농산물(이하 '우수관리인증농산물')의 포장·용기·송장(送狀)·거래명세표·간판·차량 등에 우수관리인증의 표시를 할 수 있다.

⑦ 우수관리인증의 기준·대상품목·절차 및 표시방법 등 우수관리인증에 필요한 세부사항은 농림축산식품부령으로 정한다.

(2) 농산물우수관리인증의 기준(시행규칙 제8조)

① 농산물우수관리의 인증(이하 '우수관리인증')을 받으려는 자는 농산물을 농산물우수관리의 기준(이하 '우수관리기준')에 적합하게 생산·관리하여야 한다.

② 우수관리인증의 세부기준은 국립농산물품질관리원장이 정하여 고시한다.

(3) 우수관리인증의 대상품목(시행규칙 제9조)

우수관리인증의 대상품목은 농산물(축산물은 제외) 중 식용(食用)을 목적으로 생산·관리한 농산물로 한다.

(4) 우수관리인증의 신청(시행규칙 제10조)

① 우수관리인증을 받으려는 자는 농산물우수관리인증 (신규・갱신)신청서에 다음의 서류를 첨부하여 우수관리인증기관으로 지정받은 기관(이하 '우수관리인증기관')에 제출하여야 한다.

㉠ 우수관리인증농산물(이하 '우수관리인증농산물')의 위해요소관리계획서

㉡ 생산자단체 또는 그 밖의 생산자조직(이하 '생산자집단')의 사업운영계획서(생산자집단이 신청하는 경우만 해당)

② 우수관리인증농산물의 위해요소관리계획서와 사업운영계획서에 포함되어야 할 사항, 우수관리인증의 신청 방법 및 절차 등에 필요한 세부사항은 국립농산물품질관리원장이 정하여 고시한다.

(5) 우수관리인증의 심사 등(시행규칙 제11조)

① 우수관리인증기관은 우수관리인증 신청을 받은 경우에는 우수관리인증의 기준에 적합한지를 심사하여야 하며, 필요한 경우에는 현지심사를 할 수 있다.

② 우수관리인증기관은 생산자집단이 우수관리인증을 신청한 경우에는 전체 구성원에 대하여 각각 심사를 하여야 한다. 다만, 국립농산물품질관리원장이 정하여 고시하는 바에 따라 표본심사를 할 수 있다.

③ 우수관리인증기관은 현지심사를 하는 경우에는 심사일정을 정하여 그 신청인에게 알려야 한다.

④ 우수관리인증기관은 현지심사를 하는 경우에는 그 소속 심사담당자와 국립농산물품질관리원장, 시・도지사 또는 시장・군수・구청장(자치구의 구청장)이 추천하는 공무원 또는 민간전문가로 심사반을 구성하여 우수관리인증의 심사를 할 수 있다.

⑤ 우수관리인증기관은 심사 결과 우수관리인증의 기준에 적합한 경우에는 그 신청인에게 농산물우수관리 인증서(이하 '인증서')를 발급하여야 하며, 우수관리인증을 하기에 적합하지 아니한 경우에는 그 사유를 신청인에게 알려야 한다.

⑥ 인증서를 발급받은 자는 인증서를 분실하거나 인증서가 손상된 경우에는 인증서를 발급한 인증기관에 농산물우수관리 인증서 재발급신청서 및 손상된 인증서(인증서가 손상되어 재발급받으려는 경우만 해당)를 제출하여 재발급받을 수 있다.

⑦ 우수관리인증의 심사 등에 필요한 세부사항은 국립농산물품질관리원장이 정하여 고시한다.

(6) 우수관리인증의 표시방법 등(시행규칙 제13조)

① 우수관리인증농산물을 생산・관리하는 자가 우수관리인증의 표시를 하려는 경우에는 다음의 방법에 따른다.

㉠ 포장・용기의 겉면 등에 우수관리인증의 표시를 하는 경우 : 표지 및 표시항목을 인쇄하거나 스티커(붙임딱지)로 제작하여 부착할 것. 이 경우 ㉡ 또는 ㉢에 따른 표시방법을 함께 사용할 수 있다.

㉡ 농산물에 우수관리인증의 표시를 하는 경우 : 표시대상 농산물에 표지가 인쇄된 스티커를 부착하고, ㉢에 따른 표시방법을 함께 사용할 것

㉢ 우수관리인증농산물을 포장하지 않은 상태로 출하하거나 포장재에 우수관리인증의 표시를 하지 않고 출하하는 경우 : 송장(送狀)이나 거래명세표에 표시항목을 적을 것

㉣ 간판이나 차량에 우수관리인증의 표시를 하는 경우 : 인쇄 등의 방법으로 표지를 표시할 것

② 우수관리인증의 표시를 한 농산물을 공급받아 소비자에게 직접 판매하는 자는 푯말 또는 표지판으로 우수관리인증의 표시를 할 수 있다. 이 경우 표시 내용은 포장 및 거래명세표 등에 적혀 있는 내용과 같아야 한다.

알아두기 우수관리인증농산물의 표시(시행규칙 제13조 제1항 관련 [별표 1])

① 우수관리인증농산물의 표지도형

② 제도법

㉠ 도형표시

- 표지도형의 가로의 길이(사각형의 왼쪽 끝과 오른쪽 끝의 폭 : W)를 기준으로 세로의 길이는 0.95×W의 비율로 한다.
- 표지도형의 흰색모양과 바깥 테두리(좌·우 및 상단부만 해당)의 간격은 0.1×W로 한다.
- 표지도형의 흰색모양 하단부 좌측 태극의 시작점은 상단부에서 0.55×W 아래가 되는 지점으로 하고, 우측 태극의 끝점은 상단부에서 0.75×W 아래가 되는 지점으로 한다.

㉡ 표지도형의 한글 및 영문 글자는 고딕체로 하고, 글자 크기는 표지도형의 크기에 따라 조정한다.

㉢ 표지도형의 색상은 녹색을 기본색상으로 하고, 포장재의 색깔 등을 고려하여 파란색, 빨간색 또는 검은색으로 할 수 있다.

㉣ 표지도형 내부의 "GAP" 및 "(우수관리인증)"의 글자 색상은 표지도형 색상과 동일하게 하고, 하단의 "농림축산식품부"와 "MAFRA KOREA"의 글자는 흰색으로 한다.

㉤ 배색 비율은 녹색 C80+Y100, 파란색 C100+M70, 빨간색 M100+Y100+K10으로 한다.

㉥ 표지도형의 크기는 포장재의 크기에 따라 조정한다.

㉦ 표지도형 밑에 인증번호 또는 우수관리시설지정번호를 표시한다.

③ 표시사항

㉠ 표 지

㉡ 표시항목 : 산지(시·도, 시·군·구), 품목(품종), 중량·개수, 생산 연도, 생산자(생산자집단명) 또는 우수관리시설명

④ 표시방법

㉠ 크기 : 포장재의 크기에 따라 표지의 크기를 키우거나 줄일 수 있다.

㉡ 위치 : 포장재 주 표시면의 옆면에 표시하되, 포장재 구조상 옆면에 표시하기 어려울 경우에는 표시위치를 변경할 수 있다.

㉢ 표지 및 표시사항은 소비자가 쉽게 알아볼 수 있도록 인쇄하거나 스티커로 포장재에서 떨어지지 않도록 부착하여야 한다.

㉣ 포장하지 않고 낱개로 판매하는 경우나 소포장 등으로 우수관리인증농산물의 표지와 표시사항을 인쇄하거나 부착하기에 부적합한 경우에는 농산물우수관리의 표지만 표시할 수 있다.
㉤ 수출용의 경우에는 해당 국가의 요구에 따라 표시할 수 있다.
㉥ 표시항목 중 표준규격, 지리적표시 등 다른 규정에 따라 표시하고 있는 사항은 그 표시를 생략할 수 있다.

⑤ 표시내용
㉠ 표지 : 표지크기는 포장재에 맞출 수 있으나, 표지형태 및 글자표기는 변형할 수 없다.
㉡ 산지 : 농산물을 생산한 지역으로 시·도명이나 시·군·구명 등 농수산물의 원산지 표시 등에 관한 법률에 따라 적는다.
㉢ 품목(품종) : 식물신품종보호법 제2조 제2호에 따른 품종을 이 규칙 제7조 제2항 제3호에 따라 표시한다.
㉣ 중량·개수 : 포장단위의 실중량이나 개수
㉤ 생산 연도(쌀과 현미만 해당하며 양곡관리법 제20조의2에 따라 표시)
㉥ 우수관리시설명(우수관리시설을 거치는 경우만 해당) : 대표자 성명, 주소, 전화번호, 작업장 소재지
㉦ 생산자(생산자집단명) : 생산자나 조직명, 주소, 전화번호

(7) 우수관리인증의 유효기간 등(법 제7조)

① 우수관리인증의 유효기간은 우수관리인증을 받은 날부터 2년으로 한다. 다만, 품목의 특성에 따라 달리 적용할 필요가 있는 경우에는 10년의 범위에서 농림축산식품부령으로 유효기간을 달리 정할 수 있다.

※ 우수관리인증의 유효기간(시행규칙 제14조)
유효기간을 달리 적용할 유효기간은 다음의 범위에서 국립농산물품질관리원장이 정하여 고시한다.
㉠ 인삼류 : 5년 이내
㉡ 약용작물류 : 6년 이내

② 우수관리인증을 받은 자가 유효기간이 끝난 후에도 계속하여 우수관리인증을 유지하려는 경우에는 그 유효기간이 끝나기 전에 해당 우수관리인증기관의 심사를 받아 우수관리인증을 갱신하여야 한다.
③ 우수관리인증을 받은 자는 ①의 유효기간 내에 해당 품목의 출하가 종료되지 아니할 경우에는 해당 우수관리인증기관의 심사를 받아 우수관리인증의 유효기간을 연장할 수 있다.
④ ①에 따른 우수관리인증의 유효기간이 끝나기 전에 생산계획 등 농림축산식품부령으로 정하는 중요사항을 변경하려는 자는 미리 우수관리인증의 변경을 신청하여 해당 우수관리인증기관의 승인을 받아야 한다.
⑤ 우수관리인증의 갱신절차 및 유효기간 연장의 절차 등에 필요한 세부적인 사항은 농림축산식품부령으로 정한다.

(8) 우수관리인증의 유효기간 연장(시행규칙 제16조)

① 우수관리인증을 받은 자가 우수관리인증의 유효기간을 연장하려는 경우에는 농산물우수관리인증 유효기간 연장신청서를 그 유효기간이 끝나기 1개월 전까지 우수관리인증기관에 제출하여야 한다.
② 우수관리인증기관은 농산물우수관리인증 유효기간 연장신청서를 검토하여 유효기간 연장이 필요하다고 판단되는 경우에는 해당 우수관리인증농산물의 출하에 필요한 기간을 정하여 유효기간을 연장하고 농산물우수관리 인증서를 재발급하여야 한다. 이 경우 유효기간 연장기간은 우수관리인증의 유효기간을 초과할 수 없다.

(9) 우수관리인증의 취소 등(법 제8조)

① 우수관리인증기관은 우수관리인증을 한 후 조사, 점검, 자료제출 요청 등의 과정에서 다음의 사항이 확인되면 우수관리인증을 취소하거나 3개월 이내의 기간을 정하여 그 우수관리인증의 표시정지를 명하거나 시정명령을 할 수 있다. 다만, ㉠ 또는 ㉢의 경우에는 우수관리인증을 취소하여야 한다.

㉠ 거짓이나 그 밖의 부정한 방법으로 우수관리인증을 받은 경우

㉡ 우수관리기준을 지키지 아니한 경우

㉢ 업종전환·폐업 등으로 우수관리인증농산물을 생산하기 어렵다고 판단되는 경우

㉣ 우수관리인증을 받은 자가 정당한 사유 없이 조사·점검 또는 자료제출 요청에 따르지 아니한 경우

㉤ 우수관리인증을 받은 자가 우수관리인증의 표시방법을 위반한 경우

㉥ 우수관리인증의 변경승인을 받지 아니하고 중요사항을 변경한 경우

㉦ 우수관리인증의 표시정지기간 중에 우수관리인증의 표시를 한 경우

② 우수관리인증기관은 ①에 따라 우수관리인증을 취소하거나 그 표시를 정지한 경우 지체 없이 우수관리인증을 받은 자와 농림축산식품부장관에게 그 사실을 알려야 한다.

③ 우수관리인증 취소 등의 기준·절차 및 방법 등에 필요한 세부사항은 농림축산식품부령으로 정한다.

(10) 우수관리인증기관의 지정 등(법 제9조)

① 농림축산식품부장관은 우수관리인증에 필요한 인력과 시설 등을 갖춘 자를 우수관리인증기관으로 지정하여 다음 업무의 전부 또는 일부를 하도록 할 수 있다. 다만, 외국에서 수입되는 농산물에 대한 우수관리인증의 경우에는 농림축산식품부장관이 정한 기준을 갖춘 외국의 기관도 우수관리인증기관으로 지정할 수 있다.

㉠ 우수관리인증

㉡ 농산물우수관리시설(이하 '우수관리시설')의 지정

② 우수관리인증기관으로 지정을 받으려는 자는 농림축산식품부장관에게 인증기관 지정 신청을 하여야 하며, 우수관리인증기관으로 지정받은 후 농림축산식품부령으로 정하는 중요사항이 변경되었을 때에는 변경신고를 하여야 한다. 다만, 우수관리인증기관 지정이 취소된 후 2년이 지나지 아니한 경우에는 신청을 할 수 없다.

③ 농림축산식품부장관은 ②에 따른 변경신고를 받은 날부터 10일 이내에 신고수리 여부를 신고인에게 통지하여야 한다.

④ 농림축산식품부장관이 ③에서 정한 기간 내에 신고수리 여부 또는 민원 처리 관련 법령에 따른 처리기간의 연장을 신고인에게 통지하지 아니하면 그 기간(민원 처리 관련 법령에 따라 처리기간이 연장 또는 재연장된 경우에는 해당 처리기간)이 끝난 날의 다음 날에 신고를 수리한 것으로 본다.

⑤ 우수관리인증기관 지정의 유효기간은 지정을 받은 날부터 5년으로 하고, 계속 우수관리인증 또는 우수관리시설의 지정 업무를 수행하려면 유효기간이 끝나기 전에 그 지정을 갱신하여야 한다.

⑥ 농림축산식품부장관은 지정이 취소된 우수관리인증기관으로부터 우수관리인증 또는 우수관리시설의 지정을 받은 자에게 다른 우수관리인증기관으로부터 갱신, 유효기간 연장 또는 변경을 할 수 있도록 취소된 사항을 알려야 한다.

⑦ 우수관리인증기관의 지정기준 및 지정절차 등(시행규칙 제19조)

㉠ 외국에서 국내로 수입되는 농산물을 대상으로 우수관리인증을 하기 위하여 외국의 기관이 우수관리인증기관 지정을 신청하는 경우에는 국립농산물품질관리원장이 정하여 고시하는 외국 우수관리인증기관 지정기준 및 지정절차를 적용한다.

㉡ 우수관리인증기관으로 지정받으려는 자는 농산물우수관리인증기관 (지정 · 갱신)신청서에 다음의 서류를 첨부하여 국립농산물품질관리원장에게 제출하여야 한다.

- 정 관
- 농산물우수관리 인증계획 및 인증업무규정 등을 적은 우수관리인증 사업계획서
- 농산물우수관리시설(이하 '우수관리시설') 지정계획 및 지정업무규정 등을 적은 우수관리시설 지정 사업계획서(우수관리시설 지정 업무를 수행하는 경우만 해당)
- 우수관리인증기관의 지정기준을 갖추었음을 증명할 수 있는 서류

㉢ 신청서를 받은 국립농산물품질관리원장은 전자정부법 제36조 제1항에 따른 행정정보의 공동이용을 통하여 법인 등기사항증명서를 확인하여야 한다.

㉣ 국립농산물품질관리원장은 지정신청을 받은 경우에는 그 날부터 3개월 이내에 우수관리인증기관의 지정기준에 적합한지를 심사하여야 한다.

㉤ 국립농산물품질관리원장은 심사 결과 우수관리인증기관의 지정기준에 적합한 경우에는 그 신청인에게 농산물우수관리인증기관 지정서를 발급하여야 하며, 우수관리인증기관의 지정기준에 적합하지 아니한 경우에는 그 사유를 신청인에게 알려야 한다.

㉥ 국립농산물품질관리원장은 농산물우수관리인증기관 지정서를 발급한 경우에는 다음의 사항을 관보에 고시하거나 국립농산물품질관리원의 인터넷 홈페이지에 게시하여야 한다.

- 우수관리인증기관의 명칭 및 대표자
- 주사무소 및 지사의 소재지 · 전화번호
- 우수관리인증기관 지정번호 및 지정일
- 인증지역
- 유효기간

㉦ 국립농산물품질관리원장은 우수관리인증기관을 지정하려는 경우에는 해당 연도의 1월 31일까지 우수관리인증기관 지정에 관한 사항을 국립농산물품질관리원의 인터넷 홈페이지 등에 10일 이상 공고해야 한다.

㉧ 우수관리인증기관 지정에 필요한 세부사항은 국립농산물품질관리원장이 정하여 고시한다.

⑧ 우수관리인증기관의 지정내용 변경신고(시행규칙 제20조)

㉠ 법 제9조 제2항 본문에서 "농림축산식품부령으로 정하는 중요사항"이란 다음의 사항을 말한다.

- 우수관리인증기관의 명칭·대표자·주소 및 전화번호
- 우수관리인증기관의 업무 등 정관
- 우수관리인증기관의 조직, 인력, 시설
- 농산물우수관리 인증계획, 인증업무 처리규정 등을 적은 사업계획서
- 우수관리시설 지정계획, 지정업무규정 등을 적은 사업계획서(우수관리시설 지정 업무를 수행하는 경우만 해당)

㉡ 우수관리인증기관으로 지정을 받은 자는 우수관리인증기관으로 지정받은 후 그 내용이 변경되었을 때에는 그 사유가 발생한 날부터 1개월 이내에 농산물우수관리인증기관 지정내용 변경신고서에 변경내용을 증명하는 서류를 첨부하여 국립농산물품질관리원장에게 제출하여야 한다.

㉢ 우수관리인증기관 지정내용 변경신고를 받은 국립농산물품질관리원장은 신고 사항을 검토하여 우수관리인증기관의 지정기준에 적합한 경우에는 농산물우수관리인증기관 지정서를 재발급하여야 한다.

(11) 우수관리인증기관의 지정 취소 등(법 제10조)

① 농림축산식품부장관은 우수관리인증기관이 다음의 어느 하나에 해당하면 우수관리인증기관의 지정을 취소하거나 6개월 이내의 기간을 정하여 우수관리인증 및 우수관리시설 지정 업무의 정지를 명할 수 있다. 다만, ㉠부터 ㉢까지의 규정 중 어느 하나에 해당하면 우수관리인증기관의 지정을 취소하여야 한다.

㉠ 거짓이나 그 밖의 부정한 방법으로 지정을 받은 경우

㉡ 업무정지 기간 중에 우수관리인증 또는 우수관리시설의 지정 업무를 한 경우

㉢ 우수관리인증기관의 해산·부도로 인하여 우수관리인증 또는 우수관리시설의 지정 업무를 할 수 없는 경우

㉣ 중요사항에 대한 변경신고를 하지 아니하고 우수관리인증 또는 우수관리시설의 지정 업무를 계속한 경우

㉤ 우수관리인증 또는 우수관리시설의 지정 업무와 관련하여 우수관리인증기관의 장 등 임원·직원에 대하여 벌금 이상의 형이 확정된 경우

㉥ 지정기준을 갖추지 아니한 경우

㉦ 준수사항을 지키지 아니한 경우

㉧ 우수관리인증 또는 우수관리시설 지정의 기준을 잘못 적용하는 등 우수관리인증 또는 우수관리시설의 지정 업무를 잘못한 경우

㉨ 정당한 사유 없이 1년 이상 우수관리인증 및 우수관리시설의 지정 실적이 없는 경우

㉩ 농림축산식품부장관의 요구를 정당한 이유 없이 따르지 아니한 경우

② ①에 따른 지정 취소 등의 세부 기준은 농림축산식품부령으로 정한다.

(12) 농산물우수관리시설의 지정 등(법 제11조)

① 농림축산식품부장관은 농산물의 수확 후 위생·안전 관리를 위하여 우수관리인증기관으로 하여금 다음의 시설 중 인력 및 설비 등이 농림축산식품부령으로 정하는 기준에 맞는 시설을 농산물우수관리시설로 지정하도록 할 수 있다.

㉠ 양곡관리법에 따른 미곡종합처리장

㉡ 농수산물 유통 및 가격안정에 관한 법률 제51조에 따른 농수산물산지유통센터

㉢ 그 밖에 농산물의 수확 후 관리를 하는 시설로서 농림축산식품부장관이 정하여 고시하는 시설

② ①에 따라 우수관리시설로 지정받으려는 자는 관리하려는 농산물의 품목 등을 정하여 우수관리인증기관에 신청하여야 하며, 우수관리시설로 지정받은 후 농림축산식품부령으로 정하는 중요 사항이 변경되었을 때에는 해당 우수관리인증기관에 변경신고를 하여야 한다. 다만, 우수관리시설 지정이 취소된 후 1년이 지나지 아니하면 지정 신청을 할 수 없다.

③ 우수관리인증기관은 ②에 따른 우수관리시설의 지정 신청 또는 변경신고를 받은 경우 ①에 따른 우수관리시설의 지정 기준에 맞는지를 심사하여 지정결과 또는 변경신고의 수리여부를 통지하여야 한다. 이 경우 변경신고의 수리여부는 변경신고를 받은 날부터 10일 이내에 통지하여야 한다.

④ 우수관리인증기관이 ③에서 정한 기간 내에 신고수리 여부 또는 민원 처리 관련 법령에 따른 처리기간의 연장을 신고인에게 통지하지 아니하면 그 기간(민원 처리 관련 법령에 따라 처리기간이 연장 또는 재연장된 경우에는 해당 처리기간)이 끝난 날의 다음 날에 신고를 수리한 것으로 본다.

⑤ 우수관리인증기관은 ①에 따라 우수관리시설의 지정을 한 경우 우수관리시설의 지정을 받은 자가 우수관리시설의 지정 기준을 지키는지 조사·점검하여야 하며, 필요한 경우에는 자료제출 요청 등을 할 수 있다.

⑥ 우수관리시설을 운영하는 자는 우수관리인증 대상 농산물 또는 우수관리인증농산물을 우수관리기준에 따라 관리하여야 한다.

⑦ 우수관리시설의 지정 유효기간은 5년으로 하되, 우수관리시설 지정의 효력을 유지하기 위하여는 유효기간이 끝나기 전에 그 지정을 갱신하여야 한다.

⑧ 우수관리시설의 지정기준 및 지정절차 등(시행규칙 제23조)

㉠ 우수관리시설로 지정받으려는 자는 농산물우수관리시설 지정신청서에 다음의 서류를 첨부하여 우수관리인증기관에 제출하여야 한다.

- 정관 및 법인 등기사항증명서(법인인 경우만 해당)
- 우수관리시설 및 인력 현황을 적은 서류
- 우수관리시설의 운영계획 및 우수관리인증농산물 처리규정 등을 적은 우수관리시설 사업계획서
- 우수관리시설의 지정기준을 갖추었음을 증명할 수 있는 서류

㉡ 우수관리인증기관은 ㉠에 따른 지정신청을 받으면 그 날부터 40일 이내에 우수관리시설 지정기준에 적합한지를 심사하여야 한다.

㉢ 우수관리인증기관은 ㉡에 따라 심사를 한 결과 우수관리시설 지정기준에 적합한 경우에는 그 신청인에게 농산물우수관리시설 지정서를 발급하여야 하며, 우수관리시설 지정기준에 적합하지 아니한 경우에는 그 사유를 신청인에게 알려야 한다.

㉣ 우수관리인증기관은 ㉢에 따라 농산물우수관리시설 지정서를 발급한 경우에는 다음의 사항을 관보에 고시하거나 농산물우수관리시스템에 게시하여야 한다.

- 우수관리시설의 명칭 및 대표자
- 주사무소 및 지사의 소재지 · 전화번호
- 수확 후 관리 품목
- 우수관리시설 지정번호 및 지정일
- 유효기간

㉤ 외국의 수확 후 관리시설이 우수관리시설 지정을 신청하는 경우에는 국립농산물품질관리원장이 정하여 고시하는 외국 우수관리시설 지정기준 및 지정절차를 적용한다.

㉥ 우수관리시설 지정에 필요한 세부사항은 국립농산물품질관리원장이 정하여 고시한다.

⑨ **우수관리시설의 지정내용 변경신고(시행규칙 제24조)**

㉠ "농림축산식품부령으로 정하는 중요사항"이란 다음의 사항을 말한다.

- 우수관리시설의 명칭, 대표자 및 정관
- 수확 후 관리대상 품목
- 수확 후 관리설비
- 우수관리시설의 운영계획 및 우수농산물 처리규정 등 사업계획서

㉡ 우수관리시설로 지정을 받은 자는 우수관리시설로 지정받은 후 ㉠의 내용이 변경된 경우에는 변경사유가 발생한 날부터 1개월 이내에 농산물우수관리시설 지정내용 변경신고서에 변경된 내용을 증명하는 서류를 첨부하여 우수관리인증기관에 제출하여야 한다.

⑩ **우수관리시설 지정의 갱신 등(시행규칙 제25조)** : 우수관리시설로 지정을 갱신하려는 자는 농산물우수관리시설 (지정 · 갱신)신청서에 ⑧의 ㉠의 서류 중 변경사항이 있는 서류를 첨부하여 그 유효기간이 끝나기 1개월 전까지 우수관리인증기관에 제출하여야 한다.

(13) 우수관리시설의 지정 취소 등(법 제12조)

① 우수관리인증기관은 우수관리시설이 다음의 어느 하나에 해당하면 그 지정을 취소하거나 6개월 이내의 기간을 정하여 우수관리인증 대상 농산물에 대한 농산물우수관리 업무의 정지를 명하거나 시정명령을 할 수 있다. 다만, ㉠부터 ㉢까지의 규정 중 어느 하나에 해당하면 지정을 취소하여야 한다.

㉠ 거짓이나 그 밖의 부정한 방법으로 지정을 받은 경우

㉡ 업무정지 기간 중에 농산물우수관리 업무를 한 경우

㉢ 우수관리시설을 운영하는 자가 해산 · 부도로 인하여 농산물우수관리 업무를 할 수 없는 경우

㉣ 지정기준을 갖추지 못하게 된 경우

㉤ 중요사항에 대한 변경신고를 하지 아니하고 우수관리인증 대상 농산물을 취급(세척 등 단순가공 · 포장 · 저장 · 거래 · 판매를 포함)한 경우

ⓑ 농산물우수관리 업무와 관련하여 시설의 대표자 등 임원 · 직원에 대하여 벌금 이상의 형이 확정된 경우

ⓢ 우수관리시설의 지정을 받은 자가 정당한 사유 없이 조사 · 점검 또는 자료제출 요청을 따르지 아니한 경우

ⓞ 우수관리인증 대상 농산물 또는 우수관리인증농산물을 우수관리기준에 따라 관리하지 아니한 경우

② ①에 따른 지정 취소 및 업무정지의 기준 · 절차 등 세부적인 사항은 농림축산식품부령으로 정한다.

(14) 농산물우수관리 관련 교육 · 홍보 등(법 제12조의2)

농림축산식품부장관은 농산물우수관리를 활성화하기 위하여 소비자, 우수관리인증을 받았거나 받으려는 자, 우수관리인증기관 등에게 교육 · 홍보, 컨설팅 지원 등의 사업을 수행할 수 있다.

(15) 농산물우수관리 관련 보고 및 점검 등(법 제13조)

① 농림축산식품부장관은 농산물우수관리를 위하여 필요하다고 인정하면 우수관리인증기관, 우수관리시설을 운영하는 자 또는 우수관리인증을 받은 자로 하여금 그 업무에 관한 사항을 보고(정보통신망 이용촉진 및 정보보호 등에 관한 법률에 따른 정보통신망을 이용하여 보고하는 경우를 포함)하게 하거나 자료를 제출(정보통신망 이용촉진 및 정보보호 등에 관한 법률에 따른 정보통신망을 이용하여 제출하는 경우를 포함)하게 할 수 있으며, 관계 공무원에게 사무소 등을 출입하여 시설 · 장비 등을 점검하고 관계 장부나 서류를 조사하게 할 수 있다.

② 보고 · 자료제출 · 점검 또는 조사를 할 때 우수관리인증기관, 우수관리시설을 운영하는 자 및 우수관리인증을 받은 자는 정당한 사유 없이 이를 거부 · 방해하거나 기피하여서는 아니 된다.

③ 점검이나 조사를 할 때에는 미리 점검이나 조사의 일시, 목적, 대상 등을 점검 또는 조사 대상자에게 알려야 한다. 다만, 긴급한 경우나 미리 알리면 그 목적을 달성할 수 없다고 인정되는 경우에는 알리지 아니할 수 있다.

④ 점검이나 조사를 하는 관계 공무원은 그 권한을 표시하는 증표를 지니고 이를 관계인에게 보여주어야 하며, 성명 · 출입시간 · 출입목적 등이 표시된 문서를 관계인에게 내주어야 한다.

(16) 우수관리시설 점검 · 조사 등의 결과에 따른 조치 등(법 제13조의2)

① 농림축산식품부장관은 점검 · 조사 등의 결과 우수관리시설이 법 제12조(우수관리시설의 지정 취소 등) ①의 어느 하나에 해당하면 해당 우수관리인증기관에 농림축산식품부령으로 정하는 바에 따라 우수관리시설의 지정을 취소하거나 우수관리인증 대상 농산물에 대한 농산물우수관리 업무의 정지 또는 시정을 명하도록 요구하여야 한다.

② 우수관리인증기관은 ①에 따른 요구가 있는 경우 지체 없이 이에 따라야 하며, 처분 후 그 내용을 농림축산식품부장관에게 보고하여야 한다.

③ ①의 경우 우수관리인증기관의 지정이 취소된 후 새로운 우수관리인증기관이 지정되지 아니하거나 해당 우수관리인증기관이 업무정지 중인 경우에는 농림축산식품부장관이 우수관리시설의 지정을 취소하거나 6개월 이내의 기간을 정하여 우수관리인증 대상 농산물에 대한 농산물우수관리 업무의 정지를 명하거나 시정명령을 할 수 있다.

3. 이력추적관리

(1) 이력추적관리(법 제24조)

① 다음의 어느 하나에 해당하는 자 중 이력추적관리를 하려는 자는 농림축산식품부장관에게 등록하여야 한다.

㉠ 농산물(축산물은 제외)을 생산하는 자

㉡ 농산물을 유통 또는 판매하는 자(표시·포장을 변경하지 아니한 유통·판매자는 제외)

② ①에도 불구하고 대통령령으로 정하는 농산물을 생산하거나 유통 또는 판매하는 자는 농림축산식품부장관에게 이력추적관리의 등록을 하여야 한다.

③ ① 또는 ②에 따라 이력추적관리의 등록을 한 자는 농림축산식품부령으로 정하는 등록사항이 변경된 경우 변경 사유가 발생한 날부터 1개월 이내에 농림축산식품부장관에게 신고하여야 한다.

④ 농림축산식품부장관은 ③에 따른 변경신고를 받은 날부터 10일 이내에 신고수리 여부를 신고인에게 통지하여야 한다.

⑤ 농림축산식품부장관이 ④에서 정한 기간 내에 신고수리 여부 또는 민원 처리 관련 법령에 따른 처리기간의 연장을 신고인에게 통지하지 아니하면 그 기간(민원 처리 관련 법령에 따라 처리기간이 연장 또는 재연장된 경우에는 해당 처리기간)이 끝난 날의 다음 날에 신고를 수리한 것으로 본다.

⑥ ①에 따라 이력추적관리의 등록을 한 자는 해당 농산물에 농림축산식품부령으로 정하는 바에 따라 이력추적관리의 표시를 할 수 있으며, ②에 따라 이력추적관리의 등록을 한 자는 해당 농산물에 이력추적관리의 표시를 하여야 한다.

⑦ ①에 따라 등록된 농산물 및 ②에 따른 농산물(이하 '이력추적관리농산물')을 생산하거나 유통 또는 판매하는 자는 이력추적관리에 필요한 입고·출고 및 관리 내용을 기록하여 보관하는 등 농림축산식품부장관이 정하여 고시하는 기준(이하 '이력추적관리기준')을 지켜야 한다. 다만, 이력추적관리농산물을 유통 또는 판매하는 자 중 행상·노점상 등 대통령령으로 정하는 자는 예외로 한다.

⑧ 농림축산식품부장관은 ① 또는 ②에 따라 이력추적관리의 등록을 한 자에 대하여 이력추적관리에 필요한 비용의 전부 또는 일부를 지원할 수 있다.

⑨ 농림축산식품부장관은 ① 또는 ②에 따라 이력추적관리를 등록한 자의 농산물 이력정보를 공개할 수 있다. 이 경우 휴대전화기를 이용하는 등 소비자가 이력정보에 쉽게 접근할 수 있도록 하여야 한다.

⑩ 이력추적관리의 대상품목, 등록절차, 등록사항, 그 밖에 등록에 필요한 세부적인 사항과 ⑨에 따른 이력정보 공개에 필요한 사항은 농림축산식품부령으로 정한다.

(2) 이력추적관리의 대상품목 및 등록사항(시행규칙 제46조)

① 이력추적관리 등록 대상품목은 농산물(축산물은 제외) 중 식용을 목적으로 생산하는 농산물로 한다.

② 이력추적관리의 등록사항은 다음과 같다.

㉠ 생산자(단순가공을 하는 자를 포함)

- 생산자의 성명, 주소 및 전화번호
- 이력추적관리 대상품목명
- 재배면적
- 생산계획량
- 재배지의 주소

㉡ 유통자

- 유통업체의 명칭 또는 유통자의 성명, 주소 및 전화번호
- 수확 후 관리시설이 있는 경우 관리시설의 소재지

㉢ 판매자 : 판매업체의 명칭 또는 판매자의 성명, 주소 및 전화번호

(3) 이력추적관리의 등록절차 등(시행규칙 제47조)

① 이력추적관리 등록을 하려는 자는 농산물이력추적관리 등록(신규·갱신)신청서에 다음의 서류를 첨부하여 국립농산물품질관리원장에게 제출하여야 한다.

㉠ 이력추적관리농산물의 관리계획서

㉡ 이상이 있는 농산물에 대한 회수 조치 등 사후관리계획서

② 국립농산물품질관리원장(이하 '등록기관의 장')은 ①에 따라 제출된 서류에 보완이 필요하다고 판단되면 등록을 신청한 자에게 서류의 보완을 요구할 수 있다.

③ 등록기관의 장은 이력추적관리의 등록신청을 받은 경우에는 이력추적관리기준에 적합한지를 심사하여야 한다.

④ 등록기관의 장은 신청인이 생산자집단인 경우에는 전체 구성원에 대하여 각각 심사를 하여야 한다. 다만, 등록기관의 장이 정하여 고시하는 바에 따라 표본심사를 할 수 있다.

⑤ 등록기관의 장은 등록신청을 받으면 심사일정을 정하여 그 신청인에게 알려야 한다.

⑥ 등록기관의 장은 그 소속 심사담당자와 시·도지사 또는 시장·군수·구청장이 추천하는 공무원이나 민간전문가로 심사반을 구성하여 이력추적관리의 등록 여부를 심사할 수 있다.

⑦ 등록기관의 장은 ③에 따른 심사 결과 적합한 경우에는 이력추적관리 등록을 하고, 그 신청인에게 농산물이력추적관리 등록증(이하 '이력추적관리 등록증')을 발급하여야 한다.

⑧ 등록기관의 장은 심사 결과 적합하지 아니한 경우에는 그 사유를 구체적으로 밝혀 지체 없이 신청인에게 알려 주어야 한다.

⑨ 이력추적관리 등록자는 이력추적관리 등록증을 분실한 경우 등록기관에 농산물이력추적관리 등록증 재발급 신청서를 제출하여 재발급받을 수 있다.

⑩ 이력추적관리의 등록에 필요한 세부적인 절차 및 사후관리 등은 국립농산물품질관리원장이 정하여 고시한다.

(4) 이력추적관리의 등록사항 변경신고(시행규칙 제48조)

① 이력추적관리 등록의 변경신고를 하려는 자는 농산물이력추적관리 등록사항 변경신고서에 이력추적관리 등록증 원본과 이력추적관리농산물 관리계획서의 변경된 부분을 첨부하여 등록기관의 장에게 제출하여야 한다.

② 이력추적관리 등록사항 변경신고를 받은 등록기관의 장은 변경된 등록사항을 반영하여 이력추적관리 등록증을 재발급하여야 한다.

③ 이력추적관리 등록사항 변경신고에 대한 절차 등에 필요한 세부적인 사항은 등록기관의 장이 정하여 고시한다.

(5) 이력추적관리농수산물의 표시 등(시행규칙 제49조)

① 이력추적관리 표시를 하려는 경우에는 다음의 방법에 따른다.

㉠ 포장·용기의 겉면 등에 이력추적관리의 표시를 할 때에는 표시사항을 인쇄하거나 표시사항이 인쇄된 스티커를 부착하여야 한다.

㉡ 농산물에 이력추적관리의 표시를 할 때에는 표시대상 농산물에 이력추적관리 등록 표지가 인쇄된 스티커를 부착하여야 한다.

㉢ 송장이나 거래명세표에 이력추적관리 등록의 표시를 할 때에는 표시항목을 적어 이력추적관리 등록을 받았음을 표시하여야 한다.

㉣ 간판이나 차량에 이력추적관리의 표시를 할 때에는 인쇄 등의 방법으로 표지를 표시하여야 한다.

② ①에 따른 이력추적관리의 표시가 되어 있는 농산물을 공급받아 소비자에게 직접 판매하는 자는 푯말 또는 표지판으로 이력추적관리의 표시를 할 수 있다. 이 경우 표시 내용은 포장 및 거래명세표 등에 적혀 있는 내용과 같아야 한다.

③ ① 및 ②에 따른 표시방법 등 이력추적관리의 표시와 관련하여 필요한 사항은 등록기관의 장이 정하여 고시한다.

알아두기 이력추적관리 농산물의 표시(시행규칙 제49조 제1항 및 제2항 관련 [별표 12])

① 이력추적관리 농산물의 표지와 제도법

㉠ 표 지

㉡ 제도법

- 도형표시
- 글자는 고딕체로 한다.
- 표지도형의 색상 및 크기는 포장재의 색상 및 크기에 따라 조정할 수 있다.

② 표시사항

㉠ 표 지

㉡ 표시항목

- 산지 : 농산물을 생산한 지역의 시·도나 시·군·구 단위를 적는다.
- 품종(품종) : 식물신품종 보호법에 따른 품종을 이 규칙에 따라 표시한다.
- 중량·개수 : 포장단위의 실중량이나 개수
- 생산연도 : 쌀과 현미만 해당하며, 양곡관리법 시행규칙 [별표 4]에 따라 수확연도를 표시한다.
- 생산자 : 생산자 성명이나 생산자단체·조직명, 주소, 전화번호(유통자의 경우 유통자 성명, 업체명, 주소, 전화번호)
- 이력추적관리번호 : 이력추적이 가능하도록 붙여진 이력추적관리번호

③ 표시방법

㉠ 표지와 표시항목의 크기는 포장재의 크기에 따라 표지의 크기를 키우거나 줄일 수 있으나 표지형태 및 글자표기는 변형할 수 없다.

㉡ 표지와 표시항목의 표시는 소비자가 쉽게 알아볼 수 있도록 포장재 옆면에 표지와 표시사항을 함께 표시하되, 옆면에 표시하기 어려울 경우에는 표시위치를 변경할 수 있다.

㉢ 표지와 표시항목은 인쇄하거나 스티커로 포장재에서 떨어지지 않도록 부착하여야 한다. 다만, 포장하지 아니하고 낱개로 판매하는 경우나 소포장의 경우에는 표지만을 표시할 수 있다.

㉣ 수출용의 경우에는 해당 국가의 요구에 따라 표시할 수 있다.

㉤ 표시항목 중 표준규격, 지리적표시 등 다른 규정에 따라 표시하고 있는 사항은 그 표시를 생략할 수 있다.

(6) 이력추적관리 등록의 유효기간 등(법 제25조)

① 이력추적관리 등록의 유효기간은 등록한 날부터 3년으로 한다. 다만, 품목의 특성상 달리 적용할 필요가 있는 경우에는 10년의 범위에서 농림축산식품부령으로 유효기간을 달리 정할 수 있다.

※ 이력추적관리 등록의 유효기간 등(시행규칙 제50조)
유효기간을 달리 적용할 유효기간은 다음의 구분에 따른 범위 내에서 등록기관의 장이 정하여 고시한다.
㉠ 인삼류 : 5년 이내
㉡ 약용작물류 : 6년 이내

② 다음의 어느 하나에 해당하는 자는 이력추적관리 등록의 유효기간이 끝나기 전에 이력추적관리의 등록을 갱신하여야 한다.

㉠ 이력추적관리의 등록을 한 자로서 그 유효기간이 끝난 후에도 계속하여 해당 농산물에 대하여 이력추적관리를 하려는 자

㉡ 이력추적관리의 등록을 한 자로서 그 유효기간이 끝난 후에도 계속하여 해당 농산물을 생산하거나 유통 또는 판매하려는 자

③ 이력추적관리의 등록을 한 자가 ①의 유효기간 내에 해당 품목의 출하를 종료하지 못할 경우에는 농림축산식품부장관의 심사를 받아 이력추적관리 등록의 유효기간을 연장할 수 있다.

④ 이력추적관리 등록의 갱신 및 유효기간 연장의 절차 등에 필요한 세부적인 사항은 농림축산식품부령으로 정한다.

(7) 이력추적관리 등록의 갱신(시행규칙 제51조)

① 이력추적관리 등록을 받은 자가 이력추적관리 등록을 갱신하려는 경우에는 이력추적관리 등록(신규·갱신)신청서와 시행규칙 제47조(이력추적관리의 등록절차 등) ①에 따른 서류 중 변경사항이 있는 서류를 해당 등록의 유효기간이 끝나기 1개월 전까지 등록기관의 장에게 제출하여야 한다.

② 등록기관의 장은 유효기간이 끝나기 2개월 전까지 신청인에게 갱신절차와 갱신신청 기간을 미리 알려야 한다. 이 경우 통지는 휴대전화 문자메세지, 전자우편, 팩스, 전화 또는 문서 등으로 할 수 있다.

(8) 이력추적관리 등록의 취소 등(법 제27조)

① 농림축산식품부장관은 등록한 자가 다음의 어느 하나에 해당하면 그 등록을 취소하거나 6개월 이내의 기간을 정하여 이력추적관리 표시정지를 명하거나 시정명령을 할 수 있다. 다만, ㉠, ㉡ 또는 ㉦에 해당하면 등록을 취소하여야 한다.

㉠ 거짓이나 그 밖의 부정한 방법으로 등록을 받은 경우
㉡ 이력추적관리 표시정지 명령을 위반하여 계속 표시한 경우
㉢ 이력추적관리 등록변경신고를 하지 아니한 경우
㉣ 표시방법을 위반한 경우
㉤ 이력추적관리기준을 지키지 아니한 경우
㉥ 정당한 사유 없이 자료제출 요구를 거부한 경우
㉦ 업종전환·폐업 등으로 이력추적관리농산물을 생산, 유통 또는 판매하기 어렵다고 판단되는 경우

② ①에 따른 등록취소, 표시정지 및 시정명령의 기준, 절차 등 세부적인 사항은 농림축산식품부령으로 정한다.

4. 사후관리 등

(1) 지위의 승계 등(법 제28조)

① 다음의 어느 하나에 해당하는 사유로 발생한 권리·의무를 가진 자가 사망하거나 그 권리·의무를 양도하는 경우 또는 법인이 합병한 경우에는 상속인, 양수인 또는 합병 후 존속하는 법인이나 합병으로 설립되는 법인이 그 지위를 승계할 수 있다.

㉠ 우수관리인증기관의 지정
㉡ 우수관리시설의 지정
㉢ 품질인증기관의 지정

② ①에 따라 지위를 승계하려는 자는 승계의 사유가 발생한 날부터 1개월 이내에 농림축산식품부령 또는 해양수산부령으로 정하는 바에 따라 각각 지정을 받은 기관에 신고하여야 한다.

(2) 행정제재처분 효과의 승계(법 제28조의2)

지위를 승계한 경우 종전의 우수관리인증기관, 우수관리시설 또는 품질인증기관에 행한 행정제재처분의 효과는 그 처분이 있은 날부터 1년간 그 지위를 승계한 자에게 승계되며, 행정제재처분의 절차가 진행 중인 때에는 그 지위를 승계한 자에 대하여 그 절차를 계속 진행할 수 있다. 다만, 지위를 승계한 자가 그 지위의 승계 시에 그 처분 또는 위반사실을 알지 못하였음을 증명하는 때에는 그러하지 아니하다.

(3) 거짓표시 등의 금지(법 제29조)

① 누구든지 다음의 표시·광고 행위를 하여서는 아니 된다.

㉠ 표준규격품, 우수관리인증농산물, 품질인증품, 이력추적관리농산물(이하 '우수표시품')이 아닌 농수산물(우수관리인증농산물이 아닌 농산물의 경우에는 승인을 받지 아니한 농산물을 포함) 또는 농수산가공품에 우수표시품의 표시를 하거나 이와 비슷한 표시를 하는 행위

㉡ 우수표시품이 아닌 농수산물(우수관리인증농산물이 아닌 농산물의 경우에는 승인을 받지 아니한 농산물을 포함) 또는 농수산가공품을 우수표시품으로 광고하거나 우수표시품으로 잘못 인식할 수 있도록 광고하는 행위

② 누구든지 다음의 행위를 하여서는 아니 된다.

㉠ 표준규격품의 표시를 한 농수산물에 표준규격품이 아닌 농수산물 또는 농수산가공품을 혼합하여 판매하거나 혼합하여 판매할 목적으로 보관하거나 진열하는 행위

㉡ 우수관리인증의 표시를 한 농산물에 우수관리인증농산물이 아닌 농산물(승인을 받지 아니한 농산물을 포함) 또는 농산가공품을 혼합하여 판매하거나 혼합하여 판매할 목적으로 보관하거나 진열하는 행위

㉢ 이력추적관리의 표시를 한 농산물에 이력추적관리의 등록을 하지 아니한 농산물 또는 농산가공품을 혼합하여 판매하거나 혼합하여 판매할 목적으로 보관하거나 진열하는 행위

(4) 우수표시품의 사후관리(법 제30조)

농림축산식품부장관 또는 해양수산부장관은 우수표시품의 품질수준 유지와 소비자 보호를 위하여 필요한 경우에는 관계 공무원에게 다음의 조사 등을 하게 할 수 있다.

① 우수표시품의 해당 표시에 대한 규격·품질 또는 인증·등록기준에의 적합성 등의 조사

② 해당 표시를 한 자의 관계 장부 또는 서류의 열람

③ 우수표시품의 시료(試料) 수거

(5) 권장품질표시의 사후관리(법 제30조의2)

① 농림축산식품부장관은 권장품질표시의 정착과 건전한 유통질서 확립을 위하여 필요한 경우에는 관계 공무원에게 다음의 조사를 하게 할 수 있다.

㉠ 권장품질표시를 한 농산물의 권장품질표시 기준에의 적합성의 조사

㉡ 권장품질표시를 한 농산물의 시료 수거

② 농림축산식품부장관은 ①에 따른 조사 결과 권장품질표시를 한 농산물이 권장품질표시 기준에 적합하지 아니한 경우 그 시정을 권고할 수 있다.

③ 농림축산식품부장관은 권장품질표시를 장려하기 위하여 이에 필요한 지원을 할 수 있다.

(6) 우수표시품에 대한 시정조치(법 제31조)

① 농림축산식품부장관 또는 해양수산부장관은 표준규격품 또는 품질인증품이 다음의 어느 하나에 해당하면 대통령령으로 정하는 바에 따라 그 시정을 명하거나 해당 품목의 판매금지 또는 표시정지의 조치를 할 수 있다.

㉠ 표시된 규격 또는 해당 인증·등록 기준에 미치지 못하는 경우

㉡ 업종전환·폐업 등으로 해당 품목을 생산하기 어렵다고 판단되는 경우

㉢ 해당 표시방법을 위반한 경우

② 농림축산식품부장관은 조사 등의 결과 우수관리인증농산물이 우수관리기준에 미치지 못하거나 법 제6조(농산물우수관리의 인증) 제7항에 따른 표시방법을 위반한 경우에는 대통령령으로 정하는 바에 따라 우수관리인증농산물의 유통업자에게 해당 품목의 우수관리인증 표시의 제거·변경 또는 판매금지 조치를 명할 수 있고, 법 제8조(우수관리인증의 취소 등) ①의 어느 하나에 해당하면 해당 우수관리인증기관에 법 제8조에 따라 다음의 어느 하나에 해당하는 처분을 하도록 요구하여야 한다.

㉠ 우수관리인증의 취소

㉡ 우수관리인증의 표시정지

㉢ 시정명령

③ 우수관리인증기관은 ②에 따른 요구가 있는 경우 이에 따라야 하고, 처분 후 지체 없이 농림축산식품부장관에게 보고하여야 한다.

④ ②의 경우 우수관리인증기관의 지정이 취소된 후 새로운 우수관리인증기관이 지정되지 아니하거나 해당 우수관리인증기관이 업무정지 중인 경우에는 농림축산식품부장관이 ②의 어느 하나에 해당하는 처분을 할 수 있다.

지리적표시

1. 등 록

(1) 지리적표시의 등록(법 제32조)

① 농림축산식품부장관 또는 해양수산부장관은 지리적 특성을 가진 농수산물 또는 농수산가공품의 품질 향상과 지역특화산업 육성 및 소비자 보호를 위하여 지리적표시의 등록제도를 실시한다.

예시문제 맛보기

지리적 특성이 있는 농수산물 및 농수산가공품의 품질을 향상하고 지역특화산업으로 육성하며 소비자를 보호하기 위해 실시하는 제도는 무엇인가? [3회 기출]

정답 지리적표시 등록제도

② ①에 따른 지리적표시의 등록은 특정지역에서 지리적 특성을 가진 농수산물 또는 농수산가공품을 생산하거나 제조・가공하는 자로 구성된 법인만 신청할 수 있다. 다만, 지리적 특성을 가진 농수산물 또는 농수산가공품의 생산자 또는 가공업자가 1인인 경우에는 법인이 아니라도 등록신청을 할 수 있다.

③ ②에 해당하는 자로서 ①에 따른 지리적표시의 등록을 받으려는 자는 농림축산식품부령 또는 해양수산부령으로 정하는 등록 신청서류 및 그 부속서류를 농림축산식품부령 또는 해양수산부령으로 정하는 바에 따라 농림축산식품부장관 또는 해양수산부장관에게 제출하여야 한다. 등록한 사항 중 농림축산식품부령 또는 해양수산부령으로 정하는 중요 사항을 변경하려는 때에도 같다.

알아두기 지리적표시의 등록 및 변경(시행규칙 제56조)

① 지리적표시의 등록을 받으려는 자는 지리적표시 등록(변경)신청서에 다음의 서류를 첨부하여 농산물(임산물은 제외)은 국립농산물품질관리원장, 임산물은 산림청장, 수산물은 국립수산물품질관리원장에게 각각 제출하여야 한다. 다만, 지리적표시의 등록을 받으려는 자가 상표법 시행령 제5조 제1호부터 제3호까지의 서류를 특허청장에게 제출한 경우(2011년 1월 1일 이후에 제출한 경우만 해당)에는 지리적표시 등록(변경)신청서에 해당 사항을 표시하고 ⓒ부터 ⓑ까지의 서류를 제출하지 아니할 수 있다.
- ㉠ 정관(법인인 경우만 해당)
- ㉡ 생산계획서(법인의 경우 각 구성원별 생산계획을 포함)
- ㉢ 대상품목・명칭 및 품질의 특성에 관한 설명서
- ㉣ 해당 특산품의 유명성과 역사성을 증명할 수 있는 자료
- ㉤ 품질의 특성과 지리적 요인과 관계에 관한 설명서
- ㉥ 지리적표시 대상지역의 범위
- ㉦ 자체품질기준
- ㉧ 품질관리계획서

② ① 외의 부분 단서에 해당하는 경우 국립농산물품질관리원장, 산림청장 또는 국립수산물품질관리원장은 특허청장에게 해당 서류의 제출 여부를 확인한 후 그 사본을 요청하여야 한다.

③ 지리적표시로 등록한 사항 중 다음의 어느 하나의 사항을 변경하려는 자는 지리적표시 등록(변경)신청서에 변경사유 및 증거자료를 첨부하여 농산물은 국립농산물품질관리원장, 임산물은 산림청장, 수산물은 국립수산물품질관리원장에게 각각 제출하여야 한다.
㉠ 등록자
㉡ 지리적표시 대상지역의 범위
㉢ 자체품질기준 중 제품생산기준, 원료생산기준 또는 가공기준
④ ①부터 ③까지에 따른 지리적표시의 등록 및 변경에 관한 세부사항은 농림축산식품부장관 또는 해양수산부장관이 정하여 고시한다.

④ 농림축산식품부장관 또는 해양수산부장관은 ③에 따라 등록 신청을 받으면 지리적표시 등록심의 분과위원회의 심의를 거쳐 ⑨에 따른 등록거절 사유가 없는 경우 지리적표시 등록 신청 공고결정(이하 '공고결정')을 하여야 한다. 이 경우 농림축산식품부장관 또는 해양수산부장관은 신청된 지리적표시가 상표법에 따른 타인의 상표(지리적표시 단체표장을 포함)에 저촉되는지에 대하여 미리 특허청장의 의견을 들어야 한다.

⑤ 농림축산식품부장관 또는 해양수산부장관은 공고결정을 할 때에는 그 결정 내용을 관보와 인터넷 홈페이지에 공고하고, 공고일부터 2개월간 지리적표시 등록 신청서류 및 그 부속서류를 일반인이 열람할 수 있도록 하여야 한다.

⑥ 누구든지 ⑤에 따른 공고일부터 2개월 이내에 이의 사유를 적은 서류와 증거를 첨부하여 농림축산식품부장관 또는 해양수산부장관에게 이의신청을 할 수 있다.

⑦ 농림축산식품부장관 또는 해양수산부장관은 다음의 경우에는 지리적표시의 등록을 결정하여 신청자에게 알려야 한다.
㉠ ⑥에 따른 이의신청을 받았을 때에는 지리적표시 등록심의 분과위원회의 심의를 거쳐 등록을 거절할 정당한 사유가 없다고 판단되는 경우
㉡ ⑥에 따른 기간에 이의신청이 없는 경우

⑧ 농림축산식품부장관 또는 해양수산부장관이 지리적표시의 등록을 한 때에는 지리적표시권자에게 지리적표시등록증을 교부하여야 한다.

⑨ 농림축산식품부장관 또는 해양수산부장관은 ③에 따라 등록 신청된 지리적표시가 다음의 어느 하나에 해당하면 등록의 거절을 결정하여 신청자에게 알려야 한다.
㉠ ③에 따라 먼저 등록 신청되었거나, ⑦에 따라 등록된 타인의 지리적표시와 같거나 비슷한 경우
㉡ 상표법에 따라 먼저 출원되었거나 등록된 타인의 상표와 같거나 비슷한 경우
㉢ 국내에서 널리 알려진 타인의 상표 또는 지리적표시와 같거나 비슷한 경우
㉣ 일반명칭[농수산물 또는 농수산가공품의 명칭이 기원적(起原的)으로 생산지나 판매장소와 관련이 있지만 오래 사용되어 보통명사화된 명칭]에 해당되는 경우
㉤ 지리적표시 또는 동음이의어 지리적표시의 정의에 맞지 아니하는 경우
㉥ 지리적표시의 등록을 신청한 자가 그 지리적표시를 사용할 수 있는 농수산물 또는 농수산가공품을 생산·제조 또는 가공하는 것을 업(業)으로 하는 자에 대하여 단체의 가입을 금지하거나 가입조건을 어렵게 정하여 실질적으로 허용하지 아니한 경우

⑩ ①부터 ⑨까지에 따른 지리적표시 등록 대상품목, 대상지역, 신청자격, 심의·공고의 절차, 이의신청 절차 및 등록거절 사유의 세부기준 등에 필요한 사항은 대통령령으로 정한다.

(2) 지리적표시의 대상지역(시행령 제12조)

지리적표시의 등록을 위한 지리적표시 대상지역은 자연환경적 및 인적 요인을 고려하여 다음의 어느 하나에 따라 구획한 지역으로 한다. 다만, 김치산업 진흥법에 따른 김치의 경우에는 전국을 하나의 지리적표시의 대상지역으로 할 수 있으며, 인삼산업법에 따른 인삼류의 경우에는 전국을 하나의 지리적표시의 대상지역으로 한다.

① 해당 품목의 특성에 영향을 주는 지리적 특성이 동일한 행정구역, 산, 강 등에 따를 것
② 해당 품목의 특성에 영향을 주는 지리적 특성, 서식지 및 어획·채취의 환경이 동일한 연안해역에 따를 것. 이 경우 연안해역은 위도와 경도로 구분하여야 한다.

(3) 지리적표시의 심의·공고·열람 및 이의신청 절차(시행령 제14조)

① 농림축산식품부장관 또는 해양수산부장관은 지리적표시의 등록 또는 중요 사항의 변경등록 신청을 받으면 그 신청을 받은 날부터 30일 이내에 지리적표시 분과위원회에 심의를 요청하여야 한다.
② 지리적표시 분과위원장은 ①에 따른 요청을 받은 경우 농림축산식품부령 또는 해양수산부령으로 정하는 바에 따라 심의를 위한 현지 확인반을 구성하여 현지 확인을 하도록 하여야 한다. 다만, 중요 사항의 변경등록 신청을 받아 ①에 따른 요청을 받은 경우에는 지리적표시 분과위원회의 심의 결과 현지 확인이 필요하지 아니하다고 인정하면 이를 생략할 수 있다.
③ 농림축산식품부장관 또는 해양수산부장관은 지리적표시 분과위원회에서 지리적표시의 등록 또는 중요 사항의 변경등록을 하기에 부적합한 것으로 의결되면 지체 없이 그 사유를 구체적으로 밝혀 신청인에게 알려야 한다. 다만, 부적합한 사항이 30일 이내에 보완될 수 있다고 인정되면 일정 기간을 정하여 신청인에게 보완하도록 할 수 있다.
④ 공고결정에는 다음의 사항을 포함하여야 한다.
  ㉠ 신청인의 성명·주소 및 전화번호
  ㉡ 지리적표시 등록 대상품목 및 등록 명칭
  ㉢ 지리적표시 대상지역의 범위
  ㉣ 품질, 그 밖의 특징과 지리적 요인의 관계
  ㉤ 신청인의 자체 품질기준 및 품질관리계획서
  ㉥ 지리적표시 등록 신청서류 및 그 부속서류의 열람 장소
⑤ 농림축산식품부장관 또는 해양수산부장관은 이의신청에 대하여 지리적표시 분과위원회의 심의를 거쳐 그 결과를 이의신청인에게 알려야 한다.
⑥ ①부터 ⑤까지에서 규정한 사항 외에 지리적표시의 심의·공고·열람 및 이의신청 등에 필요한 사항은 농림축산식품부령 또는 해양수산부령으로 정한다.

(4) 지리적표시의 등록거절 사유의 세부기준(시행령 제15조)

① 해당 품목이 농수산물인 경우에는 지리적표시 대상지역에서만 생산된 것이 아닌 경우

② 해당 품목이 농수산가공품인 경우에는 지리적표시 대상지역에서만 생산된 농수산물을 주원료로 하여 해당 지리적표시 대상지역에서 가공된 것이 아닌 경우

③ 해당 품목의 우수성이 국내 및 국외에서 모두 널리 알려지지 아니한 경우

④ 해당 품목이 지리적표시 대상지역에서 생산된 역사가 깊지 않은 경우

⑤ 해당 품목의 명성·품질 또는 그 밖의 특성이 본질적으로 특정지역의 생산환경적 요인과 인적 요인 모두에 기인하지 아니한 경우

⑥ 그 밖에 농림축산식품부장관 또는 해양수산부장관이 지리적표시 등록에 필요하다고 인정하여 고시하는 기준에 적합하지 않은 경우

예시문제 맛보기

다음은 지리적표시의 등록거절 사유의 세부기준에 대한 내용이다. 괄호 안에 알맞은 내용을 순서대로 쓰시오. [4회 기출 유형]

> ① 해당 품목이 농수산물인 경우에는 지리적표시 대상지역에서만 생산된 것이 아닌 경우
> ② 해당 품목이 농수산가공품인 경우에는 지리적표시 대상지역에서만 생산된 농수산물을 주원료로 하여 해당 지리적표시 대상지역에서 가공된 것이 아닌 경우
> ③ 해당 품목의 (㉠)이/가 국내 및 국외에서 모두 널리 알려지지 아니한 경우
> ④ 해당 품목이 지리적표시 대상지역에서 생산된 (㉡)이/가 깊지 않은 경우
> ⑤ 해당 품목의 명성·품질 또는 그 밖의 특성이 (㉢)(으)로 특정지역의 생산환경적 요인과 인적 요인 모두에 기인하지 아니한 경우
> ⑥ 그 밖에 농림축산식품부장관 또는 해양수산부장관이 지리적표시 등록에 필요하다고 인정하여 고시하는 기준에 적합하지 않은 경우

정답 ㉠ 우수성, ㉡ 역사, ㉢ 본질적

(5) 지리적표시의 등록공고 등(시행규칙 제58조)

① 국립농산물품질관리원장, 국립수산물품질관리원장 또는 산림청장은 지리적표시의 등록을 결정한 경우에는 다음의 사항을 공고하여야 한다.

㉠ 등록일 및 등록번호

㉡ 지리적표시 등록자의 성명, 주소(법인의 경우에는 그 명칭 및 영업소의 소재지를 말한다) 및 전화번호

㉢ 지리적표시 등록 대상품목 및 등록명칭

㉣ 지리적표시 대상지역의 범위

㉤ 품질의 특성과 지리적 요인의 관계

㉥ 등록자의 자체품질기준 및 품질관리계획서

② 국립농산물품질관리원장, 국립수산물품질관리원장 또는 산림청장은 지리적표시를 등록한 경우에는 지리적표시 등록증을 발급하여야 한다.

③ 국립농산물품질관리원장, 국립수산물품질관리원장 또는 산림청장은 지리적표시의 등록을 취소하였을 때에는 다음의 사항을 공고하여야 한다.

㉠ 취소일 및 등록번호

㉡ 지리적표시 등록 대상품목 및 등록명칭

㉢ 지리적표시 등록자의 성명, 주소(법인의 경우에는 그 명칭 및 영업소의 소재지를 말한다) 및 전화번호

㉣ 취소사유

④ ① 및 ③에 따른 지리적표시의 등록 및 등록취소의 공고에 관한 세부 사항은 농림축산식품부장관 또는 해양수산부장관이 정하여 고시한다.

(6) 지리적표시권(법 제34조)

① 지리적표시 등록을 받은 자(이하 '지리적표시권자')는 등록한 품목에 대하여 지리적표시권을 갖는다.

② 지리적표시권은 다음의 어느 하나에 해당하면 각 호의 이해당사자 상호 간에 대하여는 그 효력이 미치지 아니한다.

㉠ 동음이의어 지리적표시. 다만, 해당 지리적표시가 특정지역의 상품을 표시하는 것이라고 수요자들이 뚜렷하게 인식하고 있어 해당 상품의 원산지와 다른 지역을 원산지인 것으로 혼동하게 하는 경우는 제외.

㉡ 지리적표시 등록신청서 제출 전에 상표법에 따라 등록된 상표 또는 출원심사 중인 상표

㉢ 지리적표시 등록신청서 제출 전에 종자산업법 및 식물신품종 보호법에 따라 등록된 품종 명칭 또는 출원심사 중인 품종 명칭

㉣ 지리적표시 등록을 받은 농수산물 또는 농수산가공품(이하 '지리적표시품')과 동일한 품목에 사용하는 지리적 명칭으로서 등록 대상지역에서 생산되는 농수산물 또는 농수산가공품에 사용하는 지리적 명칭

③ 지리적표시권자는 지리적표시품에 농림축산식품부령 또는 해양수산부령으로 정하는 바에 따라 지리적표시를 할 수 있다. 다만, 지리적표시품 중 인삼산업법에 따른 인삼류의 경우에는 농림축산식품부령으로 정하는 표시방법 외에 인삼류와 그 용기·포장 등에 "고려인삼", "고려수삼", "고려홍삼", "고려태극삼" 또는 "고려백삼" 등 "고려"가 들어가는 용어를 사용하여 지리적표시를 할 수 있다.

④ **지리적표시품의 표시방법(시행규칙 제60조)** : 지리적표시권자가 그 표시를 하려면 지리적표시품의 포장·용기의 겉면 등에 등록 명칭을 표시하여야 하며, 지리적표시품의 표시를 하여야 한다. 다만, 포장하지 아니하고 판매하거나 낱개로 판매하는 경우에는 대상품목에 스티커를 부착하거나 표지판 또는 푯말로 표시할 수 있다.

알아두기 지리적표시품의 표시(시행규칙 제60조 관련 [별표 15])

① 지리적표시품의 표지

② 제도법

㉠ 도형표시

- 표지도형의 가로의 길이(사각형의 왼쪽 끝과 오른쪽 끝의 폭 : W)를 기준으로 세로의 길이는 0.95×W의 비율로 한다.
- 표지도형의 흰색모양과 바깥 테두리(좌·우 및 상단부만 해당)의 간격은 0.1×W로 한다.
- 표지도형의 흰색모양 하단부 좌측 태극의 시작점은 상단부에서 0.55×W 아래가 되는 지점으로 하고, 우측 태극의 끝점은 상단부에서 0.75×W 아래가 되는 지점으로 한다.

㉡ 표지도형의 한글 및 영문 글자는 고딕체로 하고, 글자 크기는 표지도형의 크기에 따라 조정한다.

㉢ 표지도형의 색상은 농산물 또는 농산가공품의 경우 : 기본색상은 녹색으로 하고, 포장재의 색깔 등을 고려하여 파란색 또는 빨간색으로 할 수 있다.

㉣ 표지도형 내부의 "지리적표시", "(PGI)" 및 "PGI"의 글자 색상은 표지도형 색상과 동일하게 하고, 하단의 "농림축산식품부"와 "MAFRA KOREA"의 글자는 흰색으로 한다.

㉤ 배색 비율은 녹색 C80+Y100, 파란색 C100+M70, 빨간색 M100+Y100+K10으로 한다.

③ 표시사항

	등록 명칭 : (영문등록 명칭) 지리적표시관리기관 명칭, 지리적표시 등록 제 호 생산자(등록법인의 명칭) : 주소(전화) :
이 상품은 농수산물 품질관리법에 따라 지리적표시가 보호되는 제품입니다.	

④ 표시방법

㉠ 크기 : 포장재의 크기에 따라 표지의 크기를 키우거나 줄일 수 있다.

㉡ 위치 : 포장재 주 표시면의 옆면에 표시하되, 포장재 구조상 옆면에 표시하기 어려울 경우에는 표시위치를 변경할 수 있다.

㉢ 표시내용은 소비자가 쉽게 알아볼 수 있도록 인쇄하거나 스티커로 포장재에서 떨어지지 않도록 부착하여야 한다.

㉣ 포장하지 않고 낱개로 판매하는 경우나 소포장 등으로 지리적표시품의 표지를 인쇄하거나 부착하기에 부적합한 경우에는 표지와 등록 명칭만 표시할 수 있다.

㉤ 글자의 크기(포장재 15kg 기준)

- 등록명칭(한글, 영문) : 가로 2.0cm(57포인트)×세로 2.5cm(71포인트)
- 등록번호, 생산자(등록법인의 명칭), 주소(전화) : 가로 1cm(28포인트)×세로 1.5cm(43포인트)
- 그 밖의 문자 : 가로 0.8cm(23포인트)×세로 1cm(28포인트)

㉥ ③의 표시사항 중 표준규격, 우수관리인증 등 다른 규정 또는 양곡관리법 등 다른 법률에 따라 표시하고 있는 사항은 그 표시를 생략할 수 있다.

(7) 지리적표시권의 이전 및 승계(법 제35조)

지리적표시권은 타인에게 이전하거나 승계할 수 없다. 다만, 다음의 어느 하나에 해당하면 농림축산식품부장관 또는 해양수산부장관의 사전 승인을 받아 이전하거나 승계할 수 있다.

① 법인 자격으로 등록한 지리적표시권자가 법인명을 개정하거나 합병하는 경우

② 개인 자격으로 등록한 지리적표시권자가 사망한 경우

(8) 권리침해의 금지 청구권 등(법 제36조)

① 지리적표시권자는 자신의 권리를 침해한 자 또는 침해할 우려가 있는 자에게 그 침해의 금지 또는 예방을 청구할 수 있다.

② 다음의 어느 하나에 해당하는 행위는 지리적표시권을 침해하는 것으로 본다.

㉠ 지리적표시권이 없는 자가 등록된 지리적표시와 같거나 비슷한 표시(동음이의어 지리적표시의 경우에는 해당 지리적표시가 특정지역의 상품을 표시하는 것이라고 수요자들이 뚜렷하게 인식하고 있어 해당 상품의 원산지와 다른 지역을 원산지인 것으로 수요자로 하여금 혼동하게 하는 지리적표시만 해당)를 등록품목과 같거나 비슷한 품목의 제품・포장・용기・선전물 또는 관련 서류에 사용하는 행위

㉡ 등록된 지리적표시를 위조하거나 모조하는 행위

㉢ 등록된 지리적표시를 위조하거나 모조할 목적으로 교부・판매・소지하는 행위

㉣ 그 밖에 지리적표시의 명성을 침해하면서 등록된 지리적표시품과 같거나 비슷한 품목에 직접 또는 간접적인 방법으로 상업적으로 이용하는 행위

(9) 손해배상청구권 등(법 제37조)

지리적표시권자는 고의 또는 과실로 자신의 지리적표시에 관한 권리를 침해한 자에게 손해배상을 청구할 수 있다. 이 경우 지리적표시권자의 지리적표시권을 침해한 자에 대하여는 그 침해행위에 대하여 그 지리적표시가 이미 등록된 사실을 알았던 것으로 추정한다.

(10) 거짓표시 등의 금지(법 제38조)

① 누구든지 지리적표시품이 아닌 농수산물 또는 농수산가공품의 포장・용기・선전물 및 관련 서류에 지리적표시나 이와 비슷한 표시를 하여서는 아니 된다.

② 누구든지 지리적표시품에 지리적표시품이 아닌 농수산물 또는 농수산가공품을 혼합하여 판매하거나 혼합하여 판매할 목적으로 보관 또는 진열하여서는 아니 된다.

(11) 지리적표시품의 사후관리(법 제39조)

① 농림축산식품부장관 또는 해양수산부장관은 지리적표시품의 품질수준 유지와 소비자 보호를 위하여 관계 공무원에게 다음의 사항을 지시할 수 있다.

㉠ 지리적표시품의 등록기준에의 적합성 조사

㉡ 지리적표시품의 소유자・점유자 또는 관리인 등의 관계 장부 또는 서류의 열람

㉢ 지리적표시품의 시료를 수거하여 조사하거나 전문시험기관 등에 시험 의뢰

② 농림축산식품부장관 또는 해양수산부장관은 지리적표시의 등록제도의 활성화를 위하여 다음의 사업을 할 수 있다.

㉠ 지리적표시의 등록제도의 홍보 및 지리적표시품의 판로지원에 관한 사항

㉡ 지리적표시의 등록 제도의 운영에 필요한 교육·훈련에 관한 사항
㉢ 지리적표시 관련 실태조사에 관한 사항

(12) 지리적표시품의 표시 시정 등(법 제40조)

① 농림축산식품부장관 또는 해양수산부장관은 지리적표시품이 다음의 어느 하나에 해당하면 대통령령으로 정하는 바에 따라 시정을 명하거나 판매의 금지, 표시의 정지 또는 등록의 취소를 할 수 있다.
㉠ 등록기준에 미치지 못하게 된 경우
㉡ 표시방법을 위반한 경우
㉢ 해당 지리적표시품 생산량의 급감 등 지리적표시품 생산계획의 이행이 곤란하다고 인정되는 경우

② **시정명령 등의 처분기준(시행령 제16조)** : 지리적표시품에 대한 시정명령, 판매금지, 표시정지 또는 등록취소에 관한 기준은 [별표 1]과 같다.

알아두기 **시정명령 등의 처분기준(시행령 제11조 및 제16조 관련 [별표 1])**

① 일반기준
㉠ 위반행위가 둘 이상인 경우
• 각각의 처분기준이 시정명령, 인증취소 또는 등록취소인 경우에는 하나의 위반행위로 간주한다. 다만, 각각의 처분기준이 표시정지인 경우에는 각각의 처분기준을 합산하여 처분할 수 있다.
• 각각의 처분기준이 다른 경우에는 그 중 무거운 처분기준을 적용한다. 다만, 각각의 처분기준이 표시정지인 경우에는 무거운 처분기준의 2분의 1까지 가중할 수 있으며, 이 경우 각 처분기준을 합산한 기간을 초과할 수 없다.
㉡ 위반행위의 횟수에 따른 행정처분의 기준은 최근 1년간 같은 위반행위로 행정처분을 받는 경우에 적용한다. 이 경우 행정처분 기준의 적용은 같은 위반행위에 대하여 최초로 행정처분을 한 날과 다시 같은 위반행위로 적발한 날을 기준으로 한다.
㉢ 생산자단체의 구성원의 위반행위에 대해서는 1차적으로 위반행위를 한 구성원에 대하여 행정처분을 하되, 그 구성원이 소속된 조직 또는 단체에 대해서는 그 구성원의 위반의 정도를 고려하여 처분을 경감하거나 그 구성원에 대한 처분기준보다 한 단계 낮은 처분기준을 적용한다.
㉣ 위반행위의 내용으로 보아 고의성이 없거나 특별한 사유가 있다고 인정되는 경우에는 그 처분을 표시정지의 경우에는 2분의 1의 범위에서 경감할 수 있고, 인증취소·등록취소인 경우에는 6개월 이상의 표시정지 처분으로 경감할 수 있다.

② 개별기준
㉠ 표준규격품

위반행위	근거 법조문	행정처분 기준		
		1차 위반	2차 위반	3차 위반
1) 법 제5조 제2항에 따른 표준규격품 의무표시사항이 누락된 경우	법 제31조 제1항 제3호	시정명령	표시정지 1개월	표시정지 3개월
2) 법 제5조 제2항에 따른 표준규격이 아닌 포장재에 표준규격품의 표시를 한 경우	법 제31조 제1항 제1호	시정명령	표시정지 1개월	표시정지 3개월
3) 법 제5조 제2항에 따른 표준규격품의 생산이 곤란한 사유가 발생한 경우	법 제31조 제1항 제2호	표시정지 6개월	–	–
4) 법 제29조 제1항을 위반하여 내용물과 다르게 거짓 표시나 과장된 표시를 한 경우	법 제31조 제1항 제3호	표시정지 1개월	표시정지 3개월	표시정지 6개월

㉡ 우수관리인증농산물

행정처분대상	근거 법조문	행정처분 기준		
		1차 위반	2차 위반	3차 위반
1) 법 제30조에 따른 조사 등의 결과 우수관리인증농산물이 우수관리기준에 미치지 못한 경우	법 제31조 제2항	판매금지	-	-
2) 법 제30조에 따른 조사 등의 결과 법 제6조 제7항에 따른 우수관리인증의 표시방법을 위반한 경우	법 제31조 제2항	표시변경	표시제거	판매금지

㉢ 품질인증품

위반행위	근거 법조문	행정처분 기준		
		1차 위반	2차 위반	3차 위반
1) 법 제14조 제3항을 위반하여 의무표시사항이 누락된 경우	법 제31조 제1항 제3호	시정명령	표시정지 1개월	표시정지 3개월
2) 법 제14조 제3항에 따른 품질인증을 받지 아니한 제품을 품질인증품으로 표시한 경우	법 제31조 제1항 제3호	인증취소	-	-
3) 법 제14조 제4항에 따른 품질인증기준에 위반한 경우	법 제31조 제1항 제1호	표시정지 3개월	표시정지 6개월	-
4) 법 제16조 제4호에 따른 품질인증품의 생산이 곤란하다고 인정되는 사유가 발생한 경우	법 제31조 제1항 제2호	인증취소	-	-
5) 법 제29조 제1항을 위반하여 내용물과 다르게 거짓표시 또는 과장된 표시를 한 경우	법 제31조 제1항 제3호	표시정지 1개월	표시정지 3개월	인증취소

㉣ 지리적표시품

위반행위	근거 법조문	행정처분 기준		
		1차 위반	2차 위반	3차 위반
1) 법 제32조 제3항 및 제7항에 따른 지리적표시품 생산계획의 이행이 곤란하다고 인정되는 경우	법 제40조 제3호	등록취소	-	-
2) 법 제32조 제7항에 따라 등록된 지리적표시품이 아닌 제품에 지리적표시를 한 경우	법 제40조 제1호	등록취소	-	-
3) 법 제34조 제9항의 지리적표시품이 등록기준에 미치지 못하게 된 경우	법 제40조 제1호	표시정지 3개월	등록취소	-
4) 법 제32조 제3항을 위반하여 의무표시사항이 누락된 경우	법 제40조 제2호	시정명령	표시정지 1개월	표시정지 3개월
5) 법 제34조 제3항을 위반하여 내용물과 다르게 거짓표시나 과장된 표시를 한 경우	법 제40조 제2호	표시정지 1개월	표시정지 3개월	등록취소

2. 지리적표시의 심판

(1) 지리적표시심판위원회(법 제42조)

① 농림축산식품부장관 또는 해양수산부장관은 다음의 사항을 심판하기 위하여 농림축산식품부장관 또는 해양수산부장관 소속으로 지리적표시심판위원회(이하 '심판위원회')를 둔다.

㉠ 지리적표시에 관한 심판 및 재심

㉡ 지리적표시 등록거절 또는 등록취소에 대한 심판 및 재심

㉢ 그 밖에 지리적표시에 관한 사항 중 대통령령으로 정하는 사항

② 심판위원회는 위원장 1명을 포함한 10명 이내의 심판위원(이하 '심판위원')으로 구성한다.

③ 심판위원회의 위원장은 심판위원 중에서 농림축산식품부장관 또는 해양수산부장관이 정한다.

④ 심판위원은 관계 공무원과 지식재산권 분야나 지리적표시 분야의 학식과 경험이 풍부한 사람 중에서 농림축산식품부장관 또는 해양수산부장관이 위촉한다.

⑤ 심판위원의 임기는 3년으로 하며, 한 차례만 연임할 수 있다.

⑥ 심판위원회의 구성·운영에 관한 사항과 그 밖에 필요한 사항은 대통령령으로 정한다.

(2) 지리적표시의 무효심판(법 제43조)

① 지리적표시에 관한 이해관계인 또는 지리적표시 등록심의 분과위원회는 지리적표시가 다음의 어느 하나에 해당하면 무효심판을 청구할 수 있다.

㉠ 등록거절 사유에 해당하는 경우에도 불구하고 등록된 경우

㉡ 지리적표시 등록이 된 후에 그 지리적표시가 원산지 국가에서 보호가 중단되거나 사용되지 아니하게 된 경우

② ①에 따른 심판은 청구의 이익이 있으면 언제든지 청구할 수 있다.

③ ①의 ㉠에 따라 지리적표시를 무효로 한다는 심결이 확정되면 그 지리적표시권은 처음부터 없었던 것으로 보고, ①의 ㉡에 따라 지리적표시를 무효로 한다는 심결이 확정되면 그 지리적표시권은 그 지리적표시가 ①의 ㉡에 해당하게 된 때부터 없었던 것으로 본다.

④ 심판위원회의 위원장은 ①의 심판이 청구되면 그 취지를 해당 지리적표시권자에게 알려야 한다.

예시문제 맛보기

지리적표시 보호의 무효심판을 청구할 수 있는 사유 2가지를 쓰시오. [7회 기출]

정답 ① 등록거절 사유에 해당하는 경우에도 불구하고 등록된 경우
② 지리적표시 등록이 된 후에 그 지리적표시가 원산지 국가에서 보호가 중단되거나 사용되지 아니하게 된 경우

(3) 지리적표시의 취소심판(법 제44조)

① 지리적표시가 다음의 어느 하나에 해당하면 그 지리적표시의 취소심판을 청구할 수 있다.

㉠ 지리적표시 등록을 한 후 지리적표시의 등록을 한 자가 그 지리적표시를 사용할 수 있는 농수산물 또는 농수산가공품을 생산 또는 제조·가공하는 것을 업으로 하는 자에 대하여 단체의 가입을 금지하거나 어려운 가입조건을 규정하는 등 단체의 가입을 실질적으로 허용하지 아니한 경우 또는 그 지리적표시를 사용할 수 없는 자에 대하여 등록 단체의 가입을 허용한 경우

㉡ 지리적표시 등록 단체 또는 그 소속 단체원이 지리적표시를 잘못 사용함으로써 수요자로 하여금 상품의 품질에 대하여 오인하게 하거나 지리적 출처에 대하여 혼동하게 한 경우

② 취소심판은 취소 사유에 해당하는 사실이 없어진 날부터 3년이 지난 후에는 청구할 수 없다.

③ 취소심판을 청구한 경우에는 청구 후 그 심판청구 사유에 해당하는 사실이 없어진 경우에도 취소 사유에 영향을 미치지 아니한다.

④ 취소심판은 누구든지 청구할 수 있다.

⑤ 지리적표시 등록을 취소한다는 심결이 확정된 때에는 그 지리적표시권은 그때부터 소멸된다.

(4) 등록거절 등에 대한 심판(법 제45조)

지리적표시 등록의 거절을 통보받은 자 또는 등록이 취소된 자는 이의가 있으면 등록거절 또는 등록취소를 통보받은 날부터 30일 이내에 심판을 청구할 수 있다.

(5) 심판청구 방식(법 제46조)

① 지리적표시의 무효심판·취소심판 또는 지리적표시 등록의 취소에 대한 심판을 청구하려는 자는 다음의 사항을 적은 심판청구서에 신청자료를 첨부하여 심판위원회의 위원장에게 제출하여야 한다.

㉠ 당사자의 성명과 주소(법인인 경우에는 그 명칭, 대표자의 성명 및 영업소 소재지)

㉡ 대리인이 있는 경우에는 그 대리인의 성명 및 주소나 영업소 소재지(대리인이 법인인 경우에는 그 명칭, 대표자의 성명 및 영업소 소재지)

㉢ 지리적표시 명칭

㉣ 지리적표시 등록일 및 등록번호

㉤ 등록취소 결정일(등록의 취소에 대한 심판청구만 해당)

㉥ 청구의 취지 및 그 이유

② 지리적표시 등록거절에 대한 심판을 청구하려는 자는 다음의 사항을 적은 심판청구서에 신청 자료를 첨부하여 심판위원회의 위원장에게 제출하여야 한다.

㉠ 당사자의 성명과 주소(법인인 경우에는 그 명칭, 대표자의 성명 및 영업소 소재지)

㉡ 대리인이 있는 경우에는 그 대리인의 성명 및 주소나 영업소 소재지(대리인이 법인인 경우에는 그 명칭, 대표자의 성명 및 영업소 소재지)

㉢ 등록신청 날짜

㉣ 등록거절 결정일

㉤ 청구의 취지 및 그 이유

③ ①과 ②에 따라 제출된 심판청구서를 보정(補正)하는 경우에는 그 요지를 변경할 수 없다. 다만, ①의 ㉥과 ②의 ㉤의 청구의 이유는 변경할 수 있다.

④ 심판위원회의 위원장은 ① 또는 ②에 따라 청구된 심판에 지리적표시 이의신청에 관한 사항이 포함되어 있으면 그 취지를 지리적표시의 이의신청자에게 알려야 한다.

(6) 심판의 방법 등(법 제47조)

① 심판위원회의 위원장은 법 제46조 ① 또는 ②에 따른 심판이 청구되면 법 제49조(심판의 합의체)에 따라 심판하게 한다.

② 심판위원은 직무상 독립하여 심판한다.

(7) 심판위원의 지정 등(법 제48조)

① 심판위원회의 위원장은 심판의 청구 건별로 합의체를 구성할 심판위원을 지정하여 심판하게 한다.

② 심판위원회의 위원장은 ①의 심판위원 중 심판의 공정성을 해칠 우려가 있는 사람이 있으면 다른 심판위원에게 심판하게 할 수 있다.

③ 심판위원회의 위원장은 ①에 따라 지정된 심판위원 중에서 1명을 심판장으로 지정하여야 한다.

④ 지정된 심판장은 심판위원회의 위원장으로부터 지정받은 심판사건에 관한 사무를 총괄한다.

(8) 심판의 합의체(법 제49조)

① 심판은 3명의 심판위원으로 구성되는 합의체가 한다.

② ①의 합의체의 합의는 과반수의 찬성으로 결정한다.

③ 심판의 합의는 공개하지 아니한다.

3. 재심 및 소송

(1) 재심의 청구(법 제51조)

심판의 당사자는 심판위원회에서 확정된 심결에 대하여 이의가 있으면 재심을 청구할 수 있다.

(2) 사해심결에 대한 불복청구(법 제52조)

① 심판의 당사자가 공모하여 제3자의 권리 또는 이익을 침해할 목적으로 심결을 하게 한 경우에 그 제3자는 그 확정된 심결에 대하여 재심을 청구할 수 있다.

② ①에 따른 재심청구의 경우에는 심판의 당사자를 공동피청구인으로 한다.

(3) 재심에 의하여 회복된 지리적표시권의 효력제한(법 제53조)

다음의 어느 하나에 해당하는 경우 지리적표시권의 효력은 해당 심결이 확정된 후 재심청구의 등록 전에 선의로 한 행위에는 미치지 아니한다.

① 지리적표시권이 무효로 된 후 재심에 의하여 그 효력이 회복된 경우

② 등록거절에 대한 심판청구가 받아들여지지 아니한다는 심결이 있었던 지리적표시 등록에 대하여 재심에 의하여 지리적표시권의 설정등록이 있는 경우

(4) 심결 등에 대한 소송(법 제54조)

① 심결에 대한 소송은 특허법원의 전속관할로 한다.

② ①에 따른 소송은 당사자, 참가인 또는 해당 심판이나 재심에 참가신청을 하였으나 그 신청이 거부된 자만 제기할 수 있다.

③ ①에 따른 소송은 심결 또는 결정의 등본을 송달받은 날부터 60일 이내에 제기하여야 한다.

④ ③의 기간은 불변기간으로 한다.

⑤ 심판을 청구할 수 있는 사항에 관한 소송은 심결에 대한 것이 아니면 제기할 수 없다.

⑥ 특허법원의 판결에 대하여는 대법원에 상고할 수 있다.

유전자변형농수산물의 표시

1. 유전자변형농수산물의 표시

(1) 유전자변형농수산물의 표시(법 제56조)

① 유전자변형농수산물을 생산하여 출하하는 자, 판매하는 자 또는 판매할 목적으로 보관·진열하는 자는 대통령령으로 정하는 바에 따라 해당 농수산물에 유전자변형농수산물임을 표시하여야 한다.

② ①에 따른 유전자변형농수산물의 표시대상품목, 표시기준 및 표시방법 등에 필요한 사항은 대통령령으로 정한다.

(2) 유전자변형농수산물의 표시대상품목(시행령 제19조)

유전자변형농수산물의 표시대상품목은 식품위생법 제18조에 따른 안전성 평가 결과 식품의약품안전처장이 식용으로 적합하다고 인정하여 고시한 품목(해당 품목을 싹틔워 기른 농산물을 포함)으로 한다.

(3) 유전자변형농수산물의 표시기준 등(시행령 제20조)

① 유전자변형농수산물에는 해당 농수산물이 유전자변형농수산물임을 표시하거나, 유전자변형농수산물이 포함되어 있음을 표시하거나, 유전자변형농수산물이 포함되어 있을 가능성이 있음을 표시하여야 한다.

② 유전자변형농수산물의 표시는 해당 농수산물의 포장·용기의 표면 또는 판매장소 등에 하여야 한다.

③ ① 및 ②에 따른 유전자변형농수산물의 표시기준 및 표시방법에 관한 세부사항은 식품의약품안전처장이 정하여 고시한다.

④ 식품의약품안전처장은 유전자변형농수산물인지를 판정하기 위하여 필요한 경우 시료의 검정기관을 지정하여 고시하여야 한다.

⑤ 유전자변형식품의 표시방법(유전자변형식품 등의 표시기준 제5조)

㉠ 표시는 한글로 표시하여야 한다. 다만, 소비자의 이해를 돕기 위하여 한자나 외국어를 한글과 병행하여 표시하고자 할 경우, 한자나 외국어는 한글표시 활자크기와 같거나 작은 크기의 활자로 표시하여야 한다.

㉡ 표시는 지워지지 아니하는 잉크·각인 또는 소인 등을 사용하거나, 떨어지지 아니하는 스티커 또는 라벨지 등을 사용하여 소비자가 쉽게 알아볼 수 있도록 해당 용기·포장 등의 바탕색과 뚜렷하게 구별되는 색상으로 12포인트 이상의 활자크기로 선명하게 표시하여야 한다.

㉢ 유전자변형농축수산물의 표시는 "유전자변형 ○○(농축수산물 품목명)"로 표시하고, 유전자변형 농산물로 생산한 채소의 경우에는 "유전자변형 ○○(농산물 품목명)로 생산한 ○○○(채소명)"로 표시하여야 한다.

㉣ 유전자변형농축수산물이 포함된 경우에는 “유전자변형 ○○(농축수산물 품목명) 포함”으로 표시하고, 유전자변형농산물로 생산한 채소가 포함된 경우에는 “유전자변형 ○○(농산물 품목명)로 생산한 ○○○(채소명) 포함”으로 표시하여야 한다.

㉤ 유전자변형농축수산물이 포함되어 있을 가능성이 있는 경우에는 “유전자변형 ○○(농축수산물 품목명) 포함 가능성 있음”으로 표시하고, 유전자변형농산물로 생산한 채소가 포함되어 있을 가능성이 있는 경우에는 “유전자변형 ○○(농산물 품목명)로 생산한 ○○○(채소명) 포함 가능성 있음”으로 표시할 수 있다.

㉥ 유전자변형식품의 표시는 소비자가 잘 알아볼 수 있도록 당해 제품의 주표시면에 “유전자변형식품”, “유전자변형식품첨가물”, “유전자변형건강기능식품” 또는 “유전자변형 ○○ 포함 식품”, “유전자변형 ○○ 포함 식품첨가물”, “유전자변형 ○○ 포함 건강기능식품”으로 표시하거나, 당해 제품에 사용된 원재료명 바로 옆에 괄호로 “유전자변형” 또는 “유전자변형된 ○○”로 표시하여야 한다.

㉦ 유전자변형 여부를 확인할 수 없는 경우에는 당해 제품의 주표시면에 “유전자변형 ○○ 포함 가능성 있음”으로 표시하거나, 제품에 사용된 당해 제품의 원재료명 바로 옆에 괄호로 “유전자변형 ○○ 포함 가능성 있음”으로 표시할 수 있다.

㉧ 표시대상 중 유전자변형식품 등을 사용하지 않은 경우로서, 표시대상 원재료 함량이 50% 이상이거나 또는 해당 원재료 함량이 1순위로 사용한 경우에는 “비유전자변형식품, 무유전자변형식품, Non-GMO, GMO-free” 표시를 할 수 있다. 이 경우에는 비의도적 혼입치가 인정되지 아니한다.

㉨ 유전자변형농축수산물이 모선 또는 컨테이너 등에 선적 또는 적재되어 화물(Bulk) 상태로 수입 또는 판매되는 경우에는 표시사항을 신용장(L/C) 또는 상업송장(Invoice)에 표시하여야 하고, 화물차량 등에 적재된 상태로 국내 유통되는 경우에는 차량과 운송장 등에 표시하여야 한다.

2. 거짓표시 등의 금지(법 제57조)

유전자변형농수산물의 표시를 하여야 하는 자(이하 ‘유전자변형농수산물 표시의무자’)는 다음의 행위를 하여서는 아니 된다.

① 유전자변형농수산물의 표시를 거짓으로 하거나 이를 혼동하게 할 우려가 있는 표시를 하는 행위

② 유전자변형농수산물의 표시를 혼동하게 할 목적으로 그 표시를 손상・변경하는 행위

③ 유전자변형농수산물의 표시를 한 농수산물에 다른 농수산물을 혼합하여 판매하거나 혼합하여 판매할 목적으로 보관 또는 진열하는 행위

3. 유전자변형농수산물 표시의 조사

(1) 유전자변형농수산물 표시의 조사(법 제58조)

① 식품의약품안전처장은 유전자변형농수산물의 표시 여부, 표시사항 및 표시방법 등의 적정성과 그 위반 여부를 확인하기 위하여 대통령령으로 정하는 바에 따라 관계 공무원에게 유전자변형표시 대상 농수산물을 수거하거나 조사하게 하여야 한다. 다만, 농수산물의 유통량이 현저하게 증가하는 시기 등 필요할 때에는 수시로 수거하거나 조사하게 할 수 있다.

② 수거 또는 조사에 관하여는 제13조(농산물우수관리 관련 보고 및 점검 등) ② 및 ③을 준용한다. 즉, 보고・자료제출・점검 또는 조사를 할 때 우수관리인증기관, 우수관리시설을 운영하는 자 및 우수관리인증을 받은 자는 정당한 사유 없이 이를 거부・방해하거나 기피하여서는 아니 된다. 또한 점검이나 조사를 할 때에는 미리 점검이나 조사의 일시, 목적, 대상 등을 점검 또는 조사 대상자에게 알려야 한다. 다만, 긴급한 경우나 미리 알리면 그 목적을 달성할 수 없다고 인정되는 경우에는 알리지 아니할 수 있다.

③ 수거 또는 조사를 하는 관계 공무원에 관하여는 제13조(농산물우수관리 관련 보고 및 점검 등) ④를 준용한다. 즉, 점검이나 조사를 하는 관계 공무원은 그 권한을 표시하는 증표를 지니고 이를 관계인에게 보여주어야 하며, 성명・출입시간・출입목적 등이 표시된 문서를 관계인에게 내주어야 한다.

(2) 유전자변형농수산물의 표시 등의 조사(시행령 제21조)

유전자변형표시 대상 농수산물의 수거・조사는 업종・규모・거래품목 및 거래형태 등을 고려하여 식품의약품안전처장이 정하는 기준에 해당하는 영업소에 대하여 매년 1회 실시한다.

(3) 유전자변형농수산물의 표시에 대한 정기적인 수거・조사의 방법 등(유전자변형농수산물의 표시 및 농수산물의 안전성조사 등에 관한 규칙 제4조)

정기적인 수거・조사는 지방식품의약품안전청장이 유전자변형농수산물에 대하여 대상 업소, 수거・조사의 방법・시기・기간 및 대상품목 등을 포함하는 정기 수거・조사 계획을 매년 세우고, 이에 따라 실시한다.

4. 유전자변형농수산물의 표시 위반에 대한 처분

(1) 유전자변형농수산물의 표시 위반에 대한 처분(법 제59조)

① 식품의약품안전처장은 법 제56조(유전자변형농수산물의 표시) 또는 법 제57조(거짓표시 등의 금지)를 위반한 자에 대하여 다음의 어느 하나에 해당하는 처분을 할 수 있다.

㉠ 유전자변형농수산물 표시의 이행・변경・삭제 등 시정명령

㉡ 유전자변형 표시를 위반한 농수산물의 판매 등 거래행위의 금지

② 식품의약품안전처장은 법 제57조(거짓표시 등의 금지)를 위반한 자에게 ①에 따른 처분을 한 경우에는 처분을 받은 자에게 해당 처분을 받았다는 사실을 공표할 것을 명할 수 있다.

③ 식품의약품안전처장은 유전자변형농수산물 표시의무자가 법 제57조(거짓표시 등의 금지)를 위반하여 ①에 따른 처분이 확정된 경우 처분내용, 해당 영업소와 농수산물의 명칭 등 처분과 관련된 사항을 대통령령으로 정하는 바에 따라 인터넷 홈페이지에 공표하여야 한다.

④ ①에 따른 처분과 ②에 따른 공표명령 및 ③에 따른 인터넷 홈페이지 공표의 기준·방법 등에 필요한 사항은 대통령령으로 정한다.

(2) 공표명령의 기준·방법 등(시행령 제22조)

① 공표명령의 대상자는 처분을 받은 자 중 다음의 어느 하나의 경우에 해당하는 자로 한다.

㉠ 표시위반물량이 농산물의 경우에는 100톤 이상인 경우

㉡ 표시위반물량의 판매가격 환산금액이 농산물의 경우에는 10억원 이상인 경우

㉢ 적발일을 기준으로 최근 1년 동안 처분을 받은 횟수가 2회 이상인 경우

② 공표명령을 받은 자는 지체 없이 다음의 사항이 포함된 공표문을 신문 등의 진흥에 관한 법률 제9조 제1항에 따라 등록한 전국을 보급지역으로 하는 1개 이상의 일반일간신문에 게재하여야 한다.

㉠ "농수산물 품질관리법 위반사실의 공표"라는 내용의 표제

㉡ 영업의 종류

㉢ 영업소의 명칭 및 주소

㉣ 농수산물의 명칭

㉤ 위반내용

㉥ 처분권자, 처분일 및 처분내용

③ 식품의약품안전처장은 지체 없이 다음의 사항을 식품의약품안전처의 인터넷 홈페이지에 게시하여야 한다.

㉠ "농수산물 품질관리법 위반사실의 공표"라는 내용의 표제

㉡ 영업의 종류

㉢ 영업소의 명칭 및 주소

㉣ 농수산물의 명칭

㉤ 위반내용

㉥ 처분권자, 처분일 및 처분내용

④ 식품의약품안전처장은 공표를 명하려는 경우에는 위반행위의 내용 및 정도, 위반기간 및 횟수, 위반행위로 인하여 발생한 피해의 범위 및 결과 등을 고려하여야 한다. 이 경우 공표명령을 내리기 전에 해당 대상자에게 소명자료를 제출하거나 의견을 진술할 수 있는 기회를 주어야 한다.

⑤ 식품의약품안전처장은 공표를 하기 전에 해당 대상자에게 소명자료를 제출하거나 의견을 진술할 수 있는 기회를 주어야 한다.

제5장 농수산물의 안정성조사 등

1. 농수산물의 안전관리

(1) 안전관리계획(법 제60조)

① 식품의약품안전처장은 농수산물(축산물은 제외)의 품질 향상과 안전한 농수산물의 생산·공급을 위한 안전관리계획을 매년 수립·시행하여야 한다.

② 시·도지사 및 시장·군수·구청장은 관할 지역에서 생산·유통되는 농수산물의 안전성을 확보하기 위한 세부추진계획을 수립·시행하여야 한다.

③ ①에 따른 안전관리계획 및 ②에 따른 세부추진계획에는 안전성조사, 위험평가 및 잔류조사, 농어업인에 대한 교육, 그 밖에 총리령으로 정하는 사항을 포함하여야 한다.

④ 식품의약품안전처장은 시·도지사 및 시장·군수·구청장에게 ②에 따른 세부추진계획 및 그 시행결과를 보고하게 할 수 있다.

(2) 안전성조사(법 제61조)

① 식품의약품안전처장이나 시·도지사는 농수산물의 안전관리를 위하여 농수산물 또는 농수산물의 생산에 이용·사용하는 농지·어장·용수(用水)·자재 등에 대하여 다음의 조사(이하 '안전성조사')를 하여야 한다.

㉠ 농산물의 생산단계 : 총리령으로 정하는 안전기준에의 적합 여부

㉡ 농산물의 유통·판매단계 : 식품위생법 등 관계 법령에 따른 유해물질의 잔류허용기준 등의 초과 여부

② 식품의약품안전처장은 ①의 ㉠에 따른 생산단계 안전기준을 정할 때에는 관계 중앙행정기관의 장과 협의하여야 한다.

③ 안전성조사의 대상품목 선정, 대상지역 및 절차 등에 필요한 세부적인 사항은 총리령으로 정한다.

예시문제 맛보기

01_ 다음 (　　) 안에 알맞은 용어를 쓰시오.

> 식품의약품안전처장이나 시·도지사는 농수산물의 안전관리를 위하여 농수산물 또는 농수산물의 생산에 이용·사용하는 (①)·어장·(②)·(③) 등에 대하여 안전성조사를 하여야 한다.

정답 ① 농지, ② 용수, ③ 자재

02_ 다음은 안전성조사의 내용이다. (　　) 안에 들어갈 알맞은 내용을 쓰시오.

> 식품의약품안전처장이나 시·도지사는 농수산물의 안전관리를 위하여 농수산물 또는 농수산물의 생산에 이용·사용하는 농지·어장·용수(用水)·자재 등에 대하여 안전성조사를 하여야 한다.
> • 농산물의 (①) 단계 : 총리령으로 정하는 안전기준에의 적합 여부
> • 농산물의 (②) 단계 : 식품위생법 등 관계 법령에 따른 유해물질의 잔류허용기준 등의 초과 여부

정답 ① 생산, ② 유통·판매

④ 안전성조사의 절차 등(유전자변형농수산물의 표시 및 농수산물의 안전성조사 등에 관한 규칙 제9조)

㉠ 안전성조사의 대상 유해물질은 식품의약품안전처장이 매년 안전관리계획으로 정한다. 다만, 국립농산물품질관리원장, 국립수산과학원장, 국립수산물품질관리원장 또는 특별시장·광역시장·특별자치시장·도지사·특별자치도지사(이하 '시·도지사')는 재배면적, 부적합률 등을 고려하여 안전성조사의 대상 유해물질을 식품의약품안전처장과 협의하여 조정할 수 있다.

예시문제 맛보기

다음 (　　) 안에 들어갈 알맞은 말을 쓰시오.

> 안전성조사의 대상 유해물질은 식품의약품안전처장이 매년 안전관리계획으로 정한다. 다만, 국립농산물품질관리원장, 국립수산과학원장, 국립수산물품질관리원장 또는 시·도지사는 (①), (②) 등을 고려하여 안전성조사의 대상 유해물질을 조정할 수 있다.

정답 ① 재배면적, ② 부적합률

㉡ 안전성조사를 위한 시료 수거는 농수산물 등의 생산량과 소비량 등을 고려하여 대상품목을 우선 선정한다.

㉢ 시료의 분석방법은 식품위생법 등 관계 법령에서 정한 분석방법을 준용한다. 다만, 분석능률의 향상을 위하여 국립농산물품질관리원장, 국립수산과학원장 또는 국립수산물품질관리원장이 정하는 분석방법을 사용할 수 있다.

㉣ ㉠부터 ㉢까지의 규정에 따른 안전성조사의 세부 사항은 식품의약품안전처장이 정하여 고시한다.

(3) 출입·수거·조사 등(법 제62조)

① 식품의약품안전처장이나 시·도지사는 안전성조사, 위험평가 또는 잔류조사를 위하여 필요하면 관계 공무원에게 농수산물 생산시설(생산·저장소, 생산에 이용·사용되는 자재창고, 사무소, 판매소, 그 밖에 이와 유사한 장소)에 출입하여 다음의 시료 수거 및 조사 등을 하게 할 수 있다. 이 경우 무상으로 시료 수거를 하게 할 수 있다.

㉠ 농수산물과 농수산물의 생산에 이용·사용되는 토양·용수·자재 등의 시료 수거 및 조사

㉡ 해당 농수산물을 생산, 저장, 운반 또는 판매(농산물만 해당)하는 자의 관계 장부나 서류의 열람

㉢ 무상으로 수거할 수 있는 농수산물 등의 종류 및 수거량(유전자변형농수산물의 표시 및 농수산물의 안전성조사 등에 관한 규칙 제9조 제5항 관련 [별표 1])

종 류	수거량	비 고
농산물		• "수거량"이란 시료의 개체별 무게 또는 용량을 모두 합한 것을 말한다. • 조사에 필요한 시료는 수거량의 범위에서 수거하여야 한다. 다만, 시료의 최소단위가 수거량을 초과하는 경우는 최소단위(시료, 포장 등 단위) 그대로 수거할 수 있다. • 채소류(엽채류 등)에서 1개체 중량이 20g 이하인 것은 50개체 이상 또는 500g 중 무게가 많은 것을 수거량으로 할 수 있다. • 인삼류 등 고가의 시료는 6개체 이상 또는 500g 중 무게가 많은 것을 수거량으로 할 수 있다. • 토양, 용수, 자재의 경우는 검사방법 등에서 요구하는 중량(용량)을 수거량으로 할 수 있다.
곡류·콩 종류 및 그 밖의 자연산물	1~3kg	
채소류	1~3kg	
과실류	3~5kg	
인삼류 등 고가(高價)의 시료	500g	
수산물	식품공전(食品公典) 제9 검체의 수거 및 취급방법에 따른다.	
자연산		
양식산		
가공품		
농지, 어장, 용수, 자재	2~5kg(L)	

② ①에 따른 출입·수거·조사 또는 열람을 하고자 할 때는 미리 조사 등의 목적, 기간과 장소, 관계 공무원 성명과 직위, 범위와 내용 등을 조사 등의 대상자에게 알려야 한다. 다만, 긴급한 경우 또는 미리 알리면 증거인멸 등으로 조사 등의 목적을 달성할 수 없다고 판단되는 경우에는 현장에서 본문의 사항 등이 기재된 서류를 조사 등의 대상자에게 제시하여야 한다.

③ ①에 따라 출입·수거·조사 또는 열람을 하는 관계 공무원은 그 권한을 나타내는 증표를 지니고 이를 조사 등의 대상자에게 내보여야 한다.

④ 농수산물을 생산, 저장, 운반 또는 판매하는 자는 ①에 따른 출입·수거·조사 또는 열람을 거부·방해하거나 기피하여서는 아니 된다.

(4) 안전성조사 결과에 따른 조치(법 제63조)

① 식품의약품안전처장이나 시·도지사는 생산과정에 있는 농수산물 또는 농수산물의 생산을 위하여 이용·사용하는 농지·어장·용수·자재 등에 대하여 안전성조사를 한 결과 생산단계 안전기준을 위반하였거나 유해물질에 오염되어 인체의 건강을 해칠 우려가 있는 경우에는 해당 농수산물을 생산한 자 또는 소유한 자에게 다음의 조치를 하게 할 수 있다.

㉠ 해당 농수산물의 폐기, 용도 전환, 출하 연기 등의 처리

㉡ 해당 농수산물의 생산에 이용・사용한 농지・어장・용수・자재 등의 개량 또는 이용・사용의 금지

㉢ 그 밖에 총리령으로 정하는 조치

② 식품의약품안전처장이나 시・도지사는 ①의 ㉠에 해당하여 폐기 조치를 이행하여야 하는 생산자 또는 소유자가 그 조치를 이행하지 아니하는 경우에는 행정대집행법에 따라 대집행을 하고 그 비용을 생산자 또는 소유자로부터 징수할 수 있다.

③ ①에도 불구하고 식품의약품안전처장이나 시・도지사가 광산피해의 방지 및 복구에 관한 법률에 따른 광산피해로 인하여 불가항력적으로 ①의 생산단계 안전기준을 위반하게 된 것으로 인정하는 경우에는 시・도지사 또는 시장・군수・구청장이 해당 농수산물을 수매하여 폐기할 수 있다.

④ 식품의약품안전처장이나 시・도지사는 유통 또는 판매 중인 농산물 및 저장 중이거나 출하되어 거래되기 전의 수산물에 대하여 안전성조사를 한 결과 식품위생법 등에 따른 유해물질의 잔류허용기준 등을 위반한 사실이 확인될 경우 해당 행정기관에 그 사실을 알려 적절한 조치를 할 수 있도록 하여야 한다.

⑤ 안전성조사 결과에 대한 조치(유전자변형농수산물의 표시 및 농수산물의 안전성조사 등에 관한 규칙 제10조)

㉠ 국립농산물품질관리원장, 국립수산물품질관리원장 또는 시・도지사는 안전성조사 결과 생산단계 안전기준에 위반된 경우에는 해당 농수산물을 생산한 자 또는 소유한 자에게 법 제63조(안전성조사 결과에 따른 조치)에 따른 다음의 조치를 하도록 그 처리방법 및 처리기한을 정하여 알려 주어야 한다.

- 해당 농수산물(생산자가 저장하고 있는 농수산물을 포함)의 유해물질이 시간이 지남에 따라 분해・소실되어 일정 기간이 지난 후에 식용으로 사용하는 데 문제가 없다고 판단되는 경우 : 해당 유해물질이 식품위생법 등에 따른 잔류허용기준 이하로 감소하는 기간까지 출하 연기
- 해당 농수산물의 유해물질의 분해・소실 기간이 길어 국내에 식용으로 출하할 수 없으나, 사료・공업용 원료 및 수출용 등 다른 용도로 사용할 수 있다고 판단되는 경우 : 다른 용도로 전환
- 위에 따른 방법으로 처리할 수 없는 농수산물의 경우 : 일정한 기간을 정하여 폐기

㉡ 국립농산물품질관리원장, 국립수산물품질관리원장 또는 시・도지사는 안정성조사 결과 생산단계 안전기준에 위반된 경우에는 해당 농수산물을 생산하거나 해당 농수산물 생산에 이용・사용되는 농지・어장・용수・자재 등을 소유한 자에게 다음의 조치를 하도록 그 처리방법 및 처리기한을 정하여 알려 주어야 한다.

- 객토(客土), 정화(淨化) 등의 방법으로 유해물질 제거가 가능하다고 판단되는 경우 : 해당 농수산물 생산에 이용・사용되는 농지・어장・용수・자재 등의 개량
- 유해물질이 시간이 지남에 따라 분해・소실되어 일정 기간이 지난 후에 이용・사용하는 데에 문제가 없다고 판단되는 경우 : 해당 유해물질이 잔류허용기준 이하로 감소하는 기간까지 농수산물의 생산에 해당 농지・어장・용수・자재 등의 이용・사용 중지
- 위에 따른 방법으로 조치할 수 없는 경우 : 농수산물의 생산에 해당 농지・어장・용수・자재 등의 이용・사용 금지

㉢ 법 제63조(안전성조사 결과에 따른 조치) 제1항 제3호에서 "총리령으로 정하는 조치"란 해당 농수산물의 생산자에 대하여 법 제66조(농수산물안전에 관한 교육 등)에 따른 교육을 받게 하는 조치를 말한다.

예시문제 맛보기

01_ 농산물의 안전성을 조사한 결과 잔류허용기준을 초과한 농산물의 처리방법 3가지를 쓰시오.

[2회 기출]

정답 ① 폐기, ② 용도 전환, ③ 출하 연기

02_ 농수산물 품질관리법상 안전성조사결과의 조치 중 잔류 농약 등 유해물질이 일정 기간이 지나면 없어지거나 해서 출하가 가능할 때 할 수 있는 조치방법은? [7회 기출]

정답 출하 연기

(5) 안전성검사기관의 지정 등(법 제64조)

① 식품의약품안전처장은 안전성조사 업무의 일부와 시험분석 업무를 전문적·효율적으로 수행하기 위하여 안전성검사기관을 지정하고 안전성조사와 시험분석 업무를 대행하게 할 수 있다.

② ①에 따라 안전성검사기관으로 지정받으려는 자는 안전성조사와 시험분석에 필요한 시설과 인력을 갖추어 식품의약품안전처장에게 신청하여야 한다. 다만, 안전성검사기관 지정이 취소된 후 2년이 지나지 아니하면 안전성검사기관 지정을 신청할 수 없다.

③ 안전성검사기관의 지정기준 등(유전자변형농수산물의 표시 및 농수산물의 안전성조사 등에 관한 규칙 제11조)

㉠ 안전성검사기관으로 지정받으려는 자는 안전성검사기관 지정신청서에 다음의 서류를 첨부하여 국립농산물품질관리원장 또는 국립수산물품질관리원장에게 제출하여야 한다.

- 정관(법인인 경우만 해당)
- 안전성조사 및 시험분석 업무의 범위 및 유해물질의 항목 등을 적은 사업계획서
- 안전성검사기관의 지정기준을 갖추었음을 증명할 수 있는 서류
- 안전성조사 및 시험분석의 절차 및 방법 등을 적은 업무 규정

㉡ ㉠에 따른 신청서를 받은 국립농산물품질관리원장 또는 국립수산물품질관리원장은 전자정부법 제36조 제1항에 따른 행정정보의 공동이용을 통하여 법인 등기사항증명서(법인인 경우만 해당)를 확인하여야 한다.

㉢ 국립농산물품질관리원장 또는 국립수산물품질관리원장은 ㉠에 따른 안전성검사기관의 지정신청을 받은 경우에는 안전성검사기관의 지정기준에 적합한지를 심사하고, 심사 결과 적합한 경우에는 안전성검사기관으로 지정하고 그 지정 사실 및 안전성검사기관이 수행하는 업무의 범위 등을 관보 또는 인터넷 홈페이지를 통하여 알려야 한다.

㉣ 국립농산물품질관리원장 또는 국립수산물품질관리원장은 ㉢에 따라 안전성검사기관을 지정하였을 때에는 안전성검사기관 지정서를 발급하여야 한다.

㉤ ㉠부터 ㉣까지의 규정에 따른 안전성검사기관 지정의 세부 절차 및 운영 등에 필요한 사항은 식품의약품안전처장이 정하여 고시한다.

(6) 안전성검사기관의 지정 취소 등(법 제65조)

① 식품의약품안전처장은 안전성검사기관이 다음의 어느 하나에 해당하면 지정을 취소하거나 6개월 이내의 기간을 정하여 업무의 정지를 명할 수 있다. 다만, ㉠ 또는 ㉡에 해당하면 지정을 취소하여야 한다.

㉠ 거짓이나 그 밖의 부정한 방법으로 지정을 받은 경우

㉡ 업무의 정지명령을 위반하여 계속 안전성조사 및 시험분석 업무를 한 경우

㉢ 검사성적서를 거짓으로 내준 경우

㉣ 그 밖에 총리령으로 정하는 안전성검사에 관한 규정을 위반한 경우

② ①에 따른 지정 취소 등의 세부 기준은 총리령으로 정한다.

③ 안전성검사기관의 지정 취소 등의 처분기준(유전자변형농수산물의 표시 및 농수산물의 안전성조사 등에 관한 규칙 제12조) : 국립농산물품질관리원장 또는 국립수산물품질관리원장은 안전성검사기관의 지정을 취소하거나 업무정지처분을 한 경우에는 지체 없이 그 사실을 고시하여야 한다.

(7) 농수산물안전에 관한 교육 등(법 제66조)

① 식품의약품안전처장이나 시・도지사 또는 시장・군수・구청장은 안전한 농수산물의 생산과 건전한 소비활동을 위하여 필요한 사항을 생산자, 유통종사자, 소비자 및 관계 공무원 등에게 교육・홍보하여야 한다.

② 식품의약품안전처장은 생산자・유통종사자・소비자에 대한 교육・홍보를 단체・기관 및 시민단체(안전한 농수산물의 생산과 건전한 소비활동과 관련된 시민단체로 한정)에 위탁할 수 있다. 이 경우 교육・홍보에 필요한 경비를 예산의 범위에서 지원할 수 있다.

(8) 분석방법 등 기술의 연구개발 및 보급(법 제67조)

식품의약품안전처장이나 시・도지사는 농수산물의 안전관리를 향상시키고 국내외에서 농수산물에 함유된 것으로 알려진 유해물질의 신속한 안전성조사를 위하여 안전성 분석방법 등 기술의 연구개발과 보급에 관한 시책을 마련하여야 한다.

2. 농산물의 위험평가

(1) 농산물의 위험평가 등(법 제68조)

① 식품의약품안전처장은 농수산물의 효율적인 안전관리를 위하여 다음의 식품안전 관련 기관에 농수산물 또는 농산물의 생산에 이용·사용하는 농지·어장·용수·자재 등에 잔류하는 유해물질에 의한 위험을 평가하여 줄 것을 요청할 수 있다.

㉠ 농촌진흥청

㉡ 산림청

㉢ 국립수산과학원

㉣ 과학기술분야 정부출연연구기관 등의 설립·운영 및 육성에 관한 법률에 따른 한국식품연구원

㉤ 한국보건산업진흥원법에 따른 한국보건산업진흥원

㉥ 대학의 연구기관

㉦ 그 밖에 식품의약품안전처장이 필요하다고 인정하는 연구기관

② 식품의약품안전처장은 ①에 따른 위험평가의 요청 사실과 평가 결과를 공표하여야 한다.

③ 식품의약품안전처장은 농수산물의 과학적인 안전관리를 위하여 농수산물에 잔류하는 유해물질의 실태를 조사(이하 '잔류조사')할 수 있다.

④ ②에 따른 위험평가의 요청과 결과의 공표에 관한 사항은 대통령령으로 정하고, 잔류조사의 방법 및 절차 등 잔류조사에 관한 세부사항은 총리령으로 정한다.

(2) 농산물 등의 위험평가의 요청과 그 결과의 공표(시행령 제23조)

① 식품의약품안전처장은 위험평가의 요청 사실과 평가 결과를 농수산물안전정보시스템 및 식품의약품안전처의 인터넷 홈페이지에 게시하는 방법으로 공표하여야 한다.

② 위험평가의 요청 대상, 요청 방법 및 공표에 관하여 필요한 세부사항은 총리령으로 정한다.

농수산물 등의 검사 및 검정

1. 농산물의 검사

(1) 농산물의 검사(법 제79조)

① 정부가 수매하거나 수출 또는 수입하는 농산물 등 대통령령으로 정하는 농산물(축산물은 제외)은 공정한 유통질서를 확립하고 소비자를 보호하기 위하여 농림축산식품부장관이 정하는 기준에 맞는지 등에 관하여 농림축산식품부장관의 검사를 받아야 한다. 다만, 누에씨 및 누에고치의 경우에는 시·도지사의 검사를 받아야 한다.

② ①에 따라 검사를 받은 농산물의 포장·용기나 내용물을 바꾸려면 다시 농림축산식품부장관의 검사를 받아야 한다.

③ ① 및 ②에 따른 농산물 검사의 항목·기준·방법 및 신청절차 등에 필요한 사항은 농림축산식품부령으로 정한다.

④ 검사대상 농산물 등(시행령 제30조)

㉠ 정부가 수매하거나 생산자단체, 공공기관의 운영에 관한 법률 제4조에 따른 공공기관 또는 농업 관련 법인 등(이하 '생산자단체 등')이 정부를 대행하여 수매하는 농산물

㉡ 정부가 수출 또는 수입하거나 생산자단체 등이 정부를 대행하여 수출 또는 수입하는 농산물

㉢ 정부가 수매 또는 수입하여 가공한 농산물

㉣ 다시 농림축산식품부장관의 검사를 받는 농산물

㉤ 그 밖에 농림축산식품부장관이 검사가 필요하다고 인정하여 고시하는 농산물

⑤ 검사대상 농산물의 종류별 품목(시행령 제30조 제2항 관련 [별표 3])

㉠ 정부가 수매하거나 생산자단체 등이 정부를 대행하여 수매하는 농산물

- 곡류 : 벼·겉보리·쌀보리·콩
- 특용작물류 : 참깨·땅콩
- 과실류 : 사과·배·단감·감귤
- 채소류 : 마늘·고추·양파
- 잠사류 : 누에씨·누에고치

㉡ 정부가 수출·수입하거나 생산자단체 등이 정부를 대행하여 수출·수입하는 농산물

- 곡 류
  - 조곡(粗穀) : 콩·팥·녹두
  - 정곡(精穀) : 현미·쌀
- 특용작물류 : 참깨·땅콩
- 채소류 : 마늘·고추·양파

㉢ 정부가 수매 또는 수입하여 가공한 농산물

- 곡류 : 현미·쌀·보리쌀

(2) 농산물의 검사항목 및 기준 등(시행규칙 제94조)

농산물(축산물은 제외)의 검사항목은 포장단위당 무게, 포장자재, 포장방법 및 품위 등으로 하며, 검사기준은 농림축산식품부장관이 검사대상 품목별로 정하여 고시한다.

(3) 농산물의 검사방법(시행규칙 제95조)

농산물의 검사방법은 전수(全數) 또는 표본추출의 방법으로 하며, 시료의 추출, 계측, 감정, 등급판정 등 검사방법에 관한 세부 사항은 국립농산물품질관리원장 또는 시・도지사(시・도지사는 누에씨 및 누에고치에 대한 검사만 해당)가 정하여 고시한다.

예시문제 맛보기

다음 괄호 안에 들어갈 알맞은 말을 쓰시오. [3회 기출]

> 농산물의 검사방법은 (①) 또는 (②)의 방법으로 하며, 시료의 추출, 계측, 감정, 등급판정 등 검사방법에 관한 세부 사항은 국립농산물품질관리원장 또는 시・도지사(시・도지사는 누에씨 및 누에고치에 대한 검사만 해당)가 정하여 고시한다.

정답 ① 전수, ② 표본추출

(4) 농산물의 검사신청 절차 등(시행규칙 제96조)

① 농산물의 검사를 받으려는 자는 국립농산물품질관리원장, 시・도지사 또는 지정받은 농산물검사기관(이하 '농산물 지정검사기관')의 장에게 검사를 받으려는 날의 3일 전까지 농산물 검사신청서(국립농산물품질관리원장 또는 시・도지사가 따로 정한 서식이 있는 경우에는 그 서식)를 제출하여야 한다. 다만, 다음의 경우에는 검사신청서를 제출하지 아니할 수 있다.

㉠ 정부가 수매하거나 생산자단체 등이 정부를 대행하여 수매하는 경우

㉡ 농산물검사관이 참여하여 농산물을 가공하는 경우

㉢ 국립농산물품질관리원장, 시・도지사 또는 농산물 지정검사기관의 장이 검사신청인의 편의를 도모하기 위하여 필요하다고 인정하는 경우

② ①에 따라 검사를 신청하는 자는 검사를 받을 농산물의 포장 및 중량이 농림축산식품부장관이 정하여 고시하는 검사기준에 적합하도록 하여 포장 겉면에 꼬리표를 붙이거나 꼬리표의 내용을 포장 겉면에 표시하여야 한다.

③ ②에 따라 포장 겉면에 붙이는 꼬리표의 표시사항을 변경하려는 자는 국립농산물품질관리원장, 시・도지사 또는 농산물 지정검사기관의 장에게 신청하여 그 승인을 받아야 한다.

④ ③에 따른 신청을 받은 국립농산물품질관리원장, 시・도지사 또는 농산물 지정검사기관의 장은 꼬리표의 표시사항 변경이 검사품의 거래질서를 해칠 우려가 없다고 판단되는 경우에는 이를 승인하여야 한다.

(5) 농산물검사기관의 지정 등(법 제80조)

① 농림축산식품부장관은 농산물의 생산자단체나 공공기관의 운영에 관한 법률 제4조에 따른 공공기관 또는 농업 관련 법인 등을 농산물검사기관으로 지정하여 검사를 대행하게 할 수 있다.

② ①에 따른 농산물검사기관으로 지정받으려는 자는 검사에 필요한 시설과 인력을 갖추어 농림축산식품부장관에게 신청하여야 한다.

③ ①에 따른 농산물검사기관의 지정기준, 지정절차 및 검사 업무의 범위 등에 필요한 사항은 농림축산식품부령으로 정한다.

(6) 농산물검사기관의 지정절차 등(시행규칙 제98조)

① 농산물검사기관으로 지정받으려는 자는 농산물 지정검사기관 지정신청서에 다음의 서류를 첨부하여 국립농산물품질관리원장에게 제출하여야 한다.

㉠ 정관(법인인 경우만 해당)

㉡ 검사 업무의 범위 등을 적은 사업계획서 및 검사업무에 관한 규정

㉢ 농산물검사기관의 지정기준을 갖추었음을 증명할 수 있는 서류

② ①에 따라 농산물 지정검사기관 지정을 신청하는 자는 [별표 19] 제1호의 일반기준에 따라 국내·수입 농산물의 구분, 종류, 종목(곡류만 해당) 별로 신청할 수 있다.

③ ①에 따른 신청서를 받은 국립농산물품질관리원장은 전자정부법 제36조 제1항에 따른 행정정보의 공동이용을 통하여 법인 등기사항증명서(법인인 경우만 해당) 및 사업자등록증명을 확인하여야 한다. 다만, 신청인이 사업자등록증명의 확인에 동의하지 아니하는 경우에는 그 서류를 첨부하도록 하여야 한다.

④ 국립농산물품질관리원장은 ①에 따른 농산물검사기관의 지정신청을 받으면 농산물검사기관의 지정기준에 적합한지를 심사하고, 심사 결과 적합하다고 인정되는 경우에는 농산물 지정검사기관으로 지정하고 농산물검사기관의 명칭, 소재지, 지정일자, 업무의 범위 등을 고시하여야 한다.

⑤ 국립농산물품질관리원장은 ④에 따라 농산물검사기관을 지정한 때에는 농산물 지정검사기관 지정서 발급대장에 일련번호를 부여하여 등재하고, 지정서를 신청인에게 내주어야 한다.

⑥ ④에 따른 농산물검사기관 지정에 관한 세부절차 및 운영 등에 필요한 사항은 국립농산물품질관리원장이 정한다.

(7) 농산물검사기관의 지정 취소 등(법 제81조)

① 농림축산식품부장관은 농산물검사기관이 다음의 어느 하나에 해당하면 그 지정을 취소하거나 6개월 이내의 기간을 정하여 검사 업무의 전부 또는 일부의 정지를 명할 수 있다. 다만, ㉠ 또는 ㉡에 해당하면 그 지정을 취소하여야 한다.

㉠ 거짓이나 그 밖의 부정한 방법으로 지정을 받은 경우

㉡ 업무정지 기간 중에 검사 업무를 한 경우

㉢ 지정기준에 맞지 아니하게 된 경우

㉣ 검사를 거짓으로 하거나 성실하게 하지 아니한 경우
㉤ 정당한 사유 없이 지정된 검사를 하지 아니한 경우

② ①에 따른 지정 취소 등의 세부 기준은 그 위반행위의 유형 및 위반 정도 등을 고려하여 농림축산식품부령으로 정한다.

(8) 농산물검사관의 자격 등(법 제82조)

① 검사나 재검사(이의신청에 따른 재검사를 포함) 업무를 담당하는 사람(이하 '농산물검사관')은 다음의 어느 하나에 해당하는 사람으로서 국립농산물품질관리원장(누에씨 및 누에고치 농산물검사관의 경우에는 시 · 도지사를 말한다)이 실시하는 전형시험에 합격한 사람으로 한다. 다만, 대통령령으로 정하는 농산물 검사 관련 자격 또는 학위를 갖고 있는 사람에 대하여는 대통령령으로 정하는 바에 따라 전형시험의 전부 또는 일부를 면제할 수 있다.
㉠ 농산물검사 관련 업무에 6개월 이상 종사한 공무원
㉡ 농산물검사 관련 업무에 1년 이상 종사한 사람
㉢ 농산물품질관리사 자격을 취득한 사람으로서 해당 자격을 취득한 후 1년 이상 농산물품질관리사의 직무를 수행한 사람

② 농산물검사관의 자격은 곡류, 특작(特作) · 서류(薯類), 과실 · 채소류, 잠사류(蠶絲類) 등의 구분에 따라 부여한다.

③ 농산물검사관의 자격이 취소된 사람은 자격이 취소된 날부터 1년이 지나지 아니하면 ①에 따른 전형시험에 응시하거나 농산물검사관의 자격을 취득할 수 없다.

④ 국립농산물품질관리원장은 농산물검사관의 검사기술과 자질을 향상시키기 위하여 교육을 실시할 수 있다.

⑤ 국립농산물품질관리원장은 ①에 따른 전형시험의 출제 및 채점 등을 위하여 시험위원을 임명 · 위촉할 수 있다. 이 경우 시험위원에게는 예산의 범위에서 수당을 지급할 수 있다.

⑥ ①부터 ④까지의 규정에 따른 농산물검사관의 전형시험의 구분 · 방법, 합격자의 결정, 농산물검사관의 교육 등에 필요한 세부사항은 농림축산식품부령으로 정한다.

⑦ 농산물검사관은 다른 사람에게 그 명의를 사용하게 하거나 다른 사람에게 그 자격증을 대여해서는 아니 된다.

⑧ 누구든지 농산물검사관의 자격을 취득하지 아니하고 그 명의를 사용하거나 자격증을 대여받아서는 아니 되며, 명의의 사용이나 자격증의 대여를 알선해서도 아니 된다.

⑨ **농산물검사관 전형시험의 구분 및 방법(시행규칙 제101조)**
㉠ 농산물검사관의 전형시험은 필기시험과 실기시험으로 구분하여 실시한다.
㉡ ㉠에 따른 필기시험은 농산물의 검사에 관한 법규, 검사기준, 검사방법 등에 대하여 진위형(眞僞型)과 선택형으로 출제하여 실시하고, 실기시험은 자격 구분별로 해당 품목의 등급 및 품위 등에 대하여 실시한다.
㉢ ㉡에 따른 필기시험에 합격한 사람에 대해서는 다음 회의 시험에서만 필기시험을 면제한다.

㉣ 전형시험의 응시절차 등에 관하여 필요한 세부 사항은 국립농산물품질관리원장 또는 시·도지사가 정하여 고시한다.

⑩ **합격자의 결정기준(시행규칙 제102조)** : 전형시험의 합격자는 필기시험 및 실기시험 성적을 각각 100점 만점으로 하여 각각 60점 이상 받은 사람으로 한다.

⑪ **농산물검사관의 자격관리(시행규칙 제103조)**

㉠ 국립농산물품질관리원장 또는 시·도지사는 전형시험에 합격한 사람에 대해서는 검사관별로 고유번호를 부여한다.

㉡ 국립농산물품질관리원장 및 지정검사기관의 장은 농산물검사관 자격관리대장을 작성하고 갖춰 두어야 한다.

㉢ 지정검사기관의 장은 소속 농산물검사관이 퇴직하거나 전출하는 등 신분에 관한 사항이 변동된 경우에는 즉시 그 사실을 국립농산물품질관리원장 또는 시·도지사에게 알려야 한다.

⑫ **농산물검사관의 교육(시행규칙 제104조)**

㉠ 국립농산물품질관리원장 또는 시·도지사는 농산물검사관의 검사기술 및 자질 향상을 위하여 매년 1회 이상 교육을 하여야 한다.

㉡ 국립농산물품질관리원장 또는 시·도지사는 농산물검사기술 교육에 필요한 시설과 인력 등 지정기준을 갖춘 기관·단체를 농산물검사관 교육기관으로 지정하여 교육을 실시하게 할 수 있다.

㉢ 국립농산물품질관리원장 또는 시·도지사는 농산물검사관 교육기관이 다음의 어느 하나에 해당하면 그 지정을 취소할 수 있으며, 가.에 해당하는 경우에는 지정을 취소하여야 한다. 이 경우 지정 취소를 할 때에는 청문을 하여야 한다.

가. 거짓이나 그 밖의 부정한 방법으로 지정을 받은 경우

나. 지정기준에 적합하지 아니하게 된 경우

다. 그 밖에 농산물검사관의 효율적인 교육을 위하여 국립농산물품질관리원장이 정하는 사항을 위반한 경우

㉣ 농산물검사관 교육기관의 지정기준, 지정절차, 지정 취소, 그 밖의 농산물검사관 교육에 필요한 사항은 국립농산물품질관리원장이 정한다.

⑬ **농산물검사관의 증표(시행규칙 제105조)** : 국립농산물품질관리원장 또는 시·도지사는 전형시험에 합격한 사람에게 농산물검사관증을 발급하여야 한다.

(9) 농산물검사관의 자격취소 등(법 제83조)

① 국립농산물품질관리원장은 농산물검사관에게 다음의 어느 하나에 해당하는 사유가 발생하면 그 자격을 취소하거나 6개월 이내의 기간을 정하여 자격의 정지를 명할 수 있다. 다만, ㉢ 및 ㉣의 경우에는 자격을 취소하여야 한다.

㉠ 거짓이나 그 밖의 부정한 방법으로 검사나 재검사를 한 경우

㉡ 이 법 또는 이 법에 따른 명령을 위반하여 현저히 부적격한 검사 또는 재검사를 하여 정부나 농산물검사기관의 공신력을 크게 떨어뜨린 경우

㉢ 다른 사람에게 그 명의를 사용하게 하거나 자격증을 대여한 경우
㉣ 명의의 사용이나 자격증의 대여를 알선한 경우

② ①에 따른 자격 취소 및 정지에 필요한 세부사항은 농림축산식품부령으로 정한다.

(10) 검사증명서의 발급 등(법 제84조)

농산물검사관이 검사를 하였을 때에는 농림축산식품부령으로 정하는 바에 따라 해당 농산물의 포장・용기 등이나 꼬리표에 검사날짜, 등급 등의 검사 결과를 표시하거나 검사를 받은 자에게 검사증명서를 발급하여야 한다.

(11) 재검사 등(법 제85조)

① 농산물의 검사 결과에 대하여 이의가 있는 자는 검사현장에서 검사를 실시한 농산물검사관에게 재검사를 요구할 수 있다. 이 경우 농산물검사관은 즉시 재검사를 하고 그 결과를 알려 주어야 한다.

② ①에 따른 재검사의 결과에 이의가 있는 자는 재검사일부터 7일 이내에 농산물검사관이 소속된 농산물검사기관의 장에게 이의신청을 할 수 있으며, 이의신청을 받은 기관의 장은 그 신청을 받은 날부터 5일 이내에 다시 검사하여 그 결과를 이의신청자에게 알려야 한다.

③ ① 또는 ②에 따른 재검사 결과가 검사 결과와 다른 경우에는 해당 검사결과의 표시를 교체하거나 검사증명서를 새로 발급하여야 한다.

(12) 검사판정의 실효(법 제86조)

검사를 받은 농산물이 다음의 어느 하나에 해당하면 검사판정의 효력이 상실된다.

① 농림축산식품부령으로 정하는 검사 유효기간이 지난 경우

② 검사 결과의 표시가 없어지거나 명확하지 아니하게 된 경우

예시문제 맛보기

다음 괄호 안에 들어갈 알맞은 말을 쓰시오. [5회 기출]

검사를 받은 농산물에 대해 검사판정의 효력이 상실되는 경우는 검사 (①)이 지난 경우, 검사 결과의 표시가 없어지거나 (②) 아니하게 된 경우이다.

정답 ① 유효기간, ② 명확하지

(13) 검사판정의 취소(법 제87조)

농림축산식품부장관은 검사나 재검사를 받은 농산물이 다음의 어느 하나에 해당하면 검사판정을 취소할 수 있다. 다만, ①에 해당하면 검사판정을 취소하여야 한다.

① 거짓이나 그 밖의 부정한 방법으로 검사를 받은 사실이 확인된 경우

② 검사 또는 재검사 결과의 표시 또는 검사증명서를 위조하거나 변조한 사실이 확인된 경우
③ 검사 또는 재검사를 받은 농산물의 포장이나 내용물을 바꾼 사실이 확인된 경우

2. 검 정

(1) 검정(법 제98조)

① 농림축산식품부장관 또는 해양수산부장관은 농수산물 및 농산가공품의 거래 및 수출・수입을 원활히 하기 위하여 다음의 검정을 실시할 수 있다. 다만, 종자산업법 제2조 제1호에 따른 종자에 대한 검정은 제외한다.
㉠ 농산물 및 농산가공품의 품위・품종・성분 및 유해물질 등
㉡ 수산물의 품질・규격・성분・잔류물질 등
㉢ 농수산물의 생산에 이용・사용하는 농지・어장・용수・자재 등의 품위・성분 및 유해물질 등

예시문제 맛보기

다음 괄호 안에 들어갈 알맞은 말을 쓰시오. [6회 기출]

농림축산식품부장관 또는 해양수산부장관은 농수산물 및 농산가공품의 거래 및 수출・수입을 원활히 하기 위하여 농산물 및 농산가공품의 (①) 및 (②) 등에 대하여 검정을 실시할 수 있다.

정답 ① 품위・품종・성분, ② 유해물질

② 농림축산식품부장관 또는 해양수산부장관은 검정신청을 받은 때에는 검정인력이나 검정장비의 부족 등 검정을 실시하기 곤란한 사유가 없으면 검정을 실시하고 신청인에게 그 결과를 통보하여야 한다.
③ ①에 따른 검정의 항목・신청절차 및 방법 등 필요한 사항은 농림축산식품부령 또는 해양수산부령으로 정한다.

(2) 검정절차 등(시행규칙 제125조)

① 검정을 신청하려는 자는 국립농산물품질관리원장, 국립수산물품질관리원장 또는 지정받은 검정기관(이하 '지정검정기관')의 장에게 검정신청서에 검정용 시료를 첨부하여 검정을 신청하여야 한다.
② 국립농산물품질관리원장, 국립수산물품질관리원장 또는 지정검정기관의 장은 시료를 접수한 날부터 7일 이내에 검정을 하여야 한다. 다만, 7일 이내에 분석을 할 수 없다고 판단되는 경우에는 신청인과 협의하여 검정기간을 따로 정할 수 있다.
③ 국립농산물품질관리원장, 국립수산물품질관리원장 또는 검정기관의 장은 원활한 검정업무의 수행을 위하여 필요하다고 판단되는 경우에는 신청인에게 최소한의 범위에서 시설, 장비 및 인력 등의 제공을 요청할 수 있다.

(3) 검정증명서의 발급(시행규칙 제126조)

국립농산물품질관리원장, 국립수산물품질관리원장 또는 지정검정기관의 장은 검정한 경우에는 그 결과를 검정증명서에 따라 신청인에게 알려야 한다.

(4) 검정항목(시행규칙 제127조 관련 [별표 30])

① 농산물 및 농산가공품

분 야	검정항목	세부 검정항목
품위·품종 및 일반성분	가. 품 위	정립, 피해립, 이종종자, 이물, 용적중, 싸라기, 입도, 이종곡립, 분상질립, 착색립, 사미, 세맥, 다른 종피색, 과균 비율, 색깔 비율, 결점과율, 회분(灰分) 또는 조회분(粗灰分), 사분 등
	나. 발아율	발아율, 발아세(맥주보리만 해당) 등
	다. 도정률	• 미곡의 제현율, 현백률, 도정률 등 • 맥류의 정백률 등
	라. 품 종	벼·현미·쌀
	마. 일반성분	수분, 단백질, 지방, 조섬유, 산가, 산도, 당도 등
무기성분 및 유해물질	가. 무기성분	칼슘, 인, 식염, 나트륨, 칼륨, 질산염 등
	나. 유해 중금속	카드뮴, 납 등
	다. 잔류농약	클로르피리포스, 엔도설판, 디디티(DDT), 프로사이미돈, 다이아지논, 카벤다짐 등
	라. 곰팡이 독소	아플라톡신 B1, B2, G1, G2 등
	마. 항생물질	항생제, 합성항균제, 호르몬제
	바. 방사능	세슘, 요오드(아이오딘)
	사. 병원성 미생물	대장균, 바실루스 세레우스 등

[비고]

- 품위란 정립, 피해립, 이종종자 등 검정항목을 측정, 시험, 분석한 결과에 따른 질적 수준을 말한다.
- 정립(整粒)이란 미곡류·맥류·두류(콩류)·잡곡류 등의 건전립(건실하고 정상인 낟알)을 말한다.
- 피해립이란 수분, 해충, 열, 그 밖의 요인으로 인하여 변색되었거나 피해를 입은 완전립 또는 쇄립(깨진 낟알)을 말한다.
- 입도(粒度)란 두류 등의 굵기를 말한다.
- 이종곡립(異種穀粒)이란 해당 곡종 외의 다른 곡립을 말한다.
- 분상질립(粉狀質粒)이란 부피의 1/2 이상이 분상질(종자 내부의 조직이 치밀하지 못하고 공간이 많아 희게 보이는 성질) 상태인 낟알을 말한다.
- 사미(死米)란 분상질 상태인 낟알의 부피가 75퍼센트(%) 이상인 것을 말한다.
- 세맥(細麥)이란 맥주보리를 체 눈의 크기가 2.2mm인 세로눈의 판체로 쳤을 때 통과하는 낟알을 말한다.
- 종피색(種皮色)이란 씨껍질색을 말한다.
- 과균 비율(果均 比率)이란 크기의 고르기를 말한다.
- 결점과율(缺點果率)이란 전량에 대한 결점과(병해충과, 상해과, 외관불량과, 미숙과 등)의 개수 비율을 말한다.
- 회분(灰分)이란 유기질이 회화(연소)된 뒤에 남은 무기물 또는 불연성 잔류물을 말한다.
- 사분(砂分)이란 사염화탄소(CCl_4) 비중선별법에 따라 시료를 채취하여 무게퍼센트(%)로 나타낸 것을 말한다.
  [사분(%) = (사분의 부피(ml) × 1.25 × 100) / 채취시료량의 무게]
- 발아세(發芽勢)란 일정 기간까지 유아(어린싹) 또는 유근(어린뿌리)이 출현한 낟알 수의 비율을 말한다.
- 현백률(玄白率)이란 일정량의 현미를 도정했을 때 백미가 생산되는 무게 비율을 말한다.
- 정백률(精白率)이란 현백률과 같은 의미로 일정량의 맥류를 도정했을 때 백미가 생산되는 무게 비율을 말한다.
- 조섬유(粗纖維)란 식료품 분석에서 산과 알칼리로 일정하게 처리하고 남은 물질을 말한다.

② 농지(토양)

분 야	검정항목	세부 검정항목
무기성분 및 유해물질	가. 유해 중금속	카드뮴, 구리, 납, 비소, 수은, 6가크롬(6가크로뮴), 아연, 니켈 등
	나. 잔류농약	클로르피리포스, 엔도설판, 디디티(DDT), 프로사이미돈, 다이아지논, 카벤다짐 등
	다. 항생물질	항생제, 합성항균제, 호르몬제

③ 용수(하천수・호소수)

분 야	검정항목	세부 검정항목
무기성분 및 유해물질	가. 유해 중금속	크롬(크로뮴), 아연, 구리, 카드뮴, 납, 망간(망가니즈), 니켈, 철, 비소, 셀레늄, 6가크롬(6가크로뮴), 수은 등
	나. 잔류농약	클로르피리포스, 엔도설판, 디디티(DDT), 프로사이미돈, 다이아지논, 카벤다짐 등
	다. 항생물질	항생제, 합성항균제, 호르몬제

④ 용수(먹는물・먹는샘물)

분 야	검정항목	세부 검정항목
무기성분 및 유해물질	가. 유해 중금속	구리, 카드뮴, 납, 아연, 알루미늄, 망간(망가니즈), 철, 셀레늄, 비소, 수은, 크롬(크로뮴) 등
	나. 잔류농약	클로르피리포스, 엔도설판, 디디티(DDT), 프로사이미돈, 다이아지논, 카벤다짐 등
	다. 항생물질	항생제, 합성항균제, 호르몬제

⑤ 자재(비료・축분・깔짚 등)

분 야	검정항목	세부 검정항목
무기성분 및 유해물질	가. 무기성분	질소, 인산, 칼륨 등
	나. 유해 중금속	카드뮴, 비소, 납, 수은 등
	다. 잔류농약	클로르피리포스, 엔도설판, 디디티(DDT), 프로사이미돈, 다이아지논, 카벤다짐 등
	라. 항생물질	항생제, 합성항균제, 호르몬제

(5) 농산물 등의 검정방법(농산물 검사・검정방법 및 절차 등에 관한 규정 [별표 13])

① 총 칙

㉠ 시료축분 및 체별방법

- 시료 축분법 : 시료 축분은 원칙적으로 균분기를 사용한다. 다만, 균분기가 없을 경우 또는 균분기로 축분할 수 없는 시료에 대하여는 그 보조방법으로 4분법에 따라 축분한다.
  - 균분기를 사용한 시료 축분법
    - ⓐ 시료는 축분 전에 충분히 혼합한다.
    - ⓑ 균분기를 수평으로 안치한 후 깔때기에 시료를 넣고 개폐기를 일시에 가볍게 완전히 연다.
    - ⓒ 2분된 시료 중 임의로 그 하나를 선택하여 소요량이 될 때까지 반복하여 축분한다.
  - 4분법(보조방법)
    - ⓐ 시료는 축분 전에 충분히 혼합한다.
    - ⓑ 혼합된 시료를 다음 그림과 같이 원형으로 평평히 엷게 펴놓고 종횡으로 선을 그어 4등분 한다.

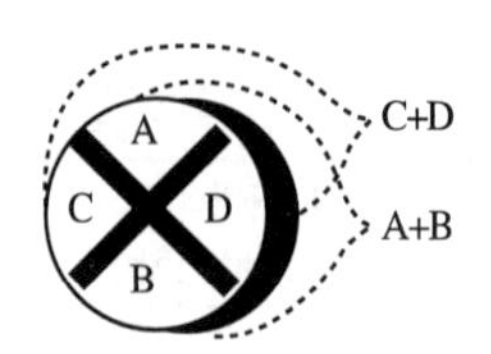

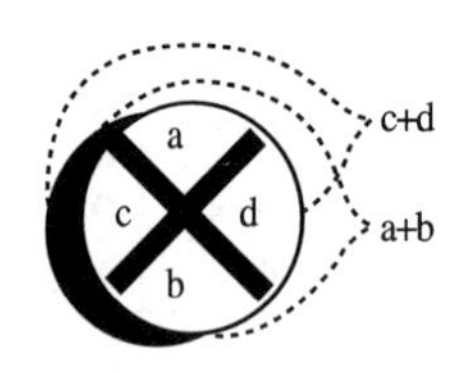

[4분법 도해]

ⓒ 4등분된 시료는 대각의 부분끼리 모아 2개로 축분한다.

ⓓ 2개로 축분된 시료 중 그 하나를 임의로 택하여 이와 같은 방법으로 소요량이 될 때까지 반복하여 축분한다.

• 체별법 : 시료의 체별은 원칙적으로 사동기를 사용한다. 다만, 사동기가 없을 경우 또는 사동기로 체별을 할 수 없는 시료에 대하여는 그 보조방법으로 체별한다.

– 시료 : 미맥류 및 잡곡류의 시료량은 체판 면적 $100cm^2$당 50g±10%을 기준으로 한다.

– 사동기를 사용한 체별법

ⓐ 진동폭이 250mm인 사동기를 사용한다.

ⓑ 체눈 연속선상의 직선방향 또는 체눈의 길이가 긴 쪽의 방향을 사동기의 직선 왕복선과 일치시켜 체를 고정한다.

ⓒ 체별 시간 및 횟수는 25±0.5초 동안에 왕복 30회를 체별한다.

– 수동(보조방법)

ⓐ 자세를 바로 하고 양 팔꿈치를 양 허리에 부착시켜 팔꿈치와 손과 체판을 수평으로 하고 체별한다.

ⓑ 그물체 및 삼각눈의 판체는 정면에서 보아 체눈이 정사각형 및 정삼각형이 되도록 잡고 치며, 세로눈의 판체 및 줄체와 둥근눈의 판체는 체눈의 방향으로 잡고 체별자의 몸통을 중심으로 좌우방향으로 친다.

ⓒ 체별 시간 및 횟수는 20초 동안에 좌우 30회를 체별한다.

– 체별 후 체눈에 걸린 것은 체 위에 가산한다.

ⓛ 수치 취급방법

• 수치의 취급방법은 다음과 같다.

– 계측에 있어서 측정치는 규격수치 단위 이하 1자리까지 산출한다.

– 검정치는 규격수치 단위 이하 1자리에서 반올림한 수치로 한다.

예 규격수치가 0.2이고 계측값이 0.165인 경우 측정값은 0.16, 검정값은 0.2

• 모든 계측표에는 측정값으로 표시하여야 하며, 검사관계 증빙서류에는 검정값으로 표시한다.

② 측 정

㉠ 제현율(製玄率)

• 벼 시료를 시료축분법에 따라 50g 이상을 축분하여 계량한 후 제현기로 벼 껍질을 벗긴다.

• 현미 중에 섞여 있는 왕겨와 이물을 제거한 후 농산물 검사기준의 벼 품위 검사규격에서 정한 줄체로 체별법에 따라 체별한다.

• 체 위에 남은 현미를 활성현미와 사미(체적의 3/4 이상이 분상질 상태인 낟알)로 구분한다.
• 활성현미와 사미를 각각 계량하여 아래와 같이 제현율을 산출한다.
  – 체 위 현미 중 사미가 차지하는 비율이 기준한계치 이하일 경우

$$\text{제현율(\%)} = \frac{\text{활성현미무게(g)} + \text{체 위 사미무게(g)}}{\text{공시무게(g)}} \times 100$$

  – 체 위 현미 중 사미가 차지하는 비율이 기준한계치 초과할 경우

$$\text{제현율(\%)} = \frac{\text{활성현미무게(g)} \times \left(1 + \frac{\text{기준한계치}}{100 - \text{기준한계치}}\right)}{\text{공시무게(g)}} \times 100$$

※ 기준한계치 : 쌀의 품위 검사규격 밥쌀용(쌀 등급기준 '상'등급)의 "분상질립 · 피해립 · 열손립"의 최고한도를 더한 수치임

ⓛ 정립(整粒)
• 미맥류 · 두류 · 잡곡류의 건전립을 정립이라 하며, 정립률은 공시량에 대한 정립의 무게비율로 표시한다.
• 시료는 시료축분법에 의하여 미맥류는 50g 이상을, 그 외 다른 품목은 [별표 4] 곡종별 품위 검사 순위표의 중량 이상을 채취하여 사용한다.
• 정립률 산출

$$\text{정립률(\%)} = \frac{\text{정립의 무게(g)}}{\text{공시무게(g)}} \times 100$$

※ 품목별 정립의 정의 및 한계는 '농산물 검사기준' 참고

ⓒ 용적중(容積重)
• 용적중은 시료 1L의 무게로 표시한다.
• 용적중은 "1L 용적중 측정 곡립계"로 측정함을 원칙으로 하되 이와 동등한 측정결과를 얻을 수 있는 브라웰 곡립계, 전기식 곡립계 등에 의한 측정을 보조방법으로 할 수 있다.
• "1L 용적중 측정 곡립계"의 제원은 다음과 같다.
  – 1L용기는 안쪽지름 119.6mm, 안쪽높이 91.3mm의 용기로 제작하여 내용적이 1000.0mL가 되어야 한다.
  – 호퍼(Hopper)는 상부 안쪽지름 196mm, 수직 높이 169mm(개폐구간 10mm 포함)의 원뿔대 형태이어야 한다.
  – 개폐구(조리개형) 크기는 호퍼 하부 안쪽지름 31.8mm
  – 낙하높이는 호퍼 밑면에서 1L용기 상단까지 50mm
  – 시료 수평판은 목재 230×70×8mm
  – 지지대, 수평기, 시료회수통 등 용적중을 안정되게 측정할 수 있어야 한다.
• 설 치
  – 호퍼와 1L용기는 수평으로 설치하고 시료 낙하높이는 50mm가 되도록 고정한다.
  – 호퍼와 1L용기의 중심선이 일치되게 한다.

• 측정방법
  - 시료 1.2L를 호퍼에 넣고 개폐구를 짧은 시간에 완전히 가볍게 열어 1L용기에 넘쳐야 한다.
  - 시료 수평판을 수직 상태로 1L용기의 한쪽 면에서 가볍게 놓고 지그재그로 반복하여 시료를 수평으로 만든 후 저울로 계량한다.
  - 용적중은 3회 반복 측정치의 평균치를 측정값으로 한다.

㉣ 싸라기

• 싸라기는 KS A 5101-1(금속망체) 중 호칭치수 1.7mm의 금속망체로 쳐서 체를 통과하지 아니하는 낟알 중 그 길이가 완전한 낟알 평균길이의 4분의 3 미만인 것을 말한다. 다만, 1.7mm의 금속망체를 통과하지 아니하는 싸라기 중 세로로 쪼개진 것은 그 길이에 상관없이 싸라기로 간주한다.
• 보리쌀의 큰싸라기는 KS A 5101-1(금속망체) 중 호칭치수 1.7mm의 금속망체로 쳐서 체를 통과하지 아니하는 싸라기로서 그 길이가 완전한 낟알 평균길이의 2분의 1 미만인 것을 말한다. 다만, 1.7mm의 금속망체를 통과하지 아니하는 싸라기 중 세로로 쪼개진 것은 그 길이에 상관없이 싸라기로 간주한다.
• 보리쌀의 잔싸라기는 KS A 5101-1(금속망체) 중 호칭치수 1.7mm의 금속망체를 통과하고 호칭치수가 1.4mm의 금속망체를 통과하지 아니하는 싸라기를 말한다.
• 시료의 양은 각 품목별로 특별히 정해진 경우를 제외하고 잔싸라기계측용 시료는 약 1.5kg, 싸라기 및 큰싸라기 계측용 시료는 KS A 5101-1(금속망체) 중 호칭치수 1.7mm의 금속망체 위의 시료 중 50g 이상을 시료축분법에 따라 채취하여 사용한다.
• 체의 사용은 체별법에 따른다.
• 완전한 낟알의 평균 길이는 시료 중 무작위로 완전한 낟알 15개 이상을 취하여, 그 길이를 각각 입형측정기(마이크로미터)로 측정하여 산출한 평균치로 한다.
• 싸라기는 공시량에 대한 싸라기 무게 백분비로 표시하며, 다음 식에 따라 산출한다.

$$\text{싸라기}(\%) = \frac{\text{싸라기무게(g)}}{\text{공시무게(g)}} \times 100$$

㉤ 낟알의 고르기

• 품목별로 검사기준에 정해진 체로 쳐서 공시량에 대한 체 위에 남은 시료의 무게 백분비로 표시한다.
• 시료채취는 시료축분법에 따른다.
• 체의 사용은 체별법에 따른다.
• 낟알의 고르기 산출

$$\text{낟알의 고르기}(\%) = \frac{\text{체 위에 남은 시료무게(g)}}{\text{공시무게(g)}} \times 100$$

㉥ 세맥(細麥)

• 세맥은 맥주보리를 체 눈의 크기가 2.2mm인 세로눈의 판체로 쳤을 때 통과하는 낟알을 말하며, 공시량에 대한 세맥의 무게 백분비로 표시한다.

- 시료는 이물과 이종곡립을 제외한 시료 중에서 시료축분법에 따라 50g 이상을 축분하여 계량한 후 사용한다.
- 체의 사용은 체별법에 따른다.

㉦ 사분(砂分)

- 사분은 4염화탄소 비중 선별법에 따르며, 공시량에 대한 사분의 무게 백분비로 표시한다.
- 시료는 시료축분법에 따라 25g 이상을 축분하여 계량 후 사용한다.
- 사분측정병은 내경 40mm, 길이 160mm의 유리병으로서 병 하단에 내경 3.5mm, 길이 40mm, 내용적이 0.25mL이며, 한 눈금이 0.005mL로 나뉘어진 가느다란 관이 달려있는 검정필 측정병을 사용한다.
- 먼저 병의 가느다란 부분에 4염화탄소를 채운 다음 시료를 넣고 다시 30mL의 4염화탄소를 추가한다.
- 4염화탄소 추가 후 2분가량 유리막대로 잘 저어주고, 30분간 놓아둔다. 이를 다시 1분간 저어주고, 30분간 놓아두었다가 가라앉은 사분의 양(mL)을 읽는다.
- 사분 1mL = 1.25g로 하여 다음 식에 따라 산출한다.

$$사분(\%) = \frac{사분(mL) \times 1.25}{공시무게(g)} \times 100$$

㉧ (조)회분(灰分) : 조회분은 600℃ 연소회화법에 의하여 측정함을 원칙으로 하되, 경우에 따라 다음에서 규정한 보조방법으로 측정할 수 있으며, 공시량에 대한 조회분의 무게 백분비로 표시한다.

- 시료 : 축분하여 분쇄한 시료 약 2~5g을 무작위로 채취하여 15mL(철분을 병행 측정코자 할 때는 25mL) 사기 도가니(600℃의 전기로에서 1~2시간 태운 도가니를 데시케이터(Desiccator)에서 실온으로 방랭한 것)에 넣고 저울로 정확히 계량한다.
- 방 법
  - 600℃ 연소회화법

ⓐ 칭량된 시료는 회화로에 안치하고 서서히 강하게 가열하다가 600℃에 달한 때부터 2~4시간 동안 동일한 온도를 유지하면서 회화시킨다(엷은 회색 또는 항량이 될 때까지 회화).

ⓑ 회화가 완료되면 데시케이터(Desiccator)에 넣어 실온에서 냉각한 후 칭량하여 항량에 도달한 때를 회화 종료점으로 한다(회분은 용융상태가 되어서는 안 된다).

ⓒ 조회분 산출

$$조회분(\%) = \frac{(회화\ 후\ 회분 + 도가니\ 무게) - 도가니\ 무게}{(시료 + 도가니\ 무게) - 도가니\ 무게} \times 100$$

$$= \frac{회분\ 무게}{시료\ 무게} \times 100$$

ⓓ 동일 시료에 대하여 3점을 병행 측정하여 근사치 범위 내에 있는 것의 산술평균치를 조회분 측정값으로 한다.

- 고온회화법 : 위의 ⓐ항에서 정해진 방법에 따라 회화가 되지 않는 경우에는 회화가 완전히 이루어질 수 있도록 회화 온도를 높이거나 회화 시간을 연장할 수 있다. 다만, 이때 회화 중 용융이나 탄화가 생겨서는 안 된다.

㉧ 피해립·착색립·사미·분상질립·이종곡립·이물 등

- 표시는 공시무게에 대한 중량백분비로 한다.
- 피해립·착색립·사미·분상질립·이종곡립·이물 등의 정의 및 한계는 농산물 검사기준 품목별로 정해진 규정에 따른다. 다만, 시중유통 쌀의 품위 규격은 쌀의 등급 및 단백질함량 기준에 따른다.
- 시료취급 및 검정순서는 [별표 4] 곡종별 품위 검사 순위표, [별표 7] 수입 농산물 품위검사 순서 및 방법에 따른다.
- 시료는 시료축분법에 따라 채취하여 사용한다.
- 산 출

$$\text{혼입률}(\%) = \frac{\text{검정대상 항목의 검출치(g)}}{\text{공시무게(g)}} \times 100$$

㉨ 다른 종피색립(種皮色粒)

- 다른 종피색립은 공시료에 대한 중량백분비로 표시한다.
- 곡종별 다른 종피색립 정의 및 한계는 농산물검사기준 상에 품목별로 정해진 규정에 따른다.
- 시료는 시료축분법에 의해 두류 100g, 참깨 20g(이물 제외)이상을 채취한다.
- 다른 종피색립 산출

$$\text{다른 종피색립}(\%) = \frac{\text{다른 종피색립무게(g)}}{\text{공시무게(g)}} \times 100$$

㉩ 과균비율(果均比率)

- 과균비율은 공시료 중에서 최대과와 최소과로 인정되는 것을 각각 3과씩 채취하여 감정과로 선정한다. 다만, 귤은 1개의 지름이 검사규격의 최소치 미만인 것과 최대치 이상인 것을 제외한 것 중에서 선정한다.
- 감정과의 최대과와 최소과의 평균무게 또는 평균지름을 각각 구하여 다음과 같이 산출한다.
  - 사과, 배, 단감 등

    최대치 : $(+)R = (B - A)/A \times 100(\%)$

    최소치 : $(-)R = (C - A)/A \times 100(\%)$

    여기서, R : 과균비율

    A : 해당시료의 전체 평균무게

    B : 최대 감정과 3개 평균무게

    C : 최소 감정과 3개 평균무게

- 감 귤

$R = (A - B) / C \times 100(\%)$

여기서, R : 과균비율

A : 최대 감정과 3개 평균지름

B : 최소 감정과 3개 평균지름

C : $A + B$

ⓔ 색깔비율

- 공시량 중에서 품종 고유의 색깔이 가장 떨어지는 5과의 색깔비율을 평균한 것으로 한다.
- 금감은 공시량 전량에 대하여 등급별 색깔비율에 미달하는 것의 개수비율을 구한다.
- 낱개마다 품종 고유의 색깔에 대비하여 착색정도별 면적비율과 해당 면적별 색깔비율을 각각 측정하고 다음과 같이 산출한다.

※ 색깔비율(%) = $(A_1 \cdot B_1 + A_2 \cdot B_2 + A_3 \cdot B_3 \cdots\cdots + A_n \cdot B_n)/100$

- A_1, A_2, A_3,……A_n = 착색정도별 면적비율
- B_1, B_2, B_3,……B_n = 해당면적별 착색비율

ⓕ 결점과(缺點果) 혼입률

- 결점과 혼입률은 공시료 개수의 백분비로 표시한다.
- 결점과는 공시료 매 과마다 결점별 기준과 대비하여 경결점과 이상인 것을 공시료 전량에서 선별한 후 이를 다시 경결점과, 중결점과로 분류하여 각각 개수의 백분비를 구한다.
- 결점별 기준은 품목별 농산물검사기준에 따른다.
- 결점과 혼입률 산출

$$혼입률(\%) = \frac{중결점(경결점)과수(개)}{공시과수(개)} \times 100$$

③ 시 험

ⓐ 발아율(發芽率) : 발아율이란 정한 조건과 기간에서 총 공시종자에 대한 발아종자 중 정상묘로 분류된 종자의 개수(입수)비율을 말하며, 시험방법은 다음과 같다.

- 시료는 정립 종자 중에서 400립을 사용하며, 100립씩 4반복 시험한다. 종자의 크기와 종자 사이의 간격 유지에 따라 50립씩 8반복 또는 25립씩 16반복으로 나눌 수 있다.
- 발아상의 종류에는 종이배지(TP, BP, PP), 모래, 흙 등이 있으며, 종이배지가 주로 사용된다.
- 종자 발아촉진 처리방법에는 생리적 휴면타파 방법과 경실종자 처리방법이 있는데, 생리적 휴면타파 방법에는 건조보관, 예냉, 예열, 광, 질산카리(KNO3)처리, 지베렐린산 처리, 폴리에틸렌 피복이 있으며, 경실종자 처리 방법에는 침지, 기계적인 상처내기와 산으로 상처내기가 있다.
- 묘의 평가는 정상묘, 비정상묘 및 불발아 종자(경실종자, 신선종자, 죽은종자, 기타범주)로 구분하며, 수입 콩나물콩의 경우는 신청자가 발아율 검정 의뢰 시 제시한 묘의 평가기준을 따를 수 있다.

• 발아시험의 결과는 100립씩 4반복의 평균으로 계산하며 비율은 정수로 한다. 또한, 정상묘, 비정상묘 및 불발아 종자의 합은 100이 되어야 한다. 단, 반복 간 최고치와 최저치 사이의 차가 [별표 14]의 허용오차 이내이어야 한다.

• 콩나물콩, 녹두의 발아조건은 다음과 같다.

품목명	배 지	발아조건				휴면타파 추가조치사항
		온 도		발아조사일		
		변 온	항 온	시 작	최 종	
콩나물콩	BP, S	20-30	25	5	8	없 음
녹 두	BP, S	20-30	25	5	7	없 음

• 기타 세부사항은 종자산업법 시행령 제11조(국제종자검정기관)의 국제종자검정협회(ISTA) 규정을 준용하여 실시한다.

㉡ 발아세(發芽勢) : 발아세란 맥주보리에 한하여 일정기간까지 유아 또는 유근이 출현한 낟알 수의 비율을 말하며, 그 시험방법은 다음과 같다.

• 시료는 정립 종자 중에서 400립을 사용하며, 100립씩 4반복 실험한다.

• 발아시험 방법으로 휴면타파 후 BP(Between Paper : 배지 사이 치상)상에서 온도조건은 20℃ 항온, 발아조사 기간은 96시간으로 한다.

※ 생리적 휴면타파 방법은 예냉(치상하여 젖은 배지 상태로 5~10℃로 7일간 유지), 예열(30~35℃의 조건에 7일간 환기가 잘되는 곳에 둔다), 지베렐린산 처리(물 1L에 GA3 500mg을 녹인 0.05%액으로 배지를 적신다) 등이 있다.

• 측정방법은 유아 또는 유근이 출현한 낟알 수를 계산하여 평균을 산출한다.

㉢ 도정수율(搗精收率) : 양곡의 도정수율은 공시 원료곡에 대한 도정한 제품 및 부산물의 무게비율을 말하며, 그 시험방법은 정부관리양곡 도정수율시험 실시요령을 원칙으로 하되 이와 동등한 시험 성적을 얻을 수 있는 시험용 기계에 의한 방법을 보조방법으로 채택할 수 있다.

• 도정시설에 의한 방법

 - 공시량은 1점당 1,000kg 이상으로 한다.
 - 시험 횟수는 1회 시험을 원칙으로 한다.
 - 제품의 생산 기준 및 도정수율 산출방법은 다음과 같다.

  ⓐ 도정도는 검정의뢰인이 요구하는 수준으로 한다.

  ⓑ 제품 중의 싸라기·뉘·이물 등의 혼입률은 검사기준상의 최고한도 수치를 초과하지 아니하는 범위에서 그 수치에 접근되도록 한다.

  ⓒ 도정은 제현공정과 현백공정으로 구분 실시한다.

  ⓓ 도정수율 산출

$$\text{제품 수율(\%)} = \frac{\text{제품 무게}}{\text{공시료 무게}} \times 100, \quad \text{부산물 수율(\%)} = \frac{\text{부산물 무게}}{\text{공시료 무게}} \times 100$$

• 시험용 기계에 의한 방법(보조방법)

 - 공시량은 1점당 3kg 이상으로 한다. 시험기의 사용방법은 기계별로 규정된 방법에 따른다.

- 시험 횟수는 3회 이상 반복 시험하며, 산술평균치를 시험성적으로 한다.
- 제품의 생산 기준 및 도정수율 산출방법은 도정시설에 의한 방법과 같다.

④ 분 석

㉠ 일반성분 : 농산물에 일반적으로 함유되어 있는 성분에 관한 시험으로 수분, 산도, 단백질, 지방, 조섬유, 당도 등을 분석한다.

• 수분 : 수분은 105℃ 건조법에 의하여 측정함을 원칙으로 하되 이와 동등한 측정결과를 얻을 수 있는 130℃ 건조법, 적외선 조사식 수분계, 전기저항식 수분계, 전열건조식 수분계, 기타 수분 측정이 가능한 장비 등에 의한 측정을 보조방법으로 채택할 수 있다.

<table>
<tr><td>105℃
건조법</td><td>• 칭량관은 사전에 깨끗이 비눗물로 씻고 100~110℃로 조절된 건조로 속에서 항량에 도달할 때까지 건조시킨 다음 데시케이터(Desiccator)에 넣어 30분 냉각시킨 후 저울로 정확히 계량한다.
• 공시료
– 시료 채취 : 모체의 평균치를 나타낼 수 있는 시료 30g 정도를 채취한다. 다만, 시료 중 조곡은 이물을 제거한 정립을 사용한다.
– 시료의 분쇄 : 시료의 분쇄는 롤러 분쇄기 또는 막자사발을 사용하여 20mesh(약 1mm) 정도로 분쇄하고(분쇄하여도 20mesh체를 통과하지 않는 정도의 얇은 조각모양 또는 실모양의 것은 그대로 시료에 포함) 분쇄한 시료를 정밀한 저울로 계량하여 5g정도를 취하여 칭량관에 넣어 저울로 정확히 계량한다. 단, 벼의 경우 분쇄된 시료와 왕겨를 잘 섞은 다음 계량하여 측정한다.
– 건조 : 시료를 넣은 칭량관의 마개를 약간 열어 건조로 내에 넣고 온도가 105~110℃로 유지되기 시작한 때부터 3~5시간 건조 후 데시케이터 내에서 30분간 식힌 후 무게를 칭량하고 다시 칭량접시를 1~2시간 건조하여 항량이 될 때까지 같은 조작을 반복한다.
– 수분 산출식
$\text{수분}(\%) = \dfrac{(\text{공시료}+\text{칭량관})\text{의 무게} - \text{건조후의}(\text{공시료}+\text{칭량관})\text{의 무게}}{(\text{공시료}+\text{칭량관})\text{의 무게} - \text{칭량관의 무게}} \times 100$
– 동일 시료 5점에 대하여 동시에 병행 실시하여 근사치 범위 내에 있는 것의 평균치를 측정값으로 한다.</td></tr>
<tr><td>보조
측정방법</td><td>• 조정 : 보조 측정방법에 따라 사용되는 수분계는 반드시 원칙적 방법에 의한 기준기와 대비 점검하여 정확한 측정결과를 얻을 수 있도록 수시로 조정하여야 한다.
• 측정 : 수분계의 측정조작은 기계별로 규정된 조작방법에 의하되, 동일한 시료에 대하여 3회 이상 반복 측정하여 근사치 범위 내에 있는 것의 평균치를 측정값으로 한다.</td></tr>
</table>

• (조)단백질 : (조)단백질은 총질소 및 조단백질을 측정하고자 하는 대부분의 농산물에 적용 가능하며, 식품의 기준 및 규격 켈달(Kjeldhal) 질소정량법을 응용한 단백질 분석기를 이용하는 방법을 원칙으로 하되 이와 동등한 측정결과를 얻을 수 있는 단백질 신속 측정기의 사용을 보조방법으로 채택할 수 있다.

- 조단백질 산출하는 질소 계수

식품명	질소계수
소맥분(중등질・경질・연질・수득률(100~94%)	5.83
소맥분(중등질・수득률(93~83%) 또는 그 이하)	5.70
쌀	5.95
보리・호밀・귀리	5.83
메밀	6.31
국수・마카로니・스파게티	5.70
낙화생	5.46
콩 및 콩제품	5.71
밤・호도・깨	5.30
호박・수박 및 해바라기의 씨	5.40

<table>
<tr><td>단백질 분석기를 이용한 측정방법</td><td>• 시료를 황산으로 분해한 후 단백질 분석기를 이용하여 증류 및 적정하는 방법이다.
• 분석 장비 : 시료 분해장치, 단백질 분석기(증류 및 적정)
• 시약 및 시액
- 분해시약 : 황산(H_2SO_4, 순도 98%)
- 분해촉진제(K_2SO_4 · Se 또는 K_2SO_4 · Cu)
- 적정시약 : 0.1 N 염산
- 적정용 혼합지시약 : 1% H_3BO_3 10L에 0.1% 브로모크레졸그린 용액 100mL와 0.1% 메틸레드 용액 70mL를 혼합하거나 4% 붕산 용액으로 사용
- 수산화나트륨 용액 : 32% 또는 40% 수산화나트륨 용액
• 시험방법
- 시료 약 1g(3~25%의 단백질을 함유한 식품의 경우)을 정밀하게 취하여 분해튜브에 넣고 분해촉진제 2알을 넣는다. 분해촉진제는 H_2SO_4과 K_2SO_4의 비율이 1.4~2.0 : 1이 되어야 분해가 효율적으로 이뤄진다.
- 분해튜브에 진한 황산 12mL를 넣는다. 다만, 검체의 지방 함량이 10% 이상이면 진한 황산 15mL를 넣는다.
- 420℃의 분해장치에서 50~60분간 분해하여 분해액의 색이 투명한 연푸른색(구리 촉매제를 사용한 경우) 또는 투명한 노란색(셀레늄 촉매제를 사용한 경우)이 되면 상온으로 냉각시킨다.
- 분해가 완료된 시료를 단백질분석기(증류, 적정 자동분석)로 분석하여 결과를 산출한다.
- 3회 이상 반복 측정하여 근사치 범위 내에 있는 것의 산술 평균치를 산출한다.
• 계산방법
$$\text{조단백질(\%)} = \frac{(\text{HCl 소비mL} - \text{공시험mL}) \times M \times 14.01}{\text{검체량(mg)}} \times F \times 100$$
여기서, 14.01 : 질소의 원자량
M : HCl의 몰농도
F : 켈달 계수(조단백질을 산출하는 질소계수 이용)</td></tr>
<tr><td>보조측정 방법</td><td>• 조정 : 보조측정방법에 따라 사용되는 측정기는 반드시 원칙적 방법에 의한 기준기와 대비 점검하여 정확한 측정결과를 얻을 수 있도록 수시로 조정하여야 한다.
• 측정 : 측정기의 사용방법은 기계별로 규정된 방법에 따른다.</td></tr>
</table>

• 조지방(粗脂肪 : 油分) : 조지방 측정은 에테르추출법에 의하여 추출한 조지방을 공시무게에 대한 중량 백분비로 표시한다. 다만 지방자동추출기를 사용할 경우 처음부터 여섯 번째까지 단계는 생략할 수 있다.

- 분쇄된 시료 2~3g를 원통 거름종이에 넣고 상부를 탈지면으로 막는다(건조가 필요한 것은 95~100℃에서 2~3시간 건조시킴).
- 시료를 알코올 또는 에테르(ether)로 잘 씻은 추출기의 추출관에 넣는다.
- 미리 세척하고 항량을 구해둔 조지방 정량병을 추출기에 연결하고 각 부위를 완전조립한다.
- 추출기의 상부로부터 에테르 약 70~80mL를 가하고, 항온수조에서 50℃ 전후로 가온하여 지방을 추출시킨다.
- 가온은 에테르의 떨어지는 속도가 매초 5~6방울로 하여 16시간 계속한다.
- 추출이 끝나면 항온수조에서 에테르를 증발시킨다.
- 완전히 에테르가 증발하면 95~100℃의 건조기에 넣어 1시간 건조시키고 데시케이터(Desiccator) 내에서 30분간 방열 후 칭량한다.
- 이와 같이 건조 · 방냉 · 칭량을 반복하면 에테르의 증발로 점차 중량이 감소되나 지방의 산화에 의한 중량증가가 일어나는 수가 있다. 이때 건조를 중지하고 그의 최저치로부터 지방 정량병의 중량을 감하여 조지방으로 한다.

$$조지방(\%) = \frac{(정량병 + 조지방)의\ 최저무게 - 정량병의\ 무게}{시료무게} \times 100$$

• 조섬유(粗纖維)

- 조섬유 측정은 헨네베르크・스토오만개량법에 의한 칭량법에 따른다.
- 분쇄한 시료 2~5g을 에테르로 5~6회 씻어 탈지한 후 500mL의 플라스크에 넣고 석면 약 0.5g을 가한다.
- 뜨거운 1.25%황산 200mL를 넣고 즉시 환류냉각기를 설치하여 1분 이내에 끓기 시작하도록 가열한다. 끓기 시작하면 조용히 끓도록 버너를 조절한다. 때때로 플라스크를 흔들고 기포가 심하게 일어나면 아밀알코올 0.5mL를 냉각기의 상부로부터 가한다.
- 정확히 30분간 끓인 다음 냉각기를 떼어 내고 플라스크에 여과관을 넣고 흡인 여과한다. 열탕으로 세척액이 산성을 나타내지 않을 때까지 플라스크와 잔류물을 4~5회 씻는다.
- 다음 뜨거운 1.25% 수산화나트륨 용액 200mL를 사용하여 잔류물을 500mL의 플라스크에 씻어 넣고 3분 후에 끓기 시작하도록 가열한다. 끓기 시작하면 조용히 끓도록 버너를 조절하고 정확히 30분이 되면 유리여과기(1G-3)를 사용하여 흡인 여과한다.
- 세척액이 알칼리성을 나타내지 아니할 때까지 4~5회 열탕으로 씻은 다음 에탄올 15mL로 씻고 110℃의 건조기에서 건조하여 에테르로 씻은 다음 항량이 될 때까지 다시 건조하여(약 1시간) 데시케이터(Desiccator)에서 식히고 칭량한다. 다음 500~550℃의 전기로 중에서 항량이 될 때까지 가열하고(약 1시간) 식힌 후 칭량하여 다음 식에 따라 조섬유의 양을 구한다.

$$조섬유(\%) = \frac{W_1 - W_2}{S} \times 100$$

여기서, W_1 : 유리여과기를 110℃를 건조하여 항량이 되었을 때의 무게(g)

W_2 : 전기로에서 가열하여 항량이 되었을 때의 무게(g)

S : 공시료 무게(g)

• 산도(酸度)

- 밀가루 산도 측정
  ⓐ 밀가루의 산도는 시료 중의 산의 양을 유산으로 환산하고 시료에 대한 백분비로 표시한다.
  ⓑ 시료 10g(밀인 경우는 분쇄하여 20메쉬 체를 통과토록 함)을 상명천칭(上皿天秤, 감도 0.1g)으로 채취하고 200mL의 삼각플라스크에 넣어 40℃의 물 100mL을 가하여 3분간 진탕하고 항온수조에서 1시간 동안 40℃로 유지시킨다(도중 30분에 1분간 진탕시킨다).
  ⓒ 건조여지로 여과하여 여액 50mL를 홀피펫(Hole pipette)으로 100mL 삼각플라스크에 취하여 0.1% 페놀프탈레인(Phenolphthalein) 용액 2방울을 가하고 N/10 가성소다 용액으로 적색이 30초간 소실되지 않을 때까지 적정한다.
  ⓓ 적정에 소요된 mL수로부터 유산(乳酸)함량을 산출한다. 즉 N/10 유산 1mL 중화에는 N/10 가성소다 1mL를 요하며, N/10 1mL에는 0.009g의 유산이 함유되므로 N/10 가성소다 1mL은 유산 0.009g에 상당한다.

ⓔ 산도 산출

$$\text{산도}(\%) = T \times F \times 0.009 \times \frac{A}{B} \times \frac{1}{S} \times 100$$

여기서, T : 적정에 요한 N/10 가성소다 용액의 mL

F : N/10 가성소다 용액의 역가

A : 침출에 사용한 침출액의 mL수

B : 적정에 공한 침출액의 mL수

S : 공시료 무게

ⓕ 0.1% 페놀프탈레인 용액: 페놀프탈레인 0.1g를 칭량하여 에탄올에 녹여 100mL로 한다.

– 녹말의 산도

ⓐ 녹말의 산도는 시료 중의 산의 양을 알카리의 소요 mL로 나타낸다.

ⓑ 시료 100g을 상명천칭으로 취하여 300mL 삼각플라스크에 넣고 40℃의 물 100mL를 가하여 진탕 후 1시간 방치한다(도중 수회 진탕함).

ⓒ 건조여지로 여과하여 여액 10mL를 취하여 0.1% 페놀프탈레인 5 방울 가하고 30초간 방치하여도 적색이 소실되지 않을 때까지 N/50 가성소다 용액으로 적정한다.

ⓓ 적정 mL를 2배하여 산도로 한다.

$$\text{산도} = T \times F \times 2$$

여기서, T : N/50 가성소다 소요 mL수

F : N/50 가성소다 용액의 역가

ⓔ 석회처리 : 녹말 등에는 알칼리성의 경우가 있으므로 이때는 N/50 황산(H_2SO_4)으로 적정하고 적정 mL수를 2배로 하여 "–"부호를 붙여 산도로 한다.

• 산가(酸價) : 산가란 유지 1g 중에 함유되어 있는 유리지방산을 중화하는 데 소요되는 KOH의 mg수이다

시 약	• 에틸에테르 또는 석유에테르 • 1.0% 페놀프탈레인(Phenolphthalein) 용액은 페놀프탈레인 1.0g을 95%의 에탄올(Ethanol)에 녹여 100mL로 만든다. • 중성용매는 시료를 용해시키는 용액으로 에탄올과 에틸에테르(1 : 1, 부피비율)를 혼합하여 만든다. • 0.1N 알콜성 KOH 용액 – KOH 6.4g을 소량의 물에 녹인 후 95% 이상의 에탄올로 1L가 되도록 만든다. – 제조한 용액은 2~3일간 방치 후 여과(No.5)하여 사용한다. ※ KOH 용액 농도계수(Factor) 산출 • 벤조산(Benzoic acid) 0.2~0.3g을 정확히 칭량한다. • 중성용매(에탄올 : 에틸에테르 → 1 : 1) 10mL를 가한다. • 1.0% 페놀프탈레인 지시액 2~3방울을 떨어뜨린다. • 0.1N 알콜성 KOH 용액으로 엷은 분홍색이 30초 이상 유지될 때까지 적정한다. • 농도계수 산출식 $\text{KOH 용액의 농도계수(factor)} = \frac{\text{벤조산 채취량(g)}}{122 \times \text{KOH 적정량}} \times 10{,}000$

측 정	• 분쇄한 시료 100g 정도를 삼각플라스크에 넣는다. • 시료가 잠길 정도로 에틸에테르 또는 석유에테르를 가한 후 호일로 덮는다(500mL 비이커의 경우 약 300mL 눈금까지 채운다). • 2~3회 반복하여 진탕하여 정치시킨다. • 상등액만 깔대기와 여과지를 사용하여 여과시킨다. • 감압농축기를 사용하여 농축(40℃ 이하)한 후 105℃건조기에 1시간 정도 넣어 에테르를 완전히 증발시킨다. • 미리 건조된 200mL 비이커 3개에 추출된 유분을 각각 5g씩 정확히 칭량한다. • 중성용매(에탄올 : 에틸에테르 → 1 : 1) 100mL를 가한다. • 1.0% 페놀프탈레인 용액 2~3방울을 떨어뜨린다. • 0.1N 알콜성 KOH 용액으로 연분홍색이 30초간 지속될 때까지 적정하여 종말점을 찾는다. • 산가 산출 산가(KOH mg/g) = $\frac{56.11 \times M \times F \times B}{S(\text{g})}$ 여기서, S : 추출된 유분 무게 M : KOH의 적정량 F : KOH의 역가 B : KOH의 노르말 농도

• 당도(糖度)

– 적용대상 : 과실류 및 채소류

– 측정기기는 "과실류 당도 측정기 – 시험방법(KS B 5642)"에 적합한 것으로 한다.

– 1과의 당도는 씨방, 핵, 껍질(감귤, 수박, 조롱수박, 메론, 배, 참외) 등을 제외한 가식부 전체를 착즙하여 측정한 값을 원칙으로 한다. 다만, 다른 규정이 있을 경우에는 그 규정에 따를 수 있다.

– 이 규정에서 정하지 아니한 것은 농산물 표준규격의 항목별 품위계측 및 감정방법에 따를 수 있다.

㉡ 무기성분 · 유해중금속 · 잔류농약 · 곰팡이독소 등 : 농산물 등에 포함된 무기성분 · 유해중금속 · 잔류농약 · 곰팡이독소 · 항생물질 등의 분석은 농수산물 품질관리법, 식품위생법 등 관련 법령에서 정한 분석법을 준용하며, 공인분석법 등 국제적으로 통용되는 분석법을 사용할 수 있다.

㉢ 품종(벼, 현미, 쌀) : 유전물질(DNA)의 염기서열 중 품종 간 서로 다른 부위인 단일염기다형성(SNP, Single Nucleotide Polymorphism)을 이용하여 벼, 현미, 쌀의 품종을 분석한다. 이 경우 농관원 시험연구소에서 정한 매뉴얼을 준용하거나 공인분석법 등 국제적으로 통용되는 분석법 또는 농관원 시험연구소장이 인정한 분석법을 사용할 수 있다.

⑤ 감 정

㉠ 도정도(搗精度) 감정 : 양곡의 도정도는 엠이(ME ; Methylene Blue, Eosin Y) 시약 처리에 의하여 강층의 벗겨진 정도를 표준품과 비교 감정함을 원칙으로 하되, 보조방법으로 아이오딘염색법(Iodine염색법)을 따를 수 있으며, 현장 신속감정을 위하여 엠이시약 조제법에 따라 조제된 도정도 감정키트를 사용할 수 있다.

• 도정도 표시기준

– 적 : 도정도가 표준품과 같은 정도

– 약간 저하 : 도정도가 표준품 보다 약간 낮다는 느낌을 가질 정도

– 저하 : 도정도가 낮음을 식별할 수 있는 정도

– 부적 : 도정도가 상당히 낮은 정도

• 시약 처리 방법

엠이시약 염색법	• 엠이시약 조제 – 쌀용 : 에탄올 1,000mL에 Methylene Blue 0.29g와 Eosin Y 0.42g을 용해하여 원액을 만든다. – 보리쌀용 : 에탄올 1,000mL에 Methylene Blue 1.6g와 Eosin Y 1.5g을 용해하여 원액을 만든다. – 엠이시약을 사용할 때는 원액을 에탄올로 3배 희석하여 사용한다. • 트리에타놀아민(Triethanolamine : 착색 촉매제) 시약 조제 : 트리에타놀아민 3mL를 100mL 메스플라스크에 넣고 증류수 또는 수돗물로 희석하여 3%액으로 만든다. • 시약 처리 방법 및 순서 – 시료 5g을 취하여 3%의 트리에타놀아민 용액 15cc 정도에 30초간 침지한 다음 맑은 물에 30초간 세척한다. – 엠이시약 8cc 정도에 1분간 침지하여 착색시킨다. – 순도 99% 이상의 에탄올에 약 30초간 잘 흔들어 세척한 후 유리판에 엷게 펴놓고 감정한다. • 도정도 판별 : 외피는 녹색, 호분층은 청색, 배유부는 도색(桃色)으로 착색되므로 청색 또는 녹색 부분의 많고 적음에 따라 판별한다.
아이오딘 염색법	• 시약은 아이오딘 0.5g, 아이오딘화칼륨(Potdssium Iodide) 0.5g을 먼저 소량의 물에 녹인 다음 물을 가하여 1L가 되도록 하여 사용한다. • 시험관에 시료 5g과 시약을 넣고 가볍게 흔들어서 정색된 후 증류수로 1회 씻어낸 후 감정한다. • 배유부는 흑갈색으로 정색되므로 그의 정색반응 정도로 도정도를 판별한다.

㉡ 메·찰(粳糯) 감정

• 메·찰 감정은 아이오딘 처리에 의한 배유부분의 정색반응 감정을 원칙으로 하며, 신속한 현장감정을 위해 메·찰 감정키트를 사용할 수 있다.

• 시료는 5g 정도를 채취하여 사용한다.

• 시료가 현미 또는 벼인 경우에는 도정하든가 절단 또는 분쇄하여 시료로 사용한다.

• 아이오딘 액은 아이오딘 0.5g과 아이오딘화칼륨 0.5g을 먼저 소량의 물에 녹인 다음 물을 가하여 1L가 되도록 희석하여 사용한다.

• 시료를 유리판 위에 놓고 아이오딘 액을 적당량(시료에 따라 가감) 떨어뜨려 자색이 되면 메, 갈색이 되면 찰로 판별한다.

㉢ 신선도(新鮮度) 감정

• 적용대상 : 미곡, 맥류 및 두류 등

• 감정범위 : 신선도 감정은 GOP(Guaiacol·Oxydol·p–Phenylenediamine)시약 처리에 의한 산화효소작용의 정도로 판별 감정한다.

• 감정방법 : 신선도감정은 GOP시약처리 방법을 원칙으로 하되, 보조방법으로 구아야콜 처리방법과 GSP(Guaiacol·Sodium perborate·p–Phenylenediamine)시약을 활용한 감정키트를 사용할 수 있다.

GOP시약 처리방법	• GOP시약의 농도 및 제조방법 – 구아야콜 : 1%액 – 과산화수소 : 3%액 – 파라페닐렌디아민(p-Phenylenediamine) : 0.2%액이 시약이 산성일 경우 수산화나트륨(NaOH)을 0.1%의 농도로 첨가하여 중화시킨다. • 시약처리 방법 및 순서 – 시료(곡류인 현미・쌀・보리・콩 등) 2g(100립 내외) 정도를 분쇄 또는 원형으로 시험관에 넣는다. – 구아야콜 4mL를 가하여 10회 흔들어준 다음 2분간 정치한다. – 과산화수소 3~4방울 가하여 10회 흔들어준 다음 즉시 파라페닐렌디아민 3mL을 가하여 다시 10회 흔든 다음 5분간 정치한다. – 맑은 물로 2회 수세하여 감정한다. • 정색반응 – 신선한 쌀은 배아부, 배유부와 시약이 자색으로 변한다. – 약간 오래된 쌀은 배아 부위만 착색된다. – 오래되거나 발열 또는 변색된 쌀은 착색 반응이 일어나지 않는다.
구아야콜시약 처리방법 (보조방법)	• 시료는 무작위로 3~5g 정도 분쇄 또는 원형으로 시험관에 넣어 구아야콜 1%액(원액을 100배로 희석한 액)을 가한 다음 과산화수소 1%액(시판옥시풀은 3% 과산화수소) 2~3방울을 떨어뜨린다. • 시약 반응 정도를 관찰하면 신선도가 좋은 것은 산화효소 작용이 강하여 입면과 액의 착색이 잘 되고, 신선도가 낮은 것은 산화효소작용이 약하게 나타나며, 아주 낮은 것은 거의 반응이 없다. 다만, 쌀의 수확시기 및 보관 상태에 따라 산화효소 작용이 달라질 수 있다.
GSP시약 감정키트 (보조방법)	• GSP시약 조성 : Guaiacol 1%, p-phenylenediamin 0.2%를 기질로 sodium perborate 1%에 안정제인 DPAS 1,500ppm을 촉매제로 사용한다. • GSP 시약 감정키트 처리 방법 및 순서 – 시료 1g(50립)을 튜브에 넣는다. – 첫 번째 전처리시약을 넣고 10회 혼합 후 5분간 정치한다. – 두 번째 발색시약을 넣고 10회 혼합 후 10분간 반응시킨다(첫번째 시약은 버리지 않음). – 시약을 다 버린다. – 세 번째 수세시약을 넣고 10회 혼합 후 버리고 감정한다. • 정색반응 : GOP 시약 처리방법의 정색반응과 동일

알아두기 검정항목별 검정기관 및 공시량(농산물 검사・검정방법 및 절차 등에 관한 규정 [별표 12])

구 분		검정항목	검정기관	공시량	보존기간
측 정	품 위	정립, 피해립, 이종종자, 용적중, 이물, 싸라기, 낟알의 고르기, 이종곡립, 분상질립, 착색립, 사미, 세맥, 다른 종피색, 조회분, 사분 등	시험연구소장 지원장 사무소장 지정검정기관의 장	1kg 이상	6개월
		과균비율, 색깔비율, 결점과율 등	〃	거래단위 (10과 이상)	5일
시 험	발아율	발아율, 발아세(맥주보리에 한정) 등	〃	500g	6개월
	도정수율	• 미곡의 제현율, 현백률, 도정률 등 • 맥류의 정백률 등	시험연구소장 지정검정기관의 장	대형 1,000kg 소형 3kg	3개월

구 분		검정항목	검정기관	공시량	보존기간
분 석	일반 성분	수분, 산가, 산도, 단백질, 지방, 조섬유 등	시험연구소장 지원장 지정검정기관의 장	500g	3개월
		당도 등	시험연구소장 지원장 사무소장 지정검정기관의 장	5과 이상	5일
	품종	벼, 현미, 쌀의 품종 및 그 비율	시험연구소장 지원장 지정검정기관의 장	200g	4개월
	무기 성분	칼슘, 인, 식염, 나트륨, 칼륨, 질산염 등	시험연구소장 지원장 지정검정기관의 장	1~1.5kg	30일
	유해 중금속	비소, 납, 주석, 아연, 수은 등	시험연구소장 지원장 지정검정기관의 장		
	잔류 농약	클로르피리포스, 엔도설판, 디디티(DDT), 프로사이미돈, 다이아지논, 카벤다짐 등	시험연구소장 지원장 지정검정기관의 장		
	곰팡이 독소	아플라톡신 B1, B2, G1, G2 등	〃		
	항생 물질	항생제, 합성항균제, 호르몬제	시험연구소장 지정검정기관의 장		
	방사능	세슘, 아이오딘	〃		

※ 공시량 및 보존기간은 [별표 13] 및 관련법령을 참고하여 다르게 적용할 수 있다. 다만, 공시량을 확보하기 어려운 경우 신청인과 협의하여 정할 수 있다.

(6) 검정결과에 따른 조치(법 제98조의2)

① 농림축산식품부장관 또는 해양수산부장관은 검정을 실시한 결과 유해물질이 검출되어 인체에 해를 끼칠 수 있다고 인정되는 농수산물 및 농산가공품에 대하여 생산자 또는 소유자에게 폐기하거나 판매금지 등을 하도록 하여야 한다.

② 농림축산식품부장관 또는 해양수산부장관은 생산자 또는 소유자가 ①의 명령을 이행하지 아니하거나 농수산물 및 농산가공품의 위생에 위해가 발생한 경우 농림축산식품부령 또는 해양수산부령으로 정하는 바에 따라 검정결과를 공개하여야 한다.

(7) 검정결과에 따른 조치(시행규칙 제128조의2)

① 국립농산물품질관리원장 또는 국립수산물품질관리원장은 검정을 실시한 결과 유해물질이 검출되어 인체에 해를 끼칠 수 있다고 인정되는 경우에는 해당 농수산물·농산가공품의 생산자·소유자(이하 '생산자 등')에게 다음의 조치를 하도록 그 처리방법 및 처리기한을 정하여 알려 주어야 한다. 이 경우 조치 대상은 검정신청서에 기재된 재배지 면적 또는 물량에 해당하는 농수산물·농산가공품에 한정한다.

㉠ 해당 유해물질이 시간이 지남에 따라 분해·소실되어 일정 기간이 지난 후에 식용으로 사용하는 데 문제가 없다고 판단되는 경우 : 해당 유해물질이 식품위생법 제7조 제1항의 식품 또는 식품첨가물에 관한 기준 및 규격에 따른 잔류허용기준 이하로 감소하는 기간 동안 출하 연기 또는 판매금지

㉡ 해당 유해물질의 분해·소실기간이 길어 국내에서 식용으로 사용할 수 없으나, 사료·공업용 원료 및 수출용 등 식용 외의 다른 용도로 사용할 수 있다고 판단되는 경우 : 국내 식용으로의 판매금지

㉢ ㉠ 또는 ㉡에 따른 방법으로 처리할 수 없는 경우 : 일정한 기한을 정하여 폐기

② 해당 생산자 등은 ①에 따른 조치를 이행한 후 그 결과를 국립농산물품질관리원장 또는 국립수산물품질관리원장에게 통보하여야 한다.

③ 지정검정기관의 장은 검정을 실시한 농수산물·농산가공품 중에서 유해물질이 검출되어 인체에 해를 끼칠 수 있다고 인정되는 것이 있는 경우에는 다음의 서류를 첨부하여 그 사실을 지체 없이 국립농산물품질관리원장 또는 국립수산물품질관리원장에게 통보하여야 한다. 이 경우 그 통보 사실을 해당 생산자 등에게도 동시에 알려야 한다.

㉠ 검정신청서 사본 및 검정증명서 사본

㉡ 조치방법 등에 관한 지정검정기관의 의견

(8) 검정결과의 공개(시행규칙 제128조의3)

국립농산물품질관리원장 또는 국립수산물품질관리원장은 검정결과를 공개하여야 하는 사유가 발생한 경우에는 지체 없이 다음의 사항을 국립농산물품질관리원 또는 국립수산물품질관리원의 홈페이지(게시판 등 이용자가 쉽게 검색하여 볼 수 있는 곳이어야 한다)에 12개월간 공개하여야 한다.

① "폐기 또는 판매금지 등의 명령을 이행하지 아니한 농수산물 또는 농산가공품의 검정결과" 또는 "위생에 위해가 발생한 농수산물 또는 농산가공품의 검정결과"라는 내용의 표제

② 검정결과

③ 공개이유

④ 공개기간

(9) 검정기관의 지정 등(법 제99조)

① 농림축산식품부장관 또는 해양수산부장관은 검정에 필요한 인력과 시설을 갖춘 기관(이하 '검정기관')을 지정하여 검정을 대행하게 할 수 있다.

② 검정기관으로 지정을 받으려는 자는 검정에 필요한 인력과 시설을 갖추어 농림축산식품부장관 또는 해양수산부장관에게 신청하여야 한다. 검정기관으로 지정받은 후 농림축산식품부령 또는 해양수산부령으로 정하는 중요 사항이 변경되었을 때에는 농림축산식품부령 또는 해양수산부령으로 정하는 바에 따라 변경신고를 하여야 한다.

③ 농림축산식품부장관은 ②에 따른 변경신고를 받은 날부터 20일 이내에 신고수리 여부를 신고인에게 통지하여야 한다.

④ 농림축산식품부장관이 ③에서 정한 기간 내에 신고수리 여부 또는 민원 처리 관련 법령에 따른 처리기간의 연장을 신고인에게 통지하지 아니하면 그 기간(민원 처리 관련 법령에 따라 처리기간이 연장 또는 재연장된 경우에는 해당 처리기간을 말한다)이 끝난 날의 다음 날에 신고를 수리한 것으로 본다.

⑤ 검정기관 지정의 유효기간은 지정을 받은 날부터 4년으로 하고, 유효기간이 만료된 후에도 계속하여 검정 업무를 하려는 자는 유효기간이 끝나기 3개월 전까지 농림축산식품부장관 또는 해양수산부장관에게 갱신을 신청하여야 한다.

⑥ 검정기관 지정이 취소된 후 1년이 지나지 아니하면 검정기관 지정을 신청할 수 없다.

⑦ ①, ② 및 ⑤에 따른 검정기관의 지정·갱신 기준 및 절차와 업무 범위 등에 필요한 사항은 농림축산식품부령 또는 해양수산부령으로 정한다.

(10) 검정기관의 지정절차 등(시행규칙 제130조)

① 검정기관으로 지정받으려는 자는 검정기관 지정신청서에 다음의 서류를 첨부하여 국립농산물품질관리원장 또는 국립수산물품질관리원장에게 신청하여야 한다.

㉠ 정관(법인인 경우만 해당)

㉡ 검정 업무의 범위 등을 적은 사업계획서 및 검정 업무에 관한 규정

㉢ 검정기관의 지정기준을 갖추었음을 증명할 수 있는 서류

② ①에 따라 검정기관 지정을 신청하는 자는 [별표 31] 일반기준에 따라 [별표 30]에 따른 분야 및 검정항목별로 구분하여 신청할 수 있다. 이 경우 농산물 및 농산가공품 중 무기성분·유해물질 분야의 검정기관 지정을 신청할 때에는 잔류농약과 항생물질 검정항목은 반드시 포함하고, 그 외의 검정항목만 선택하여 신청할 수 있다.

알아두기 농산물 검정기관 지정의 일반기준(시행규칙 제129조 관련 [별표 31])

국립농산물품질관리원장은 농산물 검정기관을 지정하는 경우에는 [별표 30]에 따른 분야 및 검정항목별로 구분하여 지정할 수 있다. 이 경우 농산물 및 농산가공품 중 무기성분·유해물질 분야의 검정기관을 지정할 때에는 잔류농약 검정항목은 반드시 포함하고, 그 외의 항목만 신청에 따라 검정항목별로 지정할 수 있다.

③ ①에 따른 신청서를 받은 국립농산물품질관리원장 또는 국립수산물품질관리원장은 전자정부법 제36조제1항에 따른 행정정보의 공동이용을 통하여 법인 등기사항증명서(법인인 경우만 해당) 및 사업자등록증명을 확인하여야 한다. 다만, 신청인이 사업자등록증명의 확인에 동의하지 아니하는 경우에는 그 서류를 첨부하도록 하여야 한다.

④ 국립농산물품질관리원장 또는 국립수산물품질관리원장은 ①에 따른 검정기관의 지정신청을 받으면 검정기관의 지정기준에 적합한지를 심사하고, 심사 결과 적합한 경우에는 검정기관으로 지정한다.

⑤ 국립농산물품질관리원장 또는 국립수산물품질관리원장은 검정기관을 지정하였을 때에는 검정기관 지정서 발급대장에 일련번호를 부여하여 등재하고, 검정기관 지정서를 발급하여야 한다.

⑥ 법 제99조(검정기관의 지정 등) ②에서 "농림축산식품부령 또는 해양수산부령으로 정하는 중요 사항"이란 다음의 사항을 말한다.

㉠ 기관명(대표자) 및 사업자등록번호

㉡ 실험실 소재지

㉢ 검정 업무의 범위

㉣ 검정 업무에 관한 규정

㉤ 검정기관의 지정기준 중 인력·시설·장비

⑦ 검정기관으로 지정받은 자가 검정기관으로 지정받은 후 ⑥의 사항이 변경된 경우에는 검정기관 지정내용 변경신고서에 변경 내용을 증명하는 서류와 검정기관 지정서 원본을 첨부하여 국립농산물품질관리원장 또는 국립수산물품질관리원장에게 제출하여야 한다.

⑧ 국립농산물품질관리원장 또는 국립수산물품질관리원장은 검정기관을 지정한 경우에는 검정기관의 명칭, 소재지, 지정일, 검정기관이 수행하는 업무의 범위 등을 고시하여야 한다.

⑨ ④에 따른 검정기관 지정에 관한 세부절차 및 운영 등에 필요한 사항은 국립농산물품질관리원장 또는 국립수산물품질관리원장이 정하여 고시한다.

(11) 검정기관의 지정 취소 등(법 제100조)

① 농림축산식품부장관 또는 해양수산부장관은 검정기관이 다음의 어느 하나에 해당하면 지정을 취소하거나 6개월 이내의 기간을 정하여 해당 검정 업무의 정지를 명할 수 있다. 다만, ㉠ 또는 ㉡에 해당하면 지정을 취소하여야 한다.

㉠ 거짓이나 그 밖의 부정한 방법으로 지정을 받은 경우

㉡ 업무정지 기간 중에 검정 업무를 한 경우

㉢ 검정 결과를 거짓으로 내준 경우

㉣ 변경신고를 하지 아니하고 검정 업무를 계속한 경우

㉤ 지정기준에 맞지 아니하게 된 경우

㉥ 그 밖에 농림축산식품부령 또는 해양수산부령으로 정하는 검정에 관한 규정을 위반한 경우

② ①에 따른 지정 취소 및 정지에 관한 세부 기준은 농림축산식품부령 또는 해양수산부령으로 정한다.

3. 금지행위 및 확인·조사·점검 등

(1) 부정행위의 금지 등(법 제101조)

누구든지 검사, 재검사 및 검정과 관련하여 다음의 행위를 하여서는 아니 된다.

① 거짓이나 그 밖의 부정한 방법으로 검사·재검사 또는 검정을 받는 행위

② 검사를 받아야 하는 농수산물 및 수산가공품에 대하여 검사를 받지 아니하는 행위

③ 검사 및 검정 결과의 표시, 검사증명서 및 검정증명서를 위조하거나 변조하는 행위

④ 검사를 받지 아니하고 포장·용기나 내용물을 바꾸어 해당 농수산물이나 수산가공품을 판매·수출하거나 판매·수출을 목적으로 보관 또는 진열하는 행위
⑤ 검정 결과에 대하여 거짓광고나 과대광고를 하는 행위

(2) 확인·조사·점검 등(법 제102조)

① 농림축산식품부장관 또는 해양수산부장관은 정부가 수매하거나 수입한 농수산물 및 수산가공품 등 대통령령으로 정하는 농수산물 및 수산가공품의 보관창고, 가공시설, 항공기, 선박, 그 밖에 필요한 장소에 관계 공무원을 출입하게 하여 확인·조사·점검 등에 필요한 최소한의 시료를 무상으로 수거하거나 관련 장부 또는 서류를 열람하게 할 수 있다.
② 확인·조사·점검 대상 등(시행령 제35조)
①에서 "정부가 수매하거나 수입한 농수산물 및 수산가공품 등 대통령령으로 정하는 농수산물 및 수산가공품"이란 다음과 같다.
㉠ 정부가 수매하거나 수입한 농수산물 및 수산가공품
㉡ 생산자단체등이 정부를 대행하여 수매하거나 수입한 농수산물 및 수산가공품
㉢ 정부가 수매 또는 수입하여 가공한 농수산물 및 수산가공품

제 7 장 보 칙

1. 정보제공 등

(1) 정보제공 등(법 제103조)

① 농림축산식품부장관, 해양수산부장관 또는 식품의약품안전처장은 농수산물의 안전성조사 등 농수산물의 안전과 품질에 관련된 정보 중 국민이 알아야 할 필요가 있다고 인정되는 정보는 공공기관의 정보공개에 관한 법률에서 허용하는 범위에서 국민에게 제공하여야 한다.

② 농림축산식품부장관, 해양수산부장관 또는 식품의약품안전처장은 ①에 따라 국민에게 정보를 제공하려는 경우 농수산물의 안전과 품질에 관련된 정보의 수집 및 관리를 위한 정보시스템(이하 '농수산물안전정보시스템')을 구축·운영하여야 한다.

③ 농수산물안전정보시스템의 구축과 운영 및 정보제공 등에 필요한 사항은 총리령, 농림축산식품부령 또는 해양수산부령으로 정한다.

(2) 농수산물안전정보시스템의 운영(시행규칙 제132조)

① 농림축산식품부장관 또는 해양수산부장관은 농수산물안전정보시스템을 효율적으로 운영하기 위하여 농수산물의 품질에 관한 정보를 생성하는 기관에 대하여 농림축산식품부장관 또는 해양수산부장관이 정하여 고시하는 농수산물안전정보시스템의 운영기관(이하 '운영기관')에 해당 정보를 제공하게 요청할 수 있다.

② ①에 따른 정보를 생성하는 기관에 대한 정보제공 요청 범위 및 제공절차 등은 농림축산식품부장관 또는 해양수산부장관이 정하여 고시한다.

③ 운영기관은 다음의 업무를 수행한다.

㉠ 농수산물안전정보시스템의 유지·관리 업무

㉡ 농수산물 품질 관련 정보의 수집, 분류, 배포 등 정보관리 업무

㉢ 데이터표준, 연계표준 및 정보시스템 개발표준 등 표준관리 업무

㉣ 고객관리 업무

㉤ 농수산물안전정보시스템의 홍보

㉥ 사용자 교육

㉦ 그 밖에 농수산물안전정보시스템의 운영에 필요한 업무

2. 농수산물 명예감시원 등

(1) 농수산물 명예감시원(법 제104조)

① 농림축산식품부장관 또는 해양수산부장관이나 시·도지사는 농수산물의 공정한 유통질서를 확립하기 위하여 소비자단체 또는 생산자단체의 회원·직원 등을 농수산물 명예감시원으로 위촉하여 농수산물의 유통질서에 대한 감시·지도·계몽을 하게 할 수 있다.

② 농림축산식품부장관 또는 해양수산부장관이나 시·도지사는 농수산물 명예감시원에게 예산의 범위에서 감시활동에 필요한 경비를 지급할 수 있다.

③ ①에 따른 농수산물 명예감시원의 자격, 위촉방법, 임무 등에 필요한 사항은 농림축산식품부령 또는 해양수산부령으로 정한다.

(2) 농수산물 명예감시원의 자격 및 위촉방법 등(시행규칙 제133조)

① 국립농산물품질관리원장, 국립수산물품질관리원장, 산림청장 또는 시·도지사는 다음의 어느 하나에 해당하는 사람 중에서 농수산물 명예감시원(이하 '명예감시원')을 위촉한다.

㉠ 생산자단체, 소비자단체 등의 회원이나 직원 중에서 해당 단체의 장이 추천하는 사람

㉡ 농수산물의 유통에 관심이 있고 명예감시원의 임무를 성실히 수행할 수 있는 사람

② 명예감시원의 임무는 다음과 같다.

㉠ 농수산물의 표준규격화, 농산물우수관리, 품질인증, 친환경수산물인증, 농수산물 이력추적관리, 지리적표시, 원산지표시에 관한 지도·홍보 및 위반사항의 감시·신고

㉡ 그 밖에 농수산물의 유통질서 확립과 관련하여 국립농산물품질관리원장, 국립수산물품질관리원장, 산림청장 또는 시·도지사가 부여하는 임무

③ 명예감시원의 운영에 관한 세부사항은 국립농산물품질관리원장, 국립수산물품질관리원장, 산림청장 또는 시·도지사가 정하여 고시한다.

3. 농산물품질관리사

(1) 농산물품질관리사(법 제105조)

농림축산식품부장관은 농산물의 품질 향상과 유통의 효율화를 촉진하기 위하여 농산물품질관리사제도를 운영한다.

(2) 농산물품질관리사의 직무(법 제106조)

① 농산물의 등급 판정

② 농산물의 생산 및 수확 후 품질관리기술 지도

③ 농산물의 출하 시기 조절, 품질관리기술에 관한 조언

④ 그 밖에 농산물의 품질 향상과 유통 효율화에 필요한 업무로서 농림축산식품부령으로 정하는 업무

⑤ 농산물품질관리사의 업무(시행규칙 제134조) : "농림축산식품부령으로 정하는 업무"란 다음의 업무를 말한다.

㉠ 농산물의 생산 및 수확 후의 품질관리기술 지도
㉡ 농산물의 선별・저장 및 포장 시설 등의 운용・관리
㉢ 농산물의 선별・포장 및 브랜드 개발 등 상품성 향상 지도
㉣ 포장농산물의 표시사항 준수에 관한 지도
㉤ 농산물의 규격출하 지도

(3) 농산물품질관리사의 시험・자격부여 등(법 제107조)

① 농산물품질관리사가 되려는 사람은 농림축산식품부장관이 실시하는 농산물품질관리사 자격시험에 합격하여야 한다.

② 농림축산식품부장관은 농산물품질관리사 자격시험에서 다음의 어느 하나에 해당하는 사람에 대해서는 해당 시험을 정지 또는 무효로 하거나 합격 결정을 취소하여야 한다.

㉠ 부정한 방법으로 시험에 응시한 사람
㉡ 시험에서 부정한 행위를 한 사람

③ 다음의 어느 하나에 해당하는 사람은 그 처분이 있은 날부터 2년 동안 농산물품질관리사 자격시험에 응시하지 못한다.

㉠ ②에 따라 시험의 정지・무효 또는 합격취소 처분을 받은 사람
㉡ 농산물품질관리사 자격이 취소된 사람

④ 농산물품질관리사 자격시험의 실시계획, 응시자격, 시험과목, 시험방법, 합격기준 및 자격증 발급 등에 필요한 사항은 대통령령으로 정한다.

(4) 농산물품질관리사의 교육(법 제107조의2)

① 농림축산식품부령으로 정하는 농산물품질관리사는 업무 능력 및 자질의 향상을 위하여 필요한 교육을 받아야 한다.

② ①에 따른 교육의 방법 및 실시기관 등에 필요한 사항은 농림축산식품부령으로 정한다.

(5) 농산물품질관리사의 준수사항(법 제108조)

① 농산물품질관리사는 농산물의 품질 향상과 유통의 효율화를 촉진하여 생산자와 소비자 모두에게 이익이 될 수 있도록 신의와 성실로써 그 직무를 수행하여야 한다.

② 농산물품질관리사는 다른 사람에게 그 명의를 사용하게 하거나 그 자격증을 빌려주어서는 아니 된다.

③ 누구든지 농산물품질관리사의 자격을 취득하지 아니하고 그 명의를 사용하거나 자격증을 대여받아서는 아니 되며, 명의의 사용이나 자격증의 대여를 알선해서도 아니 된다.

(6) 농산물품질관리사의 자격 취소(법 제109조)

농림축산식품부장관은 다음의 어느 하나에 해당하는 사람에 대하여 농산물품질관리사 자격을 취소하여야 한다.

① 농산물품질관리사의 자격을 거짓 또는 부정한 방법으로 취득한 사람

② 다른 사람에게 농산물품질관리사의 명의를 사용하게 하거나 자격증을 빌려준 사람

③ 명의의 사용이나 자격증의 대여를 알선한 사람

4. 기타 보칙

(1) 자금 지원(법 제110조)

정부는 농수산물의 품질 향상 또는 농수산물의 표준규격화 및 물류표준화의 촉진 등을 위하여 다음의 어느 하나에 해당하는 자에게 예산의 범위에서 포장자재, 시설 및 자동화장비 등의 매입 및 농산물품질관리사 또는 수산물품질관리사 운용 등에 필요한 자금을 지원할 수 있다.

① 농어업인

② 생산자단체

③ 우수관리인증을 받은 자, 우수관리인증기관, 농산물 수확 후 위생・안전 관리를 위한 시설의 사업자 또는 우수관리인증 교육을 실시하는 기관・단체

④ 이력추적관리 또는 지리적표시의 등록을 한 자

⑤ 농산물품질관리사 또는 수산물품질관리사를 고용하는 등 농수산물의 품질 향상을 위하여 노력하는 산지・소비지 유통시설의 사업자

⑥ 안전성검사기관 또는 위험평가 수행기관

⑦ 농수산물 검사 및 검정 기관

⑧ 그 밖에 농림축산식품부령 또는 해양수산부령으로 정하는 농수산물 유통 관련 사업자 또는 단체

알아두기 유통 관련 사업자 및 단체(시행규칙 제138조)

"농림축산식품부령 또는 해양수산부령으로 정하는 유통 관련 사업자 또는 단체"란 다음의 어느 하나에 해당하는 자를 말한다.

① 다음의 어느 하나에 해당하는 시장 등을 개설・운영하는 자
  ㉠ 농수산물 유통 및 가격안정에 관한 법률 제2조 제2호에 따른 농수산물도매시장
  ㉡ 농수산물 유통 및 가격안정에 관한 법률 제2조 제5호에 따른 농수산물공판장
  ㉢ 농수산물 유통 및 가격안정에 관한 법률 제2조 제12호에 따른 농수산물종합유통센터
  ㉣ 농수산물 유통 및 가격안정에 관한 법률 제51조에 따른 농수산물산지유통센터

② 농수산물 유통 및 가격안정에 관한 법률 제2조 제7호에 따른 도매시장법인, 같은 조 제8호에 따른 시장도매인, 같은 조 제2조 제9호에 따른 중도매인(仲都賣人), 같은 조 제10호에 따른 매매참가인, 같은 조 제11호에 따른 산지유통인(産地流通人) 및 이들로 구성된 단체

③ 농수산물을 계약재배 또는 양식하거나 수집하여 포장・판매하는 업을 전문으로 하는 사업자 또는 단체

④ 품질인증 또는 친환경수산물인증을 받은 사업자 또는 단체

(2) 우선구매(법 제111조)

① 농림축산식품부장관 또는 해양수산부장관은 농수산물 및 수산가공품의 유통을 원활히 하고 품질 향상을 촉진하기 위하여 필요하면 우수표시품, 지리적표시품 등을 농수산물 유통 및 가격안정에 관한 법률에 따른 농수산물도매시장이나 농수산물공판장에서 우선적으로 상장(上場)하거나 거래하게 할 수 있다.

② 국가·지방자치단체나 공공기관은 농수산물 또는 농수산가공품을 구매할 때에는 우수표시품, 지리적표시품 등을 우선적으로 구매할 수 있다.

(3) 포상금(법 제112조)

① 식품의약품안전처장은 법 제56조(유전자변형농수산물 표시) 또는 법 제57조(거짓표시 등의 금지 등)를 위반한 자를 주무관청 또는 수사기관에 신고하거나 고발한 자 등에게는 대통령령으로 정하는 바에 따라 예산의 범위에서 포상금을 지급할 수 있다.

② 포상금의 지급(시행령 제41조)

㉠ 포상금은 법 제56조(유전자변형농수산물 표시) 또는 법 제57조(거짓표시 등의 금지 등)를 위반한 자를 주무관청이나 수사기관에 신고 또는 고발하거나 검거한 사람 및 검거에 협조한 사람에게 200만원의 범위에서 지급한다.

㉡ ㉠에 따라 지급하는 포상금의 지급기준·방법 및 절차 등에 관하여는 식품의약품안전처장이 정하여 고시한다.

(4) 수수료(법 제113조)

① 다음의 어느 하나에 해당하는 자는 총리령, 농림축산식품부령 또는 해양수산부령으로 정하는 바에 따라 수수료를 내야 한다. 다만, 정부가 수매하거나 수출 또는 수입하는 농산물 등에 대하여는 총리령, 농림축산식품부령 또는 해양수산부령으로 정하는 바에 따라 수수료를 감면할 수 있다.

㉠ 우수관리인증을 신청하거나 우수관리인증의 갱신심사, 유효기간연장을 위한 심사 또는 우수관리인증의 변경을 신청하는 자

㉡ 우수관리인증기관의 지정을 신청하거나 갱신하려는 자

㉢ 우수관리시설의 지정을 신청하거나 갱신을 신청하는 자

㉣ 품질인증을 신청하거나 품질인증의 유효기간 연장신청을 하는 자

㉤ 품질인증기관의 지정을 신청하는 자

㉥ 특허법에 따른 기간연장신청 또는 수계신청을 하는 자

㉦ 지리적표시의 무효심판, 지리적표시의 취소심판, 지리적표시의 등록 거절·취소에 대한 심판 또는 재심을 청구하는 자

㉧ 보정을 하거나 특허법에 따른 제척·기피신청, 참가신청, 비용액결정의 청구, 집행력 있는 정본의 청구를 하는 자. 이 경우 특허법에 따른 재심에서의 신청·청구 등을 포함한다.

㉧ 안전성검사기관의 지정을 신청(유효기간이 만료되기 전에 다시 지정을 신청하는 경우를 포함)하거나 변경승인을 신청하는 자
㉨ 생산·가공시설 등의 등록을 신청하는 자
㉩ 농산물의 검사 또는 재검사를 신청하는 자
㉪ 농산물검사기관의 지정을 신청하는 자
㉫ 검정을 신청하는 자
㉬ 검정기관의 지정을 신청하거나 갱신을 신청하는 자
㉮ 농산물품질관리사 자격시험에 응시하려는 사람

② **수수료를 면제하는 농수산물(시행규칙 제139조 제2항)**
㉠ 국가기관이나 지방자치단체가 검정을 신청하는 농수산물 등. 다만, 지정검정기관의 장이 검정하는 농수산물 등은 제외한다.
㉡ 시행령 제30조에 따른 검사대상 농산물 중 국립농산물품질관리원장이 검사하는 농산물
㉢ 그 밖에 농림축산식품부장관 또는 해양수산부장관이 수수료의 면제가 필요하다고 인정하여 고시하는 농수산물 등. 다만, 지정검사기관의 장 또는 지정검정기관의 장이 검사·검정하는 농수산물 등은 제외한다.

③ 우수관리인증기관은 ①의 ㉠에서 정하는 우수관리인증의 신청 및 갱신심사·유효기간연장·변경과 관련된 수수료를 국립농산물품질관리원장이 정한 기준의 범위에서 그 경비와 해당 농산물의 가격 등을 고려하여 따로 정할 수 있다(시행규칙 제139조 제3항).

④ 수수료의 징수방법은 해당 인증기관의 장이나 지정검사기관의 장 또는 지정검정기관의 장이 정하는 바에 따른다(시행규칙 제139조 제4항).

(5) 청문 등(법 제114조)

① 농림축산식품부장관, 해양수산부장관 또는 식품의약품안전처장은 다음의 어느 하나에 해당하는 처분을 하려면 청문을 하여야 한다.
㉠ 우수관리인증기관의 지정 취소
㉡ 우수관리시설의 지정 취소
㉢ 품질인증의 취소
㉣ 품질인증기관의 지정 취소 또는 품질인증 업무의 정지
㉤ 이력추적관리 등록의 취소
㉥ 표준규격품 또는 품질인증품의 판매금지나 표시정지, 우수관리인증농산물의 판매금지 또는 우수관리인증의 취소나 표시정지
㉦ 지리적표시품에 대한 판매의 금지, 표시의 정지 또는 등록의 취소
㉧ 안전성검사기관의 지정 취소
㉨ 생산·가공시설 등이나 생산·가공업자 등에 대한 생산·가공·출하·운반의 시정·제한·중지 명령, 생산·가공시설 등의 개선·보수 명령 또는 등록의 취소
㉩ 농산물검사기관의 지정 취소

㉠ 검사판정의 취소
㉡ 검정기관의 지정 취소
㉢ 농산물품질관리사 자격의 취소

② 국립농산물품질관리원장은 농산물검사관 자격의 취소를 하려면 청문을 하여야 한다.
③ 우수관리인증기관은 우수관리인증을 취소하려면 우수관리인증을 받은 자에게 의견 제출의 기회를 주어야 한다.
④ 우수관리인증기관은 우수관리시설의 지정을 취소하려면 우수관리시설의 지정을 받은 자에게 의견 제출의 기회를 주어야 한다.
⑤ 품질인증기관은 품질인증의 취소를 하려면 품질인증을 받은 자에게 의견 제출의 기회를 주어야 한다.
⑥ ③부터 ⑤까지에 따른 의견 제출에 관하여는 행정절차법을 준용한다. 이 경우 '행정청' 및 '관할행정청'은 각각 '우수관리인증기관' 또는 '품질인증기관'으로 본다.

(6) 권한의 위임 · 위탁 등(법 제115조)

① 이 법에 따른 농림축산식품부장관, 해양수산부장관 또는 식품의약품안전처장의 권한은 그 일부를 대통령령으로 정하는 바에 따라 소속 기관의 장, 농촌진흥청장, 산림청장, 시 · 도지사 또는 시장 · 군수 · 구청장에게 위임할 수 있다.
② 권한의 위임(시행령 제42조)
㉠ 농림축산식품부장관은 다음의 권한을 국립농산물품질관리원장에게 위임한다.
- 지리적표시 분과위원회의 개최, 심의, 그 결과의 통보 등 운영에 관한 사항(수산물에 관한 사항은 제외)
- 농산물(임산물은 제외)의 표준규격의 제정 · 개정 또는 폐지
- 농산물우수관리기준 고시
- 농산물우수관리인증기관의 지정, 지정 취소 및 업무정지 등의 처분
- 소비자 등에 대한 교육 · 홍보, 컨설팅 지원 등의 사업 수행
- 농산물우수관리 관련 보고 · 자료제출 명령, 점검 및 조사 등과 우수관리시설 점검 · 조사 등의 결과에 따른 조치 등
- 농산물 이력추적관리 등록, 등록취소 등의 처분
- 지위승계 신고(우수관리인증기관의 지위승계 신고로 한정)의 수리
- 표준규격품, 우수관리인증농산물, 이력추적관리농산물 및 지리적표시품의 사후관리(수산물 또는 임산물과 그 가공품의 표준규격품 및 지리적표시품의 사후관리는 제외)
- 표준규격품, 우수관리인증농산물 및 지리적표시품의 표시시정 등의 처분(수산물 또는 임산물과 그 가공품의 표준규격품 및 지리적표시품의 표시시정 등의 처분은 제외)
- 농산물(임산물은 제외) 및 그 가공품의 지리적표시의 등록
- 농산물(임산물은 제외) 및 그 가공품의 지리적표시 원부의 등록 및 관리
- 농산물(임산물은 제외) 및 그 가공품의 지리적표시권의 이전 및 승계에 대한 사전 승인

- 농산물의 검사(지정받은 검사기관이 검사하는 농산물과 누에씨·누에고치 검사는 제외)
- 농산물검사기관의 지정, 지정 취소 및 업무정지 등의 처분
- 검사증명서 발급
- 농산물의 재검사
- 검사판정의 취소
- 농산물 및 그 가공품의 검정
- 농산물 및 그 가공품에 대한 폐기 또는 판매금지 등의 명령, 검정결과의 공개
- 검정기관의 지정과 지정 갱신
- 검정기관의 지정 취소 및 업무정지 등의 처분
- 확인·조사·점검 등(수산물 및 그 가공품과 임산물 및 그 가공품은 제외)
- 농수산물(수산물 및 그 가공품과 임산물 및 그 가공품은 제외) 명예감시원의 위촉 및 운영
- 농산물품질관리사 제도의 운영
- 농산물품질관리사의 교육에 관한 사항
- 농산물품질관리사의 자격 취소
- 품질 향상, 표준규격화 촉진 및 농산물품질관리사 운용 등을 위한 자금 지원. 다만, 수산물 및 그 가공품과 임산물 및 그 가공품에 대한 지원은 제외한다.
- 수수료 감면 및 징수
- 청 문
- 과태료의 부과 및 징수(임산물 및 그 가공품에 관한 위반행위에 대한 것은 제외)
- 농산물품질관리사 자격시험 실시계획의 수립
- 농산물품질관리사 자격증의 발급 및 재발급, 자격증 발급대장 기록

ⓛ 식품의약품안전처장은 다음의 권한을 지방식품의약품안전청장에게 위임한다.
- 유전자변형농산물의 표시에 관한 조사
- 처분, 공표명령 및 공표
- 과태료의 부과 및 징수

ⓒ 농림축산식품부장관은 농산물우수관리기준의 고시에 관한 권한을 농촌진흥청장에게 위임한다.

ⓔ 농림축산식품부장관은 다음의 사항에 관한 권한 중 임산물 및 그 가공품에 관한 권한을 산림청장에게 위임한다.
- 표준규격의 제정·개정 또는 폐지
- 표준규격품 및 지리적표시품의 사후관리와 표시 시정 등의 처분
- 지리적표시의 등록
- 지리적표시 원부의 등록 및 관리
- 지리적표시권의 이전 및 승계에 대한 사전 승인
- 확인·조사·점검 등
- 농수산물 명예감시원의 위촉 및 운영

• 품질 향상 및 표준규격화 촉진 등을 위한 자금 지원
• 과태료의 부과 및 징수(법 제30조 제2항의 위반행위만 해당)

예시문제 맛보기

다음 중 농림축산식품부장관이 권한을 국립농산물품질관리원장에게 위임한 것을 모두 고르시오.

[7회 기출 유사]

① 검정기관의 지정
② 농산물우수관리기준 고시
③ 농산물우수관리기준에 대한 교육의 실시
④ 농산물의 표준규격의 제정·개정 또는 폐지
⑤ 농산물 이력추적관리 등록·등록취소 등의 처분
⑥ 농산물우수관리인증기관의 지정·지정 취소 및 업무정지 등의 처분

정답 ①, ②, ④, ⑤, ⑥

③ 이 법에 따른 농림축산식품부장관 또는 식품의약품안전처장의 업무는 그 일부를 대통령령으로 정하는 바에 따라 다음의 자에게 위탁할 수 있다.
㉠ 생산자단체
㉡ 공공기관의 운영에 관한 법률에 따른 공공기관
㉢ 정부출연연구기관 등의 설립·운영 및 육성에 관한 법률에 따른 정부출연연구기관 또는 과학기술분야 정부출연연구기관 등의 설립·운영 및 육성에 관한 법률에 따른 과학기술분야 정부출연연구기관
㉣ 농어업경영체 육성 및 지원에 관한 법률에 따라 설립된 영농조합법인 및 영어조합법인 등 농림 또는 수산 관련 법인이나 단체

(7) 벌칙 적용 시의 공무원 의제(법 제116조)

다음의 어느 하나에 해당하는 사람은 형법 제127조 및 제129조부터 제132조까지의 규정에 따른 벌칙을 적용할 때에는 공무원으로 본다.
① 심의회의 위원 중 공무원이 아닌 위원
② 우수관리인증 또는 우수관리시설의 지정 업무에 종사하는 우수관리인증기관의 임원·직원
③ 품질인증 업무에 종사하는 품질인증기관의 임원·직원
④ 심판위원 중 공무원이 아닌 심판위원
⑤ 안전성조사와 시험분석 업무에 종사하는 안전성검사기관의 임원·직원
⑥ 농산물 검사, 재검사 및 이의신청 업무에 종사하는 농산물검사기관의 임원·직원
⑦ 검정 업무에 종사하는 검정기관의 임원·직원
⑧ 위탁받은 업무에 종사하는 생산자단체 등의 임원·직원

제 8 장 벌 칙

1. 벌 칙

(1) 벌칙(법 제117조)

다음의 어느 하나에 해당하는 자는 7년 이하의 징역 또는 1억원 이하의 벌금에 처한다. 이 경우 징역과 벌금은 병과(倂科)할 수 있다.

① 유전자변형농수산물의 표시를 거짓으로 하거나 이를 혼동하게 할 우려가 있는 표시를 한 유전자변형농수산물 표시의무자

② 유전자변형농수산물의 표시를 혼동하게 할 목적으로 그 표시를 손상・변경한 유전자변형농수산물 표시의무자

③ 유전자변형농수산물의 표시를 한 농수산물에 다른 농수산물을 혼합하여 판매하거나 혼합하여 판매할 목적으로 보관 또는 진열한 유전자변형농수산물 표시의무자

예시문제 맛보기

다음 괄호 안에 들어갈 알맞은 말을 쓰시오. [6회 기출]

유전자변형농수산물의 표시를 거짓으로 하거나 이를 혼동하게 할 우려가 있는 표시를 하는 행위는 (①)년 이하의 징역 또는 (②)원 이하의 벌금에 처하거나 이를 병과할 수 있다.

정답 ① 7, ② 1억

(2) 벌칙(법 제119조)

다음의 어느 하나에 해당하는 자는 3년 이하의 징역 또는 3천만원 이하의 벌금에 처한다.

① 우수표시품이 아닌 농수산물(우수관리인증농산물이 아닌 농산물의 경우에는 승인을 받지 아니한 농산물을 포함) 또는 농수산가공품에 우수표시품의 표시를 하거나 이와 비슷한 표시를 한 자

② 우수표시품이 아닌 농수산물(우수관리인증농산물이 아닌 농산물의 경우에는 승인을 받지 아니한 농산물을 포함) 또는 농수산가공품을 우수표시품으로 광고하거나 우수표시품으로 잘못 인식할 수 있도록 광고한 자

③ 다음의 어느 하나에 해당하는 행위를 한 자

㉠ 표준규격품의 표시를 한 농수산물에 표준규격품이 아닌 농수산물 또는 농수산가공품을 혼합하여 판매하거나 혼합하여 판매할 목적으로 보관하거나 진열하는 행위

㉡ 우수관리인증의 표시를 한 농수산물에 우수관리인증농산물이 아닌 농산물 또는 농산가공품을 혼합하여 판매하거나 혼합하여 판매할 목적으로 보관하거나 진열하는 행위

㉢ 이력추적관리의 표시를 한 농수산물에 이력추적관리의 등록을 하지 아니한 농산물 또는 농산가공품을 혼합하여 판매하거나 혼합하여 판매할 목적으로 보관하거나 진열하는 행위

④ 지리적표시품이 아닌 농수산물 또는 농수산가공품의 포장・용기・선전물 및 관련 서류에 지리적표시나 이와 비슷한 표시를 한 자

⑤ 지리적표시품에 지리적표시품이 아닌 농수산물 또는 농수산가공품을 혼합하여 판매하거나 혼합하여 판매할 목적으로 보관 또는 진열한 자

⑥ 거짓이나 그 밖의 부정한 방법으로 농산물의 검사・재검사 및 검정을 받은 자

⑦ 검사 및 검정 결과의 표시, 검사증명서 및 검정증명서를 위조하거나 변조한 자

⑧ 검정 결과에 대하여 거짓광고나 과대광고를 한 자

(3) 벌칙(법 제120조)

다음의 어느 하나에 해당하는 자는 1년 이하의 징역 또는 1천만원 이하의 벌금에 처한다.

① 이력추적관리의 등록을 하지 아니한 자

② 법 제31조(우수표시품에 대한 시정조치) ① 또는 법 제40조(지리적표시품의 표시 시정 등)에 따른 시정명령(표시방법에 대한 시정명령은 제외), 판매금지 또는 표시정지 처분에 따르지 아니한 자

③ 법 제31조(우수표시품에 대한 시정조치) ②에 따른 판매금지 조치에 따르지 아니한 자

④ 법 제59조(유전자변형농수산물의 표시 위반에 대한 처분) ①에 따른 처분을 이행하지 아니한 자

⑤ 법 제59조(유전자변형농수산물의 표시 위반에 대한 처분) ②에 따른 공표명령을 이행하지 아니한 자

⑥ 법 제63조(안전성조사 결과에 따른 조치) ①에 따른 조치를 이행하지 아니한 자

⑦ 동물용 의약품을 사용하는 행위를 제한하거나 금지하는 조치에 따르지 아니한 자

⑧ 생산・가공・출하 및 운반의 시정・제한・중지 명령을 위반하거나 생산・가공시설 등의 개선・보수명령을 이행하지 아니한 자

⑨ 검정결과에 따른 조치를 이행하지 아니한 자

⑩ 검사를 받아야 하는 농산물에 대하여 검사를 받지 아니한 자

⑪ 검사를 받지 아니하고 해당 농수산물이나 수산가공품을 판매・수출하거나 판매・수출을 목적으로 보관 또는 진열한 자

⑫ 다른 사람에게 농산물검사관, 농산물품질관리사 또는 수산물품질관리사의 명의를 사용하게 하거나 그 자격증을 빌려준 자

⑬ 농산물검사관, 농산물품질관리사 또는 수산물품질관리사의 명의를 사용하거나 그 자격증을 대여받은 자 또는 명의의 사용이나 자격증의 대여를 알선한 자

알아두기 양벌규정(법 제122조)

법인의 대표자나 법인 또는 개인의 대리인, 사용인, 그 밖의 종업원이 그 법인 또는 개인의 업무에 관하여 법 제117조(벌칙)부터 법 제121조(과실범)까지의 어느 하나에 해당하는 위반행위를 하면 그 행위자를 벌하는 외에 그 법인 또는 개인에게도 해당 조문의 벌금형을 과(科)한다. 다만, 법인 또는 개인이 그 위반행위를 방지하기 위하여 해당 업무에 관하여 상당한 주의와 감독을 게을리하지 아니한 경우에는 그러하지 아니하다.

2. 과태료

(1) 과태료(법 제123조)

① 다음의 어느 하나에 해당하는 자에게는 1천만원 이하의 과태료를 부과한다.

㉠ 출입·수거·조사·열람 등을 거부·방해 또는 기피한 자

㉡ 변경신고를 하지 아니한 자

㉢ 이력추적관리의 표시를 하지 아니한 자

㉣ 이력추적관리기준을 지키지 아니한 자

㉤ 표시방법에 대한 시정명령에 따르지 아니한 자

㉥ 유전자변형농수산물의 표시를 하지 아니한 자

㉦ 유전자변형농수산물의 표시방법을 위반한 자

② 다음의 어느 하나에 해당하는 자에게는 100만원 이하의 과태료를 부과한다.

㉠ 양식시설에서 가축을 사육한 자

㉡ 보고를 하지 아니하거나 거짓으로 보고한 생산·가공업자 등

③ ① 및 ②에 따른 과태료는 대통령령으로 정하는 바에 따라 농림축산식품부장관, 해양수산부장관, 식품의약품안전처장 또는 시·도지사가 부과·징수한다.

(2) 과태료의 부과기준(시행령 제45조 관련 [별표 4])

① 일반기준

㉠ 위반행위의 횟수에 따른 과태료의 가중된 부과기준(②의 바. 및 사.의 경우는 제외)은 최근 1년간 같은 위반행위로 과태료 부과처분을 받은 경우에 적용한다. 이 경우 기간의 계산은 위반행위에 대하여 과태료 부과처분을 받은 날과 그 처분 후 다시 같은 위반행위를 하여 적발된 날을 기준으로 한다.

㉡ ㉠에 따라 가중된 부과처분을 하는 경우 가중처분의 적용 차수는 그 위반행위 전 부과처분 차수(㉠에 따른 기간 내에 과태료 부과처분이 둘 이상 있었던 경우에는 높은 차수를 말한다)의 다음 차수로 한다.

㉢ 위반행위가 둘 이상인 경우로서 그에 해당하는 각각의 처분기준이 다른 경우에는 그 중 무거운 처분기준에 따른다.

㉣ 부과권자는 다음의 어느 하나에 해당하는 경우에 ②에 따른 과태료 금액을 2분의 1의 범위에서 감경할 수 있다. 다만, 과태료를 체납하고 있는 위반행위자의 경우에는 그러하지 아니하다.

- 위반행위자가 질서위반행위규제법 시행령 제2조의2 제1항의 어느 하나에 해당하는 경우
- 위반행위자가 자연재해·화재 등으로 재산에 현저한 손실이 발생했거나 사업여건의 악화로 중대한 위기에 처하는 등의 사정이 있는 경우
- 위반행위가 고의나 중대한 과실이 아닌 사소한 부주의나 오류로 인한 것으로 인정되는 경우
- 그 밖에 위반행위의 정도, 위반행위의 동기와 그 결과 등을 고려하여 감경할 필요가 있다고 인정되는 경우

② 개별기준

위반행위	근거 법조문	과태료 금액		
		1차 위반	2차 위반	3차 이상 위반
가. 수거·조사·열람 등을 거부·방해 또는 기피한 경우	법 제123조 제1항 제1호	100만원	200만원	300만원
나. 변경신고를 하지 않은 경우	법 제123조 제1항 제2호	100만원	200만원	300만원
다. 이력추적관리의 표시를 하지 않은 경우	법 제123조 제1항 제3호	100만원	200만원	300만원
라. 이력추적관리기준을 지키지 않은 경우	법 제123조 제1항 제4호	100만원	200만원	300만원
마. 표시방법에 대한 시정명령에 따르지 않은 경우	법 제123조 제1항 제5호	100만원	200만원	300만원
바. 유전자변형농수산물의 표시를 하지 않은 경우	법 제123조 제1항 제6호	5만원 이상 1,000만원 이하		
사. 유전자변형농수산물의 표시방법을 위반한 경우	법 제123조 제1항 제7호	5만원 이상 1,000만원 이하		
아. 양식시설에서 가축을 사육한 경우	법 제123조 제2항 제1호	7만원	15만원	30만원
자. 생산·가공시설 등을 등록한 생산업자·가공업자가 보고를 하지 않거나 거짓으로 보고한 경우	법 제123조 제2항 제2호	7만원	15만원	30만원

③ ②의 바. 및 사.의 과태료의 세부 부과기준

㉠ ②의 바.에 해당하는 경우

- 과태료 부과금액은 표시를 하지 아니한 물량(판매를 목적으로 보관 또는 진열하고 있는 물량을 포함)에 적발 당일 해당 영업소의 판매가격을 곱한 금액으로 한다.
- 위의 해당 영업소의 판매가격을 알 수 없는 경우에는 인근 2개 업소의 동일 품목 판매가격의 평균을 기준으로 한다. 다만, 평균가격을 산정할 수 없는 경우에는 해당 농산물의 매입가격에 30%를 가산한 금액을 기준으로 한다.
- 과태료 부과금액의 최소단위는 5만원으로 하고, 5만원 이상은 천원 미만을 버리고 부과하되, 부과되는 총액은 1천만원을 초과할 수 없다.

㉡ ②의 사.에 해당하는 경우

- ㉠의 기준에 따른 과태료 부과금액의 100분의 50을 부과한다.
- 과태료 부과금액의 최소단위는 5만원으로 하고, 5만원 이상은 천원 미만을 버리고 부과한다.

제 1 과목 적중예상문제

01 다음은 농수산물 품질관리법의 목적이다. ( ) 안에 들어갈 알맞은 내용을 쓰시오.

농수산물 품질관리법은 농수산물의 (①)를 통하여 농수산물의 안전성을 확보하고 상품성을 향상하며 공정하고 투명한 거래를 유도함으로써 (②)와 (③)에 이바지하는 것을 목적으로 한다.

• 정답 • ① 적절한 품질관리
② 농어업인 소득 증대
③ 소비자 보호

• 풀이 • **목적(농수산물 품질관리법 제1조)**
이 법은 농수산물의 적절한 품질관리를 통하여 농수산물의 안전성을 확보하고 상품성을 향상하며 공정하고 투명한 거래를 유도함으로써 농어업인의 소득 증대와 소비자 보호에 이바지하는 것을 목적으로 한다.

02 다음은 농수산물 품질관리법상 물류표준화에 대한 설명이다. ( ) 안에 알맞은 용어를 쓰시오.

운송 · 보관 · 하역 · 포장 등 물류의 각 단계에서 사용되는 기기 · 용기 · 설비 · 정보 등을 규격화하여 (①)과 (②)을 원활히 하는 것을 말한다.

• 정답 • ① 호환성
② 연계성

• 풀이 • **물류표준화의 정의(농수산물 품질관리법 제2조 제3호)**
"물류표준화"란 농수산물의 운송 · 보관 · 하역 · 포장 등 물류의 각 단계에서 사용되는 기기 · 용기 · 설비 · 정보 등을 규격화하여 호환성과 연계성을 원활히 하는 것을 말한다.

03 농수산물 품질관리법령상 유해물질에 대한 설명에서 (   ) 안에 들어갈 알맞은 내용을 쓰시오.

> 유해물질이란 식품에 잔류하거나 오염되어 사람의 건강에 해를 끼칠 수 있는 물질로서 총리령으로 정하는 것을 말한다. "총리령으로 정하는 것"이란 농약, 중금속, 항생물질, (①), (②), (③), 방사능, 그 밖에 식품의약품안전처장이 고시하는 물질을 말한다.

• 정답 • ① 잔류성 유기오염물
② 병원성 미생물
③ 생물 독소

• 풀이 • **유해물질의 정의(농수산물 품질관리법 제2조 제12호)**

"유해물질"이란 농약, 중금속, 항생물질, 잔류성 유기오염물질, 병원성 미생물, 곰팡이 독소, 방사성물질, 유독성 물질 등 식품에 잔류하거나 오염되어 사람의 건강에 해를 끼칠 수 있는 물질로서 총리령으로 정하는 것을 말한다.

유해물질(유전자변형농수산물의 표시 및 농수산물의 안전성조사 등에 관한 규칙 제2조)

농수산물 품질관리법 제2조 제1항 제12호에서 "총리령으로 정하는 것"이란 다음의 물질을 말한다.

1. 농 약
2. 중금속
3. 항생물질
4. 잔류성 유기오염물질
5. 병원성 미생물
6. 생물 독소
7. 방사능
8. 그 밖에 식품의약품안전처장이 고시하는 물질

04 농수산물 품질관리법령상 농수산물품질관리심의회에 둘 수 있는 분과위원회를 3가지 쓰시오.

• 정답 •
- 지리적표시 등록심의 분과위원회
- 안전성 분과위원회
- 기획·제도 분과위원회

• 풀이 •
- 심의회에 농수산물 및 농수산가공품의 지리적표시 등록심의를 위한 지리적표시 등록심의 분과위원회를 둔다(농수산물 품질관리법 제3조 제6항).
- 심의회의 업무 중 특정한 분야의 사항을 효율적으로 심의하기 위하여 대통령령으로 정하는 분야별 분과위원회를 둘 수 있다(농수산물 품질관리법 제3조 제7항).
- 농수산물 품질관리법 제3조 제7항에서 "대통령령으로 정하는 분야별 분과위원회"란 안전성 분과위원회 및 기획·제도 분과위원회를 말한다(농수산물 품질관리법 시행령 제5조).

05 A씨는 개인자격으로 우수관리인증을 받으려 한다. 우수관리인증기관에 농산물우수관리인증 신청서를 제출할 때 첨부해야 하는 서류를 쓰시오.

• 정답 • 우수관리인증농산물의 위해요소관리계획서

• 풀이 • **우수관리인증의 신청(농수산물 품질관리법 시행규칙 제10조 제1항)**

우수관리인증을 받으려는 자는 농산물우수관리인증 (신규 · 갱신)신청서에 다음의 서류를 첨부하여 우수관리인증기관으로 지정받은 기관에 제출하여야 한다.

1. 우수관리인증농산물의 위해요소관리계획서
2. 생산자단체 또는 그 밖의 생산자 조직의 사업운영계획서(생산자집단이 신청하는 경우만 해당)

06 농수산물 품질관리법령상 이력추적관리 등록신청서를 제출할 때 첨부해야 하는 서류 2가지를 쓰시오.

• 정답 •
- 이력추적관리농산물의 관리계획서
- 이상이 있는 농산물에 대한 회수조치 등 사후관리계획서

• 풀이 • **이력추적관리의 등록절차(농수산물 품질관리법 시행규칙 제47조 제1항)**

이력추적관리 등록을 하려는 자는 농산물이력추적관리 등록(신규 · 갱신)신청서에 다음의 서류를 첨부하여 국립농산물품질관리원장에게 제출하여야 한다.

1. 이력추적관리농산물의 관리계획서
2. 이상이 있는 농산물에 대한 회수 조치 등 사후관리계획서

07 농수산물 품질관리법령상 이력추적관리의 등록절차에서 ( ) 안에 들어갈 알맞은 내용을 쓰시오.

> 이력추적관리 등록을 하려는 자는 농산물이력추적관리 등록(신규 · 갱신)신청서에 이력추적관리농산물의 관리계획서, 이상이 있는 농산물에 대한 회수 조치 등 사후관리계획서를 첨부하여 ( )에게 제출하여야 한다.

• 정답 • 국립농산물품질관리원장

• 풀이 • **이력추적관리의 등록절차 등(농수산물 품질관리법 시행규칙 제47조 제1항)**

이력추적관리 등록을 하려는 자는 농산물이력추적관리 등록(신규 · 갱신)신청서에 다음의 서류를 첨부하여 국립농산물품질관리원장에게 제출하여야 한다.

1. 이력추적관리농산물의 관리계획서
2. 이상이 있는 농산물에 대한 회수 조치 등 사후관리계획서

08 농수산물 품질관리법령상 농산물 생산자의 이력추적관리의 등록사항에서 (   ) 안에 들어갈 알맞은 내용을 쓰시오.

• 생산자의 성명, 주소 및 전화번호
• 이력추적관리 (①)
• (②)
• (③)
• 재배지의 주소

• 정답 • ① 대상품목명
② 재배면적
③ 생산계획량

• 풀이 • **이력추적관리의 등록사항(농수산물 품질관리법 시행규칙 제46조 제2항)**
1. 생산자(단순가공을 하는 자를 포함)
가. 생산자의 성명, 주소 및 전화번호
나. 이력추적관리 대상품목명
다. 재배면적
라. 생산계획량
마. 재배지의 주소
2. 유통자
가. 유통업체의 명칭 또는 유통자의 성명, 주소 및 전화번호
나. 수확 후 관리시설이 있는 경우 관리시설의 소재지
3. 판매자 : 판매업체의 명칭 또는 판매자의 성명, 주소 및 전화번호

09 농수산물 품질관리법상 이력추적관리 등록을 취소해야만 하는 사유 3가지를 쓰시오.

• 정답 • • 거짓이나 그 밖의 부정한 방법으로 등록을 받은 경우
• 이력추적관리 표시정지 명령을 위반하여 계속 표시한 경우
• 업종전환·폐업 등으로 이력추적관리농산물을 생산, 유통 또는 판매하기 어렵다고 판단되는 경우

• 풀이 • **이력추적관리 등록의 취소(농수산물 품질관리법 제27조 제1항)**
농림축산식품부장관은 다음의 어느 하나에 해당하면 그 등록을 취소하거나 6개월 이내의 기간을 정하여 이력추적관리 표시정지를 명하거나 시정명령을 할 수 있다. 다만, 제1호, 제2호 또는 제7호에 해당하면 등록을 취소하여야 한다.
1. 거짓이나 그 밖의 부정한 방법으로 등록을 받은 경우
2. 이력추적관리 표시정지 명령을 위반하여 계속 표시한 경우
3. 이력추적관리 등록변경신고를 하지 아니한 경우
4. 표시방법을 위반한 경우
5. 이력추적관리기준을 지키지 아니한 경우
6. 정당한 사유 없이 자료제출 요구를 거부한 경우
7. 업종전환·폐업 등으로 이력추적관리농산물을 생산, 유통 또는 판매하기 어렵다고 판단되는 경우

10 농수산물 품질관리법령상 이력추적관리에 대한 설명에서 ( ) 안에 들어갈 알맞은 내용을 쓰시오.

> 이력추적관리농산물을 생산하거나 유통 또는 판매하는 자는 이력추적관리에 필요한 입고·출고 및 관리 내용을 기록하여 보관하는 등 이력추적관리기준을 지켜야 한다. 다만, 이력추적관리농산물을 유통 또는 판매하는 자 중 행상·노점상 등 대통령령으로 정하는 자는 예외로 하는데, '행상·노점상 등 대통령령으로 정하는 자'란 (①)과 (②)를 말한다.

• 정답 • ① 노점이나 행상을 하는 사람
② 우편 등을 통하여 유통업체를 이용하지 아니하고 소비자에게 직접 판매하는 생산자

• 풀이 • **이력추적관리(농수산물 품질관리법 제24조 제7항)**
농산물 및 이력추적관리농산물을 생산하거나 유통 또는 판매하는 자는 이력추적관리에 필요한 입고·출고 및 관리 내용을 기록하여 보관하는 등 농림축산식품부장관이 정하여 고시하는 기준을 지켜야 한다. 다만, 이력추적관리농산물을 유통 또는 판매하는 자 중 행상·노점상 등 대통령령으로 정하는 자는 예외로 한다.
이력추적관리기준 준수 의무 면제자(농수산물 품질관리법 시행령 제10조)
"행상·노점상 등 대통령령으로 정하는 자"란 노점이나 행상을 하는 사람과 우편 등을 통하여 유통업체를 이용하지 아니하고 소비자에게 직접 판매하는 생산자를 말한다.

11 농수산물 품질관리법상 지리적표시의 등록제도의 목적에 대한 설명에서 ( ) 안에 들어갈 알맞은 내용을 쓰시오.

> 농림축산식품부장관은 지리적 특성을 가진 농산물 또는 농산가공품의 품질 향상과 (①) 및 (②)를 위하여 지리적표시의 등록제도를 실시한다.

• 정답 • ① 지역특화산업 육성
② 소비자 보호

• 풀이 • **지리적표시의 등록제도의 목적(농수산물 품질관리법 제32조 제1항)**
농림축산식품부장관 또는 해양수산부장관은 지리적 특성을 가진 농수산물 또는 농수산가공품의 품질 향상과 지역특화산업 육성 및 소비자 보호를 위하여 지리적표시의 등록 제도를 실시한다.

12 농수산물 품질관리법상 지리적표시의 등록신청 자격에 대한 설명에서 ( ) 안에 들어갈 알맞은 내용을 쓰시오.

> 지리적표시의 등록은 특정지역에서 지리적 특성을 가진 농수산물 또는 농수산가공품을 생산하거나 제조·가공하는 자로 구성된 법인만 신청할 수 있다. 다만, ( )인 경우에는 법인이 아니라도 등록신청을 할 수 있다.

• 정답 • 지리적 특성을 가진 농수산물 또는 농수산가공품의 생산자 또는 가공업자가 1인

• 풀이 • **지리적표시의 등록신청 자격(농수산물 품질관리법 제32조 제2항)**

지리적표시의 등록은 특정지역에서 지리적 특성을 가진 농수산물 또는 농수산가공품을 생산하거나 제조·가공하는 자로 구성된 법인만 신청할 수 있다. 다만, 지리적 특성을 가진 농수산물 또는 농수산가공품의 생산자 또는 가공업자가 1인인 경우에는 법인이 아니라도 등록신청을 할 수 있다.

13 농수산물 품질관리법령상 지리적표시의 대상지역에 대한 설명에서 ( ) 안에 들어갈 알맞은 내용을 쓰시오.

> 지리적표시의 등록을 위한 지리적표시 대상지역은 자연환경적 및 인적 요인을 고려하여 해당 품목의 특성에 영향을 주는 (①)이 동일한 행정구역, (②), (③) 등에 따라 구획한 지역으로 한다. 다만, 김치산업 진흥법에 따른 김치의 경우에는 전국을 하나의 지리적표시의 대상지역으로 할 수 있으며, 인삼산업법에 따른 인삼류의 경우에는 전국을 하나의 지리적표시의 대상지역으로 한다.

• 정답 • ① 지리적 특성
② 산
③ 강

• 풀이 • **지리적표시의 대상지역(농수산물 품질관리법 시행령 제12조)**

지리적표시의 등록을 위한 지리적표시 대상지역은 자연환경적 및 인적 요인을 고려하여 다음 의 어느 하나에 따라 구획한 지역으로 한다. 다만, 김치산업 진흥법에 따른 김치의 경우에는 전국을 하나의 지리적표시의 대상지역으로 할 수 있으며, 인삼산업법에 따른 인삼류의 경우에는 전국을 하나의 지리적표시의 대상지역으로 한다.

1. 해당 품목의 특성에 영향을 주는 지리적 특성이 동일한 행정구역, 산, 강 등에 따를 것
2. 해당 품목의 특성에 영향을 주는 지리적 특성, 서식지 및 어획·채취의 환경이 동일한 연안해역에 따를 것. 이 경우 연안해역은 위도와 경도로 구분하여야 한다.

14 농수산물 품질관리법령상 지리적표시의 등록을 신청할 때 신청서에 첨부하여 제출해야 하는 서류를 다음에서 모두 찾아 번호를 쓰시오.

① 생산계획서 ② 공인품질기준 ③ 재배예정지 지적도 ④ 지리적표시 대상지역의 범위 ⑤ 해당 특산품의 유명성과 역사성을 증명할 수 있는 자료

• 정답 • ①, ④, ⑤

• 풀이 • **지리적표시의 등록 및 변경(농수산물 품질관리법 시행규칙 제56조 제1항)**

지리적표시의 등록을 받으려는 자는 지리적표시 등록(변경) 신청서에 다음의 서류를 첨부하여 농산물(임산물은 제외)은 국립농산물품질관리원장, 임산물은 산림청장, 수산물은 국립수산물품질관리원장에게 각각 제출하여야 한다. 다만, 지리적표시의 등록을 받으려는 자가 상표법 시행령의 서류를 특허청장에게 제출한 경우에는 신청서에 해당 사항을 표시하고 제3호부터 제6호까지의 서류를 제출하지 아니할 수 있다.

1. 정관(법인인 경우만 해당)
2. 생산계획서(법인의 경우 각 구성원별 생산계획을 포함)
3. 대상품목 · 명칭 및 품질의 특성에 관한 설명서
4. 해당 특산품의 유명성과 역사성을 증명할 수 있는 자료
5. 품질의 특성과 지리적 요인과 관계에 관한 설명서
6. 지리적표시 대상지역의 범위
7. 자체품질기준
8. 품질관리계획서

15 농수산물 품질관리법령상 지리적표시의 등록거절 사유의 세부기준에서 (　) 안에 들어갈 알맞은 내용을 쓰시오.

농림축산식품부장관은 등록 신청된 지리적표시가 해당 품목의 명성 · 품질 또는 그 밖의 특성이 본질적으로 특정지역의 (①)과 (②) 모두에 기인하지 아니한 경우에 해당하면 등록의 거절을 결정하여 신청자에게 알려야 한다.

• 정답 • ① 생산환경적 요인, ② 인적 요인

• 풀이 • **지리적표시의 등록거절 사유의 세부기준(농수산물 품질관리법 시행령 제15조)**

1. 해당 품목이 농수산물인 경우에는 지리적표시 대상지역에서만 생산된 것이 아닌 경우
2. 해당 품목이 농수산가공품인 경우에는 지리적표시 대상지역에서만 생산된 농수산물을 주원료로 하여 해당 지리적표시 대상지역에서 가공된 것이 아닌 경우
3. 해당 품목의 우수성이 국내 및 국외에서 모두 널리 알려지지 아니한 경우
4. 해당 품목이 지리적표시 대상지역에서 생산된 역사가 깊지 않은 경우
5. 해당 품목의 명성 · 품질 또는 그 밖의 특성이 본질적으로 특정지역의 생산환경적 요인과 인적 요인 모두에 기인하지 아니한 경우
6. 그 밖에 농림축산식품부장관 또는 해양수산부장관이 지리적표시 등록에 필요하다고 인정하여 고시하는 기준에 적합하지 않은 경우

16 농수산물 품질관리법상 법인 자격의 지리적표시권을 이전하거나 승계할 수 있는 경우를 쓰시오.

• 정답 • 법인 자격으로 등록한 지리적표시권자가 법인명을 개정하거나 합병하는 경우

• 풀이 • **지리적표시권의 이전 및 승계(농수산물 품질관리법 제35조)**

지리적표시권은 타인에게 이전하거나 승계할 수 없다. 다만, 다음의 어느 하나에 해당하면 농림축산식품부장관 또는 해양수산부장관의 사전 승인을 받아 이전하거나 승계할 수 있다.

1. 법인 자격으로 등록한 지리적표시권자가 법인명을 개정하거나 합병하는 경우
2. 개인 자격으로 등록한 지리적표시권자가 사망한 경우

17 농수산물 품질관리법상 지리적표시의 등록절차 순서대로 번호를 쓰시오.

① 지리적표시 등록심의 분과위원회의 심의
② 등록신청
③ 등록결정
④ 이의신청
⑤ 공고결정

• 정답 • ② – ① – ⑤ – ④ – ③

• 풀이 • **지리적표시의 등록(농수산물 품질관리법 제32조)**

① 지리적표시의 등록을 받으려는 자는 농림축산식품부령으로 정하는 등록 신청서류 및 그 부속서류를 농림축산식품부령으로 정하는 바에 따라 농림축산식품부장관에게 제출하여야 한다(제3항).
② 농림축산식품부장관은 등록 신청을 받으면 지리적표시 등록심의 분과위원회의 심의를 거쳐 등록거절 사유가 없는 경우 지리적표시 등록 신청 공고결정("공고결정"이라 한다)을 하여야 한다(제4항).
③ 농림축산식품부장관은 공고결정을 할 때에는 그 결정 내용을 관보와 인터넷 홈페이지에 공고하고, 공고일부터 2개월간 지리적표시 등록 신청서류 및 그 부속서류를 일반인이 열람할 수 있도록 하여야 한다(제5항).
④ 누구든지 공고일부터 2개월 이내에 이의 사유를 적은 서류와 증거를 첨부하여 농림축산식품부장관에게 이의신청을 할 수 있다(제6항).
⑤ 농림축산식품부장관 또는 해양수산부장관은 지리적표시 등록심의 분과위원회의 심의를 거쳐 등록을 거절할 정당한 사유가 없다고 판단되는 경우, 이의신청이 없는 경우에는 지리적표시의 등록을 결정하여 신청자에게 알려야 한다(제7항).

18 농수산물 품질관리법상 지리적표시의 등록에서 이의신청은 공고일로부터 언제까지 가능한지 쓰시오.

• 정답 • 2개월 이내

• 풀이 • **지리적표시의 등록 이의신청(농수산물 품질관리법 제32조 제6항)**
누구든지 공고일부터 2개월 이내에 이의 사유를 적은 서류와 증거를 첨부하여 농림축산식품부장관에게 이의신청을 할 수 있다.

19 농수산물 품질관리법상 지리적표시 무효심판의 청구권자 2가지를 쓰시오.

• 정답 • 지리적표시에 관한 이해관계인, 지리적표시 등록심의 분과위원회

• 풀이 • **지리적표시의 무효심판(농수산물 품질관리법 제43조 제1항)**
지리적표시에 관한 이해관계인 또는 지리적표시 등록심의 분과위원회는 지리적표시가 다음의 어느 하나에 해당하면 무효심판을 청구할 수 있다.

1. 등록거절 사유에 해당하는 경우에도 불구하고 등록된 경우
2. 지리적표시 등록이 된 후에 그 지리적표시가 원산지 국가에서 보호가 중단되거나 사용되지 아니하게 된 경우

20 농수산물 품질관리법상 지리적표시의 취소심판을 청구할 수 있는 사유 2가지를 쓰시오.

• 정답 •
- 지리적표시의 등록을 한 자가 단체의 가입을 실질적으로 허용하지 아니한 경우 또는 그 지리적표시를 사용할 수 없는 자에 대하여 등록 단체의 가입을 허용한 경우
- 지리적표시를 잘못 사용함으로써 수요자로 하여금 상품의 품질에 대하여 오인하게 하거나 지리적 출처에 대하여 혼동하게 한 경우

• 풀이 • **지리적표시의 취소심판 청구(농수산물 품질관리법 제44조 제1항)**
지리적표시가 다음의 어느 하나에 해당하면 그 지리적표시의 취소심판을 청구할 수 있다.

1. 지리적표시 등록을 한 후 지리적표시의 등록을 한 자가 그 지리적표시를 사용할 수 있는 농수산물 또는 농수산가공품을 생산 또는 제조 · 가공하는 것을 업으로 하는 자에 대하여 단체의 가입을 금지하거나 어려운 가입등급규격을 규정하는 등 단체의 가입을 실질적으로 허용하지 아니한 경우 또는 그 지리적표시를 사용할 수 없는 자에 대하여 등록 단체의 가입을 허용한 경우
2. 지리적표시 등록 단체 또는 그 소속 단체원이 지리적표시를 잘못 사용함으로써 수요자로 하여금 상품의 품질에 대하여 오인하게 하거나 지리적 출처에 대하여 혼동하게 한 경우

21 **농수산물 품질관리법령상 지리적표시품의 의무표시사항에 해당하지 않는 것을 모두 찾아 그 번호를 쓰시오.**

① 산 지	② 등록 명칭
③ 생산자(등록법인의 명칭)	④ 지리적표시 관리기관 명칭
⑤ 주소(전화)	⑥ 품 목
⑦ 지리적표시 등록번호	

• 정답 • ①, ⑥

• 풀이 • **지리적표시품의 표시사항(농수산물 품질관리법 시행규칙 제60조 관련 [별표 15])**

등록 명칭 :　　　　(영문등록 명칭)
지리적표시관리기관 명칭, 지리적표시 등록 제　　호
생산자(등록법인의 명칭) :
주소(전화) :

이 상품은 농수산물 품질관리법에 따라 지리적표시가 보호되는 제품입니다.

22 **농수산물 품질관리법령상 유전자변형농수산물의 표시대상품목에 대한 설명에서 (　) 안에 들어갈 알맞은 내용을 쓰시오.**

> 유전자변형농수산물의 표시대상품목은 식품위생법에 따른 (①) 결과 식품의약품안전처장이 (②)으로 적합하다고 인정하여 고시한 품목(해당 품목을 (③)을 포함)으로 한다.

• 정답 • ① 안전성 평가
② 식 용
③ 싹틔워 기른 농산물

• 풀이 • **유전자변형농수산물의 표시대상품목(농수산물 품질관리법 시행령 제19조)**
유전자변형농수산물의 표시대상품목은 식품위생법 제18조에 따른 안전성 평가 결과 식품의약품안전처장이 식용으로 적합하다고 인정하여 고시한 품목(해당 품목을 싹틔워 기른 농산물을 포함)으로 한다.

23 농수산물 품질관리법령상 지리적표시품 위반행위에 대한 각각의 행정처분 기준을 쓰시오(단, 1차 위반이며 위반행위는 각각 단독행위이다. 또한 경감 사유는 없는 것으로 본다).

① 등록된 지리적표시품이 아닌 제품에 지리적표시를 하였다.
② 의무표시사항이 누락되었다.
③ 내용물과 다르게 거짓표시나 과장된 표시를 하였다.
④ 지리적표시품이 등록기준에 미치지 못하게 되었다.

• 정답 • ① 등록취소
② 시정명령
③ 표시정지 1개월
④ 표시정지 3개월

• 풀이 • **시정명령 등의 처분기준(농수산물 품질관리법 시행령 제11조 및 제16조 관련 [별표 1])**
지리적표시품의 개별기준

위반행위	행정처분 기준		
	1차 위반	2차 위반	3차 위반
1) 지리적표시품 생산계획의 이행이 곤란하다고 인정되는 경우	등록 취소		
2) 등록된 지리적표시품이 아닌 제품에 지리적표시를 한 경우	등록 취소		
3) 지리적표시품이 등록기준에 미치지 못하게 된 경우	표시정지 3개월	등록 취소	
4) 의무표시사항이 누락된 경우	시정명령	표시정지 1개월	표시정지 3개월
5) 내용물과 다르게 거짓표시나 과장된 표시를 한 경우	표시정지 1개월	표시정지 3개월	등록 취소

24 농수산물 품질관리법령상 유전자변형농산물 표시 위반 처분인 공표명령에 대한 설명에서 ( ) 안에 들어갈 알맞은 숫자를 쓰시오.

식품의약품안전처장은 유전자변형농수산물의 표시 위반에 대한 처분을 한 경우에는 처분을 받은 자에게 해당 처분을 받았다는 사실을 공표할 것을 명할 수 있는데, 공표명령의 대상자는 처분을 받은 자 중 표시위반물량이 농산물의 경우에는 (①)톤 이상인 경우, 표시위반물량의 판매가격 환산금액이 농산물의 경우에는 (②)억원 이상인 경우, 적발일을 기준으로 최근 1년 동안 처분을 받은 횟수가 (③)회 이상인 경우의 어느 하나에 해당하는 자로 한다.

• 정답 • ① 100
② 10
③ 2

• 풀이 • **공표명령의 기준(농수산물 품질관리법 시행령 제22조 제1항)**
공표명령의 대상자는 처분을 받은 자 중 다음의 어느 하나의 경우에 해당하는 자로 한다.
1. 표시위반물량이 농산물의 경우에는 100톤 이상인 경우
2. 표시위반물량의 판매가격 환산금액이 농산물의 경우에는 10억원 이상인 경우
3. 적발일을 기준으로 최근 1년 동안 처분을 받은 횟수가 2회 이상인 경우

25 농수산물 품질관리법령상 유전자변형농산물 표시 위반 처분으로 공표명령을 받은 자가 전국을 보급지역으로 하는 일반일간신문에 게재하여야 하는 내용 중 5가지를 쓰시오.

•정답•
- 표 제
- 영업의 종류
- 영업소의 명칭 및 주소
- 농수산물의 명칭
- 위반내용
- 처분권자, 처분일 및 처분내용

•풀이• **공표명령의 기준·방법 등(농수산물 품질관리법 시행령 제22조 제2항)**

공표명령을 받은 자는 지체 없이 다음의 사항이 포함된 공표문을 신문 등의 진흥에 관한 법률 제9조 제1항에 따라 등록한 전국을 보급지역으로 하는 1개 이상의 일반일간신문에 게재하여야 한다.

1. “농수산물 품질관리법 위반사실의 공표”라는 내용의 표제
2. 영업의 종류
3. 영업소의 명칭 및 주소
4. 농수산물의 명칭
5. 위반내용
6. 처분권자, 처분일 및 처분내용

26 농수산물 품질관리법상 안전한 농산물을 생산하기 위한 ① 안전관리계획 수립권자와, ② 세부추진계획 수립권자를 각각 쓰시오.

•정답• ① 식품의약품안전처장
② 특별시장·광역시장·도지사·특별자치도지사 및 시장·군수·구청장(자치구의 구청장)

•풀이• **안전관리계획(농수산물 품질관리법 제60조)**

① 식품의약품안전처장은 농수산물(축산물은 제외)의 품질 향상과 안전한 농수산물의 생산·공급을 위한 안전관리계획을 매년 수립·시행하여야 한다.

② 특별시장·광역시장·도지사·특별자치도지사 및 시장·군수·구청장(자치구의 구청장을 말한다)은 관할 지역에서 생산·유통되는 농수산물의 안전성을 확보하기 위한 세부추진계획을 수립·시행하여야 한다.

27 유전자변형농수산물의 표시 및 농수산물의 안전성조사 등에 관한 규칙상 생산단계에 실시하는 안전성조사의 대상 3가지를 쓰시오.

• 정답 • ① 농산물의 생산에 이용·사용하는 농지·용수(用水)·자재 등
② 출하되기 전인 농산물
③ 유통·판매되기 전인 농산물

• 풀이 • **농산물 안전성조사의 대상(유전자변형농수산물의 표시 및 농수산물의 안전성조사 등에 관한 규칙 제8조 제2항)**
농산물 안전성조사의 대상은 단계별 특성에 따라 다음과 같이 한다.
1. 생산단계 조사 : 다음에 해당하는 것을 대상으로 할 것
   가. 농산물의 생산에 이용·사용하는 농지·용수(用水)·자재 등
   나. 출하되기 전인 농산물
   다. 유통·판매되기 전인 농산물
2. 유통·판매 단계 조사 : 출하되어 유통 또는 판매되고 있는 농산물을 대상으로 할 것

28 농수산물 품질관리법상 안전성조사 결과에 따른 조치에서 ( ) 안에 들어갈 알맞은 말을 쓰시오.

식품의약품안전처장이나 시·도지사는 안전성조사를 한 결과 생산단계 안전기준을 위반한 경우에는 해당 농수산물을 생산한 자 또는 소유한 자에게 다음의 조치를 하게 할 수 있다. 1. 해당 농수산물의 (①), (②), (③) 등의 처리 2. 해당 농수산물의 생산에 이용·사용한 농지·어장·용수·자재 등의 (④) 또는 (⑤)의 금지

• 정답 • ① 폐 기
② 용도 전환
③ 출하 연기
④ 개 량
⑤ 이용·사용

• 풀이 • **안전성조사 결과에 따른 조치(농수산물 품질관리법 제63조 제1항)**
식품의약품안전처장이나 시·도지사는 생산과정에 있는 농수산물 또는 농수산물의 생산을 위하여 이용·사용하는 농지·어장·용수·자재 등에 대하여 안전성조사를 한 결과 생산단계 안전기준을 위반하였거나 유해물질에 오염되어 인체의 건강을 해칠 우려가 있는 경우에는 해당 농수산물을 생산한 자 또는 소유한 자에게 다음의 조치를 하게 할 수 있다.
1. 해당 농수산물의 폐기, 용도 전환, 출하 연기 등의 처리
2. 해당 농수산물의 생산에 이용·사용한 농지·어장·용수·자재 등의 개량 또는 이용·사용의 금지

29 농수산물 품질관리법상 농산물의 검정에 대한 설명에서 (   ) 안에 들어갈 알맞은 말을 쓰시오.

> 농림축산식품부장관은 농산물 및 농산가공품의 거래 및 수출・수입을 원활히 하기 위하여 농산물 및 농산가공품의 (①)・(②)・(②) 및 (②) 등의 검정을 실시할 수 있다.

• 정답 • ① 품 위
② 품 종
③ 성 분
④ 유해물질

• 풀이 • **검정(농수산물 품질관리법 제98조 제1항)**
농림축산식품부장관 또는 해양수산부장관은 농수산물 및 농산가공품의 거래 및 수출・수입을 원활히 하기 위하여 다음의 검정을 실시할 수 있다. 다만, 종자산업법 제2조 제1호에 따른 종자에 대한 검정은 제외한다.
1. 농산물 및 농산가공품의 품위・품종・성분 및 유해물질 등
2. 농수산물의 생산에 이용・사용하는 농지・어장・용수・자재 등의 품위・성분 및 유해물질 등

30 농수산물 품질관리법령상 농산물의 검사항목 4가지를 쓰시오.

• 정답 • • 포장단위당 무게
• 포장자재
• 포장방법
• 품 위

• 풀이 • **농산물의 검사 항목 및 기준 등(농수산물 품질관리법 시행규칙 제94조)**
농산물(축산물은 제외)의 검사항목은 포장단위당 무게, 포장자재, 포장방법 및 품위 등으로 하며, 검사기준은 농림축산식품부장관이 검사대상 품목별로 정하여 고시한다.

31 농수산물 품질관리법상 농산물의 검사판정의 효력이 상실되는 사유 2가지를 쓰시오.

• 정답 • • 검사 유효기간이 지난 경우
• 검사 결과의 표시가 없어지거나 명확하지 아니하게 된 경우

• 풀이 • **검사판정의 실효(농수산물 품질관리법 제86조)**
검사를 받은 농산물이 다음의 어느 하나에 해당하면 검사판정의 효력이 상실된다.
1. 농림축산식품부령으로 정하는 검사 유효기간이 지난 경우
2. 검사 결과의 표시가 없어지거나 명확하지 아니하게 된 경우

32 농수산물 품질관리법상 농산물의 검사판정의 취소에 대한 설명에서 ( ) 안에 들어갈 알맞은 내용을 쓰시오.

> 농림축산식품부장관은 검사나 재검사를 받은 농산물이 다음의 어느 하나에 해당하면 검사판정을 취소할 수 있다. 다만, 제1호에 해당하면 검사판정을 취소하여야 한다.
> 1. (   )
> 2. 검사 또는 재검사 결과의 표시 또는 검사증명서를 위조하거나 변조한 사실이 확인된 경우
> 3. 검사 또는 재검사를 받은 농산물의 포장이나 내용물을 바꾼 사실이 확인된 경우

• 정답 • 거짓이나 그 밖의 부정한 방법으로 검사를 받은 사실이 확인된 경우

• 풀이 • **검사판정의 취소(농수산물 품질관리법 제87조)**

농림축산식품부장관은 검사나 재검사를 받은 농산물이 다음의 어느 하나에 해당하면 검사판정을 취소할 수 있다. 다만, 제1호에 해당하면 검사판정을 취소하여야 한다.

1. 거짓이나 그 밖의 부정한 방법으로 검사를 받은 사실이 확인된 경우
2. 검사 또는 재검사 결과의 표시 또는 검사증명서를 위조하거나 변조한 사실이 확인된 경우
3. 검사 또는 재검사를 받은 농산물의 포장이나 내용물을 바꾼 사실이 확인된 경우

33 농수산물 품질관리법상 농산물품질관리사의 자격 취소 사유 3가지를 쓰시오.

• 정답 •
- 자격을 거짓 또는 부정한 방법으로 취득한 사람
- 다른 사람에게 농산물품질관리사의 명의를 사용하게 하거나 자격증을 빌려준 사람
- 명의의 사용이나 자격증의 대여를 알선한 사람

• 풀이 • **농산물품질관리사의 자격 취소(농수산물 품질관리법 제109조)**

농림축산식품부장관은 다음의 어느 하나에 해당하는 사람에 대하여 농산물품질관리사 자격을 취소하여야 한다.

1. 농산물품질관리사의 자격을 거짓 또는 부정한 방법으로 취득한 사람
2. 다른 사람에게 농산물품질관리사의 명의를 사용하게 하거나 자격증을 빌려준 사람
3. 명의의 사용이나 자격증의 대여를 알선한 사람

34 농수산물 품질관리법상 유전자변형농수산물의 표시를 거짓으로 한 유전자변형농수산물 표시의무자가 받는 벌칙을 쓰시오.

• 정답 • 7년 이하의 징역 또는 1억원 이하의 벌금

• 풀이 • **벌칙(농수산물 품질관리법 제117조)**

다음의 어느 하나에 해당하는 자는 7년 이하의 징역 또는 1억원 이하의 벌금에 처한다. 이 경우 징역과 벌금은 병과(倂科)할 수 있다.

1. 유전자변형농수산물의 표시를 거짓으로 하거나 이를 혼동하게 할 우려가 있는 표시를 한 유전자변형농수산물 표시의무자
2. 유전자변형농수산물의 표시를 혼동하게 할 목적으로 그 표시를 손상·변경한 유전자변형농수산물 표시의무자
3. 유전자변형농수산물의 표시를 한 농수산물에 다른 농수산물을 혼합하여 판매하거나 혼합하여 판매할 목적으로 보관 또는 진열한 유전자변형농수산물 표시의무자

제 2 과목

농산물품질관리사 2차

농수산물의 원산지 표시 등에 관한 법률

총 칙

1. 목적(법 제1조)

이 법은 농산물·수산물과 그 가공품 등에 대하여 적정하고 합리적인 원산지 표시와 유통이력 관리를 하도록 함으로써 공정한 거래를 유도하고 소비자의 알권리를 보장하여 생산자와 소비자를 보호하는 것을 목적으로 한다.

2. 용어의 정의(법 제2조)

(1) 농산물

농업활동으로 생산되는 산물로서 대통령령으로 정하는 것을 말한다(농업·농촌 및 식품산업 기본법 제3조 제6호).

(2) 원산지

농산물이나 수산물이 생산·채취·포획된 국가·지역이나 해역을 말한다.

(3) 유통이력

① 수입 농산물 및 농산물 가공품에 대한 수입 이후부터 소비자 판매 이전까지의 유통단계별 거래명세를 말하며, 그 구체적인 범위는 농림축산식품부령으로 정한다.

② 유통이력의 범위(시행규칙 제1조의2)

㉠ 양수자의 업체(상호)명·주소·성명(법인인 경우 대표자의 성명) 및 사업자등록번호(법인인 경우 법인등록번호)

㉡ 양도 물품의 명칭, 수량 및 중량

㉢ 양도일

㉣ ㉠부터 ㉢까지 외의 사항으로서 농림축산식품부장관이 유통이력 관리에 필요하다고 인정하여 고시하는 사항

(4) 통신판매

① 전자상거래 등에서의 소비자보호에 관한 법률 제2조 제2호에 따른 통신판매(같은 법 제2조 제1호의 전자상거래로 판매되는 경우를 포함) 중 대통령령으로 정하는 판매를 말한다.

② **통신판매의 범위(시행령 제2조)** : "대통령령으로 정하는 판매"란 전자상거래 등에서의 소비자보호에 관한 법률에 따라 신고한 통신판매업자의 판매(전단지를 이용한 판매는 제외) 또는 통신판매중개업자가 운영하는 사이버몰(컴퓨터 등과 정보통신설비를 이용하여 재화를 거래할 수 있도록 설정된 가상의 영업장)을 이용한 판매를 말한다.

(5) 이 법에서 사용하는 용어의 뜻은 이 법에 특별한 규정이 있는 것을 제외하고는 농수산물 품질관리법, 식품위생법, 대외무역법이나 축산물 위생관리법에서 정하는 바에 따른다.

3. 다른 법률과의 관계(법 제3조)

이 법은 농수산물 또는 그 가공품의 원산지 표시와 수입 농산물 및 농산물 가공품의 유통이력 관리에 대하여 다른 법률에 우선하여 적용한다.

4. 농수산물의 원산지 표시의 심의(법 제4조)

이 법에 따른 농산물·수산물 및 그 가공품 또는 조리하여 판매하는 쌀·김치류, 축산물 및 수산물 등의 원산지 표시 등에 관한 사항은 농수산물 품질관리법 제3조에 따른 농수산물품질관리심의회(이하 '심의회'라 한다)에서 심의한다.

제 2 장 원산지 표시 등

1. 원산지 표시

(1) 원산지 표시(법 제5조)

① 대통령령으로 정하는 농수산물 또는 그 가공품을 수입하는 자, 생산·가공하여 출하하거나 판매(통신판매를 포함)하는 자 또는 판매할 목적으로 보관·진열하는 자는 다음에 대하여 원산지를 표시하여야 한다.

㉠ 농수산물

㉡ 농수산물 가공품(국내에서 가공한 가공품은 제외)

㉢ 농수산물 가공품(국내에서 가공한 가공품에 한정한다)의 원료

② 다음의 어느 하나에 해당하는 때에는 ①에 따라 원산지를 표시한 것으로 본다.

㉠ 농수산물 품질관리법 제5조 또는 소금산업 진흥법 제33조에 따른 표준규격품의 표시를 한 경우

㉡ 농수산물 품질관리법 제6조에 따른 우수관리인증의 표시, 같은 법 제14조에 따른 품질인증품의 표시 또는 소금산업 진흥법 제39조에 따른 우수천일염인증의 표시를 한 경우

㉢ 소금산업 진흥법 제40조에 따른 천일염생산방식인증의 표시를 한 경우

㉣ 소금산업 진흥법 제41조에 따른 친환경천일염인증의 표시를 한 경우

㉤ 농수산물 품질관리법 제24조에 따른 이력추적관리의 표시를 한 경우

㉥ 농수산물 품질관리법 제34조 또는 소금산업 진흥법 제38조에 따른 지리적표시를 한 경우

㉦ 식품산업진흥법 제22조의2에 따른 원산지인증의 표시를 한 경우

㉧ 대외무역법 제33조에 따라 수출입 농수산물이나 수출입 농수산물 가공품의 원산지를 표시한 경우

㉨ 다른 법률에 따라 농수산물의 원산지 또는 농수산물 가공품의 원료의 원산지를 표시한 경우

③ 식품접객업 및 집단급식소 중 대통령령으로 정하는 영업소나 집단급식소를 설치·운영하는 자는 다음의 어느 하나에 해당하는 경우에 그 농수산물이나 그 가공품의 원료에 대하여 원산지(쇠고기는 식육의 종류를 포함)를 표시하여야 한다. 다만, 식품산업진흥법 제22조의2에 따른 원산지인증의 표시를 한 경우에는 원산지를 표시한 것으로 보며, 쇠고기의 경우에는 식육의 종류를 별도로 표시하여야 한다.

㉠ 대통령령으로 정하는 농수산물이나 그 가공품을 조리하여 판매·제공(배달을 통한 판매·제공을 포함)하는 경우

㉡ ㉠에 따른 농수산물이나 그 가공품을 조리하여 판매·제공할 목적으로 보관하거나 진열하는 경우

④ ①이나 ③에 따른 표시대상, 표시를 하여야 할 자, 표시기준은 대통령령으로 정하고, 표시방법과 그 밖에 필요한 사항은 농림축산식품부와 해양수산부의 공동부령으로 정한다.

(2) 원산지의 표시대상(시행령 제3조)

① 법 제5조(원산지 표시) ①에서 "대통령령으로 정하는 농수산물 또는 그 가공품"이란 다음의 농수산물 또는 그 가공품을 말한다.

㉠ 유통질서의 확립과 소비자의 올바른 선택을 위하여 필요하다고 인정하여 농림축산식품부장관과 해양수산부장관이 공동으로 고시한 농수산물 또는 그 가공품

㉡ 대외무역법에 따라 산업통상자원부장관이 공고한 수입 농수산물 또는 그 가공품. 다만, 대외무역법 시행령에 따라 원산지 표시를 생략할 수 있는 수입 농수산물 또는 그 가공품은 제외한다.

② 농수산물 가공품의 원료에 대한 원산지 표시대상은 다음과 같다. 다만, 물, 식품첨가물, 주정(酒精) 및 당류(당류를 주원료로 하여 가공한 당류가공품을 포함)는 배합비율의 순위와 표시대상에서 제외한다.

㉠ 원료 배합비율에 따른 표시대상

가. 사용된 원료의 배합비율에서 한 가지 원료의 배합비율이 98% 이상인 경우에는 그 원료

나. 사용된 원료의 배합비율에서 두 가지 원료의 배합비율의 합이 98% 이상인 원료가 있는 경우에는 배합 비율이 높은 순서의 2순위까지의 원료

다. 가. 및 나. 외의 경우에는 배합비율이 높은 순서의 3순위까지의 원료

라. 가.부터 다.까지의 규정에도 불구하고 김치류 및 절임류(소금으로 절이는 절임류에 한정한다)의 경우에는 다음의 구분에 따른 원료

- 김치류 중 고춧가루(고춧가루가 포함된 가공품을 사용하는 경우에는 그 가공품에 사용된 고춧가루를 포함)를 사용하는 품목은 고춧가루 및 소금을 제외한 원료 중 배합비율이 가장 높은 순서의 2순위까지의 원료와 고춧가루 및 소금
- 김치류 중 고춧가루를 사용하지 아니하는 품목은 소금을 제외한 원료 중 배합비율이 가장 높은 순서의 2순위까지의 원료와 소금
- 절임류는 소금을 제외한 원료 중 배합비율이 가장 높은 순서의 2순위까지의 원료와 소금. 다만, 소금을 제외한 원료 중 한 가지 원료의 배합비율이 98% 이상인 경우에는 그 원료와 소금으로 한다.

㉡ ㉠에 따른 표시대상 원료로서 식품 등의 표시·광고에 관한 법률 제4조에 따른 식품등의 표시기준에서 정한 복합원재료를 사용한 경우에는 농림축산식품부장관과 해양수산부장관이 공동으로 정하여 고시하는 기준에 따른 원료

③ ②를 적용할 때 원료(가공품의 원료를 포함) 농수산물의 명칭을 제품명 또는 제품명의 일부로 사용하는 경우에는 그 원료 농수산물이 같은 항에 따른 원산지 표시대상이 아니더라도 그 원료 농수산물의 원산지를 표시해야 한다. 다만, 원료 농수산물이 다음의 어느 하나에 해당하는 경우에는 해당 원료 농수산물의 원산지 표시를 생략할 수 있다.

㉠ 원산지 표시대상에 해당하지 않는 경우

㉡ 식품첨가물, 주정 및 당류(당류를 주원료로 하여 가공한 당류가공품을 포함)의 원료로 사용된 경우

㉢ 식품 등의 표시·광고에 관한 법률 제4조의 표시기준에 따라 원재료명 표시를 생략할 수 있는 경우

④ 법 제5조(원산지 표시) ③에서 "대통령령으로 정하는 농수산물이나 그 가공품을 조리하여 판매·제공하는 경우"란 다음의 것을 조리하여 판매·제공하는 경우를 말한다. 이 경우 조리에는 날 것의 상태로 조리하는 것을 포함하며, 판매·제공에는 배달을 통한 판매·제공을 포함한다.

㉠ 쇠고기(식육·포장육·식육가공품을 포함)

㉡ 돼지고기(식육·포장육·식육가공품을 포함)

㉢ 닭고기(식육·포장육·식육가공품을 포함)

㉣ 오리고기(식육·포장육·식육가공품을 포함)

㉤ 양고기(식육·포장육·식육가공품을 포함)

㉥ 염소(유산양을 포함)고기(식육·포장육·식육가공품을 포함)

㉦ 밥, 죽, 누룽지에 사용하는 쌀(쌀가공품을 포함하며, 쌀에는 찹쌀, 현미 및 찐쌀을 포함)

㉧ 배추김치(배추김치가공품을 포함)의 원료인 배추(얼갈이배추와 봄동배추를 포함)와 고춧가루

㉨ 두부류(가공두부, 유바는 제외), 콩비지, 콩국수에 사용하는 콩(콩가공품을 포함)

⑤ ④의 원산지 표시대상 중 가공품에 대해서는 주원료를 표시해야 한다. 이 경우 주원료 표시에 관한 세부기준에 대해서는 농림축산식품부장관과 해양수산부장관이 공동으로 정하여 고시한다.

⑥ 농수산물이나 그 가공품의 신뢰도를 높이기 위하여 필요한 경우에는 ①부터 ③까지, ④ 및 ⑤에 따른 표시대상이 아닌 농수산물과 그 가공품의 원료에 대해서도 그 원산지를 표시할 수 있다. 이 경우 법 제5조(원산지 표시) ④에 따른 표시기준과 표시방법을 준수하여야 한다.

2. 원산지의 표시기준(시행령 제5조 제1항 관련 [별표 1])

(1) 농수산물

① 국산 농수산물 : "국산"이나 "국내산" 또는 그 농산물을 생산·채취·사육한 지역의 시·도명이나 시·군·구명을 표시한다.

② 원산지가 다른 동일 품목을 혼합한 농수산물

㉠ 국산 농수산물로서 그 생산 등을 한 지역이 각각 다른 동일 품목의 농수산물을 혼합한 경우에는 혼합 비율이 높은 순서로 3개 지역까지의 시·도명 또는 시·군·구명과 그 혼합 비율을 표시하거나 "국산", "국내산" 또는 "연근해산"으로 표시한다.

㉡ 동일 품목의 국산 농수산물과 국산 외의 농수산물을 혼합한 경우에는 혼합 비율이 높은 순서로 3개 국가(지역, 해역 등)까지의 원산지와 그 혼합 비율을 표시한다.

(2) 수입 농수산물과 그 가공품 및 반입 농수산물과 그 가공품

① 수입 농수산물과 그 가공품(이하 '수입농수산물 등')은 대외무역법에 따른 원산지를 표시한다.

② 남북교류협력에 관한 법률에 따라 반입한 농수산물과 그 가공품(이하 '반입농수산물 등')은 같은 법에 따른 원산지를 표시한다.

(3) 농수산물 가공품(수입농수산물 등 또는 반입농수산물 등을 국내에서 가공한 것을 포함)

① 사용된 원료의 원산지를 (1) 및 (2)의 기준에 따라 표시한다.

② 원산지가 다른 동일 원료를 혼합하여 사용한 경우에는 혼합 비율이 높은 순서로 2개 국가(지역, 해역 등)까지의 원료 원산지와 그 혼합 비율을 각각 표시한다.

③ 원산지가 다른 동일 원료의 원산지별 혼합 비율이 변경된 경우로서 그 어느 하나의 변경의 폭이 최대 15% 이하이면 종전의 원산지별 혼합 비율이 표시된 포장재를 혼합 비율이 변경된 날부터 1년의 범위에서 사용할 수 있다.

④ 사용된 원료(물, 식품첨가물, 주정 및 당류는 제외)의 원산지가 모두 국산일 경우에는 원산지를 일괄하여 "국산"이나 "국내산" 또는 "연근해산"으로 표시할 수 있다.

⑤ 원료의 수급 사정으로 인하여 원료의 원산지 또는 혼합 비율이 자주 변경되는 경우로서 다음의 어느 하나에 해당하는 경우에는 농림축산식품부장관과 해양수산부장관이 공동으로 정하여 고시하는 바에 따라 원료의 원산지와 혼합 비율을 표시할 수 있다.

㉠ 특정 원료의 원산지나 혼합 비율이 최근 3년 이내에 연평균 3개국(회) 이상 변경되거나 최근 1년 동안에 3개국(회) 이상 변경된 경우와 최초 생산일부터 1년 이내에 3개국 이상 원산지 변경이 예상되는 신제품인 경우

㉡ 원산지가 다른 동일 원료를 사용하는 경우

㉢ 정부가 농수산물 가공품의 원료로 공급하는 수입쌀을 사용하는 경우

㉣ 그 밖에 농림축산식품부장관과 해양수산부장관이 공동으로 필요하다고 인정하여 고시하는 경우

3. 농수산물 등의 원산지 표시방법(시행규칙 제3조 제1호 관련 [별표 1])

(1) 적용대상

① 시행령 [별표1]의 (1)에 따른 농수산물

② 시행령 [별표1]의 (2)에 따른 수입 농수산물과 그 가공품 및 반입 농수산물과 그 가공품

(2) 표시방법

① 포장재에 원산지를 표시할 수 있는 경우

㉠ 위치 : 소비자가 쉽게 알아볼 수 있는 곳에 표시한다.

㉡ 문자 : 한글로 하되, 필요한 경우에는 한글 옆에 한문 또는 영문 등으로 추가하여 표시할 수 있다.

㉢ 글자 크기

- 포장 표면적이 3,000cm^2 이상인 경우 : 20포인트 이상
- 포장 표면적이 50cm^2 이상 3,000cm^2 미만인 경우 : 12포인트 이상
- 포장 표면적이 50cm^2 미만인 경우 : 8포인트 이상. 다만, 8포인트 이상의 크기로 표시하기 곤란한 경우에는 다른 표시사항의 글자 크기와 같은 크기로 표시할 수 있다.
- 포장 표면적은 포장재의 외형면적을 말한다. 다만, 식품 등의 표시・광고에 관한 법률 제4조에 따른 식품 등의 표시기준에 따른 통조림・병조림 및 병제품에 라벨이 인쇄된 경우에는 그 라벨의 면적으로 한다.

㉣ 글자색 : 포장재의 바탕색 또는 내용물의 색깔과 다른 색깔로 선명하게 표시한다.

㉤ 그 밖의 사항

- 포장재에 직접 인쇄하는 것을 원칙으로 하되, 지워지지 아니하는 잉크・각인・소인 등을 사용하여 표시하거나 스티커(붙임딱지), 전자저울에 의한 라벨지 등으로도 표시할 수 있다.
- 그물망 포장을 사용하는 경우 또는 포장을 하지 않고 엮거나 묶은 상태인 경우에는 꼬리표, 안쪽 표지 등으로도 표시할 수 있다.

② 포장재에 원산지를 표시하기 어려운 경우

㉠ 푯말, 안내표시판, 일괄 안내표시판, 상품에 붙이는 스티커 등을 이용하여 다음의 기준에 따라 소비자가 쉽게 알아볼 수 있도록 표시한다. 다만, 원산지가 다른 동일 품목이 있는 경우에는 해당 품목의 원산지는 일괄 안내표시판에 표시하는 방법 외의 방법으로 표시하여야 한다.

- 푯말 : 가로 8cm × 세로 5cm × 높이 5cm 이상
- 안내표시판
  - 진열대 : 가로 7cm × 세로 5cm 이상
  - 판매장소 : 가로 14cm × 세로 10cm 이상
  - 축산물 위생관리법 시행령 제21조 제7호 가목에 따른 식육판매업 또는 같은 조 제8호에 따른 식육즉석판매가공업의 영업자가 진열장에 진열하여 판매하는 식육에 대하여 식육판매표지판을 이용하여 원산지를 표시하는 경우의 세부 표시방법은 식품의약품안전처장이 정하여 고시하는 바에 따른다.
- 일괄 안내표시판
  - 위치 : 소비자가 쉽게 알아볼 수 있는 곳에 설치하여야 한다.
  - 크기 : 안내표지판 판매장소(가로 14cm × 세로 10cm)에 따른 기준 이상으로 하되, 글자 크기는 20포인트 이상으로 한다.
- 상품에 붙이는 스티커 : 가로 3cm × 세로 2cm 이상 또는 직경 2.5cm 이상이어야 한다.

㉡ 문자 : 한글로 하되, 필요한 경우에는 한글 옆에 한문 또는 영문 등으로 추가하여 표시할 수 있다.

㉢ 원산지를 표시하는 글자(일괄 안내표시판의 글자는 제외)의 크기는 제품의 명칭 또는 가격을 표시한 글자 크기의 1/2 이상으로 하되, 최소 12포인트 이상으로 한다.

4. 농수산물 가공품의 원산지 표시방법(시행규칙 제3조 제1호 관련 [별표 2])

(1) 적용대상

시행령 [별표 1]의 (3)에 따른 농수산물 가공품

(2) 표시방법

① 포장재에 원산지를 표시할 수 있는 경우

㉠ 위치 : 식품 등의 표시·광고에 관한 법률 제4조의 표시기준에 따른 원재료명 표시란에 추가하여 표시한다. 다만, 원재료명 표시란에 표시하기 어려운 경우에는 소비자가 쉽게 알아볼 수 있는 위치에 표시하되, 구매시점에 소비자가 원산지를 알 수 있도록 표시해야 한다.

㉡ 문자 : 한글로 하되, 필요한 경우에는 한글 옆에 한문 또는 영문 등으로 추가하여 표시할 수 있다.

㉢ 글자 크기

- 10포인트 이상의 활자로 진하게(굵게) 표시해야 한다. 다만, 정보표시면 면적이 부족한 경우에는 10포인트보다 작게 표시할 수 있으나, 식품 등의 표시·광고에 관한 법률 제4조에 따른 원재료명의 표시와 동일한 크기로 진하게(굵게) 표시해야 한다.
- 글씨는 각각 장평 90% 이상, 자간 -5%이상으로 표시해야 한다. 다만, 정보표시면 면적이 $100cm^2$ 미만인 경우에는 각각 장평 50% 이상, 자간 -5% 이상으로 표시할 수 있다.

㉣ 글자색 : 포장재의 바탕색과 다른 단색으로 선명하게 표시한다. 다만, 포장재의 바탕색이 투명한 경우 내용물과 다른 단색으로 선명하게 표시한다.

㉤ 그 밖의 사항

- 포장재에 직접 인쇄하는 것을 원칙으로 하되, 지워지지 아니하는 잉크·각인·소인 등을 사용하여 표시하거나 스티커, 전자저울에 의한 라벨지 등으로도 표시할 수 있다.
- 그물망 포장을 사용하는 경우에는 꼬리표, 안쪽 표지 등으로도 표시할 수 있다.
- 최종소비자에게 판매되지 않는 농수산물 가공품을 가맹사업거래의 공정화에 관한 법률에 따른 가맹사업자의 직영점과 가맹점에 제조·가공·조리를 목적으로 공급하는 경우에 가맹사업자가 원산지 정보를 판매시점 정보관리(POS, Point of Sales) 시스템을 통해 이미 알고 있으면 포장재 표시를 생략할 수 있다.

② 포장재에 원산지를 표시하기 어려운 경우 : 시행규칙 [별표 1] (2)의 ②를 준용하여 표시한다.

5. 통신판매의 경우 원산지 표시방법(시행규칙 제3조 제1호 및 제2호 관련 [별표 3])

(1) 일반적인 표시방법

① 표시는 한글로 하되, 필요한 경우에는 한글 옆에 한문 또는 영문 등으로 추가하여 표시할 수 있다. 다만, 매체 특성상 문자로 표시할 수 없는 경우에는 말로 표시하여야 한다.

② 원산지를 표시할 때에는 소비자가 혼란을 일으키지 않도록 글자로 표시할 경우에는 글자의 위치・크기 및 색깔은 쉽게 알아볼 수 있어야 하고, 말로 표시할 경우에는 말의 속도 및 소리의 크기는 제품을 설명하는 것과 같아야 한다.

③ 원산지가 같은 경우에는 일괄하여 표시할 수 있다. 다만, (3)의 ②의 경우에는 일괄하여 표시할 수 없다.

(2) 판매매체에 대한 표시방법

① 전자매체 이용

㉠ 글자로 표시할 수 있는 경우(인터넷, PC통신, 케이블TV, IPTV, TV 등)

- 표시 위치 : 제품명 또는 가격표시 주위에 원산지를 표시하거나 제품명 또는 가격표시 주위에 원산지를 표시한 위치를 표시하고 매체의 특성에 따라 자막 또는 별도의 창을 이용하여 원산지를 표시할 수 있다.
- 표시 시기 : 원산지를 표시하여야 할 제품이 화면에 표시되는 시점부터 원산지를 알 수 있도록 표시해야 한다.
- 글자 크기 : 제품명 또는 가격표시와 같거나 그보다 커야 한다. 다만, 별도의 창을 이용하여 표시할 경우에는 전자상거래 등에서의 소비자보호에 관한 법률 제13조 제4항에 따른 통신판매업자의 재화 또는 용역정보에 관한 사항과 거래조건에 대한 표시・광고 및 고지의 내용과 방법을 따른다.
- 글자색 : 제품명 또는 가격표시와 같은 색으로 한다.

㉡ 글자로 표시할 수 없는 경우(라디오 등) : 1회당 원산지를 두 번 이상 말로 표시하여야 한다.

② 인쇄매체 이용(신문, 잡지 등)

㉠ 표시 위치 : 제품명 또는 가격표시 주위에 표시하거나, 제품명 또는 가격표시 주위에 원산지 표시 위치를 명시하고 그 장소에 표시할 수 있다.

㉡ 글자 크기 : 제품명 또는 가격표시 글자 크기의 1/2 이상으로 표시하거나, 광고 면적을 기준으로 [별표 1] (2) ①의 ㉢을 준용하여 표시할 수 있다.

㉢ 글자색 : 제품명 또는 가격표시와 같은 색으로 한다.

(3) 판매 제공 시의 표시방법

① [별표 1]의 (1)에 따른 농수산물 등의 원산지 표시방법 : [별표 1] (2)의 ①에 따라 원산지를 표시해야 한다. 다만, 포장재에 표시하기 어려운 경우에는 전단지, 스티커 또는 영수증 등에 표시할 수 있다.

② [별표 2]의 (1)에 따른 농수산물 가공품의 원산지 표시방법 : [별표 2] (2)의 ①에 따라 원산지를 표시해야 한다. 다만, 포장재에 표시하기 어려운 경우에는 전단지, 스티커 또는 영수증 등에 표시할 수 있다.

③ [별표 4]에 따른 영업소 및 집단급식소의 원산지 표시방법 : [별표 4]의 (1) 및 (3)에 따라 표시대상 농수산물 또는 그 가공품의 원료의 원산지를 포장재에 표시한다. 다만, 포장재에 표시하기 어려운 경우에는 전단지, 스티커 또는 영수증 등에 표시할 수 있다.

6. 영업소 및 집단급식소의 원산지 표시방법(시행규칙 제3조 제2호 관련 [별표 4])

(1) 공통적 표시방법

① 음식명 바로 옆이나 밑에 표시대상 원료인 농수산물명과 그 원산지를 표시한다. 다만, 모든 음식에 사용된 특정 원료의 원산지가 같은 경우 그 원료에 대해서는 다음 예시와 같이 일괄하여 표시할 수 있다.

예 우리 업소에서는 "국내산 쌀"만 사용합니다.
우리 업소에서는 "국내산 배추와 고춧가루로 만든 배추김치"만 사용합니다.
우리 업소에서는 "국내산 한우 쇠고기"만 사용합니다.

② 원산지의 글자 크기는 메뉴판이나 게시판 등에 적힌 음식명 글자 크기와 같거나 그보다 커야 한다.

③ 원산지가 다른 2개 이상의 동일 품목을 섞은 경우에는 섞음 비율이 높은 순서대로 표시한다.

예 국내산(국산)의 섞음 비율이 외국산보다 높은 경우

- 쇠고기 – 불고기(쇠고기 : 국내산 한우와 호주산을 섞음), 설렁탕(육수 : 국내산 한우, 쇠고기 : 호주산), 국내산 한우 갈비뼈에 호주산 쇠고기를 접착(接着)한 경우 : 소갈비(갈비뼈 : 국내산 한우, 쇠고기 : 호주산) 또는 소갈비(쇠고기 : 호주산)
- 돼지고기, 닭고기 등 – 고추장불고기(돼지고기 : 국내산과 미국산을 섞음), 닭갈비(닭고기 : 국내산과 중국산을 섞음)
- 쌀, 배추김치 – 쌀(국내산과 미국산을 섞음), 배추김치(배추 : 국내산과 중국산을 섞음, 고춧가루 : 국내산과 중국산을 섞음)

예 국내산(국산)의 섞음 비율이 외국산보다 낮은 경우

- 불고기(쇠고기 : 호주산과 국내산 한우를 섞음), 죽(쌀 : 미국산과 국내산을 섞음)

④ 쇠고기, 돼지고기, 닭고기, 오리고기, 넙치, 조피볼락 및 참돔 등을 섞은 경우 각각의 원산지를 표시한다.

예 햄버그스테이크(쇠고기 : 국내산 한우, 돼지고기 : 덴마크산), 모둠회(넙치 : 국내산, 조피볼락 : 중국산, 참돔 : 일본산), 갈낙탕(쇠고기 : 미국산, 낙지 : 중국산)

⑤ 원산지가 국내산(국산)인 경우에는 "국산"이나 "국내산"으로 표시하거나 해당 농수산물이 생산된 특별시·광역시·특별자치시·도·특별자치도명이나 시·군·자치구명으로 표시할 수 있다.

⑥ 농수산물 가공품을 사용한 경우에는 그 가공품에 사용된 원료의 원산지를 표시하되, 다음 ㉠ 및 ㉡에 따라 표시할 수 있다.

예 부대찌개[햄(돼지고기 : 국내산)], 샌드위치[햄(돼지고기 : 독일산)]

㉠ 외국에서 가공한 농수산물 가공품 완제품을 구입하여 사용한 경우에는 그 포장재에 적힌 원산지를 표시할 수 있다.

예 소시지야채볶음(소시지 : 미국산), 김치찌개(배추김치 : 중국산)

㉡ 국내에서 가공한 농수산물 가공품의 원료의 원산지가 자주 변경되어 "외국산"으로 표시된 경우에는 원료의 원산지를 "외국산"으로 표시할 수 있다.

예 피자[햄(돼지고기 : 외국산)], 두부(콩 : 외국산)

㉢ 국내산 쇠고기의 식육가공품을 사용하는 경우에는 식육의 종류 표시를 생략할 수 있다.

⑦ 농수산물과 그 가공품을 조리하여 판매 또는 제공할 목적으로 냉장고 등에 보관·진열하는 경우에는 제품 포장재에 표시하거나 냉장고 등 보관장소 또는 보관용기별 앞면에 일괄하여 표시한다. 다만, 거래명세서 등을 통해 원산지를 확인할 수 있는 경우에는 원산지표시를 생략할 수 있다.

⑧ 표시대상 농수산물이나 그 가공품을 조리하여 배달을 통하여 판매·제공하는 경우에는 해당 농수산물이나 그 가공품 원료의 원산지를 포장재에 표시한다. 다만, 포장재에 표시하기 어려운 경우에는 전단지, 스티커 또는 영수증 등에 표시할 수 있다.

(2) 영업형태별 표시방법

① 휴게음식점영업 및 일반음식점영업을 하는 영업소

㉠ 원산지는 소비자가 쉽게 알아볼 수 있도록 업소 내의 모든 메뉴판 및 게시판(메뉴판과 게시판 중 어느 한 종류만 사용하는 경우에는 그 메뉴판 또는 게시판을 말한다)에 표시하여야 한다. 다만, 아래의 기준에 따라 제작한 원산지 표시판을 아래 ㉡에 따라 부착하는 경우에는 메뉴판 및 게시판에는 원산지 표시를 생략할 수 있다.

- 표제로 "원산지 표시판"을 사용할 것
- 표시판 크기는 가로×세로(또는 세로×가로) 29cm×42cm 이상일 것
- 글자 크기는 60포인트 이상(음식명은 30포인트 이상)일 것
- (3)의 원산지 표시대상별 표시방법에 따라 원산지를 표시할 것
- 글자색은 바탕색과 다른 색으로 선명하게 표시

㉡ 원산지를 원산지 표시판에 표시할 때에는 업소 내에 부착되어 있는 가장 큰 게시판(크기가 모두 같은 경우 소비자가 가장 잘 볼 수 있는 게시판 1곳)의 옆 또는 아래에 소비자가 잘 볼 수 있도록 원산지 표시판을 부착하여야 한다. 게시판을 사용하지 않는 업소의 경우에는 업소의 주 출입구 입장 후 정면에서 소비자가 잘 볼 수 있는 곳에 원산지 표시판을 부착 또는 게시하여야 한다.

㉢ ㉠ 및 ㉡에도 불구하고 취식(取食)장소가 벽(공간을 분리할 수 있는 칸막이 등을 포함)으로 구분된 경우 취식장소별로 원산지가 표시된 게시판 또는 원산지 표시판을 부착해야 한다. 다만, 부착이 어려울 경우 타 위치의 원산지 표시판 부착 여부에 상관없이 원산지 표시가 된 메뉴판을 반드시 제공하여야 한다.

② 위탁급식영업을 하는 영업소 및 집단급식소

㉠ 식당이나 취식장소에 월간 메뉴표, 메뉴판, 게시판 또는 푯말 등을 사용하여 소비자(이용자를 포함)가 원산지를 쉽게 확인할 수 있도록 표시하여야 한다.

㉡ 교육・보육시설 등 미성년자를 대상으로 하는 영업소 및 집단급식소의 경우에는 ㉠에 따른 표시 외에 원산지가 적힌 주간 또는 월간 메뉴표를 작성하여 가정통신문(전자적 형태의 가정통신문을 포함)으로 알려주거나 교육・보육시설 등의 인터넷 홈페이지에 추가로 공개하여야 한다.

③ 장례식장, 예식장 또는 병원 등에 설치・운영되는 영업소나 집단급식소의 경우에는 ① 및 ②에도 불구하고 소비자(취식자를 포함)가 쉽게 볼 수 있는 장소에 푯말 또는 게시판 등을 사용하여 표시할 수 있다.

(3) 원산지 표시대상별 표시방법

① **축산물의 원산지 표시방법** : 축산물의 원산지는 국내산(국산)과 외국산으로 구분하고, 다음의 구분에 따라 표시한다.

㉠ 쇠고기

- 국내산(국산)의 경우 "국산"이나 "국내산"으로 표시하고, 식육의 종류를 한우, 젖소, 육우로 구분하여 표시한다. 다만, 수입한 소를 국내에서 6개월 이상 사육한 후 국내산(국산)으로 유통하는 경우에는 "국산"이나 "국내산"으로 표시하되, 괄호 안에 식육의 종류 및 출생국가명을 함께 표시한다.

  예 소갈비(쇠고기 : 국내산 한우), 등심(쇠고기 : 국내산 육우), 소갈비[쇠고기 : 국내산 육우(출생국 : 호주)]

- 외국산의 경우에는 해당 국가명을 표시한다.

  예 소갈비(쇠고기 : 미국산)

㉡ 돼지고기, 닭고기, 오리고기 및 양고기(염소 등 산양 포함)

- 국내산(국산)의 경우 "국산"이나 "국내산"으로 표시한다. 다만, 수입한 돼지 또는 양을 국내에서 2개월 이상 사육한 후 국내산(국산)으로 유통하거나, 수입한 닭 또는 오리를 국내에서 1개월 이상 사육한 후 국내산(국산)으로 유통하는 경우에는 "국산"이나 "국내산(국산)"으로 표시하되, 괄호 안에 출생국가명을 함께 표시한다.

예 삼겹살(돼지고기 : 국내산), 삼계탕(닭고기 : 국내산), 훈제오리(오리고기 : 국내산), 삼겹살[돼지고기 : 국내산(출생국 : 덴마크)], 삼계탕[닭고기 : 국내산(출생국 : 프랑스)], 훈제오리[오리고기 : 국내산(출생국 : 중국)]

• 외국산의 경우 해당 국가명을 표시한다.

예 삼겹살(돼지고기 : 덴마크산), 염소탕(염소고기 : 호주산), 삼계탕(닭고기 : 중국산), 훈제오리(오리고기 : 중국산)

② 쌀(찹쌀, 현미, 찐쌀을 포함) 또는 그 가공품의 원산지 표시방법

쌀 또는 그 가공품의 원산지는 국내산(국산)과 외국산으로 구분하고, 다음의 구분에 따라 표시한다.

㉠ 국내산(국산)의 경우 "밥(쌀 : 국내산)", "누룽지(쌀 : 국내산)"로 표시한다.

㉡ 외국산의 경우 쌀을 생산한 해당 국가명을 표시한다.

예 밥(쌀 : 미국산), 죽(쌀 : 중국산)

③ 배추김치의 원산지 표시방법

㉠ 국내에서 배추김치를 조리하여 판매·제공하는 경우에는 "배추김치"로 표시하고, 그 옆에 괄호로 배추김치의 원료인 배추(절인 배추를 포함)의 원산지를 표시한다. 이 경우 고춧가루를 사용한 배추김치의 경우에는 고춧가루의 원산지를 함께 표시한다.

예 배추김치(배추 : 국내산, 고춧가루 : 중국산), 배추김치(배추 : 중국산, 고춧가루 : 국내산)

※ 고춧가루를 사용하지 않은 배추김치 : 배추김치(배추 : 국내산)

㉡ 외국에서 제조·가공한 배추김치를 수입하여 조리하여 판매·제공하는 경우에는 배추김치를 제조·가공한 해당 국가명을 표시한다.

예 배추김치(중국산)

④ 콩(콩 또는 그 가공품을 원료로 사용한 두부류·콩비지·콩국수)의 원산지 표시방법

두부류, 콩비지, 콩국수의 원료로 사용한 콩에 대하여 국내산(국산)과 외국산으로 구분하여 다음의 구분에 따라 표시한다.

㉠ 국내산(국산) 콩 또는 그 가공품을 원료로 사용한 경우 "국산"이나 "국내산"으로 표시한다.

예 두부(콩 : 국내산), 콩국수(콩 : 국내산)

㉡ 외국산 콩 또는 그 가공품을 원료로 사용한 경우 해당 국가명을 표시한다.

예 두부(콩 : 중국산), 콩국수(콩 : 미국산)

7. 거짓 표시 등의 금지

(1) 거짓 표시 등의 금지(법 제6조)

① 누구든지 다음의 행위를 하여서는 아니 된다.

㉠ 원산지 표시를 거짓으로 하거나 이를 혼동하게 할 우려가 있는 표시를 하는 행위

㉡ 원산지 표시를 혼동하게 할 목적으로 그 표시를 손상·변경하는 행위

㉢ 원산지를 위장하여 판매하거나, 원산지 표시를 한 농수산물이나 그 가공품에 다른 농수산물이나 가공품을 혼합하여 판매하거나 판매할 목적으로 보관이나 진열하는 행위

② 농수산물이나 그 가공품을 조리하여 판매·제공하는 자는 다음의 행위를 하여서는 아니 된다.

㉠ 원산지 표시를 거짓으로 하거나 이를 혼동하게 할 우려가 있는 표시를 하는 행위

㉡ 원산지를 위장하여 조리·판매·제공하거나, 조리하여 판매·제공할 목적으로 농수산물이나 그 가공품의 원산지 표시를 손상·변경하여 보관·진열하는 행위

㉢ 원산지 표시를 한 농수산물이나 그 가공품에 원산지가 다른 동일 농수산물이나 그 가공품을 혼합하여 조리·판매·제공하는 행위

③ ①이나 ②를 위반하여 원산지를 혼동하게 할 우려가 있는 표시 및 위장판매의 범위 등 필요한 사항은 농림축산식품부와 해양수산부의 공동부령으로 정한다.

④ 유통산업발전법 제2조 제3호에 따른 대규모점포를 개설한 자는 임대의 형태로 운영되는 점포(이하 '임대점포')의 임차인 등 운영자가 ① 또는 ②의 어느 하나에 해당하는 행위를 하도록 방치하여서는 아니 된다.

⑤ 방송법 제9조 제5항에 따른 승인을 받고 상품소개와 판매에 관한 전문편성을 행하는 방송채널사용사업자는 해당 방송채널 등에 물건 판매중개를 의뢰하는 자가 ① 또는 ②의 어느 하나에 해당하는 행위를 하도록 방치하여서는 아니 된다.

(2) 원산지를 혼동하게 할 우려가 있는 표시 및 위장판매의 범위(시행규칙 제4조 관련 [별표 5])

① 원산지를 혼동하게 할 우려가 있는 표시

㉠ 원산지 표시란에는 원산지를 바르게 표시하였으나 포장재·푯말·홍보물 등 다른 곳에 이와 유사한 표시를 하여 원산지를 오인하게 하는 표시 등을 말한다.

㉡ ㉠에 따른 일반적인 예는 다음과 같으며 이와 유사한 사례 또는 그 밖의 방법으로 기망(欺罔)하여 판매하는 행위를 포함한다.

- 원산지 표시란에는 외국 국가명을 표시하고 인근에 설치된 현수막 등에는 "우리 농산물만 취급", "국산만 취급", "국내산 한우만 취급" 등의 표시·광고를 한 경우
- 원산지 표시란에는 외국 국가명 또는 "국내산"으로 표시하고 포장재 앞면 등 소비자가 잘 보이는 위치에는 큰 글씨로 "국내생산", "경기특미" 등과 같이 국내 유명 특산물 생산지역명을 표시한 경우
- 게시판 등에는 "국산 김치만 사용합니다"로 일괄 표시하고 원산지 표시란에는 외국 국가명을 표시하는 경우
- 원산지 표시란에는 여러 국가명을 표시하고 실제로는 그 중 원료의 가격이 낮거나 소비자가 기피하는 국가산만을 판매하는 경우

② 원산지 위장판매의 범위

㉠ 원산지 표시를 잘 보이지 않도록 하거나, 표시를 하지 않고 판매하면서 사실과 다르게 원산지를 알리는 행위 등을 말한다.

㉡ ㉠에 따른 일반적인 예는 다음과 같으며 이와 유사한 사례 또는 그 밖의 방법으로 기망하여 판매하는 행위를 포함한다.

- 외국산과 국내산을 진열·판매하면서 외국 국가명 표시를 잘 보이지 않게 가리거나 대상 농수산물과 떨어진 위치에 표시하는 경우
- 외국산의 원산지를 표시하지 않고 판매하면서 원산지가 어디냐고 물을 때 국내산 또는 원양산이라고 대답하는 경우
- 진열장에는 국내산만 원산지를 표시하여 진열하고, 판매 시에는 냉장고에서 원산지 표시가 안 된 외국산을 꺼내 주는 경우

8. 원산지 표시의 조사 등

(1) 원산지 표시 등의 조사(법 제7조)

① 농림축산식품부장관, 해양수산부장관, 관세청장이나 시·도지사는 원산지의 표시 여부·표시사항과 표시방법 등의 적정성을 확인하기 위하여 대통령령으로 정하는 바에 따라 관계 공무원으로 하여금 원산지 표시대상 농수산물이나 그 가공품을 수거하거나 조사하게 하여야 한다. 이 경우 관세청장의 수거 또는 조사 업무는 원산지 표시대상 중 수입하는 농수산물이나 농수산물 가공품(국내에서 가공한 가공품은 제외)에 한정한다.

② ①에 따른 조사 시 필요한 경우 해당 영업장, 보관창고, 사무실 등에 출입하여 농수산물이나 그 가공품 등에 대하여 확인·조사 등을 할 수 있으며 영업과 관련된 장부나 서류의 열람을 할 수 있다.

③ ①이나 ②에 따른 수거·조사·열람을 하는 때에는 원산지의 표시대상 농수산물이나 그 가공품을 판매하거나 가공하는 자 또는 조리하여 판매·제공하는 자는 정당한 사유 없이 이를 거부·방해하거나 기피하여서는 아니 된다.

④ ①이나 ②에 따른 수거 또는 조사를 하는 관계 공무원은 그 권한을 표시하는 증표를 지니고 이를 관계인에게 내보여야 하며, 출입 시 성명·출입시간·출입목적 등이 표시된 문서를 관계인에게 교부하여야 한다.

⑤ 농림축산식품부장관, 해양수산부장관, 관세청장이나 시·도지사는 ①에 따른 수거·조사를 하는 경우 업종, 규모, 거래 품목 및 거래 형태 등을 고려하여 매년 인력·재원 운영계획을 포함한 자체 계획을 수립한 후 그에 따라 실시하여야 한다.

⑥ 농림축산식품부장관, 해양수산부장관, 관세청장이나 시·도지사는 ①에 따른 수거·조사를 실시한 경우 다음의 사항에 대하여 평가를 실시하여야 하며 그 결과를 자체 계획에 반영하여야 한다.
㉠ 자체 계획에 따른 추진 실적
㉡ 그 밖에 원산지 표시 등의 조사와 관련하여 평가가 필요한 사항

⑦ ⑥에 따른 평가와 관련된 기준 및 절차에 관한 사항은 대통령령으로 정한다.

(2) 원산지 표시 등의 조사(시행령 제6조)

① 농림축산식품부장관과 해양수산부장관은 수거한 시료의 원산지를 판정하기 위하여 필요한 경우에는 검정기관을 지정·고시할 수 있다.

② 농림축산식품부장관 및 해양수산부장관은 원산지 검정방법 및 세부기준을 정하여 고시할 수 있다.

③ 농림축산식품부장관, 해양수산부장관, 관세청장이나 시·도지사는 원산지 표시대상 농수산물이나 그 가공품에 대한 수거·조사를 위한 자체 계획(이하 '자체계획')에 따른 추진 실적 등을 평가할 때에는 다음의 사항을 중심으로 평가해야 한다.

㉠ 자체계획 목표의 달성도

㉡ 추진 과정의 효율성

㉢ 인력 및 재원 활용의 적정성

(3) 영수증 등의 비치(법 제8조)

원산지를 표시하여야 하는 자는 축산물 위생관리법 제31조나 가축 및 축산물 이력관리에 관한 법률 제18조 등 다른 법률에 따라 발급받은 원산지 등이 기재된 영수증이나 거래명세서 등을 매입일부터 6개월간 비치·보관하여야 한다.

9. 원산지 표시 등의 위반에 대한 처분과 교육

(1) 원산지 표시 등의 위반에 대한 처분 등(법 제9조)

① 농림축산식품부장관, 해양수산부장관, 관세청장, 시·도지사 또는 시장·군수·구청장은 법 제5조(원산지 표시)나 법 제6조(거짓 표시 등의 금지)를 위반한 자에 대하여 다음의 처분을 할 수 있다. 다만, 법 제5조(원산지 표시)의 ③을 위반한 자에 대한 처분은 ㉠에 한정한다.

㉠ 표시의 이행·변경·삭제 등 시정명령

㉡ 위반 농수산물이나 그 가공품의 판매 등 거래행위 금지

② 농림축산식품부장관, 해양수산부장관, 관세청장, 시·도지사 또는 시장·군수·구청장은 다음의 자가 법 제5조(원산지 표시)를 위반하여 2년 이내에 2회 이상 원산지를 표시하지 아니하거나, 법 제6조(거짓 표시 등의 금지)를 위반함에 따라 ①에 따른 처분이 확정된 경우 처분과 관련된 사항을 공표하여야 한다. 다만, 농림축산식품부장관이나 해양수산부장관이 심의회의 심의를 거쳐 공표의 실효성이 없다고 인정하는 경우에는 처분과 관련된 사항을 공표하지 아니할 수 있다.

㉠ 법 제5조(원산지 표시)의 ①에 따라 원산지의 표시를 하도록 한 농수산물이나 그 가공품을 생산·가공하여 출하하거나 판매 또는 판매할 목적으로 가공하는 자

㉡ 법 제5조(원산지 표시)의 ③에 따라 음식물을 조리하여 판매·제공하는 자

③ ②에 따라 공표를 하여야 하는 사항은 다음과 같다.

㉠ ①에 따른 처분 내용

㉡ 해당 영업소의 명칭

㉢ 농수산물의 명칭

㉣ ①에 따른 처분을 받은 자가 입점하여 판매한 방송법 제9조 제5항에 따른 방송채널사용사업자 또는 전자상거래 등에서의 소비자보호에 관한 법률 제20조에 따른 통신판매중개업자의 명칭

㉤ 그 밖에 처분과 관련된 사항으로서 대통령령으로 정하는 사항

④ ②의 공표는 다음의 자의 홈페이지에 공표한다.

㉠ 농림축산식품부

㉡ 해양수산부

㉢ 관세청

㉣ 국립농산물품질관리원

㉤ 대통령령으로 정하는 국가검역・검사기관

㉥ 특별시・광역시・특별자치시・도・특별자치도, 시・군・구(자치구를 말한다)

㉦ 한국소비자원

㉧ 그 밖에 대통령령으로 정하는 주요 인터넷 정보제공 사업자

⑤ ①에 따른 처분과 ②에 따른 공표의 기준・방법 등에 관하여 필요한 사항은 대통령령으로 정한다.

(2) 원산지 표시 등의 위반에 대한 처분 및 공표(시행령 제7조)

① 법 제9조(원산지 표시 등의 위반에 대한 처분 등) ①에 따른 처분은 다음의 구분에 따라 한다.

㉠ 법 제5조(원산지 표시) ①을 위반한 경우 : 표시의 이행명령 또는 거래행위 금지

㉡ 법 제5조(원산지 표시) ③을 위반한 경우 : 표시의 이행명령

㉢ 법 제6조(거짓 표시 등의 금지)를 위반한 경우 : 표시의 이행・변경・삭제 등 시정명령 또는 거래행위 금지

② 법 제9조(원산지 표시 등의 위반에 대한 처분 등) ②에 따른 홈페이지 공표의 기준・방법은 다음과 같다.

㉠ 공표기간 : 처분이 확정된 날부터 12개월

㉡ 공표방법

- 농림축산식품부, 해양수산부, 관세청, 국립농산물품질관리원, 국립수산물품질관리원, 특별시・광역시・특별자치시・도・특별자치도(이하 '시・도'), 시・군・구(자치구를 말한다) 및 한국소비자원의 홈페이지에 공표하는 경우 : 이용자가 해당 기관의 인터넷 홈페이지 첫 화면에서 볼 수 있도록 공표
- 주요 인터넷 정보제공 사업자의 홈페이지에 공표하는 경우 : 이용자가 해당 사업자의 인터넷 홈페이지 화면 검색창에 "원산지"가 포함된 검색어를 입력하면 볼 수 있도록 공표

③ 법 제9조(원산지 표시 등의 위반에 대한 처분 등) ③의 ㉤에서 "대통령령으로 정하는 사항"이란 다음의 사항을 말한다.

㉠ "농수산물의 원산지 표시 등에 관한 법률 위반 사실의 공표"라는 내용의 표제

㉡ 영업의 종류

㉢ 영업소의 주소(유통산업발전법 제2조 제3호에 따른 대규모점포에 입점·판매한 경우 그 대규모점포의 명칭 및 주소를 포함)

㉣ 농수산물 가공품의 명칭

㉤ 위반 내용

㉥ 처분권자 및 처분일

㉦ 법 제9조(원산지 표시 등의 위반에 대한 처분 등) ①에 따른 처분을 받은 자가 입점하여 판매한 방송법 제9조 제5항에 따른 방송채널사용사업자의 채널명 또는 전자상거래 등에서의 소비자보호에 관한 법률 제20조에 따른 통신판매중개업자의 홈페이지 주소

④ 법 제9조(원산지 표시 등의 위반에 대한 처분 등) ④의 ㉤에서 "대통령령으로 정하는 국가검역·검사기관"이란 국립수산물품질관리원을 말한다.

⑤ 법 제9조(원산지 표시 등의 위반에 대한 처분 등) ④의 ㉧에서 "대통령령으로 정하는 주요 인터넷 정보제공 사업자"란 포털서비스(다른 인터넷주소·정보 등의 검색과 전자우편·커뮤니티 등을 제공하는 서비스를 말한다)를 제공하는 자로서 공표일이 속하는 연도의 전년도 말 기준 직전 3개월간의 일일평균 이용자수가 1천만명 이상인 정보통신서비스 제공자를 말한다.

(3) 원산지 표시 위반에 대한 교육(법 제9조의2)

① 농림축산식품부장관, 해양수산부장관, 관세청장, 시·도지사 또는 시장·군수·구청장은 법 제9조(원산지 표시 등의 위반에 대한 처분 등) ②에 해당하는 자가 법 제5조(원산지 표시) 또는 법 제6조(거짓 표시 등의 금지)를 위반하여 법 제9조(원산지 표시 등의 위반에 대한 처분 등) ①에 따른 처분이 확정된 경우에는 농수산물 원산지 표시제도 교육을 이수하도록 명하여야 한다.

② ①에 따른 이수명령의 이행기간은 교육 이수명령을 통지받은 날부터 최대 4개월 이내로 정한다.

③ 농림축산식품부장관과 해양수산부장관은 ① 및 ②에 따른 농수산물 원산지 표시제도 교육을 위하여 교육시행지침을 마련하여 시행하여야 한다.

④ ①부터 ③까지의 규정에 따른 교육내용, 교육대상, 교육기관, 교육기간 및 교육시행지침 등 필요한 사항은 대통령령으로 정한다.

제3장 보 칙

1. 명예감시원, 포상금

(1) 명예감시원(법 제11조)

① 농림축산식품부장관, 해양수산부장관, 시・도지사 또는 시장・군수・구청장은 농수산물 품질관리법의 농수산물 명예감시원에게 농수산물이나 그 가공품의 원산지 표시를 지도・홍보・계몽하거나 위반사항을 신고하게 할 수 있다.

② 농림축산식품부장관, 해양수산부장관, 시・도지사 또는 시장・군수・구청장은 ①에 따른 활동에 필요한 경비를 지급할 수 있다.

(2) 포상금 지급 등(법 제12조)

① 농림축산식품부장관, 해양수산부장관, 관세청장, 시・도지사 또는 시장・군수・구청장은 법 제5조(원산지 표시) 및 법 제6조(거짓 표시 등의 금지)를 위반한 자를 주무관청이나 수사기관에 신고하거나 고발한 자에 대하여 대통령령으로 정하는 바에 따라 예산의 범위에서 포상금을 지급할 수 있다.

② 농림축산식품부장관 또는 해양수산부장관은 농수산물 원산지 표시의 활성화를 모범적으로 시행하고 있는 지방자치단체, 개인, 기업 또는 단체에 대하여 우수사례로 발굴하거나 시상할 수 있다.

③ ②에 따른 시상의 내용 및 방법 등에 필요한 사항은 농림축산식품부와 해양수산부의 공동 부령으로 정한다.

(3) 포상금(시행령 제8조)

① 법 제12조(포상금 지급 등) ①에 따른 포상금은 1천만원의 범위에서 지급할 수 있다.

② 법 제12조(포상금 지급 등) ①에 따른 신고 또는 고발이 있은 후에 같은 위반행위에 대하여 같은 내용의 신고 또는 고발을 한 사람에게는 포상금을 지급하지 아니한다.

③ ① 및 ②에서 규정한 사항 외에 포상금의 지급 대상자, 기준, 방법 및 절차 등에 관하여 필요한 사항은 농림축산식품부장관과 해양수산부장관이 공동으로 정하여 고시한다.

2. 권한의 위임

(1) 권한의 위임 및 위탁(법 제13조)

이 법에 따른 농림축산식품부장관, 해양수산부장관 또는 관세청장의 권한은 그 일부를 대통령령으로 정하는 바에 따라 소속 기관의 장, 관계 행정기관의 장에게 위임 또는 위탁할 수 있다.

(2) 권한의 위임(시행령 제9조)

① 농림축산식품부장관은 농산물 및 그 가공품에 관한 다음의 권한을 국립농산물품질관리원장에게 위임한다.

㉠ 과징금의 부과 · 징수

㉡ 원산지 표시대상 농수산물이나 그 가공품의 수거 · 조사, 자체 계획의 수립 · 시행, 자체 계획에 따른 추진 실적 등의 평가 및 원산지통합관리시스템의 구축 · 운영

㉢ 처분 및 공표

㉣ 원산지 표시 위반에 대한 교육

㉤ 유통이력관리수입농산물 등에 대한 사후관리

㉥ 명예감시원의 감독 · 운영 및 경비의 지급

㉦ 포상금의 지급

㉧ 과태료의 부과 · 징수

㉨ 원산지 검정방법 · 세부기준 마련 및 그에 관한 고시

㉩ 수입농산물등유통이력관리시스템의 구축 · 운영

② 국립농산물품질관리원장은 농림축산식품부장관의 승인을 받아 ①에 따라 위임받은 권한의 일부를 소속기관의 장에게 재위임할 수 있다.

제4장 벌 칙

1. 벌칙, 양벌규정

(1) 벌 칙

① 법 제6조(거짓 표시 등의 금지)의 ① 또는 ②를 위반한 자는 7년 이하의 징역이나 1억원 이하의 벌금에 처하거나 이를 병과(倂科)할 수 있다(법 제14조 제1항).

② ①의 죄로 형을 선고받고 그 형이 확정된 후 5년 이내에 다시 법 제6조(거짓 표시 등의 금지)의 ① 또는 ②를 위반한 자는 1년 이상 10년 이하의 징역 또는 500만원 이상 1억5천만원 이하의 벌금에 처하거나 이를 병과할 수 있다(법 제14조 제2항).

③ 법 제9조(원산지 표시 등의 위반에 대한 처분 등)의 ①에 따른 처분을 이행하지 아니한 자는 1년 이하의 징역이나 1천만원 이하의 벌금에 처한다(법 제16조).

(2) 양벌규정(법 제17조)

법인의 대표자나 법인 또는 개인의 대리인, 사용인, 그 밖의 종업원이 그 법인 또는 개인의 업무에 관하여 법 제14조(벌칙) 또는 법 제16조(벌칙)에 해당하는 위반행위를 하면 그 행위자를 벌하는 외에 그 법인이나 개인에게도 해당 조문의 벌금형을 과(科)한다. 다만, 법인 또는 개인이 그 위반행위를 방지하기 위하여 해당 업무에 관하여 상당한 주의와 감독을 게을리하지 아니한 경우에는 그러하지 아니하다.

2. 과태료

(1) 과태료(법 제18조)

① 다음의 어느 하나에 해당하는 자에게는 1천만원 이하의 과태료를 부과한다.

㉠ 법 제5조(원산지 표시)의 ①·③을 위반하여 원산지 표시를 하지 아니한 자

㉡ 법 제5조(원산지 표시)의 ④에 따른 원산지의 표시방법을 위반한 자

㉢ 법 제6조(거짓 표시 등의 금지)의 ④를 위반하여 임대점포의 임차인 등 운영자가 같은 조 ① 또는 ②의 어느 하나에 해당하는 행위를 하는 것을 알았거나 알 수 있었음에도 방치한 자

㉣ 법 제6조(거짓 표시 등의 금지)의 ⑤를 위반하여 해당 방송채널 등에 물건 판매중개를 의뢰한 자가 같은 조 ① 또는 ②의 어느 하나에 해당하는 행위를 하는 것을 알았거나 알 수 있었음에도 방치한 자

㉤ 법 제7조(원산지 표시 등의 조사)의 ③을 위반하여 수거·조사·열람을 거부·방해하거나 기피한 자

㉥ 법 제8조(영수증 등의 비치)를 위반하여 영수증이나 거래명세서 등을 비치·보관하지 아니한 자

② 다음의 어느 하나에 해당하는 자에게는 500만원 이하의 과태료를 부과한다.

㉠ 제9조의2(원산지 표시 위반에 대한 교육) 제1항에 따른 교육 이수명령을 이행하지 아니한 자

㉡ 제10조의2(수입 농산물 등의 유통이력 관리) 제1항을 위반하여 유통이력을 신고하지 아니하거나 거짓으로 신고한 자

㉢ 제10조의2(수입 농산물 등의 유통이력 관리) 제2항을 위반하여 유통이력을 장부에 기록하지 아니하거나 보관하지 아니한 자

㉣ 제10조의2(수입 농산물 등의 유통이력 관리) 제3항을 위반하여 같은 조 제1항에 따른 유통이력 신고의무가 있음을 알리지 아니한 자

㉤ 제10조의3(유통이력관리수입농산물 등의 사후관리) 제2항을 위반하여 수거·조사 또는 열람을 거부·방해 또는 기피한 자

③ ① 및 ②에 따른 과태료는 대통령령으로 정하는 바에 따라 다음의 자가 각각 부과·징수한다.

㉠ ① 및 ②의 ㉠ 과태료 : 농림축산식품부장관, 해양수산부장관, 관세청장, 시·도지사 또는 시장·군수·구청장

㉡ ②의 ㉡부터 ㉤까지의 과태료 : 농림축산식품부장관

(2) 과태료의 부과기준(시행령 제10조 관련 [별표 2])

① 일반기준

㉠ 위반행위의 횟수에 따른 과태료의 가중된 부과기준은 최근 2년간 같은 유형(②의 기준으로 구분한다)의 위반행위로 과태료 부과처분을 받은 경우에 적용한다. 이 경우 기간의 계산은 위반행위에 대하여 과태료 부과처분을 받은 날과 그 처분 후 다시 같은 유형의 위반행위를 하여 적발된 날을 각각 기준으로 한다.

㉡ ㉠에 따라 가중된 부과처분을 하는 경우 가중처분의 적용 차수는 그 위반행위 전 부과처분 차수(가목에 따른 기간 내에과태료 부과처분이 둘 이상있었던 경우에는 높은 차수)의 다음 차수로 한다.

㉢ 부과권자는 다음의 어느 하나에 해당하는 경우에는 ②의 개별기준에 따른 과태료 금액의 2분의 1 범위에서 그 금액을 줄일 수 있다. 다만, 과태료를 체납하고 있는 위반행위자에 대해서는 그렇지 않다.

- 위반행위자가 자연재해·화재 등으로 재산에 현저한 손실이 발생했거나 사업여건의 악화로 중대한 위기에 처하는 등의 사정이 있는 경우
- 그 밖에 위반행위의 정도, 위반행위의 동기와 그 결과 등을 고려하여 과태료를 줄일 필요가 있다고 인정되는 경우

㉣ 부과권자는 다음의 어느 하나에 해당하는 경우에는 ②의 개별기준에 따른 과태료 금액의 2분의 1 범위에서 그 금액을 늘릴 수 있다. 다만, 늘리는 경우에도 법 제18조 제1항 및 제2항에 따른 과태료 금액의 상한을 넘을 수 없다.

- 위반의 내용·정도가 중대하여 이해관계인 등에게 미치는 피해가 크다고 인정되는 경우
- 그 밖에 위반행위의 정도, 위반행위의 동기와 그 결과 등을 고려하여 과태료를 늘릴 필요가 있다고 인정되는 경우

② 개별기준

위반행위	근거 법조문	과태료 금액			
		1차 위반	2차 위반	3차 위반	4차 위반
가. 법 제5조의 ①을 위반하여 원산지 표시를 하지 않은 경우	법 제18조 제1항 제1호	5만원 이상 1,000만원 이하			
나. 법 제5조의 ③을 위반하여 원산지 표시를 하지 않은 경우	법 제18조 제1항 제1호				
1) 쇠고기의 원산지를 표시하지 않은 경우		100만원	200만원	300만원	300만원
2) 쇠고기 식육의 종류만 표시하지 않은 경우		30만원	60만원	100만원	100만원
3) 돼지고기의 원산지를 표시하지 않은 경우		30만원	60만원	100만원	100만원
4) 닭고기의 원산지를 표시하지 않은 경우		30만원	60만원	100만원	100만원
5) 오리고기의 원산지를 표시하지 않은 경우		30만원	60만원	100만원	100만원
6) 양고기 또는 염소고기의 원산지를 표시하지 않은 경우		품목별 30만원	품목별 60만원	품목별 100만원	품목별 100만원
7) 쌀의 원산지를 표시하지 않은 경우		30만원	60만원	100만원	100만원
8) 배추 또는 고춧가루의 원산지를 표시하지 않은 경우		30만원	60만원	100만원	100만원
9) 콩의 원산지를 표시하지 않은 경우		30만원	60만원	100만원	100만원
다. 법 제5조의 ④에 따른 원산지의 표시방법을 위반한 경우	법 제18조 제1항 제2호	5만원 이상 1,000만원 이하			
라. 법 제6조의 ④를 위반하여 임대점포의 임차인 등 운영자가 같은 조 ① 또는 ②의 어느 하나에 해당하는 행위를 하는 것을 알았거나 알 수 있었음에도 방치한 경우	법 제18조 제1항 제3호	100만원	200만원	400만원	400만원
마. 법 제6조 ⑤를 위반하여 해당 방송채널 등에 물건 판매중개를 의뢰한 자가 같은 조 ① 또는 ②의 어느 하나에 해당하는 행위를 하는 것을 알았거나 알 수 있었음에도 방치한 경우	법 제18조 제1항 제3호의2	100만원	200만원	400만원	400만원
바. 법 제7조 ③을 위반하여 수거·조사·열람을 거부·방해하거나 기피한 경우	법 제18조 제1항 제4호	100만원	300만원	500만원	500만원
사. 법 제8조를 위반하여 영수증이나 거래명세서 등을 비치·보관하지 않은 경우	법 제18조 제1항 제5호	20만원	40만원	80만원	80만원
아. 법 제9조의2 ①항에 따른 교육을 이수하지 않은 경우	법 제18조 제2항	30만원	60만원	100만원	100만원
자. 법 제10조의2 ①을 위반하여 유통이력을 신고하지 않거나 거짓으로 신고한 경우	법 제18조 제2항 제2호				
1) 유통이력을 신고하지 않은 경우		50만원	100만원	300만원	500만원
2) 유통이력을 거짓으로 신고한 경우		100만원	200만원	400만원	500만원
차. 법 제10조의2 ②를 위반하여 유통이력을 장부에 기록하지 않거나 보관하지 않은 경우	법 제18조 제2항 제3호	50만원	100만원	300만원	500만원
카. 법 제10조의2 ③을 위반하여 유통이력 신고의무가 있음을 알리지 않은 경우	법 제18조 제2항 제4호	50만원	100만원	300만원	500만원
타. 법 제10조의3 ②를 위반하여 수거·조사 또는 열람을 거부·방해 또는 기피한 경우	법 제18조 제2항 제5호	100만원	200만원	400만원	500만원

③ ②의 가.의 원산지 표시를 하지 않은 경우의 세부 부과기준

㉠ 농수산물(통관 단계 이후의 수입농수산물 등 및 반입농수산물 등을 포함하며, 통신판매의 경우는 제외)

1) 과태료 부과금액은 원산지 표시를 하지 않은 물량(판매를 목적으로 보관 또는 진열하고 있는 물량을 포함)에 적발 당일 해당 업소의 판매가격을 곱한 금액으로 하고, 위반행위의 횟수에 따른 과태료의 부과기준은 다음 표와 같다.

과태료 부과금액		
1차 위반	2차 위반	3차 위반
1)의 금액	1)의 금액의 200%	1)의 금액의 300%

2) 1)의 해당 업소의 판매가격을 알 수 없는 경우에는 인근 2개 업소의 동일 품목 판매가격의 평균을 기준으로 한다. 다만, 평균가격을 산정할 수 없는 경우에는 해당 농수산물의 매입가격에 30%를 가산한 금액을 기준으로 한다.

3) 과태료 부과금액의 최소단위는 5만원으로 하고, 5만원 이상은 천원 미만을 버리고 부과하되, 부과되는 총액은 1천만원을 초과할 수 없다.

㉡ 농수산물 가공품(통관 단계 이후의 수입농수산물 등 또는 반입농수산물 등을 국내에서 가공한 것을 포함하며, 통신판매의 경우는 제외)

1) 가공업자

기준액(연간 매출액)	과태료 부과금액(만원)		
	1차 위반	2차 위반	3차 이상 위반
1억원 미만	20	30	60
1억원 이상 2억원 미만	30	50	100
2억원 이상 4억원 미만	50	100	200
4억원 이상 6억원 미만	100	200	400
6억원 이상 8억원 미만	150	300	600
8억원 이상 10억원 미만	200	400	800
10억원 이상 12억원 미만	250	500	1,000
12억원 이상 14억원 미만	400	600	1,000
14억원 이상 16억원 미만	500	700	1,000
16억원 이상 18억원 미만	600	800	1,000
18억원 이상 20억원 미만	700	900	1,000
20억원 이상	800	1,000	1,000

- 연간 매출액은 처분 전년도의 해당 품목의 1년간 매출액을 기준으로 한다.
- 신규영업·휴업 등 부득이한 사유로 처분 전년도의 1년간 매출액을 산출할 수 없거나 1년간 매출액을 기준으로 하는 것이 불합리한 것으로 인정되는 경우에는 전분기, 전월 또는 최근 1일 평균 매출액 중 가장 합리적인 기준에 따라 연간 매출액을 추계하여 산정한다.
- 1개 업소에서 2개 품목 이상이 동시에 적발된 경우에는 각 품목의 연간 매출액을 합산한 금액을 기준으로 부과한다.

2) 판매업자 : ㉠의 기준을 준용하여 부과한다.

㉢ 통관 단계의 수입농수산물 등 및 반입농수산물 등

1) 과태료 부과금액은 수입농수산물 등 및 반입농수산물 등의 세관 수입신고 금액의 100분의 10에 해당하는 금액으로 한다.

2) 과태료 부과금액의 최소단위는 5만원으로 하고, 5만원 이상은 천원 미만을 버리고 부과하되 부과되는 총액은 1천만원을 초과할 수 없다.

㉣ 통신판매 : ㉡의 1)의 기준을 준용하여 부과한다.

④ ②의 다.의 원산지의 표시방법을 위반한 경우의 세부 부과기준

㉠ 농수산물(통관 단계 이후의 수입농수산물 등 및 반입농수산물 등을 포함하며, 통신판매의 경우와 식품접객업을 하는 영업소 및 집단급식소에서 조리하여 판매・제공하는 경우는 제외)

1) ③의 ㉠의 기준에 따른 과태료 부과금액의 100분의 50을 부과한다.

2) 과태료 부과금액의 최소단위는 5만원으로 하고, 5만원 이상은 천원 미만을 버리고 부과한다.

㉡ 농수산물 가공품(통관 단계 이후의 수입농수산물 등 또는 반입농수산물 등을 국내에서 가공한 것을 포함하며, 통신판매의 경우는 제외)

1) ③의 ㉡의 기준에 따른 과태료 부과금액의 100분의 50을 부과한다.

2) 과태료 부과금액의 최소단위는 5만원으로 하고, 5만원 이상은 천원 미만을 버리고 부과한다.

㉢ 통관 단계의 수입농수산물 등 및 반입농수산물 등

1) 과태료 부과금액은 ③의 ㉢의 기준에 따른 과태료 부과금액의 100분의 50에 해당하는 금액으로 한다.

2) 과태료 부과금액의 최소단위는 5만원으로 하고, 5만원 이상은 천원 미만을 버리고 부과한다.

㉣ 통신판매

1) ③의 ㉣의 기준에 따른 과태료 부과금액의 100분의 50을 부과한다.

2) 과태료 부과금액의 최소단위는 5만원으로 하고, 5만원 이상은 천원 미만은 버리고 부과한다.

㉤ 식품접객업을 하는 영업소 및 집단급식소

위반행위	과태료 금액		
	1차 위반	2차 위반	3차 이상 위반
1) 쇠고기의 원산지 표시방법을 위반한 경우	25만원	100만원	150만원
2) 쇠고기 식육의 종류의 표시방법만 위반한 경우	15만원	30만원	50만원
3) 돼지고기의 원산지 표시방법을 위반한 경우	15만원	30만원	50만원
4) 닭고기의 원산지 표시방법을 위반한 경우	15만원	30만원	50만원
5) 오리고기의 원산지 표시방법을 위반한 경우	15만원	30만원	50만원
6) 양고기 또는 염소고기의 원산지 표시방법을 위반한 경우	품목별 15만원	품목별 30만원	품목별 50만원
7) 쌀의 원산지 표시방법을 위반한 경우	15만원	30만원	50만원
8) 배추 또는 고춧가루의 원산지 표시방법을 위반한 경우	15만원	30만원	50만원
9) 콩의 원산지 표시방법을 위반한 경우	15만원	30만원	50만원

제 2 과목 적중예상문제

01 **농수산물의 원산지 표시에 관한 법률의 목적에 대한 설명에서 (   ) 안에 들어갈 알맞은 내용을 쓰시오.**

> 농산물이나 그 가공품 등에 대하여 적정하고 합리적인 원산지 표시를 하도록 하여 (①)하고, (②)으로써 생산자와 소비자를 보호하는 것을 목적으로 한다.

• 정답 • ① 소비자의 알권리를 보장
② 공정한 거래를 유도함

• 풀이 • **목적(농수산물의 원산지 표시에 관한 법률 제1조)**
이 법은 농산물・수산물과 그 가공품 등에 대하여 적정하고 합리적인 원산지 표시와 유통이력 관리를 하도록 함으로써 공정한 거래를 유도하고 소비자의 알권리를 보장하여 생산자와 소비자를 보호하는 것을 목적으로 한다.

02 **농수산물의 원산지 표시에 관한 법령상 농수산물 가공품의 원료에 대한 원산지 표시대상에서 제외되는 4가지를 쓰시오.**

• 정답 •
- 물
- 식품첨가물
- 주정(酒精)
- 당류(당류를 주원료로 하여 가공한 당류가공품을 포함)

• 풀이 • **원산지의 표시대상(농수산물의 원산지 표시에 관한 법률 시행령 제3조 제2항)**
농수산물 가공품의 원료에 대한 원산지 표시대상은 다음과 같다. 다만, 물, 식품첨가물, 주정(酒精) 및 당류(당류를 주원료로 하여 가공한 당류가공품을 포함)는 배합 비율의 순위와 표시대상에서 제외한다.

03 농수산물의 원산지 표시에 관한 법령상 고춧가루를 사용한 김치의 원료 배합 비율에 따른 원산지 표시대상에 대한 설명에서 ( ) 안에 들어갈 알맞은 말을 쓰시오.

고춧가루를 사용한 김치류의 원산지 표시대상은 (①) 및 (②) 을 제외한 원료 중 배합 비율이 가장 높은 순서의 (③) 순위까지의 원료와 (④) 및 (⑤)

• 정답 • ① 고춧가루, ② 소금, ③ 2, ④ 고춧가루, ⑤ 소금

• 풀이 • **원료 배합 비율에 따른 원산지의 표시대상(농수산물의 원산지 표시에 관한 법률 시행령 제3조 제2항 제1호 라목)**
김치류 중 고춧가루(고춧가루가 포함된 가공품을 사용하는 경우에는 그 가공품에 사용된 고춧가루를 포함)를 사용하는 품목은 고춧가루 및 소금을 제외한 원료 중 배합 비율이 가장 높은 순서의 2순위까지의 원료와 고춧가루 및 소금

04 농수산물의 원산지 표시에 관한 법령상 절임류의 원료 배합 비율에 따른 원산지 표시대상에 대한 설명에서 ( ) 안에 들어갈 알맞은 말을 쓰시오.

소금으로 절이는 절임류에서 소금을 제외한 원료 중 한 가지 원료의 배합 비율이 (①)% 이상인 경우의 원산지 표시대상은 (②)와 (③)으로 한다.

• 정답 • ① 98, ② 그 원료, ③ 소금

• 풀이 • **원료 배합 비율에 따른 원산지의 표시대상(농수산물의 원산지 표시에 관한 법률 시행령 제3조 제2항 제1호 라목)**
절임류(소금으로 절이는 절임류에 한정한다)는 소금을 제외한 원료 중 배합 비율이 가장 높은 순서의 2순위까지의 원료와 소금. 다만, 소금을 제외한 원료 중 한 가지 원료의 배합 비율이 98% 이상인 경우에는 그 원료와 소금으로 한다.

05 농수산물의 원산지 표시에 관한 법령상 동일 품목의 국산 농산물과 국산 외의 농산물을 혼합한 경우 원산지와 혼합비율을 표시하는 방법을 쓰시오.

• 정답 • 혼합비율이 높은 순서로 3개 국가(지역, 해역 등)까지의 원산지와 그 혼합비율을 표시한다.

• 풀이 • **원산지가 다른 동일 품목을 혼합한 농수산물의 원산지의 표시기준(농수산물의 원산지 표시에 관한 법률 시행령 제5조 제1항 관련 [별표 1])**

- 국산 농수산물로서 그 생산 등을 한 지역이 각각 다른 동일 품목의 농수산물을 혼합한 경우에는 혼합 비율이 높은 순서로 3개 지역까지의 시·도명 또는 시·군·구명과 그 혼합 비율을 표시하거나 “국산”, “국내산” 또는 “연근해산”으로 표시한다.
- 동일 품목의 국산 농수산물과 국산 외의 농수산물을 혼합한 경우에는 혼합비율이 높은 순서로 3개 국가(지역, 해역 등)까지의 원산지와 그 혼합비율을 표시한다.

06 OO회사에서 '참깨강정'이라는 상품을 출시하고자 한다. 사용되는 원료의 배합비율을 보고 농수산물의 원산지 표시에 관한 법령에 맞게 원산지를 표시하시오.

- 쌀 50%(중국산 40%, 태국산 30%, 베트남산 20%, 국산 10% 혼합)
- 물엿 20%(중국산 50%, 국산 50% 혼합)
- 밀가루 15%(미국산 100%)
- 콩 10%(중국산 50%, 미국산 30%, 국산 20%)
- 참깨 1%(인도산 50%, 중국산 30%, 국산 20% 혼합)
- 기타 4%

• 정답 •
- 쌀 50%(중국산 40%, 태국산 30%)
- 밀가루 15%(미국산 100%)
- 콩 10%(중국산 50%, 미국산 30%)
- 참깨 1%(인도산 50%, 중국산 30%)

• 풀이 • 두 가지 원료의 배합 비율의 합이 98% 미만이므로 배합 비율이 높은 순서의 3순위까지의 원료가 표시대상이 되지만, 물엿은 당류로 표시대상이 아니다. 그리고 제품명의 일부에 원료 농산물의 명칭인 참깨가 포함되어 있으므로 참깨의 원산지를 표시해야 한다. 그리고 원산지가 다른 동일 원료를 혼합하여 사용한 경우에는 혼합 비율이 높은 순서로 2개 국가(지역, 해역 등)까지의 원료 원산지와 그 혼합 비율을 표시하면 된다.

원료 배합 비율에 따른 원산지의 표시대상(농수산물의 원산지 표시에 관한 법률 시행령 제3조 제2항)

농수산물 가공품의 원료에 대한 원산지 표시대상은 다음과 같다. 다만, 물, 식품첨가물, 주정(酒精) 및 당류(당류를 주원료로 하여 가공한 당류가공품을 포함)는 배합 비율의 순위와 표시대상에서 제외한다.

가. 사용된 원료의 배합 비율에서 한 가지 원료의 배합 비율이 98% 이상인 경우에는 그 원료

나. 사용된 원료의 배합 비율에서 두 가지 원료의 배합 비율의 합이 98% 이상인 원료가 있는 경우에는 배합 비율이 높은 순서의 2순위까지의 원료

다. 가목 및 나목 외의 경우에는 배합 비율이 높은 순서의 3순위까지의 원료

농수산물의 명칭을 제품명의 일부로 사용하는 경우의 원산지의 표시대상(농수산물의 원산지 표시에 관한 법률 시행령 제3조 제3항)

원료(가공품의 원료를 포함) 농수산물의 명칭을 제품명 또는 제품명의 일부로 사용하는 경우에는 그 원료 농수산물이 같은 항에 따른 원산지 표시대상이 아니더라도 그 원료 농수산물의 원산지를 표시해야 한다.

농수산물 가공품의 원산지의 표시기준(농수산물의 원산지 표시에 관한 법률 시행령 제5조 제1항 관련 [별표 1])

원산지가 다른 동일 원료를 혼합하여 사용한 경우에는 혼합 비율이 높은 순서로 2개 국가(지역, 해역 등)까지의 원료 원산지와 그 혼합 비율을 각각 표시한다.

07 농수산물의 원산지 표시에 관한 법령상 농수산물 가공품의 원산지 표시기준에 대한 설명에서 ( ) 안에 들어갈 알맞은 숫자를 쓰시오.

> 원산지가 다른 동일 원료의 원산지별 혼합비율이 변경된 경우로서 그 어느 하나의 (①)이 최대 (②) 이하이면 종전의 원산지별 혼합비율이 표시된 포장재를 혼합 비율이 변경된 날부터 (③)년의 범위에서 사용할 수 있다.

• 정답 • ① 변경의 폭
② 15%
③ 1

• 풀이 • **농수산물 가공품에 대한 원산지의 표시기준(농수산물의 원산지 표시에 관한 법률 시행령 제5조 제1항 관련 [별표 1])**
원산지가 다른 동일 원료의 원산지별 혼합 비율이 변경된 경우로서 그 어느 하나의 변경의 폭이 최대 15% 이하이면 종전의 원산지별 혼합 비율이 표시된 포장재를 혼합 비율이 변경된 날부터 1년의 범위에서 사용할 수 있다.

08 농수산물의 원산지 표시에 관한 법령상 케이블TV를 이용하여 통신판매를 할 때의 원산지 표시방법에 대한 설명이다. ①~④ 중 내용이 잘못된 것을 찾아 그 번호를 쓰고, 바르게 고치시오.

> • 표시 위치 : 제품명 또는 가격표시 ① 주위에 원산지를 표시하거나 제품명 또는 가격표시 주위에 원산지를 표시한 위치를 표시한다.
> • 표시 시기 : 원산지를 표시하여야 할 제품이 ② 화면에 표시되는 시점부터 원산지를 알 수 있도록 표시해야 한다.
> • 글자 크기 : 제품명 또는 가격표시와 ③ 같거나 그보다 커야 한다.
> • 글자색 : 제품명 또는 가격표시와 ④ 다른 색으로 한다.

• 정답 • ④ 같은 색

• 풀이 • **글자로 표시할 수 있는 전자매체를 이용한 통신판매의 경우 원산지 표시방법(농수산물의 원산지 표시에 관한 법률 시행규칙 제3조 제1호 및 제2호 관련 [별표 3])**
• 표시 위치 : 제품명 또는 가격표시 주위에 원산지를 표시하거나 제품명 또는 가격표시 주위에 원산지를 표시한 위치를 표시하고 매체의 특성에 따라 자막 또는 별도의 창을 이용하여 원산지를 표시할 수 있다.
• 표시 시기 : 원산지를 표시하여야 할 제품이 화면에 표시되는 시점부터 원산지를 알 수 있도록 표시해야 한다.
• 글자 크기 : 제품명 또는 가격표시와 같거나 그보다 커야 한다. 다만, 별도의 창을 이용하여 표시할 경우에는 전자상거래 등에서의 소비자보호에 관한 법률 제13조 제4항에 따른 통신판매업자의 재화 또는 용역정보에 관한 사항과 거래등급규격에 대한 표시·광고 및 고지의 내용과 방법을 따른다.
• 글자색 : 제품명 또는 가격표시와 같은 색으로 한다.

09 농수산물의 원산지 표시에 관한 법령상 라디오를 이용하여 통신판매를 할 때의 원산지 표시방법을 쓰시오.

• 정답 • 1회당 원산지를 두 번 이상 말로 표시하여야 한다.

• 풀이 • **글자로 표시할 수 없는 전자매체를 이용한 통신판매의 경우 원산지 표시방법(농수산물의 원산지 표시에 관한 법률 시행규칙 제3조 제1호 및 제2호 관련 [별표 3])**
1회당 원산지를 두 번 이상 말로 표시하여야 한다.

10 집단급식소에서 국내산 육우 20%와 호주산 30%, 미국산 50%를 섞어서 소불고기를 판매하였다. 농수산물의 원산지 표시에 관한 법령에 따라 원산지를 표시하시오.

• 정답 • 불고기(쇠고기 : 미국산과 호주산과 국내산 육우를 섞음)

• 풀이 • **영업소 및 집단급식소의 원산지 표시방법(농수산물의 원산지 표시에 관한 법률 시행규칙 제3조 제2호 관련 [별표4])**
원산지가 다른 2개 이상의 동일 품목을 섞은 경우에는 섞음 비율이 높은 순서대로 표시한다.

- 국내산(국산)의 섞음 비율이 외국산보다 높은 경우
  예 불고기(쇠고기 : 국내산 한우와 호주산을 섞음), 설렁탕(육수 : 국내산 한우, 쇠고기 : 호주산)
- 국내산(국산)의 섞음 비율이 외국산보다 낮은 경우
  예 불고기(쇠고기 : 호주산과 국내산 한우를 섞음), 죽(쌀 : 미국산과 국내산을 섞음), 낙지볶음(낙지 : 일본산과 국내산을 섞음)

11 **농수산물의 원산지 표시에 관한 법령상 음식물을 조리하여 판매하는 자가 2년 이내에 2회 이상 원산지를 표시하지 아니하여 처분이 확정되어 관련 사항을 공표하는 경우 ① 홈페이지에 공표하는 기간과 ② 주요 인터넷 정보제공 사업자의 홈페이지에 공표하는 방법을 쓰시오.**

• 정답 • ① 홈페이지에 공표하는 기간 : 처분이 확정된 날부터 12개월
② 주요 인터넷 정보제공 사업자의 홈페이지에 공표하는 방법 : 이용자가 해당 사업자의 인터넷 홈페이지 화면 검색창에 "원산지"가 포함된 검색어를 입력하면 볼 수 있도록 공표

• 풀이 • **원산지 표시 등의 위반에 대한 처분 등(농수산물의 원산지 표시에 관한 법률 제9조 제2항)**
농림축산식품부장관, 해양수산부장관, 관세청장, 시·도지사 또는 시장·군수·구청장은 다음의 자가 2년 이내에 2회 이상 원산지를 표시하지 아니하거나, 제6조(거짓 표시 등의 금지)를 위반함에 따라 처분이 확정된 경우 처분과 관련된 사항을 공표하여야 한다. 다만, 농림축산식품부장관이나 해양수산부장관이 심의회의 심의를 거쳐 공표의 실효성이 없다고 인정하는 경우에는 처분과 관련된 사항을 공표하지 아니할 수 있다.
1. 원산지의 표시를 하도록 한 농수산물이나 그 가공품을 생산·가공하여 출하하거나 판매 또는 판매할 목적으로 가공하는 자
2. 음식물을 조리하여 판매·제공하는 자

원산지 표시 등의 위반에 대한 공표의 기준·방법(농수산물의 원산지 표시에 관한 법률 시행령 제7조 제2항)
홈페이지 공표의 기준·방법은 다음과 같다.
1. 공표기간 : 처분이 확정된 날부터 12개월
2. 공표방법
   가. 농림축산식품부, 해양수산부, 관세청, 국립농산물품질관리원, 국립수산물품질관리원, 특별시·광역시·특별자치시·도·특별자치도(이하 '시·도'), 시·군·구(자치구를 말한다) 및 한국소비자원의 홈페이지에 공표하는 경우 : 이용자가 해당 기관의 인터넷 홈페이지 첫 화면에서 볼 수 있도록 공표
   나. 주요 인터넷 정보제공 사업자의 홈페이지에 공표하는 경우 : 이용자가 해당 사업자의 인터넷 홈페이지 화면 검색창에 "원산지"가 포함된 검색어를 입력하면 볼 수 있도록 공표

12 농수산물의 원산지 표시에 관한 법령상 영업소 및 집단급식소의 원산지 표시방법에서 수입한 소 및 돼지의 원산지를 다음과 같이 표시할 수 있는 경우를 각각 쓰시오.

① 소갈비(쇠고기 : 국내산 육우(출생국 : 호주)) ② 삼겹살(돼지고기 : 국내산(출생국 : 덴마크))

• 정답 • ① 호주에서 수입한 소를 국내에서 6개월 이상 사육한 후 국내산(국산)으로 유통하는 경우
② 덴마크에서 수입한 돼지를 국내에서 2개월 이상 사육한 후 국내산(국산)으로 유통하는 경우

• 풀이 • **영업소 및 집단급식소의 원산지 표시방법(농수산물의 원산지 표시에 관한 법률 시행규칙 제3조 제2호 관련 [별표4])**
축산물의 원산지 표시방법 : 축산물의 원산지는 국내산(국산)과 외국산으로 구분하고, 다음의 구분에 따라 표시한다.
- 쇠고기 : 국내산(국산)의 경우 "국산"이나 "국내산"으로 표시하고, 식육의 종류를 한우, 젖소, 육우로 구분하여 표시한다. 다만, 수입한 소를 국내에서 6개월 이상 사육한 후 국내산(국산)으로 유통하는 경우에는 "국산"이나 "국내산"으로 표시하되, 괄호 안에 식육의 종류 및 출생국가명을 함께 표시한다.
- 돼지고기, 닭고기, 오리고기 및 양고기(염소 등 산양 포함) : 국내산(국산)의 경우 "국산"이나 "국내산"으로 표시한다. 다만, 수입한 돼지 또는 양을 국내에서 2개월 이상 사육한 후 국내산(국산)으로 유통하거나, 수입한 닭 또는 오리를 국내에서 1개월 이상 사육한 후 국내산(국산)으로 유통하는 경우에는 "국산"이나 "국내산"으로 표시하되, 괄호 안에 출생국가명을 함께 표시한다.

13 A 대학교의 구내식당에서 농산물의 가공품을 조리하여 판매하면서 원산지 표시의 의무를 위반하였다. 농수산물의 원산지 표시에 관한 법률상 위반에 대한 처분 가능한 내용을 쓰시오.

• 정답 • 표시의 이행·변경·삭제 등 시정명령

• 풀이 • **원산지 표시 등의 위반에 대한 처분 등(농수산물의 원산지 표시에 관한 법률 제9조 제1항)**
농림축산식품부장관, 해양수산부장관, 관세청장, 시·도지사 또는 시장·군수·구청장은 법 제5조(원산지 표시)나 제6조(거짓 표시 등의 금지)를 위반한 자에 대하여 다음의 처분을 할 수 있다. 다만, 제5조(원산지 표시) 제3항을 위반한 자에 대한 처분은 제1호에 한정한다.
1. 표시의 이행·변경·삭제 등 시정명령
2. 위반 농수산물이나 그 가공품의 판매 등 거래행위 금지

원산지 표시(농수산물의 원산지 표시에 관한 법률 제5조 제3항)
식품접객업 및 집단급식소 중 대통령령으로 정하는 영업소나 집단급식소를 설치·운영하는 자는 대통령령으로 정하는 농수산물이나 그 가공품을 조리하여 판매·제공하는 경우(조리하여 판매 또는 제공할 목적으로 보관·진열하는 경우를 포함)에 그 농수산물이나 그 가공품의 원료에 대하여 원산지(쇠고기는 식육의 종류를 포함)를 표시하여야 한다. 다만, 식품산업진흥법 제22조의2 또는 수산식품산업의 육성 및 지원에 관한 법률 제30조에 따른 원산지인증의 표시를 한 경우에는 원산지를 표시한 것으로 보며, 쇠고기의 경우에는 식육의 종류를 별도로 표시하여야 한다.

제 3 과목

농산물품질관리사 2차

수확 후 품질관리기술

수 확

01 성숙과 수확

1. 성 숙

식물체 상에서 미숙한 과실이 수확 가능한 상태로 변해가는 과정을 성숙 과정이라고 하며, 먹기에 가장 적합한 상태로 익어가는 과정을 숙성이라고 한다.

(1) 구 분

① **생리적 성숙** : 식물의 외관이 갖추어지고 충실해지며, 꽃이 피고 열매를 맺어 종자가 발아할 수 있는 상태가 되어 수확의 적기가 되는 것
② **원예적 성숙** : 생리적 성숙에는 미치지 못하였더라도 원예적 이용목적에 따라 수확 시기를 결정
③ **상업적 성숙** : 상업적 가치에 따라 수확 시기를 결정

(2) 생리적 성숙도 판정기준

① 원예생산물 품종 고유의 특색이 발현된다.
② 익어 가는 과실은 신맛과 떫은맛이 적어지고, 단맛이 많아지며, 과육이 연하게 물러진다.
③ 품종 고유의 색이 오르고, 향기가 나며, 씨가 굳는다.
④ 개화 시기에서 성숙기까지 거의 일정한 시간이 걸린다.
⑤ 잘 익은 과실은 본주에서 꼭지가 잘 떨어진다.

(3) 주요 과실별 수확시기 판정지표

① 사과 : 전분 함량

알아두기 아이오딘(요오드) 검사

전분은 아이오딘과 반응하여 청색을 나타내는데, 사과는 성숙이 진행될수록 반응이 약해져 완전히 숙성된 과일은 반응이 나타나지 않는다. 청색의 부분이 많다는 것은 전분이 당으로 가수분해된 양이 상대적으로 적은 미숙과를 의미한다. 사과를 장기저장하는데는 완숙과보다는 미숙과가 유리하다. 아이오딘 반응의 정도에 따라 장기저장용, 단기저장용, 직출하용으로 나누어 수확기를 결정할 수 있다.

② 복숭아 : 경도
③ 감귤 : 주스 함량
④ 배추 : 결구
⑤ 단감 : 떫은 맛

⑥ 키위, 멜론 : 산 함량

[성숙기 판정에 이용되는 지표]

판정지표	해당 품목 또는 현상
개화 후 경과일수	사과, 배 등
누적온도(적산온도)	사과, 배, 옥수수 등
이층(離層)의 발달	멜론류, 사과
표면의 형태	멜론의 네트 발달, 왁스층의 발달
크 기	모든 품목
비 중	감자, 수박 등
모 양	꽃양배추의 충실함
견고함	양상추, 양배추의 결구 정도
조직의 단단함	사과, 배, 복숭아 등
외부색상	모든 품목
당 도	복숭아, 참다래 등
전 분	사과, 배 등
당 함량	사과, 배, 핵과류, 포도 등
산도 또는 당산 비율	감귤류, 참다래, 멜론, 석류 등
과 즙	감귤류 등
떫은맛	감 등
내부 에틸렌 농도	사과, 배 등

2. 수 확

(1) 수확시기

① 원예생산물의 이용목적에 따라 수확기를 결정한다.

② 발육정도, 재배조건, 시장조건, 기상조건에 따라 수확기를 결정한다.

③ 외관상 판정할 수 있는 품종도 있으나 외관상 판단이 어려운 것도 많으므로 개화일자를 기록하여 날수로 판단하는 것이 좋다.

(2) 수확 적기의 판정

① 수확을 위한 적당한 성숙에 이르렀는지의 여부를 결정한다.

② 수확 당시의 품질이 최상의 상태가 아닌 소비자 구매 시 생산물의 품질이 가장 우수할 때가 되는 시점을 의미한다.

③ 생리대사의 변화

㉠ 호흡속도

• 성숙이나 숙성 중 호흡의 변화량에 따라 수확시기를 결정할 수 있는데, 클라이메트릭(호흡급등현상)형 과실의 호흡량이 최저에 달했다가 약간 증가되는 초기단계가 수확의 적기이다.

• 성숙과 숙성과정에서 호흡이 급격하게 증가하는 호흡급등형(Climacteric Type) 과실과 호흡의 변화가 없는 비호흡급등형(Non-climacteric Type) 과실이 있다.

㉡ 에틸렌 대사 : 호흡급등형 과실은 성숙과정과 에틸렌 발생량이 매우 밀접한 관계를 가지고 있다. 에틸렌 발생량이나 과일 내부의 에틸렌 농도를 측정하여 성숙 정도를 알 수 있으며, 이를 바탕으로 수확시기를 결정할 수 있다.

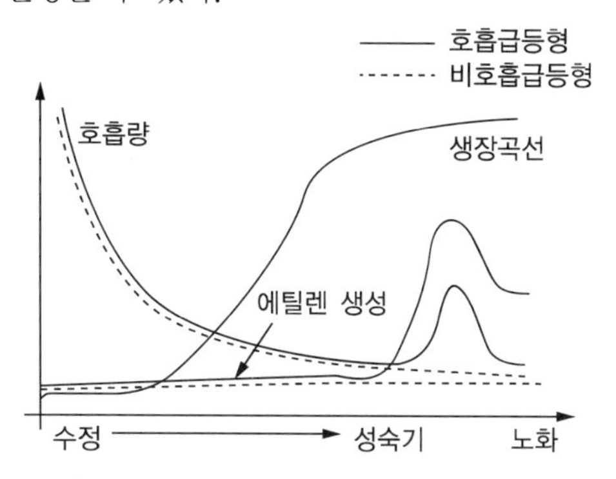

[과실의 생장곡선과 호흡량, 에틸렌의 생성]

㉢ 성숙 및 숙성과정의 대사산물의 변화

• 단맛의 증가 : 사과, 키위, 바나나 등은 전분이 당으로 가수분해되어 단맛이 증가한다.
• 신맛의 감소 : 사과, 키위, 살구 등은 유기산의 변화로 인해 신맛이 감소한다.
• 색의 변화 : 엽록소 분해, 색소의 합성 및 발현으로 인해 색의 변화가 일어난다.
• 과육의 연화 : 세포벽이 붕괴되며, 과육의 연화현상이 일어난다.
• 떫은맛의 소실 : 감은 타닌의 중화반응으로 인해 떫은맛이 없어진다.
• 풍미 발생 : 사과, 유자 등은 휘발성 에스터의 합성으로 인해 고유의 풍미가 나타난다.
• 과피의 외관 및 상품성 : 표면에 왁스물질의 합성 및 분비로 인해 외관이 좋아지며, 상품성이 향상된다.

④ **만개 후 일수** : 꽃이 80% 이상 개화된 만개일시를 기준으로 한다.

㉠ 후지사과 : 개화 후 160~170일

㉡ 신고배 : 개화 후 165~170일

⑤ 색깔, 맛, 경도 및 품질과 내외적 품질 구성요소를 만족시켜야 한다.

(3) 수확시기의 중요성

① 원예생산물의 색, 크기 등의 외관은 물론 맛과 품질을 결정하지만, 적정 수확시기는 품질과 생산량에 따라 결정되는 것이 아니라 수확 후 저장기간 또는 유통기간을 고려하여 결정되어야 한다.

② 수확시기에 따라 산물의 품질과 저장력이 결정된다.

㉠ 배 신고의 경우 수확기가 늦으면 저장장해의 발생이 크게 증가하므로 적기에 수확하는 것이 장기저장을 위해서 바람직하다.

㉡ 사과 후지의 경우 저온저장이나 CA 저장을 할 경우 수확기가 늦으면 저장 중 내부갈변 등의 생리장애가 크게 증가한다.

㉢ 양파의 경우 수확기가 늦으면 전체 수확량은 증가하지만 저장 중 손실 또한 급격히 증가한다.

㉣ 봄배추의 경우 수확기가 늦으면 결구상태는 좋아지나, 저장 중 부패 또는 깨씨무늬병의 증상이 심하게 발생할 수 있다.

③ 경제성과의 관계를 고려해야 한다.

㉠ 생산량 : 생산량을 위해 수확기를 늦출 경우 수확량은 증가할 수 있으나 품질이 떨어져 제 가격을 받지 못할 수 있으므로, 품질과 생산량 두 가지 요인이 모두 충족되는 시점을 선택해야 한다.

㉡ 가격 : 수확기는 품질, 생산량, 가격 등의 각 요인에 따라 결정해야 하는데, 산물의 가격 변동이 클수록 수확기의 결정은 어려워진다.

㉢ 기타 요인 : 수확 전 낙과현상이 심한 경우 낙과되기 전에 수확을 끝낼 수 있는 수확계획 역시 수확기 결정의 고려사항이다.

④ 용도와 출하 시기를 고려해야 한다.

㉠ 생리적 성숙과 원예적 성숙이 일치하지 않을 수 있으므로 산물의 용도에 따라 수확기를 결정해야 한다.

㉡ 수확 후 바로 출하할 것인지 저장할 것인지에 따라 수확기에 간격을 두기도 하며, 사과나 배와 같은 저장용 과일은 수확기에 따라 저장력의 차이를 보이기도 한다.

(4) 수확방법

① 물리적 손상을 받기 쉬운 작물은 손으로 수확하는 방법이 아직은 절대적 수확방법이다.

② 수확시간은 기온이 낮은 이른 아침부터 오전 중이 적당하다.

③ 성숙한 작물부터 몇 차례 나누어 수확한다.

④ 압력을 주면 상처를 받기 쉬우므로 치켜 올려 따거나 가위나 칼로 딴다.

⑤ 수확된 산물은 던지거나 충격을 주어서는 안 된다.

⑥ 소비지가 멀거나 장기저장용 작물은 약간 덜 숙성된 것을 수확하고, 즉석에서 팔거나 먹을 것은 완숙된 것을 수확하는 것이 좋다.

⑦ 충해나 병해를 입은 작물은 별도로 따서 처리한다.

(5) 기계수확과 인력수확

① 기계수확

㉠ 신선농산물은 조직이 연하여 수확 시 상처가 발생하기 쉬우므로 성숙상태의 과실수확에는 적당하지 않다.

㉡ 가공용인 경우 노동력의 절감을 위하여 기계로 수확하는 것이 일반적이다.

㉢ 단시간에 많은 면적의 수확이 가능하다.

② 인력수확

㉠ 상처 발생을 최소화하기 위하여 손으로 수확하는 것이 일반적이다.

㉡ 생식용 원예생산물은 대부분 인력으로 수확하며, 전체 노동력 가운데 수확에 소요되는 비중이 큰 편이다.

02 수확 후 생리작용

1. 호 흡

(1) 호흡작용

① 수확된 과실도 살아 있는 생명체로서의 호흡작용을 계속한다.

② 호흡은 살아 있는 식물체에서 발생하는 주된 물질대사 과정으로서 전분, 당, 탄수화물 및 유기산 등의 저장 양분(기질)이 산화(분해)되는 과정이다.

③ 같은 세포 내에 존재하는 복합물질들을 이산화탄소나 물과 같은 단순물질로 변환시키고, 이와 동시에 세포가 사용할 수 있는 여러 가지 분자와 에너지를 방출하는, 일종의 산화적 분해과정이다.

④ 생성된 에너지는 일부 생명 유지에 필요한 대사작용에 소모되기도 하지만, 수확한 과실의 경우에는 대부분 호흡열로서 체외로 방출된다.

⑤ 호흡하는 동안 발생하는 열을 호흡열이라고 하며, 저장과 저장고 건축 시 냉각용적을 설계하는 데 중요한 기준이 된다.

⑥ 수확 후 관리기술은 호흡열을 줄이기 위하여 외부 환경요인을 조절한다.

(2) 호흡과정

포도당	+	산 소	→	이산화탄소	+	수 분	+	에너지(대사에너지 + 열)
$C_6H_{12}O_6$		$6O_2$		$6CO_2$		$6H_2O$		에너지

(3) 호흡에 영향을 미치는 환경요인

① 온 도

㉠ 온도는 대사과정에서 호흡 등의 생물학적 반응에 크게 영향을 주기 때문에 수확 후 저장수명에 가장 큰 영향을 주는 요인이다.

㉡ 작물 대부분의 생리적인 반응을 근거로, 온도 상승은 호흡반응의 기하급수적인 상승을 유도한다.

㉢ 생물학적 반응속도는 온도 10℃ 상승 시 2~3배 정도 상승하고, 온도 10℃ 간격에 대한 온도상수를 Q_{10}이라 부른다. Q_{10}은 높은 온도에서의 호흡률(R_2)을 10℃ 낮은 온도에서의 호흡률(R_1)로 나눈 값이다($Q_{10} = R_2/R_1$).

㉣ Q_{10}은 다른 온도에서 알고 있는 값으로부터 특정 온도에서의 호흡률을 계산하는 데 이용된다. 보통 Q_{10}은 온도에 따라 다르게 변화하며, 높은 온도일수록 낮은 온도에서보다 Q_{10}값이 적게 나타난다.

㉤ Q_{10}값은 여러 온도조건에서 호흡률이나 품질열화 그리고 상대적인 저장수명이 각각 다르게 나타나는데, 20℃에서 13일간 저장수명이 유지되는 저장산물이 0℃에서 100일간 유지될 수 있지만, 40℃에서는 4일밖에 유지되지 않는다.

② 대기조성

㉠ 식물은 충분한 산소조건에서 호기성 호흡을 하며, 대부분의 작물은 산소 농도가 21%에서 2~3%까지 떨어질 때 호흡률과 대사과정이 감소한다.

㉡ 1% 이하의 산소 농도는 저장온도가 최적일 때는 저장수명을 연장하지만, 저장온도가 높을 때는 ATP(아데노신3인산)에 의한 산소 소모가 발생하기 때문에 혐기성 호흡을 유발한다.

㉢ 왁스 처리, 표면코팅 처리, 필름피막 처리 등 수확 후 여러 취급과정을 선택하는 데는 충분한 산소 농도가 필요하다. 예를 들어 포장처리하는 동안 대기조성이 잘못될 경우 저장산물은 혐기성 호흡이 진행되어 이취가 발생하게 된다.

㉣ 저장산물 주변의 이산화탄소 농도가 증가하게 되면 호흡을 감소시키고, 노화를 지연시키며, 균의 생장을 지연시키지만 낮은 산소조건에서의 높은 이산화탄소 농도는 발효과정을 촉진시킬 수 있다.

③ 저온 및 고온 스트레스

㉠ 수확 후 식물이 받는 스트레스에 따라 호흡률은 크게 영향을 받는다.

㉡ 일반적으로 식물은 수확 후 0℃ 이상의 온도 범위에서는 저장온도가 낮을수록 호흡률이 떨어지지만, 열대나 아열대가 원산지인 식물은 수확 후 빙점온도(0℃) 이상 10~12℃ 이하의 온도에서는 저온에 의한 스트레스를 받게 되며, 이때의 호흡률은 Q_{10}의 공식을 따르지 않는다.

㉢ 온도가 생리적인 범위를 넘으면 호흡상승률은 떨어지고, 조직이 열괴사상태에 이르면서 마이너스가 되며, 대사과정은 불규칙해지고, 효소단백질이 파괴된다.

㉣ 많은 조직들이 몇 분 동안은 고온에서 견딜 수 있으며, 몇몇 과일에서는 과피의 포자를 죽이는 데 이러한 특성을 이용하기도 한다.

④ 물리적 스트레스

㉠ 약간의 물리적 스트레스에도 호흡반응은 흐트러지고, 심할 경우에는 에틸렌 발생 증가와 더불어 급격한 호흡 증가를 유발한다.

㉡ 물리적 스트레스에 의해 발생된 피해표시는 직접적으로 피해를 받은 조직으로부터 나타나기 시작해서 나중에는 피해받지 않은 인접한 조직에도 생리적 변화를 유발한다.

㉢ 물리적 스트레스로 인한 중요한 생리적 변화는 호흡 증가, 에틸렌 발생, 페놀물질의 대사과정 그리고 상처 치유 등이다.

㉣ 상처에 의해 유기된 호흡은 일시적이고 단지 몇 시간이나 며칠 동안 지속되지만, 몇몇 조직에서의 상처는 숙성을 촉진하는 등 발달과정의 변화를 촉진하여 지속적인 호흡 증가를 유지하게 된다.

(4) 호흡상승과와 비호흡상승과

① 호흡은 산소의 이용 유무에 따라 호기성 호흡과 혐기성 호흡으로 구분할 수 있으며, 작물의 호흡률은 조직의 대사활성을 나타내는 좋은 지표로서 작물의 잠재적인 저장수명을 예상하는 데 있어 기초가 된다.

② 호흡상승과

㉠ 작물의 무게 단위당 호흡률은 미숙상태일 때 가장 높게 나타나고 이후 지속적으로 감소하지만 토마토, 사과 등과 같은 작물은 숙성과 일치하여 호흡이 현저히 증가하는데, 이러한 호흡현상(Climacteric)이 나타나는 작물을 호흡상승과라고 분류한다.

㉡ 호흡 상승의 시작은 대략 작물의 크기가 최대에 도달했을 때와 일치하며, 숙성 동안 발생하는 모든 특징적인 변화가 이 시기에 일어나고, 숙성과정의 완성뿐만 아니라 호흡 상승도 작물이 모체에 달려 있을 때나 수확했을 때 모두 진행된다.

㉢ 호흡상승과에는 사과, 배, 복숭아, 참다래, 바나나, 아보카도, 토마토, 수박, 살구, 멜론, 감, 키위, 망고, 파파야 등이 있다.

③ 비호흡상승과

㉠ 감귤류, 딸기, 파인애플 등과 같은 작물들은 호흡 상승이 나타나지 않으며, 이러한 작물들을 비호흡상승과로 분류한다.

㉡ 비호흡상승과들은 호흡상승과에 비하여 숙성이 느리며, 대부분의 채소류는 비호흡상승과로 분류된다.

㉢ 비호흡상승과에는 포도, 감귤, 오렌지, 레몬, 고추, 가지, 오이, 딸기, 호박, 파인애플 등이 있다.

[호흡급등형 과실과 비호흡급등형 과실의 구분]

판정지표	해당 품목 또는 현상
호흡급등형 과실	사과, 배, 복숭아, 참다래, 바나나, 아보카도, 토마토, 수박, 살구, 멜론, 감, 키위, 망고, 파파야 등
비호흡급등형 과실	포도, 감귤, 오렌지, 레몬, 고추, 가지, 오이, 딸기, 호박, 파인애플 등

④ 일반적으로 식물조직이 성숙하게 되면 호흡률은 전형적으로 감소한다. 많은 채소류와 미성숙 과일 같은 생장 중 수확된 산물의 호흡률은 매우 높은 반면, 성숙한 과일과 휴면 중인 눈 그리고 저장기관은 상대적으로 호흡률이 낮다.

⑤ 수확 후의 호흡률은 일반적으로 낮아진다. 비호흡상승과와 저장기관에서는 천천히 낮아지고, 영양조직과 미성숙 과일에서는 빠르게 낮아진다.

⑥ 호흡반응에서의 중요한 예외는 수확 후 언젠가 호흡이 급격히 증가한다는 것인데, 이러한 현상은 호흡상승과의 숙성 중 일어난다.

⑦ 수확한 원예생산물에서의 호흡은 숙성 진행과 생명 유지를 위해서는 필요하지만, 신선도 유지 및 저장의 측면에서는 수확 후 품질 변화에 나쁜 영향을 끼칠 수 있으므로 농산물의 대사작용에 장해가 되지 않는 선에서 호흡작용을 억제하는 것이 신선도 유지에 효과적이다.

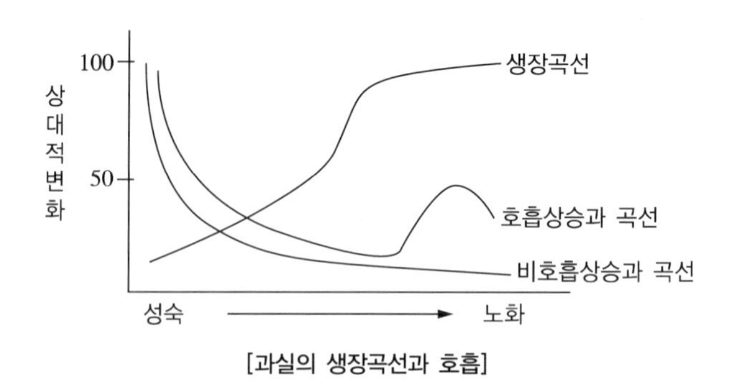

[과실의 생장곡선과 호흡]

(5) 호흡속도

① 호흡속도는 원예생산물의 저장력과 밀접한 관련이 있어 저장력의 지표로 사용된다.

② 호흡은 저장양분을 소모시키는 대사작용이므로 호흡속도를 알면 호흡으로 인해 소모되는 기질의 양을 계산할 수 있으며, 호흡속도는 일정 무게의 식물체가 단위시간당 발생시키는 이산화탄소의 무게나 부피의 변화로 표시한다.

③ 수확 후 호흡속도는 원예생산물의 형태적 구조나 숙도에 따라 결정된다. 생리적으로 미숙한 식물이나 표면적이 큰 엽채류는 호흡속도가 빠르고, 감자나 양파 등의 저장기관이나 성숙한 식물은 호흡속도가 느리다. 호흡속도가 빠른 식물은 저장력이 약하다.

④ 호흡속도가 낮은 작물은 증산에 의한 중량 감소가 잘 조절될 수 있으므로 장기저장이 가능하다. 체내의 호흡속도가 높은 산물은 저장력이 매우 약하며, 주위온도가 높아져 호흡속도가 상승하면 저장기간 역시 단축된다.

⑤ 원예생산물이 물리적 · 생리적 장해를 받았을 경우 호흡속도가 상승하므로 호흡은 작물의 온전성을 타진하는 수단으로도 이용할 수 있고, 이를 이용한 호흡의 측정은 원예생산물의 생리적 변화를 합리적으로 예측할 수 있게 해 준다.

⑥ 일반적으로 호흡속도가 빠른 작물은 수확 후 품질 변화도 급속히 진행되는 특성을 보인다.

⑦ 호흡속도의 특징

㉠ 주변 온도가 높아지면 빨라진다.

㉡ 물리적 또는 생리적 장해의 발생 시 증가한다.

㉢ 저장 가능기간에 영향을 주며, 상승하면 저장기간이 단축된다.

㉣ 내부성분 변화에 영향을 준다.

㉤ 원예작물의 온전성 타진의 수단이 되기도 한다.

⑧ 호흡속도에 따른 원예생산물의 분류

㉠ 매우 높음 : 버섯, 강낭콩, 아스파라거스, 브로콜리 등

㉡ 높음 : 딸기, 아욱, 콩 등

㉢ 중간 : 서양배, 살구, 바나나, 체리, 복숭아, 자두 등

㉣ 낮음 : 사과, 감귤, 포도, 키위, 망고, 감자 등

㉤ 매우 낮음 : 견과류, 대추야자 열매류 등

알아두기 원예생산물의 호흡속도

- 과일 : 딸기 > 복숭아 > 배 > 감 > 사과 > 포도 > 키위 순으로 빠르다.
- 채소 : 아스파라거스 > 시금치 > 당근 > 오이 > 토마토 > 무 > 수박 > 양파 순으로 빠르다.

(6) 호흡조절

① 호흡상승과의 공통점은 익으면서 에틸렌의 생성이 증가하고, 에틸렌 또는 유사한 물질(프로필렌, 아세틸렌 등)을 처리하면 과실의 호흡이 증가한다는 것이다.

② 미성숙 과실은 에틸렌에 대한 감응능력이 발달되어 있지 않기 때문에, 미성숙과와 비호흡상승과는 에틸렌에 의해 호흡만 증가하고, 에틸렌 생성은 촉진되지 않는다.

2. 숙성 · 노화 · 증산작용

(1) 숙성과 노화

① 숙성과정은 과일의 조직감과 풍미가 발달하는 단계로, 식물체상에서 숙성이 완료되는 과실은 성숙과 숙성의 구별이 모호한 경우가 많다.

② 숙성 다음에 오는 노화는 발육의 마지막 단계에서 일어나는 일련의 비가역적 변화로서, 궁극적으로 세포의 붕괴와 죽음을 유발한다.

③ 과일이나 채소는 노화를 거치는 동안 연화되고, 증산에 의해 상품성을 잃게 되며, 병균의 침입이 쉬워져 쉽게 부패한다.

(2) 증산작용

① 식물체에서 수분이 빠져 나가는 현상으로, 식물생장에는 필수적인 대사작용이지만 수확한 산물에 있어서는 여러 가지 나쁜 영향을 미친다.

② 수분은 신선한 과일이나 채소의 경우 중량의 80~95%를 차지하는 가장 많은 성분이고, 신선한 산물의 저장생리에 매우 중요하다.

③ 일반적으로 증산으로 인한 중량 감소는 호흡으로 발생하는 중량 감소보다 10배 정도 크다.

④ 증산에 영향을 미치는 요인들

㉠ 외부 환경 요인 : 습도, 공기의 흐름, 온도, 광 등

㉡ 내적 요인 : 작물의 종류, 표면적 대 부피의 비, 생산물의 표피 구조, 표피의 상처 유무, 원예생산물의 성숙도 등

⑤ 증산에 따른 상품성의 변화

㉠ 중량이 감소한다.

㉡ 조직에 변화를 일으켜 신선도가 저하된다.

㉢ 시듦현상으로 인해 외양에 지대한 영향을 미치며, 일반적으로 수분이 5% 정도 소실되면 상품가치를 잃게 된다.

㉣ 대부분 채소는 수분 함량이 90% 이상이며, 온도가 높고 상대습도가 낮은 환경에서는 증산이 많아져 산물의 생체중이 5~10%까지 줄어들어 상품성이 크게 떨어지게 된다.

㉤ 과실은 수분 함량이 85~95%이고, 수분이 5~8% 정도 증산되면 상품가치를 잃게 된다.

㉥ 사과의 경우 9% 정도의 중량 감소가 일어나면 표피가 쭈그러지는 위조현상이 일어난다.

⑥ 증산작용의 증가

㉠ 온도가 높을수록 증가한다.

㉡ 상대습도가 낮을수록 증가한다.

㉢ 공기유동량이 많을수록 증가한다.

㉣ 부피에 비해 표면적이 넓을수록 증가한다.

㉤ 큐티클층이 얇을수록 증가한다.

㉥ 표피조직의 상처나 절단 부위를 통해 증산량이 증가한다.

⑦ 작물에 따른 증산량

증산량	채소류	과일류
많 음	파, 쌈채소, 딸기, 버섯, 파슬리, 엽채류 등	살구, 복숭아, 감, 무화과, 포도 등
중 간	완두, 오이, 아스파라거스, 고추, 당근, 토마토, 고구마, 셀러리 등	배, 바나나, 석류, 레몬, 밀감, 오렌지, 천도복숭아 등
적 음	마늘, 양파, 감자, 가지 등	사과, 참다래 등

⑧ 저온저장고 내에서 증산 억제방법 : 높은 습도 유지(방습처리), 표면 왁스처리, 저장고 벽면의 단열, 증발기 코일과 저장고 내 온도차이의 최소화, 유닛쿨러의 표면적 넓히기, 제상작업 등

3. 에틸렌(Ethylene)

(1) 의 의

① 에틸렌은 기체상태의 식물호르몬으로, 호흡급등형 과실의 과숙에 관여한다.

② 경제적으로 중요한 에틸렌의 작용 중 하나는 사과, 자두, 복숭아, 살구, 토마토, 바나나 등 호흡급등형 과실류의 과숙을 조절하는 것이다.

③ 대부분의 원예생산물은 수확 후 노화가 진행되거나 과실이 익는 동안 에틸렌이 생성되는데, 에틸렌가스는 과실의 숙성, 잎이나 꽃의 노화를 촉진시켜 노화호르몬이라고도 부른다.

④ 에틸렌은 과실의 연화현상을 비롯하여 숙성과 관련된 여러 가지 생리적 변화를 유발한다.

⑤ 원예생산물을 취급하는 과정에서 상처나 불리한 조건에 처하면 조직으로부터 에틸렌이 발생하는데, 이는 산물의 품질을 나쁘게 변화시키는 요인으로 작용한다.

⑥ 일반적으로 조생품종은 만생품종에 비해 에틸렌 발생량이 비교적 많고, 저장성도 낮다.

⑦ 에틸렌 발생을 고려하여 장기간 저장 시에는 단일품종 또는 단일과종만을 저장하는 것이 유리하다.

⑧ 에세폰은 에틸렌을 발생시키는 식물조절제로 이용되고 있으며, 미국에서는 여러 가지 용도의 처리에 사용되고 있다.
⑨ 에틸렌에 의해 클로로필(Chlorophyll, 엽록소)은 클로로필리드와 피톨로 분해된다.

(2) 에틸렌의 특성

① 불포화탄화수소로, 상온과 대기압에서 가스로 존재한다.
② 가연성이며, 색깔은 없고, 약간 단 냄새가 난다.
③ 0.1ppm의 낮은 농도만으로도 생물학적 영향을 미친다.
④ 수확 후 관리에 있어 노화, 연화 및 부패를 촉진하여 상품보존성을 저하시킨다.
⑤ 성숙을 촉진시켜 식미를 높이거나 착색 등 외관을 좋게 하는 긍정적 효과도 있다.
⑥ 화학구조가 비슷한 프로필렌, 아세틸렌 등의 유사물질도 에틸렌과 같은 효과를 보이는 경우가 있다.

(3) 에틸렌의 발생

① 생물체의 대사반응 또는 화학반응에 의해 만들어진다.
② 동물에게는 정상적인 대사산물은 아니지만 인간이 숨을 쉴 때도 미량 발생한다.
③ 고등식물은 종에 따라 발생량의 편차가 크고, 특히 발육단계에 따라 발생량의 편차를 보이는 경우가 흔하다.
㉠ 엽근채류는 에틸렌 발생이 매우 적지만 에틸렌의 피해를 쉽게 받아 품질이 나빠지는데, 상추나 배추는 조직이 갈변하고, 당근은 쓴맛이 나며, 오이는 과피의 황화가 촉진된다.
㉡ 에틸렌이 많이 발생하는 품목으로는 토마토, 바나나, 복숭아, 참다래, 조생종 사과, 배 등이 있고, 에틸렌 발생이 미미한 과실에는 포도, 딸기, 귤, 신고배 등이 있다.
④ 유기물질이 산화되거나 태울 때도 발생하며, 화석연료를 연소시킬 때, 특히 불완전연소될 때 더 많은 양이 발생한다.
⑤ 원예산물의 스트레스에 의한 발생
㉠ 생물학적 요인 : 병해충에 의한 스트레스로 발생한다.
㉡ 저온에 의한 발생 : 열대·아열대 작물처럼 저온에 약한 작물은 12~13℃ 이하의 온도에서 피해가 발생하는데, 이때 에틸렌 발생량이 많아지고 쉽게 부패한다.
예 오이, 가지, 호박, 파파야, 미숙토마토, 고추 등
㉢ 고온에 의한 발생 : 지나치게 높은 고온에 노출되어도 피해를 받으며, 직사광선은 작물의 온도를 높여 생리작용을 촉진하며, 에틸렌 발생과 함께 노화를 촉진시킨다.
⑥ 에틸렌의 생성경로
㉠ 에틸렌의 생성량은 조직 및 기관의 종류, 식물의 발달단계, 작물 종류 등에 따라 크게 달라진다.
㉡ 식물에서의 에틸렌 생성은 그 원인이 어디에 있던지 모두 동일한 생합성 경로를 거치며, 그 과정은 Methionine → SAM → ACC → Ethylene을 경유한다.

㉢ 에틸렌은 2개의 탄소원자가 불포화결합되어 있는 매우 단순한 구조의 탄화수소이다.
㉣ 에틸렌의 전구물질은 ACC이고, 에틸렌의 작용은 에틸렌 수용체와의 결합, 특정 유전자의 발현, 효소의 합성 또는 활성화 등 일련의 과정을 경유한다.

(4) 에틸렌의 제거

① 과실에 따른 에틸렌 발생을 잘 숙지하여 에틸렌을 다량 발생하는 품목을 다른 품목과 같은 장소에 저장하거나 운송하지 않도록 주의해야 한다.

② 에틸렌의 제거방법에는 흡착식, 자외선파괴식, 촉매분해식 등이 있으며, 흡착제로는 과망가니즈산칼륨($KMnO_4$), 목탄, 활성탄, 오존, 자외선 등이 이용되고 있다.

에틸렌 제거방법	장 점	단 점
활성탄 흡착	By-Product 없음, 재활용 가능, 다양한 휘발성 물질 제거 가능	저농도 제거 불가, 수분 영향 큼
Br_2 활성탄	탁월한 효과	발암성 Dibromoethane 생성, 고가, 과실갈변, 수분 영향 큼
$PdCl_2$ 활성탄	저농도에 효과적, 수분 영향 없음	고가, 고농도 제거에 불리
과망가니즈산칼륨($KMnO_4$)	지속적 효과	CO_2 발생, 강한 독성 물질, 재활용 불가, 작물에 접촉 시 작물 피해, 수분 영향 큼
오존(O_3)	탁월한 효과	작물이 오존에 노출될 경우 과채류에 대한 직접적 피해 유발

③ 에틸렌작용 억제제

㉠ STS(Silver Thiosulfate) : 생체 내에서 주로 노화를 촉진시키는 에틸렌(Ethylene) 가스의 발생을 억제하고 살균작용을 한다.
㉡ 1-MCP(1-Methylcyclopropene) : 에틸렌수용체에 결합하여 에틸렌작용을 억제하는 물질로서, 여러 과일과 채소 등의 연화 억제, 색택 유지, 중량 감소 억제, 호흡 억제 등의 효과가 있다.
㉢ AVG(Aminoethoxyvinyl Glycine) : ACC 합성효소의 활성을 방해하여 에틸렌의 합성을 억제한다.

(5) 에틸렌의 영향

① 저장이나 수송하는 과일의 후숙과 연화를 촉진시킨다.
② 신선한 채소의 푸른색을 잃게 하거나 노화를 촉진시킨다.
③ 수확한 채소의 연화를 촉진시킨다.
④ 상추에서는 갈색반점이 나타난다.
⑤ 이층 형성을 촉진하여 낙엽을 촉진시킨다.
⑥ 과일이나 구근에서 생리적인 장해를 일으킨다.
⑦ 절화의 노화를 촉진시킨다.
⑧ 분재식물의 잎이나 꽃잎의 조기낙엽을 촉진한다.
⑨ 당근과 고구마의 쓴맛을 형성한다.

⑩ 엽록소 함유 엽채류의 황화현상과 잎의 탈리현상으로 인해 상품성을 저하시킨다.
⑪ 대부분의 식물조직은 조기에 경도가 낮아져 품질이 저하된다.
⑫ 아스파라거스와 같은 줄기채소의 경우 조직의 경화현상이 나타난다.

(6) 에틸렌의 농업적 이용

① 과일의 성숙 및 착색촉진제로 이용된다.
② 녹숙기의 바나나, 토마토, 떫은 감, 감귤, 오렌지 등의 수확 후 미숙성 시 후숙(엽록소 분해, 착색 촉진, 떫은 감의 연화 등을 통한 상품가치 향상)을 위해 에틸렌 처리를 한다.
㉠ 처리조건
- 온도 : 18~25℃
- 습도 : 90~95%
- 시간 : 24~72시간(과일의 종류 및 숙기에 따라 결정)
- 고르게 작물과 접촉할 수 있도록 공기 순환이 필요하다.
- 이산화탄소가스가 심하게 축적될 수 있으며, 이 경우 처리효율이 감소할 수 있으므로 환기가 필요하다.

㉡ 농 도
- 일반적으로 10~100ppm의 농도로 처리한다.
- 밀폐도에 따라 농도를 조절할 수 있으며, 100ppm 이상의 농도는 더 이상의 효과를 보지 못하므로 특별히 고농도로 처리할 필요는 없다.

③ 오이, 호박 등의 암꽃 발생을 유도한다.
④ 파인애플의 개화를 유도한다.
⑤ 발아촉진제로 사용된다.

알아두기

- 에틸렌의 긍정적 효과
상품 가치 향상(녹숙기 토마토, 바나나, 떫은 감), 개화 유도(파인애플), 과피 엽록소 제거(감귤, 레몬), 자화 증진(오이, 호박), 과육 연화(머스크멜론, 사과, 양앵두), 휴면 타파(감자, 인경류)
- 에틸렌의 부정적 효과
노화 촉진(파슬리, 브로콜리, 오이, 호박), 숙성 촉진(키위), 잎의 장해(양상추), 쓴맛 증가(당근), 맹아(감자, 양파, 마늘), 이층 형성(관상식물 낙엽, 낙화, 낙과), 육질 경화(아스파라거스)

(7) 에틸렌 피해의 방지

① 피해의 방지를 위해서는 지속적으로 발생하는 에틸렌의 발생원을 제거하거나 축적된 에틸렌을 제거해야 한다.
② 에틸렌 제거는 에틸렌 감응도가 높은 작물의 저장성을 향상시키며, 절화류는 에틸렌 발생을 억제함으로써 선도를 유지할 수 있다.

③ 에틸렌의 민감도에 따라 혼합관리를 피해야 한다.

[에틸렌 감응도에 따른 분류]

구 분	과 수	채 소
매우 민감	키위, 감, 자두 등	수박, 오이 등
민 감	배, 살구, 무화과, 대추 등	멜론, 가지, 애호박, 당근 등
보 통	사과(후지), 복숭아, 밀감, 오렌지, 포도 등	늙은 호박, 고추 등
둔 감	앵두 등	피망 등

[에틸렌 발생이 많은 작물과 에틸렌 가스에 피해받기 쉬운 작물]

에틸렌 발생이 많은 작물	에틸렌 피해가 쉽게 발생하는 작물
사과, 살구, 바나나(완숙과), 멜론, 참외, 무화과, 복숭아, 감, 자두, 토마토, 모과 등	당근, 고구마, 마늘, 양파, 강낭콩, 완두, 오이, 고추, 풋호박, 가지, 시금치, 꽃양배추, 상추, 바나나(미숙과), 참다래(미숙과) 등

[에틸렌에 의한 저장작물의 피해 유형]

작물명	피해 유형	대표적 증상
시금치, 브로콜리, 파슬리, 애호박	엽록소 분해	황 화
대부분 과실류	성숙 및 노화 촉진	연 화
양치(고사리 등)	잎의 장해	반점 형성
당 근	맛 변질	쓴맛 증가
감자, 양파	휴면타파	발아 촉진, 건조
관상식물	낙엽, 낙화	이층 형성 촉진
카네이션	비정상 개화	개화 정지
아스파라거스	육질 경화	조직이 질겨짐
동양배	과피의 장해	박피, 얼룩

출처 : 농수산물유통공사, 알기 쉬운 농산물 수확 후 관리(에틸렌의 역할과 이용), 황용수

(8) 에틸렌 발생원의 제거

저장고에 과도한 에틸렌이 축적되는 것을 방지하기 위해서 발생원을 미리 제거해야 한다. 저장작물 중 과숙, 부패 및 상처받은 작물은 미리 제거하고, 부패성 미생물이 서식할 경우 미생물로부터 에틸렌이 발생하므로 저장고를 미리 소독해야 한다.

① 환 기

㉠ 저장기간이 길어지거나 온도가 높을 경우 에틸렌이 축적될 수 있다.

㉡ 에틸렌 축적이 예상될 경우에는 환기를 시켜 에틸렌 농도를 낮출 필요성이 있다.

㉢ 저장고와 외부의 온도 차이에 따라 저장고 온도의 급격한 변화가 생기지 않는 범위 내에서 환기해야 한다.

㉣ 저장고 외부의 공기가 건조한 경우 저장고 내 습도가 낮아지므로 환기량과 환기 시 외기 온습도 관리에 주의해야 한다.

② 혼합저장 회피

㉠ 생리현상이나 에틸렌 감응도에 대한 고려 없이 혼합저장하는 경우 에틸렌 감응도가 높은 작물은 심각한 피해를 입을 수 있다.

㉡ 저장적온을 고려하지 않은 경우 에틸렌피해뿐만 아니라 저온피해까지 받는 경우가 있다.

㉢ 작물의 특성을 모르는 경우 혼합저장을 피해야 하며, 혼합저장을 하는 경우 저장적온과 에틸렌 감응도를 고려하여 단기간 저장하여야 한다.

㉣ 에틸렌이 다량 발생하는 품목과 에틸렌 감응도가 높은 품목을 함께 혼합저장해서는 안 된다.

③ 화학적 제거방법 : 저장고 내 에틸렌을 제거하면 숙성 지연에 따른 품질 유지, 부패 등으로 인한 손실 감소 및 엽록소 분해 억제를 통한 신선도 유지효과를 볼 수 있다.

㉠ 과망가니즈산칼륨($KMnO_4$)

- 에틸렌 산화에 효과적이고, 다공성 지지체(벽돌이나 질석 등)에 과망가니즈산칼륨을 흡수시켜 저장고에 넣어 두면 에틸렌이 흡착・제거되며, 주기적으로 교환하여야 한다.
- 에틸렌 제거효율이 우수하고, 에틸렌 발생량이 많은 작물에 효과적이다.
- 과망가니즈산칼륨 용액과 작물이 접촉하는 경우 변색이 되므로 주의하여야 한다.
- 중금속과 망가니즈를 포함하고 있어 폐기 시 매우 주의하여야 한다.

㉡ 활성탄

- 흡착식으로, 에틸렌 제거효율이 우수하며, 포화되기 전에 교체하여야 한다.
- 환경친화적이며, 저농도 에틸렌 제거에 유리하다.
- 포화된 후에는 흡착된 에틸렌이 누출될 가능성이 있다.
- 가열건조할 경우 재생이 가능하다.

㉢ 브로민화 활성탄

- 활성탄에 브로민을 도포하여 이용하며, 저농도 에틸렌도 효과적으로 제거할 수 있다.
- 제거효율이 우수하고, 에틸렌을 대량으로 발생하는 품목에 적합하다.
- 누출된 브로민이나 인산이 작물과 접촉할 경우 피해를 일으킬 수 있다.
- 브로민은 독성화합물이므로 폐기 시 주의해야 한다.

㉣ 백금촉매 처리

- 에틸렌을 백금촉매와 함께 고온 처리하면 산화되는 것을 이용하여 에틸렌을 제거하는 방식이다.
- 반영구적으로 사용할 수 있다.
- 반응 후에는 아세트알데히드와 물이 생성된다.
- 습도조건에 영향을 받지 않는다.
- 고농도 에틸렌 제거에는 불리하다.

㉤ 이산화타이타늄(TiO_2)

• 이산화티타늄을 자외선과 반응시키면 에틸렌이 산화되는 것을 이용하여 에틸렌을 제거하는 방식이다.
• 반응 후에는 이산화탄소와 물이 생성된다.
• 저장고 내부에 존재하는 미생물을 살균하는 효과도 있다.
• 반응패널에 먼지가 낄 경우 효율이 떨어지는 단점이 있다.

㉥ 오존 처리

• 오존의 산화력을 이용하여 에틸렌을 제거하는 방식이다.
• 살균효과도 기대할 수 있는 장점이 있다.
• 반응 후에는 이산화탄소, 일산화탄소, 포름알데히드 등이 생성된다.
• 너무 높은 농도의 오존이 창고 내부에 축적되면 저장산물에 직접적인 피해를 줄 수 있으므로 주의해야 한다.

(9) 혼합저장 시 고려해야 할 사항

혼합저장 시 다음과 같은 사항을 고려했을지라도 장기보관은 바람직하지 않으며, 임시저장 또는 단거리 수송에서만 사용하는 것이 바람직하다.

① 저장온도
② 에틸렌 발생량
③ 에틸렌 감응도
④ 방향성 물질에 대한 특성

제 2 장 품질구성과 평가

01 품질구성

외관, 조직감, 풍미, 영양가치, 안전성 등으로 나눌 수 있으며 이를 다시 외적요인과 내적요인으로 나눌 수 있다.

요 인	요 소
외적요인	• 외관 : 크기, 모양, 색깔, 상처(물리적 손상) 등 • 조직감 : Firmness, Softness, Crispness, Juiciness, Toughness 등 • 풍미 : 맛(단맛, 신맛, 쓴맛, 떫은맛), 향(향기, 이취) 등
내적요인	• 영양적 가치 : 미네랄 함량, 비타민 함량 등 • 독성 : 솔라닌 등 • 안전성 : 농약잔류량, 부패 등

1. 품질구성의 외적요인

(1) 양적 요인

① 외형을 결정하는 양적요인에는 크기, 무게, 길이, 둘레, 직경, 부피 등이 포함되며 크기 선별을 통한 객관적 구분이 가능하다.

② 무게, 길이, 크기 등을 계량기준으로 하여 각각의 구분표에서 무게, 길이, 크기가 다른 것의 혼입률을 측정하여 전체 포장된 산물의 등급을 결정하는데, 서로 다른 크기의 작물이 함께 포장되면 전체적인 품질이 떨어진 것으로 여긴다.

㉠ 무게 : 사과, 배, 포도 등

㉡ 길이 : 오이, 고추, 애호박, 가지 등

㉢ 지름 : 양파, 마늘 등

(2) 모양과 형태

① 품종 고유의 모양과 형태를 말하며, 표준규격의 등급판정에 있어 품종 고유의 모양이 아니거나 모양이 심히 불량한 경우에는 결점으로 분류된다.

② 원예산물의 외형을 기술하는 또 다른 요인인 전반적인 모양이나 형태는 직경과 높이의 비율로 결정되며, 동일한 종 또는 품종은 유사한 형태를 지니므로 이들을 구분하는 수단으로써 활용할 수 있다.

예 고구마의 장폭비 : 장폭비(길이 ÷ 두께)가 3.0 이하인 것이 80% 이상은 "둥근형", 3.1 이상인 것이 80% 이상은 "긴형"으로 나눈다.

③ 정상적인 재배환경에서 자란 작물의 형태는 대체로 유사한 모습을 보이므로 이러한 외형에서 벗어난 작물은 기형으로 취급되며, 내적 품질에 관계없이 형태적 측면에서 품질이 낮은 것으로 평가된다.
예 무, 수박, 마늘, 양파, 토마토 등의 형상불량은 중결점으로 분류된다.

(3) 색 상

① 색택은 소비자에게 가장 강하게 느껴지는 상품의 선택요인 중 하나이므로 품위를 결정할 때 큰 영향을 끼치지만, 원예산물이 지닌 색 자체가 내적 품질에 기여하는 정도와는 상관관계를 보이지 않을 수 있다.

② 원예생산물의 기본색을 조절하는 식물색소에는 플라보노이드(붉은색의 안토사이아닌과 노란색의 플라본), 클로로필(녹색) 및 카로티노이드(노란색~오렌지색) 등이 있다.

[주요 색소]

색 소		색 상
플라보노이드계	안토사이아닌	pH에 따라 빨간색, 보라색, 파란색으로 나타남
	플라본	노란색
카로티노이드계	카로티노이드	노란색~오렌지색
	리코펜	주황색
클로로필	엽록소를 주성분으로 하며 녹색	

③ 사과의 적색 부분은 안토사이아닌 색소에 기인한 것이다.

④ 토마토가 푸른색에서 붉은색으로 착색될 때 작용하는 효소는 리코핀(리코펜, 라이코펜)이다. 토마토는 성숙을 거쳐 숙성을 하면서 푸른색의 클로로필이 감소하고, 빨간색의 리코핀이 증가한다.

⑤ 색소는 다른 파장에서 빛을 흡수함으로써 특징적인 색깔을 나타내며, 색깔이나 광택은 작물의 유전적인 특징이지만 작물의 청결상태나 표면수분에 의해서도 영향을 받는다.

⑥ 색의 평가

㉠ 주관적으로 평가하거나 객관적인 측정을 통하여 평가한다. 주관적 평가는 특별한 장비 없이 육안에 의하여 평가하지만 사람 또는 빛의 상태에 따라 결과가 달라질 수 있어 객관성 또는 신뢰성이 떨어지는 단점이 있다. 객관적 평가는 고가의 장비를 필요로 하지만 기계로 측정하여 수치화함으로써 객관성과 신뢰성이 담보되는 합리적인 평가방법이다.

알아두기 주관적 품질과 객관적 품질

일반적으로 품질은 평가주체에 따라 주관적 품질과 객관적 품질로 분류한다.
• 주관적 품질 : 개인의 취향에 따른 기호성, 선호도 등 사람이 평가 주체가 되어 관능성을 평가하는 품질
• 객관적 품질 : 정량분석이 가능한 중량, 크기, 성분함량 등 기기 분석 자료에 의해 정량적으로 평가하는 품질

㉡ 관능적 평가 : 농산물의 등급판정에 있어 품위 계측의 방법 중 하나로 사과, 감귤, 단감 등 과실류는 착색비율을 구하여 등급을 정하고 있다.

㉢ 색의 객관적 지표 : 표준색 또는 기기의 측정수치로 표현하며, 색의 3요소인 명도(Value ; Lightness), 색상(Hue), 채도(순도, Chroma ; Intensity)를 수치 또는 기호로 표시하고, 지표로는 칼라차트나 색체계가 이용된다.

㉣ 보편적으로 먼셀(Munsell) 표색계, CIE 표색계, 헌터(Hunter) 색체계 등이 사용되며, 헌터 색도는 적녹색도(a), 황청색도(b), 명도(L)로 계산하여 수치와 색도 간의 연관성을 명료하게 나타낼 수 있기 때문에 널리 사용된다.

[헌터(Hunter) 색차계]

a값(적녹)	(+) 적색 ← 0 → 녹색 (−)
b값(황청)	(+) 황색 ← 0 → 청색 (−)
L값(명도)	색상의 밝기를 의미하며, 100에 가까울수록 흰색을 나타낸다.

(4) 결 점

① 모든 원예생산물은 완전한 품질을 지닐 것으로 기대할 수 없고, 재배・유통과정에서 다양한 원인으로 인해 결점이 발생하여 상품가치를 저하시키거나 상품가치를 완전히 상실하게 된다.

② 등급판정에 있어 중결점과 경결점으로 분류하여 판정의 주요 지표로 삼고 있다.

③ 원예생산물의 결점은 다양한 원인에 의하여 발생하며 환경적 원인, 생리적 원인, 생물학적 원인, 기계적 원인, 유전적 원인, 생태적 원인, 화학적 원인, 부적절한 수확 후 관리에 의한 원인 등으로 구분할 수 있다.

㉠ 환경적 원인 : 기후나 날씨, 토양상태, 관수 등 재배환경에 의하여 결점이 발생하는 경우

㉡ 생리적 원인 : 영양소 결핍, 수확기의 부적절한 성숙 정도, 내부조직 갈변, 다양한 생리적 장해에 의해 결점이 발생하는 경우

㉢ 생물학적 원인 : 작물의 재배과정이나 수확 후 관리과정에서 병해 또는 충해를 입어 작물이 손상을 받은 경우

㉣ 기계적 원인(물리적 원인) : 작물을 수확・포장・수송・판매하는 과정에서 여러 가지 원인에 의해 물리적 손상(압상・자상・열상 등)이 발생하는 경우

㉤ 유전적 원인 : 품종에 따라 특정 결점에 약해 동록・열과 등이 흔히 발생하여 품질이 떨어지는 경우

㉥ 생태적 원인 : 감자・마늘・양파의 발아, 양파의 뿌리생장, 배추나 무의 추대 등 생산한 작물의 저장・유통기간이 길어질 때 싹이 트거나 뿌리가 생장하여 품질이 낮아지는 경우

㉦ 화학적 원인 : 사용방법이나 시기를 지키지 않은 채 사용한 농약이나 화학비료 등으로 인해 농약잔류물이 작물 표면을 오염시키거나 동록을 일으키는 경우 또는 작은 반점을 형성하여 품질을 저하시키는 경우

(5) 질감(조직감)

① 질감은 식미의 가치를 결정하는 중요한 요인으로 작용하며, 수송력에도 많은 영향을 미친다.

② 원예생산물의 질감에는 촉감인 단단한 정도, 연한 정도, 즙액의 양 등과 이로 느낄 수 있는 단단함, 연함, 사각거림, 분질성, 씹힘, 점착성 등이 있고, 혀와 입안에서 느낄 수 있는 다즙성, 섬유질, 입자, 점착성, 미끄러움 등 여러 요인에 의하여 결정된다.

③ 질감은 촉감에 의해 느껴지는 물리적 특성이며 힘, 시간, 거리의 작용을 고려하여 객관적으로 측정할 수 있다.

④ 질감에 궁극적으로 영향을 끼치는 구조적 요인으로는 세포벽 구성물(전분, 효소, 펙틴) 및 그것들과 결합된 다당류와 리그닌 등을 들 수 있다.

⑤ 일반적으로 사용하는 원예생산물의 질감평가는 경도로서 표시할 수 있으며, 대체적으로 신선작물의 경우 가공식품과 달리 조직의 단단함 정도가 경도를 대표하고, 이것이 전반적인 질감을 나타내는 대표적인 요인으로 간주될 수 있다.

⑥ 원예산물에 따른 조직감의 유형

㉠ 사과 : 숙성이 진행되면서 경도가 감소하므로 씹는 느낌의 사각거림이 중요한 조직감의 요인으로 평가된다.

㉡ 배 : 석세포가 씹히는 느낌과 다즙성으로 평가된다.

㉢ 감귤류 : 수분 함량과 관련하여 과즙의 양에 따라 조직감이 평가된다.

㉣ 복숭아 : 쉽게 연화되는 특성이 있어 연화의 정도가 조직감으로 평가된다.

(6) 풍미(맛과 향기)

① 풍미는 질감보다 정의하기 더욱 어려운 품질구성요인이며, 대체적으로 조직을 입에 넣어 씹을 때 맛과 향의 화학적 반응을 입과 코로 인지하여 종합적으로 느낄 수 있다.

② 맛을 구성하는 네 가지의 기본적인 기준은 단맛, 쓴맛, 신맛, 짠맛으로 나타낼 수 있고, 종종 떫은맛도 평가기준에 포함되기도 하며, 매운맛은 정상적인 미각이 아닌 혀의 통각으로부터 느껴지는 감각이지만 고추의 품질평가에서는 중요한 요인이 되기도 한다.

㉠ 단 맛

- 조직이 함유하고 있는 당 함량에 의해 결정된다.
- 과일, 채소류에 가장 많이 함유된 당은 포도당, 과당, 자당 등이며 과실류에서는 일반적으로 굴절당도계를 이용한 당도로 표시한다.
- 현재는 비파괴선별기가 개발되어 주관적 품질을 객관적으로 표시하려는 추세이다.

㉡ 신 맛

- 원예생산물이 가지고 있는 유기산에 의하여 결정되며, 작물별로 축적되는 유기산의 종류가 많으므로 산 함량을 조사한 다음 그 작물의 대표적인 유기산으로 환산하여 나타낸다.
- 대부분의 과실에는 사과산과 구연산이 많이 함유되어 있으며 사과와 배에는 능금산, 포도에는 주석산, 귤과 오렌지 등의 밀감류에는 구연산의 함량이 높은 편이다.
- 상대적으로 당 함량이 높아도 산 함량이 높으면 단맛을 제대로 느낄 수 없어 당도보다 산 함량이 더욱 중요한 지표로 작용할 수 있으며, 유통과정 또는 소비단계에서의 단맛 증가는 당 성분이 새롭게 형성된 것이 아니라 유기산의 소모로 인해 신맛이 감소하여 상대적으로 단맛이 강하게 느껴지는 것이다.
- 가공식품에 있어서는 적정량의 염분이 첨가되면 단맛이 강화되기도 한다.

㉢ 당산비

- 맛을 평가할 때 당과 산의 비율에 의해 결정되는 경우가 많으므로 당산비에 관하여 정확히 이해하여야 한다.
- 최근에는 당도도 높고, 동시에 산도가 풍부한 맛이 실제로 우수한 것으로 평가되고 있다.

㉣ 짠맛 : 소금을 기준으로 결정되지만, 신선작물에는 짠맛을 느낄 정도의 소금이 쌓여 있지 않기 때문에 품질의 결정요인으로 보지 않는다.

㉤ 쓴 맛

- 중요한 맛의 결정요인은 아니지만 특정한 조건이나 생리적 장해가 발생했을 때 조직이 쓴맛을 나타내기도 한다.
- 당근이 에틸렌에 노출된 경우 이소구마린을 합성하여 쓴맛이 나타나기도 한다.

㉥ 떫은맛

- 성숙하지 않은 작물에서 종종 나타나며, 가용성 탄닌과 관련되어 있다.
- 떫은 감은 탈삽과정을 거쳐 탄닌이 불용화되거나 소멸되면 떫은맛이 사라진다.
- 탄닌은 감뿐만 아니라 덜 익은 과실에도 들어 있다가 익으면서 줄어드는 경향이 있다.

③ 원예생산물로부터 발산되는 냄새는 향기 결정에 중요하지만 이를 구체적으로 결정하기란 쉽지 않으며, 사람은 약 1만 종의 냄새를 구분하는데 냄새를 만드는 화학물질은 매우 낮은 농도에서도 독특한 향을 나타내므로 이를 검출하기 매우 어렵다.

④ 일부 과일에서는 향기가 품질에 큰 영향을 미치기도 하는데, 후지 사과의 경우 특유의 향기가 풍부해야 고품질로 인정받으며 딸기, 복숭아 등의 품질에도 중요한 영향을 미친다.

⑤ 향기는 휘발성 물질에 의해 결정되며, 원예산물의 종류나 숙성에 따라 종류, 함량이 달라진다.

2. 품질구성의 내적요인

(1) 영양적 가치

① 원예생산물은 인간에게 필요한 여러 가지 영양물질을 공급해 주는 중요한 공급원이지만, 영양가치는 눈에 보이는 품질요인이 아니므로 소비자가 작물을 선택할 때 큰 영향을 미치지 못하는 경우가 흔하다.

② 원예생산물로부터 얻을 수 있는 인간에게 필요한 영양물질에는 무기원소, 탄수화물, 지방, 단백질, 비타민 등이 있으며, 이 중 원예생산물은 섬유소, 무기원소(Na, K, Ca, Fe, P 등), 약간의 탄수화물과 비타민의 중요한 공급원이지만, 대부분 지방 함량이 낮아 지방의 공급원이 되지는 못한다.

③ 비타민 중 수용성 비타민의 중요한 공급원이며, 직접적인 형태나 전구물질의 형태로 공급된다. 또한 섬유소는 소화되지 않지만 대장의 활동을 강화하여 변비를 방지하는 효과가 있으며, 원예생산물은 중요한 섬유소의 공급원이다.

④ 원예생산물로부터 공급되는 이러한 영양물질 중 비타민 C는 수확 후 관리가 부적절할 때 더욱 많이 감소하는 경향을 보인다.

⑤ 고추의 캡사이신과 마늘이나 양파의 알린계 등의 매운맛 성분은 항암성, 항산화작용 등 건강기능성이 매우 우수한 것으로 밝혀져 있다.

(2) 안전성

안전성에 영향을 주는 위해요소는 크게 물리적, 화학적, 생물학적 요소로 구분된다.

① 물리적 요소 : 흙이나 돌조각 같은 이물질

② 화학적 요소 : 잔류농약, 중금속 등의 유독성 화학물질

③ 생물학적 요소 : 곰팡이, 박테리아, 바이러스와 같은 미생물 및 그들의 독소, 기생충 등

(3) 천연 독성물질

① 오이의 쿠쿠비타신(Cucurbitacin)과 상추의 락투세린(Lactucerin), 락투신(Lactucin) 같은 배당체는 쓴맛을 내는 독성물질이다.

② 근대나 토란 같은 근채류의 경우 성숙과정에서 영양적인 불균형에 의해 수산염이 생성되고, 감자는 괴경(덩이줄기)이 광(光)에 노출되면 솔라닌(Solanine)이 축적되는데, 고농도일 경우 인체에 치명적일 수 있으며, 고구마의 경우 이포메아마론(Ipomeamarone)이 축적될 수 있다.

③ 배추나 무, 순무 등 십자화과류의 경우 글루코시놀레이트(Glucosinolate)가 축척될 수 있다.

④ 곰팡이에 의해 생성되는 진균독(Mycotoxin)과 박테리아에서 분비되는 독소(Toxin)는 자연 오염물질로서, 병든 작물에서 발생된다.

㉠ 아플라톡신 : 옥수수, 땅콩, 쌀, 보리 등에서 검출되는 곡류독

㉡ 오클라톡신 : 밀, 옥수수 등 곡류와 육류, 가공식품에서 검출

㉢ 제랄레논 : 옥수수, 맥류 등에서 검출되며 생식기능장애와 불임 등을 유발한다.

㉣ 파튤린 : 사과쥬스에 오염

⑤ 토양 내 중금속은 작물의 뿌리를 통해 흡수된 후 과일이나 잎에 축적되는데 수은(Hg), 카드뮴(Cd), 납(Pb) 등의 중금속은 체내 과다축적 시 치명적인 중독증상이 나타나는 것으로 알려져 있다.

⑥ 작물의 재배과정에서 환경조건이나 시비조건이 맞지 않으면 고농도의 질산염과 아질산염이 작물에 축적되는데, 이 또한 바람직하지 않은 물질로 알려져 있다.

(4) 미생물 오염

① 유기질 비료를 채소와 과일에 시용하기 전에 소독 처리과정을 거쳐 신선생산물이 살모넬라(Salmonella)나 리스테리아(Listeria) 등의 병균에 오염되는 위험을 피해야 하고, 수확된 작물은 토양으로부터 쉽게 오염되므로 수확·선별과정에서 주의 깊게 취급하고 세척하는 과정이 필요하다.

② 미생물에 대한 안전성 문제는 비위생적인 조건에서 수확 후 관리되거나, 적정온도(대부분의 경우 0℃)보다 높은 온도에서 가공된 과일이나 채소에서 발생할 가능성이 더 높다.

③ 미생물 오염과 관련된 안전성 평가는 이미 법제화되어 있고, 안전성과 관련된 많은 연구가 국내외에서 지속적으로 수행되고 있다.

(5) 잔류농약

① 소비자의 식품안전에 대한 요구와 함께 농산물의 잔류농약에 대한 관심이 커지고 있으며, 특히 국가 간 무역에 의한 농산물 수출입 시의 검역과도 연관되어 있고, 농산물의 경우 농약의 잔류허용기준이 각국마다 정해져 있다.

② 대부분의 국가들은 신선채소에 잔류된 농약을 안전성 문제에 있어서 가장 중요한 요인으로 여기고 있다.

③ 잔류허용기준은 작물별, 농약 종류별로 다르므로 농약의 사용에 있어 반드시 사용지침에 따라 사용하여야 한다.

④ 농약 잔류 허용량의 개념

㉠ 농약으로 인해 오염된 산물을 섭취하였을 때 잔류하여도 건강상 무방한 기준농도를 의미한다.

㉡ 설정은 원칙적으로 세계보건기구(WHO), 세계식량농업기구(FAO), 농약전문가합동회의에서 정해진 방법에 따르며, 한 가지 농약이라도 여러 작용에 사용되어 작물에 따라 잔류량이 모두 다를 때는 작물별 잔류허용량을 설정하여야 한다.

⑤ **농약 잔류 허용량의 산출** : 특정 식품의 1일 평균소비량과 식습관을 고려하며, 농약 허용 최대한계(Permissible Level)는 다음 공식에 따른다.

$$P(\text{ppm}) = \frac{ADI \times W}{F}$$

여기서, P : 농약 허용 최대한계(mg/kg 식품)
W : 사람의 체중
F : 농약이 함유된 식품의 1일 평균소비량
ADI : 인체 허용 1일 섭취량(mg/kg 체중)

02 품질평가

1. 품질의 정의와 기준

(1) 품질의 의미

① 원예산물 품질의 우수성은 맛, 조직감, 모양, 형태뿐만 아니라 향기, 영양적 가치 및 안전성에 의해 결정된다.

② 최근에는 영양적 가치나 안전성 및 기능성이 구성요소로 크게 부각되고 있으며, 환경친화형 농업의 중요성이 확산되면서 잔류농약 등 식품안전성에 대한 관심이 커지고 있어 원예산물의 품질평가에 있어 중요한 구성요소로 자리 잡고 있다.

③ 체계적인 품질평가는 합리적 가격 산정, 품질 향상, 우수한 상품의 유통을 유도해 소비자의 신뢰도를 높일 수 있다.

(2) 품질평가기준

① 상품성과 관련된 품질평가는 지금까지 주로 품질의 크기, 부피, 모양, 색깔 등 외적 요인을 기준으로 수행되어 왔다.

② 최근에는 색깔, 당도, 조직감, 안전성 등 산물의 내적 요인을 기준으로 한 품질평가가 유통센터를 중심으로 이루어지고 있다.

2. 품질의 평가

(1) 품질평가의 개요

① 품질평가는 오래 전부터 사용되어 온 파괴적 평가방법인 관능검사법과 대형물류센터에서 많은 물량의 품질을 신속하게 판단할 수 있도록 정밀한 분석기기를 이용하는 비파괴적 분석방법으로 구분된다.

② 최근까지는 주로 크기를 기준으로 한 비파괴적 품질평가가 이루어져 왔으며 당도, 과피색 등이 중심이 되어 이와 관련된 선별기가 개발되어 왔다.

③ 현재 농산물의 조직감을 측정할 수 있는 경도 평가방법 및 안전성과 관련한 평가방법 확립에 대한 연구가 진행 중이다.

(2) 품질평가방법

① 형 상

㉠ 과실의 형상을 나타내는 가장 단순한 방법은 과고와 과경을 측정하여 그 비를 나타내는 것이다.

㉡ 학술적으로 널리 사용하는 용어로는 원형도(Roundness)와 구형도(Sphericity)가 있다.

㉢ 원형도는 물체의 모서리가 얼마나 예리한가를 나타내는 척도이며, 구형도는 물체의 원주들이 얼마나 균일한가를 나타내는 척도이다.

② 밀도 또는 비중

㉠ 밀도는 물체의 단위부피당 질량을 나타내는 척도로 kg/m^3, g/cm^3의 단위로 표현한다.

㉡ 밀도를 물의 밀도에 대비하여 나타낸 것이 비중이며, 과실의 비중을 측정하는 손쉬운 방법에는 부력법이 있다.

㉢ 부력법은 용기에 물을 채우고 물체를 용기의 벽면에 닿지 않으면서 완전히 물속에 잠기게 하였을 때 물의 부피가 증가한 만큼 나타나는 저울의 무게를 측정하여 비중으로 환산하는 방법이다.

㉣ 부력법은 물체의 비중뿐만 아니라 부피와 밀도도 측정할 수 있다.

③ **수분 함량** : 수분은 105℃ 건조법에 의하여 측정함을 원칙으로 하되, 이와 동등한 측정결과를 얻을 수 있는 130℃ 건조법, 적외선 조사식 수분계, 전기 저항식 수분계, 전열 건조식 수분계, 기타 수분 측정이 가능한 장비 등에 의한 측정을 보조방법으로 채택할 수 있다.

④ 당 도

㉠ 과실의 단맛을 내는 성분은 포도당이나 과당과 같은 단당류와 자당과 같은 소당류로 수용성 고형분에 해당한다.

㉡ 단맛의 정도를 당도라고 하며, 흔히 굴절당도계로 측정한다.

㉢ 굴절당도계의 값이 당 함량의 참값은 아닐지라도 그 일관성과 편의성으로 인하여 널리 사용되고 있다.

㉣ 굴절계는 원래 물질의 굴절률(공기 중에서의 빛의 속도에 대비한 물질 속에서의 빛의 속도비)을 측정하는 기기인데, 수용성 고형분의 함량에 따른 굴절률을 이용하여 당도를 측정한다.

㉤ 당도의 측정단위는 일반적으로 브릭스(°Brix)로 나타낸다.

⑤ pH(산도)

㉠ 과실의 신맛은 과실이 함유하고 있는 유기산에 기인하며, 유기산이 함유된 정도를 산도라고 한다.

㉡ 과실에서 가장 풍부한 유기산은 사과산(Malic Acid)과 구연산(Citric Acid)이며, 품목에 따라 주석산(Tartaric Acid), 옥살산(Oxalic Acid) 등 다양한 유기산이 함유되어 있다.

㉢ 유기산(신맛)이 함유된 품목

- 구연산 – 딸기, 감귤류
- 주석산 – 포도, 바나나
- 사과산 – 사과, 수박
- 옥살산 – 시금치, 양배추, 토마토

㉣ 유기산은 수산기(-OH)와 밀접한 관계가 있기 때문에 pH값이 곧 산도를 뜻하지는 않는다고 하더라도, pH계로 측정한 pH값으로 유기산 함량의 정도를 가늠해 볼 수 있다.

㉤ 과일의 유기산 함량은 착과 후 성숙단계에 이르기까지 증가하며, 숙성이 진행되면 급격히 감소한다.

㉥ 유기산의 상대적 함량을 측정하기 위해 일정한 부피의 과즙에 0.1N NaOH 용액을 첨가하여 적정산도를 산출한다.

⑥ **경도(압축특성)** : 과실이 얼마나 단단한가를 나타내는 척도로 흔히 경도계를 사용한다.

(3) 관능검사법

① 농산물의 품질을 한 가지로 통일시켜 객관화하여 측정하기는 불가능하며, 관능검사법은 검사인의 주관적인 판단에 의하여 결정되지만 여러 사람에 의하여 반복되고, 훈련되어진 과정을 거쳐 주관적인 결과를 객관화시키는 방법이다. 따라서 숙련된 검사원이 필요하다.

② 상품성의 판단은 보통 맛(당도, 산도 등), 색깔, 질감, 크기와 모양 등을 종합하는데, 이 중 당도는 일반적으로 굴절당도계, 질감은 경도계 또는 씹을 때의 느낌 등에 의하여 판단하므로 관능검사법은 파괴적인 방법으로 분류한다.

(4) 비파괴 품질평가법

① 선별과정에서 빠르게 지정한 품질요인을 분석한 뒤 그 결과에 따라 선별하는 방식으로 진행된다.

② 과일과 채소의 비파괴적 방법에 의한 평가요인은 색, 모양, 크기 등의 외양, 질감과 향미 등이다.

③ 비파괴 품질평가 방법

㉠ 영상처리기법 : 각종 농산물의 크기, 형상, 색채, 외부결점 등 주로 외관 판정

㉡ 근적외선 분광법 : 수분, 단백질, 지질, 당산도 등 성분의 정량 분석

㉢ X선 CT스캔법 : 청과물의 내부결함과 공동 판정

㉣ 핵자기공명법(MRI) : 청과물의 숙도 및 내부상태 판정

㉤ 음파·초음파 : 각각 청과물의 조직, 조직구조 및 점탄성 판정

④ 비파괴 평가법의 장단점

㉠ 신속하고 정확하다.

㉡ 사용한 시료를 반복해서 사용 가능하다.

㉢ 숙련된 검사원을 필요로 하지 않아 인건비가 절약된다.

㉣ 시설의 대형화가 요구된다.

㉤ 시설에 대한 초기 투자비용이 크다.

제 3 장 수확 후 처리

01 세척 · 탈수 · 살균

1. 세 척

(1) 건식세척

① 비용은 저렴하지만 재오염의 가능성이 높은 단점이 있다.

② 건식세척방법

㉠ 체눈의 크기를 이용한 이물질 제거

㉡ 바람에 의한 이물질 제거

㉢ 자석에 의한 이물질 제거

㉣ 원심력에 의한 이물질 제거

㉤ 솔을 이용한 이물질 제거

㉥ 정전기를 이용한 미세먼지 제거

㉦ X선에 의한 이물질 제거

(2) 습식세척

① 원예산물에 부착되어 있는 오염물질을 세척제를 사용한 침적, 용해, 흡착, 분산 등의 화학적인 방법과 확산·이동 등의 물리적 방법을 사용하여 제거하는 방법이다.

② 세척 후 습기 제거가 수반되어야 한다.

③ 재오염이 되지 않도록 하고, 손상이나 변질이 없어야 한다.

④ 습식세척방법

㉠ 세척수를 이용한 담금에 의한 세척

㉡ 분무에 의한 세척

㉢ 부유에 의한 세척

㉣ 초음파를 이용한 세척

(3) 원예산물별 세척

① **근채류** : 당근, 감자, 셀러리, 무 등은 세척시점과 소비시점이 길지 않아야 한다.

② **엽채류**

㉠ 미생물의 확산이나 취급과정에서 생긴 상처 부위에 따라 곰팡이의 증식요인이 되기도 한다.

㉡ 곰팡이의 억제제로서 클로린(염소) 100ppm 정도를 사용한다.

③ 과채류

㉠ 이물질을 제거하기 위하여 과일을 닦는 일은 이물질 제거와 함께 광택도 낼 수 있다.

㉡ 세척 과정에서 상처를 낼 수 있고, 손상된 세포를 통하여 숙성을 촉진시켜 에틸렌 발생이 증가되기도 한다.

2. 탈수와 자외선 살균

(1) 탈 수

① 세척 후 원예산물에 남아 있는 수분을 제거하는 과정이다.

② 부착수가 남은 경우 곰팡이, 미생물 등의 증식으로 인한 부패를 유발하고, 골판지상자의 강도를 저하시키는 요인 등이 될 수 있으므로 주의가 필요하다.

(2) 자외선 살균

① 자외선을 이용하여 세균, 곰팡이 등을 죽이는 살균방법으로, 효과가 크다.

② 주로 이용되는 자외선의 파장은 10~400nm로, 화학작용에 강하다.

02 큐어링 · 예랭 · 예건 · 맹아 억제

1. 큐어링

(1) 의 의

① 수확 시 원예산물이 받은 상처의 치료를 목적으로 유상조직을 발달시키는 처리과정을 말한다.

② 땅속에서 자라 수확 시 많은 물리적인 상처를 입는 감자와 고구마, 마늘이나 양파 등은 잘라낸 부위가 제대로 아물고 바깥의 보호엽이 제대로 건조되어야 장기저장할 수 있다.

③ 수확 시 입은 상처는 병균의 침입구가 되므로 빠른 시일 내에 치유가 되어야 수확 후 손실을 줄일 수 있다.

④ 큐어링은 물리적 상처를 아물게 하거나 코르크층을 형성시켜 수분 증발 및 미생물의 침입을 줄이는 방법이다.

⑤ 산물에 따라 적정 온도, 습도, 시간을 설정한다. 일반적으로 상대습도가 높을수록 코르크층 형성이 빠르다. 또한 미생물의 증식을 고려하여 35℃ 이상은 피하는 것이 좋다.

⑥ 손상부위의 표면조직을 단단하게 한다.

⑦ **주로 이용하는 작물** : 고구마, 감자, 생강, 양파, 마늘 등

(2) 품목별 처리방법

① 감 자

㉠ 수확 후 온도 15~20℃, 습도 85~90%의 환경조건에서 2주일 정도 큐어링하여 코르크층이 형성되면 수분 손실과 부패균의 침입을 막을 수 있다.

㉡ 큐어링 중에는 온도・습도를 유지하여야 하기 때문에 가급적 환기를 피하고, 22℃ 이상인 경우에는 호흡량과 세균의 감염이 급속도로 증가하기 때문에 주의가 필요하다.

② 고구마 : 수확 후 1주일 이내에 온도 30~33℃, 습도 85~90%의 환경조건에서 4~5일간 큐어링한 후 열을 방출시키고 저장하면 상처가 잘 치유되고 당분 함량이 증가한다.

③ 양파와 마늘

㉠ 양파와 마늘은 보호엽이 형성되고, 건조되어야 저장 중 손실이 적다.

㉡ 일반적으로 밭에서 1차 건조시키고, 저장 전에 선별장에서 완전히 건조시켜 입고한 후 온도를 낮추기 시작한다.

2. 예 랭

(1) 의 의

① 수확 후 원예산물에서 발생할 수 있는 품질 악화의 기회를 감소시켜 소비할 때까지 신선한 상태로 유지할 수 있도록 하는 매우 중요한 수확 후 처리과정이다.

② 수확한 원예산물은 본주로부터 더 이상 양분과 수분을 공급받지 못하지만 생리현상은 계속 진행되므로 축적된 양분과 수분을 이용하여 생명현상을 유지하는데, 이러한 대사작용의 속도는 온도의 영향을 크게 받으므로 수확 후 온도관리는 가장 중요한 수확 후 관리기술이다.

③ 수확한 작물에 축적된 열을 포장열이라고 하며, 수확기 온도가 높은 작물은 저장고에 입고된 후에도 저장고의 온도가 잘 떨어지지 않는 경우가 많은데, 예랭은 작물에 나쁜 영향을 주지 않는 적합한 수준으로 포장열의 온도를 낮추어 주는 과정이다.

④ 수확 직후의 청과물 품질을 유지하기 위하여 수송 또는 저장하기 전의 전처리하여 급속히 품온을 낮추는 것을 예랭이라고 한다.

⑤ 청과물을 저장하기 전에 동결점 근처까지 급속히 냉각시켜 호흡을 억제함으로써 저장양분의 소모를 감소시켜 품질 열화를 방지하고, 저장성과 수송성을 높이며, 증산과 부패를 억제하여 신선도를 유지하기 위해 사용한다.

⑥ 청과물 자체의 호흡량을 억제하는 냉각작업으로서, 저온유통체계를 활성화시킨다.

(2) 예랭의 효과

① 작물의 온도를 낮추어 호흡 등의 대사작용 속도 지연
② 에틸렌의 생성 억제
③ 병원성 미생물 및 부패성 미생물의 증식 억제
④ 노화에 따른 생리적 변화를 지연시켜 신선도 유지
⑤ 증산량 감소로 인한 수분의 손실 억제
⑥ 유통과정의 농산물을 예랭함으로써 유통과정 중 수분의 손실 감소

(3) 예랭의 효과를 높이기 위한 방법

① 수확 후 바로 저온시설로 수송하기 어려운 경우 차광막 등 그늘에 둔다.
② 작물에 적합한 냉각방식을 택하여 적용한다.
③ 예랭시기를 놓치지 않고 제때에 예랭한다.
④ 습도와 목표온도가 정확하여야 한다.
⑤ 예랭 후 처리가 적절하여야 한다.

(4) 예랭 적용 품목

① 호흡작용이 격심한 품목
② 기온이 높은 여름철에 주로 수확되는 품목
③ 인공적으로 높은 온도에서 수확(하우스 재배 등)된 시설채소류
④ 선도 저하가 빠르면서 부피에 비하여 가격이 비싼 품목
⑤ 에틸렌 발생량이 많은 품목
⑥ 증산량이 많은 품목
⑦ 세균, 미생물 및 곰팡이 발생율이 높은 품목과 부패율이 높은 품목

(5) 품목별 예랭효과

① **예랭효과가 높은 품목** : 사과, 포도, 오이, 딸기, 시금치, 브로콜리, 아스파라거스, 상추 등
② **예랭효과가 낮은 품목** : 감귤, 마늘, 양파, 감자, 호박, 수박, 멜론, 만생종 과일류 등

3. 예랭방식

(1) 냉풍냉각식 예랭

① 일반 저온저장고에 냉장기를 가동시켜 냉각하는 방식으로, 냉각속도가 매우 느리며, 냉각시간은 냉각공기와 접하는 상자의 표면적과 산물의 중량에 따라 좌우된다.

② 냉각속도가 느리므로 급속냉각이 요구되는 산물에는 적용할 수 없지만, 온도에 따른 품질 저하가 적은 작물이나 장기저장하는 작물(사과, 감자, 고구마, 양파 등) 등에 주로 이용된다.

③ 저장고 면적에 비하여 적은 양의 산물을 넣고 냉각시킬 경우 지나치게 건조되어 품질이 떨어지기도 한다.

④ 장 점

㉠ 일반 저온저장고를 이용하므로 특별한 예랭시설이 필요하지 않다.

㉡ 예랭과 저장을 같은 장소에서 실시하므로 예랭 후 저장산물을 이동시킬 필요가 없다.

㉢ 냉동기의 최대부하를 작게 할 수 있다.

⑤ 단 점

㉠ 냉각속도가 느리므로 급속한 냉각이 요구되는 작물에는 이용할 수 없으며 예랭 중 품질 저하의 우려가 있다.

㉡ 포장용기와 냉기의 접촉이 유리하도록 적재 시 용기 사이에 공간을 두어야 하므로 저장고 활용면적이 낮다.

㉢ 냉각이 용기 주변에서 내부로 진행되므로 내부의 공기가 외부로 이동하면서 외부 쪽 산물에 결로가 생길 우려가 있다.

㉣ 적재위치에 따라 온도가 불균일하기 쉽다.

(2) 강제통풍식 예랭

① 공기를 냉각시키는 냉동장치와 찬 공기를 적재물 사이로 통과시키는 공기순환장치로 구성되며, 예랭고 내의 공기를 강제적으로 교반시키거나 산물에 직접 냉기를 불어 넣는 방법으로, 냉풍냉각식보다는 냉각속도가 빠르다.

② 냉각 소요시간은 품목, 포장용기, 적재방법, 용기의 통기공, 냉각용량 등에 영향을 받는다.

③ 포장상자의 통기공이나 적재방법에 따라 냉각속도에 큰 차이가 있으며, 적재상자와 상자 사이로 찬 공기가 흐르지 않고, 상자의 통기공을 거쳐 산물과 직접 접촉하여 공기가 흐르도록 해야 한다.

④ 산물이 비를 맞았을 경우 냉각효과가 떨어지므로 입고량을 줄이고 풍량과 풍속을 증가시켜 냉각속도를 빠르게 하여야 한다.

⑤ 냉풍온도가 동결온도보다 낮으면 동해를 입을 수 있으므로 산물의 빙결점보다 1℃ 정도 높은 온도로 하는 것이 안전하고, 과채류 등 저온장해를 입기 쉬운 품목은 저온장해를 일으키지 않는 온도범위를 결정하여야 한다.

⑥ 장 점

㉠ 냉풍냉각식에 비하여 예랭속도가 빠르다.

㉡ 예랭실의 위치별 온도가 비교적 균일하게 유지된다.
㉢ 기존 저온저장고의 개조가 가능하므로 시설비가 저렴하다.
㉣ 예랭 후 저장고로 사용이 가능하다.

⑦ 단 점

㉠ 냉기의 흐름과 방향에 따라 온도가 불균일해질 가능성이 있다.
㉡ 냉각기 근처의 산물은 저온장해를 받기 쉽다.
㉢ 차압통풍식에 비하여 예랭속도가 느리다.
㉣ 가습장치가 없을 경우 과실의 수분이 손실될 수 있다.

(3) 차압통풍식 예랭

① 강제통풍식에 비해 냉각속도가 빠르고, 냉각불균일도 비교적 적다.
② 약간의 경비로 기존 저온저장고의 개조가 가능하다.
③ 포장용기 및 적재방법에 따라 냉각편차가 발생하기 쉽다.
④ 골판지상자에 통기구멍을 내야 하고, 차압팬에 의해 흡・배기된다.
⑤ 장 점

㉠ 공기가 항상 상류층에서 하류층으로 흘러 냉풍냉각식과 같은 결로현상이 발생하지 않는다.
㉡ 냉각 중 변질이 적다.
㉢ 강제통풍식처럼 거의 모든 작물의 예랭에 이용이 가능하다.
㉣ 냉각속도가 빨라 단위시간과 예랭고 체적당 냉각능력이 크고, 예랭비용을 줄일 수 있다.

⑥ 단 점

㉠ 상자의 적재에 시간이 많이 걸린다.
㉡ 용기에 통기공을 뚫어야 하므로 골판지상자의 경우 강도 저하요인이 된다.
㉢ 공기통로가 필요하므로 적재효율이 나쁘다.
㉣ 적재량이 많거나 냉기의 관통거리가 길어지면 상류와 하류의 온도가 균일하지 않을 수 있다.
㉤ 풍속이 빨라지면 중량 감소가 많아질 수 있다.

(4) 진공식 예랭

① 원예산물의 주변 압력을 낮춰 산물의 수분 증발을 촉진시켜 증발잠열을 빼앗는 원리를 이용하여 냉각한다.
② 물은 1기압(760mmHg)에서는 100℃에서 증발하지만 압력이 저하되면 비등점도 낮아져 4.6mmHg에서는 0℃에서 끓기 시작하며, 0℃의 물 1kg이 증발할 때 597kcal의 열을 빼앗긴다.
③ 장치는 진공조, 진공장치(진공펌프 또는 이젝터), 콜드트랩, 냉동기 및 제어장치 등으로 구성되어 있다.
④ 엽채류의 냉각속도는 빠르지만 토마토, 피망 등은 속도가 느려 부적당하고, 동일품목 내에서도 크기에 따라 냉각속도가 달라진다.

⑤ 냉각속도가 서로 다른 품목을 혼합하는 경우 위조현상이나 동해의 발생도 가능하므로, 냉각시간이 같은 종류의 품목을 조합하여야 한다.

⑥ 장 점

㉠ 냉각속도가 빠르고, 균일하다.

㉡ 출하용기에 포장상태로 예랭이 가능하다.

⑦ 단 점

㉠ 시설비와 운영경비가 많이 든다.

㉡ 품목에 따라서는 냉각이 잘 되지 않는 품목도 있다.

㉢ 수분의 증발에 따라 중량의 감소현상이 발생할 수 있다.

㉣ 조작에 따라 원예산물의 기계적 장해가 생길 수 있다.

(5) 냉수냉각식 예랭

① 냉각기 또는 얼음으로 냉각한 0~2℃의 물을 매체로 사용하여 냉수와 산물의 열전달에 의해 냉각하는 예랭방식이다.

② 접촉방식에 따른 유형

㉠ 스프레이식 : 압력으로 가압한 냉각수를 분무하여 냉각하는 방식

㉡ 침전식 : 냉각수가 들어 있는 수조에 침전시켜 냉각하는 방식

㉢ 벌크식 : 대량의 벌크상태의 산물을 냉각 전반은 침전식으로, 후반은 컨베이어벨트로 끌어올려 살수하여 냉각하는 방식

③ 냉각효율은 매우 좋으나 실용화를 위해서는 미생물 오염과 같은 여러 문제점을 해결하여야 한다.

④ 과채류, 근채류, 과실류의 예랭에 효율적이며 시금치, 브로콜리, 무, 당근 등에 이용된다.

⑤ 청과물이 물에 젖게 되므로 작물에 따라 문제가 생기기도 한다.

⑥ 빠른 냉각속도에 함께 세척효과도 있으며, 근채류에 적합하다.

⑦ 장 점

㉠ 냉각속도가 매우 빠르다.

㉡ 위조현상이 없고, 오히려 작물에 따라 시듦현상이 회복될 수 있다.

㉢ 냉각 중 동해가 발생할 우려가 없다.

㉣ 시설비와 운영경비가 다른 냉각법에 비하여 적게 든다.

㉤ 냉각부하가 큰 수박을 비롯하여 무, 당근 등과 같은 근채류에 알맞다.

⑧ 단 점

㉠ 포장재에 따라 흡습으로 인해 무거워질 수 있다.

㉡ 골판지상자를 포장재로 사용할 경우 강도가 저하된다.

㉢ 물에 젖게 되므로 품목에 따라서는 사용이 불가능하다.

㉣ 냉각수에 의해 미생물 등에 오염될 수 있다.

㉤ 부착수를 제거하여야 한다.

(6) 빙랭식 예랭

① 잘게 부순 얼음을 원예산물과 함께 포장하여 수송하므로 수송 중 냉각이 이루어진다.
② 얼음과 산물이 직접 접촉하므로 신속한 예랭이 가능하다.
③ 일반적으로 고온에 품질 변화가 빠르고, 물에 젖어도 변화가 적은 작물에 이용된다.
④ 포장재가 젖게 되므로 내수성이 강한 재료를 사용하여야 한다.

[예랭방식에 따른 장단점 비교]

구 분	장 점	단 점
강제통풍식	• 설비비 저렴 • 모든 품목에 적용 가능 • 예랭 후 저온저장고로 활용 가능 • 운전조작이 간단 • 보수 용이	• 냉각 불균일이 생기기 쉬움 • 증발온도가 낮아 쿨러 토출구 부근에서 국부적 동결이 생기기 쉬움 • 부하 변동에 약하고, 대용량 예랭에 부적합 • 냉각시간이 길고(12~20시간), 당일출하가 어려움
차압통풍식	• 설비비가 진공식보다 저렴 • 모든 품목에 적용 가능 • 예랭시간이 비교적 짧고(2~6시간), 당일출하 가능 • 기존 저온저장고의 개조 가능 • 최적 통풍속도 시 강제통풍식에 비해 에너지 절약 가능	• 강제통풍식보다 설비비 고가(1.5배) • 강제통풍식보다 수용능력이 약간 떨어지고 포장상자 배열에 노력 필요 • 풍속이 클 경우 건조 발생
진공식	• 냉각시간이 짧고(20~40분), 신선도가 가장 높음 • 냉각에 의한 수분 제거로 비에 젖은 청과물 예랭 가능 • 골판지상자 통기구의 크기나 적재방법에 영향을 받지 않음	• 적용 품목이 거의 엽채류로 한정 • 설비비가 비교적 높음 • 예랭 후 저온저장고가 필요함 • 전체 시설의 대형화 초래
냉수냉각식	• 설비비가 진공식보다 저렴 • 예랭시간이 비교적 짧고(0.5~1시간), 당일출하 가능 • 세척 겸용 가능	• 적용 품목이 근채류 중심임 • 보냉고 필요 • 골판지상자 등 포장재의 사용 불가
빙랭식	처음 접촉 시 신속한 예랭 가능	• 얼음이 녹자마자 예랭속도 느려짐 • 비용이 많이 들고, 물에 견디는 포장상자 필요

(7) 예랭방식별 적용 가능 품목

① **냉풍냉각식, 강제통풍식, 차압통풍식** : 사과, 배, 복숭아, 단감, 감귤, 포도, 키위, 딸기, 양배추, 브로콜리, 콜리플라워, 오이, 참외, 멜론, 수박, 애호박, 토마토, 고추, 피망, 파프리카, 감자 등
② **냉수냉각식** : 사과, 배, 브로콜리, 셀러리, 아스파라거스, 파, 무, 당근, 고구마, 멜론, 오이, 참외, 고추, 피망, 파프리카, 단옥수수, 감자 등
③ **진공식** : 결구상추, 배추, 양배추, 시금치, 셀러리, 버섯, 콜리플라워 등
④ **빙랭식** : 브로콜리, 저온장해에 강한 엽채류, 파, 완두, 단옥수수 등

(8) 예랭효율과 반감기

① 예랭효율이란 산물의 온도 저하속도를 의미한다.
② **예랭효율에 영향을 미치는 요인**
㉠ 생산물의 품온과 냉매의 온도 차이
㉡ 냉매의 이동속도
㉢ 냉매의 물리적 성상

㉣ 표면적의 기하학적 구조

㉤ Q_{10}값이 클수록 예랭효율이 높아짐

③ 반감기

㉠ 예랭효율의 지표가 되며, 예랭효율은 온도가 절반으로 소요되는 시간을 의미하는 반감기 개념을 이용하여 표시한다.

㉡ 방사성 물질의 반감기가 방사성 물질의 양이 반으로 줄어드는 데 소요되는 시간을 의미하는 것처럼, 원예산물의 온도가 목표온도의 절반까지 줄어드는 데 소요되는 시간을 말한다.

㉢ 반감기가 짧을수록 예랭이 빠르게 이루어지는 것으로 해석할 수 있다.

㉣ 단감의 경우 품온 반감기는 50분 정도이며, 목표온도까지 떨어지는 데 6~8시간이 소요된다.

4. 예건과 맹아 억제

(1) 예 건

① 수확 시 외피에 수분 함량이 많고, 상처나 병충해 피해를 받기 쉬운 작물은 호흡 및 증산작용이 왕성하여 그대로 저장하는 경우 미생물의 번식이 촉진되고, 부패율도 급속히 증가하기 때문에 충분히 건조시킨 후 저장하여야 한다.

② 식물의 외층을 미리 건조시켜 내부조직의 수분 증산을 억제시키는 방법으로, 수확 직후에 수분을 어느 정도 증산시켜 과습으로 인한 부패를 방지한다.

③ 예건처리 품목에는 양파, 마늘, 단감, 배 등이 있다.

④ 현재 국내 농가에서는 예랭시설 부족으로 인해 주로 예건을 실시하고 있다.

⑤ 마늘의 경우 수확 직후 수분 함량은 85% 정도여서 부패하기 쉬우므로 장기저장을 위해서는 수분 함량을 약 65%까지 감소시켜 부패를 막고, 응애와 선충의 밀도를 낮추어야 한다.

⑥ 예건을 통해 수확 후 과실의 호흡작용을 안정시키고, 과피에 탄력이 생겨 상처를 덜 받게 되며, 과피의 수분을 제거함으로써 곰팡이의 발생을 억제할 수 있다.

⑦ 수확 직후 건물의 북쪽이나 나무그늘 등 통풍이 잘 되고, 직사광선이 닿지 않는 곳을 택하여 야적하였다가 습기를 제거한 후 기온이 낮은 아침에 저장고에 입고시킨다.

(2) 맹아(움돋이) 억제

① 양파, 마늘, 감자 등의 품목은 기간이 지나면 휴면기가 끝나고, 보통저장고에서는 싹이 자라면서 상품가치가 급속히 저하되므로 맹아의 발생을 억제하여야 한다.

② MH 처리

㉠ 양파의 생장점은 인엽으로 싸여 있어 수확 후에 약제를 처리하는 것으로는 효과가 없다.

㉡ 수확 약 2주 전에 0.2~0.25%의 MH를 엽면에 살포하면 생장점의 세포분열이 억제되면서 맹아의 생장을 억제한다.

㉢ 살포시기가 너무 빠르면 저장 중 구 내에 틈이 생기기 쉽고 늦으면 효과가 적다.

③ 방사선 처리

㉠ 양파와 마늘, 감자 등에 이용되며 γ선을 조사하여 맹아를 억제할 수 있는데, 선량이 과다하면 부패량이 증가한다.

㉡ 생장점 부근의 조직은 방사선에 대한 감수성이 가장 예민하므로 이 부분의 장해를 막고, 다른 조직에 대해서는 영향이 가장 적은 선량이 바람직하다.

㉢ 방사선 처리 후에는 상온에서도 장기간 저장할 수 있다.

알아두기 발아촉진 처리방법

- 생리적 휴면타파 : 건조보관, 예랭, 예열, 광, 질산칼리 처리, 지베렐린 처리, 폴리에틸렌 피복 등
- 경실종자 처리방법 : 침지, 기계적 상처내기, 산으로 상처내기 등

제4장 선별과 포장

01 품질규격과 선별

1. 품질규격

(1) 의 의

① 품질의 규격화는 출하 전 상품성 부여를 위한 기본단계이다.
② 생산자는 수취가격에 대한 기대치를 결정한다.
③ 소비자가 물건을 구입할 때 가격에 대한 의사결정요인이 된다.

(2) 목 적

① 좋은 상품에 대한 시장과 소비자의 요구 및 다양한 소비자계층의 요구 충족을 위해 상품의 다양한 등급화가 이루어져야 한다.
② 시장의 유통질서를 위해 거래 시 판단을 용이하게 한다.
③ 품질과 가격에 대한 거래 당사자 간 분쟁을 해결하여 공정한 거래를 실현한다.
④ 생산자는 자신의 상품과 다른 상품에 대한 품질 차이를 인식함으로써 생산기술과 상품성을 향상시킨다.

2. 선 별

(1) 의 의

① 원예산물의 선별은 불필요한 물질이나 변형·부패된 산물을 분리·제거하고, 객관적인 품질평가기준에 따라 등급을 분류하여 분류된 등급에 상응하는 품질을 보증한다.
② 농산물의 균일성을 통해 상품가치를 높이고, 유통상의 상거래질서를 공정하게 유지하도록 한다.

(2) 선별방법

① 무게에 의한 선별
㉠ 원예산물을 개체 중량에 따라 분류하는 선과기를 이용하여 사과, 배, 복숭아, 감 등의 낙엽과수와 피망, 토마토, 감자 등을 선별한다.
㉡ 계측방법에 사용되는 선과기에는 개체의 중량, 분동, 용수철의 장력 등에 의해 선별하는 기계식 중량선별기와 중량센서를 계측중심부로 이용하는 전자식 중량선별기 등이 있다.

② 크기에 의한 선별 : 체질에 의한 선별과 크기 기준에 따른 선별방법으로, 드럼식 형상선별기 등이 이용된다.
③ 모양에 의한 선별 : 생산물 고유의 모양에 의한 선별방법으로, 원판분리기 등이 이용된다.
④ 색에 의한 선별 : 품종 고유의 색택에 의한 선별방법으로 색채선별기, 광학선별기 등이 이용된다.
⑤ 비파괴 선별 : 광의 투과, 반사 및 흡수 특성을 이용하여 구성성분과 정성 및 정량을 분석하는 선별방법으로, 비파괴 과실 당도측정기 등이 이에 해당한다.

(3) 선별기의 종류

① 스프링식 중량선별기
  ㉠ 배, 사과, 감, 복숭아 등에 적합
  ㉡ 크기가 작은 감귤, 키위 등은 적합하지 않음
② 전자식 중량선별기
  ㉠ 전자저울, 전자식 콤퍼레이터 이용
  ㉡ 배, 사과, 감, 토마토 등에 이용
③ 회전원통 드럼식 형상선별기
  ㉠ 과종별 크기에 따라 드럼교환이 가능
  ㉡ 토마토, 감귤, 감자, 양파, 방울토마토 등에 이용
④ 광학적 선별기 : 숙도, 색깔 및 크기에 의한 등급과 계급 판별
⑤ 비파괴 과실 당도 측정기 : 외적 기준으로만 판단하던 품질 등급에 당도, 산도 등 내적 품질기준 적용 가능
⑥ 절화류 선별기 : CCD 카메라와 컴퓨터 영상처리를 이용하여 보다 정밀하게 선별

(4) 품질규격과 선별의 필요성

① 선별은 객관적인 등급규격에 맞게 생산물을 구분하는 작업이다.
② 선별의 결과에 따라 생산자, 유통업자, 소비자의 입장에서 품질평가의 만족도가 달라진다.
③ 선별이 잘된 상품은 신뢰도가 높아져 좋은 가격이 보장된다.

02 포장과 포장재

1. 포 장

(1) 포장의 의의, 기능 및 목적

① 의의 : 포장이란 농산물의 유통과정에 있어 그 보존성과 위생적 안전성을 높이고, 편의성과 보호성을 부여하며, 판매를 촉진하기 위해 알맞은 재료나 용기를 사용하여 적절한 처리를 하는 기술을 의미한다.

② 기능 : 생산부터 소비까지의 과정에 있어 수송 중의 물리적 충격과 미생물, 병충해 등에 의한 오염 및 빛, 온도, 수분 등에 의한 산물의 변질을 방지한다.

③ 목 적

㉠ 편의성 : 상품의 수송, 하역, 보관과 유통상의 편의를 위해 포장의 필요성이 커지고 있다.

㉡ 표준화 및 정보 제공 : 상품의 품질, 등급 및 생산정보의 표시수단이 된다.

㉢ 소비자 구매욕구 증대 : 브랜드 개념을 도입한 다양한 디자인을 통해 소비자의 구매욕을 증대시키는 목적도 큰 비중을 차지한다.

(2) 포장의 분류

① 소비・유통 측면에 따른 분류

㉠ 겉포장 : 속포장한 농산물의 운반과 수송 및 취급을 목적으로 큰 단위로 포장하는 것

㉡ 속포장 : 상품을 몇 개씩 용기에 담아 유통단위나 소비단위로 만드는 것

㉢ 낱개포장 : 속포장의 일종으로, 특별히 상품을 하나씩 포장하는 것

② 유통기능에 따른 분류

㉠ 1차 포장 : 제품을 직접 담는 용기 혹은 필름백

㉡ 2차 포장 : 안전성 향상을 위한 박스포장

㉢ 3차 포장(직송포장) : 수송 및 저장의 안전성과 효율을 높이기 위한 대단위포장

2. 포장재

(1) 포장재의 기본조건

① 겉포장재

㉠ 외부의 충격을 방지할 수 있어야 한다.

㉡ 수송 및 취급이 편리해야 한다.

㉢ 부적절한 환경으로부터 내용물을 보호할 수 있어야 한다.

② 속포장재

㉠ 상품이 서로 부딪혀 물리적 상처를 받지 않도록 해야 한다.

㉡ 적절한 공간을 확보하고, 충격을 흡수할 수 있어야 한다.

㉢ 유통 중 발생할 수 있는 부패 또는 오염의 확산을 막을 수 있는 재질이어야 한다.

(2) 포장재의 구비조건

① 위생성 및 안전성

㉠ 속포장재의 경우 포장재질로부터의 유해물질이 내용물에 전이되지 않아야 한다.

㉡ 속포장재를 사용하지 않고 바로 겉포장을 하는 경우 겉포장재의 위생성 및 안전성이 확보되어야 한다.

② 보존성, 보호성 및 차단성

㉠ 내용물의 보존성과 보호성에 적합한 통기구를 가지고 있어야 하며, 물리적 강도를 가져야 한다.

㉡ 겉포장재는 물리적 강도 유지를 위한 방습성·방수성이 있어야 한다.

㉢ 유통과정에서의 오염물질이나 휘발성 이취 발생물질의 노출 위험과 인쇄잉크의 유기용매 냄새 등이 산물에 오염되는 경우를 예방하기 위해 속포장재는 내용물의 품질을 보호하기 위한 냄새의 차단성이 필요하다.

㉣ 생리활성이 높은 농산물의 경우 지나친 차단성은 CO_2 축적에 따른 생리적 장해를 발생시키거나 결로현상으로 인한 미생물 증가의 위험성이 있으므로, 속포장재를 플라스틱필름으로 사용하는 경우에는 저산소 장해, 고이산화탄소 장해, 과습에 의한 부패 등을 고려하여 포장재를 선택하거나 가스의 투과성을 고려하여야 한다.

③ 작업성(기계화)

㉠ 겉포장재는 접은 상태로 보관하여 공간 점유면적이 최소화되도록 하여야 한다.

㉡ 쉽게 펼쳐지고, 모양을 갖출 수 있어야 하며, 봉합이 용이하도록 설계되어야 한다.

㉢ 속포장재는 일정한 경탄성, 미끄럼성, 열접착성이 있어야 하고, 정전기가 발생하지 않도록 대전성이 없어야 한다.

④ 인쇄적정성 및 정보성

㉠ 인쇄적정성, 광택, 투명성 등의 외관은 물론 상품의 특성이 잘 나타나야 한다.

㉡ 속포장필름의 경우에는 상품의 품질이 쉽게 확인될 수 있도록 투명해야 소비자의 신뢰도를 높일 수 있다.

㉢ 인증표시 등 소비자가 요구하는 정보가 제대로 표시되어야 한다.

⑤ 편리성 : 소비자 입장에서 해체 및 개봉이 편리해야 한다.

⑥ 경제성

㉠ 포장재료의 생산비, 디자인 개발비 등은 모두 포장경비에 포함되므로 경제성을 갖추어야 한다.

㉡ 소비자 욕구에 부응하고, 물류효율화에 적합한 포장설계가 필요하다.

⑦ **환경친화성** : 분해성과 소각성이 좋아야 하고, 쓰레기 문제가 야기되지 않도록 재활용 · 재사용 시스템을 갖추어야 한다.

⑧ **예랭과 내열성** : 포장 후 예랭하는 경우 빠른 예랭이 가능하고, 내열성을 갖추어야 한다.

(3) 포장재의 종류 및 특성

① 골판지상자

㉠ 장 점

- 대량생산품의 포장에 적합하다.
- 대량주문 요구를 수용할 수 있다.
- 가볍고 체적이 작아 보관이 편리하므로 운송 및 물류비가 절감된다.
- 작업이 용이하고, 기계화와 생력화(省力化)가 가능하다.
- 조건에 맞는 강도 및 형태의 제작이 용이하다.
- 외부충격을 완충하여 내용물의 손상을 방지한다.

㉡ 단 점

- 습기에 약하고, 수분에 의해 강도가 저하된다.
- 소단위 생산 시 단위당 비용이 많이 든다.
- 취급 시 변형과 파손이 되기 쉽다.

㉢ 원예산물의 저장과 수확 후 관리 중 골판지상자의 강도 저하요인

- 세척 시 탈수과정에서 수분이 남았을 때 과습에 의한 강도 저하
- 냉수냉각식 예랭에서 수분의 제거가 덜 된 경우의 강도 저하
- 산물이 저온저장고에서 상온으로 출고되었을 때 결로에 의한 강도 저하
- 저온저장고 안에서 흡습으로 인한 강도 저하
- 차압통풍식 예랭에서 통기공에 의한 강도 저하
- 적제하중에 따른 강도 저하

㉣ 발수성의 표현 : 골판지의 방수 특성은 발수도 R로 표현하는데, 물을 흘려보낼 때 물이 스미는 정도를 나타내며, R값이 클수록 방수성이 높은 것을 의미한다.

- R2 이상 : PE대 PP대 등으로 속포장하여 내용물의 수분이 영향을 거의 미치지 않는 건조된 농산물(예 쌀, 콩, 들깨, 참깨, 땅콩 등)
- R4 이상 : 수분 증발과 호흡작용이 대체로 적은 농산물(예 사과, 배, 오이, 호박, 양파 등)과 수분과 호흡작용이 과다하나 겉포장을 보호하기 위해 PE대 등으로 속포장한 농산물(예 상추, 깻잎, 두릅 등)
- R6 이상 : 수분과 호흡작용이 과다하여 내용물의 수분이 상자에 영향을 미칠 우려가 있는 농산물(예 감자, 고구마, 시금치, 파, 딸기 등)과 PE대 등 속포장에도 불구하고 수분이 겉포장에 영향을 미칠 우려가 있는 농산물(예 미나리 등)

② 플라스틱상자

㉠ 플라스틱 상자의 품질기준 및 시험방법은 KS T 1081(플라스틱제 운반용 회수 용기)에서 정하는 바에 따른다.

㉡ 낙하 충격 및 하중 변형에 견디는 강도를 필요로 한다.

③ PE대(폴리에틸렌대)

㉠ 폴리에틸렌필름 봉투 형태의 겉포장재로 내용물의 중량에 따라 적정한 두께가 정해져 있다.

㉡ PE대의 품질기준 및 시험방법은 KS T 1093(포장용 폴리에틸렌 필름)에서 정하는 바에 따른다.

④ PP대(직물제 포대) : PP대의 품질기준 및 시험방법은 KS T 1015(포대용 폴리올레핀 연신사)에서 정하는 바에 따른다.

⑤ 그물망

㉠ 양파, 마늘 등의 겉포장재로 널리 쓰인다.

㉡ 고밀도 폴리에틸렌 모노필라멘트계 원단을 사용해 메리야스상으로 직조한 그물로서 포장단량에 따라 적당한 그물망의 강도를 무게로 정하고 있다.

⑥ PE, PP, PVC

㉠ PE(Polyethylene) : 과일류, 채소류 포장재료로 많이 이용되며, 가스의 투과도가 높다.

㉡ PP(Polypropylene) : 방습성, 내열성, 내한성, 투명성이 높아 투명포장 및 채소류 수축포장에 많이 이용된다.

㉢ PVC(염화비닐, Polyvinyl Chloride) : 과일류, 채소류 및 식품포장에 많이 이용되고 있다.

(4) 그 밖의 기능성 포장재

① 방담(防曇)필름 : 선도 유지를 목적으로 하는 기능성 포장재로, 청과물의 수분 증산을 억제하고, 투습상태에 있어 결로를 방지하는 목적으로 이용된다.

② 항균필름 : 항균력 있는 물질을 코팅하여 곰팡이 및 유해미생물에 대한 안전성을 확보하기 위한 포장재이다.

③ 고차단성 필름 : 수분, 산소, 질소, 이산화탄소와 저장산물의 고유한 향을 내는 유기화합물 등의 차단성을 높인 포장재이다.

④ 키토산필름

㉠ 키토산은 유해균의 성장을 억제하는 효과가 있으며, 200ppm 정도의 농도에서 유해균에 대해 강력한 저해활성을 발휘한다.

㉡ 이와 같은 항균물질을 필름제조 시 압축성형 및 코팅 처리한 필름을 키토산필름 포장재라고 한다.

⑤ 미세공필름 : 포장재에 미세한 공기구멍이 있어 수증기의 투과도를 높여 포장 내부습도를 유지시킨 포장재이다.

제5장 저 장

01 상온저장과 저온저장

1. 저장의 의의와 개념

(1) 의 의

① 저장이란 식품의 품질이 변하지 않도록 하는 일이다.
② 품질이란 영양학적 가치, 기호적 가치 및 위생학적 가치를 들 수 있는데, 소비자들은 기호적 가치를 더 중요시하는 경향이 있다.
③ 식품의 기호적 가치에 영향을 미치는 것은 화학성분, 물리적 성분 및 조직적 상태이며 이들의 성상이 변치 않도록 하는 것이 저장의 궁극적인 목적이라고 할 수 있다.
④ 저장의 가장 바람직한 환경은 온도, 공기순환, 상대습도, 대기조성이 조절될 수 있는 시설을 갖춤으로써 가능하다.

(2) 저장의 기능

① **수확 후 신선도 유지기능** : 생산된 원예산물이 생산 이후 소비될 때까지 신선도를 유지할 수 있도록 한다.
② **수급 조절기능** : 수확시기에 따른 홍수출하로 인한 가격폭락 또는 흉작과 계절별 편재성에 따른 가격급등을 방지하며, 유통량의 수급을 조절하는 기능을 가지고 있다.
③ 계절적 편재성이 높은 원예산물을 장기저장함으로써 소비자에게 연중공급이 가능하도록 한다.
④ 저장력이 높아지면 장거리 수송이 가능해져 소비와 수요가 확대될 수 있다.
⑤ 가공산업에 원료농산물의 연중 지속공급이 가능해져 농산물 가공산업을 발전시킨다.

(3) 저장력에 영향을 미치는 요인

① 저장 중 온도
㉠ 온도가 높으면 호흡량의 증가로 내부성분의 변화가 촉진된다.
㉡ 온도가 높으면 세균, 미생물, 곰팡이 등의 증식이 활발해지므로 부패율이 증가한다.
㉢ 온도에 따른 증산량의 증가로 중량의 감모율이 증가한다.
㉣ 저온에 저장하는 것이 적당하지만 작물에 따라서는 저온장해를 받는 작물이 있으므로 작물의 저장적온을 알고 저장하는 것이 중요하다.
② **저장 중 습도** : 저장고의 습도가 너무 낮으면 증산량이 증가하여 중량의 감모현상이 나타나며, 습도가 너무 높으면 부패발생률이 증가한다.

③ **재배 중 기상** : 과일의 경우는 건조하고 온도가 높은 조건에서 재배된 것이 저장력이 강하다.

④ **재배 중 토양** : 사질토보다는 점질토에서 재배된 과실, 경사지로 배수가 잘 되는 토양에서 재배된 과실이 저장력이 강하다.

⑤ **재배 중 비료**

㉠ 질소의 과다한 사용은 과실을 크게 하지만 저장력을 저하시킨다.

㉡ 충분한 칼슘은 과실을 단단하게 하여 저장력이 강해진다.

⑥ **수확시기**

㉠ 일반적으로 조생종에 비하여 만생종의 저장력이 강하다.

㉡ 장기저장용 과일은 일반적으로 적정 수확시기보다 일찍 수확하는 것이 저장력이 강하다.

(4) 수분활성도(Aw ; Water Activity)

① 미생물의 생육에 필요한 물의 활성 정도를 나타내는 지표이다.

② 0에서 1까지의 범위를 가지며, 1에 가까울수록 미생물 증식에 좋은 환경이고, 0에 가까울수록 미생물 증식에 나쁜 환경을 의미한다.

③ 수분의 건조, 물의 온도 저하, 소금의 첨가 등을 통해 Aw를 낮출 수 있다.

2. 상온저장

(1) 상온저장의 개념

① 상온저장은 보통저장이라고도 하는데 외기의 온도 변화에 따라 외기의 도입, 차단, 강제송풍 처리, 보온, 단열, 밀폐 처리 등으로 가온이나 저온 처리장치 없이 저장하는 방법이다.

② **상온저장의 종류**

㉠ 도랑저장

- 가장 간단한 저장법으로서 주로 호랭성 채소인 무, 당근, 감자, 배추, 양배추 등의 저장에 많이 쓰이지만, 기온이 급격히 떨어지면 어는 경우가 있다. 한겨울에 접어들기 전에 미리 두껍게 덮으면 과온이 되기 쉬우므로 흙덮기에 주의해야 한다.
- 자재가 거의 들지 않고 무제한으로 대량저장이 가능하지만, 꺼내기가 불편하다.

㉡ 움저장

- 땅에 1~2m 깊이로 구덩이를 판 뒤 그 안에 수확한 원예산물을 넣고, 그 위에 왕겨나 짚을 덮은 후 다시 흙으로 덮어 준다.
- 채소류는 싹이 트지 않도록 거꾸로 세워 저장한다.
- 저장시설이 발달하지 못했던 때 많이 이용하던 방법으로, 움의 온도는 10℃ 내외, 습도는 85%로 유지하는 것이 저장에 유리하다.

㉢ 지하저장고

- 여름에는 시원하고 겨울에는 따뜻해 연중 채소저장에 편리하다.
- 겨울동안 고구마, 토란, 생강 등 호온성 채소를 저장하기 좋지만, 환기가 불량하면 과습하게 되기 쉽다.

㉣ 환기저장 : 환기는 원예산물의 장기저장 시 반드시 필요하며, 청과물의 상온저장은 온도 변화를 작게 하고 통풍설비가 완비된 시설에서 저장하는 것이 좋다.

(2) 피막제에 의한 저장

① 각종 왁스나 증산억제제 등을 이용하는 저장방법이다.

② 식품위생상의 문제점이 있지만 주로 감귤, 사과 등에 이용되고 있다.

(3) 방사선을 이용한 저장

① 방사선 중에서 감마선과 베타선을 이용한다.

② 주로 발아 억제를 목적으로 많이 이용하고 있으며, 밤의 저장 중 발아 억제를 위한 감마선 조사가 현저한 효과가 있다.

③ 방사선을 조사하면 일시적으로 호흡이 촉진되므로 바나나의 숙도 조절이나 감의 탈삽 등에도 이용한다.

3. 저온저장

(1) 저온저장의 개념

① 냉각을 통해 일정한 온도까지 원예산물의 온도를 내린 후(동결점 이상) 일정한 저온에서 저장하는 것을 말하며, 일반적으로 냉장이라고 한다.

② 원예산물에서 일어나는 생리적 반응들은 온도 변화에 큰 영향을 받으며, 온도가 낮을수록 반응속도는 느려진다. 또한 온도의 저하는 미생물 활성도 낮춰 부패발생률도 낮아진다.

③ 최근 저온저장고의 온습도를 인터넷으로 모니터링하고, 필요시 원격제어하는 기술이 개발되어 농산물 저온저장고 건축 시 이러한 시스템의 정착이 가능해졌다.

④ 실내온도를 균일하게 하기 위해 팬으로 공기를 순환시키는데, 채소류는 많은 수분을 발산하여 과습하기 쉬우므로 유의해야 한다.

(2) 저온저장고

저장고는 기능과 구조가 일반 건축물과는 다르므로 위치 및 건축자재 등의 선택에 달리 신경을 써야 한다. 단열자재의 선택, 건물 내부 및 외부의 청결상태 유지를 위한 구조설계 등이 요구된다.

① 냉장원리

㉠ 냉매가 기화되면서 주변 열을 흡수하여 주변의 온도를 낮추는 원리를 이용한다.

㉡ 냉매를 압축기에서 압축하고, 응축기에서 액체상태로 만들며, 액화된 냉매가 팽창밸브를 거쳐 저압으로 변하여 증발기 내를 흐르면서 기체로 변한다.

② 냉장기기

㉠ 압축기

㉡ 응축기

㉢ 팽창밸브

㉣ 냉각기(증발기)

㉤ 제상장치

③ **냉장용량** : 냉장용량은 저장고에서 발생하는 모든 열량을 합산하여 구하는데, 이를 냉장부하라고 하며 온도 상승요인에는 포장열, 호흡열, 전도열, 대류침투열, 장비열 등이 있고, 포장열과 호흡열이 냉장부하의 대부분을 차지한다.

㉠ 포장열

- 수확한 작물이 지니고 있는 열을 의미한다.
- 포장열을 얼마나 빨리 제거하느냐에 따라 저온저장의 효과가 달라진다.
- 고온에서 수확하는 농산물은 품온이 높아 예랭하지 않은 상태로 입고하는 경우 포장열 제거에 필요한 냉장용량을 많이 차지하게 된다.

㉡ 호흡열

- 산물의 호흡에 의해 방출되는 생리대사열을 호흡열이라고 한다.
- 호흡열은 산물의 호흡에 의해 지속적으로 발생한다.
- 산물의 온도가 낮아지면 호흡열도 동시에 감소한다.
- 작물에 따라 상이하며, 온도가 낮을수록 줄어들고, CA 환경에서 더욱 감소한다.

㉢ 전도열

- 저장고 외부에서 저장고 안으로 전도되는 열을 전도열이라고 한다.
- 저장고 외부에서 내부로 전도되는 열은 저장고의 온도 상승을 유발하므로 지속적으로 제거되어야 한다.
- 저장고 내외부의 온도 차이와 단열재료에 따라 상이하다.
- 실제 외부온도에 따라 열의 유입과 열의 손실도 일어나지만 냉장용량의 계산 시에는 유입열량만 고려한다.

㉣ 대류열

- 외부로부터 내부로 공기가 혼입되면서 일어나는 대류현상으로 인해 유입되는 열을 대류열이고 한다.
- 대류열의 유입은 문을 자주 여닫는 경우 심하며, 저장고를 닫았을 때 최소화된다.
- 완전히 밀폐된 CA 저장고의 경우 이론적으로 대류열은 0이 된다.

㉤ 장비열

- 적재 시 사용되는 지게차, 조명등, 송풍기 등에서 발산되는 열을 장비열이라고 한다.
- 저장고 내에서 작동하는 기계류 등에서 발생하는 열량도 냉장용량의 계산 시 고려하여야 하며, 특히 지속적으로 작동되는 기기의 열량은 추가되어야 한다.

④ 전체 냉장용량의 계산

㉠ 냉장용량의 계산

- 저온저장고 내 제거해야 할 열량은 각 원인에서 발생하는 열량의 합산으로 구한다.
- 제상시간을 고려하여야 한다.
- 포장열, 호흡열, 전도열, 대류열, 장비열에 의한 열량 합산치의 1.2~1.3배가 냉장용량이 된다.

㉡ 적정 냉장용량의 중요성

- 냉장용량의 설정은 저장산물의 품질에 미치는 영향이 매우 크다.
- 모든 작물은 온도가 빠르게 저하될수록 품질이 오래 유지된다.
- 냉장용량의 결정은 저장실별로 저장품목, 포장열, 1일 입고량, 호흡속도, 저장고 단열 정도에 근거하여 계산 후 선정한다.

(3) 저온저장고의 관리

① 온도관리

㉠ 적재방법

- 온도가 균일하기 위해서는 냉각기의 찬 공기가 저장고 전체에 고르게 퍼져나가야 한다.
- 산물의 적재는 저장고 바닥, 포장재와 벽면 사이, 천정 사이에 공기의 통로가 확보되도록 적재하여야 한다.
- 일반적으로 중앙통로 50cm, 팔레트와 벽면의 사이 및 팔레트와 팔레트의 사이는 30cm, 천정과는 50cm 이상의 바람이 지날 수 있는 공간을 확보하여야 한다.

㉡ 온도의 설정

- 저장고 내 온도는 산물의 호흡, 세균, 미생물, 곰팡이 등의 번식과 밀접한 관계가 있다.
- 노화에 의한 조직의 연화현상은 저장고 온도가 높을 때 빠르게 진행된다.
- 저장고의 온도를 균일하게 맞추기 힘들기 때문에 온도분포를 고려하여 안전범위가 되도록 설정하는 것이 좋다.

[장기저장 시 적정 온도, 적정습도 및 동결온도]

품 목	적정온도(℃)	적정습도(%)	동결온도(℃)
사 과	-0.5~0.5	90~95	-1.5~-1.1
배	0.5~1.0	90~95	-1.5
복숭아	-0.5~0.0	90~95	-0.9
포 도	-0.5~0.0	85~90	-1.2
단 감	-1.0~0.0	90~95	-2.1
밀 감	5.0~8.0	90~95	5.0(저온장해)
배 추	0.5~0.0	95~98	-0.7
브로콜리	0.5~0.0	95~98	-0.6
양 파	-0.5~0.0	70~80	-0.8
마 늘	-1.5~-0.5	70~80	-0.8

※ 동결온도 : 동결이 일어날 수 있는 가장 높은 온도의 범위기준, 마늘의 경우 건조 정도에 따라 -3.0~0.0 범위에서 선택적으로 설정

출처 : 농수산물유통공사, 알기 쉬운 농산물 수확 후 관리(저장기술 및 저장고 환경관리), 박윤문

㉢ 원예산물별 최적 저장온도

- 0℃ 혹은 그 이하 : 콩 , 브로콜리, 당근, 셀러리, 마늘, 버섯, 양파, 파슬리, 시금치 등
- 0~2℃ : 아스파라거스, 사과, 배, 복숭아, 매실, 포도, 단감, 자두 등
- 2~7℃ : 서양호박(주키니) 등
- 4~5℃ : 감귤 등
- 7~13℃ : 애호박, 오이, 가지, 수박, 단고추, 토마토(완숙과), 바나나 등
- 13℃ 이상 : 생강, 고구마, 토마토(미숙과) 등

㉣ 온도편차 범위

- 적정온도보다 낮은 온도는 저온장해 또는 동해를 일으킨다.
- 적정온도보다 높은 온도는 저장 가능기간을 단축시킨다.
- 설정온도에서 ±0.5℃를 벗어나지 않는 선에서 조절하는 것이 바람직한 온도편차 범위이다.
- 설비의 오류, 냉장용량의 부족, 공기통로의 부족, 온도관리의 부주의 등으로 온도편차가 커지면 상대습도의 변화도 커지며 저장력은 떨어진다.

㉤ 저장고 내 위치별 온도편차

- 가장 높음 : 공기가 순환된 후 돌아가는 지점
- 가장 낮음 : 냉각기 앞
- 평균온도 : 냉각기 공기가 통로를 타고 나오는 지점

② 습도관리

㉠ 의 의

- 습도는 저장의 효과를 보기 위해서 온도 다음으로 고려할 사항으로, 상대습도를 높게 유지하여야 한다.
- 일반적으로 과일은 85~95%, 채소는 90~98%의 고습도가 신선도 유지에 유리하다.

• 양파, 마늘, 늙은 호박 등은 60~75%가 장기저장에 알맞은 습도이며 무, 당근 등의 근채류는 90~95%의 고습도를 유지해야 조직의 유연성이 유지되며, 중량 감소가 일어나지 않는다.
• 산물에 따라 요구되는 습도와 상품성 유지를 위한 수분 감량허용치가 다르므로 종류나 저장온도 등을 고려하여 습도를 유지하여야 한다.

㉡ 습도 변화의 원인 : 습도가 낮아지면 산물의 증산량이 많아져 결과적으로 신선도 저하와 중량 감소가 일어난다.
• 냉장기기의 작동주기
• 제상주기에 의한 온도 변화
• 냉각기에 생기는 결로

㉢ 습도 유지방법
• 구조 및 기기
  - 적합한 냉장기기와 방습벽을 설치한다.
  - 송풍기 가동 시 공기 유동을 억제한다.
  - 환기는 가능한 극소화한다.
  - 결로현상을 줄이기 위해 저장고 온도와 냉각기 온도의 편차를 줄여야 한다.
• 수분의 보충
  - 저장고 바닥에 물을 충분히 뿌려 콘크리트 바닥의 수분 흡수를 줄인다.
  - 가습기를 주기적으로 가동하여 수분을 보충한다.
  - 포장용기는 수분 흡수가 적은 것을 사용한다.
  - 가습기 이용 시 분무입자가 작아야 효율적이다.

㉣ 습도 측정
• 건습구온도계
  - 수분 증발에 의한 온도 차이를 상대습도로 환산하는 방식으로, 건구온도계와 젖은 천으로 온도계를 감싼 습구온도계의 온도 차이를 이용해 습도로 환산한다.
  - 가격이 저렴하고 고장이 없다.
  - 온습도 도표를 이용하여 상대습도를 쉽게 측정할 수 있다.
  - 지속적인 측정 · 기록이 어렵다.
  - 0℃ 이하에서는 습구온도계의 물이 얼어 습도의 측정이 어렵다.
  - 저온에서는 측정이 부정확하다.
• 전자식 습도계
  - 공기 중 수분 함량에 따른 전기저항성의 변화를 이용한다.
  - 2% 내외의 정확도가 있다.
  - 감지장치가 오염됐거나 수분이 응결된 경우 정확한 습도 측정이 불가능하다.

• 물리적 감지장치
  - 공기 중 수분 함량에 따라 길이와 부피가 변하는 물질을 이용한다.
  - 물질의 습도에 따른 신축도에 따라 측정된다.
  - 상대습도가 높아지면 정확도가 떨어지는 단점이 있다.
  - 사용기간이 길어지면 신축성이 변하여 정확한 측정이 불가능하다.

알아두기 저온저장고의 온도 · 습도 관리

- 같은 부피의 공기에 포함할 수 있는 수증기의 양은 온도가 높을수록 증가하고, 온도가 낮을수록 감소한다.
- 저장고 설비의 오류, 냉장용량의 부족, 공기통로의 부족, 온도관리의 부주의 등으로 온도편차가 커지면 상대습도의 변화도 커지고, 저장력도 떨어진다.
- 저장고에 결로가 생겨 열교환이 일어나지 않으면 저장고 온도유지가 어려워지므로 제상장치를 이용하여 주기적으로 서리를 제거해야 한다.
- 증발기에서 나오는 공기의 온도가 저온저장고의 설정온도 보다 현저히 낮으면 성에가 형성되는데, 성에가 많이 생기면 열교환 성능이 약해져 저장고의 온도가 상승할 수 있으므로 주기적인 관리가 필요하다.

③ 서리 제거
  ㉠ 냉각기에 결로가 생겨 얼음층으로 덮이면 열교환이 일어나지 않아 저장고의 온도 유지가 어려워지며, 심하면 온도가 상승하게 된다.
  ㉡ 고온가스 서리 제거방식과 전열식 서리 제거방식이 있다.
  ㉢ 서리 제거의 주기와 시간은 서리의 양에 따라 결정하고, 제거가 끝나면 바로 냉장에 들어가야 불필요한 에너지 소모와 저장고 내 온도 상승을 막을 수 있다.

④ 에틸렌 제거
  ㉠ 노화호르몬인 에틸렌이 축적되면 숙성이 촉진되어 신맛의 감소와 연화현상을 촉진해 저장기간이 단축되고, 품질 저하가 초래된다.
  ㉡ 에틸렌 농도가 일정치 이상으로 증가하면 자가촉매반응에 의해 급속히 증가하므로 저장 초기부터 제거하여 일정 수준치를 넘지 않도록 주의해야 한다.
  ㉢ 에틸렌의 제거는 환기로도 가능하지만 저장고의 온도 상승이 일어나므로 흡착제를 교환해 주거나 분해기를 작동시키는 장치가 필요하다.
  ㉣ 에틸렌작용 억제제인 1-MCP(1-Methylcyclopropene) 처리기술을 활용하여 품질 유지효과를 거둘 수 있는데, 1-MCP는 기체상태이므로 밀폐된 상태에서만 효과가 있다.

⑤ 저장고 소독
  ㉠ 저장고 안에 원예산물로부터 전염된 세균, 곰팡이 및 미생물이 남아있을 수 있다.
  ㉡ 오염된 저장고를 계속 사용하는 경우 저장산물이 오염되고, 저장 중 문제가 생기지 않더라도 출하 후 부패증상이 나타날 수 있다.
  ㉢ 저온에서도 활성이 있는 세균들도 있어 부패가 발생할 수 있으므로 저장 전 저장고를 소독하는 것이 바람직하다.
  ㉣ 세균과 곰팡이 중에는 에틸렌을 발생하는 종류도 있어 산물의 숙성을 촉진시키거나 과피 얼룩 등의 장해를 일으키기도 한다.

㉤ 소독방법

- 유황훈증 : 유황을 태워 발생시킨 연기나 증기를 농산물에 가하는 방법이다. 농산물이 폴리페놀 물질의 산화로 인해 검게 변하는 것을 방지하며, 제품의 색을 좋게 하고 병해충의 번식을 억제한다. 하지만 인체에 유해할 수도 있다는 지적이다. 이산화황은 독성이 강하고 폐렴이나 기관지염을 일으킬 수 있어 우리나라를 비롯해 각국 정부는 식품첨가물로 사용할 때 엄격하게 규제하고 있다. 훈증 시 발생되는 아황산가스는 인체에 유독할 뿐만 아니라 금속을 부식시키는 작용을 한다.
- 초산훈증 : 친환경 저장고 소독법으로, 수확한 포도를 저장할 때 초산으로 훈증 처리하면 저장성이 높아지는 것으로 나타났다. 초산훈증은 포도의 저장 중 가장 큰 문제점인 과립의 탈립과 병해의 경감에 탁월한 효과가 있다.
- 포름알데히드, 차아염소나트륨 수용액, 제3인산나트륨 또는 벤레이트가 함유된 약제소독

03 CA 저장과 MA 저장

1. CA 저장(Controlled Atmosphere Storage)

(1) 의 의

① 온도, 습도, 대기조성 등을 조절함으로써 장기저장하는 가장 이상적인 방법이다.

② CA 저장은 대기조성(대략 N_2 78%, O_2 21%, CO_2 0.03%)과는 다른 공기조성을 갖는 조건하에 저장하는 것을 말한다.

③ 산소 농도는 대기보다 약 4~20배(O_2 8%) 낮추고, 이산화탄소 농도는 약 30~500배(CO_2 1~5%) 높인 조건에서 저장하는 방식이다.

④ 신선한 과실, 채소, 관상식물 등 수확 후 관리의 모든 과정에서 각 작물마다 적절한 온도와 상대습도 조건을 충족하여야 한다.

⑤ 이러한 조건에서는 호흡이 억제되고, 에틸렌의 생성 및 작용이 억제되는 등의 효과에 의해 유기산 감소, 과육연화 지연, 당과 유기산 성분 및 엽록소의 분해 등과 같은 과실의 후숙과 노화현상이 지연되며, 미생물의 생장과 번식이 억제되어 원예산물의 품질을 유지하면서 장기간 저장이 가능해진다.

(2) 원리 및 특징

① CA 저장은 호흡이론에 근거를 두고 원예산물 주변의 가스조성을 변화시켜 저장기간을 연장하는 방식이다.

② 호흡은 원예산물 내 저장양분이 소모되면서 이산화탄소와 열을 발산하는 대사작용으로 산소가 필수적이다. 따라서 저장물질의 소모를 줄이려면 호흡작용을 억제하여야 하며, 이를 위해서는 산소를 줄이고, 이산화탄소를 증가시켜야 한다.

③ CA 저장은 높은 농도의 이산화탄소와 낮은 농도의 산소조건에서 생리대사율을 저하시킴으로써 품질 변화를 지연시킨다.

(3) 이산화탄소 농도 및 에틸렌 농도 제어

① CA 저장고 내 이산화탄소 농도는 일정 수준까지 증가시키다가 장해가 발생하는 상한선에서 제거해 주어야 한다.

② CA 저장고의 효과를 높이려면 숙성호르몬으로 일컬어지는 에틸렌가스의 제거가 수반되어야 한다.

③ 에틸렌가스의 제거방식으로는 흡착인자를 이용하는 흡착식, 자외선파괴식, 촉매분해식 등이 있는데, 최근까지 개발된 방식 중에서는 촉매분해식의 경제적 타당성이 높고, 자외선파괴식은 경제성은 뛰어나지만 현재로서는 실용화되지 못하고 있는 실정이다.

(4) CA 저장의 유형

① 급속 CA(Rapid CA)

㉠ 일반적으로 입고 후 산소 농도를 원하는 농도까지 낮추는 데 시간이 많이 소요되는데(1주일 이상), 질소발생기를 이용하여 소요기간을 크게 단축할 수 있게 되었다.

㉡ 산소 농도를 24시간 안에 신속하게 낮추어 저장하는 방법으로, 저장 초기의 신속한 산소 농도 저하는 저장기간의 연장에 효과가 크다.

② 초저산소 CA(ULO-CA ; Ultra Low Oxygen CA)

㉠ 산소 농도를 한계농도인 1%까지 낮추어 저장하는 방식이다.

㉡ 시설 및 기기의 성능과 밀접한 관련이 있으며, 설비에 고도의 정밀도가 요구된다.

㉢ 산소 농도를 한계점까지 낮추기 때문에 약간의 산소 농도 저하에도 저장물이 저산소에 의한 심각한 피해를 받을 수 있다.

㉣ 이산화탄소 농도는 일반적 CA 저장보다는 낮게 유지하여야 한다.

③ 저에틸렌 CA(Low Ethylene CA)

㉠ 산소 농도가 낮기 때문에 에틸렌 발생량이 많지 않으나, 밀폐형 저장이기에 발생된 에틸렌의 축적이 불가피하다.

㉡ 별도의 에틸렌 제거장치를 이용하여 에틸렌 농도를 낮추어 저장하는 방법을 저에틸렌 CA 저장이라고 한다.

㉢ 에틸렌 감응도가 높은 품목은 에틸렌 농도를 낮추어야 한다.

④ 기타 방법

㉠ 이산화탄소 농도를 10~20%까지 높게 유지하는 고이산화탄소 CA 저장이 이용되기도 하는데, 단감처럼 이산화탄소장해에 강한 품목에 적용된다. 일반적으로 단기보관 또는 수송 시 많이 이용되고, 장기저장에 이용되는 경우는 드물다.

㉡ CA장해에 매우 민감한 작물의 경우 장해의 발생을 방지하기 위하여 수확 후 일정 기간 저온저장한 후 CA 저장을 적용하는 경우가 있다. 대표적으로 후지 사과로 4주 정도 저온저장한 후에 CA 저장한다.

(5) CA 저장의 효과

① 호흡, 에틸렌 발생, 연화, 성분 변화와 같은 생화학적·생리적 변화와 연관된 작물의 노화를 방지한다.

② 에틸렌 작용에 대한 작물의 민감도를 감소시킨다.

③ 작물에 따라서 저온장해와 같은 생리적 장해를 개선한다.

④ 조절된 대기가 병원균에 직접·간접으로 영향을 미침으로써 곰팡이의 발생률을 감소시킨다.

(6) CA 저장의 위험요소

① 토마토와 같은 일부 작물에서 고르지 못한 숙성을 야기할 수 있다.

② 감자의 흑색심부, 상추의 갈색반점과 같은 생리적 장해를 유발할 수 있다.

③ 낮은 산소 농도에서의 혐기성 호흡으로 인한 이취를 유발할 수 있다.

(7) CA 저장의 문제점

① 시설비와 유지비가 많이 든다.

② 공기조성이 부적절할 경우 장해를 일으킨다.

③ 저장고를 자주 열 수 없으므로 저장물의 상태를 파악하기 힘들다.

(8) CA 저장고의 관리와 운영

① 전제조건

㉠ 밀폐도 : 저장고의 구조적합성을 가장 고려하여야 하는데, 특히 가스밀폐가 잘 이루어져야만 원하는 CA 환경을 유지할 수 있으며, 장기간 산물의 품질 유지가 가능하다.

㉡ 적정 조건 및 조성의 유지

- 작물과 품종에 따라 적정 공기조성의 범위를 유지하는 것이 CA 저장에 있어 중요한 요소이다.
- CA 환경에서의 품질 유지효과와 공기조성에 따른 장해에 대한 저장 원예산물의 정확한 정보가 있어야 한다.
- 작물 또는 품종에 따라 저산소장해나 고이산화탄소장해에 따른 내성의 차이가 있다.

- 작물의 생리적 특성, 재배환경의 영향 등을 고려하여 산소 농도는 저산소장해의 한계점 이상, 이산화탄소 농도는 고이산화탄소장해의 한계점 이하로 유지하는 관리기술이 필요하다.
- 사과의 경우 일반 품종은 산소 1~3%, 이산화탄소 1~5%가 적합하나, 후지 품종의 경우 이산화탄소에 민감하므로 1% 이하로 유지해야만 고이산화탄소장해를 피할 수 있다.

[주요 과일의 CA 저장 조건]

품 종	적정 CA 범위(O_2% + CO_2%)	산소 농도의 한계	이산화탄소 농도의 한계
사과 - 후지	1~3 + ≥ 1.0	≥ 0.5%	1.0%
사과 - 일반 품종	1~3 + 1~5	≥ 1.5%	5.0%
배 - 신고	1~3 + ≥ 1	1.0%	1.0%
복숭아	1~2.5 + 5.0	1.0%	5.0, 10.0%
단감 - 부유	1~3 + 8~12	0.5%	≤ 12.0%

[주요 채소의 CA 저장 조건]

품 종	적정 CA 범위(O_2% + CO_2%)	산소 농도의 한계	이산화탄소 농도의 한계
양배추	2.5~5.0 + 2.5~5.0	2.0%	10.0%
브로콜리	1.0 + 10~15	0.5%	15.0%
결구상추	1.0~3.0 + 0(2~3)	0.5%	2.0%
버 섯	air + 10~15	0.5%	20.0%
딸 기	5~10 + 15~20	2.0%	25.0%

출처 : 농수산물유통공사, 알기 쉬운 농산물 수확 후 관리(저장기술 및 저장고 환경관리), 박윤문

② 저장고 구조 및 기기

㉠ 건물구조

- CA 저장고는 일정한 산소와 이산화탄소의 농도가 유지되어야 하므로 저장고 내로 외부공기가 유입되지 않도록 밀폐가 유지되어야 한다.
- 냉장설비, 전선 등의 연결로 인해 생기는 틈을 완전 밀봉하여야 하고 출입문 또한 특수한 구조를 이용하여 설치하여야 한다.
- 온도 변화 시 압력 변화를 완화시킬 수 있는 압력 조절장치가 필요하다.

㉡ 기 기

- 산소 농도를 낮추기 위한 질소발생기
- 이산화탄소 농도 유지를 위한 이산화탄소 흡착기
- 에틸렌 제어를 위한 기기
- 산소 및 이산화탄소 농도를 측정하는 분석기기 및 제어기기

③ 환경 조성 및 유지

㉠ 환경 조성

- 질소를 불어넣어 저장고 내 산소를 밀어내어 치환한다.
- 저장고 산소 농도가 5% 수준까지 떨어지면 질소 공급을 멈추고 저장고를 밀폐한다.
- 밀폐가 우수한 저장고는 저장산물의 호흡에 의해 산소 농도는 감소하고, 이산화탄소 농도는 증가하여 적정 수준에 도달한다.

㉡ 환경 유지 : 가스순환방식에 따라 밀폐순환식과 배출식으로 구분된다.

- 밀폐순환식
  - 질소발생기와 이산화탄소 제거기를 부착하고, 에틸렌 분해기를 별도로 부착하는 방식이다.
  - 이산화탄소와 에틸렌의 농도가 높아지면 내부공기를 외부에 부착된 이산화탄소 흡착기나 에틸렌 분해기로 강제순환시켜 이산화탄소와 에틸렌을 제거한다.
  - 산소 농도가 지나치게 낮아지면 공기를 조금씩 넣어 농도를 조절한다.
- 배출식
  - 질소발생기만 이용하고 이산화탄소와 에틸렌 제거기는 별도로 부착하지 않는 방식이다.
  - 질소발생기만 가지고 산소 농도를 맞추며, 이산화탄소 농도가 높아지면 질소를 불어넣어 이산화탄소와 에틸렌 등을 밀어내어 배출하는 출구가 있는 것이 특징이 있다.
  - 밀폐식에 비해 설비가 단순하고, 유해가스의 축적을 피할 수 있는 장점이 있다.
  - 단점으로는 질소가스의 소모가 많아 질소발생기를 많이 작동시켜야 하고, 고이산화탄소환경을 요구하는 산물의 농도 조절이 어렵다.

(9) CA 저장의 잠재적 위험

① 원예산물은 품목 또는 품종별로 저산소와 고이산화탄소에 대한 내성이 서로 다르다.

② 지나친 저산소 또는 고이산화탄소 농도 조건에서는 변색, 조직 붕괴, 이취 발생 등의 생리적 장해현상이 나타난다.

③ 특정 유형의 부패가 증가하기도 한다.

④ 따라서 품목과 품종별로 적정 수준의 환경을 조성하여야 한다.

2. MA 저장(Modified Atmosphere Storage)

(1) 원리 및 효과

① 필름이나 피막제를 이용하여 산물을 하나씩 또는 소량 포장하여 외부와 차단하고, 포장 내 호흡에 의한 산소 농도 저하와 이산화탄소 농도 증가로 인해 조성된 적정 대기를 통해 품질 변화를 억제하는 방법으로, MA 저장은 압축된 CA 저장이라고 할 수 있다.

② 포장재의 개발과 함께 발달되었으며, 유통기간의 연장수단으로 많이 사용되고 있다.

③ 각종 플라스틱필름 등으로 원예산물을 포장하는 경우 필름의 기체투과성, 산물로부터 발생한 기체의 양과 종류 등에 의하여 포장 내부의 기체조성은 대기와 현저하게 달라지는 점을 이용한 저장방법이다.

④ MA 저장은 적정한 가스 농도가 산물의 종류에 따라 달라지는데, 사과는 품종에 따라 다르지만 보통 산소 2~3%, 이산화탄소 2~3%, 감은 산소 1~2%, 이산화탄소 5~8%, 배는 산소 4%, 이산화탄소 5%의 적정 농도가 유지되어야 한다.

⑤ MA 저장에 사용되는 필름은 수분투과성, 이산화탄소나 산소 및 다른 공기의 투과성이 무엇보다도 중요하다.
⑥ 수증기의 이동을 억제하므로 증산량이 감소한다.
⑦ 온도에 민감해 장해를 일으키는 작물의 장해 발생 감소에 효과적이다.
⑧ 낱개포장하는 경우 물리적 손상을 방지할 수 있다.
⑨ 필름과 피막 처리는 CA 효과를 불러일으켜 과육연화현상과 노화현상을 지연시킬 수 있다.
⑩ 단감을 제외한 일반적인 원예산물의 경우 포장, 저장 및 유통기술이므로 MAP(Modified Atmosphere Packaging, 가스치환포장방식)로 표현하는 것이 더욱 적절하다.

(2) 전제조건

① 포장 내 과습으로 인해 부패와 내부의 부적합한 가스조성에 따른 생리장해를 초래할 수 있으므로 여러 가지 사항을 고려하여야 한다.
② 고려사항
㉠ 작물의 종류
㉡ 성숙도에 따른 호흡속도
㉢ 에틸렌 발생량 및 감응도
㉣ 필름의 두께
㉤ 종류에 따른 가스투과성
㉥ 피막제 특성
③ **필름 종류별 가스투과성** : 저밀도폴리에틸렌(LDPE) > 폴리스티렌(PS) > 폴리프로필렌(PP) > 폴리비닐클로라이드(PVC) > 폴리에스터(PET)

[필름 종류별 가스투과성]

필름 종류	가스투과성(mL/m^2 · 0.025mm · 1day)	
	이산화탄소	산 소
저밀도폴리에틸렌(LDPE)	7,700~77,000	3,900~13,000
폴리비닐클로라이드(PVC)	4,263~8,138	620~2,248
폴리프로필렌(PP)	7,700~21,000	1,300~6,400
폴리스티렌(PS)	10,000~26,000	2,600~2,700
폴리에스터(PET)	180~390	52~130

(3) MA 저장의 이용

① 필름포장
㉠ 엽채류와 비급등형 작물은 주로 수분의 손실 억제와 생리적 장해 및 노화 지연에 목적을 두고 있다.
㉡ 호흡급등형에 속하는 작물은 포장 내 가스조성의 변화를 통한 저장효과에 목적을 둔다.
㉢ 흡착물질을 첨가하여 품질 유지효과를 보기도 한다.

㉣ 단감의 PE필름 저장

- 국내에서 생산된 '富有' 단감의 저장은 Polyethylene(PE) 필름을 사용하여 0℃에 저장하는 MA(Modified Atmosphere) 저장방식을 많이 사용한다.
- PE필름을 이용한 MA 저장방식을 사용할 경우 4~5개월간의 장기저장이 가능하다.
- 저장 중 내용물의 수분증발이 억제되어 농산물의 신선도를 유지할 수 있다.
- 필름의 물성과 두께에 따른 기체투과도와 내용물의 호흡작용에 의해, 포장 내의 공기조성이 일반 대기보다 낮은 산소농도와 높은 이산화탄소 농도가 유지되어, 산물의 호흡률이 감소되므로 저장 기간 중 농산물의 품질 변화를 지연시킨다.

㉤ MA 포장 필름의 특성

- MA 포장 내 적정 산소와 이산화탄소 농도를 유지하기 위해서 생산물의 호흡속도에 따라 필름의 종류와 두께, 포장물량, 보관 및 유통온도 등을 고려해야 한다.
- 부적합한 가스 조성을 피하기 위해 사용 필름의 이산화탄소 투과성이 산소 투과성보다 3~5배 높아야 한다.
- 필름의 투습도가 있어야 한다.
- 필름의 인장강도와 내열강도가 높아야 한다.
- 접착작업 및 상업적인 취급, 인쇄가 용이해야 한다.
- 결로현상을 방지하는 방담기능이 있는 필름을 사용한다.

㉥ 유의사항

- 지나친 차단성은 이산화탄소 축적에 따른 생리적 장해와 결로현상에 의한 미생물 증식의 위험성이 있다.
- 속포장에 플라스틱필름을 사용하는 경우 저산소장해, 이산화탄소장해, 과습에 따른 부패 등이 나타나기도 하므로 각기 다른 포장재를 선택하고, 포장재의 가스투과성 등을 고려하여야 한다.

② **피막제**

㉠ 왁스 및 동식물성 유지류 등이 산물의 저장, 수송, 유통 중 품질 유지를 위하여 사용되고 있다.

㉡ 피막제의 도포는 경도와 색택을 유지하고, 산 함량 감소를 방지하는 효과가 있다.

㉢ 과일의 색감 증가나 표면의 광택 증진 등 외관을 향상시키는 왁스 처리가 실용화되어 있다.

㉣ 부분적 위축과 상처 및 장해현상을 유기하기도 하므로 작물의 종류에 따라 적합한 피막제를 선택하여야 한다.

㉤ 피막제 처리는 습도에 대한 과일 표면의 저항성을 증가시켜 중량감소를 방지하고 신선도를 유지시켜 준다.

㉥ 피막제 처리가 두껍게 될 경우 혐기호흡의 결과로 이취가 발생할 수 있다.

③ **기능성 포장재의 개발** : 품질 유지를 위하여 여러 가지 물질을 첨가한 기능성 포장재가 개발되고 있다.

㉠ 에틸렌 흡착필름 : 제올라이트나 활성탄을 도포하여 포장 내 에틸렌가스를 흡착해 에틸렌에 의한 노화현상을 지연시킨다.

㉡ 방담필름 : 식물성 유지를 도포하여 수증기 포화에 의한 포장 내부 표면의 결로현상을 억제한다.

㉢ 항균필름 : 항생·항균성 물질 또는 키토산 등을 도포하여 포장 내 세균에 대한 항균작용을 통해 과습에 의한 부패를 감소시킨다.

(4) 수동적 MA 저장과 능동적 MA 저장

① 수동적 MA 저장

㉠ 폴리에틸렌필름이나 폴리플로필렌필름 등을 이용하여 밀봉할 경우 밀봉된 포장 내에서 원예산물의 호흡에 의한 산소 소비와 이산화탄소 방출로 인해 포장 내에 적절한 대기가 조성되도록 하는 방법이다.

㉡ 포장에 사용된 필름은 가스 확산을 막을 수 있는 제한적인 투과성을 지니고 있다.

② 능동적 MA 저장

㉠ 포장 내부의 대기조성을 원하는 농도의 가스로 바꾸는 방법이다.

㉡ 최근 고분자필름 소재에 기능성 충전제를 충전시켜 포장하는 환경친화성 신선도 유지형 포장재가 완성되었으며, 유통 시 일반 포장재보다 신선도 유지기간을 획기적으로 연장시킬 수 있다.

㉢ 대부분의 능동적 MA 저장은 포장재 표면에 계면활성제를 처리하여 결로현상을 방지하는 방담필름과 항균물을 첨가한 항균필름 등을 사용한다.

3. 콜드체인시스템(Cold Chain System, 저온유통체계)

(1) 의 의

① 수확 즉시 산물의 품온을 낮춰 수확에서부터 판매까지 적정저온이 유지되도록 관리하는 체계를 콜드체인시스템 또는 저온유통체계라고 한다.

② 원예산물의 신선도 및 품질을 유지하기 위하여 산물에 알맞은 적정저온으로 냉각시켜 저장·수송·판매에 걸쳐 적정온도를 일관성 있게 관리하는 것이다.

(2) 관리방법

① **산지** : 출하되기 전까지 적정저온에 저장할 수 있는 저온저장고가 필요하다.

② **운송** : 냉장차량의 보급으로 저온을 유지하며 산지에서 소비지까지 운송되어야 한다.

③ **판매** : 적정저온을 유지할 수 있는 냉장시설을 판매대에도 설치하여야 한다.

(3) 저온유통체계의 장점

① 호흡 억제

② 숙성 및 노화 억제

③ 연화 억제

④ 증산량 감소

⑤ 미생물 증식 억제

⑥ 부패 억제

(4) 도입효과

① 신선도 유지

㉠ 저온하에 농산물을 유통시킴으로써 호흡속도 억제, 에틸렌 발생속도 억제, 갈변반응 억제, 증산작용 및 각종 부패를 일으키는 미생물의 생육 억제 등 생산물의 품질을 수확 당시에 가깝게 유지시켜 준다.

㉡ 보통 농산물의 각종 생화학반응은 온도를 10℃ 올리거나 내림에 따라 2배에서 많게는 4배 정도 빨라지거나 늦춰지게 되므로, 여름철의 경우 30℃에서 0℃로 품온을 내리면 이론적으로 6배에서 10배까지 유통기한이 연장될 수 있다.

② 유통체계의 안정화

㉠ 장기간 신선도를 유지하고, 농산물의 판매시기를 조절하여 안정된 유통체계를 가짐으로써 산지체계를 강화시킬 수 있다.

㉡ 여름철에 과잉생산되는 농산물의 경우 예랭 처리하여 저온저장고에 보관하면 문제를 해결할 수가 있는데, 배추의 경우 이상기후에 의해 여름철 폭우가 계속될 경우, 6월 중순경에 노지봄 배추를 수확하여 예랭 처리하여 저온저장하면 길게는 2개월까지도 저장이 가능하기 때문에 배추 품귀현상에 의한 가격 폭등을 방지할 수 있다.

㉢ 특히 채소류의 경우 우리나라 도매시장처럼 당일에 팔리지 않으면 헐값에 처분하거나 폐기하는 것이 아니라, 도매시장에 설치되어 있는 저온보관창고에 보관하여 다음날 동일한 가격으로 팔 수 있어, 저온유통체계 도입에 의해 안정된 가격으로 유통이 가능해진다.

[저온유통에 의한 선도 유지효과]

항 목	품 목	상온유통	예랭·저온유통
유통기한	양상추	15℃에서 3일간	예랭 후 1℃ 보관 35일
영양성분	시금치	30℃ / 3일 후 비타민 C 85% 손실	예랭 후 10℃ / 21일 후 비타민 C 20% 손실
중량 감소	체 리	10℃ / 3일 후 4.4% 감모	0.6℃ 예랭 / 3일 후 1.9% 감모
변 색	시금치	30℃ / 3일 후 클로로필 55% 손실	예랭 후 10℃ / 3일 후 클로로필 2% 손실
수송 중 손상	딸 기	10kg 3단 / 65% 손상과 발생	예랭 후 1kg 단위포장 / 손상과 5% 미만

(5) 관련 기술

① 콜드체인시스템은 예랭과 같은 한 가지 공정의 완벽한 수행만으로는 만족할 만한 효과를 거두기 어렵고, 결국 수확 후부터 소비자의 손에 들어가기까지 종합적인 품질관리가 필요하다.

② 운영과 관련된 직접기술에는 산지예랭, 포장, 저온수송과 배송, 저온보관 및 저장, 소비지 판매시설 및 주요기술 등이 있다.

③ 목적 달성을 위한 보조기술에는 전처리기술, 표면살균 및 안전성 관련 기술, 선별·규격·표준화기술, 소포장기술, 환경기술 등이 있다.

[콜드체인시스템 도입과 관련된 주요 기술]

주요 기술	세부기술
예 랭	강제통풍, 차압통풍, 진공예랭, 냉수예랭, 빙랭
저장, 보관	• 온도제어저장 : 저온저장, 빙온저장, 냉동저장 • 온습도제어·관리기술 • 가스제어저장 : CA 저장, 감압저장
수송, 배송	• 수송·배송기자재 : 보랭·단열컨테이너, 항공수송용 단열컨테이너, 축랭·단열재 등 • 물류 관련 표준화(팰릿화) • 수송자재 : 포장골판지, 기능성 포장재, 완충자재 • 고도유통시스템 : 유통·배송센터 • 고속대량수송기술 : 항공시스템, 철도수송시스템
포장, 보존, 보장	• 가스치환포장, 진공포장, 무균충전포장 • 냉동식품 : 포장자재, 동결, 저장, 해동 • 기능성포장재 : 항균, 흡수폴리머, 가스투과성, 단열성 • 품질유지제 봉입 : 탈산소제, 에틸렌 흡수·발생제
집출하, 선별·검사	• 비파괴 검사 : 근적외법, 역학적, 방사선, 전자기학 • 센서기술(바이오센서, 칩, 디바이스), 선도·숙도 판정
규격, 표시, 정보 처리	• 청과물출하규격, KS규격 • 식품첨가물·원재료 표시 등 • 정보, 멀티미디어

알아두기 결로현상

표면온도와 외기의 차이에 의해 작은 물방울이 표면에 서로 붙는 현상을 결로현상이라고 한다. 이러한 이슬 맺힘 현상은 건축물 및 시설에 발생하여 곰팡이 발생 등의 문제를 일으키기도 하는데, 특히 농산물에서는 과수 및 신선채소의 저온저장 후 상온유통에서 발생하여 미생물의 오염, 골판지의 약화 등으로 상품성을 저하시키는 원인이 되기도 한다. 방지법으로는 상온유통 24시간 전에 온도를 조금씩 상승시키며, 선풍기를 이용하여 물방울을 말리는 방법과 비닐포장재를 씌워 외기와의 접촉을 차단하는 방법 등이 있다. 필름 표면에 결로현상(수증기가 물방울 형태로 응축되어 있는 상태)이 생기지 않도록 기능을 첨가한 방담필름을 사용하여 저장 중인 원예산물(과일, 채소 등)의 신선도를 유지시켜 주며 내용물이 잘 보이도록 만들기도 한다.

제 6 장 수확 후 장해

01 생리적 장해

1. 온도에 의한 장해

(1) 동 해

① 저장 중 빙점(0℃) 이하의 온도에서 일어나는 장해이다.
② 식물의 세포는 많은 영양물질을 가지고 있어 물의 빙점(0℃)보다는 약간 낮은 온도에서 결빙된다.
③ 작물의 결빙온도는 작물의 종류 등에 따라 다르나 약 -2℃ 이하에서 조직의 결빙으로 인한 동해가 나타난다.
④ 동해를 입은 작물은 호흡이 증가하고, 병원균에 쉽게 감염되어 부패하기 쉽다.
⑤ 동해의 증상은 결빙 중인 때보다는 해동 후에 나타난다.
㉠ 엽채류 : 수침현상이 나타나고, 조직이 반투명해지며, 엽맥보다는 엽신이 동해에 민감하다.
㉡ 과일 : 수침현상이 나타나며, 과육이 연화되고, 조직이 부분적으로 괴사한다.
㉢ 사과 : 표면에 불규칙적으로 수침현상과 함께 갈변현상이 나타난다.
㉣ 배 : 투명한 수침형 조직이 먼저 나타나고, 심한 경우 과육에 동공이 생긴다.

(2) 저온장해

① 작물의 종류에 따라 빙점 이상의 온도에서 저온에 의한 생리적 장해를 입는 경우가 있다.
② 한계온도 이하의 저온에 노출될 때 영구적인 생리장해가 나타나는데, 이를 저온장해라고 한다.
③ 빙점 이하에서 조직의 결빙으로 인해 나타나는 동해와는 구별된다.
④ 저온장해를 입는 한계온도는 작물에 따라 다르며, 저장기간과는 관계없이 장해가 나타나기 시작하는 온도가 한계온도이다.
⑤ 온대 작물에 비해 열대·아열대 원산의 작물이 저온에 민감하다.
예 고추, 오이, 호박, 토마토, 바나나, 멜론, 파인애플, 고구마, 가지 등
⑥ 장해증상
㉠ 표피조직의 함몰과 변색
㉡ 곰팡이 등의 침입에 대한 민감도 증가
㉢ 세포의 손상으로 인한 조직의 수침현상
㉣ 사과의 과육 변색
㉤ 토마토, 고추의 함몰
㉥ 복숭아 과육의 섬유질화

[저온장해 한계온도(Ryall and Lipton, 1979)]

작 물	저온장해를 유발하는		저온장해 회피온도(℃)
	온도(℃)	기간(일)	
바나나	–	–	13
멜 론	5	10	7~10
호 박	0~7	8	10
생 강	7	14~21	13
토마토	10	8	12
고구마	10	10	13

⑦ 이온용출량으로 저온장해 정도를 알 수 있는데, 저온장해 현상이 많이 발생할수록 이온용출량도 높게 나타난다.

(3) 고온장해

① 대부분의 효소는 40~60℃의 고온에서 불활성화되며, 이는 대사작용의 불균형을 유발한다.
② 조직이 치밀한 작물의 경우 고온에 의한 왕성한 호흡작용으로 조직의 산소 소모가 지나쳐 조직 내 산소 결핍현상이 일어난다.
③ 바나나의 경우 30℃ 이상의 고온에서는 정상적인 성숙이 불가능하다.
④ 토마토의 경우 32~38℃에서 리코펜의 합성이 억제되어 착색이 불량해지며, 펙틴 분해효소의 불활성화로 인한 과육연화 지연 등이 나타난다.
⑤ 사과나 배는 고온의 환경에서 껍질덴병이 발생한다.
⑥ 고온으로 인한 증산량의 증가는 품질 악화를 초래한다.

2. 가스에 의한 장해

(1) 이산화탄소장해

① 일반적인 이산화탄소장해의 증상은 표피에 갈색의 함몰 부분이 생기는 것이고, 저산소나 미성숙 등의 영향을 받으며, 이는 주로 저장 초기에 나타난다.
② 외관으로 나타나지 않고 내부의 중심조직에 나타나는 경우도 있다.
③ 후지 사과의 경우 이산화탄소 3% 이상의 조건에서 과육의 갈변현상이 나타날 수 있다.
④ 배의 이산화탄소장해는 숙도와 노화 정도에 비례하며, 저장기간 등의 영향을 받는다.
⑤ 토마토의 경우 5% 이산화탄소 조건에 1주일 저장하면 성숙이 비정상적으로 지연되며, 착색이 부분적으로 이루어지고, 악취와 부패과의 발생이 증가한다.
⑥ 감귤류는 과피 함몰증상이 나타난다.
⑦ 양배추, 결구상추 등은 조직의 갈변현상이 나타난다.

(2) 저산소장해

① 정상적인 호흡이 곤란한 낮은 농도의 산소조건에서 작물은 생리적 장해를 받는다.
② 세포막이 파괴되며, 무기호흡의 결과로 인한 알코올발효가 진행되어 독특한 냄새와 맛이 나타난다.
③ 표피에 진한 갈색의 수침형 부분이 생기고, 표피뿐만 아니라 조직도 영향을 받으며, 심한 경우 과심부에도 갈색의 수침형 부분이 생긴다.
④ 왁스 처리를 한 경우 온도가 높거나 왁스층이 두꺼울 때 발생하기 쉽다.

(3) 에틸렌장해

① 저장 중 에틸렌 농도가 높으면 노화 촉진 등의 장해가 발생한다.
② 감귤류의 경우 에틸렌 농도나 온도가 높으면 껍질에 회갈색이나 자줏빛의 불규칙적인 함몰형 반점이 생기며, 심하면 이취가 발생한다.

02 기계적 · 병리적 장해

1. 기계적 장해

(1) 발생요인

① 원예산물의 표피에 상처, 멍 등 물리적인 힘에 의해 받는 모든 장해를 포함한다.
② 마찰에 의한 장해 : 과일과 과일 또는 상자 표면과의 마찰에 의한 손실
③ 압축에 의한 장해 : 적재용기 내에서 물리적인 힘에 의해 발생하는 손실
④ 진동에 의한 장해 : 수송 중 진동에 의한 손실
⑤ 산물의 포장 시 상자에 과하게 넣으면 멍이 들기 쉽고, 상자 내 공간에 여유가 너무 많으면 진동에 의한 물리적 장해를 받기 쉽다.

(2) 장해증상

① 과육 및 과피의 변색이 나타난다.
② 상처 부위를 통한 수분 증발이 증가하여 수분 손실이 많아진다.
③ 부패균의 침입이 용이해져 부패율이 높아진다.
④ 기계적 장해를 받은 작물은 호흡속도와 에틸렌 발생량 증가로 인해 노화가 촉진되어 저장력을 잃고 부패하기 쉽다.

2. 병리적 장해

(1) 의 의

① 원예산물이 생산 후 소비자에게 이르는 과정에서 발생하는 병해에 의한 피해를 말한다.
② 원예산물은 수분과 양분의 함량이 높아 미생물 등의 생장·번식에 유리한 조건을 가지고 있다.

(2) 병해에 영향을 미치는 요인

① 성숙도 : 노화·성숙이 진행될수록 균에 대한 감수성이 증가하여 발병이 쉬워지며 노화·성숙을 억제하면 병해 또한 억제된다.
② 온도 : 저온은 성숙과 노화를 억제시켜 작물의 균에 대한 저항성을 증가시키고, 균의 생장을 억제시킬 수 있다.
③ 습도 : 높은 습도로 인해 작물의 상처 부위가 다습해지면 균의 증식이 쉬워지므로 수확 후 건조시켜 상처 부위를 아물게 하면 감염에 대한 저항성이 증가한다.

알아두기 영양장해

- 특정 성분의 결핍 또는 과다는 영양성분의 불균형으로 인한 장해를 일으키기도 한다.
- 영양성분의 결핍은 다양한 갈변증상을 보이며, 이는 재배 중이나 수확 후 결핍된 성분을 처리함으로써 어느 정도 억제가 가능하다.
- 칼슘 부족으로 인한 장해의 유형 : 토마토 배꼽썩음병, 사과 고두병, 양배추 흑심병, 배의 콜크스폿, 상추 잎끝마름병
- 사과의 고두병 : 칼슘 함량의 부족으로 생기는 병으로, 과실 껍질 바로 밑의 과육에 죽은 부위가 나타나고, 점차 갈색 병반이 생기면서 약간 오목하게 들어간다. 주로 저장 중에 많이 발생한다.
- 토마토의 배꼽썩음병 : 칼슘의 결핍이나 토양 수분의 급격한 변화에 의하여 생긴다.

[수확 후 중요 장해]

작 물	장 해	증 상
사 과	내부갈변	• 과육에 갈변이 퍼지는 현상을 말하며, 중심 부분이나 바깥 과육이 영향을 받고, 심한 경우 모든 내부조직에 퍼진다. • 저장고 내의 이산화탄소 축적으로 인해 발생하며, 밀증상이 많은 사과일수록 증상이 심하다. • 밀증상이 심한 사과는 저장하지 않는 것이 좋으며, 저장고 내의 이산화탄소 축적을 막아야 한다.
	껍질덴병	껍질덴병은 사과의 표피가 불규칙하게 갈변되어 건조되는 증상이다. 과피 바로 아래의 과육조직은 정상적이지만 증상이 심하게 진전되면 과육조직도 갈변하며, 병원균의 침입통로로 작용한다. 사과의 껍질덴병을 예방하기 위해서는 적기에 수확하며 항산화제 처리를 한다.
	밀증상	• 사과의 유관속 주변이 투명해지는 수침현상을 말하며, 솔비톨이라는 당류가 과육의 특정 부위에 비정상적으로 축적되어 나타나는 현상이다. • 심한 경우 에탄올이나 아세트알데히드가 축적되어 조직 내 혐기상태를 형성하여 과육 갈변이나 내부조직의 붕괴를 일으킨다. • 밀증상이 있는 사과는 가급적 저장하지 않는 것이 좋으며 저온저장하더라도 단기간 저장하고 출하하는 것이 좋다. • 수확이 늦은 과실일수록 발생률이 높으며, 연화될수록 정도가 심화되어 상품성이 저하되므로 적기에 수확하는 것이 중요하다.
배	심부병	• 과실의 심부 주변 조직이 갈변하고 축축해지면서 붕괴되며, 심한 경우 과경과 심부를 연결하는 유관속이 검게 변한다. • 과숙한 과일이나 고온과 같이 저장수명이 단축되는 조건에서 조기에 장해가 일어날 수 있다.
	과피흑변	• 저온저장 초기에 발생하며, 과피에 짙은 흑색의 반점이 생긴다. • 재배 중 질소비료 과다시용으로 인해 많이 발생하며, 수확이 늦어진 과일의 저장고 입고 시 그리고 저장고 내의 과습에 의해서도 많이 발생한다. • 저온저장 전에 예건하여 과피의 수분 함량을 감소시키면 장해를 줄일 수 있다.
	탈피과	• 저장 중 과피와 과육이 분리되어 벗겨지는 증상이다. • 저장 중 변온에 의해 많이 발생하며, 에틸렌 축적에 의해서도 발생한다. • 발생의 방지를 위해 저장고 내 온도 변화를 방지하고, 주기적 환기를 통해 유해가스 축적을 막아야 한다.
단 감	과피흑변	과피조직에 흑변현상이 나타나며, 흑변조직을 제거하면 과육에는 이상이 없으나 외관이 불량하여 상품성이 떨어진다.
	과육갈변	• 저장 중 산소 농도가 지나치게 낮아지거나 이산화탄소 농도가 급격히 증가할 때 무기호흡에 의한 과육 내 아세트알데히드 알코올 등의 유해성분 축적으로 인해 주로 발생한다. • 단감의 과정부에 원형으로 과피뿐만 아니라 과육까지 갈변하여 과실 전체에 피해를 준다.
포 도	저장 중 장해	• 탈립 : 송이로부터 포도알이 떨어지는 현상으로, 온도와 습도를 알맞게 유지하거나 에틸렌을 제거하여 억제할 수 있다. • 부패 : 상처를 방지하고, 적정온도를 유지하며, 아황산가스 훈증이나 아황산 발생패드를 이용하여 부패를 예방한다.
감 귤	저장 중 장해	꼭지썩음병, 검은썩음병, 검은무늬병 등
참 외	저장 중 장해	• 수분손실로 인한 과골(과일 골짜기부문) 갈변 등 색깔 변화가 발생한다. 백색 과골 부위에 황색 과면보다 기공이 많이 분포하고 조밀도가 낮아 수분손실이 더 쉽게 발생하며 갈변하여 상품성을 잃는다. • 저온장해가 발생한다. 과골을 중심으로 과피(과일껍질)가 갈변하거나 수침상 반점이 나타난 지점의 조직 연화에 따른 부패로 발생한다. • 과실표피, 상처 부위 등을 통해 부패균이 증식한다. 해충 및 미생물이 표피와 상처 등에 감염되고, 유통 중 부적절한 온·습도 관리 등에 의해 진행이 빨라진다.

제 7 장 안전성과 신선편이 농산물

01 안전성

소비환경이 변화됨에 따라 식품의 안전성에 대한 관심은 산물의 고품질 유지와 더불어 가장 중요한 문제로 인식되고 있다. 이에 따라 농산물 품질관리법에서도 농산물의 품질 향상과 안전한 농산물의 생산·공급을 위하여 토양, 용수, 자재 등과 생산·저장(생산자 저장)의 단계나 출하되기 전단계의 농산물에 대하여 여러 유해물질이 농림축산식품부령으로 정하는 잔류 허용기준을 초과하는지에 관한 여부 조사와 유통·판매단계의 관리를 명시하고 있다.

1. 농산물우수관리제도(GAP ; Good Agricultural Practices)

(1) 의 의

① 농산물의 안전성을 확보하기 위하여 농산물의 생산단계부터 수확 후 포장단계까지 위해요소를 관리하는 기준이다.

② GAP는 자연환경에 대한 위해요인을 최소화하고, 소비자에게 안전한 농산물을 제공하기 위하여 농산물의 재배, 수확, 수확 후 처리, 저장과정 중 농약, 중금속, 미생물 등의 관리 및 그 관리사항을 소비자가 알 수 있도록 하는 체계이다.

③ 농수산물 품질관리법에서 "농산물우수관리"란 농산물(축산물은 제외한다)의 안전성을 확보하고 농업환경을 보전하기 위하여 농산물의 생산, 수확 후 관리 및 유통의 각 단계에서 작물이 재배되는 농경지 및 농업용수 등의 농업환경과 농산물에 잔류할 수 있는 농약, 중금속, 잔류성 유기오염물질 또는 유해생물 등의 위해요소를 적절하게 관리하는 것을 말한다.

④ 농산물우수인증제도는 일정한 자격을 갖춘 민간기관이 농림축산식품부장관으로부터 인증기관으로 지정받아 농산물우수인증을 할 수 있도록 되어 있다.

(2) 필요성

① 농산물의 안전성에 대한 소비자의 관심과 요구가 증대되고 있는 상황에서 국가 농산물생산관리시스템을 향상시키기 위한 방안의 도입이 필요하다.

② 안전하고 위생적인 농산물에 대한 소비자의 욕구를 충족하기 위해 생산단계부터 시작되는 농산물 안전관리체계의 구축이 필요하고, 농산물 생산단계의 GAP관리체계와 생산이력관리체계를 통해 생산 → 유통·가공 → 판매에 이르는 일관화된 농산물관리체계 마련의 일환이다.

③ 시장개방화에 의해 농산물의 수입이 급증함에 따라 고품질 안전농산물에 대한 소비자의 선호도가 증가하고 있다.

④ 특히 농산식품의 안전성은 농산물을 구매할 때 중요한 결정요인으로 작용하여 농업과 식품산업에 큰 영향을 미치고 있다.

⑤ 농산물 안전에 관련된 국제기준에 따른 수입농산물과의 품질경쟁력 확보체계의 구축과 함께 수출에 있어서의 대응도 필요하다.

(3) 중요성

① 농업인의 입장에서는 안전한 농산물의 소비시장 확대를 통해 농가소득 향상과 지역경제 안정화를 도모하고, 일반 소비자나 국민의 입장에서는 안전하고 다양한 기능을 지닌 고품질의 농산물을 공급받을 수 있는 장점이 있다.

② 소비자에게 안전한 농산물을 공급하기 위하여 농산물의 생산 및 단순가공 과정에서 토양, 용수, 농약, 중금속, 유해생물 등 식품안전성에 문제를 발생시킬 수 있는 요인을 종합적으로 관리할 수 있다.

③ 농산물의 안전성에 대한 소비자 인식이 제고되고, 소비자가 만족하는 투명한 우수농산물 생산체계를 구축하여 국산 농산물에 대한 소비자 인식 및 신뢰 향상을 통한 수익성 증대를 도모할 수 있다.

④ 저투입 지속형 농법으로 전환하여 자연환경에 미치는 악영향을 최소화하고, 농업의 지속성을 확보할 수 있다.

2. 위해요소중점관리기준 (HACCP ; Hazard Analysis Critical Control Points)

(1) 의 의

① 식품의 원재료 생산부터 제조, 가공, 보존, 유통단계를 거쳐 최종 소비자가 섭취하기 전까지의 각 단계에서 발생할 우려가 있는 위해요소를 규명하고, 이를 중점적으로 관리하기 위한 중요관리점을 결정하여 자주적이고 체계적이며 효율적인 관리를 통해 식품의 안전성(Safety)을 확보하기 위한 과학적인 위생관리체계라고 할 수 있다.

② HACCP은 위해분석(HA)과 중요관리점(CCP)으로 구성되어 있는데, HA란 위해 가능성이 있는 요소를 찾아 분석・평가하는 것을 말하고, CCP란 해당 위해요소를 방지・제거하고 안전성을 확보하기 위하여 중점적으로 다루어야 할 관리점을 말한다.

(2) HACCP의 원칙 – 국제식품규격위원회(CODEX) 규정

① 위해분석(HA)을 실시한다.
② 중요관리점(CCP)를 결정한다.
③ 한계기준(CL)을 설정한다.
④ 중요관리점(CCP)에 대한 모니터링체계를 확립한다.
⑤ 모니터링 결과 중요관리점(CCP)이 관리상태 위반 시 개선조치방법(CA)을 수립한다.
⑥ HACCP가 효과적으로 시행되는지를 검증하는 방법을 수립한다.
⑦ 이들 원칙 및 그 적용에 대한 문서화와 기록 유지방법을 수립한다.

[HACCP의 7원칙 12절차]

절차 1	HACCP팀 구성	준비단계
절차 2	제품설명서 작성	
절차 3	용도 확인	
절차 4	공정흐름도 작성	
절차 5	공정흐름도 현장확인	
절차 6	위해요소 분석	원칙 1
절차 7	중요관리점 결정	원칙 2
절차 8	한계기준 설정	원칙 3
절차 9	모니터링체계 확립	원칙 4
절차 10	개선조치방법 수립	원칙 5
절차 11	검증절차 및 방법 수립	원칙 6
절차 12	문서화 및 기록 유지	원칙 7

(3) 중요성

① 원예산물을 가공하고 포장하는 동안 발생하는 물리적·화학적 오염과 미생물 등에 의한 오염을 예방하는 일은 안전한 농산물의 생산에 필수적인 것이다.
② HACCP는 자주적이고 체계적이며 효율적인 관리를 통해 식품의 안전성을 확보하기 위한 과학적인 위생관리체계라고 할 수 있다.

(4) 효 과

① 적용 업소 및 제품에는 HACCP 인증마크가 부착되므로 기업 및 상품의 이미지가 향상된다.
② 소비자의 건강에 대한 염려 및 관심으로 인해 제품의 경쟁력, 차별성, 시장성이 증대된다.
③ 관리요소, 제품의 불량·폐기·반품, 소비자불만 등의 감소로 인해 기업의 비용이 절감된다.
④ 체계적이고 자율적으로 위생관리를 수행할 수 있는 위생관리시스템을 확립할 수 있다.
⑤ 위생관리 효율성과 함께 농식품의 안전성이 제고된다.
⑥ 미생물오염 억제에 의한 부패가 저하되고, 수확 후 신선도 유지기간이 증대된다.

02 신선편이 농산물

1. 개념 및 특징

(1) 정 의

신선한 상태로 다듬거나 절단되어 세척과정을 거친 농산물을 본래의 식품적 특성을 유지한 채 위생적으로 포장하여 편리하게 이용할 수 있는 농산물

(2) 의 의

① 물리적인 변화로 인해 원료가 본래의 형태와는 다르지만 신선한 상태가 유지되는 과일, 채소 또는 그들의 혼합을 신선편이 농산물이라고 한다.

② 다듬거나 박피, 절단, 세척한 과일이나 채소로, 버려지는 것 없이 모두 이용할 수 있으며, 포장되어 신선한 상태로 유지되어 소비자에게 높은 편이성과 영양가를 제공할 수 있는 제품이다.

(3) 포 장

신선편이 농산물은 초기에는 단체급식이나 음식점 등에 납품하기 위하여 포장단위가 매우 컸지만, 최근에는 소비자가 직접 구입할 정도로 규격이 소규모화·다양화되고 있다.

(4) 특 성

① 농산물의 선택에 있어서도 간편성과 합리성을 추구하면서 구입 후 다듬거나 세척할 필요 없이 바로 먹을 수 있거나 조리에 사용할 수 있는 농산물이다.

② 일반적으로 절단·세절하거나 미생물 침입을 막아 주는 표피와 껍질 등을 제거하며, 호흡열이 높고, 에틸렌 발생량이 많다.

③ 노출된 표면적이 크고, 취급단계가 복잡하여 스트레스가 심하며, 가공작업이 물리적 상처로 작용하는 특성이 있다.

(5) 신선편이 농산물의 장점

① 요리시간의 절약
② 균질의 산물 공급
③ 건강식품의 섭취
④ 저장공간의 절약
⑤ 포장한 채로 저장
⑥ 감모율의 감소

(6) 주의사항

① 산물의 품질이 쉽게 변한다.

② 절단, 물리적 상처, 화학적 변화 등이 초래되어 일반적으로 유통기간이 짧다.

③ 정밀한 온도관리가 중요하고 청결과 위생, 즉 안전성 확보가 기본 전제조건이며, 제품의 품질은 향기와 영양가를 동시에 만족시킬 수 있어야 한다.

2. 상품화 공정

(1) 세척 및 살균·소독

① **세척** : 일반적으로 세 차례 세척을 실시하며, 오염되지 않은 물을 이용해 선도 유지를 위하여 3~5℃로 냉각하여 세척한다.

㉠ 1차 세척 : 과채류에 묻어 있는 벌레 및 이물질을 제거한다.

㉡ 2차 세척 : 염소수를 사용하여 미생물을 제거한다.

㉢ 3차 세척 : 음용수를 이용하여 깨끗하게 헹군다.

② 염소 세척

㉠ 비용이 가장 적게 드는 장점이 있다.

㉡ 살균효과가 있어 살균·소독에 가장 널리 이용되고 있다.

㉢ pH와 온도에 따라 살균효과가 다르며, pH 4.5 내외가 가장 효과적이고, 높아질수록 점차 낮아진다.

㉣ 실제 산업에서는 장비의 부식을 피하기 위해 pH 6.5~7 정도를 사용한다.

㉤ 염소계 살균소독제의 종류 : 차아염소산나트륨(NaClO)과 차아염소산칼슘($CaCl_2O_2$)이 주로 사용된다.

③ 오존수 세척

㉠ 산화력이 높아 염소보다 빠르게 미생물을 사멸시키며, 낮은 농도로도 사용이 가능하다.

㉡ 위해성 잔류물이 남지 않으며, 처리과정 중에 pH 조정이 필요 없다.

㉢ 과채류의 부패 방지에 매우 효과적이다.

㉣ 오존가스는 인체에 독성이 있으므로 작업장에 오존가스 농도가 높아지는 것을 주의하여야 한다.

㉤ 초기 시설 및 설비에 들어가는 경제적 부담이 큰 단점이 있다.

④ 전해수를 이용한 살균·소독

㉠ 전해수 : 식염, 염화칼륨 등을 전기분해하여 얻어진 차아염소산, 차아염소나트륨 등을 함유한 수용액을 말하며, pH에 따라 강산성 전해수, 약산성 전해수, 약알칼리성 전해수로 구분한다.

㉡ 신선편이 농산물의 세척이나 단체급식업체의 식기 세척 등에 이용되고 있다.

⑤ 열처리를 이용한 살균·소독

㉠ 신선편이 농산물의 경우 신선도를 위하여 저온을 유지하는 것이 기본이지만 살균소독제 사용 시 냄새 등을 피하기 위하여 열처리하기도 한다.

㉡ 세척 품목의 조직 특성을 감안하여 열처리 온도 및 시간을 결정하여야 하는데, 결구상추와 같이 조직이 연한 경우 50℃에서 30초 이상 처리할 경우 조직이 물러져 쉽게 상품성을 상실하고, 유통기간 중 미생물의 수도 더욱 증가하게 된다.

㉢ 신선편이 농산물 중 열처리하는 품목으로는 오이 슬라이스 등이 있으며 1차 세척, 다듬기, 2차 세척 후 100℃에서 1초간 열처리하고 절단하는데, 열처리로 미생물의 수를 줄일 수 있다.

⑥ 탈 수

㉠ 세척 후 표면에 남아 있는 수분을 제거하기 위하여 탈수 또는 건조과정을 거쳐야 한다.

㉡ 원심분리식 탈수 : 주로 엽채류의 세척 후 이용되며, 품목별로 적정 회전속도 및 시간이 다르므로 유의하여야 한다.

㉢ 강제통풍식 탈수 : 과채류와 같이 압상을 받기 쉬운 품목은 송풍을 이용해 표면의 수분을 제거한다.

(2) 박피 및 절단

① 박피 : 조리용 채소류에 있어 양파, 감자가 대표적이며 과일류는 키위, 오렌지류, 밤 등이 박피를 필요로 한다.

② 절단 : 채소의 경우 겉잎을 제거하고 다듬은 후에 절단을 하는데 결구상추, 양배추 등은 자동절단기를 사용하고 감자, 피망, 단호박, 파 등은 수작업으로 절단한다.

③ 칼날 : 칼날과 절단면은 신선도 유지에 영향을 미치므로 칼날은 아주 날카롭게 갈아 사용하고, 수시로 갈아 날카로움을 유지하여야 한다.

④ 칼날 소독 : 수시로 소독하여 칼날에 의한 교차오염을 방지하여야 한다.

(3) 선 별

(4) 포 장

내부의 수분, 가스, 오염, 이취 등을 차단 또는 제한하여 갈변, 이취, 조직감 등 품질에 영향을 미치는 장해들을 방지하는 기술로 MA(Modified Atmosphere) 포장, 용기포장 및 진공포장으로 구분한다.

① MA 포장

㉠ 선택적 가스투과성을 가진 필름을 이용하여 포장 내부의 산소 농도는 낮추고, 이산화탄소 농도를 높여 신선편이 농산물의 선도를 유지하는 방법이다.

㉡ 산소와 이산화탄소의 농도에 따라 갈변현상이나 이취가 발생할 수 있으므로 적합한 포장 필름의 선택이 중요하다.

㉢ 원료의 절단 형태에 의한 호흡률, 무게, 포장재의 산소투과율, 포장재의 크기 등이 선도 유지에 영향을 미치므로 특성에 따라 조건을 달리하여야 한다.

㉣ 그동안 PE필름이나 PP필름 등이 사용되었으나 점차 미세공필름(Micro-perforated Films) 등이 도입되어 사용되고 있다.

㉤ MAP 포장(가스치환포장) 시 이산화탄소를 충전하여 호흡을 억제시키고, 적정온도에 맞게 저온저장 및 저온유통을 반드시 실시한다.

② 용기포장

㉠ 장 점

- 물리적 피해를 줄일 수 있어 압상 등에 민감한 품목에 적합하다.
- 그릇 역할을 하여 이용하기 편리하다.
- 판매에 있어 진열이 용이하며, 외관이 뛰어나 구매욕구를 불러일으킬 수 있다.

㉡ 단 점

- 플라스틱필름에 비해 단가가 높다.
- 밀봉하지 않을 경우 부패, 갈변 등의 문제가 야기될 수 있다.

③ 진공포장

㉠ 식품의 산화 등의 변질 방지를 위해 이용된다.

㉡ 부피 등을 줄일 수 있어 수송에 유리하다.

㉢ 갈변 억제에 도움이 되지만 유통과정이 길면 이취 등이 발생할 수 있으므로 저온유통이 필수적이다.

㉣ 심한 진공포장은 압상 등 물리적 피해의 원인이 될 수 있으며, 급격한 기압의 변화로 증산작용에 의한 시듦현상이 발생할 수 있다.

3. 원료의 품질유지

신선편이 농산물은 원료의 품질이 좋지 않으면 아무리 우수한 기술과 시설을 갖추어도 고품질 및 안전한 상품을 생산하는 데 한계가 있으므로 원료의 신선도 유지가 매우 중요하다.

(1) 원료가 품질에 미치는 영향

① 원료의 품질에 따라 가공 후 품질 및 유통기간이 영향을 받는다. 같은 가공방법, 온도를 유지하여도 원료의 품질이 나쁘면 유통기간 중 품질 변화가 발생할 확률이 높다.

② 신선편이상품의 품질에는 수확시기뿐만 아니라 재배환경도 큰 영향을 미친다.

③ 숙성 정도를 선별하여 가공하는 품목도 있으므로 품목에 따라서는 저온저장고뿐만 아니라 숙성실의 설치가 필요한 경우도 있다.

④ 과육이 연한 과채류는 상품화 공정 후 품질이 빨리 변하기 때문에 가공 시 원료가 미숙한 것을 선택하는 것이 좋으며, 유통과정 중 숙성되어 착색이 증진되고 향기도 살아나므로 원료의 숙성 정도를 잘 판정하여야 한다.

(2) 원료의 품질 유지

① 온도관리

㉠ 수확한 후 가공공장에 도착하기까지 품온을 낮게 유지하여야 한다.

㉡ 산지에서 공장까지 운송하는 중에도 철저한 온도관리가 필요하며, 수송차량은 5℃ 이내로 유지할 수 있어야 한다.

② 취급 장비관리

㉠ 원료의 취급과 가공공장의 취급자 및 장비의 분리는 교차오염의 방지에 도움이 된다.

㉡ 시설과 장비로부터 원료가 오염되는 것을 방지하여야 한다.

㉢ 원료가 직접적으로 접촉하는 장비 및 상자는 살균, 세척 및 위생적 유지관리가 쉬운 스테인리스나 플라스틱으로 제작하는 것이 바람직하다.

㉣ 운반상자

- 운반상자는 깨끗하게 소독하여 사용해야 한다.
- 원료의 상자는 산지의 오염물질이 묻어 있을 수 있으므로 청결을 유지하여야 한다.
- 운반상자가 음식, 농약, 화학물질 등 유해물질을 운반하는 데 사용되지 않도록 하여야 한다.

4. 가공시설의 위생관리

(1) 시설관리

오염을 방지하기 위해서는 원료의 반입장소, 선별장 및 제조시설이 각기 떨어져 있어야 하며, 작업자도 달리하는 것이 이상적이다.

① 가공시설 및 장비의 관리

㉠ 가공시설 내 장비는 정기적으로 검사 및 관리를 하여야 한다.

㉡ 중요한 시설은 점검수칙을 마련하여 정기적으로 점검하여야 한다.

㉢ 가공장비 등의 세정을 철저히 하여야 하며, 각 장치별로 위험성이 있는 부위는 수시점검하여야 한다.

② 살균·소독 프로그램의 운영

㉠ 가공공장의 모든 장비 등은 정기적 세정 및 살균·소독 표준운영절차를 설정하여야 한다.

㉡ 장비 및 시설에 대한 육안검사 또는 모니터링을 실시할 때는 시설의 위치 및 주요 장비별 살균·소독 지침에 따라 하는 것이 필요하다.

③ 제품 및 자재 저장시설의 위생관리

㉠ 가공된 제품은 바닥과 직접 접촉하지 않도록 팰릿 위에 두고 팰릿과 벽 사이, 바닥 사이에 간격을 둔다.

㉡ 저장고는 깨끗하게 주기적으로 청소하여야 한다.

㉢ 설치류 및 곤충류가 없어야 한다.

㉣ 화학물질, 폐기물 및 냄새나는 물질이 근처에 저장되지 않도록 하여야 한다.
㉤ 정확하고 기록이 가능한 온습도 조절장치가 있어야 한다.
㉥ 포장재는 깨끗하고 건조하여야 한다.
㉦ 오염원으로부터 떨어져 보관되어야 한다.

④ 시설의 구역 분리
㉠ 효율적인 위생관리를 위해서는 공장 내 시설을 오염확률의 정도에 따라 청결지역, 준청결지역, 오염지역 등으로 구분하여 관리하여야 한다.
㉡ 장갑, 앞치마, 모자 등을 착용한 뒤에 출입하여야 한다.

(2) 시설 주변의 위생관리

① 동물 및 병충해 방제
㉠ 가축 분뇨는 병원성 미생물의 오염원이 되기 때문에 시설 주변에 동물 및 분뇨의 유입이 없도록 하여야 한다.
㉡ 곤충류, 조류, 동물에 의한 물리적 상처는 원료의 품질 저하와 함께 미생물이 침입할 수 있는 통로가 되어 내부의 오염위험성을 증가시킨다.
㉢ 생물학적 위해요소에 의한 오염을 방지하기 위해서는 시설을 곤충, 조류, 동물 등으로부터 멀리 하여야 한다.

② 수질관리 : 제조과정상 물은 필수요소로, 세척 등에 사용되어 가공과정에서 오염을 감소시킬 수 있는 매우 중요한 역할을 한다.
㉠ 가공공정상 사용되는 물
- 바로 먹거나 조리에 이용하는 신선편이 생산을 위한 세척공정에서는 음용수 이상의 수질이 권장된다.
- 질병을 유발하는 생물체가 없어야 한다.

㉡ 주의사항
- 산물의 품질 유지를 위하여 냉각수를 이용해 세척하므로 호흡률을 낮추고, 특성이 변하는 것을 지연시키는 효과가 있다.
- 농산물과 냉각수의 온도 차이가 너무 큰 경우 흡입효과가 발생하여 농산물 표면의 오염원 또는 물속의 오염원이 산물에 침투할 수 있다.
- 냉각수를 농산물 내부온도보다 5℃ 높게 유지하는 것은 흡입효과를 방지하는 데 도움이 된다.
- 온도 차이를 감소시키기 위하여 물 세척 이전에 농산물을 먼저 냉각시킨다.
- 당근 등 조직이 치밀한 농산물은 흡입효과 잘 생기지 않는다.

㉢ 물에 의한 오염을 낮추는 방법
- 오염된 물을 세척에 사용하거나 물 관리가 소홀할 경우 세척 시 오염이 발생할 수 있다.
- 물 시료를 채취하여 미생물 검사를 실시하여야 한다.

- 정기적으로 물을 교환하여 위생적인 상태를 유지한다.
- 물이 직접적으로 접촉하는 표면 부분을 세척하고 소독한다.
- 오염된 물의 역류를 방지하는 역류 방지장치를 설치한다.
- 수질 유지를 위해 설치한 장비를 정기적으로 검사하고 유지・보수한다.

(3) 작업자의 위생관리

작업자에게 위생관리의 중요성을 강조하고, 위생관리기술을 이해할 수 있도록 교육하여 위생수칙을 따르게 하여야 한다.

① 개인관리

㉠ 철저한 손 씻기, 청결한 의복, 앞치마, 장갑 및 모자 착용 등 기본적인 개인위생관리가 반드시 필요하다.

㉡ 검사자, 구매자, 방문객도 위생 및 안전관리절차를 따라야 한다.

② **작업자** : 가공에 참여하는 작업자는 역할을 구분하여 정해진 위치에서 작업하도록 하는 것이 필요하다.

(4) 시설의 청소

① 각 품목의 작업이 끝나면 장비와 주변을 철저히 청소하여야 한다.

② 당일 가공이 끝나면 시설 및 장비에 대한 오염상태를 점검하고, 철저히 소독하여야 한다.

제 3 과목 적중예상문제

01 수확기 결정의 기준이 되는 성숙도의 판정방법 중 원예적 성숙의 정의를 쓰시오.

• 정답 • 생리적 성숙에 관계없이 원예적 이용목적에 따라 수확 시기를 결정하는 것을 원예적 성숙이라고 한다.

• 풀이 • 미숙한 과실이 수확 가능한 상태로 변해가는 과정을 성숙 과정이라고 하는데, 성숙에는 생리적 성숙, 원예적 성숙, 상업적 성숙 등이 있다.

- 생리적 성숙 : 식물의 외관이 갖추어지고 충실해지며, 꽃이 피고 열매를 맺어 종자가 발아할 수 있는 상태가 되어 수확의 적기가 되는 것
- 원예적 성숙 : 생리적 성숙에는 미치지 못하였더라도 원예적 이용목적에 따라 수확 시기를 결정
- 상업적 성숙 : 상업적 가치에 따라 수확 시기를 결정

02 사과의 수확기 판정에 오요드용액이 사용되었다. 사과의 어떤 성분 변화를 알아보기 위한 방법인지 쓰시오.

• 정답 • 전 분

• 풀이 • **요오드 검사**

전분은 요오드와 반응하여 청색을 나타낸다. 사과는 성숙이 진행될수록 반응이 약해져 완전히 숙성된 과일은 반응이 나타나지 않으며, 요오드반응의 정도에 따라 장기저장용, 단기저장용, 직출하용으로 나누어 수확기를 결정할 수 있다.

03 다음 제시된 품목을 호흡급등형 품목과 비호흡급등형 품목으로 구분하시오.

사과, 복숭아, 포도, 감귤, 딸기, 참다래, 토마토, 수박, 호박, 오이, 멜론

• 정답 •
- 호흡급등형 : 사과, 복숭아, 참다래, 토마토, 수박, 멜론
- 비호흡급등형 : 포도, 감귤, 딸기, 호박, 오이

• 풀이 • **호흡급등형과 비호흡급등형 품목**

호흡급등형 과실	사과, 배, 복숭아, 참다래, 바나나, 아보카도, 토마토, 수박, 살구, 멜론, 감, 키위, 망고, 파파야 등
비호흡급등형 과실	포도, 감귤, 오렌지, 레몬, 고추, 가지, 오이, 딸기, 호박, 파인애플 등

04 호흡급등형 과실의 성숙기 호흡 변화와 수확 적기에 대하여 설명하시오.

• 정답 •
- 호흡 변화 : 성숙기 과실의 호흡량이 최저에 달했다가 급격히 증가하는 현상을 보인다.
- 수확 적기 : 호흡량이 최저에 달했다가 약간 증가하는 초기단계가 수확의 적기이다.

• 풀이 • 작물의 무게 단위당 호흡률은 미숙상태일 때 가장 높게 나타나고 이후 지속적으로 감소하지만 토마토, 사과와 같은 작물은 숙성과 일치하여 호흡이 현저히 증가하는데, 이러한 작물을 호흡급등형 과실이라고 분류한다. 수확시기는 성숙이나 숙성 중 호흡의 변화량에 따라 결정할 수 있는데, 호흡급등형 과실의 경우 호흡량이 최저에 달했다가 약간 증가되는 초기단계가 수확의 적기이다.

05 호흡속도가 빨라졌을 때 저장에 미치는 영향과 결과에 대하여 쓰시오.

• 정답 •
- 영향 ① 숙성, 노화 촉진, ② 연화 촉진, ③ 에틸렌 발생량 증가, ④ 호흡기질로 양분의 소모 및 노화에 따른 내부성분 변화, ⑤ 호흡열에 의한 증산량 증가
- 결과 : 호흡속도가 빨라질수록 저장가능기간은 짧아진다.

• 풀이 • 호흡은 살아 있는 식물체에서 발생하는 주된 물질대사 과정으로서 전분, 당, 탄수화물 및 유기산 등의 저장양분(기질)이 산화(분해)되는 과정이다. 호흡속도가 빨라지면 노화의 촉진, 연화의 촉진, 에틸렌 발생량 증가, 내부성분의 변화, 증산량 증가 등의 현상이 나타나고, 저장가능기간이 짧아진다.

06 호흡속도와 저장력과의 관계를 쓰시오.

• 정답 • 호흡은 저장양분을 소모시키는 대사작용으로 호흡속도가 빠르면 ① 숙성, 노화 촉진, ② 연화 촉진, ③ 에틸렌 발생량 증가, ④ 내부성분 변화, ⑤ 호흡열에 의한 증산량 증가 등의 현상이 나타난다.
따라서 호흡속도가 빠른 작물은 저장가능기간이 줄어들고, 호흡속도가 느린 작물은 상대적으로 저장가능기간이 길어진다.

• 풀이 • 수확한 원예생산물에서의 호흡은 숙성 진행과 생명 유지를 위해서는 필요하지만, 신선도 유지 및 저장의 측면에서는 수확 후 품질 변화에 나쁜 영향을 끼칠 수 있으므로 농산물의 대사작용에 장해가 되지 않는 선에서 호흡작용을 억제하는 것이 신선도 유지에 효과적이다. 호흡속도가 빠르면 숙성·노화·연화가 촉진되고, 에틸렌 발생량이 증가하기 때문에 저장가능기간이 줄어들고, 호흡속도가 느리면 저장가능기간이 늘어나게 된다.

07 다음 주어진 조건을 수확 후 저장력에 따라 ① 저장력이 강한 경우와 ② 저장력이 약한 경우로 분류하시오.

• 사질토와 점질토	• 저장 중 저온과 고온
• 조생종과 만생종	• 재배 중 칼슘의 시비와 질소의 시비
• 평지와 경사지	

• 정답 • ① 저장력이 강한 경우 : 점질토, 저장 중 저온, 만생종, 재배 중 칼슘 시비, 경사지
② 저장력이 약한 경우 : 사질토, 저장 중 고온, 조생종, 재배 중 질소 시비, 평지

• 풀이 • 저장력에 영향을 미치는 요인

- 저장 중 온도 : 온도가 높으면 호흡량이 증가하고, 미생물의 증식이 많아져 저장력이 약해지고, 온도가 낮으면 대체로 저장력이 강해진다.
- 저장 중 습도 : 저장고의 습도가 너무 낮으면 증산량이 증가하여 중량의 감모현상이 나타나며, 습도가 너무 높으면 부패발생률이 증가한다.
- 재배 중 기상 : 과일의 경우는 건조하고 온도가 높은 조건에서 재배된 것이 저장력이 강하다.
- 재배 중 토양 : 사질토보다는 점질토에서 재배된 과실, 경사지로 배수가 잘 되는 토양에서 재배된 과실이 저장력이 강하다.
- 재배 중 비료 : 질소의 과다한 사용은 과실을 크게 하지만 저장력을 저하시키고, 충분한 칼슘은 과실을 단단하게 하여 저장력이 강해진다.
- 수확시기 : 일반적으로 조생종에 비하여 만생종의 저장력이 강하다. 장기저장용 과일은 일반적으로 적정 수확시기보다 일찍 수확하는 것이 저장력이 강하다.

08 수확 후 농산물을 저온저장이나 저온유통을 해야 하는 이유를 호흡과 관련해서 쓰시오.

• 정답 • 수확 후 농산물은 호흡을 한다. 이때, 온도가 가장 큰 영향을 주어 온도가 높아지면 호흡량이 많아지고 호흡속도가 빨라지면
① 숙성, 노화 촉진
② 연화 촉진
③ 에틸렌 발생량 증가
④ 호흡기질로 양분의 소모 및 노화에 따른 내부성분 변화
⑤ 호흡열에 의한 증산량 증가
등의 현상이 나타난다.
따라서 저온저장 및 저온 유통을 실시하여 호흡을 억제시키는 것이 유리하다.

• 풀이 •

- 저온저장 : 냉각을 통해 일정한 온도까지 원예산물의 온도를 내린 후(동결점 이상) 일정한 저온에서 저장하는 것을 말하며, 일반적으로 냉장이라고 한다. 원예산물에서 일어나는 생리적 반응들은 온도 변화에 큰 영향을 받으며, 온도가 낮을수록 반응속도는 느려진다. 또한 온도의 저하는 미생물 활성도 낮춰 부패발생률도 낮아진다.
- 저온유통체계(콜드체인 시스템, Cold Chain System) : 수확 즉시 산물의 품온을 낮춰 수확에서부터 판매까지 적정저온이 유지되도록 관리하는 체계를 저온유통체계라고 한다. 원예산물의 신선도 및 품질을 유지하기 위하여 산물에 알맞은 적정저온으로 냉각시켜 저장 · 수송 · 판매에 걸쳐 적정온도를 일관성 있게 관리하는 것이다.

09 저온저장고에 한 번에 많은 물량을 입고시켜 저장고 온도가 상승하였다. 저장고 내 습도환경에 있어 일어날 수 있는 현상과 대책을 저온저장고 운영에 필요한 기기를 중심으로 쓰시오.

•정답•
- 현상 : 많은 물량의 입고로 저장고 내 온도가 상승하면서 저장고 온도와 냉각기 온도의 편차가 커지며 냉각기에 결로가 많이 생겨 열교환이 일어나지 않아 저장고 온도유지가 어려워진다.
- 대책 : 제상장치를 이용하여 냉각기 서리를 제거한다.

•풀이• 저온저장고의 서리 제거
- 냉각기에 결로가 생겨 얼음층으로 덮이면 열교환이 일어나지 않아 저장고의 온도 유지가 어려워지며, 심하면 온도가 상승하게 된다.
- 서리 제거의 주기와 시간은 서리의 양에 따라 결정하고, 제거가 끝나면 바로 냉장에 들어가야 불필요한 에너지 소모와 저장고 내 온도 상승을 막을 수 있다.

10 저온유통체계의 장점을 4가지 이상 쓰시오.

•정답• 호흡 감소, 숙성·노화 지연, 연화 지연, 미생물 곰팡이 증식 억제, 부패 억제, 수분손실 억제, 저장양분의 소모억제, 산화작용과 갈변 억제

•풀이• 수확 즉시 산물의 품온을 낮춰 수확에서부터 판매까지 적정저온이 유지되도록 관리하는 체계를 콜드체인시스템(Cold Chain System) 또는 저온유통체계라고 한다. 저온유통체계의 장점에는 호흡 억제, 숙성 및 노화 억제, 연화 억제, 증산량 감소, 미생물 증식 억제, 부패 억제 등이 있다.

11 저온저장의 일반적인 효과에 대하여 5가지 이상 쓰시오.

•정답• 호흡감소, 숙성·노화 지연, 연화 지연, 미생물 곰팡이 증식 억제, 부패 억제, 수분손실 억제, 저장양분의 소모억제, 산화작용과 갈변 억제

•풀이• 원예산물의 생리적 반응들은 온도 변화에 큰 영향을 받으며, 온도가 낮을수록 반응속도는 느려지고, 온도의 저하는 미생물 활성도를 낮춰 부패발생률도 낮아진다. 냉각을 통해 일정한 온도까지 원예산물의 온도를 내린 후(동결점 이상) 일정한 저온에서 저장하는 것을 저온저장이라고 한다.

12 여름철 저온저장고에 저장하였다가 산물을 상온에 출고하였다. 품온과 외기온도의 차이에 의해 일어날 수 있는 대표적인 현상을 쓰고 문제점과 대책을 한 가지 이상 쓰시오.

• 정답 •
- 현상 : 결로현상
- 문제점 : 수분에 의한 골판지상자 강도 저하, 곰팡이・세균・미생물 등의 증식 등
- 대책 : 품온과 외기 온도 차이를 10℃ 이내로 줄인다. 콜드체인시스템을 적용한다.

• 풀이 • **결로현상**

표면온도와 외기의 차이에 의해 작은 물방울이 표면에 서로 붙는 현상으로 이러한 이슬 맺힘 현상은 농산물에서는 저온저장 후 상온유통을 할 때 발생한다. 결로현상은 미생물의 오염, 골판지의 약화 등으로 상품성을 저하시키는 원인이 되기도 한다. 결로현상의 발생은 온도편차에 따른 결과이므로 저온저장고에서 출고한 산물을 다시 저온으로 처리하여 온도편차가 발생하지 않도록 하면 발생을 억제할 수 있다.

13 다음 제시된 품목을 마트에서 진열하고자 한다. 냉각기에서 가깝게 진열해야 하는 품목부터 멀리 진열해야 하는 품목의 순서로 나열하시오.

고구마, 사과, 감귤, 완숙토마토

• 정답 • 사과, 감귤, 완숙토마토, 고구마

• 풀이 • **원예산물별 최적 저장온도**
- 0℃ 혹은 그 이하 : 콩, 브로콜리, 당근, 셀러리, 마늘, 버섯, 양파, 파슬리, 시금치 등
- 0~2℃ : 아스파라거스, 사과, 배, 복숭아, 매실, 포도, 단감, 자두 등
- 2~7℃ : 서양호박(주키니) 등
- 4~5℃ : 감귤 등
- 7~13℃ : 애호박, 오이, 가지, 수박, 단고추, 토마토(완숙과), 바나나 등
- 13℃ 이상 : 생강, 고구마, 토마토(미숙과) 등

14 사과, 배, 단감, 토마토, 멜론, 느타리버섯, 바나나, 고구마, 오이를 매장에 진열하고자 한다. 4℃를 기준으로 높은 온도와 낮은 온도에서 보관할 품목을 구분하시오.

• 정답 •
- 높은 온도 : 토마토, 멜론, 바나나, 오이, 고구마
- 낮은 온도 : 사과, 배, 단감, 느타리버섯

• 풀이 • 작물의 종류에 따라 빙점 이상의 온도에서 저온에 의한 생리적 장해를 입는 경우가 있다. 한계온도 이하의 저온에 노출될 때 영구적인 생리장해가 나타나는데, 이를 저온장해라고 한다. 저온장해를 입는 한계온도는 작물에 따라 다르며, 저장기간과는 관계없이 장해가 나타나기 시작하는 온도가 한계온도이다. 온대 작물에 비해 열대・아열대 원산의 작물이 저온에 민감하다. 저온에 민감한 작물에는 고추, 오이, 호박, 토마토, 바나나, 멜론, 파인애플, 고구마, 가지 등이 있다.

15 A와 B 저온저장고에 배를 저장하였다. 2개월 후 차이점에 대하여 이유와 결과를 쓰시오.

A : 온도 0℃, 습도 90%	B : 온도 0℃, 습도 60%

• 정답 • • 결과 : B저장고의 배가 감모현상에 의한 무게가 줄었고, 과피에 수축현상이 나타났다.
• 원인 : A저장고에 비해 B저장고의 습도가 낮기 때문

• 풀이 • 습도는 저장의 효과를 보기 위해서 온도 다음으로 고려할 사항으로, 상대습도를 높게 유지하여야 한다. 일반적으로 과일은 85~95%, 채소는 90~98%의 고습도가 신선도 유지에 유리하다. 저장고의 습도가 너무 낮으면 증산량이 증가하여 중량의 감모현상이 나타나며, 습도가 너무 높으면 부패발생률이 증가한다.

16 저온저장고에 저장한 산물의 증산량을 줄이기 위한 조치 중 저장고의 구조 및 시설의 운용에 관련된 사항을 3가지 이상 쓰시오.

• 정답 • 저장고 벽면의 단열, 방습처리, 증발기 코일과 저장고 내 온도차이의 최소화, 유닛쿨러의 표면적 넓히기, 제상작업 등

• 풀이 • 증산작용은 식물체에서 수분이 빠져 나가는 현상으로, 식물생장에는 필수적인 대사작용이지만 수확한 산물에 있어서는 여러 가지 나쁜 영향을 미친다. 저온저장고 내에서 증산작용을 억제하는 방법에는 높은 습도 유지(방습처리), 표면 왁스처리, 저장고 벽면의 단열, 증발기 코일과 저장고 내 온도차이의 최소화, 유닛쿨러의 표면적 넓히기, 제상작업 등이 있다.

17 원예산물의 저장고 내 상대습도가 낮을 때 증산작용 과다로 발생하는 경제적 손실을 가져오는 품질 저하 원인을 3가지 이상 쓰시오.

• 정답 • 수분감소, 중량감소, 외형의 변형, 시듦현상 등

• 풀이 • **증산에 따른 상품성의 변화**

- 중량이 감소한다.
- 조직에 변화를 일으켜 신선도가 저하된다.
- 시듦현상으로 인해 외양에 지대한 영향을 미친다.
- 산물의 생체중이 줄어들어 상품성이 크게 떨어지게 된다.
- 표피가 쭈그러지는 위조현상이 일어난다.

18 저장 중 증산량의 증가가 농가 수입에 미치는 영향에 대하여 서술하시오.

• 정답 • 원예산물에서 수분이 증발되는 증산 현상의 결과
• 생체중의 감소로 농가 수취가격이 감소하며
• 원예산물의 시듦현상으로 상품성 하락에 따라 가격이 하락한다.
따라서 농가의 수입은 감소한다.

• 풀이 • 일반적으로 증산으로 인한 중량 감소는 호흡으로 발생하는 중량 감소보다 10배 정도 크다. 증산작용에 의한 중량 감소는 농가의 수입 감소로 이어지고, 증산작용에 의한 상품가치 하락 또한 농가의 수입 감소를 야기한다.

19 증산에 영향을 미치는 외적(환경적) 요인 3가지를 쓰시오.

• 정답 • 온도, 상대습도, 바람

• 풀이 • **증산에 영향을 미치는 요인들**
• 외부 환경 요인 : 습도, 공기의 흐름, 온도, 광 등
• 내적 요인 : 작물의 종류, 표면적 대 부피의 비, 생산물의 표피 구조, 표피의 상처 유무, 원예생산물의 성숙도 등

20 수확 후 저장한 당근은 쓴맛이 나고 상추와 배추의 조직에 갈변현상이 나타났다. 원인과 대책을 쓰시오.

• 정답 • • 원인 : 에틸렌의 영향
• 대책 : 에틸렌을 제거해야 한다. 제거 방법에는 흡착식, 자외선파괴식, 촉매분해식이 있고, 흡착제로는 과망간산칼륨, 목탄, 활성탄, 오존, 자외선 등이 사용되며, 발생 억제제로 1-MCP가 사용된다.

• 풀이 • 원예생산물 대부분은 수확 후 노화가 진행되거나 과실이 익는 동안 에틸렌이 생성되는데, 에틸렌은 과실의 숙성, 잎이나 꽃의 노화를 촉진시켜 노화호르몬이라고도 부른다. 엽근채류는 에틸렌 발생이 매우 적지만 에틸렌의 피해를 쉽게 받아 품질이 나빠지는데, 상추나 배추는 조직이 갈변하고, 당근은 쓴맛이 나며, 오이는 과피의 황화가 촉진된다. 품목에 따른 에틸렌 발생을 잘 숙지하여 에틸렌을 다량 발생하는 품목을 다른 품목과 같은 장소에 저장하거나 운송하지 않도록 주의해야 한다. 에틸렌을 제거하는 방법에는 흡착식, 자외선파괴식, 촉매분해식 등이 있으며, 흡착제로는 과망간산칼륨, 목탄, 활성탄, 오존, 자외선 등이 이용된다.

21 저장고 내에 토마토, 포도, 복숭아를 함께 저장하였을 때 일어날 수 있는 현상을 쓰시오.

• 정답 • 토마토와 복숭아에서 발생한 에틸렌에 의해 포도의 탈립이 일어난다.

• 풀이 • 에틸렌이 많이 발생하는 품목으로는 토마토, 바나나, 복숭아, 참다래, 조생종 사과, 배 등이 있고, 에틸렌 발생이 미미한 품목에는 포도, 딸기, 귤, 신고배 등이 있다. 에틸렌의 민감도에 따라 혼합관리를 피해야 하는데, 에틸렌 발생이 많은 토마토와 복숭아를 에틸렌 발생이 적은 포도와 같이 보관하면 포도의 송이로부터 포도알이 떨어지는 탈립현상이 일어난다.

22 다음 품목을 ① 에틸렌 발생이 많은 작물과 ② 에틸렌 가스에 피해받기 쉬운 작물로 구분하여 쓰시오.

복숭아, 살구, 참외, 가지, 오이, 양파, 멜론, 당근

• 정답 • ① 에틸렌 발생이 많은 작물 : 참외, 멜론, 살구, 복숭아
② 에틸렌 가스에 피해받기 쉬운 작물 : 당근, 가지, 양파, 오이

• 풀이 •

에틸렌 발생이 많은 작물	사과, 살구, 바나나(완숙과), 멜론, 참외, 무화과, 복숭아, 감, 자두, 토마토, 모과 등
에틸렌 피해가 쉽게 발생하는 작물	당근, 고구마, 마늘, 양파, 강낭콩, 완두, 오이, 고추, 풋호박, 가지, 시금치, 꽃양배추, 상추, 바나나(미숙과), 참다래(미숙과) 등

23 CA 저장의 원리와 특징에 대하여 쓰시오.

• 정답 • 호흡은 저장양분과 산소가 만나 이루어지므로 산소 농도는 줄이고 이산화탄소 농도는 높여 대기를 인위적으로 조성하여 호흡을 억제하는 저장방식이다. CA 저장은 이런 호흡이론에 근거하여 저장기간을 연장시키며 밀폐형, 창고형 저장방법이다.

• 풀이 • CA 저장(Controlled Atmosphere Storage)의 원리 및 특징

- CA 저장은 호흡이론에 근거를 두고 원예산물 주변의 가스조성을 변화시켜 저장기간을 연장하는 방식이다.
- 호흡은 원예산물 내 저장양분이 소모되면서 이산화탄소와 열을 발산하는 대사작용으로 산소가 필수적이다. 따라서 저장물질의 소모를 줄이려면 호흡작용을 억제하여야 하며, 이를 위해서는 산소를 줄이고, 이산화탄소를 증가시켜야 한다.
- CA 저장은 높은 농도의 이산화탄소와 낮은 농도의 산소조건에서 생리대사율을 저하시킴으로써 품질 변화를 지연시킨다.

24 단감 5개를 0.06mm PE 필름으로 밀봉하였다. 10일 후 필름 내 습도의 변화는 어떻게 되는지 설명하시오(단, 공기조성 및 습도에 대한 특별한 처리를 하지 않았다).

• 정답 • 단감의 수분함량과 동일한 정도

• 풀이 • 단감에서 증산된 수분이 포장 외부로 빠져 나가지 못해 단감의 수분함량과 비슷한 정도가 되고, 수분평형이 일어나 더 이상 변화가 나타나지 않는다.

25 다음 제시된 플라스틱 필름을 이산화탄소 투과도가 높은 것부터 순서대로 나열하시오.

저밀도폴리에틸렌(LDPE), 폴리비닐클로라이드(PVC), 폴리에스터(PET), 폴리프로필렌(PP), 폴리스틸렌(PS)

• 정답 • 저밀도폴리에틸렌(LDPE), 폴리스티렌(PS), 폴리프로필렌(PP), 폴리비닐클로라이드(PVC), 폴리에스터(PET)

• 풀이 • **필름 종류별 가스투과성** : 저밀도폴리에틸렌(LDPE) > 폴리스티렌(PS) > 폴리프로필렌(PP) > 폴리비닐클로라이드(PVC) > 폴리에스터(PET)

	이산화탄소 투과성 (mL/m^2 · 0.025mm · 1day)	산소 투과성 (mL/m^2 · 0.025mm · 1day)
저밀도폴리에틸렌(LDPE)	7,700~77,000	3,900~13,000
폴리스티렌(PS)	10,000~26,000	2,600~2,700
폴리프로필렌(PP)	7,700~21,000	1,300~6,400
폴리비닐클로라이드(PVC)	4,263~8,138	620~2,248
폴리에스터(PET)	180~390	52~130

26 단감 MA 저장 중 과육갈변과가 나타났다. 원인과 대책에 대하여 쓰시오.

• 정답 •
- 원인 : 단감의 호흡에 의해 산소 농도가 낮아지고 이산화탄소 농도가 증가했으나, 이산화탄소가 충분히 투과되지 못했다.
- 대책 : 이산화탄소 투과도가 높은 PE, LDPE 필름을 사용한다.

• 풀이 • **단감의 과육갈변현상**

저장 중 산소 농도가 지나치게 낮아지거나 이산화탄소 농도가 급격히 증가할 때 무기호흡에 의한 과육 내 아세트알데히드 알코올 등의 유해성분 축적으로 인해 단감의 과육갈변 현상이 발생한다. 단감의 과정부에 원형으로 과피뿐만 아니라 과육까지 갈변하여 과실 전체에 피해를 주기도 한다.

27 사과를 물세척 후 피막제 처리를 하였다. 피막제 처리의 위험요소를 쓰시오.

• 정답 • 피막제 처리가 두껍게 될 경우 혐기호흡의 결과로 이취가 발생할 수 있다.

• 풀이 • **피막제 처리**
- 왁스 및 동식물성 유지류 등이 산물의 저장, 수송, 유통 중 품질 유지를 위하여 사용된다.
- 피막제의 도포는 경도와 색택을 유지하고, 산 함량 감소를 방지하는 효과가 있다.
- 피막제 처리는 습도에 대한 과일 표면의 저항성을 증가시켜 중량감소를 방지하고 신선도를 유지시켜 준다.
- 과일의 색감 증가나 표면의 광택 증진 등 외관을 향상시키는 왁스 처리가 실용화되어 있다.
- 부분적 위축과 상처 및 장해현상을 유기하기도 하므로 작물의 종류에 따라 적합한 피막제를 선택하여야 한다.
- 피막제 처리가 두껍게 될 경우 혐기호흡의 결과로 이취가 발생할 수 있다.

28 MA 포장 시 이산화탄소의 역할 및 영향과 대책에 대하여 쓰시오.

• 정답 • • 역할 및 영향
- 순기능 : MA는 대기조성에 의한 호흡이론을 근거하여 저장가능기간을 연장하므로 이산화탄소가 필수적이다.
- 역기능 : 고이산화탄소는 이취발생, 과육갈변 등 가스에 의한 생리장해를 발생한다.

• 대책 : 이산화탄소 장해를 막기 위해 적정수준의 농도에서 제어해야 하며, 제어 방법은 이산화탄소 투과도가 산소의 투과도보다 높은 기능성 필름을 사용하여야 한다.

• 풀이 • MA 포장
- 선택적 가스투과성을 가진 필름을 이용하여 포장 내부의 산소 농도는 낮추고, 이산화탄소 농도를 높여 신선편이농산물의 선도를 유지하는 방법이다.
- 산소와 이산화탄소의 농도에 따라 갈변현상이나 이취가 발생할 수 있다.
- 이산화탄소 투과도가 높은 PE, LDPE 필름을 사용하는 등 적합한 포장 필름의 선택이 중요하다.

29 MA 포장에 있어 필름의 선택 시 가스와 습도를 기준으로 한 필름의 조건을 쓰시오.

• 정답 •
- 이산화탄소의 투과도가 산소 투과도 보다 높아야 한다.
- 투습도가 있어야 한다.

• 풀이 • MA 포장 필름의 특성
- MA 포장 내 적정 산소와 이산화탄소 농도를 유지하기 위해서 생산물의 호흡속도에 따라 필름의 종류와 두께, 포장물량, 보관 및 유통온도 등을 고려해야 한다.
- 부적합한 가스 조성을 피하기 위해 사용 필름의 이산화탄소 투과도가 산소 투과도보다 3~5배 높아야 한다.
- 필름의 투습도가 있어야 한다.
- 결로현상을 방지하는 방담기능이 있는 필름을 사용한다.

30 가스 투과도가 높은 LDPE필름을 이용하여 단감 MA 저장을 하였으나 1개월 후 단감에 과육갈변과가 발생했다. 그 원인을 쓰시오(단, 온도 등 다른 저장 조건들은 단감저장에 알맞게 설정되었다).

• 정답 • LDPE필름이 가스 투과성은 좋으나 필름의 두께가 두꺼워지면 이산화탄소가 충분히 투과되지 못한다. 따라서 필름은 0.06mm필름을 사용해야 하는데 이보다 필름의 두께가 두꺼웠기 때문이다.

• 풀이 • 단감의 수확 후 중요 장해
- 과피흑변 : 과피조직에 흑변현상이 나타나며, 흑변조직을 제거하면 과육에는 이상이 없으나 외관이 불량하여 상품성이 떨어진다.
- 과육갈변 : 저장 중 산소 농도가 지나치게 낮아지거나 이산화탄소 농도가 급격히 증가할 때 주로 발생하며, 단감의 과피뿐만 아니라 과육까지 갈변하여 과실 전체에 피해를 준다.

31 포장 시 산소와 이산화탄소의 농도를 조절하였을 때, 이점과 유의할 점을 쓰시오.

• 정답 •
- 이점 : 호흡감소, 노화지연, 에틸렌발생량 감소, 균의 생장지연
- 유의할 점 : 대기조성이 잘못되었을 경우 혐기성 호흡이 진행되어 이취가 발생하거나, 낮은 산소조건과 높은 이산화탄소 농도는 발효과정을 촉진시킬 수 있다.

• 풀이 • 저장물질의 소모를 줄이고 저장력을 높이기 위해서는 호흡작용을 억제하여야 하며, 이를 위해서는 산소를 줄이고, 이산화탄소를 증가시켜야 한다. 저장산물 주변의 이산화탄소 농도가 증가하게 되면 호흡을 감소시키고, 노화를 지연시키며, 균의 생장을 지연시킨다. 하지만 낮은 산소조건에서의 높은 이산화탄소 농도는 발효과정을 촉진시킬 수 있고, 이취를 발생시킬 수도 있다.

32 예랭의 효과를 작물의 수확 후 생리현상과 관련된 사항을 중심으로 상품성에 미치는 영향을 쓰시오.

• 정답 • 수확 후 온도를 낮춤으로써 ① 호흡 작용 등 대사작용의 억제, ② 에틸렌 생성의 억제, ③ 숙성, 노화의 지연, ④ 연화 지연, ⑤ 증산량 감소, ⑥ 내부성분 변화 둔화 등으로 상품성 유지가 가능해 진다.

• 풀이 • **예랭의 효과**
- 작물의 온도를 낮추어 호흡 등의 대사작용 속도 지연
- 에틸렌의 생성 억제
- 병원성 미생물 및 부패성 미생물의 증식 억제
- 노화에 따른 생리적 변화를 지연시켜 신선도 유지
- 증산량 감소로 인한 수분의 손실 억제
- 유통과정의 농산물을 예랭함으로써 유통과정 중 수분의 손실 감소

33 20~40분으로 예랭속도가 빠르고, 높은 선도유지로 당일출하가 가능하며 엽채류에서 효과를 볼 수 있는 예랭방식이 무엇인지 쓰고, 그 원리를 설명하시오.

• 정답 •
- 예랭방식 : 진공식 예랭
- 원리 : 원예산물의 주변 압력을 낮춰 산물의 수분 증발을 촉진시켜 증발잠열을 빼앗는 원리

• 풀이 • **진공식 예랭**
- 물은 1기압(760mmHg)에서는 100℃에서 증발하지만 압력이 저하되면 비등점도 낮아져 4.6mmHg에서는 0℃에서 끓기 시작하며, 0℃의 물 1kg이 증발할 때 597kcal의 열을 빼앗긴다.
- 원예산물의 주변 압력을 낮춰 산물의 수분 증발을 촉진시켜 증발잠열을 빼앗는 원리를 이용하여 냉각한다.
- 장 점
  - 냉각속도가 빠르고, 균일하다.
  - 출하용기에 포장상태로 예랭이 가능하다.
- 단 점
  - 시설비와 운영경비가 많이 든다.
  - 품목에 따라서는 냉각이 잘 되지 않는 품목도 있다.
  - 수분의 증발에 따라 중량의 감소현상이 발생할 수 있다.
  - 조작에 따라 원예산물의 기계적 장해가 생길 수 있다.

34 비파괴검사법의 장점을 관능검사법과 비교하여 경제적 측면을 중심으로 2가지 이상 쓰시오.

• 정답 • 비파괴검사법은 관능검사법에 비해
- 빠르고 신속하다.
- 인건비가 적게 든다.
- 동일한 시료를 반복해서 사용 가능하다.
- 숙련된 검사원을 필요로 하지 않는다.

• 풀이 •
- 비파괴 평가법의 장점
  - 신속하고 정확하다.
  - 사용한 시료를 반복해서 사용 가능하다.
  - 숙련된 검사원을 필요로 하지 않아 인건비가 절약된다.
- 비파괴 평가법의 단점
  - 시설의 대형화가 요구된다.
  - 시설에 대한 초기 투자비용이 크다.

35 배의 예건 효과를 3가지 이상 쓰시오.

• 정답 •
- 호흡안정
- 과피에 탄력이 생겨 상처발생 감소
- 과피 수분을 제거하여 곰팡이 발생률 감소
- 저장 중 과피흑변과 억제

• 풀이 • 예건처리를 하는 품목에는 양파, 마늘, 단감, 배 등이 있다. 예건을 통해 수확 후 과실의 호흡작용을 안정시키고, 과피에 탄력이 생겨 상처를 덜 받게 되며, 과피의 수분을 제거함으로써 곰팡이의 발생을 억제할 수 있다.

36 다음은 사과의 Hunter 색도의 변화에 대한 설명이다. 설명을 보고 사과의 대사산물의 변화에 따른 상품성 향상에 대한 예를 3가지 이상 쓰시오.

일 자	8월 1일	10월 1일
a값	−25	+24
b값	−23	+25

• 정답 •
- 전분이 당으로 가수분해되며 단 맛이 증가한다.
- 유기산의 변화로 신맛이 감소한다.
- 휘발성 에스터의 합성으로 고유의 풍미가 발생한다.
- 엽록소의 분해와 색소의 합성으로 색택이 좋아진다.
- 표면에 왁스물질의 합성 및 분비로 외관이 좋아진다.

• 풀이 • a의 (+) 수치가 높을수록 적색이고, b의 (+) 수치가 높을수록 황색이므로 8월 1일보다 10월 1일에 사과가 훨씬 더 익을 것을 알 수 있다. 잘 익은 사과는 전분이 당으로 변하여 단맛이 증가하고, 엽록소가 감소하여 녹색이 감소하며, 펙틴질이 분해되어 조직이 연화되고, 유기산의 감소로 신맛이 감소한다.

37 토마토의 Hunter값을 시차를 두고 측정하였더니 a값은 −23에서 25로, b값은 −26에서 24로 변화하였다. 이 변화에 따른 색소의 변화를 다음 제시된 색소를 중심으로 3가지 이상의 색소명을 들어 설명하시오.

- 플라본
- 카로티노이드
- 클로로필
- 안토시아닌
- 리코펜

• 정답 •
- 클로로필(녹색) 감소
- 카로티노이드(노랑~오렌지) 증가
- 리코펜(주황색) 증가

• 풀이 •
- 헌터(Hunter)의 색차계

a값(적녹)	(+) 적색 ← 0 → 녹색 (−)
b값(황청)	(+) 황색 ← 0 → 청색 (−)
L값(명도)	색상의 밝기를 의미하며, 100에 가까울수록 흰색을 나타낸다

- 식물색소
  - 안토시아닌 : 붉은색
  - 플라본 : 노란색
  - 클로로필 : 녹색
  - 카로티노이드 : 노랑~오렌지
  - 리코펜 : 주황색

38 다음 제시된 품목과 대표산을 연결하여 쓰시오.

품목	대표산
수박, 감귤, 포도	주석산, 구연산, 사과산

• 정답 • 수박 : 사과산, 감귤 : 구연산, 포도 : 주석산

• 풀이 • 유기산(신맛)
- 구연산 − 딸기, 감귤
- 사과산 − 사과, 수박
- 주석산 − 포도, 바나나
- 옥살산 − 시금치, 양배추, 토마토

39 곰팡이에 의한 진독균으로 옥수수, 맥류 등에서 검출되며 생식기능의 장해와 불임을 유발하는 것을 쓰시오.

• 정답 • 제잘레논

• 풀이 • 진균독소
- 아플라톡신 : 옥수수, 땅콩, 쌀, 보리 등에서 검출
- 오클라톡신 : 밀, 옥수수 등 곡류와 육류, 가공식품에서 검출
- 제랄레논 : 옥수수, 맥류 등에서 검출

40 다음 제시된 품목의 검사 내용과 관련된 검사 방법을 연결하시오.

품목의 검사 내용	비파괴검사 방법
• 수박 과육의 자동 선별 • 배의 무게 • 사과의 당도 • 매실의 크기	• 드럼식 형상선별법 • 근적외선 분광분석법 • MRI 분석방법 • 스프링식 중량선별법

•정답• • 수박 과육의 자동 선별 : MRI 분석방법
• 배의 무게 : 스프링식 중량선별법
• 사과의 당도 : 근적외선 분광분석법
• 매실의 크기 : 드럼식 형상선별법

•풀이• **선별방법**
• 스프링식 중량선별법 : 배, 사과, 감, 복숭아 등에 적합, 크기가 작은 감귤, 키위 등은 적합하지 않음
• 전자식 중량선별법 : 전자저울, 전자식 콤퍼레이터 이용, 배, 사과, 감, 토마토 등에 이용
• 회전원통 드럼식 형상선별법 : 과종별 크기에 따라 드럼교환이 가능하며 토마토, 감귤, 감자, 양파, 방울토마토 등에 이용
• 핵자기공명법(MRI) : 청과물의 숙도 및 내부상태를 판정
• 근적외선 분광법 : 수분, 단백질, 지질, 당산도 등 성분의 정량분석
• 절화류 선별법 : CCD 카메라와 컴퓨터 영상처리를 이용하여 보다 정밀하게 선별
• 영상처리기법 : 각종 농산물의 크기, 형상, 색채, 외부결점 등 주로 외관 판정

41 다음은 감자와 고구마의 큐어링 방법이다. (　　) 안에 알맞은 내용을 선택하시오.

• 감자 : 수확 후 온도 ① (15~20℃ / 30~33℃)에서 습도 ② (60~70% / 85~90%)에서 실시한다.
• 고구마 : 수확 후 온도 ③ (15~20℃ / 30~33℃)에서 습도 ④ (60~70% / 85~90%)에서 실시한다.

•정답• ① 15~20℃
② 85~90%
③ 30~33℃
④ 85~90%

•풀이• **품목별 큐어링 방법**
• 감자 : 수확 후 온도 15~20℃, 습도 85~90%의 환경조건에서 2주일 정도 큐어링하여 코르크층이 형성되면 수분 손실과 부패균의 침입을 막을 수 있다.
• 고구마 : 수확 후 1주일 이내에 온도 30~33℃, 습도 85~90%의 환경조건에서 4~5일간 큐어링한 후 열을 방출시키고 저장하면 상처가 잘 치유되고 당분 함량이 증가한다.
• 양파와 마늘 : 양파와 마늘은 보호엽이 형성되고, 건조되어야 저장 중 손실이 적다. 일반적으로 밭에서 1차 건조시키고, 저장 전에 선별장에서 완전히 건조시켜 입고한 후 온도를 낮추기 시작한다.

42 품온 24℃ 복숭아를 수확하여 4℃ 차압통풍식 예랭고에 입고하여 예랭을 실시할 때 반감기가 30분이라면 7/8 지점에 도달하는 시간과 온도를 쓰시오.

• 정답 • 90분, 6.5℃

• 풀이 • 24℃를 4℃로 만들 경우 7/8에 해당하는 온도는 6.5℃이다.
반감기란 어떤 양이 초기값의 절반이 되는 데 걸리는 시간이므로

$24℃ \underset{30분}{\rightarrow} 14℃ \underset{30분}{\rightarrow} 9℃ \underset{30분}{\rightarrow} 6.5℃$ 이다.

따라서 7/8 지점에 도달하는 시간은 90분이고, 온도는 6.5℃이다.

43 저장 전 처리 방법 중, 수확 후 과실의 호흡작용을 안정시키고 과피의 수분을 제거함으로 곰팡이 발생을 억제하며, 과피가 탄력적으로 되어 상처발생을 억제하는 목적으로 수행하는 것이 무엇인지 쓰시오.

• 정답 • 예 건

• 풀이 • **예 건**
원예산물을 수확할 당시에는 외피에 수분 함량이 많고, 상처나 병충해 피해를 받기 쉬운 작물은 호흡 및 증산작용이 왕성하여 그대로 저장하는 경우 미생물의 번식이 촉진되고, 부패율도 급속히 증가하기 때문에 충분히 건조시킨 후 저장하여야 한다. 식물의 외층을 미리 건조시켜 내부조직의 수분 증산을 억제시키는 것을 예건이라고 한다.

44 양파를 수확하기 약 2주 전 MH를 희석하여 엽면에 살포하였다. MH가 양파에 미치는 영향과 기대효과를 쓰시오.

• 정답 •
- 영향 : 생장점의 세포분열 억제
- 기대효과 : 저장 중 맹아 억제

• 풀이 • 양파의 생장점은 인엽으로 쌓여 있어 수확 후에 약제를 처리하는 것으로는 효과가 없다. 따라서 수확 약 2주 전에 MH를 엽면에 미리 살포하면 생장점의 세포분열이 억제되면서 저장 중 맹아의 생장을 억제한다.

45 다음 중 과실류를 저장할 때 발생하는 생리적 장해가 아닌 것을 찾아 그 번호를 쓰시오.

① 배의 심부병	② 배의 과피흑변
③ 사과의 적성병	④ 사과의 껍질덴병

• 정답 • ③

• 풀이 • 적성병(붉은별무늬병)은 녹균의 일종인 병원균에 의해 발병하며 사과나무, 배나무 등의 잎에 작은 황색 얼룩점 무늬가 생기고, 이것이 차차 커져 적갈색 얼룩점 무늬가 되는 병이다. 적성병에 걸리는 수목은 모과나무, 사과나무, 꽃사과나무, 장미, 배나무 종류 등으로 저장 중이 아니라 생육 중에 발생하는 병이다.

46 다음은 토마토의 병해이다. 병해명을 쓰시오.

> 과실의 비대과정에서 꽃이 떨어진 부분의 조직이 죽어서 검게 변색되는 증상으로 칼슘 부족으로 많이 나타난다.

• 정답 • 배꼽썩음병

• 풀이 • 특정 영양 성분이 결핍되거나 과다한 경우 영양성분의 불균형이 나타나 장해를 일으키기도 한다. 토마토의 배꼽썩음병은 칼슘의 결핍이나 토양 수분의 급격한 변화에 의하여 생기는 것으로 알려지고 있다.

47 다음에서 설명하는 해충의 이름을 쓰시오.

> • 복숭아의 주요 해충으로 인식되고 있지만, 사과에 더 많은 피해를 입힌다.
> • 유충의 몸 색깔은 오렌지색이고, 각 마디마다 검은색 반점이 있다.
> • 유충이 과일 내부로 뚫고 들어가 여러 곳을 먹고 다니며 피해를 입힌다.
> • 유충의 피해를 입은 복숭아는 유충이 먹어 들어간 구멍으로 진액이 나온다.
> • 성페로몬트랩으로 유인해 방제할 수 있는 해충이다.

• 정답 • 복숭아심식나방

• 풀이 • 복숭아심식나방은 일반적으로 복숭아의 주요 해충으로 인식되고 있지만, 사과에 더 많은 피해를 입히는 사과의 주요 해충이다. 유충의 몸 색깔은 오렌지색이고, 각 마디마다 검은색 반점이 있으며, 유충이 과일 내부를 뚫고 들어가 여러 곳을 먹고 다닌다. 복숭아의 경우, 먹어 들어간 구멍으로 진이 나오고, 사과의 경우에는 즙액이 말라 백색의 작은 덩어리가 생긴다. 해충이 번식할 때 분비하는 물질인 성페로몬 등을 이용해 해충을 유인하는 친환경적 방제방식인 성페로몬트랩으로 유인해 방제할 수 있는 해충이다.

48 수확 후 중요 장해에 대한 다음 설명에서 ( ) 안에 들어갈 알맞은 말을 쓰시오.

( )은 표피가 갈색으로 변색되는 고온장해로, 과피 바로 아래의 과육조직은 정상적이지만 증상이 심하게 진전되면 과육조직도 갈변하며, 병원균의 침입통로로 작용한다.

• 정답 • 껍질덴병

• 풀이 • 사과의 껍질덴병은 저장기간 중 부적합한 환경에 처했을 때 발생하는 생리적 장해로, 고온의 환경에 발생하며, 사과의 표피가 불규칙하게 갈변되어 건조되는 증상이 나타난다.

49 수확 후 나타나는 장해에 관한 설명이다. ( ) 안에 알맞은 말을 쓰시오.

(①)이란 사과의 저장 중 유관속 주변이 불투명해지는 수침현상을 말하며, (②)이라는 당류가 비정상적으로 축적되어 나타나는 현상이다.

• 정답 • ① 밀증상, ② 솔비톨

• 풀이 • **사과의 밀증상**

사과의 유관속 주변이 투명해지는 수침현상을 말하며, 솔비톨이라는 당류가 과육의 특정 부위에 비정상적으로 축적되어 나타나는 현상이다. 심한 경우 에탄올이나 아세트알데히드가 축적되어 조직 내 혐기상태를 형성하여 과육 갈변이나 내부조직의 붕괴를 일으킨다. 밀증상이 있는 사과는 가급적 저장하지 않는 것이 좋으며 저온저장 하더라도 단기간 저장하고 출하하는 것이 좋다.

50 수확 후 나타나는 장해에 관한 설명이다. ( ) 안에 알맞은 말을 쓰시오.

단감의 저장 중 과육갈변현상이 발생하였다. 가장 큰 원인은 고농도의 ( )에 의해 발생한다.

• 정답 • 이산화탄소

• 풀이 • 단감의 과육갈변현상은 저장 중 산소 농도가 지나치게 낮아지거나 이산화탄소 농도가 급격히 증가할 때 주로 발생하며, 과피뿐만 아니라 과육까지 갈변하여 과실 전체에 피해를 준다.

51 다음은 CA 저장과정에서 발생한 이취에 대한 설명이다. ( ) 안에서 알맞은 내용을 선택하시오.

CA 포장을 하는 과정에서 대기조성이 잘못되었을 경우 이취 현상이 발생하는데, 주로 ①(저, 고)산소, ②(저, 고)이산화탄소 농도의 조건에서 발생한다.

• 정답 • ① 저, ② 고

• 풀이 • 저장 시 대기조성이 잘못될 경우 혐기성 호흡이 진행되어 이취가 발생하게 된다. CA 저장의 경우 지나친 저산소 또는 고이산화탄소 농도 조건에서는 변색, 조직 붕괴, 이취 발생 등의 생리적 장해현상이 나타난다.

52 신선편이 농산물의 상품화 공정 중 박피, 절단 공정이 상품에 미치는 영향과 유통기간과의 관계를 설명하시오.

• 정답 • ① 박피, 절단 공정이 상품에 미치는 영향 : 호흡 증가, 숙성 · 노화 촉진, 에틸렌 발생량 증가, 연화 촉진, 증산량 증가, 미생물의 침입 용이 등의 현상이 나타난다.
② 유통기간과의 관계 : 유통가능기간이 짧아진다.

• 풀이 • 신선편이 농산물은 농산물을 편리하게 조리할 수 있도록 세척, 박피, 다듬기 또는 절단과정을 거쳐 포장되어 유통되는 채소류, 서류, 버섯류 등의 농산물을 대상으로 한다. 신선편이 농산물은 호흡열이 높고, 에틸렌 발생이 높으며, 미생물 침입에 취약하고, 노출된 표면적이 크며, 취급단계가 복잡하여 스트레스가 심하고, 가공작업이 물리적이므로 상처로 작용하는 등의 특징이 있어 신선도 유지 및 안전성 향상을 위한 각별한 노력이 요구된다. MAP 포장 시 이산화탄소를 충전하고 반드시 저온유통을 시켜야 한다.

53 CA 저장과 MA 저장에 있어 공기조성의 방식을 비교하여 쓰시오.

• 정답 •
- CA : 원하는 농도의 공기를 인위적으로 조성
- MA : 일반적 공기조성 상태로 호흡에 의한 산소의 저하와 이산화탄소의 증가

• 풀이 •
- CA 저장(Controlled Atmosphere Storage) : CA 저장은 대기조성과는 다르게 인위적으로 공기의 농도를 조성하여 저장하는 것을 말하며, 온도, 습도, 대기조성 등을 조절함으로써 장기저장하는 가장 이상적인 방법이다.
- MA 저장(Modified Atmosphere Storage) : 필름이나 피막제를 이용하여 산물을 하나씩 또는 소량 포장하여 외부와 차단하고, 포장 내 호흡에 의한 산소 농도 저하와 이산화탄소 농도 증가로 인해 조성된 적정 대기를 통해 품질 변화를 억제하는 방법이다.

교육은 우리 자신의 무지를 점차 발견해 가는 과정이다.

– 윌 듀란트 –

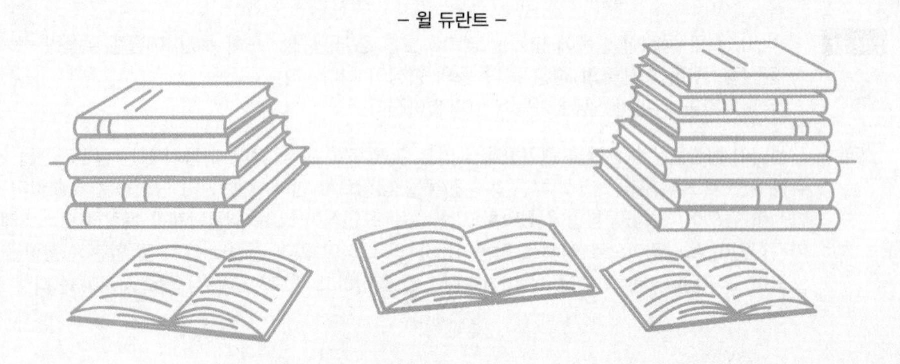

제 4 과목

농산물품질관리사 2차

등급판정 실무

제 1 장 농산물 표준규격

1. 목적(제1조)

이 고시는 농수산물 품질관리법 제5조(표준규격) 및 같은 법 시행규칙(이하 '규칙') 제5조(표준규격의 제정)에서 제7조(표준규격품의 출하 및 표시방법 등) 까지의 규정에 의하여 포장규격 및 등급규격에 관하여 규정함으로써 농산물의 상품성 향상과 유통효율 제고 및 공정한 거래 실현에 기여함을 목적으로 한다.

2. 정의(제2조)

(1) 농산물 표준규격품(이하 '표준규격품')

농수산물 품질관리법(이하 '법')에 따른 포장규격 및 등급규격에 맞게 출하하는 농산물을 말한다. 다만, 등급규격이 제정되어 있지 않은 품목은 포장규격에 맞게 출하하는 농산물을 말한다.

(2) 포장규격

농수산물 품질관리법 시행규칙(이하 '규칙')에 따른 거래단위, 포장치수, 포장재료, 포장방법, 포장설계 및 표시사항 등을 말한다.

(3) 등급규격

규칙에 따른 농산물의 품목 또는 품종별 특성에 따라 고르기, 크기, 형태, 색깔, 신선도, 건조도, 결점, 숙도(熟度) 및 선별상태 등 품질구분에 필요한 항목을 설정하여 특, 상, 보통으로 정한 것을 말한다.

(4) 거래단위

농산물의 거래 시 포장에 사용되는 각종 용기 등의 무게를 제외한 내용물의 무게 또는 개수를 말한다.

(5) 포장치수

포장재 바깥쪽의 길이, 너비, 높이를 말한다.

(6) 겉포장

산물 또는 속포장한 농산물의 수송을 주목적으로 한 포장을 말한다.

(7) 속포장

소비자가 구매하기 편리하도록 겉포장 속에 들어있는 포장을 말한다.

(8) 포장재료

농산물을 포장하는데 사용하는 재료로써 식품위생법등 관계 법령에 적합한 골판지, 그물망, 폴리에틸렌대(PE대), 직물제 포대(PP대), 종이, 발포폴리스티렌(스티로폼) 등을 말한다.

3. 거래단위(제3조)

(1) 농산물의 표준거래단위

종 류	품 목	표준거래단위
과실류	사 과	2kg, 5kg, 7.5kg, 10kg
	배, 감귤	3kg, 5kg, 7.5kg, 10kg, 15kg
	복숭아, 매실, 단감, 자두, 살구, 모과	3kg, 4kg, 4.5kg, 5kg, 10kg, 15kg
	포 도	2kg, 3kg, 4kg, 5kg
	금감, 석류	5kg, 10kg
	유 자	5kg, 8kg, 10kg, 100과
	참다래	5kg, 10kg
	양앵두(버찌)	5kg, 10kg, 12kg
	앵 두	8kg
채소류	마른고추	6kg, 12kg, 15kg
	고 추	5kg, 10kg
	오 이	10kg, 15kg, 20kg, 50개, 100개
	호 박	8kg, 10kg, 10~28개
	단호박	5kg, 8kg, 10kg, 4~11개
	가 지	5kg, 8kg, 10kg, 50개
	토마토	2kg, 2.5kg, 4kg, 5kg, 7.5kg, 10kg, 15kg
	방울토마토, 피망	2kg, 3kg, 5kg, 10kg
	참 외	5kg, 10kg, 15kg, 20kg
	딸 기	1kg, 2kg
	수 박	5~22kg, 1~5개
	조롱수박	5~6kg, 2~5개
	멜 론	5kg, 8kg, 2~10개
	풋옥수수	8kg, 10kg, 15kg, 20개, 30개, 40개, 50개
	풋완두콩	8kg, 20kg
	풋 콩	15kg, 20kg
	양 파	5kg, 8kg, 10kg, 12kg, 15kg, 20kg

종 류	품 목	표준거래단위
채소류	마 늘	1kg, 5kg, 10kg, 15kg, 20kg, 50개, 100개
	깐마늘, 마늘종	5kg, 10kg, 20kg
	대파, 쪽파	1kg, 2kg, 5kg, 10kg
	무	8~12kg, 18~20kg, 5~12개
	총각무, 비트	5kg, 10kg
	결구배추, 양배추	2~6포기
	당 근	10kg, 15kg, 20kg
	시금치, 들깻잎	1kg, 4kg, 8kg, 10kg, 15kg
	결구상추	8kg
	부 추	1kg, 4kg, 5kg, 10kg, 20kg
	마, 생강, 우엉	10kg, 20kg
	연 근	5kg, 15kg, 20kg
	미나리	1kg, 4kg, 5kg, 10kg, 15kg
	고구마순	10kg, 20kg
	쑥갓, 양미나리(셀러리), 케일	1kg, 2kg, 4kg, 10kg
	붉은양배추(루비볼)	14~16kg, 18~20kg
	녹색꽃양배추(브로콜리), 고들빼기, 머위	8kg, 10kg,
	꽃양배추(칼리플라워)	8kg, 10kg, 12kg
	신립초	15kg
	갓	5kg, 10kg
	콩나물	6kg, 10kg
	달 래	8kg, 10kg
서류	감 자	2kg, 5kg, 10kg, 15kg, 20kg
	고구마	2kg, 5kg, 10kg, 15kg
특작류	참깨, 피땅콩	20kg
	알땅콩	12kg, 15kg, 18kg, 20kg
	들 깨	12kg
	수 삼	10kg, 15kg, 20kg
버섯류	큰느타리버섯(새송이버섯)	2kg, 4kg, 6kg
	팽이버섯	5kg
	영지버섯	5kg, 10kg
곡류	쌀, 찹쌀, 현미, 보리쌀, 눌린보리쌀, 할맥, 좁쌀, 율무쌀, 콩, 팥, 녹두, 수수쌀, 기장쌀, 메밀	10kg, 20kg
	옥수수(팝콘용)	15kg, 20kg
	옥수수쌀	12kg, 20kg
화훼류	국 화	300~800본
	카네이션, 석죽	300~1,000본
	장 미	200~700본
	백 합	200~600본
	글라디올러스, 극락조화	200~300본
	튤울립, 아이리스, 리아트리스, 공작초	400~500본

종 류	품 목	표준거래단위
화훼류	거베라, 해바라기	300~400본
	프리지아, 스타티스	350~400본
	금어초, 칼라, 리시안사스	300~350본
	안개꽃	1,000~2,000본
	스토크	250~300본
	다알리아	350~450본
	알스트로메리아	150~300본
	안스리움	20~50본
	포인세티아	6분, 8분, 12분, 15분, 20분
	칼랑코에	4분, 6분, 8분, 12분, 15분, 20분
	시클라멘	4분, 6분, 8분, 12분, 15분, 20분

※ 5kg 이하 표준거래 단위는 별도로 정한 품목 외에 거래 당사자 사이의 협의 또는 시장 유통 여건에 따라 자율적으로 정하여 사용할 수 있음

(2) (1)에 따라 설정되지 않은 5kg 미만 또는 최대 거래단위 이상은 거래 당사자 간의 협의 또는 시장 유통여건에 따라 다른 거래단위를 사용할 수 있다.

4. 포장치수

(1) 포장치수(제4조)

① 농산물의 포장치수는 다음의 어느 하나에 해당해야 한다.

㉠ 한국산업규격(KS T 1002)에서 정한 수송포장 계열치수

㉡ [별표 2]에서 정하는 골판지상자, 지대, 폴리에틸렌대(PE대), 직물제 포대(PP대), 그물망, 플라스틱상자, 다단식 목재상자·금속재상자, 발포폴리스티렌상자의 포장규격

㉢ T-11형 팰릿(1,100×1,100mm) 또는 T-12형 팰릿(1,200×1,000mm)의 평면 적재효율이 90% 이상인 것

알아두기 농산물용 포장치수(제4조 관련 [별표 2])

① 골판지상자

일련번호	포장치수(길이mm × 너비mm)	일련번호	포장치수(길이mm × 너비mm)	일련번호	포장치수(길이mm × 너비mm)
1	1,300×350 ※ 화훼류에 한함	10	510×360	19	391×317
2	1,010×360 ※ 화훼류에 한함	11	500×366	20	366×260
3	1,025×533	12	450×305	21	350×350
4	930×275	13	440×310	22	350×250
5	825×275	14	430×320	23	330×256
6	554×246	15	423×254	24	300×175
7	545×335	16	420×325	25	220×165
8	530×350	17	415×260		
9	520×280	18	400×300		

② 지 대

일련번호	포장치수(길이mm × 너비mm)	일련번호	포장치수(길이mm × 너비mm)	일련번호	포장치수(길이mm × 너비mm)
1	550×300(절입 75mm)	2	650×380(절입 75mm)	3	650×420(절입 75mm)

③ 폴리에틸렌대(PE대), 직물제 포대(PP대), 그물망

일련번호	포장치수(길이mm × 너비mm)	일련번호	포장치수(길이mm × 너비mm)	일련번호	포장치수(길이mm × 너비mm)
1	1,470×700	20	670×500	39	510×240
2	1,010×610	21	670×340	40	470×340
3	950×650	22	650×430	41	470×270
4	900×700	23	650×250	42	470×240
5	860×460	24	640×550	43	450×320
6	850×610	25	640×390	44	400×530
7	850×570	26	600×520	45	400×490
8	850×550	27	600×500	46	400×440
9	830×560	28	600×470	47	400×400
10	800×500	29	600×400	48	400×240
11	800×400	30	600×380	49	400×180
12	770×610	31	590×370	50	300×195
13	770×470	32	570×380	51	290×190
14	770×380	33	570×350	52	250×150
15	750×330	34	560×460	53	240×170
16	720×510	35	550×430	54	235×140
17	720×340	36	530×200	55	230×120
18	700×500	37	520×320	56	210×140
19	690×450	38	510×350		

④ 플라스틱상자

일련번호	포장치수(길이mm × 너비mm)	일련번호	포장치수(길이mm × 너비mm)	일련번호	포장치수(길이mm × 너비mm)
1	1,100×1,100×200	5	560×510×230	9	550×366×230
2	1,010×360×240	6	550×366×350	10	550×366×180
3	660×440×245	7	550×366×320	11	550×366×155
4	560×510×330	8	550×366×245	12	366×275×155

⑤ 다단식 목재상자・금속재상자

일련번호	포장치수(길이mm × 너비mm)
1	1,100×1,100×200

⑥ 발포폴리스티렌상자

일련번호	포장치수(길이mm × 너비mm)	일련번호	포장치수(길이mm × 너비mm)	일련번호	포장치수(길이mm × 너비mm)
1	535×340	7	355×258	13	280×220
2	450×310	8	350×264	14	265×203
3	440×310	9	350×240	15	257×190
4	410×340	10	349×249	16	250×195
5	348×250	11	365×250	17	250×190
6	360×260	12	302×232	18	190×140

② 골판지상자, 발포폴리스티렌상자의 높이는 해당 농산물의 포장이 가능한 적정 높이로 한다.

(2) 포장치수의 허용범위(제5조)

① 골판지상자의 포장치수 중 길이, 너비의 허용범위는 ±2.5%로 한다.

② 그물망, 직물제 포대(PP대), 폴리에틸렌대(PE대)의 포장치수의 허용범위는 길이의 ±10%, 너비의 ±10mm, 지대의 경우에는 각각 길이・너비의 ±5mm, 발포폴리스티렌상자의 경우는 길이・너비의 ±2mm로 한다.

③ 플라스틱상자의 포장치수의 허용범위는 각각 길이・너비・높이의 ±3mm로 한다.

④ 속포장의 규격은 사용자가 적정하게 정하여 사용할 수 있다.

(3) 포장재 표시중량의 허용범위(제5조의 2)

① 골판지상자, 폴리에틸렌대(PE대), 지대, 발포폴리스티렌상자의 경우 ±5%로 한다.

② 직물제 포대(PP대), 그물망의 경우 ±10%로 한다.

5. 포장재료 및 포장재료의 시험방법(제6조)

(1) 포장재료 및 포장재료의 시험방법은 [별표 3]에서 정하는 기준에 따른다.

알아두기 포장재료 및 포장재료의 시험방법(제6조 관련 [별표 3])

① 골판지상자

표시단량	2kg 미만	2kg 이상~10kg 미만	10kg 이상~15kg 미만	15kg 이상
골판지 종류	양면 골판지1종	양면 골판지2종	이중양면 골판지1종	이중양면 골판지2종

※ 골판지의 품질기준 및 시험방법은 KS T 1018(상업포장용 미세골 골판지), KS T 1034(외부포장용 골판지)에서 정하는 바에 따른다. 단, 사과, 배에 사용되는 골판지상자는 아래 규격에 적합해야 한다.

품 목	포장단량(kg)	압축 강도	인쇄도수
배	15	4.6~5.5kN [470~560(kgf)]	4도 이내
사과, 배	7.5, 10	4.4~5.4kN [450~550(kgf)]	
	5	4.1~5.0kN [420~510(kgf)]	

② PE대(폴리에틸렌대)

표시단량	5kg 미만	5kg 이상~10kg 미만	10kg 이상~15kg 미만	15kg 이상
PE 두께	0.03mm 이상	0.05mm 이상	0.07mm 이상	0.10mm 이상

※ PE대의 품질기준 및 시험방법은 KS T 1093(포장용 폴리에틸렌 필름)에서 정하는 바에 따른다.

③ PP대(직물제 포대)

섬도(tex)	인장강도(N)	봉합실 인장강도 (N)	직조밀도(올/5cm)	기 타
100±1	29 이상	39 이상	20±2	원단의 위사 너비는 4~6mm 이내로 접혀진 원사로 제작한다.

※ PP대의 품질기준 및 시험방법은 KS T 1015(포대용 폴리올레핀 연신사)에서 정하는 바에 따른다.

④ 표시 단량별 그물망의 무게

표시단량	5kg 미만	5kg 이상~10kg 미만	10kg 이상~15kg 미만	15kg 이상
포장재무게	15g 이상	25g 이상	35g 이상	45g 이상

※ 원단은 고밀도 폴리에틸렌 모노필라멘트계이며, 메리야스 상으로 직조한 것

⑤ 지 대

거래단위	10kg 미만	10kg 이상	20kg 이상
평량(80g/m^2)	2~3겹	3겹	4겹(3겹은 평량 90g/m^2)

※ 지대의 품질기준 및 시험방법은 KS M 7501(크라프트지)에서 정하는 바에 따른다.

⑥ 플라스틱상자 : 플라스틱상자의 품질기준 및 시험방법은 KS T 1081(플라스틱제 운반용 회수 용기)에서 정하는 바에 따른다. 단, 6.3의 압축강도는 KS T 1081 [표 2] '압축 하중 종별'에서 4m를 적용한다.

⑦ 발포폴리스티렌상자 : 발포폴리스티렌상자의 품질기준 및 시험방법은 KS T 1045(포장용 발포폴리스티렌 완충재)에서 정하는 바에 따른다.

(2) (1)에도 불구하고 포장재료의 압축·인장강도 및 직조밀도 등에서 [별표 3]에서 정하는 기준과 동등 이상의 강도와 품질이 인정되는 경우 공인검정기관 성적서 제출 등을 통해 국립농산물품질관리원장의 확인을 받아 사용할 수 있다.

6. 포장방법과 포장설계

(1) 포장방법(제7조)

내용물은 포장에서 흘러나오지 않도록 해야 하며, 내용물이 보이도록 개방형으로 포장하는 경우에는 적재하는데 용이해야 한다.

(2) 포장설계(제8조)

골판지상자의 포장설계는 KS T 1006(골판지상자형식)에 따른다.

7. 표시방법(제9조)

표준규격품의 표시방법은 [별표 4]에 따른다.

알아두기 **표준규격품의 표시방법(제9조 관련 [별표 4])**

1. 표시사항

① 의무표시사항

㉠ "표준규격품" 문구

㉡ 품 목

㉢ 산지 : 산지는 농수산물의 원산지 표시에 관한 법률 시행령 제5조(원산지의 표시기준) 제1항의 국산농산물 표기에 따른다.

㉣ 품종 : 품종을 표시하여야 하는 품목과 표시방법은 다음과 같다.

종 류	품 목	표시방법
과실류	사과, 배, 복숭아, 포도, 단감, 감귤, 자두	품종명을 표시
채소류	멜론, 마늘	품종명 또는 계통명 표시
화훼류	국화, 카네이션, 장미, 백합	
위 품목 이외의 것		품종명 또는 계통명 생략 가능

㉤ 등급 : [별표 5] 농산물의 등급규격에 따른다.

㉥ 내용량 또는 개수 : 농산물의 실중량을 표시한다. 다만, [별표 1] 농산물의 표준거래단위에 따라 무게 또는 개수로 표시할 수 있는 품목은 다음과 같다.

종 류	품 목	표시방법
과실류	유 자	무게 또는 개수를 표시
채소류	오이, 호박, 단호박, 가지, 수박, 조롱수박, 멜론, 풋옥수수, 마늘, 무, 결구배추, 양배추	무게 또는 개수(포기수)를 표시
화훼류	전 품목	개수(본수 또는 분수)를 표시

※ 무게 또는 개수의 표시는 [별표 1] 농산물의 표준거래단위에 맞아야 하며, 3kg 미만의 내용물(개수) 확인이 가능한 소(속)포장은 무게를 생략하고 개수(송이수)만 표시할 수 있다.

㉦ 생산자 또는 생산자단체의 명칭 및 전화번호

※ 생산자 또는 생산자단체의 명칭은 판매자 명칭으로 갈음할 수 있다.

㉧ 식품안전 사고 예방을 위한 안전사항 문구

- 버섯류(팽이, 새송이, 양송이, 느타리버섯) : "그대로 섭취하지 마시고, 충분히 가열 조리하여 섭취하시기 바랍니다." 또는 "가열 조리하여 드세요"
- 껍질째 먹을 수 있는 과실류 · 채소류(사과, 포도, 금감, 단감, 자두, 블루베리, 양앵두(버찌), 앵두, 고추, 오이, 토마토, 방울토마토, 송이토마토, 딸기, 피망, 파프리카, 브로콜리) : "세척 후 드세요." 또는 "씻어서 드세요"

※ 세척하지 않고 바로 먹을 수 있도록 세척, 포장, 운송, 보관 된 농산물은 표시를 생략할 수 있다.

② 권장표시사항

㉠ 당도 및 산도표시

- 당도표시를 할 수 있는 품목(품종)과 등급별 당도규격

품 목	품 종	등 급	
		특	상
사 과	• 후지, 화홍, 감홍, 홍로 • 홍월, 서광, 홍옥, 쓰가루(착색계) • 쓰가루(비착색계)	14 이상 12 이상 10 이상	12 이상 10 이상 8 이상

품 목	품 종	등급	
		특	상
배	• 황금, 추황, 신화, 화산, 원황 • 신고(상 10 이상), 장십랑 • 만삼길	12 이상 11 이상 10 이상	10 이상 9 이상 8 이상
복숭아	• 서미골드, 진미 • 찌요마루, 유명, 장호원황도, 천홍, 천중백도 • 백도, 선광, 수봉, 미백 • 포목, 창방, 대구보, 선프레, 암킹	13 이상 12 이상 11 이상 10 이상	10 이상 10 이상 9 이상 8 이상
포 도	• 델라웨어, 새단, MBA, 샤인머스켓 • 거 봉 • 캠벨얼리	18 이상 17 이상 14 이상	16 이상 15 이상 12 이상
감 귤	• 한라봉, 천혜향, 진지향 • 온주밀감(시설), 청견, 황금향 • 온주밀감(노지)	13 이상 12 이상 11 이상	12 이상 11 이상 10 이상
금 감	• 특 : 12°Bx에 미달하는 것이 5% 이하인 것. 단, 10°Bx에 미달하는 것이 섞이지 않아야 한다. • 상 : 11°Bx에 미달하는 것이 5% 이하인 것. 단, 9°Bx에 미달하는 것이 섞이지 않아야 한다.		
단 감	• 서촌조생, 차랑, 태추, 로망 • 부 유 • 대안단감	14 이상 13 이상 12 이상	12 이상 11 이상 11 이상
자 두	• 포모사 • 대석조생	11 이상 10 이상	9 이상
참 외	–	11 이상	9 이상
딸 기	–	11 이상	9 이상
수 박	–	11 이상	9 이상
조롱수박	–	12 이상	10 이상
멜 론	–	13 이상	11 이상

※ 당도를 표시하는 경우 등급규격은 등급별 당도 규격을 포함하여 특, 상, 보통으로 표시하여야 한다.

• 당도 표시방법
  - 해당 당도를 브릭스(°Bx) 단위로 표시하되 다음 예시와 같이 표시모형과 구분표 방식으로 표시할 수 있다.
  - 당도 구분은 [별표4] 권장표시사항의 등급별 당도규격의 상등급 미만은 "보통당도", 상등급은 "높은당도", 특등급은 "매우높은 당도"로 표시한다.

  예 수박의 당도 표시

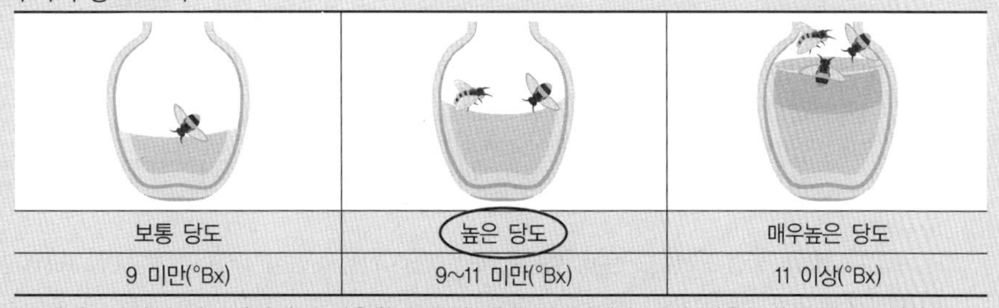

보통 당도	높은 당도	매우높은 당도
9 미만(°Bx)	9~11 미만(°Bx)	11 이상(°Bx)

※ 다만, 비파괴 당도선별기를 이용한 품목의 경우 아래 표와 같이 허용오차를 줄 수 있다.

종 류	품 목	허용오차
과실류	사과, 배, 감귤	±0.5°Bx
채소류	수 박	±1.0°Bx
	멜론, 참외	±1.5°Bx

• 감귤류는 당도 이외에 산도를 %단위로 표시

㉡ 크기(무게, 길이, 지름) 구분에 따른 구분표 또는 개수(송이수) 구분표 표시

예 사과의 크기 구분 표시

구 분 \ 호 칭	3L	2L	L	M	S	2S
g/개	375 이상	300 이상 375 미만	250 이상 300 미만	214 이상 250 미만	188 이상 214 미만	167 이상 188 미만

또는 상자당 단위무게로 산출한 개수 표시

구 분 \ 호 칭	3L	2L	L	M	S	2S
개/5kg	13 미만	13 이상 17 미만	17 이상 20 미만	20 이상 23 미만	23 이상 27 미만	27 이상 30 미만

※ 크기(무게) 구분표에 체크 방식으로 표시, 과일 등은 개수 구분 표시 가능

㉢ 포장치수 및 포장재 중량

㉣ 영양－주요 유효성분

• 품목과 성분

품 목	영양성분
사과, 배, 감귤, 감자 등 농산물 표준규격이 제정된 품목(화훼류 제외)	에너지, 단백질, 지질, 탄수화물, 캡사이신, 안토시아닌 등

• 표시방법 : 농촌진흥청의 "국가표준 식품성분표" 및 식품위생법에 따른 "식품 등의 표시기준" 등의 표시방법에 따라 표시

• 고추 매운정도(캡사이신 함량) 표시방법 : 고추의 매운정도를 4단계로 구분하여 아래 표시예시와 같이 표시

예 고추 매운정도 표시

구 분				
매운 정도	맵지 않음	약간 매움	보통 매움	매우 매움
캡사이신 함량(mg/kg)	100 미만	100~800	800~2,000	2,000 이상
생육시기 또는 소비자 입맛에 따라 매운 정도 차이가 발생할 수 있음				

※ 소포장의 경우 해당 단계의 "매운 정도" 표시만 할 수 있음

2. 표시방법

① 포장재 겉면에 일괄 표시하되 품목, 생산자 또는 생산자단체의 명칭 및 전화번호, 권장 표시사항은 별도로 표시할 수 있다.

② 의무 및 권장 표시사항 외에 추가 표시사항이 있는 경우에는 추가할 수 있다.

③ 표시양식(예시)

<table>
<tr><th colspan="6">표준규격품</th></tr>
<tr><td>품 목</td><td></td><td>등 급</td><td></td><td colspan="2">생산자(생산자단체)</td></tr>
<tr><td>품 종</td><td></td><td rowspan="2">내용량
(개수)</td><td rowspan="2">kg
( )</td><td>이 름</td><td></td></tr>
<tr><td>산 지</td><td></td><td>전화번호</td><td></td></tr>
<tr><td colspan="6">세척 후 드세요 또는 가열조리하여 드세요</td></tr>
</table>

※ 포장재치수 : 510×360×140mm, 포장재중량 : 1,200g±5%

④ 글자 및 양식의 크기와 표시위치는 품목의 특성, 포장재의 종류 및 크기 등에 따라 임의로 조정할 수 있다.
※ 곡류, 서류는 양곡관리법 시행규칙 제7조의3(양곡의 표시사항 등)에 따른 표시사항을 준수해야 함

8. 등급규격(제10조)

농산물 종류별 등급규격은 [별표 5]와 같다.

알아두기 농산물의 등급규격(제10조 관련 [별표 5])

① 과실류(1000)

규격번호	품 목	규격내용	규격번호	품 목	규격내용
1011	사 과	별 첨	1061	매 실	별 첨
1021	배	〃	1071	단 감	〃
1031	복 숭 아	〃	1111	자 두	〃
1041	포 도	〃	1121	참 다 래	〃
1051	감 귤	〃	1131	블루베리	〃
1055	금 감	〃			

② 채소류(2000~3000)

규격번호	품 목	규격내용	규격번호	품 목	규격내용
2011	마른고추	별 첨	2082	조롱수박	별 첨
2012	고 추	〃	2091	멜 론	〃
2021	오 이	〃	2101	피망・파프리카	〃
2031	호 박	〃	3011	양 파	〃
2034	단호박・미니단호박	〃	3021	마 늘	〃
2041	가 지	〃	3041	무	〃
2051	토마토	〃	3051	결구배추	〃
2053	방울토마토	〃	3061	양배추	〃
2054	송이토마토	〃	3071	당 근	〃
2061	참 외	〃	3081	브로콜리	〃
2071	딸 기	〃	3091	비 트	〃
2081	수 박	〃			

③ 서류(4000)

규격번호	품 목	규격내용	규격번호	품 목	규격내용
4011	감 자	별 첨	4021	고구마	별 첨

④ 특작류(5000)

규격번호	품 목	규격내용	규격번호	품 목	규격내용
5011	참 깨	별 첨	5031	들 깨	별 첨
5021	피땅콩	〃	5041	수 삼	〃
5022	알땅콩	〃			

⑤ 버섯류(6000)

규격번호	품 목	규격내용	규격번호	품 목	규격내용
6011	느타리버섯	별 첨	6031	팽이버섯	별 첨
6013	큰느타리버섯(새송이버섯)	〃	6041	영지버섯	〃
6021	양송이버섯	〃			

⑥ 곡류(7000)

규격번호	품 목	규격내용	규격번호	품 목	규격내용
7011	쌀	별 첨	7061	팥	별 첨
7012	찹 쌀	〃	7071	녹 두	〃
7013	현 미	〃	7081	찰수수쌀	〃
7021	보리쌀	〃	7091	찰기장쌀	〃
7031	좁 쌀	〃	7111	메 밀	〃
7041	율무쌀	〃	7121	옥수수(팝콘용)	〃
7051	콩	〃	7122	옥수수쌀	〃

⑦ 화훼류(8000)

규격번호	품 목	규격내용	규격번호	품 목	규격내용
8011	국 화	별 첨	8121	스타티스	별 첨
8021	카네이션	〃	8141	칼 라	〃
8031	장 미	〃	8151	리시안시스	〃
8041	백 합	〃	8161	안개꽃	〃
8051	글라디올러스	〃	8191	스토크	〃
8061	튜울립	〃	8221	공작초	〃
8071	거베라	〃	8231	알스트로메리아	〃
8081	아이리스	〃	8251	포인세티아	〃
8091	프리지아	〃	8261	칼랑코에	〃
8111	금어초	〃	8271	시클라멘	〃

9. 표준규격의 특례(제11조)

(1) 포장규격 또는 등급규격이 제정되어 있지 않은 품목 또는 품종은 유사 품목 또는 유사 품종의 포장규격 또는 등급규격을 적용할 수 있다.

(2) 신선편이 농산물을 표준규격품으로 표시하여 출하할 경우에는 [별표 7]과 같이 별도의 품질규격과 포장규격, 표시사항을 적용할 수 있다.

(3) 2가지 이상 품목을 혼합하여 하나의 제품으로 포장하는 경우, 포장규격은 어느 하나의 품목기준에 따를 수 있되 거래단위는 유통현실에 따라 조정할 수 있으며, 의무표시사항은 각각 표시해야 한다. 다만 공통적인 사항은 하나로 표시할 수 있다.

알아두기 **신선편이 농산물 표준규격(제11조제2항 관련 [별표 7])**

① 적용범위 : 본 규격은 국내에서 생산된 농산물에 적용되며, 포장단위별로 적용한다.

② 적용대상 : 농산물을 편리하게 조리할 수 있도록 세척, 박피, 다듬기 또는 절단과정을 거쳐 포장되어 유통되는 채소류, 서류, 버섯류 등의 농산물을 대상으로 한다.

③ 품질(적합) 규격

㉠ 색 깔

- 농산물 품목별 고유의 색을 유지해야 함
- 절단된 농산물을 육안으로 판정하여 다음과 같은 변색이 나타나지 않아야 함
  - 엽채류는 핑크색 또는 갈색이 잎의 중앙부(엽맥)까지 확산되지 않아야 함
  - 엽경채류는 육안으로 판정하여 심한 황색 또는 갈색이 나타나지 않아야 함
  - 근채류 중 당근은 표면에 백화현상이 심하지 않아야 하고, 무・당근・연근・우엉 등은 절단면에서 갈변이 심하지 않아야 함
  - 마늘은 녹변 또는 핑크색이 나타나지 않아야 하며, 양파는 색이 검게 나타나지 않고, 파는 황색으로 변하지 않아야 함
  - 감자・고구마는 갈변과 녹변이 심하지 않아야 함

㉡ 외 관

- 병충해, 상해 등의 피해가 발견되지 않아야 함
- 엽채류 잎에 검은반점 또는 물에 잠긴(수침) 증상이 포장된 상태에서 육안으로 발견되지 않아야 함
- 엽경채류, 근채류, 버섯류 등이 짓물려 있거나 점액물질이 심하게 발견되지 않아야 함
- 과채류가 지나치게 물러져 주스가 흘러내리지 않아야 함
- 서류는 지나치게 전분질이 나와 표면에 묻어 있지 않아야 함

㉢ 이물질 : 포장된 신선편이 농산물의 원료 이외에 이물질이 없어야 함

㉣ 신선도

- 표면이 건조되어 마른 증상이 없어야 하며, 부패된 것이 나타나지 않아야 함
- 물러지거나 부러짐이 심하지 않아야 함

㉤ 포장상태 : 유통 중 포장재에 핀홀(구멍)이 발생하거나 진공포장의 밀봉이 풀리지 않아야 함

㉥ 이취 : 포장재 개봉 직후 심한 이취가 나지 않아야 하며, 이취가 발생하여도 약간만 느끼어 품목 고유의 향에 영향을 미치지 않아야 함

④ 포장규격

㉠ 포장재료는 식품위생법에 따른 기구 및 용기 포장의 기준 및 규격과 폐기물관리법 등 관계 법령에 적합하여야 한다.

㉡ 포장치수의 길이, 너비는 한국산업규격(KS T 1002)에서 정한 수송포장계열치수 69개 및 40개 모듈, 또는 표준팰릿(KS T 0006)의 적재효율이 90% 이상인 것으로 한다. 단, 5kg 미만 소포장 및 속포장 치수는 별도로 제한하지 않는다.

㉢ 거래단위는 거래 당사자간의 협의 또는 시장 유통여건에 따라 자율적으로 정하여 사용할 수 있다.

⑤ 표시사항

㉠ 출하하는 자가 표준규격품임을 표시할 경우 해당 물품의 포장표면에 "표준규격품"이라는 문구와 함께 품목・산지・품종・등급・무게・생산자 또는 생산자단체 명칭(판매자 명칭으로 갈음할 수 있음) 및 전화번호를 표시하여야 한다. 다만, 품종・등급은 생략할 수 있다.

㉡ 포장표면에 소비자의 안전 및 식품안전 사고 예방을 위해 "세척 후(가열 조리하여) 드세요." 또는 "가열 조리하여 드세요"라는 문구를 표시하여야 한다.

⑥ 용어의 정의

㉠ 신선편이 농산물 : 농산물을 편리하게 조리할 수 있도록 세척, 박피, 다듬기 또는 절단과정을 거쳐 포장되어 유통되는 조리용 채소류, 서류 및 버섯류 등의 농산물을 말한다.

㉡ 신선편이 농산물에 사용되는 원료 농산물의 분류는 다음과 같다.

- 채소류 : 엽채류, 엽경채류, 근채류, 과채류
  - 엽채류 : 상추, 양상추, 배추, 양배추, 치커리, 시금치 등
  - 엽경채류 : 파, 미나리, 아스파라거스, 부추 등
  - 근채류 : 무, 양파, 마늘, 당근, 연근, 우엉 등
  - 과채류 : 오이, 호박, 토마토, 고추, 피망, 수박 등

- 서류 : 감자, 고구마
- 버섯류 : 느타리버섯, 새송이버섯, 팽이버섯, 양송이버섯 등

ⓒ 변색 : 육안으로도 쉽게 식별할 수 있을 정도로 농산물 고유의 색이 다른 색으로 변해진 것을 말한다.
ⓔ 백화현상(White Blush) : 당근 절단면이 주로 건조되면서 나타나는 것으로 고유의 색이 하얗게 변하는 것을 말한다.
ⓜ 갈변 : 절단된 신선편이 농산물이 주로 효소작용에 의해 육안으로 판정하여 고유의 색이 아닌 붉은 색 또는 갈색을 띄는 것을 말한다.
ⓑ 녹변 : 마늘, 감자의 색이 육안으로 판정하여 구별될 수 있을 정도로 녹색으로 변한 것을 말한다.
ⓢ 검은반점 : 엽채류에서 산소부족 및 이산화탄소 농도가 매우 높아 잎에 나타나는 것으로 처음에는 갈변의 반점이 나타나고 점차 면적이 커지면서 색이 검게 되는 것을 말한다.
ⓞ 잠긴(수침) 증상 : 신선편이 엽채류의 잎이 더운물에 데친 것 같은 증상을 나타내는 것을 말한다.
ⓙ 신선도 : 신선편이 가공 직후 제품과 비교하였을 때 육안으로 차이가 없고, 말라서 농산물 중량이 감소하거나 부패된 것이 없는 것을 말한다.
ⓒ 마른 증상 : 농산물 수분이 감소되어 당초 보다 부피가 작아지거나 모양이 변형된 것을 말한다.
ⓚ 이취 : 포장된 농산물을 개봉하였을 때 신선편이 농산물 고유의 냄새가 아닌 알콜취 등의 다른 냄새를 말한다.

10. 품위계측 · 감정방법(제12조)

(1) 등급규격의 항목별 품위 계측 및 감정은 [별표 6]과 국립농산물품질관리원 고시 농산물 검사 · 검정방법 및 절차 등에 관한 규정을 준용한다.

(2) 계측에 사용하는 표준체의 규격은 국립농산물품질관리원 고시 농산물 검사 · 검정방법 및 절차 등에 관한 규정에 따른다.

알아두기 항목별 품위계측 및 감정방법(제12조 관련 [별표 6])

① 과실류

㉠ 공시량 : 포장단위 수량이 50과 이상은 50과를 무작위 추출하고, 50과 미만은 전량을 추출한다.

㉡ 낱개의 고르기

- 크기 구분표의 크기 호칭은 공시량 평균 무게 또는 지름에 해당하는 것을 말한다.
- 공시량의 평균 크기(무게 또는 지름)를 기준으로 크기 구분표의 해당 호칭을 정하고, 그 평균 크기(무게 또는 지름)의 호칭과 비교하여 크기(무게 또는 지름)가 다른 것의 개수 비율을 구한다.

㉢ 착색비율

- 공시량 중에서 품종 고유의 색깔이 가장 떨어지는 5과의 착색비율을 평균한 것으로 한다.
- 금감은 공시량 전량에 대하여 등급별 착색비율에 미달하는 것의 개수비율을 구한다.
- 낱개마다 품종 고유의 색깔에 대비하여 착색 정도별 면적비율과 해당 면적별 착색비율을 각각 측정하고 다음과 같이 산출한다.

※ 착색비율(%) = $(A_1 \cdot B_1 + A_2 \cdot B_2 + A_3 \cdot B_3 + \cdots + A_n \cdot B_n)/100$

$A_1, A_2, A_3, \cdots, A_n$ = 착색정도별 면적비율

$B_1, B_2, B_3, \cdots, B_n$ = 해당면적별 착색비율

㉣ 당 도

- 대상품목은 과실류 중 사과, 배, 복숭아, 포도, 감귤, 금감, 단감, 자두의 8품목으로 한다.
- 측정기기는 "과실류 당도 측정기-시험방법(KS B 5642)"에 적합한 것으로 한다.

• 공시량이 50개인 과실류는 품종 고유의 색깔이 가장 떨어지는 과실 5과, 공시량이 50개 미만인 과실은 품종 고유의 색깔이 가장 떨어지는 과실 3과를 측정한 평균값을 당도(°Bx)로 한다.
• 사과, 배는 씨방, 단감은 씨, 감귤은 껍질과 씨, 복숭아, 자두는 핵을 제거한 후 이용한다.
• 1과의 착즙은 씨방, 핵, 껍질, 씨 등을 제외한 가식부 전체를 착즙함을 원칙으로 하되, 품목별 특성을 고려하여 다음과 같이 착즙할 수 있다.
  – 금감 : 꼭지를 제거한 전체를 착즙한다.
  – 포도 : 1송이의 상·중·하에서 중간 품위의 낱알을 각각 5알씩 채취하여 착즙한다.
  – 사과, 배, 단감, 복숭아, 자두, 감귤 : [그림 1]과 같이 과실의 크기에 따라 꼭지를 중심으로 세로로 4~8등분하여 품종 고유의 색깔이 가장 떨어지는 부분과 그 반대쪽을 선택한 후 품목별 제거부위를 제외한 부위를 착즙한다.

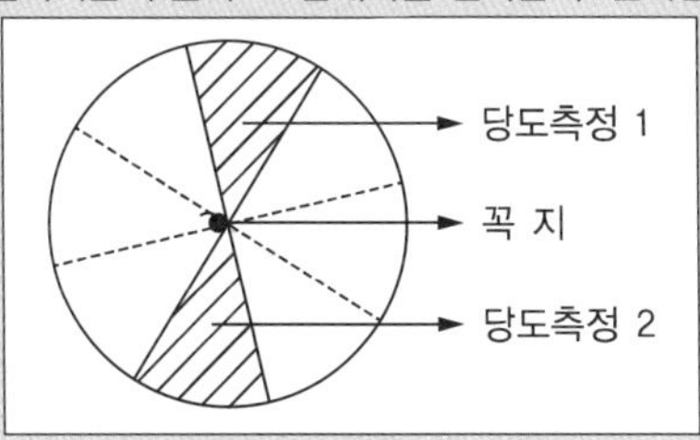

[그림 1] 채취 및 착즙부위

• 착즙요령
  – 착즙도구 : 소형 착즙기, 거름망, 착즙액 용기
  – 착즙방법 : 착즙 부위를 적당한 크기로 절단한 후 소형 착즙기에 넣고, 거름망과 착즙액 용기를 놓은 다음 착즙하여 잘 섞은 후 측정액으로 사용한다.
• 당도측정 : 착즙한 측정액을 굴절당도계 프리즘(측정액을 넣는 곳)에 적당량을 넣은 후 측정한다.

㉤ 산함량/당산비
• 시료는 당도 측정에 이용한 과즙을 사용한다.
• 산함량(산도) 측정은 "KS H 2188(과실·채소쥬스) 6.3 산도의 시험방법"을 준용하되, 이와 동등한 결과를 얻을 수 있는 방법 및 기계에 의한 방법을 보조방법으로 채택 할 수 있다.
※ 당산비 = 당도(°Bx) ÷ 산함량(%)

㉥ 결점과 판정기준 및 혼입률 산출방법
• 결점과는 공시량 중에서 매과 마다 경결점 이상인 것을 선별한 후 이를 다시 중결점, 경결점으로 분류하여 각각 개수 비율을 산출한다.
• 결점과 혼입률 산출은 다음 식에 의한다.

$$\text{혼입률(\%)} = \frac{\text{중결점(경결점) 개수}}{\text{공시 개수}} \times 100$$

• 동일한 결점이 산재한 것은 종합하여 판정하고, 1과에 여러 가지 결점이 있는 것은 가장 중한 결점에 따른다.

② 채소류
㉠ 공시량 : 포장단위 수량이 50과 이상은 50과를 무작위 추출하고, 50과 미만은 전량을 추출한다.
㉡ 낱개의 고르기
• 마른고추, 고추, 오이, 호박, 가지 : 공시량 중에서 중결점 및 경결점, 심하게 구부러진 것 등을 제외하고 매개의 길이 또는 무게를 측정하여 평균을 구하고 품목(품종)별 허용길이 또는 무게를 초과하거나 미달하는 것의 개수 비율을 구한다. 단, 평균 길이(무게)는 공시량 중에서 10개를 무작위로 추출하여 측정한 값을 사용할 수 있다.
• 위의 품목을 제외한 채소류 : 공시량 중에서 중결점과를 제외하고 전량의 무게(또는 크기)를 계측하여 무게(또는 크기) 구분표에서 무게(또는 크기)가 다른 것의 개수 비율을 구한다.
㉢ 마른고추의 품질평가
• 수분 : 고르기 계측용 시료중에서 30g 정도를 무작위로 채취하여 꼭지를 제거한 후 시료분쇄기로 과피와 씨를 20매쉬(약 1mm) 정도로 분쇄 혼합하여 측정한다.
• 탈락씨 및 이물 : 매 포장단위에서 탈락씨와 이물을 따로 골라내어 전체 무게에 대한 비율을 구한다.

㉣ 마늘의 품질평가
- 열구 : 공시료(50구) 중에서 마늘쪽의 일부 또는 전부가 줄기로부터 벌어져 있는 통마늘을 분류하여 개수비율을 산출한다. 다만, 마늘통 높이의 3/4 이상이 외피에 싸여 있는 것은 제외한다.
- 쪽마늘 : 포장단위 전체에서 쪽마늘을 분리한 후 전체 무게에 대한 무게비율을 구한다.

㉤ 당 도
- 대상품목은 과채류 중 수박, 조롱수박, 참외, 멜론, 딸기의 5품목으로 한다.
- 측정기기는 "과실류 당도 측정기-시험방법(KS B 5642)"에 적합한 것으로 한다.
- 공시량이 50개인 과채류는 품종 고유의 색깔이 가장 떨어지는 과채류 5개, 공시량이 50개 미만인 과채류는 품종 고유의 색깔이 가장 떨어지는 과채류 3개를 측정한 평균값을 당도(°Bx)로 한다.
- 수박, 조롱수박은 껍질과 씨, 참외는 태좌와 씨, 멜론은 껍질, 태좌, 씨를 제거한 후 이용한다.
- 1개의 착즙은 씨, 껍질, 태좌 등을 제외한 가식부 전체를 착즙함을 원칙으로 하되, 품목별 특성을 고려하여 다음과 같이 착즙할 수 있다.
  - 딸기 : 꼭지를 제거한 전체를 착즙한다.
  - 수박, 조롱수박 : [그림 1]과 같이 크기에 따라 꼭지를 중심으로 세로로 4~8등분하여 X자(대칭)로 2조각([그림 1] 참조)을 선택하여 각각 [그림 2]와 같이 3개 부위를 절단한 후 제거부위를 제외한 부위를 착즙한다.

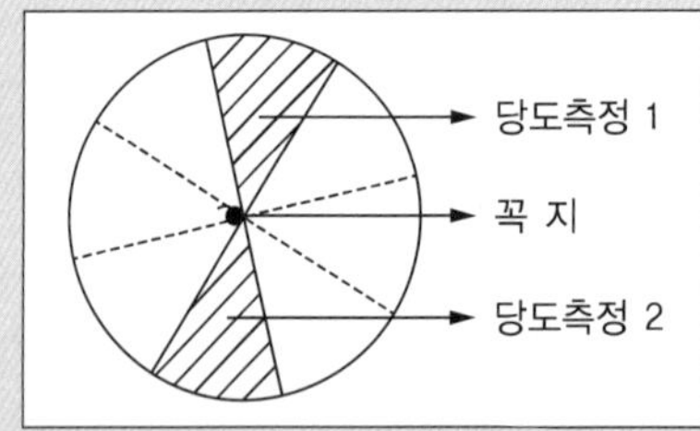

[그림 1] 채취부위　　　　[그림 2] 착즙부위

  - 참외, 멜론 : 꼭지와 꽃자리의 중간부위를 수평으로 [그림 1]과 같이 2등분하여 각 등분별로 X자(대칭)로 2조각([그림 2])을 선택한 후 제거부위를 제외한 부위를 착즙한다.

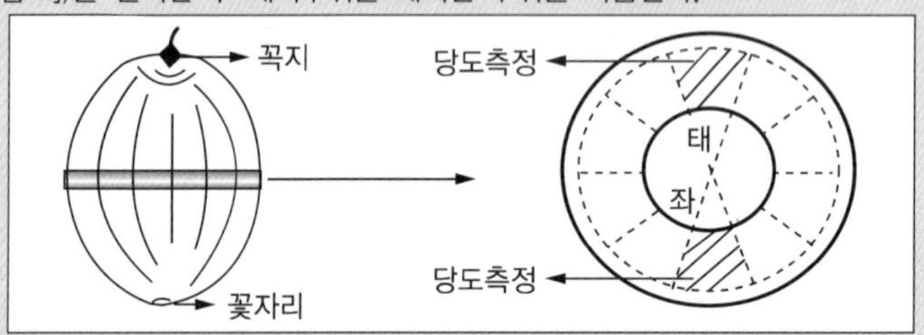

[그림 1] 절단부위　　　　[그림 2] 채취 및 착즙부위

- 착즙요령
  - 착즙도구 : 소형 착즙기, 거름망, 착즙액 용기
  - 착즙방법 : 착즙 부위를 적당한 크기로 절단한 후 소형 착즙기에 넣고, 거름망과 착즙액 용기를 놓은 다음 착즙하여 잘 섞은 후 측정액으로 사용한다.
- 당도측정 : 착즙한 측정액을 굴절당도계 프리즘(측정액을 넣는 곳)에 적당량을 넣은 후 측정한다.

㉥ 결점 판정기준 및 혼입률 산출방법
- 결점은 매개 마다 경결점 이상인 것을 전량에서 선별한 후 이를 다시 경결점, 중결점으로 분류하여 각각 개수 비율을 산출한다.
- 결점 혼입률 산출은 다음 식에 의한다.

$$\text{혼입률(\%)} = \frac{\text{중결점(경결점) 개수}}{\text{공시 개수}} \times 100$$

③ 서류(薯類) : 채소류에 준한다.

④ 특작류

㉠ 고르기(알땅콩) : 매 포장단위에서 200g 정도를 무작위로 추출하여 무게 구분표에서 무게가 다른 것의 중량비율을 구한다.

㉡ 빈 꼬투리, 가벼운 결점, 이물 : 매 포장단위에서 200g 정도를 균분하여 각각의 무게비율을 구한다.

㉢ 용적중 : "1L 용적중 측정 곡립계"로 측정함을 원칙으로 하되 이와 동등한 측정결과를 얻을 수 있는 브라웰곡립계 등에 의한 측정을 보조방법으로 할 수 있다. 단, 브라웰곡립계 계측 시 이물을 제외한 시료를 150g 균분하여 사용한다.

㉣ 피해립, 이종곡립, 이종피색립 : 용적중을 계측한 시료 중에서 50g 정도를 균분하여 각각의 무게비율을 구한다.

㉤ 수삼 낱개의 고르기·결점 혼입률 : 채소류에 준한다.

⑤ 곡류 : 국립농산물품질관리원 고시 농산물 검사·검정방법 및 절차 등에 관한 규정 [별표 4] 곡종별 품위 검정 순위표에 준한다. 다만, 해당 품목이 없을 경우 유사한 품목을 적용한다.

제2장 품목별 등급규격

1. 검사항목 특이사항

(1) 등급규격 항목

① 과실류

구 분	등급규격의 항목
사 과	낱개의 고르기, 색택, 신선도, 중결점과, 경결점과
배	낱개의 고르기, 색택, 신선도, 중결점과, 경결점과
복숭아	낱개의 고르기, 색택, 중결점과, 경결점과
금 감	낱개의 고르기, 색택, 중결점과, 경결점과
자 두	낱개의 고르기, 색택, 중결점과, 경결점과
감 귤	낱개의 고르기, 색택, 과피, 껍질뜬 것(부피과), 중결점과, 경결점과
매 실	낱개의 고르기, 숙도, 중결점과, 경결점과
단 감	낱개의 고르기, 색택, 숙도, 중결점과, 경결점과
참다래	낱개의 고르기, 색택, 향미, 털, 중결점과, 경결점과
포 도	낱개의 고르기, 색택, 낱알의 형태, 중결점과, 경결점과
블루베리	낱개의 고르기, 색택, 낱알의 형태, 중결점과, 경결점과

② 채소류

구 분	등급규격의 항목
마른고추	낱개의 고르기, 색택, 수분, 탈락씨, 이물, 중결점과, 경결점과
고 추	낱개의 고르기, 길이(꽈리고추), 색택, 신선도, 중결점과, 경결점과
오 이	낱개의 고르기, 색택, 모양, 신선도, 중결점과, 경결점과
호 박	낱개의 고르기, 색택, 모양, 신선도, 중결점과, 경결점과
가 지	낱개의 고르기, 색택, 모양, 신선도, 중결점과, 경결점과
단호박, 미니단호박	낱개의 고르기, 모양·색택, 중결점과, 경결점과
토마토	낱개의 고르기, 색택, 신선도, 꽃자리 흔적, 중결점과, 경결점과
방울토마토	낱개의 고르기, 색택, 신선도, 숙도, 중결점과, 경결점과
송이토마토	모양, 색택, 신선도, 중결점과, 경결점과
딸 기	낱개의 고르기, 색택, 신선도, 중결점과, 경결점과
수 박	색택, 신선도, 숙도, 중결점과, 경결점과
조롱수박	낱개의 고르기, 모양, 신선도, 중결점과, 경결점과
참 외	낱개의 고르기, 색택, 신선도·숙도, 중결점과, 경결점과
멜 론	낱개의 고르기, 색택, 신선도·숙도, 중결점과, 경결점과
피망, 파프리카	낱개의 고르기, 색택, 신선도, 중결점과, 경결점과
양 파	낱개의 고르기, 모양, 색택, 손질, 중결점과, 경결점과
마 늘	낱개의 고르기, 모양, 손질, 열구(난지형), 쪽마늘, 중결점과, 경결점과
무	낱개의 고르기, 모양, 신선도, 잎길이, 중결점, 경결점
결구배추	낱개의 고르기, 색택, 신선도, 다듬기, 중결점, 경결점

구 분	등급규격의 항목
양배추	낱개의 고르기, 결구, 신선도, 다듬기, 중결점, 경결점
당 근	낱개의 고르기, 색택, 모양, 손질, 중결점, 경결점
녹색꽃양배추(브로콜리)	낱개의 고르기, 결구, 신선도, 다듬기, 중결점, 경결점
비 트	낱개의 고르기, 신선도, 손질, 중결점, 경결점

③ 서류, 특작류, 버섯류

구 분	등급규격의 항목
감 자	낱개의 고르기, 손질, 중결점, 경결점
고구마	낱개의 고르기, 손질, 중결점, 경결점
참 깨	모양, 수분, 용적중(g/L), 이종피색립, 이물, 조건(생산 연도가 다른 참깨가 혼입된 경우나, 수확 연도로부터 1년이 경과되면 "특"이 될 수 없음)
피땅콩	모양, 수분, 빈꼬투리, 피해꼬투리, 이물
알땅콩	낱개의 고르기, 모양, 수분, 피해립, 이물
들 깨	모양, 수분, 용적중(g/L), 피해립, 이종곡립, 이종피색립, 이물, 조건(생산 연도가 다른 참깨가 혼입된 경우나, 수확 연도로부터 1년이 경과되면 "특"이 될 수 없음)
수 삼	낱개의 고르기, 모양, 육질, 색택, 손질, 신선도, 중결점, 경결점
느타리버섯	낱개의 고르기, 갓의 모양, 신선도, 이물, 중결점, 경결점
큰느타리버섯(새송이버섯)	낱개의 고르기, 갓의 모양, 갓의 색깔, 신선도, 피해품, 이물
양송이버섯	낱개의 고르기, 갓의 모양, 신선도, 자루길이, 이물, 중결점, 경결점
팽이버섯	갓의 모양, 갓의 크기, 색택, 신선도, 이물, 중결점, 경결점
영지버섯	낱개의 고르기, 갓의 모양, 절편의 넓이, 갓의 두께, 자루길이, 수분, 이물, 중결점, 경결점

④ 곡 류

구 분	등급규격의 항목
찹 쌀	모양, 냄새, 수분, 멥쌀혼입, 싸라기, 피해립, 열손립, 기타 이물
현 미	모양, 용적중(g/L), 정립, 수분, 사미, 피해립, 열손립, 메현미 혼입, 돌, 뉘· 종곡립(15kg 중), 이물
보리쌀	모양, 냄새, 수분, 메보리쌀 혼입, 열손립, 싸라기, 돌(1.5kg 중), 이물
좁 쌀	모양, 냄새, 수분, 피해립, 이물, 메좁쌀 혼입, 이종곡립, 조
율무쌀	모양, 냄새, 수분, 정립, 열손립, 피해립, 피율무(1.5kg 중), 이종곡립, 돌, 이물
콩	모양, 수분, 발아율, 낟알의 굵기, 정립, 피해립, 이종곡립, 이종피색립, 이물
팥	모양, 수분, 정립, 피해립, 이종곡립, 이종피색립, 이물
녹 두	모양, 수분, 정립, 발아율, 피해립, 이종곡립, 이종피색립, 이물
쌀	모양, 냄새, 수분, 피해립, 이종곡립, 메수수쌀혼입, 싸라기, 이물, 돌(1.0kg 중)
찰기장쌀	모양, 냄새, 수분, 피해립, 이종곡립, 메기장쌀 혼입, 싸라기, 기장, 이물
메 밀	모양, 수분, 용적중(g/L), 피해립, 미숙립, 이종곡립, 이물
옥수수(팝콘용)	모양, 수분, 정립, 피해립, 미숙립, 이종곡립, 이물, 돌(500g 중)
옥수수쌀	모양, 냄새, 수분, 정립, 피해립, 파쇄립, 메옥수수쌀, 혼입, 이종곡립, 이물, 돌(500g 중)

⑤ 화훼류

구 분	등급규격의 항목
포인세티아	기본품질, 잎, 개화정도, 착색정도, 볼륨감, 균형미(초폭/초장)
칼랑코에	기본품질, 꽃, 잎, 개화정도, 분지수/꽃대수, 균형미(초폭/초장)
시클라멘	기본품질, 꽃, 잎, 개화정도, 기형화, 균형미(초폭/초장)
거베라	크기의 고르기, 꽃, 줄기, 개화정도, 손질, 중결점, 경결점, 조건(꽃봉오리에 캡을 씌우고 줄기 18cm까지 테이핑한 것은 "특", "상")
국화, 카네이션, 장미, 백합, 글라디올라스, 튜울립, 아이리스, 프리지아, 금어초, 스타티스, 칼라, 리시안시스, 안개꽃, 스토크, 공작초, 알스트로메리아	크기의 고르기, 꽃, 줄기, 개화정도, 손질, 중결점, 경결점

(2) **낱개의 고르기** : 무게・길이・크기 등을 기준으로 각각의 구분표에서 무게・길이・크기가 다른 것이 혼입된 비율로 "특"・"상"・"보통"의 3단계 등급이 결정된다.

① 과실류

구 분	특	상
사 과	무게가 다른 것이 섞이지 않은 것	5% 이하, 1단계 초과할 수 없다.
배	무게가 다른 것이 섞이지 않은 것	5% 이하, 1단계 초과할 수 없다.
복숭아	무게가 다른 것이 섞이지 않은 것	5% 이하, 1단계 초과할 수 없다.
포 도	10% 이하, 1단계 초과할 수 없다.	30% 이하, 1단계 초과할 수 없다.
감 귤	5% 이하, 1단계 초과할 수 없다.	10% 이하, 1단계 초과할 수 없다.
금 감	5% 이하, 1단계 초과할 수 없다.	10% 이하, 1단계 초과할 수 없다.
매 실	5% 이하	10% 이하
단 감	5% 이하, 1단계 초과할 수 없다.	10% 이하, 1단계 초과할 수 없다.
자 두	5% 이하, 1단계 초과할 수 없다.	10% 이하, 1단계 초과할 수 없다.
참다래	5% 이하, 1단계 초과할 수 없다.	10% 이하, 1단계 초과할 수 없다.
블루베리	20% 이하, 1단계 초과할 수 없다.	30% 이하, 1단계 초과할 수 없다.

② 채소류

구 분	특	상
마른고추	평균길이 ±1.5cm 초과 10% 이하	평균길이 ±1.5cm 초과 20% 이하
고 추	평균길이 ±2.0cm 초과 10% 이하(꽈리고추 : 20% 이하)	평균길이 ±2.0cm 초과 20% 이하(꽈리고추 : 50% 이하)
오 이	평균길이 ±2.0cm(다다기계 ±1.5cm) 초과 10% 이하	평균길이 ±2.0cm(다다기계 ±1.5cm) 초과 20% 이하
호 박	쥬키니 : 평균길이 ±2.5cm 초과 10% 이하	쥬키니 : 평균길이 ±2.5cm 초과 20% 이하
	애호박 : 평균길이 ±2.0cm 초과 10% 이하	애호박 : 평균길이 ±2.0cm 초과 20% 이하
	풋호박 : 평균무게 ±50g 초과 10% 이하	풋호박 : 평균무게 ±50g 초과 20% 이하
단호박, 미니단호박	무게가 다른 것이 섞이지 않은 것	무게가 다른 것이 섞이지 않은 것
가 지	평균길이 ±2.5cm 초과 10% 이하	평균길이 ±2.5cm 초과 20% 이하
토마토	5% 이하, 1단계 초과할 수 없다.	10% 이하, 1단계 초과할 수 없다.
방울토마토	10% 이하, 1단계 초과할 수 없다.	20% 이하, 1단계 초과할 수 없다.
참 외	3% 이하, 1단계 초과할 수 없다.	5% 이하, 1단계 초과할 수 없다.

구 분	특	상
딸 기	10% 이하	20% 이하
조롱수박	무게가 다른 것이 없는 것	무게가 다른 것이 없는 것
멜 론	무게가 다른 것이 섞이지 않은 것	무게가 다른 것이 섞이지 않은 것
피망, 파프리카	5% 이하	10% 이하
양 파	10% 이하	20% 이하
마 늘	10% 이하, 1단계 초과할 수 없다.	20% 이하, 1단계 초과할 수 없다.
무	10% 이하	20% 이하
결구배추	무게가 다른 것이 섞이지 않은 것	무게가 다른 것이 섞이지 않은 것
양배추	무게가 다른 것이 섞이지 않은 것	무게가 다른 것이 섞이지 않은 것
당 근	10% 이하	20% 이하
녹색꽃양배추(브로콜리)	무게가 다른 것이 섞이지 않은 것	무게가 다른 것이 섞이지 않은 것
비 트	무게가 다른 것이 10% 이하인 것. 단, 1단계를 초과할 수 없음	무게가 다른 것이 20% 이하인 것. 단, 1단계를 초과할 수 없음

③ 서류, 특작류, 버섯류

구 분	특	상
감 자	10% 이하	20% 이하
고구마	10% 이하	20% 이하
알땅콩	"L"인 것 95% 이상인 것	"L", "M"인 것 90% 이상
수 삼	10% 이하, 1단계 초과할 수 없다.	15% 이하
느타리버섯	20% 이하	40% 이하
큰느타리버섯 (새송이버섯)	10% 이하, 1단계 초과할 수 없다.	20% 이하, 1단계 초과할 수 없다.
양송이버섯	5% 이하, 1단계 초과할 수 없다.	10% 이하, 1단계 초과할 수 없다.
영지버섯	원형 : 크기가 다른 것이 섞이지 않은 것	원형 : 크기가 다른 것이 섞이지 않은 것
	절편 : 9.0cm 이상이 40% 이상, 5.0cm 이하가 10% 이하	절편 : 7.0cm 이상이 40% 이상, 5.0cm 이하가 10% 이하

④ 화훼류

구 분	특	상
국화, 카네이션, 장미, 백합, 글라디올라스, 튤울립, 아이리스, 프리지아, 금어초, 스타티스, 칼라, 리시안시스, 안개꽃, 스토크, 공작초, 알스트로메리아, 거베라	크기가 다른 것이 없는 것	크기가 다른 것이 5% 이하인 것

(3) 다듬기, 손질

양파, 결구배추, 감자, 고구마와 같이 흙 등의 이물질을 제거하거나 마늘과 같이 줄기를 절단해야 하는 품목, 절화류와 같이 마른잎이나 이물질을 제거해야 하는 품목에 적용되며 "특"·"상"·"보통"의 3단계 등급이 결정된다.

구 분	품 목	"특"의 등급기준
다듬기	녹색꽃양배추(브로콜리)	화구 줄기 7cm 이하에 나머지 부위는 깨끗하게 다듬은 것
	양배추	겉잎과 오염된 잎을 제거하고 뿌리를 깨끗이 자른 것
	결구배추	겉잎과 오염된 잎을 제거하고 뿌리를 깨끗이 자른 것
	비 트	흙, 줄기 등 이물질 제거 정도가 뛰어나고 표면이 적당히 건조된 것
손 질	당 근	잎은 1.0cm 이하로 자르고 흙과 수염뿌리를 제거한 것
	감 자	흙 등 이물질 제거 정도가 뛰어나고 표면이 적당하게 건조된 것
	고구마	흙, 줄기 등 이물질 제거 정도가 뛰어나고 표면이 적당하게 건조된 것
	양 파	흙 등 이물이 잘 제거된 것
	마 늘	• 통마늘의 줄기는 마늘통으로부터 2.0cm 이내로 절단한 것 • 풋마늘의 줄기는 마늘통으로부터 5.0cm 이내로 절단한 것
	수 삼	• 수삼 : 흙 등 이물질이 적당히 제거된 것 • 세척수삼 : 흙 등 이물질이 완전히 제거된 것
	거베라	이물질이 깨끗이 제거된 것
	국화, 카네이션, 장미, 백합, 글라디올러스, 튜울립, 아이리스, 프리지아, 금어초, 스타티스, 칼라, 리시안사스, 안개꽃, 스토크, 공작초, 알스트로메리아	마른 잎이나 이물질이 깨끗이 제거된 것

(4) 길이, 두께, 넓이 등

갓의 크기는 갓의 가장 넓은 직경, 갓의 두께는 정상적인 버섯 10개의 평균 두께, 절편의 넓이는 가장 넓은 곳의 크기, 자루길이는 자루 절단부위까지의 길이를 말하며 "특"·"상"·"보통"의 3단계 등급이 결정된다.

품 목	"특"의 등급기준	
팽이버섯	갓의 크기	갓의 최대 지름이 1.0cm 이상인 것이 5개 이내(150g 기준)
영지버섯	갓의 두께	1.0cm 이상인 것
	절편의 넓이	2~8mm인 것
	자루길이	2.0cm 이하인 것
양송이버섯	자루길이	1.0cm 이하로 절단된 것
고추(꽈리고추)	길 이	꽈리고추 특에만 적용 : 4.0cm~7.0cm인 것이 80% 이상
무	잎길이	저장 무는 3.0cm 이하(김장용 제외)

(5) 숙 도

숙도는 과육의 성숙정도를 말하며 "특"·"상"·"보통"의 3단계 등급이 결정된다.

품 목	"특"의 등급기준
단 감	숙도가 양호하고 균일한 것
매 실	과육의 숙도가 적당하고 손으로 만져 단단한 것
방울토마토	과육의 성숙정도가 적당하고 균일한 것
수 박	과육은 성숙에 따른 품종 고유의 색깔이 뚜렷하고 성숙 정도가 적당한 것
참외(신선도·숙도)	과육의 성숙정도가 적당하며 과피에 갈변현상이 없고 신선도가 뛰어난 것
멜론(신선도·숙도)	꼭지가 시들지 아니하고 과육의 성숙도가 적당한 것

(6) 색택, 색깔

품종 고유의 색택으로 낱개에 대한 색택면적의 비율을 기준으로 "특"·"상"·"보통"의 3단계 등급이 결정된다. 색택은 소비자에게 가장 강하게 느껴지는 품위 결정 요인의 하나로서 색택에 따른 품위를 결정할 때 영향을 주게 된다.

① 과실류

구 분	특	상
사 과	"특" 이외의 것이 섞이지 않은 것	"상"에 미달하는 것이 없는 것
배	품종 고유의 색택이 뛰어난 것	양호한 것
복숭아	품종 고유의 색택이 뛰어난 것	양호한 것
감 귤	"특" 이외의 것이 섞이지 않은 것	"상"에 미달하는 것이 없는 것
금 감	"특" 에 미달하는 것이 1% 이하	"상"에 미달하는 것이 3% 이하
단 감	착색비율이 80% 이상인 것	착색비율이 60% 이상인 것
자 두	착색비율이 40% 이상인 것	착색비율이 20% 이상인 것
참다래	품종 고유의 색택이 뛰어난 것	양호한 것
포 도	품종 고유의 색택 갖추고, 과분의 부착 양호	품종 고유의 색택 갖추고, 과분의 부착 양호
블루베리	품종 고유의 색택 갖추고, 과분의 부착 양호	품종 고유의 색택 갖추고, 과분의 부착 양호

② 채소류

구 분	특	상
마른고추	품종 고유 색택으로 선홍색 또는 진홍색으로 광택 뛰어난 것	양호한 것
고 추	풋고추, 꽈리고추 : 짙은 녹색 균일하고 윤기 뛰어난 것	풋고추, 꽈리고추 : 짙은 녹색 균일하고 윤기 있는 것
	홍고추(물고추) : 품종 고유 색깔 선명하고 윤기 뛰어난 것	홍고추(물고추) : 품종 고유 색깔 선명하고 윤기 있는 것
오 이	품종 고유의 색택이 뛰어난 것	양호한 것
호 박	품종 고유의 색깔로 광택 뛰어난 것	품종 고유의 색깔로 광택 뛰어난 것
단호박, 미니단호박	모양·색택 : 품종 고유 모양과 색택이 뛰어난 것	양호한 것
가 지	품종 고유 흑자색으로 광택이 뛰어난 것	양호한 것
토마토	출하시기별로 착색기준표의 착색기준에 맞고 착색 상태가 균일한 것	
방울토마토	품종 고유 색택으로 착색 정도가 뛰어나며 균일한 것	양호하며 균일한 것
송이토마토	70% 이상인 것	70% 이상인 것

구 분	특	상
참 외	90% 이상인 것	80% 이상인 것
딸 기	품종 고유의 색택이 뛰어난 것	양호한 것
수 박	과피는 품종 고유 색깔 선명하고 윤기가 뛰어난 것	양호한 것
멜 론	품종 고유 모양과 색택이 뛰어나며 네트계 멜론은 그물 모양이 뚜렷하고 균일한 것	양호한 것
피망, 파프리카	품종 고유의 색택이 선명하고 윤기가 뛰어난 것	양호한 것
양 파	품종 고유의 선명한 색택으로 윤기가 뛰어난 것	양호한 것
당 근	품종 고유의 색택이 뛰어난 것	양호한 것
결구배추	양손으로 만져 단단한 정도가 뛰어난 것	양호한 것

③ 서류, 특작류, 버섯류

구 분	특	상
수 삼	표피 색이 연한 황색 또는 황백색인 것	표피 색이 연한 황색 또는 황백색인 것
큰느타리버섯 (새송이버섯)	갓의 색깔 : 품종 고유의 색깔을 갖춘 것	갓의 색깔 : 품종 고유의 색깔을 갖춘 것
팽이버섯	품종 고유의 색택이 뛰어난 것	양호한 것

(7) 모양, 형태

품종 고유의 모양이나 형태를 기준으로 "특"·"상"·"보통"의 3단계 등급이 결정된다.

① 과실류

구 분	특	상
포 도	낱알의 형태 : 낱알 간 숙도와 크기의 고르기가 뛰어난 것	양호한 것
블루베리	낱알의 형태 : 낱알 간 숙도의 고르기가 뛰어난 것	양호한 것

② 채소류

구 분	특	상
오 이	품종 고유의 모양을 갖춘 것으로 처음과 끝의 굵기가 일정하며 구부러진 정도가 다다기·취청계 1.5cm 이내, 가시계 2.0cm 이내	품종 고유의 모양을 갖춘 것으로 처음과 끝의 굵기가 대체로 일정하며 구부러진 정도가 다다기·취청계 3.0cm 이내, 가시계 4.0cm 이내
호 박	쥬키니 : 처음과 끝의 굵기가 거의 비슷하며 구부러진 정도가 2.0cm 이내	쥬키니 : 처음과 끝의 굵기가 거의 비슷하며 구부러진 정도가 4.0cm 이내
	애호박 : 처음과 끝의 굵기가 거의 비슷하며 구부러진 것이 없는 것	애호박 : 처음과 끝의 굵기가 대체로 비슷하며 구부러진 정도가 2.0cm 이상이 20% 이내
	풋호박 : 구형 또는 난형으로 모양이 균일한 것	풋호박 : 모양이 대체로 균일한 것
단호박, 미니단호박	품종 고유 모양과 색택이 뛰어난 것	양호한 것
가 지	처음과 끝의 굵기가 거의 비슷하며 구부러진 정도가 2.0cm 이내	처음과 끝의 굵기가 거의 비슷하며 구부러진 정도가 4.0cm 이내
조롱수박	품종 고유의 모양으로 윤기가 뛰어난 것	양호한 것
양 파	품종 고유의 모양인 것	품종 고유의 모양인 것
마 늘	품종 고유 모양이 뛰어나며 각 마늘쪽이 충실하고 고른 것	품종 고유 모양 갖추고 각 마늘쪽이 대체로 충실하고 고른 것

구 분	특	상
무	껍질이 매끄러우며 잔뿌리가 적은 것	껍질이 매끄러우며 잔뿌리가 적은 것
당 근	표면이 매끈하고 꼬리부위의 비대가 양호한 것	표면이 매끈하고 꼬리부위의 비대가 양호한 것
송이토마토	송이당 4개 이상의 낱알이 달린 것	송이당 4개 이상의 낱알이 달린 것

③ 서류, 특작류, 버섯류

구 분	특	상
참 깨	품종 고유 모양과 색택을 갖춘 것으로 껍질이 얇고 충실하며 고르고 윤기가 있는 것	
피땅콩	품종 고유의 모양과 색택으로 크기가 균일하고 충실한 것	
알땅콩	낟알 모양과 크기 균일하고 충실하며 껍질 벗겨진 것이 5.0% 이하인 것	10.0% 이하인 것
들 깨	낟알의 모양과 크기가 균일하고 충실한 것	
수삼	수삼 고유 형태인 머리, 몸통, 다리의 모양을 갖춘 것	
느타리버섯	갓의 모양 : 품종 고유 형태와 색깔로 윤기가 있는 것	
큰느타리버섯 (새송이버섯)	갓의 모양 : 갓은 우산형으로 개열되지 않고 자루는 굵고 곧은 것	갓은 우산형으로 개열이 심하지 않으며 자루가 대체로 굵고 곧은 것
양송이버섯	갓의 모양 : 버섯 갓과 자루 사이의 피막이 떨어지지 아니하고 육질이 두껍고 단단하며 색택이 뛰어난 것	버섯 갓과 자루 사이 피막이 떨어지지 아니하고 육질이 두껍고 단단하며 색택이 양호한 것
팽이버섯	갓의 모양 : 갓이 펴지지 않은 것	
영지버섯	갓의 모양 : 품종 고유 모양과 색택을 갖추고 조직이 단단한 것	

(8) 신선도

품종의 신선도를 기준으로 "특"·"상"·"보통"의 3단계 등급이 결정된다.

① 과실류

구 분	특	상
사 과	윤기 나고 껍질의 수축현상이 나타나지 않은 것	껍질의 수축현상이 나타나지 않은 것
배	껍질의 수축현상이 나타나지 않은 것	껍질의 수축현상이 나타나지 않은 것

② 채소류

구 분	특	상
고 추	꼭지가 시들지 않고 신선하며, 탄력이 뛰어난 것	양호한 것
오 이	꼭지와 표피가 메마르지 않고 싱싱한 것	
호 박	꼭지와 표피가 메마르지 않고 싱싱한 것	
가 지	표면에 주름이 없고 싱싱하며, 탄력이 있는 것	
토마토	꼭지가 시들지 않고 껍질의 탄력이 뛰어난 것	양호한 것
방울토마토	과피의 탄력이 뛰어난 것	양호한 것
송이토마토	꼭지가 시들지 않고 탄력이 뛰어난 것	양호한 것
참 외	신선도·숙도 : 과육 성숙 정도가 적당하며 과피에 갈변현상이 없고 신선도가 뛰어난 것	과육 성숙 정도가 적당하며 과피에 갈변현상이 경미하고 신선도가 양호한 것
딸 기	꼭지가 시들지 않고 표면에 윤기가 있는 것	
수 박	꼭지 절단부분의 마른 정도가 양호하고 과피가 단단하고 신선한 것(꼭지는 짧게 절단하는 것을 권장)	
조롱수박	꼭지가 마르지 않고 싱싱한 것	
멜 론	신선도·숙도 : 꼭지가 시들지 아니하고 과육의 성숙도가 적당한 것	
피망, 파프리카	꼭지가 시들지 아니하고 탄력이 뛰어난 것	양호한 것

구 분	특	상
무	뿌리가 시들지 아니하고 싱싱하며 청결한 것	
결구배추	잎이 시들지 아니하고 싱싱하며 청결한 것	
양배추	잎이 시들지 아니하고 싱싱하며 청결한 것	
녹색꽃양배추 (브로콜리)	화구가 황화되지 아니하고 싱싱하며 청결한 것	
비 트	손으로 만져 단단한 정도가 뛰어난 것	손으로 만져 단단한 정도가 적당한 것

③ 서류, 특작류, 버섯류

구 분	특	상
수 삼	수확 당시 수준의 신선도를 유지하고 있는 것	
느타리버섯	신선하고 탄력이 있는 것으로 갈변현상이 없고 고유의 향기가 뛰어난 것	
큰느타리버섯 (새송이버섯)	육질이 부드럽고 단단하며 탄력이 있는 것으로 고유의 향기가 뛰어난 것	양호한 것
양송이버섯	버섯 갓이 펴지지 않고 탄력이 있는 것	
팽이버섯	육질의 탄력이 있으며 고유의 향기가 있는 것	

(9) 이 물

이물은 해당 품목 외의 것을 말하며, 혼입 정도에 따라 "특"·"상"·"보통"의 3단계 등급이 결정된다.

구 분	특	상	보 통
마른고추	0.5% 이하인 것	1.0% 이하인 것	2.0% 이하인 것
참 깨	1.0% 이하인 것	2.0% 이하인 것	5.0% 이하인 것
피땅콩	0.5% 이하인 것	1.0% 이하인 것	2.0% 이하인 것
알땅콩	0.1% 이하인 것	0.5% 이하인 것	1.0% 이하인 것
들 깨	0.5% 이하인 것	1.0% 이하인 것	2.0% 이하인 것
느타리버섯	없는 것	없는 것	없는 것
큰느타리버섯(새송이버섯)	없는 것	없는 것	없는 것
양송이버섯	없는 것	없는 것	없는 것
팽이버섯	없는 것	없는 것	없는 것
영지버섯	없는 것	없는 것	없는 것

(10) 수 분

건조 정도에 따라 "특"·"상"·"보통"의 3단계 등급이 결정된다.

품 목	"특"의 등급기준
알땅콩	9.0% 이하
참깨, 피땅콩, 들깨	10.0% 이하
영지버섯	13.0% 이하
마른고추	15.0% 이하

(11) 이종피색립

이종피색립은 해당 품목과 껍질의 색깔이 다른 것을 말하며 혼입 정도에 따라 "특"·"상"·"보통"의 3단계 등급이 결정된다.

구 분	특	상	보 통
참 깨	1.0% 이하인 것	2.0% 이하인 것	5.0% 이하인 것
들 깨	2.0% 이하인 것	5.0% 이하인 것	10.0% 이하인 것

(12) 결 구

구 분	특	상
양배추	양손으로 만져 단단한 정도가 뛰어난 것	양호한 것
녹색꽃양배추(브로콜리)	양손으로 만져 단단한 정도가 뛰어난 것	양호한 것

(13) 용적중(g/L)

시료 1L의 무게로 표시하며 "1L용적중 측정 곡립계"로 측정함을 원칙으로 하며 브라웰곡립계 등에 의한 측정을 보조방법으로 할 수 있다.

구 분	특	상	보 통
참 깨	600 이상인 것	580 이상인 것	550 이상인 것
들 깨	500 이상인 것	470 이상인 것	440 이상인 것

(14) 꽃

구 분	특	상
국화, 카네이션, 장미, 튤립, 글라디올러스, 거베라, 아이리스, 프리지아, 금어초, 스타티스, 칼라, 리시안사스, 안개꽃, 스토크, 공작초, 알스트로메리아	품종 고유의 모양으로 색택이 선명하고 뛰어난 것	양호한 것
백 합	품종 고유 모양으로 색택이 선명하고 뛰어나며 크기가 균일한 것	품종 고유 모양으로 색택이 선명하고 양호한 것
칼랑코에, 시클라멘	품종 고유 색상으로 화색이 선명한 것	품종 고유 색상으로 화색이 조금 떨어지는 것

(15) 줄 기

구 분	특	상
국 화	세력이 강하고, 휘지 않으며, 굵기가 일정한 것	
카네이션, 백합, 글라디올러스, 튤립, 거베라, 아이리스, 프리지아, 금어초, 스타티스, 칼라, 스토크, 리시안사스, 안개꽃, 공작초, 알스트로메리아, 장미	세력이 강하고, 휘지 않으며, 굵기가 일정한 것	세력이 강하고, 휘어진 정도가 약하며 굵기가 비교적 일정한 것

(16) 개화정도

구 분		특	상
국 화	스탠다드	꽃봉오리 1/2 정도 개화	2/3 정도 개화
	스프레이	꽃봉오리가 3~4개 정도 개화, 전체적 조화	5~6개 정도 개화, 전체적 조화
카네이션	스탠다드	꽃봉오리 1/4 정도 개화	1/2 정도 개화
	스프레이	꽃봉오리가 1~2개 정도 개화, 전체적 조화	3~4개 정도 개화, 전체적 조화
장 미	스탠다드	꽃봉오리 1/5 정도 개화	2/5 정도 개화
	스프레이	꽃봉오리가 1~2개 정도 개화	3~4개 정도 개화
백 합		꽃봉오리 상태에서 화색 보이고 균일	1/3 정도 개화
글라디올러스		꽃봉오리 2~3개의 화색이 보이는 것	3~4개의 화색이 보이는 것
튤 립		꽃봉오리 상태에서 화색이 보이는 것	1/3 정도 개화
거베라		4/5 정도 개화	완전히 개화된 것
아이리스		꽃봉오리가 1/3 정도 올라온 것	1/2 정도 올라온 것
프리지아		꽃봉오리 아래 부분의 소화가 화색이 보이는 것	소화가 1~2개 개화된 것
금어초		전체 소화 중 1/3 정도 개화된 것	전체 소화 중 1/2 정도 개화된 것
스타티스		전체 소화 중 2/3 정도 개화된 것	전체 소화 중 2/3 정도 개화된 것
칼 라	백 색	꽃봉오리 1/3 정도 개화	2/3 정도 개화
	유 색	꽃봉오리 2/3 정도 개화	완전히 개화된 것
리시안사스		각 측지의 1번화가 1/2 정도 개화된 것	각 측지의 1번화가 완전히 개화된 것
안개꽃		전체 소화 중 2/3 정도 개화된 것	전체 소화 중 2/3 정도 개화된 것
스토크		전체 소화 중 1/3 정도 개화된 것	전체 소화 중 2/3 정도 개화된 것
공작초		전체 꽃봉오리 중 1/3 정도 개화된 것	전체 꽃봉오리 중 2/3 정도 개화된 것
알스트로메리아	하계(5~10월)	꽃봉오리 중 가장 빠른 것의 개화가 1/3 정도인 것	
	동계(11~4월)	꽃봉오리 중 가장 빠른 것의 개화가 2/3 정도인 것	
포인세티아		꽃가루가 터지지 않은 상태의 것	꽃가루가 조금 터진 상태의 것
칼랑코에		꽃대가 균일하게 올라오고 30~50% 개화된 것	꽃대가 균일하게 올라오는 정도는 약간 다르며 50~80% 개화 또는 30% 미만으로 개화된 것
시클라멘		꽃대가 균일하게 올라오고 8개 이상 개화된 것 (전체 10~13개)	꽃대가 균일하게 올라오는 정도는 약간 다르며 4~6개 개화된 것(전체 6~8개)

(17) 기본품질, 잎, 균형미(초폭/초장)

① 기본품질

구 분	특	상
포인세티아	잎이 풍성하며 화분의 흙이 보이지 않고 병충해 및 상처가 없고 신선한 것	잎이 풍성하지 않고 화분의 흙이 약간 보이며 병충해 흔적 등 상처가 경미하게 있는 것
칼랑코에, 시클라멘	잎이 풍성하며 화분의 흙이 보이지 않고 병충해 및 상처가 없는 것	잎이 풍성하지 않고 화분의 흙이 약간 보이며 병충해 흔적 등 상처가 경미하게 있는 것

② 잎

구 분	특	상
포인세티아	잎의 색상이 선명한 것	잎의 색상의 선명도가 조금 떨어지는 것
칼랑코에, 시클라멘	잎의 색상, 무늬가 선명하고 윤기가 있는 것	잎의 색상, 무늬 선명도 및 윤기가 조금 떨어지는 것

③ 균형미(초폭/초장)

구 분	특	상
포인세티아, 시클라멘	1.6±0.2, 치우침 없음	1.6±0.2 초과, 치우침 없음
칼랑코에	1.5±0.2, 치우침 없음	1.5±0.2 초과, 치우침 없음

(18) 기타항목

① 과실류

항 목	품 목	등급기준
과 피	감 귤	특, 상 : 품종 고유의 과피로서 수축현상이 나타나지 않는 것
껍질뜬 것(부피과)	감 귤	특 : 없음(0) / 상 : 가벼움(1) / 보통 : 중간정도(2)
향 미	참다래	특 : 품종 고유 향미가 뛰어난 것 / 상 : 양호한 것
털	참다래	특 : 털의 탈락이 없는 것 / 상 : 경미한 것 / 보통 : 심하지 않은 것

② 채소류

항 목	품 목	등급기준
탈락씨	마른고추	특 : 0.5% 이하 / 상 : 1.0% 이하 / 보통 : 2.0% 이하
꽃자리 흔적	토마토	특 : 거의 눈에 띄지 않은 것 / 상 : 두드러지지 않은 것
열구(난지형)	마 늘	특 : 20% 이하 / 상 : 30% 이하 / 보통 : 특, 상에 미달하는 것
쪽마늘	마 늘	특 : 4% 이하 / 상 : 10% 이하 / 보통 : 15% 이하

③ 특작류, 버섯류

항 목	품 목	등급기준
빈꼬투리	피땅콩	특 : 3.0% 이하 / 상 : 5.0% 이하 / 보통 : 10.0% 이하
피해꼬투리	피땅콩	특 : 3.0% 이하 / 상 : 5.0% 이하 / 보통 : 10.0% 이하
피해립	알땅콩	특 : 3.0% 이하 / 상 : 5.0% 이하 / 보통 : 10.0% 이하
	들 깨	특 : 0.5% 이하 / 상 : 1.0% 이하 / 보통 : 2.0% 이하
이종곡립	들 깨	특 : 0.0% 이하 / 상 : 0.3% 이하 / 보통 : 0.5% 이하
육 질	수 삼	특, 상 : 조직이 치밀하고 탄력이 있는 것
피해품	큰느타리버섯(새송이버섯)	특 : 5% 이하 / 상 : 10% 이하 / 보통 : 20% 이하

④ 화훼류

항 목	품 목	등급기준
볼륨감	포인세티아	특 : 잎의 수가 일정수준 이상으로 30장 내외인 것 상 : 잎의 수가 일정수준 이상으로 25장 내외인 것
분지수/꽃대수	칼랑코에	특 : 7개/15대 이상 / 상 : 5~7개/10~15대
기형화	시클라멘	특 : 전체 꽃의 15% 이하 / 상 : 전체 꽃의 15~30% 이하
착색정도	포인세티아	특 : 포엽과 착색엽이 완전히 착색된 것 상 : 포엽과 착색엽이 완전히 착색되지 않는 것

2. 등급항목

(1) 사 과

① 적용 범위 : 본 규격은 국내에서 생산되어 신선한 상태로 유통되는 사과에 적용하며, 가공용 또는 수출용에는 적용하지 않는다.

② 등급규격

항목 \ 등급	특	상	보통
낱개의 고르기	별도로 정하는 크기 구분표에서 무게가 다른 것이 섞이지 않은 것	별도로 정하는 크기 구분표에서 무게가 다른 것이 5% 이하인 것. 단, 크기 구분표의 해당 무게에서 1단계를 초과할 수 없다.	특·상에 미달하는 것
색 택	별도로 정하는 품종별·등급별 착색비율표에서 정하는 "특" 이외의 것이 섞이지 않은 것. 단, 쓰가루(비착색계)는 적용하지 않음	별도로 정하는 품종별·등급별 착색비율표에서 정하는 "상"에 미달하는 것이 없는 것. 단, 쓰가루(비착색계)는 적용하지 않음	별도로 정하는 품종별·등급별 착색비율표에서 정하는 "보통"에 미달하는 것이 없는 것
신선도	윤기가 나고 껍질의 수축현상이 나타나지 않은 것	껍질의 수축현상이 나타나지 않은 것	특·상에 미달하는 것
중결점과	없는 것	없는 것	5% 이하인 것(부패·변질과는 포함할 수 없음)
경결점과	없는 것	10% 이하인 것	20% 이하인 것

[사과의 크기 구분]

구분 \ 호칭	3L	2L	L	M	S	2S
g/개	375 이상	300 이상 ~375 미만	250 이상 ~300 미만	214 이상 ~250 미만	188 이상 ~214 미만	167 이상 ~188 미만

[사과의 품종별·등급별 착색비율]

품종 \ 등급	특	상	보통
홍옥, 홍로, 화홍, 양광 및 이와 유사한 품종	70% 이상	50% 이상	30% 이상
후지, 조나골드, 세계일, 추광, 서광, 선홍, 새나라 및 이와 유사한 품종	60% 이상	40% 이상	20% 이상
쓰가루(착색계) 및 이와 유사한 품종	20% 이상	10% 이상	-

③ 용어의 정의

㉠ 착색비율은 낱개별로 전체 면적에 대한 품종 고유의 색깔이 착색된 면적의 비율을 말한다.

㉡ 중결점과는 다음의 것을 말한다.

- 이품종과 : 품종이 다른 것
- 부패·변질과 : 과육이 부패 또는 변질된 것(과숙에 의해 육질이 변질된 것을 포함한다)
- 미숙과 : 당도, 경도, 착색으로 보아 성숙이 현저하게 덜된 것(성숙 이전에 인공 착색한 것을 포함한다)
- 병충해과 : 탄저병, 검은별무늬병(흑성병), 겹무늬썩음병, 복숭아심식나방 등 병해충의 피해가 과육까지 미친 것
- 생리장해과 : 고두병, 과피 반점이 과실표면에 있는 것

• 내부갈변과 : 갈변증상이 과육까지 미친 것
• 상해과 : 열상, 자상 또는 압상이 있는 것. 다만 경미한 것은 제외한다.
• 모양 : 모양이 심히 불량한 것
• 기타 : 경결점과에 속하는 사항으로 그 피해가 현저한 것

ⓒ 경결점과는 다음의 것을 말한다.
• 품종 고유의 모양이 아닌 것
• 경미한 녹, 일소, 약해, 생리장해 등으로 외관이 떨어지는 것
• 병해충의 피해가 과피에 그친 것
• 경미한 찰상 등 중결점과에 속하지 않는 상처가 있는 것
• 꼭지가 빠진 것
• 기타 결점의 정도가 경미한 것

(2) 배

① 적용 범위 : 본 규격은 국내에서 생산되어 신선한 상태로 유통되는 배에 적용하며, 가공용 또는 수출용에는 적용하지 않는다.

② 등급규격

항목 \ 등급	특	상	보통
낱개의 고르기	별도로 정하는 크기 구분표에서 무게가 다른 것이 섞이지 않은 것	별도로 정하는 크기 구분표에서 무게가 다른 것이 5% 이하인 것. 단, 크기 구분표의 해당 무게에서 1단계를 초과할 수 없다.	특·상에 미달하는 것
색 택	품종 고유의 색택이 뛰어난 것	품종 고유의 색택이 양호한 것	특·상에 미달하는 것
신선도	껍질의 수축현상이 나타나지 않은 것	껍질의 수축현상이 나타나지 않은 것	특·상에 미달하는 것
중결점과	없는 것	없는 것	5% 이하인 것(부패·변질과는 포함할 수 없음)
경결점과	없는 것	10% 이하인 것	20% 이하인 것

[배의 크기 구분]

구분 \ 호칭	3L	2L	L	M	S	2S
g/개	750 이상	600 이상 ~750 미만	500 이상 ~600 미만	430 이상 ~500 미만	375 이상 ~430 미만	333 이상 ~375 미만

③ 용어의 정의

㉠ 중결점과는 다음의 것을 말한다.

- 이품종과 : 품종이 다른 것
- 부패·변질과 : 과육이 부패 또는 변질된 것
- 미숙과 : 당도, 경도 및 색택으로 보아 성숙이 현저하게 덜된 것(성숙 이전에 인공 착색한 것을 포함한다)
- 과숙과 : 경도, 색택으로 보아 성숙이 지나치게 된 것
- 병해충과 : 붉은별무늬병(적성병), 검은별무늬병(흑성병), 겹무늬병, 심식충류, 매미충류 등 병해충의 피해가 과육까지 미친 것
- 상해과 : 열상, 자상 또는 압상이 있는 것. 다만 경미한 것은 제외한다.
- 모양 : 모양이 심히 불량한 것
- 기타 : 경결점과에 속하는 사항으로 그 피해가 현저한 것

㉡ 경결점과는 다음의 것을 말한다.

- 품종 고유의 모양이 아닌 것
- 경미한 과피흑점, 얼룩, 녹, 일소 등으로 외관이 떨어지는 것
- 병해충의 피해가 과피에 그친 것
- 경미한 찰상 등 중결점과에 속하지 않는 상처가 있는 것
- 꼭지가 빠진 것
- 기타 결점의 정도가 경미한 것

(3) 복숭아

① 적용 범위 : 본 규격은 국내에서 생산되어 신선한 상태로 유통되는 복숭아에 적용하며, 가공용 또는 수출용에는 적용하지 않는다.

② 등급규격

항목 \ 등급	특	상	보통
낱개의 고르기	별도로 정하는 크기 구분표에서 무게가 다른 것이 섞이지 않은 것	별도로 정하는 크기 구분표에서 무게가 다른 것이 5% 이하인 것. 단, 크기 구분표의 해당 크기에서 1단계를 초과할 수 없다.	특·상에 미달하는 것
색 택	품종 고유의 색택이 뛰어난 것	품종 고유의 색택이 양호한 것	특·상에 미달하는 것
중결점과	없는 것	없는 것	5% 이하인 것(부패·변질과는 포함할 수 없음)
경결점과	없는 것	5% 이하인 것	20% 이하인 것

[복숭아의 크기 구분]

품종 \ 호칭		2L	L	M	S
1개의 무게(g)	유명, 장호원황도, 천중백도, 서미골드 및 이와 유사한 품종	375 이상	300 이상 ~375 미만	250 이상 ~300 미만	210 이상 ~250 미만
	백도, 천홍, 사자, 창방, 대구보, 진미. 미백 및 이와 유사한 품종	250 이상	215 이상 ~250 미만	188 이상 ~215 미만	150 이상 ~188 미만
	포목조생, 선광, 수봉 및 이와 유사한 품종	210 이상	180 이상 ~210 미만	150 이상 ~180 미만	120 이상 ~150 미만
	백미조생, 찌요마루, 선프레, 암킹 및 이와 유사한 품종	180 이상	150 이상 ~180 미만	125 이상 ~150 미만	100 이상 ~125 미만

③ 용어의 정의

㉠ 중결점과는 다음의 것을 말한다.

- 이품종과 : 품종이 다른 것
- 부패·변질과 : 과육이 부패 또는 변질된 것
- 미숙과 : 당도, 경도 및 색택으로 보아 성숙이 현저하게 덜된 것
- 과숙과 : 경도, 색택으로 보아 성숙이 지나치게 된 것
- 병충해과 : 복숭아탄저병, 세균성구멍병(천공병), 검은점무늬병(흑점병), 복숭아명나방, 복숭아심식나방 등 병해충의 피해가 과육까지 미친 것
- 상해과 : 열상, 자상 또는 압상이 있는 것. 다만 경미한 것은 제외한다.
- 모양 : 모양이 심히 불량한 것, 외관상 씨 쪼개짐이 두드러진 것
- 기타 : 경결점과에 속하는 사항으로 그 피해가 현저한 것

㉡ 경결점과는 다음의 것을 말한다.

- 품종 고유의 모양이 아닌 것
- 외관상 씨 쪼개짐이 경미한 것
- 병해충의 피해가 과피에 그친 것
- 경미한 일소, 약해, 찰상 등으로 외관이 떨어지는 것
- 기타 결점의 정도가 경미한 것

(4) 포 도

① 적용 범위 : 본 규격은 국내에서 생산되어 신선한 상태로 유통되는 포도에 적용하며, 가공용 또는 수출용에는 적용하지 않는다.

② 등급규격

항목 \ 등급	특	상	보통
낱개의 고르기	별도로 정하는 크기 구분표에서 무게가 다른 것이 10% 이하인 것. 단, 크기 구분표의 해당 무게에서 1단계를 초과할 수 없다.	별도로 정하는 크기 구분표에서 무게가 다른 것이 30% 이하인 것. 단, 크기 구분표의 해당 무게에서 1단계를 초과할 수 없다.	특·상에 미달하는 것
색 택	품종 고유의 색택을 갖추고, 과분의 부착이 양호한 것	품종 고유의 색택을 갖추고, 과분의 부착이 양호한 것	특·상에 미달하는 것
낱알의 형태	낱알 간 숙도와 크기의 고르기가 뛰어난 것	낱알 간 숙도와 크기의 고르기가 양호한 것	특·상에 미달하는 것
중결점과	없는 것	없는 것	5% 이하인 것(부패·변질과는 포함할 수 없음)
경결점과	없는 것	5% 이하인 것	20% 이하인 것

[포도의 크기 구분]

품종 \ 호칭		2L	L	M	S
1송이의 무게(g)	샤인머스켓, 거봉, 흑보석, 자옥 등 무핵(씨없는 것)과와 유사한 품종	700 이상	600 이상 ~700 미만	500 이상 ~600 미만	500 미만
	마스캇베일리에이, 마스캇오브알렉산드리아, 이탈리아 등 이와 유사한 품종	600 이상	500 이상 ~600 미만	400 이상 ~500 미만	400 미만
	거봉, 흑보석, 자옥 등 유핵(씨있는 것)과와 유사한 품종	500 이상	400 이상 ~500 미만	300 이상 ~400 미만	300 미만
	캠벨얼리, 새단 등 이와 유사한 품종	450 이상	350 이상 ~450 미만	300 이상 ~350 미만	300 미만
	델라웨어, 킹델라 등 이와 유사한 품종	250 이상	150 이상 ~250 미만	100 이상 ~150 미만	100 미만

③ 용어의 정의

㉠ 중결점과는 다음의 것을 말한다.

- 이품종과 : 품종이 다른 것
- 부패·변질과 : 부패, 경화, 위축 등 변질된 것(과숙에 의해 육질이 변질된 것을 포함한다)
- 미숙과 : 당도, 색택 등으로 보아 성숙이 현저하게 덜된 것
- 병충해과 : 탄저병, 노균병, 축과병 등 병해충의 피해가 있는 것
- 피해과 : 일소, 열과, 오염된 것 등의 피해가 현저한 것

㉡ 경결점과는 다음의 것을 말한다.

- 품종 고유의 모양이 아닌 것
- 낱알의 밀착도가 지나치거나 성긴 것
- 병해충의 피해가 경미한 것
- 기타 결점의 정도가 경미한 것

(5) 블루베리

① 적용 범위 : 본 규격은 국내에서 생산되어 신선한 상태로 유통되는 하이부시 블루베리와 레빗아이 블루베리에 적용하며, 가공용 또는 수출용에는 적용하지 않는다.

② 등급규격

항 목 \ 등 급	특	상	보 통
낱개의 고르기	별도로 정하는 크기 구분표에서 크기가 다른 것이 20% 이하인 것. 단, 크기 구분표의 해당 무게에서 1단계를 초과할 수 없다.	별도로 정하는 크기 구분표에서 크기가 다른 것이 30% 이하인 것. 단, 크기 구분표의 해당 무게에서 1단계를 초과할 수 없다.	특·상에 미달하는 것
색 택	품종 고유의 색택을 갖추고, 과분의 부착이 양호한 것	품종 고유의 색택을 갖추고, 과분의 부착이 양호한 것	특·상에 미달하는 것
낱알의 형태	낱알 간 숙도의 고르기가 뛰어난 것	낱알 간 숙도의 고르기가 양호한 것	특·상에 미달하는 것
중결점과	없는 것	없는 것	5% 이하인 것(부패·변질된 것은 포함할 수 없음)
경결점과	없는 것	5% 이하인 것	20% 이하인 것

[블루베리의 크기 구분]

품 종 \ 호 칭	2L	L	M	S
과실 횡경 기준(mm)	17 이상	14 이상~17 미만	11 이상~14 미만	11 미만

③ 용어의 정의

㉠ 중결점과는 다음의 것을 말한다.

- 이품종과 : 품종이 다른 것
- 부패·변질과 : 과육이 부패 또는 변질된 것
- 미숙과 : 당도, 색택 등으로 보아 성숙이 현저하게 덜된 것
- 병충해과 : 미이라병, 노린재 등 병충해의 피해가 과육까지 미친 것
- 피해과 : 일소, 열과, 오염된 것 등의 피해가 현저한 것
- 상해과 : 열상, 자상 또는 압상이 있는 것. 다만 경미한 것은 제외한다.
- 과숙과 : 경도, 색택으로 보아 성숙이 지나친 것
- 기타 : 경결점과에 속하는 사항으로 그 피해가 현저한 것

㉡ 경결점과는 다음의 것을 말한다.

- 품종 고유의 모양이 아닌 것
- 병해충의 피해가 경미한 것
- 경미한 찰상 등 중결점과에 속하지 않는 상처가 있는 것
- 기타 결점의 정도가 경미한 것

(6) 감 귤

① 적용 범위 : 본 규격은 국내에서 생산되어 신선한 상태로 유통되는 감귤에 적용하며, 가공용 또는 수출용에는 적용하지 않는다.

② 등급규격

항 목 \ 등 급	특	상	보 통
낱개의 고르기	별도로 정하는 크기 구분표에서 무게 또는 지름이 다른 것이 5% 이하인 것. 단, 크기 구분표의 해당 크기(무게)에서 1단계를 초과할 수 없다.	별도로 정하는 크기 구분표에서 무게 또는 지름이 다른 것이 10% 이하인 것. 단, 크기 구분표의 해당 무게에서 1단계를 초과할 수 없다.	특·상에 미달하는 것
색 택	별도로 정하는 품종별·등급별 착색비율표에서 정하는 "특" 이외의 것이 섞이지 않은 것	별도로 정하는 품종별·등급별 착색비율표에서 정하는 "상"에 미달하는 것이 없는 것	별도로 정하는 품종별·등급별 착색비율표에서 정하는 "보통"에 미달하는 것이 없는 것
과 피	품종 고유의 과피로써, 수축현상이 나타나지 않은 것	품종 고유의 과피로써, 수축현상이 나타나지 않은 것	특·상에 미달하는 것
껍질뜬 것 (부피과)	별도로 정하는 껍질 뜬 정도에서 정하는 "없음(○)"에 해당하는 것	별도로 정하는 껍질 뜬 정도에서 정하는 "가벼움(1)" 이상에 해당하는 것	별도로 정하는 껍질 뜬 정도에서 정하는 "중간정도(2)" 이상에 해당하는 것
중결점과	없는 것	없는 것	5% 이하인 것(부패·변질과는 포함할 수 없음)
경결점과	5% 이내인 것	10% 이하인 것	20% 이하인 것

[감귤의 크기 구분-1(한라봉, 청견, 진지향 및 이와 유사한 품종)]

구 분	호 칭	2L	L	M	S	2S
1개의 무게(g)	한라봉, 천혜향 및 이와 유사한 품종	370 이상	300 이상 ~370 미만	230 이상 ~300 미만	150 이상 ~230 미만	150 미만
	청견, 황금향 및 이와 유사한 품종	330 이상	270 이상 ~330 미만	210 이상 ~270 미만	150 이상 ~210 미만	150 미만
	진지향 및 이와 유사한 품종	125 이상 ~165 미만	100 이상 ~125 미만	85 이상 ~100 미만	70 이상 ~85 미만	70 미만

[감귤의 크기 구분-2(온주밀감 및 이와 유사한 품종)]

구 분 \ 호 칭	2S	S	M	L	2L
1개의 지름(mm)	49~53	54~58	59~62	63~66	67~70
1개의 무게(g)	53~62	63~82	83~106	107~123	124~135

※ 드럼식 선과기는 지름, 중량식 선과기는 무게를 적용하고, 호칭 숫자 뒤의 명칭은 유통현실에 따를 수 있음

[감귤의 품종별·등급별 착색비율(%)]

품 종	등 급	특	상	보 통
온주밀감	5~10월 출하	70 이상	60 이상	50 이상
	11~4월 출하	85 이상	80 이상	70 이상
한라봉, 천혜향, 청견, 황금향, 진지향 및 이와 유사한 품종		95 이상	90 이상	90 이상

※ 드럼식 선과기는 지름, 중량식 선과기는 무게를 적용하고, 호칭 숫자 뒤의 명칭은 유통현실에 따를 수 있음

[감귤의 껍질 뜬 정도]

없음(○)	가벼움(1)	중간정도(2)	심함(3)
껍질이 뜨지 않은 것	껍질 내표면적의 20% 이하가 뜬 것	껍질 내표면적의 20~50%가 뜬 것	껍질 내표면적의 50% 이상이 뜬 것

③ 용어의 정의

㉠ 착색비율은 낱개별로 전체 면적에 대한 품종 고유의 색깔이 착색된 면적의 비율을 말한다.

㉡ 중결점과는 다음의 것을 말한다.

- 이품종과 : 품종이 다른 것, 숙기(조생종, 중생종, 만생종)가 다른 것
- 부패 · 변질과 : 과육이 부패 또는 변질된 것(과숙에 의해 육질이 변질된 것을 포함한다)
- 미숙과 : 당도, 색택으로 보아 성숙이 현저하게 덜된 것(덜익은 과일을 수확하여 아세틸렌, 에틸렌 등의 가스로 후숙한 것을 포함한다)
- 일소과 : 지름 또는 길이 10mm 이상의 일소 피해가 있는 것
- 병충해과 : 더뎅이병, 궤양병, 검은점무늬병, 곰팡이병, 깍지벌레, 으름나방 등 병해충의 피해가 있는 것
- 상해과 : 열상, 자상 또는 압상이 있는 것. 다만, 경미한 것은 제외한다.
- 모양 : 모양이 심히 불량한 것, 꼭지가 떨어진 것
- 경결점과에 속하는 사항으로 그 피해가 현저한 것

㉢ 경결점과는 다음의 것을 말한다.

- 품종 고유의 모양이 아닌 것
- 경미한 일소, 약해 등으로 외관이 떨어지는 것
- 병해충의 피해가 과피에 그친 것
- 경미한 찰상 등 중결점과에 속하지 않는 상처가 있는 것
- 꼭지가 퇴색된 것
- 기타 결점의 정도가 경미한 것

(7) 금 감

① 적용 범위 : 본 규격은 국내에서 생산되어 신선한 상태로 공급되는 금감에 적용하며, 가공용 또는 수출용에는 적용하지 않는다.

② 등급규격

항목 \ 등급	특	상	보통
낱개의 고르기	별도로 정하는 크기 구분표에서 무게가 다른 것이 5% 이하인 것. 단, 크기 구분표의 해당 무게에서 1단계를 초과할 수 없다.	별도로 정하는 크기 구분표에서 무게가 다른 것이 10% 이하인 것. 단, 크기 구분표의 해당 무게에서 1단계를 초과할 수 없다.	특·상에 미달하는 것
색 택	별도로 정하는 등급별 착색비율표에서 "특"에 미달하는 것이 1% 이하인 것	별도로 정하는 등급별 착색비율표에서 "상"에 미달하는 것이 3% 이하인 것	별도로 정하는 등급별 착색비율표에서 "보통"에 미달하는 것이 5% 이하인 것
중결점과	없는 것	없는 것	5% 이하인 것(부패·변질과는 포함할 수 없음)
경결점과	5% 이하인 것	10% 이하인 것	20% 이하인 것

[금감의 크기 구분]

구분 \ 호칭	2L	L	M	S
1개의 무게(g)	20 이상	15 이상~20 미만	10 이상~15 미만	10 미만

[금감의 등급별 착색비율]

등 급	특	상	보 통
착색비율	95% 이상	90% 이상	85% 이상

③ 용어의 정의

㉠ 착색비율은 낱개별로 전체 면적에 대한 품종 고유의 색깔이 착색된 면적의 비율을 말한다.

㉡ 중결점과는 다음의 것을 말한다.

- 이품종과 : 품종이 다른 것
- 부패·변질과 : 과육이 부패 또는 변질된 것(과숙에 의해 육질이 변질된 것을 포함한다)
- 미숙과 : 당도, 색택으로 보아 성숙이 현저하게 덜된 것(덜익은 과일을 수확하여 아세틸렌, 에틸렌 등의 가스로 후숙한 것을 포함한다)
- 병충해과 : 병해충의 피해가 있는 것
- 상해과 : 열상, 자상 또는 압상이 있는 것. 다만 경미한 것은 제외한다.
- 모양 : 모양이 심히 불량한 것, 꼭지가 떨어진 것
- 기타 : 경결점과에 속하는 사항으로 그 피해가 현저한 것

㉢ 경결점과는 다음의 것을 말한다.

- 품종 고유의 모양이 아닌 것
- 경미한 일소, 약해 등으로 외관이 떨어지는 것
- 병해충의 피해가 과피에 그친 것
- 경미한 찰상 등 중결점과에 속하지 않는 상처가 있는 것
- 꼭지가 퇴색된 것
- 기타 결점의 정도가 경미한 것

(8) 매 실

① 적용 범위 : 본 규격은 국내에서 생산되어 신선한 상태로 유통되는 매실에 적용하며, 가공용 또는 수출용에는 적용하지 않는다.

② 등급규격

항 목 \ 등 급	특	상	보 통
낱개의 고르기	별도로 정하는 크기 구분표에서 무게 또는 지름이 다른 것이 5% 이하인 것	별도로 정하는 크기 구분표에서 무게 또는 지름이 다른 것이 10% 이하인 것	특·상에 미달하는 것
숙 도	과육의 숙도가 적당하고 손으로 만져 단단한 것	과육의 숙도가 적당하고 손으로 만져 단단한 것	특·상에 미달하는 것
중결점과	없는 것	없는 것	5% 이하인 것(부패·변질과는 포함할 수 없음)
경결점과	3% 이하인 것	5% 이하인 것	20% 이하인 것

[매실의 크기 구분]

구 분 \ 호 칭	2L	L	M	S	2S
1개의 무게(g)	25 이상	20 이상 ~25 미만	15 이상 ~20 미만	10 이상 ~15 미만	10 미만
1개의 지름(mm)	36 이상	33 이상 ~36 미만	30 이상 ~33 미만	27 이상 ~30 미만	27 미만

③ 용어의 정의

㉠ 숙도가 적당하다는 것은 과피가 황변되거나, 과육이 연화되기 이전을 말한다.

㉡ 중결점과는 다음의 것을 말한다.

- 이품종과 : 품종이 다른 것
- 부패·변질과 : 과육이 부패 또는 변질된 것
- 과숙과 : 경도, 색택으로 보아 성숙이 지나친 것
- 병충해과 : 검은별무늬병(흑성병), 균핵병, 큰무늬병(반문병), 깍지벌레 등의 피해가 두드러진 것
- 상해과 : 열상, 자상, 압상 등이 있는 것. 다만, 경미한 것은 제외한다.
- 모양 : 모양이 심히 불량한 것
- 기타 : 경결점과에 속하는 사항으로 그 피해가 현저한 것

㉢ 경결점과는 다음의 것을 말한다.

- 품종 고유의 모양이 아닌 것
- 경미한 녹, 일소, 약해, 생리장해 등으로 외관이 떨어지는 것
- 미숙과 : 성숙이 덜된 것
- 병해충의 피해가 과피에 그친 것
- 경미한 찰상 등 중결점과에 속하지 않는 상처가 있는 것
- 기타 결점의 정도가 경미한 것

(9) 단 감

① 적용 범위 : 본 규격은 국내에서 생산되어 신선한 상태로 유통되는 단감에 적용하며, 가공용 또는 수출용에는 적용하지 않는다.

② 등급규격

항목 \ 등급	특	상	보통
낱개의 고르기	별도로 정하는 크기 구분표에서 무게가 다른 것이 5% 이하인 것. 단, 크기 구분표의 해당 무게에서 1단계를 초과할 수 없다.	별도로 정하는 크기 구분표에서 무게가 다른 것이 10% 이하인 것. 단, 크기 구분표의 해당 무게에서 1단계를 초과할 수 없다.	특·상에 미달하는 것
색 택	착색비율이 80% 이상인 것	착색비율이 60% 이상인 것	특·상에 미달하는 것
숙 도	숙도가 양호하고 균일한 것	숙도가 양호하고 균일한 것	특·상에 미달하는 것
중결점과	없는 것	없는 것	5% 이하인 것(부패·변질과는 포함할 수 없음)
경결점과	3% 이하인 것	5% 이하인 것	20% 이하인 것

[단감의 크기 구분]

구분 \ 호칭	2L	L	M	S	2S
1개의 무게(g)	250 이상	200 이상~250 미만	165 이상~200 미만	142 이상~165 미만	142 미만

③ 용어의 정의

㉠ 착색비율은 낱개별로 전체 면적에 대한 품종 고유의 색깔이 착색된 면적의 비율을 말한다.

㉡ 중결점과는 다음의 것을 말한다.

- 이품종과 : 품종이 다른 것
- 부패·변질과 : 과육이 부패 또는 변질된 것(과숙에 의해 육질이 변질된 것을 포함한다)
- 미숙과 : 당도(맛), 경도 및 색택으로 보아 성숙이 덜된 것(덜익은 과일을 수확하여 아세틸렌, 에틸렌 등의 가스로 후숙한 것을 포함한다)
- 병충해과 : 탄저병, 검은별무늬병, 감꼭지나방 등 병해충의 피해가 있는 것
- 상해과 : 열상, 자상 또는 압상이 있는 것. 다만 경미한 것을 제외한다.
- 꼭지 : 꼭지가 빠지거나, 꼭지 부위가 갈라진 것
- 모양 : 모양이 심히 불량한 것
- 기타 : 경결점과에 속하는 사항으로 그 피해가 현저한 것

㉢ 경결점과는 다음의 것을 말한다.

- 품종 고유의 모양이 아닌 것
- 경미한 일소, 약해 등으로 외관이 떨어지는 것
- 그을음병, 깍지벌레 등 병충해의 피해가 과피에 그친 것
- 꼭지가 돌아갔거나, 꼭지와 과육 사이에 틈이 있는 것
- 경미한 찰상 등 중결점과에 속하지 않는 상처가 있는 것
- 기타 결점의 정도가 경미한 것

(10) 자 두

① 적용 범위 : 본 규격은 국내에서 생산되어 신선한 상태로 유통되는 자두에 적용하며, 가공용 또는 수출용에는 적용하지 않는다.

② 등급규격

항 목 \ 등 급	특	상	보 통
낱개의 고르기	별도로 정하는 크기 구분표에서 무게가 다른 것이 5% 이하인 것. 단, 크기 구분표의 해당 무게에서 1단계를 초과할 수 없다.	별도로 정하는 크기 구분표에서 무게가 다른 것이 10% 이하인 것. 단, 크기 구분표의 해당 무게에서 1단계를 초과할 수 없다.	특·상에 미달하는 것
색 택	착색비율이 40% 이상인 것	착색비율이 20% 이상인 것	특·상에 미달하는 것
중결점과	없는 것	없는 것	5% 이하인 것(부패·변질과는 포함할 수 없음)
경결점과	3% 이하인 것	5% 이하인 것	20% 이하인 것

[자두의 크기 구분]

품 종 \ 호 칭			2L	L	M	S
1과의 기준 무게 (g)	대과종	포모사, 솔담, 산타로사, 캘시(피자두) 및 이와 유사한 품종	150 이상	120 이상 ~150 미만	90 이상 ~120 미만	90 미만
	중과종	대석조생, 비유티 및 이와 유사한 품종	100 이상	80 이상 ~100 미만	60 이상 ~80 미만	60 미만

③ 용어의 정의

㉠ 착색비율은 낱개별로 전체 면적에 대한 품종 고유의 색깔이 착색된 면적의 비율을 말한다.

㉡ 중결점과는 다음의 것을 말한다.

- 이품종과 : 품종이 다른 것
- 부패·변질과 : 과육이 부패 또는 변질된 것(과숙에 의해 육질이 변질된 것을 포함한다)
- 미숙과 : 맛, 육질, 색택 등으로 보아 성숙이 현저하게 덜된 것
- 병충해과 : 검은무늬병, 심식충 등 병충해의 피해가 있는 것
- 상해과 : 찰상, 자상, 압상 등의 상처가 있는 것. 다만 경미한 것은 제외한다.
- 모양 : 모양이 심히 불량한 것
- 기타 : 오염된 것 등 그 피해가 현저한 것

㉢ 경결점과는 다음의 것을 말한다.

- 품종 고유의 모양이 아닌 것
- 약해, 일소 등 피해가 경미한 것
- 병충해, 상해의 정도가 경미한 것
- 기타 결점의 정도가 경미한 것

(11) 참다래

① 적용 범위 : 본 규격은 국내에서 생산되어 신선한 상태로 유통되는 참다래에 적용하며, 가공용 또는 수출용에는 적용하지 않는다.

② 등급규격

항 목 \ 등 급	특	상	보 통
낱개의 고르기	별도로 정하는 크기 구분표에서 무게가 다른 것이 5% 이하인 것. 단, 크기 구분표의 해당 무게에서 1단계를 초과할 수 없다.	별도로 정하는 크기 구분표에서 무게가 다른 것이 10% 이하인 것. 단, 크기 구분표의 해당 무게에서 1단계를 초과할 수 없다.	특·상에 미달하는 것
색 택	품종 고유의 색택이 뛰어난 것	품종 고유의 색택이 양호한 것	특·상에 미달하는 것
향 미	품종 고유의 향미가 뛰어난 것	품종 고유의 향미가 양호한 것	특·상에 미달하는 것
털	털의 탈락이 없는 것	털의 탈락이 경미한 것	털의 탈락이 심하지 않은 것
중결점과	없는 것	없는 것	5% 이하인 것(부패·변질과는 포함할 수 없음)
경결점과	5% 이하인 것	10% 이하인 것	20% 이하인 것

[참다래의 크기 구분]

구 분 \ 호 칭		2L	L	M	S	2S
1개의 무게(g)	홍 양	95 이상	75 이상 ~95 미만	55 이상 ~75 미만	40 이상 ~55 미만	40 미만
	스위트골드	115 이상	95 이상 ~115 미만	75 이상 ~95 미만	60 이상 ~75 미만	60 미만
	헤이워드, 해금	125 이상	105 이상 ~125 미만	85 이상 ~105 미만	70 이상 ~85 미만	70 미만
	골드원	140 이상	120 이상 ~140 미만	100 이상 ~120 미만	90 이상 ~100 미만	90 미만

③ 용어의 정의

㉠ 중결점과는 다음의 것을 말한다.

- 이품종과 : 품종이 다른 것
- 부패·변질과 : 과육이 부패 또는 변질된 것
- 과숙과 : 육질, 경도로 보아 성숙이 지나치게 된 것
- 병충해과 : 연부병, 깍지벌레, 풍뎅이 등 병해충의 피해가 있는 것
- 상해과 : 열상, 자상 또는 압상이 있는 것. 다만, 경미한 것은 제외한다.
- 모양 : 모양이 심히 불량한 것
- 기타 : 바람이 들어 육질에 동공이 생긴 것, 시든 것, 기타 경결점과에 속하는 사항으로 그 피해가 현저한 것

㉡ 경결점과는 다음의 것을 말한다.

- 품종 고유의 모양이 아닌 것
- 일소, 약해 등으로 외관이 떨어지는 것
- 병해충의 피해가 경미한 것

- 경미한 찰상 등 중결점과에 속하지 않는 상처가 있는 것
- 녹물에 오염된 것, 이물이 붙어 있는 것
- 기타 결점의 정도가 경미한 것

(12) 마른고추

① 적용 범위 : 본 규격은 국내에서 생산된 붉은 마른고추를 대상으로 하며, 가공용 또는 수출용에는 적용하지 않는다.

② 등급규격

항 목 \ 등 급	특	상	보 통
낱개의 고르기	평균 길이에서 ±1.5cm를 초과하는 것이 10% 이하인 것	평균 길이에서 ±1.5cm를 초과하는 것이 20% 이하인 것	특·상에 미달하는 것
색 택	품종 고유의 색택으로 선홍색 또는 진홍색으로서 광택이 뛰어난 것	품종 고유의 색택으로 선홍색 또는 진홍색으로서 광택이 양호한 것	특·상에 미달하는 것
수 분	15% 이하로 건조된 것		
중결점과	없는 것	없는 것	3.0% 이하인 것
경결점과	5.0% 이하인 것	15.0% 이하인 것	25.0% 이하인 것
탈락씨	0.5% 이하인 것	1.0% 이하인 것	2.0% 이하인 것
이 물	0.5% 이하인 것	1.0% 이하인 것	2.0% 이내인 것

③ 용어의 정의

㉠ 중결점과는 다음의 것을 말한다.

- 반점 및 변색 : 황백색 또는 녹색이 과면의 10% 이상인 것 또는 과열로 검게 변한 것이 과면의 20% 이상인 것
- 박피(薄皮) : 미숙으로 과피(껍질)가 얇고 주름이 심한 것
- 상해과 : 잘라진 것 또는 길이의 1/2 이상이 갈라진 것
- 병충해 : 흑색탄저병, 무름병, 담배나방 등 병충해 피해가 과면의 10% 이상인 것
- 기타 : 심하게 오염된 것

㉡ 경결점과는 다음의 것을 말한다.

- 반점 및 변색 : 황백색 또는 녹색이 과면의 10% 미만인 것 또는 과열로 검게 변한 것이 과면의 20% 미만인 것(꼭지 또는 끝부분의 경미한 반점 또는 변색은 제외한다)
- 상해과 : 길이의 1/2 미만이 갈라진 것
- 병충해 : 흑색탄저병, 무름병, 담배나방 등 병충해 피해가 과면의 10% 미만인 것
- 모양 : 심하게 구부러진 것, 꼭지가 빠진 것
- 기타 : 결점의 정도가 경미한 것

㉢ 탈락씨 : 떨어져 나온 고추씨를 말한다.

㉣ 이물 : 고추 외의 것(떨어진 꼭지 포함)을 말한다.

(13) 고 추

① 적용 범위 : 본 규격은 국내에서 생산되어 신선한 상태로 유통되는 풋고추(청양고추, 오이맛 고추 등), 꽈리고추, 홍고추(물고추)에 적용하며, 가공용 또는 수출용에는 적용하지 않는다.

② 등급규격

항목 \ 등급	특	상	보통
낱개의 고르기	평균 길이에서 ±2.0cm를 초과하는 것이 10% 이하인 것(꽈리고추는 20% 이하)	평균 길이에서 ±2.0cm를 초과하는 것이 20% 이하(꽈리고추는 50% 이하)로 혼입된 것	특·상에 미달하는 것
길이 (꽈리고추에 적용)	4.0~7.0cm인 것이 80% 이상		
색 택	• 풋고추, 꽈리고추 : 짙은 녹색이 균일하고 윤기가 뛰어난 것 • 홍고추(물고추) : 품종 고유의 색깔이 선명하고 윤기가 뛰어난 것	• 풋고추, 꽈리고추 : 짙은 녹색이 균일하고 윤기가 있는 것 • 홍고추(물고추) : 품종 고유의 색깔이 선명하고 윤기가 있는 것	특·상에 미달하는 것
신선도	꼭지가 시들지 않고 신선하며, 탄력이 뛰어난 것	꼭지가 시들지 않고 신선하며, 탄력이 양호한 것	특·상에 미달하는 것
중결점과	없는 것	없는 것	5% 이하인 것(부패·변질과는 포함할 수 없음)
경결점과	3% 이하인 것	5% 이하인 것	20% 이하인 것

③ 용어의 정의

㉠ 길이 : 꼭지를 제외한다.

㉡ 중결점과는 다음의 것을 말한다.

- 부패·변질과 : 부패 또는 변질된 것
- 병충해 : 탄저병, 무름병, 담배나방 등 병해충의 피해가 현저한 것
- 기타 : 오염이 심한 것, 씨가 검게 변색된 것

㉢ 경결점과는 다음의 것을 말한다.

- 과숙과 : 붉은색인 것(풋고추, 꽈리고추에 적용)
- 미숙과 : 색택으로 보아 성숙이 덜된 녹색과(홍고추에 적용)
- 상해과 : 꼭지 빠진 것, 잘라진 것, 갈라진 것
- 발육이 덜 된 것
- 기형과 등 기타 결점의 정도가 경미한 것

(14) 오 이

① 적용 범위 : 본 규격은 국내에서 생산되어 신선한 상태로 유통되는 오이에 적용하며, 가공용 또는 수출용에는 적용하지 않는다.

② 등급규격

항목 \ 등급	특	상	보통
낱개의 고르기	평균 길이에서 ±2.0cm(다다기계는 ±1.5cm)를 초과하는 것이 10% 이하인 것	평균 길이에서 ±2.0cm(다다기계는 ±1.5cm)를 초과하는 것이 20% 이하인 것	특·상에 미달하는 것
색 택	품종 고유의 색택이 뛰어난 것	품종 고유의 색택이 양호한 것	특·상에 미달한 것
모 양	품종 고유의 모양을 갖춘 것으로 처음과 끝의 굵기가 일정하며 구부러진 정도가 다다기·취청계는 1.5cm 이내, 가시계는 2.0cm 이내인 것	품종 고유의 모양을 갖춘 것으로 처음과 끝의 굵기가 대체로 일정하며 구부러진 정도가 다다기·취청계는 3.0cm 이내, 가시계는 4.0 cm 이내인 것	특·상에 미달한 것
신선도	꼭지와 표피가 메마르지 않고 싱싱한 것	꼭지와 표피가 메마르지 않고 싱싱한 것	특·상에 미달한 것
중결점과	없는 것	없는 것	5% 이하인 것(부패·변질과는 포함할 수 없음)
경결점과	없는 것	5% 이하인 것	20% 이하인 것

③ 용어의 정의

㉠ 구부러진 정도 : 다음 그림과 같다.

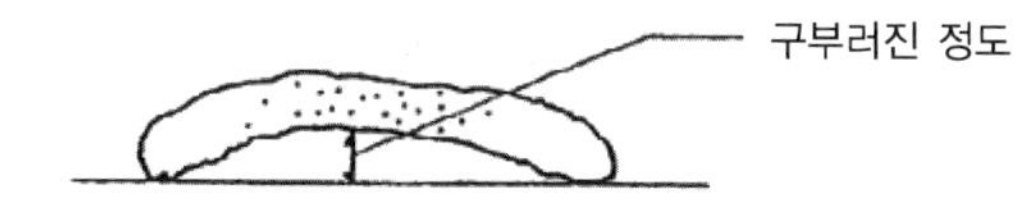

㉡ 중결점과는 다음의 것을 말한다.

- 과숙과 : 색택 또는 육질로 보아 성숙이 지나친 것
- 부패·변질과 : 과육이 부패 또는 변질된 것
- 상해과 : 절상, 자상, 압상이 있는 것. 다만, 경미한 것은 제외한다.
- 병충해과 : 흰가루병, 잿빛곰팡이병 등 병해충의 피해를 입은 것
- 공동과 : 과실 내부에 공극이 있는 것
- 모양 : 열과, 기형과 등 모양이 불량한 것
- 기타 : 오염된 것

㉢ 경결점과는 다음의 것을 말한다.

- 형상불량 정도가 경미한 것
- 병충해, 상해의 정도가 경미한 것
- 기타 결점의 정도가 경미한 것

(15) 호 박

① 적용 범위 : 본 규격은 국내에서 생산되어 신선한 상태로 유통되는 호박(애호박, 풋호박, 쥬키니)에 적용하며, 가공용 또는 수출용에는 적용하지 않는다.

② 등급규격

항목 \ 등급	특	상	보통
낱개의 고르기	• 쥬키니 : 평균 길이에서 ±2.5 cm를 초과하는 것이 10% 이하인 것 • 애호박 : 평균 길이에서 ±2.0 cm를 초과하는 것이 10% 이하인 것 • 풋호박 : 평균 무게에서 ±50g을 초과하는 것이 10% 이하인 것	• 쥬키니 : 평균 길이에서 ±2.5 cm를 초과하는 것이 20% 이하인 것 • 애호박 : 평균 길이에서 ±2.0 cm를 초과하는 것이 20% 이하인 것 • 풋호박 : 평균 무게에서 ±50g을 초과하는 것이 20% 이하인 것	특·상에 미달하는 것
색 택	품종 고유의 색깔로 광택이 뛰어난 것	품종 고유의 색깔로 광택이 뛰어난 것	특·상에 미달하는 것
모 양	• 쥬키니 : 처음과 끝의 굵기가 거의 비슷하며, 구부러진 정도가 2.0cm 이내인 것 • 애호박 : 처음과 끝의 굵기가 거의 비슷하며, 구부러진 것이 없는 것 • 풋호박 : 구형 또는 난형(卵形)으로 모양이 균일한 것	• 쥬키니 : 처음과 끝의 굵기가 거의 비슷하며, 구부러진 정도가 4.0cm 이내인 것 • 애호박 : 처음과 끝의 굵기가 대체로 비슷하며, 구부러진 정도가 2.0cm 이상인 것이 20% 이내인 것 • 풋호박 : 구형 또는 난형(卵形)으로 모양이 대체로 균일한 것	특·상에 미달하는 것
신선도	꼭지와 표피가 메마르지 않고 싱싱한 것	꼭지와 표피가 메마르지 않고 싱싱한 것	특·상에 미달하는 것
중결점과	없는 것	없는 것	5% 이하인 것(부패·변질과는 포함할 수 없음)
경결점과	없는 것	5% 이하인 것	20% 이하인 것

[호박의 크기 구분]

품종 \ 호칭		2L	L	M	S
쥬키니	1개의 길이(cm)	30 이상	25 이상~30 미만	20 이상~25 미만	20 미만
애호박	1개의 길이(cm)	24 이상	20 이상~24 미만	16 이상~20 미만	12 이상~16 미만
풋호박	1개의 무게(g)	500 이상	400 이상~500 미만	300 이상~400 미만	300 미만

③ 용어의 정의

㉠ 품종의 구분은 다음과 같다.

• 쥬키니 : 페포계 쥬키니 및 이와 유사한 품종을 말한다.

• 애호박 : 동양계 품종으로 장과형 및 이와 유사한 청과용을 말한다.

• 풋호박 : 동양계 품종으로 구형·난형(卵形) 및 이와 유사한 청과용을 말한다.

㉡ 구부러진 정도 : 다음 그림과 같다.

㉢ 중결점과는 다음의 것을 말한다.
- 이품종과 : 품종이 다른 것
- 부패·변질과 : 과육이 부패 또는 변질된 것
- 과숙과 : 색깔 또는 무늬로 보아 과육의 성숙이 지나친 것
- 병충해과 : 무름병 등 병해충의 피해가 있는 것
- 상해과 : 자상, 압상, 찰상 등의 상처가 있는 것. 다만, 경미한 것은 제외한다.
- 기타 : 기형과, 오염과 등으로 그 피해가 현저한 것

㉣ 경결점과는 다음의 것을 말한다.
- 형상불량 정도가 경미한 것
- 병충해, 상해의 정도가 경미한 것

(16) 단호박·미니단호박

① 적용 범위 : 본 규격은 국내에서 생산되어 신선한 상태로 유통되는 단호박과 미니단호박에 적용하며, 가공용 또는 수출용에는 적용하지 않는다.

② 등급규격

항목 \ 등급	특	상	보통
낱개의 고르기	별도로 정하는 크기 구분표에서 무게가 다른 것이 섞이지 않은 것	별도로 정하는 크기 구분표에서 무게가 다른 것이 섞이지 않은 것	특·상에 미달하는 것
모양·색택	품종 고유의 모양과 색택이 뛰어난 것	품종 고유의 모양과 색택이 양호한 것	특·상에 미달하는 것
중결점과	없는 것	없는 것	5% 이하인 것(부패·변질과는 포함할 수 없음)
경결점과	없는 것	10% 이하인 것	20% 이하인 것

[단호박·미니단호박의 크기 구분]

품종 \ 호칭		2L	L	M	S	2S
단호박	1개의 무게 (kg)	2.0 이상	1.5 이상 ~2.0 미만	1.0 이상 ~1.5 미만	1.0 미만	-
미니단호박	1개의 무게 (kg)	0.6 이상	0.5 이상 ~0.6 미만	0.4 이상 ~0.5 미만	0.3 이상 ~0.4 미만	0.3 미만

③ 용어의 정의

㉠ 중결점과는 다음의 것을 말한다.
- 이품종과 : 품종이 다른 것
- 부패·변질과 : 과육이 부패 또는 변질된 것(과숙에 의해 육질이 변질된 것을 포함한다)
- 병충해과 : 병해충의 피해가 있는 것
- 미숙과 : 경도, 색택으로 보아 성숙이 현저하게 덜된 것
- 상해과 : 열상, 자상, 압상 등이 있는 것. 다만, 경미한 것은 제외한다.
- 모양 : 모양이 심히 불량한 것
- 기타 : 경결점과에 속하는 사항으로 그 피해가 현저한 것

㉡ 경결점과는 다음의 것을 말한다.
- 품종 고유의 모양이 아닌 것
- 병해충의 피해가 과피에 그친 것
- 상해 및 기타 결점의 정도가 경미한 것

(17) 가 지

① 적용 범위 : 본 규격은 국내에서 생산되어 신선한 상태로 유통되는 가지에 적용하며, 가공용 또는 수출용에는 적용하지 않는다.

② 등급규격

항 목 \ 등 급	특	상	보 통
낱개의 고르기	평균 길이에서 ±2.5cm를 초과하는 것이 10% 이하인 것	평균 길이에서 ±2.5cm를 초과하는 것이 20% 이하인 것	특·상에 미달하는 것
색 택	품종 고유의 흑자색으로 광택이 뛰어난 것	품종 고유의 흑자색으로 광택이 양호한 것	특·상에 미달하는 것
모 양	처음과 끝의 굵기가 거의 비슷하며, 구부러진 정도가 2.0cm 이내인 것	처음과 끝의 굵기가 거의 비슷하며, 구부러진 정도가 4.0cm 이내인 것	특·상에 미달하는 것
신선도	표면에 주름이 없고 싱싱하며, 탄력이 있는 것	표면에 주름이 없고 싱싱하며, 탄력이 있는 것	특·상에 미달하는 것
중결점과	없는 것	없는 것	부패·변질된 것을 제외하고 5% 이하인 것
경결점과	5% 이하인 것	10% 이하인 것	20% 이하인 것

③ 용어의 정의

㉠ 구부러진 정도 : 다음 그림과 같다.

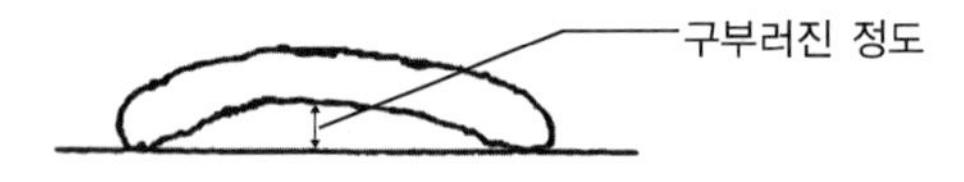

㉡ 중결점과는 다음의 것을 말한다.
- 이품종과 : 품종이 다른 것
- 부패·변질과 : 과육이 부패 또는 변질된 것
- 과숙과 : 색깔 또는 육질로 보아 성숙이 지나친 것
- 병충해과 : 갈색무늬병 등의 피해가 과육에까지 미친 것
- 상해과 : 열상, 자상 또는 압상 등이 있는 것. 다만, 경미한 것은 제외한다.
- 기타 : 기형과, 색택불량과, 오염과 등으로 그 피해가 현저한 것

㉢ 경결점과는 다음의 것을 말한다.
- 형상 불량 정도가 경미한 것
- 병충해, 상해의 정도가 경미한 것
- 표면의 일부에 그친 경미한 갈색반점이 있는 것

(18) 토마토

① 적용 범위 : 본 규격은 국내에서 생산되어 신선한 상태로 유통되는 토마토에 적용하며, 가공용 또는 수출용에는 적용하지 않는다.

② 등급규격

항목 \ 등급	특	상	보통
낱개의 고르기	별도로 정하는 크기 구분표에서 무게가 다른 것이 5% 이하인 것. 단, 크기 구분표의 해당 무게에서 1단계를 초과할 수 없다.	별도로 정하는 크기 구분표에서 무게가 다른 것이 10% 이하인 것. 단, 크기 구분표의 해당 무게에서 1단계를 초과할 수 없다.	특·상에 미달하는 것
색 택	출하 시기별로 착색 기준표의 착색기준에 맞고, 착색 상태가 균일한 것	출하 시기별로 착색 기준표의 착색기준에 맞고, 착색 상태가 균일한 것	특·상에 미달하는 것
신선도	꼭지가 시들지 않고 껍질의 탄력이 뛰어난 것	꼭지가 시들지 않고 껍질의 탄력이 양호한 것	특·상에 미달하는 것
꽃자리 흔적	거의 눈에 띄지 않은 것	두드러지지 않은 것	특·상에 미달하는 것
중결점과	없는 것	없는 것	5% 이하인 것(부패·변질과는 포함할 수 없음)
경결점과	없는 것	5% 이하인 것	20% 이하인 것

[토마토의 크기 구분]

품종 \ 호칭		3L	2L	L	M	S	2S
1과의 무게(g)	일반계	300 이상	250 이상 ~300 미만	210 이상 ~250 미만	180 이상 ~210 미만	150 이상 ~180 미만	100 이상 ~150 미만
	중소형계 (흑토마토)	90 이상	80 이상 ~90 미만	70 이상 ~80 미만	60 이상 ~70 미만	50 이상 ~60 미만	50 미만
	소형계 (캄파리)	–	50 이상	40 이상 ~50 미만	30 이상 ~40 미만	20 이상 ~30 미만	20 미만

[토마토의 착색 기준]

출하시기	착색 비율	
	완숙 토마토	일반 토마토
3월~5월	전체 면적의 60% 내외	전체 면적의 20% 내외
6월~10월	전체 면적의 50% 내외	전체 면적의 10% 내외
11월~익년 2월	전체 면적의 70% 내외	전체 면적의 30% 내외

③ 용어의 정의

㉠ 착색비율은 낱개별로 전체 면적에 대한 품종 고유의 색깔이 착색된 면적의 비율을 말한다.

㉡ 중결점과는 다음의 것을 말한다.

- 이품종과 : 품종이 다른 것
- 부패·변질과 : 과육이 부패 또는 변질된 것
- 과숙과 : 색깔 또는 육질로 보아 성숙이 지나친 것
- 병충해과 : 배꼽썩음병 등 병해충의 피해가 있는 것. 다만 경미한 것은 제외한다.
- 상해과 : 생리장해로 육질이 섬유질화한 것. 열상, 자상, 압상 등의 상처가 있는 것. 다만 경미한 것은 제외한다.

• 형상불량과 : 품종의 특성이 아닌 타원과, 선첨과(先尖果), 난형과(亂形果), 공동과(空胴果) 등 기형과 및 열과(裂果)

㉢ 경결점과는 다음의 것을 말한다.

• 형상불량 정도가 경미한 것
• 중결점에 속하지 않는 상처가 있는 것
• 병충해, 상해의 정도가 경미한 것
• 기타 결점 정도가 경미한 것

(19) 방울토마토

① 적용 범위 : 본 규격은 국내에서 생산되어 신선한 상태로 유통되는 방울토마토에 적용하며, 가공용 또는 수출용에는 적용하지 않는다.

② 등급규격

항 목 \ 등 급	특	상	보 통
낱개의 고르기	별도로 정하는 크기 구분표에서 무게 또는 지름이 다른 것이 10% 이하인 것. 단, 크기 구분표의 해당 무게에서 1단계를 초과할 수 없다.	별도로 정하는 크기 구분표에서 무게 또는 지름이 다른 것이 20% 이하인 것. 단, 크기 구분표의 해당 무게에서 1단계를 초과할 수 없다.	특·상에 미달하는 것
색 택	품종 고유의 색택으로 착색 정도가 뛰어나며 균일한 것	품종 고유의 색택으로 착색 정도가 양호하며 균일한 것	특·상에 미달하는 것
신선도	과피의 탄력이 뛰어난 것	과피의 탄력이 양호한 것	특·상에 미달하는 것
숙 도	과육의 성숙정도가 적당하고 균일한 것	과육의 성숙정도가 적당하고 균일한 것	특·상에 미달하는 것
중결점과	없는 것	없는 것	5% 이하인 것(부패·변질과는 포함할 수 없음)
경결점과	없는 것	5% 이하인 것	20% 이하인 것

[방울토마토의 크기 구분]

구 분 \ 호 칭	2L	L	M	S	2S
1과의 무게(g)	25 이상	20 이상~25 미만	15 이상~20 미만	10 이상~15 미만	5 이상~10 미만
1과의 지름(mm)	35 이상	25 이상~35 미만	20 이상~25 미만	15 이상~20 미만	15 미만

③ 용어의 정의

㉠ 중결점과는 다음의 것을 말한다.

• 이품종과 : 품종이 다른 것
• 부패·변질과 : 과육이 부패 또는 변질된 것
• 과숙과 : 색택 또는 육질의 경도로 보아 과육의 성숙이 지나친 것
• 미숙과 : 성숙이 덜된 것
• 병충해과 : 과피 또는 과육에 병해충의 피해가 있는 것. 다만 경미한 것은 제외한다.
• 상해과 : 생리장해로 육질이 섬유질화한 것. 열상, 자상, 압상 등의 상처가 있는 것. 다만, 경미한 것은 제외한다.

• 형상불량과 : 기형과 및 열과(裂果)
• 기타 결점의 정도가 심한 것
㉡ 경결점과는 다음의 것을 말한다.
• 형상불량의 정도가 경미한 것
• 중결점에 속하지 않는 상처가 있는 것
• 병충해, 상해의 정도가 경미한 것
• 기타 결점 정도가 경미한 것

(20) 송이토마토

① 적용 범위 : 본 규격은 국내에서 생산되어 신선한 상태로 유통되는 송이토마토에 적용하며, 가공용 또는 수출용에는 적용하지 않는다.

② 등급규격

항목 \ 등급	특	상	보통
모 양	송이당 4개 이상의 낱알이 달린 것	송이당 4개 이상의 낱알이 달린 것	특·상에 미달하는 것
색 택	착색비율이 70% 이상인 것	착색비율이 70% 이상인 것	특·상에 미달하는 것
신선도	꼭지가 시들지 않고 탄력이 뛰어난 것	꼭지가 시들지 않고 탄력이 양호한 것	특·상에 미달하는 것
중결점과	없는 것	없는 것	5% 이하인 것(부패·변질과는 포함할 수 없음)
경결점과	없는 것	없는 것	20% 이하인 것

[송이토마토의 크기 구분]

구분 \ 호칭	2L	L	M	S
1개의 무게(g)	50 이상	40 이상~50 미만	30 이상~40 미만	30 미만

③ 용어의 정의

㉠ 착색비율은 낱개별로 전체 면적에 대한 품종 고유의 색깔이 착색된 면적의 비율을 말한다.
㉡ 중결점과는 다음의 것을 말한다.
• 부패·변질과 : 과육이 부패 또는 변질된 것(과숙에 의해 육질이 변질된 것을 포함한다)
• 병충해과 : 병해충의 피해가 있는 것
• 미숙과 : 경도, 색택 등으로 보아 성숙이 현저하게 덜된 것
• 상해과 : 열상, 자상, 압상 등이 있는 것. 다만, 경미한 것은 제외한다.
• 모양 : 모양이 심히 불량한 것
• 기타 : 경결점과에 속하는 사항으로 그 피해가 현저한 것
㉢ 경결점과는 다음의 것을 말한다.
• 품종 고유의 모양이 아닌 것
• 병해충의 피해가 과피에 그친 것
• 상해 및 기타 결점의 정도가 경미한 것

(21) 참 외

① 적용 범위 : 본 규격은 국내에서 생산되어 신선한 상태로 유통되는 참외에 적용하며, 가공용 또는 수출용에는 적용하지 않는다.

② 등급규격

항 목 \ 등 급	특	상	보 통
낱개의 고르기	별도로 정하는 크기 구분표에서 무게가 다른 것이 3% 이하인 것. 단, 크기 구분표의 해당 무게에서 1단계를 초과할 수 없다.	별도로 정하는 크기 구분표에서 무게가 다른 것이 5% 이하인 것. 단, 크기 구분표의 해당 무게에서 1단계를 초과할 수 없다.	특·상에 미달하는 것
색 택	착색비율이 90% 이상인 것	착색비율이 80% 이상인 것	특·상에 미달하는 것
신선도, 숙도	과육의 성숙 정도가 적당하며, 과피에 갈변현상이 없고 신선도가 뛰어난 것	과육의 성숙 정도가 적당하며, 과피에 갈변현상이 경미하고 신선도가 양호한 것	특·상에 미달하는 것
중결점과	없는 것	없는 것	5% 이하인 것(부패·변질과는 포함할 수 없음)
경결점과	3% 이하인 것	5% 이하인 것	20% 이하인 것

[참외의 크기 구분]

구 분 \ 호 칭	2L	L	M	S	2S	3S
1개의 무게(g)	500 이상	330 이상 ~500 미만	250 이상 ~330 미만	200 이상 ~250 미만	165 이상 ~200 미만	165 미만

③ 용어의 정의

㉠ 착색비율은 낱개별로 전체 면적에 대한 품종 고유의 색깔이 착색된 면적의 비율을 말한다.

㉡ 중결점과는 다음의 것을 말한다.

- 이품종과 : 품종이 다른 것
- 부패·변질과 : 과육이 부패 또는 변질된 것
- 과숙과 : 성숙이 지나치거나 과육이 연화된 것
- 미숙과 : 당도, 경도, 착색으로 보아 성숙이 현저하게 덜된 것
- 병충해과 : 탄저병 등 병해충의 피해가 있는 것. 다만, 경미한 것은 제외한다.
- 상해과 : 열상, 자상 또는 압상 등이 있는 것. 다만, 경미한 것은 제외한다.
- 모양 : 모양이 불량한 것

㉢ 경결점과는 다음의 것을 말한다.

- 병충해, 상해의 피해가 경미한 것
- 품종 고유의 모양이 아닌 것
- 기타 결점의 정도가 경미한 것

(22) 딸 기

① 적용 범위 : 본 규격은 국내에서 생산되어 신선한 상태로 유통되는 딸기에 적용하며, 가공용 또는 수출용에는 적용하지 않는다.

② 등급규격

항 목 \ 등 급	특	상	보 통
낱개의 고르기	별도로 정하는 크기 구분표에서 무게가 다른 것이 10% 이하인 것	별도로 정하는 크기 구분표에서 무게가 다른 것이 20% 이하인 것	특·상에 미달하는 것
색 택	품종 고유의 색택이 뛰어난 것	품종 고유의 색택이 양호한 것	특·상에 미달하는 것
신선도	꼭지가 시들지 않고 표면에 윤기가 있는 것	꼭지가 시들지 않고 표면에 윤기가 있는 것	특·상에 미달하는 것
중결점과	없는 것	없는 것	5% 이하인 것(부패·변질과는 포함할 수 없음)
경결점과	5% 이하인 것	10% 이하인 것	20% 이하인 것

[딸기의 크기 구분]

구 분 \ 호 칭	2L	L	M	S
1개의 무게(g)	25 이상	17 이상~25 미만	12 이상~17 미만	12 미만

③ 용어의 정의

㉠ 중결점과는 다음의 것을 말한다.

- 부패·변질과 : 과육이 부패 또는 변질된 것(과숙에 의해 육질이 변질된 것을 포함한다)
- 병충해과 : 병해충의 피해가 있는 것
- 미숙과 : 당도, 경도, 색택으로 보아 성숙이 현저하게 덜된 것
- 상해과 : 열상, 자상, 압상 등이 있는 것. 다만, 경미한 것은 제외한다.
- 모양 : 모양이 심히 불량한 것
- 기타 : 경결점과에 속하는 사항으로 그 피해가 현저한 것

㉡ 경결점과는 다음의 것을 말한다.

- 품종 고유의 모양이 아닌 것
- 병해충의 피해가 과피에 그친 것
- 상해 및 기타 결점의 정도가 경미한 것

(23) 수 박

① 적용 범위 : 본 규격은 국내에서 생산되어 신선한 상태로 유통되는 수박에 적용하며, 가공용 또는 수출용에는 적용하지 않는다.

② 등급규격

항 목 \ 등 급	특	상	보 통
색 택	과피는 품종 고유의 색깔이 선명하고 윤기가 뛰어난 것	과피는 품종 고유의 색깔이 선명하고 윤기가 양호한 것	특·상에 미달하는 것
신선도	꼭지 절단부분의 마른정도가 양호하고, 과피가 단단하고 신선한 것(꼭지는 짧게 절단하는 것을 권장)	꼭지 절단부분의 마른정도가 양호하고, 과피가 단단하고 신선한 것(꼭지는 짧게 절단하는 것을 권장)	특·상에 미달하는 것
숙 도	과육은 성숙에 따른 품종 고유의 색깔이 뚜렷하고, 성숙 정도가 적당한 것	과육은 성숙에 따른 품종 고유의 색깔이 뚜렷하고, 성숙 정도가 적당한 것	특·상에 미달하는 것
중결점과	없는 것	없는 것	5% 이하인 것(부패·변질과는 포함할 수 없음)
경결점과	없는 것	없는 것	20% 이하인 것

[수박의 크기 구분]

구 분 \ 호 칭	4L	3L	2L	L	M	S	2S
1개의 무게(kg)	11 이상	10 이상 ~11 미만	9 이상 ~10 미만	8 이상 ~9 미만	7 이상 ~8 미만	6 이상 ~7 미만	6 미만

※ 호칭 뒤의 명칭은 유통현실에 따를 수 있음

③ 용어의 정의

㉠ 중결점과는 다음의 것을 말한다.

- 부패·변질과 : 과육이 부패 또는 변질된 것
- 과숙과 : 성숙이 지나치거나 과육이 연화된 것
- 미숙과 : 타공음, 무늬의 선명도 등으로 보아 과육의 성숙이 덜된 것
- 병충해 : 역병 등 병충해의 피해가 있는 것
- 상해 : 열상, 자상 등의 상처가 있는 것. 다만 경미한 것은 제외한다.
- 형상불량 : 기형구, 공동구(속이 빈 것), 색택불량 등 그 결점의 정도가 현저한 것

㉡ 경결점과는 다음의 것을 말한다.

- 병충해, 상해의 피해가 경미한 것
- 품종 고유의 모양이 아닌 것
- 기타 결점의 정도가 경미한 것

㉢ '씨없는 수박'이란 껍질이 단단하며, 성숙한 배(胚)를 가진 것으로 수박을 4등분(꼭지부위에서 세로로 한번, 중간부위에서 가로로 한번)으로 자른 단면에 보이는 씨가 7개 이하인 것을 말한다(단, 미숙한 하얀색 종피 종자는 제외).

(24) 조롱수박

① 적용 범위 : 본 규격은 국내에서 생산되어 신선한 상태로 유통되는 조롱수박에 적용하며, 가공용 또는 수출용에는 적용하지 않는다.

② 등급규격

항목 \ 등급	특	상	보통
낱개의 고르기	별도로 정하는 크기 구분표에서 무게가 다른 것이 없는 것	별도로 정하는 크기 구분표에서 무게가 다른 것이 없는 것	특·상에 미달하는 것
모 양	품종 고유의 모양으로 윤기가 뛰어난 것	품종 고유의 모양으로 윤기가 양호한 것	특·상에 미달하는 것
신선도	꼭지가 마르지 않고 싱싱한 것	꼭지가 마르지 않고 싱싱한 것	특·상에 미달하는 것
중결점과	없는 것	없는 것	5% 이하인 것(부패·변질과는 포함할 수 없음)
경결점과	없는 것	없는 것	20% 이하인 것

[조롱수박의 크기 구분]

구분 \ 호칭	2L	L	M	S
1개의 무게(kg)	2.5 이상	1.7 이상~2.5 미만	1.3 이상~1.7 미만	1.3 미만

③ 용어의 정의

㉠ 중결점과는 다음의 것을 말한다.

- 부패·변질과 : 과육이 부패 또는 변질된 것(과숙에 의해 육질이 변질된 것을 포함한다)
- 병충해과 : 병해충의 피해가 있는 것
- 미숙과 : 경도, 색택 등으로 보아 성숙이 현저하게 덜된 것
- 상해과 : 열상, 자상, 압상 등이 있는 것. 다만, 경미한 것은 제외한다.
- 모양 : 모양이 심히 불량한 것
- 기타 : 경결점과에 속하는 사항으로 그 피해가 현저한 것

㉡ 경결점과는 다음의 것을 말한다.

- 품종 고유의 모양이 아닌 것
- 병해충의 피해가 과피에 그친 것
- 상해 및 기타 결점의 정도가 경미한 것

(25) 멜 론

① 적용 범위 : 본 규격은 국내에서 생산되어 신선한 상태로 유통되는 멜론에 적용하고, 가공용 또는 수출용에는 적용하지 않는다.

② 등급규격

항 목 \ 등 급	특	상	보 통
낱개의 고르기	별도로 정하는 크기 구분표에서 무게가 다른 것이 섞이지 않은 것	별도로 정하는 크기 구분표에서 무게가 다른 것이 섞이지 않은 것	특·상에 미달하는 것
색 택	품종 고유의 모양과 색택이 뛰어나며 네트계 멜론은 그물 모양이 뚜렷하고 균일한 것	품종 고유의 모양과 색택이 양호하며 네트계 멜론은 그물 모양이 양호한 것	특·상에 미달하는 것
신선도, 숙도	꼭지가 시들지 아니하고 과육의 성숙도가 적당한 것	꼭지가 시들지 아니하고 과육의 성숙도가 적당한 것	특·상에 미달하는 것
중결점과	없는 것	없는 것	5% 이하인 것(부패·변질과는 포함할 수 없음)
경결점과	없는 것	없는 것	20% 이하인 것

[멜론의 크기 구분]

품 종 \ 호 칭		2L	L	M	S
1개의 무게 (kg)	네트계	2.6 이상	2.0 이상~2.6 미만	1.6 이상~2.0 미만	1.6 미만
	백피계·황피계	2.2 이상	1.8 이상~2.2 미만	1.3 이상~1.8 미만	1.3 미만
	파파야계	1.0 이상	0.75 이상~1.0 미만	0.60 이상~0.75 미만	0.60 미만

③ 용어의 정의

㉠ 중결점과는 다음의 것을 말한다.

- 이품종과 : 품종이 다른 것
- 부패·변질과 : 과육이 부패 또는 변질된 것
- 과숙과 : 과육의 연화 등 성숙이 지나친 것
- 미숙과 : 과육의 성숙이 현저하게 덜된 것
- 병충해과 : 탄저병, 딱정벌레 등 병충해의 피해가 있는 것.
- 상해과 : 열상, 자상, 압상 등이 있는 것. 다만 경미한 것은 제외한다.
- 모양 : 모양이 심히 불량한 것
- 기타 결점의 정도가 심한 것

㉡ 경결점과는 다음의 것을 말한다.

- 병충해, 상해의 피해가 경미한 것
- 품종 고유의 모양이 아닌 것
- 기타 결점의 정도가 경미한 것

(26) 피망 · 파프리카

① 적용 범위 : 본 규격은 국내에서 생산되어 신선한 상태로 유통되는 피망과 파프리카에 적용하며, 가공용 또는 수출용에는 적용하지 않는다.

② 등급규격

항 목 \ 등 급	특	상	보 통
낱개의 고르기	별도로 정하는 크기 구분표에서 무게가 다른 것이 5% 이하인 것	별도로 정하는 크기 구분표에서 무게가 다른 것이 10% 이하인 것	특 · 상에 미달하는 것
색 택	품종 고유의 색택이 선명하고 윤기가 뛰어난 것	품종 고유의 색택이 선명하고 윤기가 양호한 것	특 · 상에 미달하는 것
신선도	꼭지가 시들지 아니하고 탄력이 뛰어난 것	꼭지가 시들지 아니하고 탄력이 양호한 것	특 · 상에 미달하는 것
중결점과	없는 것	없는 것	5% 이하인 것(부패 · 변질과는 포함할 수 없음)
경결점과	없는 것	5% 이하인 것	20% 이하인 것

[피망의 크기 구분]

구 분 \ 호 칭	L	M	S
1개의 무게(g)	100 이상	50 이상~100 미만	50 미만

[파프리카의 크기 구분]

구 분 \ 호 칭	2L	L	M	S	2S
1개의 무게(g)	240 이상	180 이상 ~240 미만	140 이상 ~180 미만	110 이상 ~140 미만	110 미만

③ 용어의 정의

㉠ 중결점과는 다음의 것을 말한다.

- 이품종과 : 품종이 다른 것
- 부패 · 변질과 : 과육이 부패 또는 변질된 것(과숙에 의해 육질이 변질된 것을 포함한다)
- 병충해과 : 흑색탄저병, 담배나방 등 병해충의 피해가 있는 것
- 상해과 : 열상, 자상, 압상 등이 있는 것. 다만, 경미한 것은 제외한다.
- 모양 : 모양이 심히 불량한 것
- 기타 : 경결점과에 속하는 사항으로 그 피해가 현저한 것

㉡ 경결점과는 다음의 것을 말한다.

- 품종 고유의 모양이 아닌 것
- 병해충의 피해가 과피에 그친 것
- 상해 및 기타 결점의 정도가 경미한 것

(27) 양 파

① 적용 범위 : 본 규격은 국내에서 생산되어 신선한 상태로 유통되는 양파에 적용하며, 가공용 또는 수출용에는 적용하지 않는다.

② 등급규격

항 목 \ 등 급	특	상	보 통
낱개의 고르기	별도로 정하는 크기 구분표에서 크기가 다른 것이 10% 이하인 것	별도로 정하는 크기 구분표에서 크기가 다른 것이 20% 이하인 것	특·상에 미달하는 것
모 양	품종 고유의 모양인 것	품종 고유의 모양인 것	특·상에 미달하는 것
색 택	품종 고유의 선명한 색택으로 윤기가 뛰어난 것	품종 고유의 선명한 색택으로 윤기가 양호한 것	특·상에 미달하는 것
손 질	흙 등 이물이 잘 제거된 것	흙 등 이물이 제거된 것	특·상에 미달하는 것
중결점과	없는 것	없는 것	5% 이하인 것(부패·변질구는 포함할 수 없음)
경결점과	5% 이하인 것	10% 이하인 것	20% 이하인 것

[양파의 크기 구분]

구 분 \ 호 칭	2L	L	M	S
1구의 지름(cm)	9 이상	8 이상~9 미만	6 이상~8 미만	6 미만
1개의 무게(g)	340 이상	230 이상~340 미만	110 이상~230 미만	110 미만

③ 용어의 정의

㉠ 중결점구는 다음의 것을 말한다.

- 부패·변질구 : 엽육이 부패 또는 변질된 것
- 병충해 : 병해충의 피해가 있는 것
- 상해구 : 자상, 압상이 육질에 미친 것, 심하게 오염된 것
- 형상불량구 : 쌍구, 열구, 이형구, 싹이 난 것, 추대된 것
- 기타 : 경결점구에 속하는 사항으로 그 피해가 현저한 것

㉡ 경결점구는 다음의 것을 말한다.

- 품종 고유의 모양이 아닌 것
- 병해충의 피해가 외피에 그친 것
- 상해 및 기타 결점의 정도가 경미한 것

(28) 마 늘

① 적용 범위 : 본 규격은 국내에서 생산되어 신선한 상태로 유통되는 마늘(통마늘, 풋마늘)에 적용하며, 가공용 또는 수출용에는 적용하지 않는다.

② 등급규격

항목 \ 등급	특	상	보통
낱개의 고르기	별도로 정하는 크기 구분표에서 크기가 다른 것이 10% 이하인 것. 단, 크기 구분표의 해당 크기에서 1단계를 초과할 수 없다.	별도로 정하는 크기 구분표에서 크기가 다른 것이 20% 이하인 것. 단, 크기 구분표의 해당 크기에서 1단계를 초과할 수 없다.	특·상에 미달하는 것
모 양	품종 고유의 모양이 뛰어나며, 각 마늘쪽이 충실하고 고른 것	품종 고유의 모양을 갖추고 각 마늘쪽이 대체로 충실하고 고른 것	특·상에 미달하는 것
손 질	• 통마늘의 줄기는 마늘통으로부터 2.0cm 이내로 절단한 것 • 풋마늘의 줄기는 마늘통으로부터 5.0cm 이내로 절단한 것		
열구 (난지형에 한한다)	20% 이하인 것	30% 이하인 것	특·상에 미달하는 것
쪽마늘	4% 이하인 것	10% 이하인 것	15% 이하인 것
중결점과	없는 것	없는 것	5% 이하인 것(부패·변질구는 포함할 수 없음)
경결점과	5% 이하인 것	10% 이하인 것	20% 이하인 것

[마늘의 크기 구분]

구분 \ 호칭			2L	L	M	S
1개의 지름 (cm)	한지형		5.0 이상	4.0 이상~5.0 미만	3.0 이상~4.0 미만	2.0 이상~3.0 미만
	난지형	남도종	5.5 이상	4.5 이상~5.5 미만	4.0 이상~4.5 미만	3.5 이상~4.0 미만
		대서종	6.0 이상	5.0 이상~6.0 미만	4.0 이상~5.0 미만	3.5 이상~4.0 미만

※ 크기는 마늘통의 최대 지름을 말한다.

③ 용어의 정의

㉠ 마늘의 구분은 다음과 같다.

- 통마늘 : 적당히 건조되어 저장용으로 출하되는 마늘
- 풋마늘 : 수확 후 신선한 상태로 출하되는 마늘(4~6월중에 출하되는 것에 한함)

㉡ 열구 : 마늘쪽의 일부 또는 전부가 줄기로부터 벌어져 있는 것으로 포장단위 전체 마늘에 대한 개수 비율을 말한다. 단, 마늘통 높이의 3/4 이상이 외피에 싸여 있는 것은 제외한다.

㉢ 쪽마늘 : 포장단위별로 전체 마늘 중 마늘통의 줄기로부터 떨어져 나온 마늘쪽을 말한다.

㉣ 중결점구는 다음의 것을 말한다.

- 병충해구 : 병충해의 증상이 뚜렷하거나 진행성인 것
- 부패·변질구 : 육질이 부패 또는 변질된 것
- 형상불량구 : 기형 및 벌마늘(완전한 줄기가 2개 이상 발생한 2차 생성구), 싹이 난 것, 뿌리가 난 것
- 상해구 : 기계적 손상이 마늘쪽의 육질에 미친 것

㉤ 경결점구는 다음의 것을 말한다.
- 마늘쪽이 마늘통의 줄기로부터 1/4 이상 떨어져 나간 것
- 외피에 기계적 손상을 입은 것
- 뿌리 턱이 빠진 것
- 기타 중결점구에 속하지 않는 결점이 있는 것

(29) 무

① 적용 범위 : 본 규격은 국내에서 생산되어 신선한 상태로 유통되는 무에 적용하며, 가공용 또는 수출용에는 적용하지 않는다.

② 등급규격

항목 \ 등급	특	상	보통
낱개의 고르기	별도로 정하는 크기 구분표에서 무게가 다른 것이 10% 이하인 것	별도로 정하는 크기 구분표에서 무게가 다른 것이 20% 이하인 것	특·상에 미달하는 것
모 양	껍질이 매끄러우며 잔뿌리가 적은 것	껍질이 매끄러우며 잔뿌리가 적은 것	특·상에 미달하는 것
신선도	뿌리가 시들지 아니하고 싱싱하며 청결한 것	뿌리가 시들지 아니하고 싱싱하며 청결한 것	특·상에 미달하는 것
잎 길이	저장 무는 3.0cm 이하(김장용은 적용하지 아니 함)		
중결점	없는 것	없는 것	5% 이하인 것(부패·변질된 것은 포함할 수 없음)
경결점	5% 이하인 것	10% 이하인 것	20% 이하인 것

[무의 무게 구분]

구분 \ 호칭	2L	L	M	S
1개의 무게(kg)	3.0 이상	2.0 이상	1.5 이상	1.5 미만

③ 용어의 정의

㉠ 중결점은 다음의 것을 말한다.
- 부패·변질 : 뿌리가 부패 또는 변질된 것
- 병해, 충해, 냉해 등의 피해가 있는 것
- 형상불량 : 부러진 것, 심하게 굽은 것, 원뿌리가 2개 이상인 것, 쪼개진 것, 바람들이가 있는 것, 추대된 것
- 기타 : 기타 경결점에 속하는 사항으로 그 피해가 현저한 것

㉡ 경결점은 다음의 것을 말한다.
- 품종 고유의 모양이 아닌 것
- 병해충의 피해가 외피에 그친 것
- 상해 및 기타 결점의 정도가 경미한 것

(30) 결구배추

① 적용 범위 : 본 규격은 국내에서 생산되어 신선한 상태로 유통되는 결구배추에 적용하며, 가공용 또는 수출용에는 적용하지 않는다.

② 등급규격

항 목 \ 등 급	특	상	보 통
낱개의 고르기	별도로 정하는 크기 구분표에서 무게가 다른 것이 섞이지 않은 것	별도로 정하는 크기 구분표에서 무게가 다른 것이 섞이지 않은 것	특·상에 미달하는 것
색 택	양손으로 만져 단단한 정도가 뛰어난 것	양손으로 만져 단단한 정도가 양호한 것	특·상에 미달하는 것
신선도	잎이 시들지 아니하고 싱싱하며 청결한 것	잎이 시들지 아니하고 싱싱하며 청결한 것	특·상에 미달하는 것
다듬기	겉잎과 오염된 잎을 제거하고 뿌리를 깨끗이 자른 것	겉잎과 오염된 잎을 제거하고 뿌리를 깨끗이 자른 것	특·상에 미달하는 것
중결점	없는 것	없는 것	5% 이하인 것(부패·변질된 것은 포함할 수 없음)
경결점	없는 것	없는 것	20% 이하인 것

[결구배추의 크기 구분]

구 분 \ 호 칭		2L	L	M	S
1개의 무게 (kg)	일반배추	4.0 이상	3.0 이상~4.0 미만	2.0 이상~3.0 미만	2.0 미만
	고랭지배추	3.0 이상	2.0 이상~3.0 미만	1.0 이상~2.0 미만	1.0 미만

※ 일반배추는 봄·가을배추, 월동배추를 말한다.

③ 용어의 정의

㉠ 중결점은 다음의 것을 말한다.

- 부패·변질 : 배추잎이 부패 또는 변질된 것
- 병충해 : 병해, 충해 등의 피해가 있는 것
- 냉해, 상해 등이 있는 것. 다만, 경미한 것은 제외한다.
- 모양 : 개열된 것, 추대된 것, 모양이 심히 불량한 것
- 기타 : 경결점에 속하는 사항으로 그 피해가 현저한 것

㉡ 경결점은 다음의 것을 말한다.

- 품종 고유의 모양이 아닌 것
- 병해충의 피해가 외피에 그친 것
- 상해 및 기타 결점의 정도가 경미한 것

(31) 양배추

① 적용 범위 : 본 규격은 국내에서 생산되어 신선한 상태로 유통되는 양배추에 적용하며, 가공용 또는 수출용에는 적용하지 않는다.

② 등급규격

항목 \ 등급	특	상	보통
낱개의 고르기	별도로 정하는 크기 구분표에서 무게가 다른 것이 섞이지 않은 것	별도로 정하는 크기 구분표에서 무게가 다른 것이 섞이지 않은 것	특·상에 미달하는 것
결 구	양손으로 만져 단단한 정도가 뛰어난 것	양손으로 만져 단단한 정도가 양호한 것	특·상에 미달하는 것
신선도	잎이 시들지 아니하고 싱싱하며 청결한 것	잎이 시들지 아니하고 싱싱하며 청결한 것	특·상에 미달하는 것
다듬기	겉잎과 오염된 잎을 제거하고 뿌리를 깨끗하게 자른 것	겉잎과 오염된 잎을 제거하고 뿌리를 깨끗하게 자른 것	특·상에 미달하는 것
중결점	없는 것	없는 것	5% 이하인 것(부패·변질된 것은 포함할 수 없음)
경결점	없는 것	없는 것	20% 이하인 것

[양배추의 크기 구분]

구분 \ 호칭	2L	L	M	S
1개의 무게(kg)	3.0 이상	2.0 이상	1.0 이상	1.0 미만

③ 용어의 정의

㉠ 중결점은 다음의 것을 말한다.

- 부패·변질 : 양배추잎이 부패 또는 변질된 것
- 병충해 : 병해, 충해 등의 피해가 있는 것
- 냉해, 상해 등이 있는 것. 다만, 경미한 것은 제외한다.
- 모양 : 개열된 것, 추대된 것, 모양이 심히 불량한 것
- 기타 : 경결점에 속하는 사항으로 그 피해가 현저한 것

㉡ 경결점은 다음의 것을 말한다.

- 품종 고유의 모양이 아닌 것
- 병충해가 외피에 그친 것
- 상해 및 기타 결점의 정도가 경미한 것

(32) 당 근

① 적용 범위 : 본 규격은 국내에서 생산되어 신선한 상태로 유통되는 당근에 적용하며, 가공용 또는 수출용에는 적용하지 않는다.

② 등급규격

항 목 \ 등 급	특	상	보 통
낱개의 고르기	별도로 정하는 크기 구분표에서 무게가 다른 것이 10% 이하인 것	별도로 정하는 크기 구분표에서 무게가 다른 것이 20% 이하인 것	특·상에 미달하는 것
색 택	품종 고유의 색택이 뛰어난 것	품종 고유의 색택이 양호한 것	특·상에 미달하는 것
모 양	표면이 매끈하고 꼬리 부위의 비대가 양호한 것	표면이 매끈하고 꼬리 부위의 비대가 양호한 것	특·상에 미달하는 것
손 질	잎은 1.0cm 이하로 자르고 흙과 수염뿌리를 제거한 것	잎은 1.0cm 이하로 자르고 흙과 수염뿌리를 제거한 것	잎은 1.0cm 이하로 자른 것
중결점과	없는 것	없는 것	5% 이하인 것(부패·변질된 것은 포함할 수 없음)
경결점과	5% 이하인 것	10% 이하인 것	20% 이하인 것

[당근의 크기 구분]

구 분 \ 호 칭	2L	L	M	S
1개의 무게(g)	250 이상	200 이상~250 미만	150 이상~200 미만	100 이상~150 미만

③ 용어의 정의

㉠ 중결점은 다음의 것을 말한다.

- 부패·변질 : 뿌리가 부패 또는 변질된 것
- 병해, 충해, 냉해 등의 피해가 있는 것
- 형상불량 : 부러진 것, 심하게 굽은 것, 원뿌리가 2개 이상인 것, 쪼개진 것, 바람들이가 있는 것, 녹변이 심한 것
- 기타 : 기타 경결점에 속하는 사항으로 그 피해가 현저한 것

㉡ 경결점은 다음의 것을 말한다.

- 품종 고유의 모양이 아닌 것
- 병충해가 외피에 그친 것
- 상해 및 기타 결점의 정도가 경미한 것

(33) 녹색꽃양배추(브로콜리)

① 적용 범위 : 본 규격은 국내에서 생산되어 신선한 상태로 유통되는 녹색꽃양배추(브로콜리)에 적용하며, 가공용 또는 수출용에는 적용하지 않는다.

② 등급규격

항 목 \ 등 급	특	상	보 통
낱개의 고르기	별도로 정하는 크기 구분표에서 무게가 다른 것이 섞이지 않은 것	별도로 정하는 크기 구분표에서 무게가 다른 것이 섞이지 않은 것	특·상에 미달하는 것
결 구	양손으로 만져 단단한 정도가 뛰어난 것	양손으로 만져 단단한 정도가 양호한 것	특·상에 미달하는 것
신선도	화구가 황화되지 아니하고 싱싱하며 청결한 것	화구가 황화되지 아니하고 싱싱하며 청결한 것	화구의 황화 정도가 전체 면적의 5% 이하인 것
다듬기	화구 줄기 7cm 이하에 나머지 부위는 깨끗하게 다듬은 것	화구 줄기 7cm 이하에 나머지 부위는 깨끗하게 다듬은 것	특·상에 미달하는 것
중결점	없는 것	없는 것	10% 이하인 것(부패·변질된 것은 포함할 수 없음)
경결점	없는 것	없는 것	20% 이하인 것

[녹색꽃양배추(브로콜리)의 크기 구분]

구 분 \ 호 칭	2L	L	M	S
화구 1개의 무게(g)	330 이상	330 미만	270 미만	200 미만

③ 용어의 정의

㉠ 중결점은 다음의 것을 말한다.

- 부패·변질 : 화구와 줄기가 부패 또는 변질된 것
- 병충해 : 병해, 충해 등의 피해가 있는 것
- 냉해, 상해 등이 있는 것. 다만, 경미한 것은 제외한다.
- 모양 : 화구의 모양이 심히 불량한 것
- 기타 : 경결점에 속하는 사항으로 그 피해가 현저한 것

㉡ 경결점은 다음의 것을 말한다.

- 품종 고유의 모양이 아닌 것
- 병충해가 외피에 그친 것
- 상해 및 기타 결점의 정도가 경미한 것

(34) 비 트

① 적용 범위 : 본 규격은 국내에서 생산되어 신선한 상태로 유통되는 비트에 적용하며, 가공용 또는 수출용에는 적용하지 않는다.

② 등급 규격

항 목 \ 등 급	특	상	보 통
낱개의 고르기	별도로 정하는 크기 구분표에서 무게가 다른 것이 10% 이하인 것. 단, 크기 구분표의 해당 크기에서 1단계를 초과할 수 없음	별도로 정하는 크기 구분표에서 무게가 다른 것이 20% 이하인 것. 단, 크기 구분표의 해당 크기에서 1단계를 초과할 수 없음	특·상에 미달하는 것
신선도	손으로 만져 단단한 정도가 뛰어난 것	손으로 만져 단단한 정도가 적당한 것	특·상에 미달하는 것
손 질	흙, 줄기 등 이물질 제거 정도가 뛰어나고 표면이 적당히 건조된 것	흙, 줄기 등 이물질 제거 정도가 뛰어나고 표면이 적당히 건조된 것	특·상에 미달하는 것
중결점	없는 것	없는 것	5% 이하인 것(부패·변질된 것은 포함할 수 없음)
경결점	5% 이하인 것	10% 이하인 것	20% 이하인 것

[비트의 크기 구분]

구 분 \ 호 칭	2L	L	M	S
1개의 무게(g)	600 이상	500 이상~600 미만	400 이상~500 미만	400 미만

③ 용어의 정의

㉠ 중결점은 다음의 것을 말한다.

- 부패·변질 : 비트 표면 및 과육이 부패 또는 변질된 것
- 병충해 : 병해, 충해 등의 피해가 있는 것
- 상해 등이 있는 것. 다만, 경미한 것은 제외한다.
- 모양 : 열개된 것, 모양이 심히 불량한 것
- 기타 : 경결점에 속하는 사항으로 그 피해가 현저한 것

㉡ 경결점은 다음의 것을 말한다.

- 품종 고유의 모양이 아닌 것
- 병충해가 외피에 그친 것
- 상해 및 기타 결점의 정도가 경미한 것

(35) 감 자

① 적용 범위 : 본 규격은 국내에서 생산되어 신선한 상태로 유통되는 감자에 적용하며, 가공용 또는 수출용에는 적용하지 않는다.

② 등급규격

항 목 \ 등 급	특	상	보 통
낱개의 고르기	별도로 정하는 크기 구분표에서 무게가 다른 것이 10% 이하인 것	별도로 정하는 크기 구분표에서 무게가 다른 것이 20% 이하인 것	특·상에 미달하는 것
손 질	흙 등 이물질 제거 정도가 뛰어나고 표면이 적당하게 건조된 것	흙 등 이물질 제거 정도가 양호하고 표면이 적당하게 건조된 것	특·상에 미달하는 것
중결점	없는 것	없는 것	5% 이하인 것(부패·변질된 것은 포함할 수 없음)
경결점	5% 이하인 것	10% 이하인 것	20% 이하인 것

[감자의 크기 구분]

품 종 \ 호 칭		3L	2L	L	M	S	2S
1개의 무게 (g)	수미 및 이와 유사한 품종	280 이상	220 이상 ~280 미만	160 이상 ~220 미만	100 이상 ~160 미만	40 이상 ~100 미만	40 미만
	대지 및 이와 유사한 품종	500 이상	400 이상 ~500 미만	300 이상 ~400 미만	200 이상 ~300 미만	40 이상 ~200 미만	40 미만

③ 용어의 정의

㉠ 중결점은 다음의 것을 말한다.

- 이품종 : 품종이 다른 것
- 부패·변질 : 감자가 부패 또는 변질된 것
- 병충해 : 둘레썩음병, 겹둥근무늬병, 더뎅이병, 굼벵이 등의 피해가 육질까지 미친 것
- 상해 : 열상, 자상 등 상처가 있는 것. 다만, 경미하거나 상처 부위가 아문 것은 제외한다.
- 기형 : 2차 생장 등 그 형상불량 정도가 현저한 것
- 싹이 난 것, 광선에 의해 녹변된 것 등 그 피해가 현저한 것

㉡ 경결점은 다음의 것을 말한다.

- 품종 고유의 모양이 아닌 것
- 병충해가 외피에 그친 것
- 상해 및 기타 결점의 정도가 경미한 것

(36) 고구마

① 적용 범위 : 본 규격은 국내에서 생산되어 신선한 상태로 유통되는 고구마에 적용하며, 가공용 또는 수출용에는 적용하지 않는다.

② 등급규격

항 목 \ 등 급	특	상	보 통
낱개의 고르기	별도로 정하는 크기 구분표에서 무게가 다른 것이 10% 이하인 것	별도로 정하는 크기 구분표에서 무게가 다른 것이 20% 이하인 것	특·상에 미달하는 것
손 질	흙, 줄기 등 이물질 제거 정도가 뛰어나고 표면이 적당하게 건조된 것	흙, 줄기 등 이물질 제거 정도가 양호하고 표면이 적당하게 건조된 것	흙, 줄기 등 이물질을 제거하고 표면이 적당하게 건조된 것
중결점	없는 것	없는 것	5% 이하인 것(부패·변질된 것은 포함할 수 없음)
경결점	5% 이하인 것	10% 이하인 것	20% 이하인 것

[고구마의 크기 구분]

구 분 \ 호 칭	2L	L	M	S
1개의 무게(g)	250 이상	150 이상~250 미만	100 이상~150 미만	40 이상~100 미만

※ 호칭과 병행하여 장폭비(길이 ÷ 두께)가 3.0 이하인 것이 80% 이상은 "둥근형", 3.1 이상인 것이 80% 이상은 "긴형"의 형태를 표기할 수 있다.

③ 용어의 정의

㉠ 중결점은 다음의 것을 말한다.

- 이품종 : 품종이 다른 것
- 부패·변질 : 고구마가 부패 또는 변질된 것
- 병충해 : 검은무늬병, 검은점박이병, 근부병, 굼벵이 등의 피해가 육질까지 미친 것
- 자상, 찰상 등 상처가 심한 것

㉡ 경결점은 다음의 것을 말한다.

- 품종 고유의 모양이 아닌 것
- 병충해가 외피에 그친 것
- 상해 및 기타 결점의 정도가 경미한 것

(37) 참 깨

① 적용 범위 : 본 규격은 국내에서 생산되어 신선한 상태로 유통되는 참깨에 적용하며, 가공용 또는 수출용에는 적용하지 않는다.

② 등급규격

항 목 \ 등 급	특	상	보 통
모 양	품종 고유의 모양과 색택을 갖춘 것으로 껍질이 얇고, 충실하며 고르고 윤기가 있는 것		특·상에 미달하는 것
수 분	10.0% 이하인 것	10.0% 이하인 것	10.0% 이하인 것
용적중(g/L)	600 이상인 것	580 이상인 것	550 이상인 것
이종피색립	1.0% 이하인 것	2.0% 이하인 것	5.0% 이하인 것
이 물	1.0% 이하인 것	2.0% 이하인 것	5.0% 이하인 것
조 건	생산 연도가 다른 참깨가 혼입된 경우나, 수확 연도로부터 1년이 경과되면 "특"이 될 수 없음		

③ 용어의 정의

㉠ 백분율(%) : 전량에 대한 무게의 비율을 말한다.

㉡ 용적중 : [별표 6] 항목별 품위계측 및 감정방법에 따라 측정한 1L의 무게를 말한다.

㉢ 이종피색립 : 껍질의 색깔이 현저하게 다른 참깨를 말한다.

㉣ 이물 : 참깨 외의 것을 말한다.

(38) 피땅콩

① 적용 범위 : 본 규격은 국내에서 생산되어 유통되는 피땅콩을 대상으로 하며, 가공용 또는 수출용에는 적용하지 않는다.

② 등급규격

항 목 \ 등 급	특	상	보 통
모 양	품종 고유의 모양과 색택으로 크기가 균일하고 충실한 것		특·상에 미달하는 것
수 분	10.0% 이하인 것	10.0% 이하인 것	10.0% 이하인 것
빈 꼬투리	3.0% 이하인 것	5.0% 이하인 것	10.0% 이하인 것
피해 꼬투리	3.0% 이하인 것	5.0% 이하인 것	10.0% 이하인 것
이 물	0.5% 이하인 것	1.0% 이하인 것	2.0% 이하인 것

③ 용어의 정의

㉠ 백분율(%) : 전량에 대한 무게의 비율을 말한다.

㉡ 빈 꼬투리 : 수정불량 등으로 알땅콩이 정상 발육되지 않은 것

㉢ 피해꼬투리 : 병해충, 부패, 변질, 파손 등 알땅콩에 영향을 현저하게 미친 것

㉣ 이물 : 땅콩 외의 것을 말한다.

(39) 알땅콩

① 적용범위 : 본 규격은 국내에서 생산되어 유통되는 알땅콩을 대상으로 하며, 가공용 또는 수출용에는 적용하지 않는다.

② 등급규격

항목 \ 등급	특	상	보통
낟개의 고르기	별도로 정하는 크기 구분표에서 "L"인 것이 95% 이상인 것	별도로 정하는 크기 구분표에서 "L", "M"인 것이 90% 이상인 것	특·상에 미달하는 것
모 양	낟알의 모양과 크기가 균일하고 충실하며 껍질 벗겨진 것이 5.0% 이하인 것	낟알의 모양과 크기가 균일하고 충실하며 껍질 벗겨진 것이 10.0% 이하인 것	특·상에 미달하는 것
수 분	9.0% 이하인 것	9.0% 이하인 것	9.0% 이하인 것
피해립	3.0% 이하인 것	5.0% 이하인 것	10.0% 이하인 것
이 물	0.1% 이하인 것	0.5% 이하인 것	1.0% 이하인 것

[알땅콩의 크기 구분]

구분 \ 호칭	L	M	S
1립의 무게(g)	0.7 이상	0.4 이상~0.7 미만	0.4 미만

③ 용어의 정의

㉠ 백분율(%) : 전량에 대한 무게의 비율을 말한다.

㉡ 피해립 : 부패·변질립, 병충해립, 발아립, 미숙립, 깨진립 등을 말한다. 다만, 피해 정도가 경미하여 품질에 영향을 미치지 않는 것은 제외한다.

㉢ 이물 : 알땅콩 외의 것을 말한다.

(40) 들 깨

① 적용범위 : 본 규격은 국내에서 생산되어 유통되는 들깨에 적용하며, 가공용 또는 수출용에는 적용하지 않는다.

② 등급규격

항목 \ 등급	특	상	보통
모 양	낟알의 모양과 크기가 균일하고 충실한 것		특·상에 미달하는 것
수 분	10.0% 이하인 것	10.0% 이하인 것	10.0% 이하인 것
용적중(g/L)	500 이상인 것	470 이상인 것	440 이상인 것
피해립	0.5% 이하인 것	1.0% 이하인 것	2.0% 이하인 것
이종곡립	0.0% 이하인 것	0.3% 이하인 것	0.5% 이하인 것
이종피색립	2.0% 이하인 것	5.0% 이하인 것	10.0% 이하인 것
이 물	0.5% 이하인 것	1.0% 이하인 것	2.0% 이하인 것
조 건	생산 연도가 다른 들깨가 혼입된 경우나, 수확 연도로부터 1년이 경과되면 "특"이 될 수 없음		

③ 용어의 정의

㉠ 백분율(%) : 전량에 대한 무게의 비율을 말한다.

㉡ 용적중 : [별표 6] 항목별 품위계측 및 감정방법에 따라 측정한 1L의 무게를 말한다.

㉢ 피해립 : 병해립, 충해립, 변질립, 변색립, 파쇄립 등을 말한다. 다만, 들깨 품위에 영향을 미치지 아니할 정도의 것은 제외한다.

㉣ 이종곡립 : 들깨 외의 다른 곡립을 말한다.

㉤ 이종피색립 : 껍질의 색깔이 현저하게 다른 들깨를 말한다.

㉥ 이물 : 들깨 외의 것을 말한다.

(41) 수 삼

① 적용 범위 : 본 규격은 국내에서 재배·생산되어 신선한 상태로 유통되는 4년근 이상의 수삼에 적용하며, 가공용 또는 수출용에는 적용하지 않는다.

② 등급규격

항목＼등급	특	상	보 통
낱개의 고르기	별도로 정하는 크기 구분표에서 무게가 다른 것이 10% 이하인 것. 단, 크기 구분표의 해당 무게에서 1단계를 초과할 수 없다.	별도로 정하는 크기 구분표에서 무게가 다른 것이 15% 이하인 것	별도로 정하는 크기 구분표에서 무게가 다른 것이 30% 이하인 것
모 양	수삼의 고유 형태인 머리, 몸통, 다리의 모양을 갖춘 것	수삼의 고유 형태인 머리, 몸통, 다리의 모양을 갖춘 것	특·상에 미달하는 것
육 질	조직이 치밀하고 탄력이 있는 것	조직이 치밀하고 탄력이 있는 것	특·상에 미달하는 것
색 택	표피의 색이 연한 황색 또는 황백색인 것	표피의 색이 연한 황색 또는 황백색인 것	특·상에 미달하는 것
손 질	• 수삼 : 흙 등 이물질이 적당히 제거된 것 • 세척수삼 : 흙 등 이물질이 완전히 제거된 것	• 수삼 : 흙 등 이물질이 적당히 제거된 것 • 세척수삼 : 흙 등 이물질이 완전히 제거된 것	특·상에 미달하는 것
신선도	수확당시 수준의 신선도를 유지하고 있는 것	수확당시 수준의 신선도를 유지하고 있는 것	특·상에 미달하는 것
중결점	없는 것	없는 것	10% 이하인 것(부패·변질된 것은 포함할 수 없음)
경결점	5% 이하인 것	10% 이하인 것	20% 이하인 것

[수삼의 크기 구분]

구분＼호칭	2L	L	M	S
개체(1뿌리)당 무게(g)	94 이상	68 이상~94 미만	50 이상~68 미만	50 미만
750g당 뿌리수	8 이하	9 이상~11 미만	12 이상~15 미만	16 이상

③ 용어의 정의

㉠ 중결점은 은피삼, 주름삼, 결빙된 삼, 눈(芽)이 완전히 개열된 삼, 상해, 충해, 적변삼, 균열삼 등으로 품위에 영향을 미치는 정도가 현저한 것을 말한다.

㉡ 경결점은 다음의 것으로 품위에 영향을 미치는 정도가 경미한 것을 말한다.

- 상해·충해 : 피해 정도가 몸통면적의 5% 이하인 것
- 적변삼 : 표피가 몸통면적의 5% 이하로 붉게 변한 것
- 균열삼 : 균열의 길이가 1cm 이하인 것
- 난발삼 : 몸통이 거의 없고 뿌리가 수평으로 발달한 것("상" 이하에서는 적용하지 않음)

(42) 느타리버섯

① 적용범위 : 본 규격은 국내에서 생산되어 신선한 상태로 유통되는 느타리버섯, 애느타리버섯에 적용하며, 가공용 또는 수출용에는 적용하지 않는다.

② 등급규격

항목 \ 등급	특	상	보통
낱개의 고르기	느타리버섯, 애느타리버섯 : 별도로 정하는 크기 구분표에서 크기가 다른 것이 20% 이하인 것	느타리버섯, 애느타리버섯 : 별도로 정하는 크기 구분표에서 크기가 다른 것이 40% 이하인 것	특·상에 미달하는 것
갓의 모양	품종의 고유 형태와 색깔로 윤기가 있는 것	품종의 고유 형태와 색깔로 윤기가 있는 것	특·상에 미달하는 것
신선도	신선하고 탄력이 있는 것으로 갈변현상이 없고 고유의 향기가 뛰어난 것	신선하고 탄력이 있는 것으로 갈변현상이 없고 고유의 향기가 뛰어난 것	특·상에 미달하는 것
이 물	없는 것	없는 것	없는 것
중결점	없는 것	없는 것	5% 이하인 것(부패·변질된 것은 포함할 수 없음)
경결점	3% 이하인 것	5% 이하인 것	10% 이하인 것

[느타리버섯의 크기 구분]

구분 \ 호칭	2L	L	M	S
갓의 지름(cm)	6 이상	4 이상~6 미만	2 이상~4 미만	1 이상~2 미만

※ 갓의 지름 : 갓의 최대지름을 말한다(군생 버섯의 경우 가장 큰 갓의 최대지름을 말한다).

③ 용어의 정의

㉠ 낱개의 고르기는 포장단위별로 크기 구분표에서 크기가 다른 것의 무게비율을 말한다.

㉡ 결점 혼입율은 포장단위별로 전체 버섯 중 결점이 있는 버섯의 무게비율을 말한다.

㉢ 이물 : 느타리버섯 이외의 것을 말한다.

㉣ 중결점은 다음의 것을 말한다.

- 병충해 : 곰팡이, 달팽이, 버섯파리 등의 피해가 현저한 것
- 상해 : 갓 또는 자루의 손상 정도가 현저한 것

• 기형 : 버섯 모양의 변형이 현저한 것
• 부패 · 변질된 것, 기타 피해 정도가 현저한 것

㉤ 경결점은 병충해, 상해 및 기타 결점의 정도가 경미한 것을 말한다.

(43) 큰느타리버섯(새송이버섯)

① 적용 범위 : 본 규격은 국내에서 생산되어 신선한 상태로 유통되는 큰느타리버섯(새송이버섯)에 적용하며, 가공용 또는 수출용에는 적용하지 않는다.

② 등급규격

항 목 \ 등 급	특	상	보 통
낱개의 고르기	별도로 정하는 크기 구분표에서 무게가 다른 것의 혼입이 10% 이하인 것. 단, 크기 구분표의 해당 무게에서 1단계를 초과할 수 없다.	별도로 정하는 크기 구분표에서 무게가 다른 것의 혼입이 20% 이하인 것. 단, 크기 구분표의 해당 무게에서 1단계를 초과할 수 없다.	특 · 상에 미달하는 것
갓의 모양	갓은 우산형으로 개열되지 않고, 자루는 굵고 곧은 것	갓은 우산형으로 개열이 심하지 않으며, 자루가 대체로 굵고 곧은 것	특 · 상에 미달하는 것
갓의 색깔	품종 고유의 색깔을 갖춘 것	품종 고유의 색깔을 갖춘 것	특 · 상에 미달하는 것
신선도	육질이 부드럽고 단단하며 탄력이 있는 것으로 고유의 향기가 뛰어난 것	육질이 부드럽고 단단하며 탄력이 있는 것으로 고유의 향기가 양호한 것	특 · 상에 미달하는 것
피해품	5% 이하인 것	10% 이하인 것	20% 이하인 것
이 물	없는 것	없는 것	없는 것

[큰느타리버섯(새송이버섯)의 크기 구분]

구 분 \ 호 칭	L	M	S
1개의 무게(g)	90 이상	45 이상~90 미만	20 이상~45 미만

③ 용어의 정의

㉠ 낱개의 고르기는 포장단위별로 전체 버섯 중 크기 구분표에서 무게가 다른 것의 무게비율을 말한다.

㉡ 피해품은 포장단위별로 전체 버섯에 대한 무게비율을 말한다.
• 병충해품 : 곰팡이, 달팽이, 버섯파리 등 병해충의 피해가 있는 것. 다만 경미한 것은 제외한다.
• 상해품 : 갓 또는 자루가 손상된 것. 다만 경미한 것은 제외한다.
• 기형품 : 갓 또는 자루가 심하게 변형된 것
• 오염된 것 등 기타 피해의 정도가 현저한 것

㉢ 이물 : 새송이버섯 이외의 것

(44) 양송이버섯

① 적용범위 : 본 규격은 국내에서 생산되어 신선한 상태로 유통되는 양송이버섯에 적용하며, 가공용 또는 수출용에는 적용하지 않는다.

② 등급규격

항 목 \ 등 급	특	상	보 통
낱개의 고르기	별도로 정하는 크기 구분표에서 크기가 다른 것이 5% 이하인 것. 다만, 크기 구분표의 해당 크기에서 1단계를 초과할 수 없다.	별도로 정하는 크기 구분표에서 크기가 다른 것이 10% 이하인 것. 다만, 크기 구분표의 해당 크기에서 1단계를 초과할 수 없다.	특·상에 미달하는 것
갓의 모양	버섯 갓과 자루 사이의 피막이 떨어지지 아니하고 육질이 두껍고 단단하며 색택이 뛰어난 것	버섯 갓과 자루 사이의 피막이 떨어지지 아니하고 육질이 두껍고 단단하며 색택이 양호한 것	특·상에 미달하는 것
신선도	버섯 갓이 펴지지 않고 탄력이 있는 것	버섯 갓이 펴지지 않고 탄력이 있는 것	특·상에 미달하는 것
자루길이	1.0cm 이하로 절단된 것	2.0cm 이하로 절단된 것	특·상에 미달하는 것
이 물	없는 것	없는 것	없는 것
중결점	없는 것	없는 것	5% 이하인 것(부패·변질된 것은 포함할 수 없음)
경결점	3% 이하인 것	5% 이하인 것	20% 이하인 것

[양송이버섯의 크기 구분]

구 분 \ 호 칭	L	M	S
갓의 지름(cm)	5.0 이상	3.0 이상~5.0 미만	3.0 미만

※ 갓의 지름 : 갓의 최대지름을 말한다.

③ 용어의 정의

㉠ 낱개의 고르기는 포장단위별로 크기 구분표에서 크기가 다른 것의 무게비율을 말한다.

㉡ 자루 길이 : 피막과 자루가 접합된 지점부터 절단부위까지의 길이를 말한다.

㉢ 이물 : 양송이버섯 이외의 것을 말한다.

㉣ 결점 혼입율은 포장단위별로 전체 버섯 중 결점이 있는 버섯의 무게비율을 말한다.

㉤ 중결점은 다음의 것을 말한다.

- 병충해 : 갈색무늬병, 곰팡이 또는 세균성 무늬병, 버섯모기, 진드기 등 품질에 영향을 미치는 정도가 현저한 것
- 자상, 찰상 등의 정도가 현저한 것
- 기형 : 버섯 모양의 변형이 현저한 것
- 부패·변질된 것, 기타 피해 정도가 현저한 것

㉥ 경결점은 병충해 및 기타 결점의 정도가 경미한 것을 말한다.

(45) 팽이버섯

① 적용 범위 : 본 규격은 국내에서 생산되어 신선한 상태로 유통되는 팽이버섯에 적용하며, 가공용 또는 수출용에는 적용하지 않는다.

② 등급규격

항목 \ 등급	특	상	보통
갓의 모양	갓이 펴지지 않은 것	갓이 펴지지 않은 것	특·상에 미달하는 것
갓의 크기	갓의 최대 지름이 1.0cm 이상인 것이 5개 이내인 것(150g 기준)	갓의 최대 지름이 1.0cm 이상인 것이 20개 이내인 것(150g 기준)	적용하지 않음
색 택	품종 고유의 색택이 뛰어난 것	품종 고유의 색택이 양호한 것	특·상에 미달하는 것
신선도	육질의 탄력이 있으며 고유의 향기가 있는 것	육질의 탄력이 있으며 고유의 향기가 있는 것	특·상에 미달하는 것
이 물	없는 것	없는 것	없는 것
중결점	없는 것	없는 것	5% 이하인 것(부패·변질된 것은 포함할 수 없음)
경결점	3% 이하인 것	5% 이하인 것	10% 이하인 것

③ 용어의 정의

㉠ 이물 : 팽이버섯 이외의 것을 말한다. 다만, 부착된 배지는 제외한다.

㉡ 결점 혼입율은 포장단위별로 전체 버섯 중 결점이 있는 버섯의 무게비율을 말한다.

㉢ 중결점은 다음의 것을 말한다.

- 병충해 : 세균, 곰팡이, 버섯파리 등이 품질에 영향을 미치는 정도가 심한 것
- 갓 또는 자루의 손상 정도가 현저한 것
- 기형 : 갓 모양의 변형이 현저한 것
- 부패·변질된 것, 기타 피해 정도가 현저한 것

㉣ 경결점과는 병충해 및 기타 결점의 정도가 경미한 것을 말한다.

(46) 영지버섯

① 적용 범위 : 본 규격은 국내에서 생산되어 건조한 상태로 유통되는 원형 및 절편 영지버섯에 적용하며, 가공용 또는 수출용에는 적용하지 않는다.

② 등급규격

항 목 \ 등 급	특	상	보 통
낱개의 고르기	• 원형 : 별도로 정하는 크기 구분표에서 크기가 다른 것이 섞이지 않은 것 • 절편 : 절편길이가 9.0cm 이상인 것이 40% 이상이고, 5.0cm 이하인 것이 10% 이하인 것	• 원형 : 별도로 정하는 크기 구분표에서 크기가 다른 것이 섞이지 않은 것 • 절편 : 절편길이가 7.0cm 이상인 것이 40% 이상이고, 5.0cm 이하인 것이 10% 이하인 것	특·상에 미달하는 것
갓의 모양	품종 고유의 모양과 색택을 갖추고 조직이 단단한 것	품종 고유의 모양과 색택을 갖추고 조직이 단단한 것	특·상에 미달하는 것
절편의 넓이	2~8mm인 것	2~8mm인 것	2~8mm인 것
갓의 두께	1.0cm 이상인 것	0.7cm 이상인 것	적용하지 않음
자루길이	2.0cm 이하인 것	3.0cm 이하인 것	3.0cm 이하인 것
수 분	13.0% 이하인 것	13.0% 이하인 것	13.0% 이하
이 물	없는 것	없는 것	없는 것
중결점	없는 것	없는 것	5% 이하인 것(부패·변질된 것은 포함할 수 없음)
경결점	없는 것	5% 이하인 것	10% 이하인 것

[영지버섯의 크기 구분]

구 분 \ 호 칭	L	M	S
갓의 지름(cm)	15 이상	10 이상~15 미만	5 이상~10 미만

※ 갓의 지름 : 갓의 최대지름을 말한다.

③ 용어의 정의

㉠ 낱개의 고르기는 포장단위별로 크기 구분표에서 크기가 다른 것의 무게비율을 말한다.

㉡ 절편의 넓이 : 가장 넓은 곳의 크기 말한다.

㉢ 갓의 크기 : 갓의 가장 넓은 직경을 말한다.

㉣ 갓의 두께 : 정상적인 버섯 10개의 평균 두께를 말한다.

㉤ 자루길이 : 갓의 하단 부위에서 자루 절단부위까지의 길이를 말한다.

㉥ 이물 : 영지버섯 외의 것을 말한다.

㉦ 결점 혼입율은 포장단위별로 전체 버섯 중 결점이 있는 버섯의 무게비율을 말한다.

㉧ 중결점은 다음의 것을 말한다.

- 병충해, 부패·변질 등이 품질에 영향을 미치는 정도가 현저한 것
- 갓의 변형 정도가 심한 것
- 기타 피해의 정도가 심한 것

㉨ 경결점은 병충해 및 기타 결점의 정도가 경미한 것을 말한다.

(47) 쌀

쌀의 표준규격은 양곡관리법 시행규칙 제7조의3(양곡의 표시사항 등)에 따라 농림축산식품부장관이 고시하는 '쌀의 등급 및 단백질 함량기준' [별표 1] 쌀 등급 기준에 따르고, 국내에서 생산하여 유통되는 멥쌀에 적용하며, 가공용・수출용에는 적용하지 않는다.

(48) 찹 쌀

① 등급규격

항 목 \ 등 급	특	상	보 통
모 양	강층이 완전히 제거되고 낟알의 윤기가 뛰어나고, 충실한 것	강층이 완전히 제거되고 낟알의 윤기가 뛰어나고, 충실한 것	특・상에 미달하는 것
냄 새	곰팡이 및 묵은 냄새가 없는 것	곰팡이 및 묵은 냄새가 없는 것	곰팡이 및 묵은 냄새가 없는 것
수 분	16.0% 이하인 것	16.0% 이하인 것	16.0% 이하인 것
멥쌀혼입	3.0% 이하인 것	8.0% 이하인 것	15.0% 이하인 것
싸라기	3.0% 이하인 것	7.0% 이하인 것	20.0% 이하인 것
피해립	1.0% 이하인 것	2.0% 이하인 것	6.0% 이하인 것
열손립	0.0% 이하인 것	0.1% 이하인 것	0.5% 이하인 것
기타 이물	0.1% 이하인 것	0.3% 이하인 것	1.0% 이하인 것
조 건	생산 연도가 다른 찹쌀이 혼입된 경우나, 수확 연도로부터 1년이 경과되면 "특"이 될 수 없음		

② 용어의 정의

㉠ 백분율(%) : 전량에 대한 무게의 비율을 말한다.

㉡ 수분 : 105℃ 건조법 또는 이와 동등한 결과를 얻을 수 있는 방법에 의하여 측정한 함수율을 말한다.

㉢ 멥쌀혼입 : 찹쌀 속에 포함된 멥쌀을 말한다.

㉣ 싸라기 : 1.7mm 금속망 체(KS A 5101-1 시험용체 규격)로 쳐서 체 위에 남는 것 중 완전한 낟알 평균길이의 3/4 미만의 깨진 낟알을 말한다.

㉤ 피해립 : 오염된 낟알, 병해립, 충해립, 발아립, 생리장해립, 적조 및 흑조가 낟알 길이의 1/4 이상 부착된 낟알을 말한다. 다만, 피해가 경미하여 쌀의 품질에 영향을 미치지 아니할 정도의 것은 제외한다.

㉥ 열손립 : 열에 의하여 변색 또는 손상된 낟알을 말하며 미립표면적 1/4 이상이 주황색(한국표준색표집 2.5Y8/4기준 이상)으로 착색된 것을 말한다. 다만, 착색된 정도가 주황색 기준 이하이거나 1/4 미만인 것은 피해립으로 적용한다.

㉦ 기타 이물 : 찹쌀 이외의 것과 1.7mm 금속망 체(KS A 5101-1 시험용체 규격)로 쳐서 통과되는 것을 말한다. 다만, 돌, 광물질의 고형물은 3반복 조사 합산하여 1개 이내이어야 한다.

(49) 현 미

① 등급규격

항 목 \ 등 급	특	상	보 통
모 양	품종 고유의 모양으로 낟알 표면의 긁힘이 거의 없고 광택이 뛰어나며 낟알이 충실하고 고른 것	품종 고유의 모양으로 낟알 표면의 긁힘이 거의 없고 광택이 뛰어나며 낟알이 충실하고 고른 것	특·상에 미달하는 것
용적중(g/L)	810 이상인 것	800 이상인 것	780이상인 것
정 립	85.0% 이상인 것	75.0% 이상인 것	70.0% 이상인 것
수 분	16.0% 이하인 것	16.0% 이하인 것	16.0% 이하인 것
사 미	3.0% 이하인 것	6.0% 이하인 것	10.0% 이하인 것
피해립	5.0% 이하인 것	7.0% 이하인 것	10.0% 이하인 것
열손립	0.0% 이하인 것	0.1% 이하인 것	0.3% 이하인 것
메현미 혼입	3.0% 이하인 것(찰현미에만 적용)	8.0% 이하인 것(찰현미에만 적용)	15.0% 이하인 것(찰현미에만 적용)
돌	없는 것	없는 것	없는 것
뉘, 이종곡립 (15kg 중)	없는 것	없는 것	3개 이하인 것
이 물	0.0% 이하인 것	0.3% 이하인 것	0.5% 이하인 것
조 건	생산연도가 다른 현미가 혼입된 경우나 수확 연도로부터 1년이 경과되면 "특"이 될 수 없음		

② 용어의 정의

㉠ 백분율(%) : 전량에 대한 무게의 비율을 말한다.

㉡ 용적중 : [별표 6] 항목별 품위계측 및 감정방법에 따라 측정한 1L의 무게를 말한다.

㉢ 정립 : 피해립, 사미, 열손립, 미숙립, 뉘, 이종곡립 및 이물을 제외한 낟알을 말한다.

㉣ 수분 : 105℃ 건조법 또는 이와 동등한 결과를 얻을 수 있는 방법에 의하여 측정한 함수율을 말한다.

㉤ 사미 : 체적의 4분의 3 이상이 분상질 상태인 낟알을 말한다.

㉥ 피해립 : 손상된 낟알(발아립, 병해립, 충해립, 부패립, 금간 낟알, 기형립, 싸라기 등)을 말한다. 다만, 피해가 경미하여 현미의 품질에 영향을 미치지 아니할 정도의 것은 제외한다.

㉦ 열손립 : 열에 의하여 변색 또는 손상된 낟알을 말한다. 다만, 현미의 품질에 영향을 미치지 아니할 정도의 것은 제외한다.

㉧ 돌 : 돌, 콘크리트 조각 등 광물성의 고형물로서 1.7mm 금속망 체(KS A 5101-1 시험용체 규격)를 통과하지 아니하는 크기의 것을 말한다.

㉨ 이종곡립 : 현미, 뉘 외의 다른 곡립을 말한다.

㉩ 이물 : 곡립 외의 것과 1.7mm 금속망 체(KS A 5101-1 시험용체 규격)로 치면 체를 통과하는 것을 말한다.

(50) 보리쌀

① 등급규격

항목 \ 등급	특	상	보통
모 양	강층이 완전히 제거된 것으로 품종 고유의 모양을 갖춘 것	강층이 완전히 제거된 것으로 품종 고유의 모양을 갖춘 것	특·상에 미달하는 것
냄 새	곰팡이 및 묵은 냄새가 없는 것	곰팡이 및 묵은 냄새가 없는 것	곰팡이 및 묵은 냄새가 없는 것
수 분	14.0% 이하인 것	14.0% 이하인 것	14.0% 이하인 것
메보리쌀 혼입	5.0% 이하인 것(찰보리쌀, 찰쌀보리쌀에 적용)	10.0% 이하인 것(찰보리쌀, 찰쌀보리쌀에 적용)	20.0% 이하인 것(찰보리쌀, 찰쌀보리쌀에 적용)
열손립	0.0% 이하인 것	0.1% 이하인 것	0.2% 이하인 것
싸라기	• 겉보리쌀, 찰보리쌀 : 4.0% 이하인 것 • 쌀보리쌀, 찰쌀보리쌀 : 2.0% 이하인 것	• 겉보리쌀, 찰보리쌀 : 8.0% 이하인 것 • 쌀보리쌀, 찰쌀보리쌀 : 4.0% 이하인 것	• 겉보리쌀, 찰보리쌀 : 15.0% 이하인 것 • 쌀보리쌀, 찰쌀보리쌀 : 10.0% 이하인 것
돌(1.5kg 중)	없는 것	없는 것	없는 것
이 물	0.0% 이하인 것	0.2% 이하인 것	0.4% 이하인 것

② 용어의 정의

㉠ 백분율(%) : 전량에 대한 무게의 비율을 말한다.

㉡ 메보리쌀 혼입 : 찰보리쌀 속에 포함된 메보리쌀을 말한다.

㉢ 수분 : 105℃ 건조법 또는 이와 동등한 결과를 얻을 수 있는 방법에 의하여 측정한 함수율을 말한다.

㉣ 열손립 : 열에 의하여 변색 또는 손상된 낟알을 말한다. 다만, 보리쌀의 품질에 영향을 미치지 아니할 정도의 것은 제외한다.

㉤ 싸라기 : 1.7mm 금속망 체(KS A 5101-1 시험용체 규격)로 쳐서 체 위에 남는 것 중 부러졌거나 깨진 낟알을 말한다.

㉥ 돌 : 1.7mm 금속망 체(KS A 5101-1 시험용체 규격)로 쳐서 체 위에 남은 돌, 콘크리트 조각 등 광물성의 고형물질을 말한다.

㉦ 이물 : 보리쌀 외의 것과 1.7mm 금속망 체(KS A 5101-1 시험용체 규격)로 치면 체를 통과하는 것을 말한다.

(51) 좁 쌀

① 등급규격

항 목 \ 등 급	특	상	보 통
모 양	강층이 완전히 제거된 것으로 낟알이 충실한 것	강층이 완전히 제거된 것으로 낟알이 충실한 것	특·상에 미달하는 것
냄 새	곰팡이 및 묵은 냄새가 없는 것	곰팡이 및 묵은 냄새가 없는 것	곰팡이 및 묵은 냄새가 없는 것
수 분	14.0% 이하인 것	14.0% 이하인 것	14.0% 이하인 것
피해립	5.0% 이하인 것	10.0% 이하인 것	15.0% 이하인 것
이 물	0.0% 이하인 것	0.3% 이하인 것	0.5% 이하인 것
메좁쌀 혼입	5.0% 이하인 것(차좁쌀에 적용)	10.0% 이하인 것(차좁쌀에 적용)	15.0% 이하인 것(차좁쌀에 적용)
이종곡립	0.0% 이하인 것	0.3% 이하인 것	0.5% 이하인 것
조	0.3% 이하인 것	0.5% 이하인 것	1.0% 이하인 것
조 건	생산연도가 다른 좁쌀이 혼입된 경우나 수확 연도로부터 1년이 경과되면 "특"이 될 수 없음		

② 용어의 정의

㉠ 백분율(%) : 전량에 대한 무게의 비율을 말한다.

㉡ 피해립 : 오염된 립, 병해립, 충해립, 변질립, 변색립, 파쇄립 등을 말한다.

㉢ 수분 : 105℃ 건조법 또는 이와 동등한 결과를 얻을 수 있는 방법에 의하여 측정한 함수율을 말한다.

㉣ 이물 : 850μm(0.85mm) 금속망 체(KS A 5101-1 시험용체 규격)로 쳐서 체 위에 남은 곡립 이외의 것과 체를 통과한 것을 말한다.

㉤ 메좁쌀 혼입 : 차좁쌀 속에 포함된 메좁쌀을 말한다.

㉥ 조 : 도정되지 않은 조곡 상태인 것을 말한다.

㉦ 이종곡립 : 좁쌀 외의 곡립을 말한다.

(52) 율무쌀

① 등급규격

항목 \ 등급	특	상	보통
모 양	강층이 완전히 제거된 것으로 낟알이 충실한 것	강층이 완전히 제거된 것으로 낟알이 충실한 것	특·상에 미달하는 것
냄 새	곰팡이 및 묵은 냄새가 없는 것	곰팡이 및 묵은 냄새가 없는 것	곰팡이 및 묵은 냄새가 없는 것
수 분	13.0% 이하인 것	13.0% 이하인 것	13.0% 이하인 것
정 립	75.0% 이상인 것	65.0% 이상인 것	55.0% 이상인 것
열손립	0.0% 이하인 것	0.1% 이하인 것	0.2% 이하인 것
피해립	0.2% 이하인 것	0.5% 이하인 것	1.0% 이하인 것
피율무(1.5kg 중)	3립 이하인 것	5립 이하인 것	10립 이하인 것
이종곡립	0.0% 이하인 것	0.3% 이하인 것	0.5% 이하인 것
돌	없는 것	없는 것	없는 것
이 물	0.3% 이하인 것	0.5% 이하인 것	1.0% 이하인 것
조 건	생산연도가 다른 율무쌀이 혼입된 경우나 수확 연도로부터 1년이 경과되면 "특"이 될 수 없음		

② 용어의 정의

㉠ 백분율(%) : 전량에 대한 무게의 비율을 말한다.

㉡ 수분 : 105℃ 건조법 또는 이와 동등한 결과를 얻을 수 있는 방법에 의하여 측정한 함수율을 말한다.

㉢ 정립 : 1.7mm 금속망 체(KS A 5101-1 시험용체 규격)로 쳐서 체 위에 남은 율무쌀로서 그 길이가 완전한 낟알의 3/4이상인 것

㉣ 열손립 : 열에 의하여 변색 또는 손상된 낟알을 말한다. 다만, 율무쌀의 품질에 영향을 미치지 아니할 정도의 것은 제외한다.

㉤ 피해립 : 오염된 낟알, 병해립, 충해립, 반점립, 흑점립, 생리장해립 등을 말한다. 다만, 피해가 경미하여 율무쌀의 품질에 영향을 미치지 아니할 정도의 것은 제외한다.

㉥ 피율무 : 율무의 껍질이 벗겨지지 아니한 것

㉦ 돌 : 1.7mm 금속망 체(KS A 5101-1 시험용체 규격)로 쳐서 체위에 남은 돌, 콘크리트 조각 등 광물성의 고형물질을 말한다.

㉧ 이물 : 1.7mm 금속망 체(KS A 5101-1 시험용체 규격)로 쳐서 체 위에 남은 돌, 콘크리트 조각 등 광물성의 고형물질을 말한다.

(53) 콩

① 등급규격

항목 \ 등급	특	상	보통
모 양	품종 고유의 모양과 색택을 갖춘 것으로 낟알이 충실하고 고른 것	품종 고유의 모양과 색택을 갖춘 것으로 낟알이 충실하고 고른 것	특·상에 미달하는 것
수 분	14.0% 이하인 것	14.0% 이하인 것	14.0% 이하인 것
발아율	85% 이상인 것(콩나물콩에 적용)	85% 이상인 것(콩나물콩에 적용)	85% 이상인 것(콩나물콩에 적용)
낟알의 굵기	콩의 굵기 구분에 따른 체위 남는 무게 비율이 80% 이상일 것. 단, 콩나물 콩은 소립종인 경우 해당	콩의 굵기 구분에 따른 체위 남는 무게 비율이 80% 이상일 것	콩의 굵기 구분에 따른 체위 남는 무게 비율이 80% 이상일 것
정 립	95.0% 이상인 것	85.0% 이상인 것	75.0% 이상인 것
피해립	5.0% 이하인 것	15.0% 이하인 것	25.0% 이하인 것
이종곡립	0.0% 이하인 것	0.1% 이하인 것	0.3% 이하인 것
이종피색립	0.0% 이하인 것	0.2% 이하인 것	0.5이상인것 이하인 것
이 물	0.0% 이하인 것	0.2% 이하인 것	0.5% 이하인 것
조 건	생산연도가 다른 콩이 혼입된 경우나 수확 연도로부터 1년이 경과되면 "특"이 될 수 없음		

② 용어의 정의

㉠ 백분율(%) : 전량에 대한 무게의 비율을 말한다.

㉡ 수분 : 105℃ 건조법 또는 이와 동등한 결과를 얻을 수 있는 방법에 의하여 측정한 함수율을 말한다. 찹쌀의 수분 측정 방법을 따른다.

㉢ 정립 : 피해립, 미숙립, 이종곡립, 이물을 제외한 건전한 낟알을 말한다.

㉣ 피해립 : 손상된 낟알(병해립, 충해립, 부패립, 변질립, 변색립, 파쇄립, 껍질이 갈라지거나 벗겨진 립 등)을 말한다. 다만, 성숙 도중에 자연적으로 껍질의 일부가 갈라진 것, 자반병립 중 자주색 병반의 면적이 그 콩알 표면적의 20% 이하인 것 등 피해가 경미하여 제품의 품질에 영향을 미치지 아니할 정도의 것을 제외한다.

㉤ 이종곡립 : 콩 외의 곡립을 말한다.

㉥ 이종피색립 : 다른 색의 콩을 말한다.

㉦ 이물 : 곡립 외의 것을 말한다.

㉧ 낟알의 굵기 : 콩의 굵기 구분에 따라 해당 체로 쳐서 체위에 남는 잔량에 대한 무게 비율이 80% 이상이어야 한다.

③ 콩의 굵기 구분

구 분	체 종류	구분방법
대립종	둥근 눈의 금속판 체 (KS A 5101-2 시험용체 규격)	체눈의 직경이 7.10mm인 체위에 남는 것
중립종		체눈의 직경이 6.30mm인 체위에 남는 것
소립종		체눈의 직경이 4.00mm인 체위에 남는 것

(54) 팥

① 등급규격

항 목 \ 등 급	특	상	보 통
모 양	품종 고유의 모양과 색택을 갖춘 것으로 낟알이 충실하고 고른 것	품종 고유의 모양과 색택을 갖춘 것으로 낟알이 충실하고 고른 것	특·상에 미달하는 것
수 분	14.0% 이하인 것	14.0% 이하인 것	14.0% 이하인 것
정 립	95.0% 이상인 것	85.0% 이상인 것	75.0% 이상인 것
피해립	5.0% 이하인 것	15.0% 이하인 것	25.0% 이하인 것
이종곡립	0.0% 이하인 것	0.1% 이하인 것	0.3% 이하인 것
이종피색립	0.0% 이하인 것	0.2% 이하인 것	0.5% 이하인 것
이 물	0.0% 이하인 것	0.2% 이하인 것	0.5% 이하인 것
조 건	생산연도가 다른 팥이 혼입된 경우나, 수확 연도로부터 1년이 경과되면 "특"이 될 수 없음		

② 용어의 정의

㉠ 백분율(%) : 전량에 대한 무게의 비율을 말한다.

㉡ 수분 : 105℃ 건조법 또는 이와 동등한 결과를 얻을 수 있는 방법에 의하여 측정한 함수율을 말한다.

㉢ 정립 : 피해립, 미숙립, 이종곡립, 이물을 제외한 건전한 낟알을 말한다.

㉣ 피해립 : 손상된 낟알(병해립, 충해립, 부패립, 변질립, 변색립, 파쇄립, 껍질이 갈라지거나 벗겨진 립 등)을 말한다. 다만, 성숙 도중에 자연적으로 껍질의 일부가 갈라진 것, 피해가 경미하여 제품의 품질에 영향을 미치지 아니할 정도의 것은 제외한다.

㉤ 이종곡립 : 팥 외의 곡립을 말한다.

㉥ 이종피색립 : 다른 색의 팥을 말한다.

㉦ 이물 : 곡립 외의 것을 말한다.

(55) 녹 두

① 등급규격

항목 \ 등급	특	상	보통
모 양	품종 고유의 모양과 색택을 갖춘 것으로 낟알이 충실하고 고른 것	품종 고유의 모양과 색택을 갖춘 것으로 낟알이 충실하고 고른 것	특·상에 미달하는 것
수 분	14.0% 이하인 것	14.0% 이하인 것	14.0% 이하인 것
정 립	95.0% 이상인 것	85.0% 이상인 것	75.0% 이상인 것
발아율	85% 이상인 것(나물용에만 적용)	85% 이상인 것(나물용에만 적용)	85% 이상인 것(나물용에만 적용)
피해립	5.0% 이하인 것	15.0% 이하인 것	25.0% 이하인 것
이종곡립	0.1% 이하인 것	0.3% 이하인 것	0.5% 이하인 것
이종피색립	0.0% 이하인 것	0.2% 이하인 것	0.5% 이하인 것
이 물	0.0% 이하인 것	0.2% 이하인 것	0.5% 이하인 것
조 건	생산연도가 다른 녹두가 혼입된 경우나, 수확 연도로부터 1년이 경과되면 "특"이 될 수 없음		

② 용어의 정의

㉠ 백분율(%) : 전량에 대한 무게의 비율을 말한다.

㉡ 수분 : 105℃ 건조법 또는 이와 동등한 결과를 얻을 수 있는 방법에 의하여 측정한 함수율을 말한다.

㉢ 정립 : 피해립, 이종곡립, 이물을 제외한 건전한 낟알을 말한다.

㉣ 피해립 : 오염된 낟알, 병해립, 충해립, 변질립, 변색립, 파쇄립, 부패립 등과 미숙립을 말한다. 다만, 피해가 경미하여 녹두의 품위에 영향을 미치지 아니할 정도의 것은 제외한다.

㉤ 이종곡립 : 녹두 외의 곡립을 말한다.

㉥ 이종피색립 : 다른 색의 녹두를 말한다.

(56) 찰수수쌀

① 등급규격

항 목 \ 등 급	특	상	보 통
모 양	강층의 제거 정도가 적당하고 낟알이 충실하고 고른 것	강층의 제거 정도가 적당하고 낟알이 충실하고 고른 것	특·상에 미달하는 것
냄 새	곰팡이 및 묵은 냄새가 없는 것	곰팡이 및 묵은 냄새가 없는 것	곰팡이 및 묵은 냄새가 없는 것
수 분	15.0% 이하인 것	15.0% 이하인 것	15.0% 이하인 것
피해립	1.0% 이하인 것	2.0% 이하인 것	3.0% 이하인 것
이종곡립	0.0% 이하인 것	0.2% 이하인 것	0.4% 이하인 것
메수수쌀혼입	5.0% 이하인 것	10.0% 이하인 것	15.0% 이하인 것
싸라기	5.0% 이하인 것	10.0% 이하인 것	15.0% 이하인 것
이 물	0.0% 이하인 것	0.3% 이하인 것	0.5% 이하인 것
돌(1.0kg 중)	없는 것	없는 것	없는 것
조 건	생산연도가 다른 찰수수쌀이 혼입된 경우나, 수확 연도로부터 1년이 경과되면 "특"이 될 수 없음		

② 용어의 정의

㉠ 백분율(%) : 전량에 대한 무게의 비율을 말한다.

㉡ 수분 : 105℃ 건조법 또는 이와 동등한 결과를 얻을 수 있는 방법에 의하여 측정한 함수율을 말한다.

㉢ 피해립 : 오염된 낟알, 병해립, 충해립, 변질립, 변색립, 흑점립, 생리장해립 등을 말한다. 다만, 피해가 경미하여 수수쌀의 품질에 영향을 미치지 아니할 정도의 것은 제외한다.

㉣ 이종곡립 : 수수쌀 외의 곡립을 말한다.

㉤ 메수수쌀 혼입 : 찰수수쌀 중 메수수쌀을 말한다.

㉥ 싸라기 : 1.4mm 금속망 체(KS A 5101-1 시험용 체)로 쳐서 체 위에 남은 것 중 부러졌거나 깨진 낟알을 말한다.

㉦ 이물 : 1.4mm 금속망 체(KS A 5101-1 시험용 체)로 쳐서 체 위에 남은 것 중 곡립 외의 것과 체를 통과한 것을 말한다.

㉧ 돌 : 1.4mm 금속망 체(KS A 5101-1 시험용 체)로 쳐서 체 위에 남은 돌, 콘크리트조각 또는 광물성의 고형물질을 말한다.

(57) 찰기장쌀

① 등급규격

항 목 \ 등 급	특	상	보 통
모 양	강층의 완전히 제거된 것으로 낟알이 충실한 것	강층의 완전히 제거된 것으로 낟알이 충실한 것	특·상에 미달하는 것
냄 새	곰팡이 및 묵은 냄새가 없는 것	곰팡이 및 묵은 냄새가 없는 것	곰팡이 및 묵은 냄새가 없는 것
수 분	14.0% 이하인 것	14.0% 이하인 것	14.0% 이하인 것
피해립	3.0% 이하인 것	5.0% 이하인 것	10.0% 이하인 것
이종곡립	0.0% 이하인 것	0.3% 이하인 것	0.5% 이하인 것
메기장쌀 혼입	5.0% 이하인 것	10.0% 이하인 것	15.0% 이하인 것
싸라기	5.0% 이하인 것	10.0% 이하인 것	20.0% 이하인 것
기 장	0.0% 이하인 것	0.5% 이하인 것	1.0% 이하인 것
이 물	0.0% 이하인 것	0.3% 이하인 것	0.5% 이하인 것
조 건	생산연도가 다른 찰기장쌀이 혼입된 경우나, 수확 연도로부터 1년이 경과되면 "특"이 될 수 없음		

② 용어의 정의

㉠ 백분율(%) : 전량에 대한 무게의 비율을 말한다.

㉡ 수분 : 105℃ 건조법 또는 이와 동등한 결과를 얻을 수 있는 방법에 의하여 측정한 함수율을 말한다.

㉢ 피해립 : 오염된 낟알, 병해립, 충해립, 변질립, 변색립, 파쇄립 등을 말한다. 다만, 피해가 경미하여 기장쌀의 품질에 영향을 미치지 아니할 정도의 것은 제외한다.

㉣ 이종곡립 : 기장쌀 외의 곡립을 말한다.

㉤ 메기장쌀 혼입 : 찰기장쌀 중 메기장쌀을 말한다.

㉥ 싸라기 : 850μm(0.85mm) 금속망 체(KS A 5101-1 시험용체 규격)로 쳐서 체 위에 남은 것 중 부러졌거나 깨진 낟알을 말한다.

㉦ 기장 : 도정되지 아니한 기장을 말한다.

㉧ 이물 : 850μm(0.85mm) 금속망 체(KS A 5101-1 시험용체 규격)로 쳐서 체 위에 남은 곡립 외의 것과 체를 통과한 것을 말한다.

(58) 메 밀

① 등급규격

항 목 \ 등 급	특	상	보 통
모 양	품종 고유의 모양과 색택을 갖춘 것으로 낟알이 충실하고 고른 것	품종 고유의 모양과 색택을 갖춘 것으로 낟알이 충실하고 고른 것	특·상에 미달하는 것
수 분	14.0% 이하인 것	14.0% 이하인 것	14.0% 이하인 것
용적중(g/L)	600이상인 것	560이상인 것	500이상인 것
피해립	1.0% 이하인 것	2.0% 이하인 것	3.0% 이하인 것
미숙립	10.0% 이하인 것	20.0% 이하인 것	25.0% 이하인 것
이종곡립	0.1% 이하인 것	0.3% 이하인 것	0.5% 이하인 것
이 물	0.5% 이하인 것	1.0% 이하인 것	2.0% 이하인 것
조 건	생산연도가 다른 메밀이 혼입된 경우나, 수확 연도로부터 1년이 경과되면 “특”이 될 수 없음		

② 용어의 정의

㉠ 백분율(%) : 전량에 대한 무게의 비율을 말한다.

㉡ 수분 : 105℃ 건조법 또는 이와 동등한 결과를 얻을 수 있는 방법에 의하여 측정한 함수율을 말한다.

㉢ 용적중 : [별표6] 항목별 품위계측 및 감정방법에 따라 측정한 1L의 무게를 말한다.

㉣ 피해립 : 손상된 낟알(병해립, 충해립, 변색립, 변질립, 파쇄립 등)을 말한다. 다만, 피해가 경미하여 메밀쌀의 품질에 영향을 미치지 아니할 정도의 것은 제외한다.

㉤ 미숙립 : 성숙되지 않은 낟알을 말한다.

㉥ 이종곡립 : 메밀 외의 곡립을 말한다.

㉦ 이물 : 곡립 외의 것을 말한다.

(59) 옥수수(팝콘용)

① 등급규격

항목 \ 등급	특	상	보 통
모 양	품종 고유의 모양과 색택을 갖춘 것으로 낟알이 충실하고 굵기가 고른 것	품종 고유의 모양과 색택을 갖춘 것으로 낟알이 충실하고 굵기가 고른 것	특·상에 미달하는 것
수 분	14.0% 이하인 것	14.0% 이하인 것	14.0% 이하인 것
정 립	95.0% 이상인 것	90.0% 이상인 것	80.0%이항인 것
피해립	2.0% 이하인 것	4.0% 이하인 것	10.0% 이하인 것
미숙립	2.0% 이하인 것	4.0% 이하인 것	6.0% 이하인 것
이종곡립	0.5% 이하인 것	1.0% 이하인 것	2.0% 이하인 것
이 물	0.0% 이하인 것	0.1% 이하인 것	0.3% 이하인 것
돌(500g 중)	없는 것	없는 것	없는 것
조 건	생산연도가 다른 팝콘용 옥수수가 혼입된 경우나, 수확 연도로부터 1년이 경과되면 "특"이 될 수 없음		

② 용어의 정의

㉠ 백분율(%) : 전량에 대한 무게의 비율을 말한다.

㉡ 수분 : 105℃ 건조법 또는 이와 동등한 결과를 얻을 수 있는 방법에 의하여 측정한 함수율을 말한다.

㉢ 정립 : 피해립, 미숙립, 이종곡립, 이물을 제외한 건전한 낟알을 말한다.

㉣ 피해립 : 손상된 낟알(병해립, 충해립, 부패립, 변색립, 변질립, 파쇄립 등을 말한다. 다만, 피해가 경미하여 품질에 영향을 미치지 아니할 정도의 것은 제외한다.

㉤ 미숙립 : 성숙되지 않은 낟알을 말한다.

㉥ 이종곡립 : 옥수수 외의 곡립을 말한다.

㉦ 이물 : 곡립 외의 것을 말한다.

㉧ 돌 : 돌, 콘크리트조각 등 광물성 고형물을 말한다.

(60) 옥수수쌀

① 등급규격

항목 \ 등급	특	상	보통
모 양	강층이 완전히 제거된 것으로 낟알이 충실한 것	강층이 완전히 제거된 것으로 낟알이 충실한 것	특·상에 미달하는 것
냄 새	곰팡이 및 묵은 냄새가 없는 것	곰팡이 및 묵은 냄새가 없는 것	곰팡이 및 묵은 냄새가 없는 것
수 분	15.0% 이하인 것	15.0% 이하인 것	15.0% 이하인 것
정 립	90.0% 이상인 것	85.0% 이상인 것	80.0% 이상인 것
피해립	0.1% 이하인 것	0.5% 이하인 것	1.0% 이하인 것
파쇄립	10.0% 이하인 것	15.0% 이하인 것	20.0% 이하인 것
메옥수수쌀 혼입	10.0% 이하인 것 (찰옥수수쌀에만 적용)	20.0% 이하인 것 (찰옥수수쌀에만 적용)	25.0% 이하인 것 (찰옥수수쌀에만 적용)
이종곡립	0.0% 이하인 것	0.3% 이하인 것	0.5% 이하인 것
이 물	0.1% 이하인 것	0.3% 이하인 것	0.5% 이하인 것
돌(500g 중)	없는 것	없는 것	없는 것
조 건	생산연도가 다른 옥수수쌀이 혼입된 경우나, 수확 연도로부터 1년이 경과되면 "특"이 될 수 없음		

② 용어의 정의

㉠ 백분율(%) : 전량에 대한 무게의 비율을 말한다.

㉡ 옥수수쌀 : 옥수수를 도정한 것으로 파쇄되지 않은 것을 말한다.

㉢ 수분 : 105℃ 건조법 또는 이와 동등한 결과를 얻을 수 있는 방법에 의하여 측정한 함수율을 말한다.

㉣ 정립 : 4.0mm 둥근 눈의 금속판 체(KS A 5101-2 시험용체 규격)로 쳐서 체위에 남은 옥수수쌀로서 그 크기가 완전한 낟알의 3/4 이상인 건전한 낟알을 말한다.

㉤ 피해립 : 손상된 낟알(병해립, 충해립, 부패립, 변색립, 변질립, 파쇄립 등)을 말한다. 다만, 피해가 경미하여 품질에 영향을 미치지 아니할 정도의 것은 제외한다.

㉥ 파쇄립 : 4.0mm 둥근 눈의 금속판 체(KS A 5101-2 시험용체 규격)로 쳐서 체위에 남은 옥수수쌀로서 부러졌거나 깨진 낟알을 말한다.

㉦ 메옥수수쌀 혼입 : 찰옥수수쌀에 포함된 메옥수수쌀을 말한다.

㉧ 이종곡립 : 옥수수쌀 외의 곡립을 말한다.

㉨ 이물 : 4.0mm 둥근 눈의 금속판 체(KS A 5101-2 시험용체 규격)로 쳐서 체를 통과한 것과 기타 곡립 이외의 것을 말한다.

㉩ 돌 : 돌, 콘크리트조각 등 광물성 고형물을 말한다.

(61) 국 화

① 적용 범위 : 본 규격은 국내에서 생산되어 신선한 상태로 유통되는 국화에 적용하며, 수출용에는 적용하지 않는다.

② 등급규격

항목 \ 등급	특	상	보통
크기의 고르기	크기 구분표에서 크기가 다른 것이 없는 것	크기 구분표에서 크기가 다른 것이 5% 이하인 것	크기 구분표에서 크기가 다른 것이 10% 이하인 것
꽃	품종 고유의 모양으로 색택이 선명하고 뛰어난 것	품종 고유의 모양으로 색택이 선명하고 양호한 것	특·상에 미달하는 것
줄 기	세력이 강하고, 휘지 않으며, 굵기가 일정한 것	세력이 강하고, 휘지 않으며, 굵기가 일정한 것	특·상에 미달하는 것
개화정도	• 스탠다드 : 꽃봉오리가 1/2정도 개화된 것 • 스프레이 : 꽃봉오리가 3~4개 정도 개화되고 전체적인 조화를 이룬 것	• 스탠다드 : 꽃봉오리가 2/3정도 개화된 것 • 스프레이 : 꽃봉오리가 5~6개 정도 개화되고, 전체적인 조화를 이룬 것	특·상에 미달하는 것
손 질	마른 잎이나 이물질이 깨끗이 제거된 것	마른 잎이나 이물질 제거가 비교적 양호한 것	특·상에 미달하는 것
중결점	없는 것	없는 것	5% 이하인 것
경결점	3% 이하인 것	5% 이하인 것	10% 이하인 것

[국화의 크기 구분]

구분 \ 호칭		1급	2급	3급	1묶음의 본수(본)
1묶음 평균의 꽃대길이(cm)	스탠다드	80 이상	70 이상~80 미만	30 이상~70 미만	20
	스프레이	70 이상	60 이상~70 미만	30 이상~60 미만	5 또는 10

③ 용어의 정의

㉠ 크기의 고르기는 매 포장 단위마다 상단·중단·하단에서 각각 3묶음씩 총 9묶음의 표본을 추출하여 해당 크기 구분표에서 크기가 다른 것의 개수비율을 말한다.

㉡ 결점 혼입률은 포장 단위별로 전체 본에 대한 결점본의 개수비율을 말한다.

㉢ 중결점은 다음의 것을 말한다.

- 이품종화 : 품종이 다른 것
- 상처 : 자상, 압상, 동상, 열상 등이 있는 것
- 병충해 : 병해, 충해 등의 피해가 심한 것
- 생리장해 : 기형화, 노심현상, 버들눈, 관생화 등이 있는 것
- 형상불량, 파손, 굽힘, 개화 차이가 심히 불량한 것
- 기타 결점의 정도가 현저하게 품위에 영향을 미치는 것

㉣ 경결점은 다음의 것을 말한다.

- 품종 고유의 모양이 아닌 것
- 경미한 약해, 생리장해, 상처, 농약살포 등으로 외관이 떨어지는 것
- 손질 정도가 미비한 것
- 기타 결점의 정도가 경미한 것

(62) 카네이션

① 적용 범위 : 본 규격은 국내에서 생산되어 신선한 상태로 유통되는 카네이션에 적용하며, 수출용에는 적용하지 않는다.

② 등급규격

항 목 \ 등 급	특	상	보 통
크기의 고르기	크기 구분표에서 크기가 다른 것이 없는 것	크기 구분표에서 크기가 다른 것이 5% 이하인 것	크기 구분표에서 크기가 다른 것이 10% 이하인 것
꽃	품종 고유의 모양으로 색택이 선명하고 뛰어난 것	품종 고유의 모양으로 색택이 선명하고 양호한 것	특·상에 미달하는 것
줄 기	세력이 강하고, 휘지 않으며 굵기가 일정한 것	세력이 강하고, 휘어진 정도가 약하며 굵기가 비교적 일정한 것	특·상에 미달하는 것
개화정도	• 스탠다드 : 꽃봉오리가 1/4정도 개화된 것 • 스프레이 : 꽃봉오리가 1~2개 정도 개화되고 전체적인 조화를 이룬 것	• 스탠다드 : 꽃봉오리가 1/2정도 개화된 것 • 스프레이 : 꽃봉오리가 3~4개 정도 개화되고 전체적인 조화를 이룬 것	특·상에 미달하는 것
손 질	마른 잎이나 이물질이 깨끗이 제거된 것	마른 잎이나 이물질 제거가 비교적 양호한 것	특·상에 미달하는 것
중결점	없는 것	없는 것	5% 이하인 것
경결점	3% 이하인 것	5% 이하인 것	10% 이하인 것

[카네이션의 크기 구분]

구 분 \ 호 칭		1급	2급	3급	1묶음의 본수(본)
1묶음 평균의 꽃대길이(cm)	스탠다드	70 이상	60 이상~70 미만	30 이상~60 미만	20
	스프레이	60 이상	50 이상~60 미만	30 이상~50 미만	10

③ 용어의 정의

㉠ 크기의 고르기는 매 포장 단위마다 상단·중단·하단에서 각각 3묶음씩 총 9묶음의 표본을 추출하여 해당 크기 구분표에서 크기가 다른 것의 개수비율을 말한다.

㉡ 결점 혼입률은 포장 단위별로 전체 본에 대한 결점본의 개수비율을 말한다.

㉢ 중결점은 다음의 것을 말한다.

- 이품종화 : 품종이 다른 것
- 상처 : 자상, 압상, 동상, 열상 등이 있는 것
- 병충해 : 병해, 충해 등의 피해가 심한 것
- 생리장해 : 악할, 관생화, 수곡, 변색 등의 피해가 심한 것
- 형상불량, 파손, 굽힘, 개화 차이가 심히 불량한 것
- 기타 결점의 정도가 현저하게 품위에 영향을 미치는 것

㉣ 경결점은 다음의 것을 말한다.

- 품종 고유의 모양이 아닌 것
- 경미한 약해, 생리장해, 상처, 농약살포 등으로 외관이 떨어지는 것
- 손질 정도가 미비한 것
- 기타 결점의 정도가 경미한 것

(63) 장 미

① 적용 범위 : 본 규격은 국내에서 생산되어 신선한 상태로 유통되는 장미에 적용하며, 수출용에는 적용하지 않는다.

② 등급규격

항 목 \ 등 급	특	상	보 통
크기의 고르기	크기 구분표에서 크기가 다른 것이 없는 것	크기 구분표에서 크기가 다른 것이 5% 이하인 것	크기 구분표에서 크기가 다른 것이 10% 이하인 것
꽃	품종 고유의 모양으로 색택이 선명하고 뛰어난 것	품종 고유의 모양으로 색택이 선명하고 양호한 것	특·상에 미달하는 것
줄 기	세력이 강하고, 휘지 않으며 굵기가 일정한 것	세력이 강하고, 휘어진 정도가 약하며 굵기가 비교적 일정한 것	특·상에 미달하는 것
개화정도	• 스탠다드 : 꽃봉오리가 1/5정도 개화된 것 • 스프레이 : 꽃봉오리가 1~2개 정도 개화된 것	• 스탠다드 : 꽃봉오리가 2/5정도 개화된 것 • 스프레이 : 꽃봉오리가 3~4개 정도 개화된 것	특·상에 미달하는 것
손 질	마른 잎이나 이물질이 깨끗이 제거된 것	마른 잎이나 이물질 제거가 비교적 양호한 것	특·상에 미달하는 것
중결점	없는 것	없는 것	5% 이하인 것
경결점	3% 이하인 것	5% 이하인 것	10% 이하인 것

[장미의 크기 구분]

구 분 \ 호 칭		1급	2급	3급	1묶음의 본수(본)
1묶음 평균의 꽃대길이(cm)	스탠다드	80 이상	70 이상~80 미만	20 이상~70 미만	10
	스프레이	70 이상	60 이상~70 미만	30 이상~60 미만	5 또는 10

③ 용어의 정의

㉠ 크기의 고르기는 매 포장 단위마다 상단·중단·하단에서 각각 3묶음씩 총 9묶음의 표본을 추출하여 해당 크기 구분표에서 크기가 다른 것의 개수비율을 말한다.

㉡ 결점 혼입률은 포장 단위별로 전체 본에 대한 결점본의 개수비율을 말한다.

㉢ 중결점은 다음의 것을 말한다.

- 이품종화 : 품종이 다른 것
- 상처 : 자상, 압상, 동상, 열상 등이 있는 것
- 병충해 : 병해, 충해 등의 피해가 심한 것
- 생리장해 : 꽃목굽음, 기형화 등의 피해가 심한 것
- 형상불량, 파손, 굽힘, 개화 차이가 심히 불량한 것
- 기타 결점의 정도가 현저하게 품위에 영향을 미치는 것

㉣ 경결점은 다음의 것을 말한다.

- 품종 고유의 모양이 아닌 것
- 경미한 약해, 생리장해, 상처, 농약살포 등으로 외관이 떨어지는 것
- 손질 정도가 미비한 것
- 기타 결점의 정도가 경미한 것

(64) 백 합

① 적용 범위 : 본 규격은 국내에서 생산되어 신선한 상태로 유통되는 백합에 적용하며, 수출용에는 적용하지 않는다.

② 등급규격

항 목 \ 등 급	특	상	보 통
크기의 고르기	크기 구분표에서 크기가 다른 것이 없는 것	크기 구분표에서 크기가 다른 것이 5% 이하인 것	크기 구분표에서 크기가 다른 것이 10% 이하인 것
꽃	품종 고유의 모양으로 색택이 선명하고 뛰어나며 크기가 균일 한 것	품종 고유의 모양으로 색택이 선명하고 양호한 것	특·상에 미달하는 것
줄 기	세력이 강하고, 휘지 않으며 굵기가 일정한 것	세력이 강하고, 휘어진 정도가 약하며 굵기가 비교적 일정한 것	특·상에 미달하는 것
개화정도	꽃봉오리 상태에서 화색이 보이고 균일한 것	꽃봉오리가 1/3정도 개화된 것	특·상에 미달하는 것
손 질	마른 잎이나 이물질이 깨끗이 제거된 것	마른 잎이나 이물질 제거가 비교적 양호하며 크기가 균일한 것	특·상에 미달하는 것
중결점	없는 것	없는 것	5% 이하인 것
경결점	3% 이하인 것	5% 이하인 것	10% 이하인 것

[백합의 크기 구분]

구 분 \ 호 칭	1급	2급	3급	1묶음의 본수(본)
1묶음 평균의 꽃대길이(cm)	70 이상	60 이상~70 미만	30 이상~60 미만	5 또는 10

③ 용어의 정의

㉠ 크기의 고르기는 매 포장 단위마다 상단·중단·하단에서 각각 3묶음씩 총 9묶음의 표본을 추출하여 해당 크기 구분표에서 크기가 다른 것의 개수비율을 말한다.

㉡ 결점 혼입률은 포장 단위별로 전체 본에 대한 결점본의 개수비율을 말한다.

㉢ 중결점은 다음의 것을 말한다.

- 이품종화 : 품종이 다른 것
- 상처 : 자상, 압상, 동상, 열상 등이 있는 것
- 병충해 : 병해, 충해 등의 피해가 심한 것
- 생리장해 : 블라스팅, 엽소, 블라인드, 기형화 등의 피해가 심한 것
- 형상불량, 파손, 굽힘, 개화 차이가 심히 불량한 것
- 기타 결점의 정도가 현저하게 품위에 영향을 미치는 것

㉣ 경결점은 다음의 것을 말한다.

- 품종 고유의 모양이 아닌 것
- 경미한 약해, 생리장해, 상처, 농약살포 등으로 외관이 떨어지는 것
- 손질 정도가 미비한 것
- 기타 결점의 정도가 경미한 것

(65) 글라디올러스

① 적용 범위 : 본 규격은 국내에서 생산되어 신선한 상태로 유통되는 글라디올러스에 적용하며, 수출용에는 적용하지 않는다.

② 등급규격

항목 \ 등급	특	상	보통
크기의 고르기	크기 구분표에서 크기가 다른 것이 없는 것	크기 구분표에서 크기가 다른 것이 5% 이하인 것	크기 구분표에서 크기가 다른 것이 10% 이하인 것
꽃	품종 고유의 모양으로 색택이 선명하고 뛰어난 것	품종 고유의 모양으로 색택이 선명하고 양호한 것	특·상에 미달하는 것
줄기	세력이 강하고, 휘지 않으며 굵기가 일정한 것	세력이 강하고, 휘어진 정도가 약하며 굵기가 비교적 일정한 것	특·상에 미달하는 것
개화정도	꽃봉오리 2~3개의 화색이 보이는 것	꽃봉오리 3~4개의 화색이 보이는 것	특·상에 미달하는 것
손질	마른 잎이나 이물질이 깨끗이 제거된 것	마른 잎이나 이물질 제거가 비교적 양호한 것	특·상에 미달하는 것
중결점	없는 것	없는 것	5% 이하인 것
경결점	3% 이하인 것	5% 이하인 것	10% 이하인 것

[글라디올러스의 크기 구분]

구분 \ 호칭	1급	2급	3급	1묶음의 본수(본)
1묶음 평균의 꽃대길이(cm)	90 이상	75 이상~90 미만	60 이상~75 미만	10
꽃의 수	14 이상	11 이상~14 미만	11 미만	

③ 용어의 정의

㉠ 크기의 고르기는 매 포장 단위마다 상단·중단·하단에서 각각 3묶음씩 총 9묶음의 표본을 추출하여 해당 크기 구분표에서 크기가 다른 것의 개수비율을 말한다.

㉡ 결점 혼입률은 포장 단위별로 전체 본에 대한 결점본의 개수비율을 말한다.

㉢ 중결점은 다음의 것을 말한다.

- 이품종화 : 품종이 다른 것
- 상처 : 자상, 압상, 동상, 열상 등이 있는 것
- 병충해 : 병해, 충해 등의 피해가 심한 것
- 생리장해 : 수곡 현상, 잎끝마름 현상, 일소 등의 피해가 심한 것
- 화수의 끝 부분이 심하게 휘어진 것
- 기타 결점의 정도가 현저하게 품위에 영향을 미치는 것

㉣ 경결점은 다음의 것을 말한다.

- 품종 고유의 모양이 아닌 것
- 경미한 약해, 생리장해, 상처, 농약살포 등으로 외관이 떨어지는 것
- 손질 정도가 미비한 것
- 기타 결점의 정도가 경미한 것

(66) 튤 립

① 적용 범위 : 본 규격은 국내에서 생산되어 신선한 상태로 유통되는 튜울립에 적용하며, 수출용에는 적용하지 않는다.

② 등급규격

항목 \ 등급	특	상	보 통
크기의 고르기	크기 구분표에서 크기가 다른 것이 없는 것	크기 구분표에서 크기가 다른 것이 5% 이하인 것	크기 구분표에서 크기가 다른 것이 10% 이하인 것
꽃	품종 고유의 모양으로 색택이 선명하고 뛰어난 것	품종 고유의 모양으로 색택이 선명하고 양호한 것	특·상에 미달하는 것
줄 기	세력이 강하고, 휘지 않으며 굵기가 일정한 것	세력이 강하고, 휘어진 정도가 약하며 굵기가 비교적 일정한 것	특·상에 미달하는 것
개화정도	꽃봉오리 상태에서 화색이 보이는 것	꽃봉오리가 1/3 정도 개화된 것	특·상에 미달하는 것
손 질	마른 잎이나 이물질이 깨끗이 제거된 것	마른 잎이나 이물질 제거가 비교적 양호한 것	특·상에 미달하는 것
중결점	없는 것	없는 것	5% 이하인 것
경결점	3% 이하인 것	5% 이하인 것	10% 이하인 것

[튜울립의 크기 구분]

구분 \ 호칭	1급	2급	3급	1묶음의 본수(본)
1묶음 평균의 꽃대길이(cm)	50 이상	40 이상~50 미만	20 이상~40 미만	10

③ 용어의 정의

㉠ 크기의 고르기는 매 포장 단위마다 상단·중단·하단에서 각각 3묶음씩 총 9묶음의 표본을 추출하여 해당 크기 구분표에서 크기가 다른 것의 개수비율을 말한다.

㉡ 결점 혼입률은 포장 단위별로 전체 본에 대한 결점본의 개수비율을 말한다.

㉢ 중결점 : 약해, 일소, 상처, 형상불량 등이 품질에 심한 영향을 미치는 것

㉣ 경결점 : 피해 정도가 품질에 경미한 영향을 미치는 것

(67) 거베라

① 적용 범위 : 본 규격은 국내에서 생산되어 신선한 상태로 유통되는 거베라에 적용하며, 수출용에는 적용하지 않는다.

② 등급규격

항 목 \ 등 급	특	상	보 통
크기의 고르기	크기 구분표에서 크기가 다른 것이 없는 것	크기 구분표에서 크기가 다른 것이 5% 이하인 것	크기 구분표에서 크기가 다른 것이 10% 이하인 것
꽃	품종 고유의 모양으로 색택이 선명하고 뛰어난 것	품종 고유의 모양으로 색택이 선명하고 양호한 것	특·상에 미달하는 것
줄 기	세력이 강하고, 휘지 않으며 굵기가 일정한 것	세력이 강하고, 휘어진 정도가 약하며 굵기가 비교적 일정한 것	특·상에 미달하는 것
개화정도	4/5 정도 개화된 것	완전히 개화된 것	특·상에 미달하는 것
손 질	이물질이 깨끗이 제거된 것	이물질 제거가 비교적 양호한 것	특·상에 미달하는 것
중결점	없는 것	없는 것	5% 이하인 것
경결점	3% 이하인 것	5% 이하인 것	10% 이하인 것
조 건	꽃봉오리에 캡을 씌우고 줄기 18cm까지 테이핑한 것	꽃봉오리에 캡을 씌우고 줄기 18cm까지 테이핑한 것	

[거베라의 크기 구분]

구 분 \ 호 칭	1급	2급	3급	1묶음의 본수(본)
1묶음 평균의 꽃대길이(cm)	70 이상	60 이상~70 미만	40 이상~60 미만	10

③ 용어의 정의

㉠ 크기의 고르기는 매 포장 단위마다 상단·중단·하단에서 각각 3묶음씩 총 9묶음의 표본을 추출하여 해당 크기 구분표에서 크기가 다른 것의 개수비율을 말한다.

㉡ 결점 혼입률은 포장 단위별로 전체 본에 대한 결점본의 개수비율을 말한다.

㉢ 중결점은 다음의 것을 말한다.

- 이품종화 : 품종이 다른 것
- 상처 : 꽃잎에 자상, 압상, 동상, 열상 등이 심한 것
- 병충해 : 병해, 충해 등의 피해가 심한 것
- 생리장해 : 관생화, 경할현상, 일소 등의 피해가 심한 것
- 통상화의 모양이 찌그러진 것
- 기타 결점의 정도가 현저하게 품위에 영향을 미치는 것

㉣ 경결점은 다음의 것을 말한다.

- 품종 고유의 모양이 아닌 것
- 경미한 약해, 생리장해, 상처, 농약살포 등으로 외관이 떨어지는 것
- 손질 정도가 미비한 것
- 기타 결점의 정도가 경미한 것

(68) 아이리스

① 적용 범위 : 본 규격은 국내에서 생산되어 신선한 상태로 유통되는 아이리스에 적용하며, 수출용에는 적용하지 않는다.

② 등급규격

항목 \ 등급	특	상	보통
크기의 고르기	크기 구분표에서 크기가 다른 것이 없는 것	크기 구분표에서 크기가 다른 것이 5% 이하인 것	크기 구분표에서 크기가 다른 것이 10% 이하인 것
꽃	품종 고유의 모양으로 색택이 선명하고 뛰어난 것	품종 고유의 모양으로 색택이 선명하고 양호한 것	특·상에 미달하는 것
줄 기	세력이 강하고, 휘지 않으며 굵기가 일정한 것	세력이 강하고, 휘어진 정도가 약하며 굵기가 비교적 일정한 것	특·상에 미달하는 것
개화정도	꽃봉오리가 1/3 정도 올라온 것	꽃봉오리가 1/2 정도 올라온 것	특·상에 미달하는 것
손 질	마른 잎이나 이물질이 깨끗이 제거된 것	마른 잎이나 이물질 제거가 비교적 양호한 것	특·상에 미달하는 것
중결점	없는 것	없는 것	5% 이하인 것
경결점	3% 이하인 것	5% 이하인 것	10% 이하인 것

[아이리스의 크기 구분]

구분 \ 호칭	1급	2급	3급	1묶음의 본수(본)
1묶음 평균의 꽃대길이(cm)	60 이상	50 이상~60 미만	30 이상~50 미만	10

③ 용어의 정의

㉠ 크기의 고르기는 매 포장 단위마다 상단·중단·하단에서 각각 3묶음씩 총 9묶음의 표본을 추출하여 해당 크기 구분표에서 크기가 다른 것의 개수비율을 말한다.

㉡ 결점 혼입률은 포장 단위별로 전체 본에 대한 결점본의 개수비율을 말한다.

㉢ 중결점 : 약해, 일소, 상처, 형상불량 등이 품질에 심한 영향을 미치는 것

㉣ 경결점 : 피해 정도가 품질에 경미한 영향을 미치는 것

(69) 프리지아

① 적용 범위 : 본 규격은 국내에서 생산되어 신선한 상태로 유통되는 프리지아에 적용하며, 수출용에는 적용하지 않는다.

② 등급규격

항목 \ 등급	특	상	보통
크기의 고르기	크기 구분표에서 크기가 다른 것이 없는 것	크기 구분표에서 크기가 다른 것이 5% 이하인 것	크기 구분표에서 크기가 다른 것이 10% 이하인 것
꽃	품종 고유의 모양으로 색택이 선명하고 뛰어난 것	품종 고유의 모양으로 색택이 선명하고 양호한 것	특·상에 미달하는 것
줄 기	세력이 강하고, 휘지 않으며 굵기가 일정한 것	세력이 강하고, 휘어진 정도가 약하며 굵기가 비교적 일정한 것	특·상에 미달하는 것
개화정도	꽃봉오리 아래 부분의 소화가 화색이 보이는 것	꽃봉오리 아래 부분의 소화가 1~2개 개화된 것	특·상에 미달하는 것
손 질	마른 잎이나 이물질이 깨끗이 제거된 것	마른 잎이나 이물질 제거가 비교적 양호한 것	특·상에 미달하는 것
중결점	없는 것	없는 것	5% 이하인 것
경결점	3% 이하인 것	5% 이하인 것	10% 이하인 것

[프리지아의 크기 구분]

구분 \ 호칭	1급	2급	3급	1묶음의 본수(본)
1묶음 평균의 꽃대길이(cm)	50 이상	40 이상~50 미만	20 이상~40 미만	10 또는 20

③ 용어의 정의

㉠ 크기의 고르기는 매 포장 단위마다 상단·중단·하단에서 각각 3묶음씩 총 9묶음의 표본을 추출하여 해당 크기 구분표에서 크기가 다른 것의 개수비율을 말한다.

㉡ 결점 혼입률은 포장 단위별로 전체 본에 대한 결점본의 개수비율을 말한다.

㉢ 중결점은 다음의 것을 말한다.

- 이품종화 : 품종이 다른 것
- 상처 : 꽃봉오리 혹은 꽃잎에 탈리, 열상, 자상, 압상 등이 심한 것
- 병충해 : 병해, 충해 등의 피해가 심한 것
- 생리장해 : 꽃뜀현상, 경할현상, 일소 등의 피해가 심한 것
- 꽃대가 절화 길이의 10% 이상 휘어있는 것
- 기타 결점의 정도가 현저하게 품위에 영향을 미치는 것

㉣ 경결점은 다음의 것을 말한다.

- 품종 고유의 모양이 아닌 것
- 경미한 약해, 생리장해, 상처, 농약살포 등으로 외관이 떨어지는 것
- 손질 정도가 미비한 것
- 기타 결점의 정도가 경미한 것

(70) 금어초

① 적용 범위 : 본 규격은 국내에서 생산되어 신선한 상태로 유통되는 금어초에 적용하며, 수출용에는 적용하지 않는다.

② 등급규격

항 목 \ 등 급	특	상	보 통
크기의 고르기	크기 구분표에서 크기가 다른 것이 없는 것	크기 구분표에서 크기가 다른 것이 5% 이하인 것	크기 구분표에서 크기가 다른 것이 10% 이하인 것
꽃	품종 고유의 모양으로 색택이 선명하고 뛰어난 것	품종 고유의 모양으로 색택이 선명하고 양호한 것	특·상에 미달하는 것
줄 기	세력이 강하고, 휘지 않으며 굵기가 일정한 것	세력이 강하고, 휘어진 정도가 약하며 굵기가 비교적 일정한 것	특·상에 미달하는 것
개화정도	전체 소화 중 1/3 정도 개화한 것	전체 소화 중 1/2 정도 개화된 것	특·상에 미달하는 것
손 질	마른 잎이나 이물질이 깨끗이 제거된 것	마른 잎이나 이물질 제거가 비교적 양호한 것	특·상에 미달하는 것
중결점	없는 것	없는 것	5% 이하인 것
경결점	3% 이하인 것	5% 이하인 것	10% 이하인 것

[금어초의 크기 구분]

구 분 \ 호 칭	1급	2급	3급	1묶음의 본수(본)
1묶음 평균의 꽃대길이(cm)	80 이상	70 이상~80 미만	40 이상~70 미만	10

③ 용어의 정의

㉠ 크기의 고르기는 매 포장 단위마다 상단·중단·하단에서 각각 3묶음씩 총 9묶음의 표본을 추출하여 해당 크기 구분표에서 크기가 다른 것의 개수비율을 말한다.

㉡ 결점 혼입률은 포장 단위별로 전체 본에 대한 결점본의 개수비율을 말한다.

㉢ 중결점은 다음의 것을 말한다.

- 이품종화 : 품종이 다른 것
- 상처 : 꽃봉오리 혹은 꽃잎에 탈리, 열상, 자상, 압상 등이 심한 것
- 병충해 : 병해, 충해 등의 피해가 심한 것
- 생리장해 : 수곡현상, 꽃띰현상, 일소 등의 피해가 심한 것
- 화수의 끝 부분이 심하게 휘어진 것
- 기타 결점의 정도가 현저하게 품위에 영향을 미치는 것

㉣ 경결점은 다음의 것을 말한다.

- 품종 고유의 모양이 아닌 것
- 경미한 약해, 생리장해, 상처, 농약살포 등으로 외관이 떨어지는 것
- 손질 정도가 미비한 것
- 기타 결점의 정도가 경미한 것

(71) 스타티스

① 적용 범위 : 본 규격은 국내에서 생산되어 신선한 상태로 유통되는 스타티스에 적용하며, 수출용에는 적용하지 않는다.

② 등급규격

항 목 \ 등 급	특	상	보 통
크기의 고르기	크기 구분표에서 크기가 다른 것이 없는 것	크기 구분표에서 크기가 다른 것이 5% 이하인 것	크기 구분표에서 크기가 다른 것이 10% 이하인 것
꽃	품종 고유의 모양으로 색택이 선명하고 뛰어난 것	품종 고유의 모양으로 색택이 선명하고 양호한 것	특·상에 미달하는 것
줄 기	세력이 강하고, 휘지 않으며 굵기가 일정한 것	세력이 강하고, 휘어진 정도가 약하며 굵기가 비교적 일정한 것	특·상에 미달하는 것
개화정도	전체 소화 중 2/3 정도 개화된 것	전체 소화 중 2/3 정도 개화된 것	특·상에 미달하는 것
손 질	마른 잎이나 이물질이 깨끗이 제거된 것	마른 잎이나 이물질 제거가 비교적 양호한 것	특·상에 미달하는 것
중결점	없는 것	없는 것	5% 이하인 것
경결점	3% 이하인 것	5% 이하인 것	10% 이하인 것

[스타티스의 크기 구분]

구 분 \ 호 칭	1급	2급	3급	1묶음의 본수(본)
1묶음 평균의 꽃대길이(cm)	70 이상	60 이상~70 미만	30 이상~60 미만	10

③ 용어의 정의

㉠ 크기의 고르기는 매 포장 단위마다 상단·중단·하단에서 각각 3묶음씩 총 9묶음의 표본을 추출하여 해당 크기 구분표에서 크기가 다른 것의 개수비율을 말한다.

㉡ 결점 혼입률은 포장 단위별로 전체 본에 대한 결점본의 개수비율을 말한다.

㉢ 중결점은 다음의 것을 말한다.

- 이품종화 : 품종이 다른 것
- 상처 : 꽃봉오리 혹은 꽃잎에 탈리, 열상, 자상, 압상 등이 심한 것
- 병충해 : 병해, 충해 등의 피해가 심한 것
- 생리장해 : 피해가 심한 것
- 형상불량, 파손, 굽힘, 개화 차이가 심히 불량한 것
- 기타 결점의 정도가 현저하게 품위에 영향을 미치는 것

㉣ 경결점은 다음의 것을 말한다.

- 품종 고유의 모양이 아닌 것
- 경미한 약해, 생리장해, 상처, 농약살포 등으로 외관이 떨어지는 것
- 손질 정도가 미비한 것
- 기타 결점의 정도가 경미한 것

(72) 칼 라

① 적용 범위 : 본 규격은 국내에서 생산되어 신선한 상태로 유통되는 칼라에 적용하며, 수출용에는 적용하지 않는다.

② 등급규격

항목＼등급	특	상	보 통
크기의 고르기	크기 구분표에서 크기가 다른 것이 없는 것	크기 구분표에서 크기가 다른 것이 5% 이하인 것	크기 구분표에서 크기가 다른 것이 10% 이하인 것
꽃	품종 고유의 모양으로 색택이 선명하고 뛰어난 것	품종 고유의 모양으로 색택이 선명하고 양호한 것	특·상에 미달하는 것
줄 기	세력이 강하고, 휘지 않으며 굵기가 일정한 것	세력이 강하고, 휘어진 정도가 약하며 굵기가 비교적 일정한 것	특·상에 미달하는 것
개화정도	• 백색 : 꽃봉오리가 1/3 정도 개화된 것 • 유색 : 꽃봉오리가 2/3 정도 개화된 것	• 백색 : 꽃봉오리가 2/3 정도 개화된 것 • 유색 : 꽃봉오리가 완전히 개화된 것	특·상에 미달하는 것
손 질	마른 잎이나 이물질이 깨끗이 제거된 것	마른 잎이나 이물질 제거가 비교적 양호한 것	특·상에 미달하는 것
중결점	없는 것	없는 것	5% 이하인 것
경결점	3% 이하인 것	5% 이하인 것	10% 이하인 것

[칼라의 크기 구분]

구분＼호칭	1급	2급	3급	1묶음의 본수(본)
1묶음 평균의 꽃대길이(cm)	80 이상	70 이상~80 미만	40 이상~70 미만	5(유색), 10(백색)

③ 용어의 정의

㉠ 크기의 고르기는 매 포장 단위마다 상단·중단·하단에서 각각 3묶음씩 총 9묶음의 표본을 추출하여 해당 크기 구분표에서 크기가 다른 것의 개수비율을 말한다.

㉡ 결점 혼입률은 포장 단위별로 전체 본에 대한 결점본의 개수비율을 말한다.

㉢ 중결점은 다음의 것을 말한다.

- 이품종화 : 품종이 다른 것
- 상처 : 화포에 탈리, 열상, 자상, 압상 등이 심한 것
- 병충해 : 병해, 충해 등의 피해가 심한 것
- 생리장해 : 겹피기현상, 녹화현상, 악할현상, 일소 등의 피해가 심한 것
- 줄기를 세웠을 때 90° 이상 휘는 것
- 기타 결점의 정도가 현저하게 품위에 영향을 미치는 것

㉣ 경결점은 다음의 것을 말한다.

- 품종 고유의 모양이 아닌 것
- 경미한 약해, 생리장해, 상처, 농약살포 등으로 외관이 떨어지는 것
- 손질 정도가 미비한 것
- 기타 결점의 정도가 경미한 것

(73) 리시안사스

① 적용 범위 : 본 규격은 국내에서 생산되어 신선한 상태로 유통되는 리시안사스에 적용하며, 수출용에는 적용하지 않는다.

② 등급규격

항 목 \ 등 급	특	상	보 통
크기의 고르기	크기 구분표에서 크기가 다른 것이 없는 것	크기 구분표에서 크기가 다른 것이 5% 이하인 것	크기 구분표에서 크기가 다른 것이 10% 이하인 것
꽃	품종 고유의 모양으로 색택이 선명하고 뛰어난 것	품종 고유의 모양으로 색택이 선명하고 양호한 것	특·상에 미달하는 것
줄 기	세력이 강하고, 휘지 않으며 굵기가 일정한 것	세력이 강하고, 휘어진 정도가 약하며 굵기가 비교적 일정한 것	특·상에 미달하는 것
개화정도	각 측지의 1번화가 1/2 정도 개화된 것	각 측지의 1번화가 완전히 개화된 것	특·상에 미달하는 것
손 질	마른 잎이나 이물질이 깨끗이 제거된 것	마른 잎이나 이물질 제거가 비교적 양호한 것	특·상에 미달하는 것
중결점	없는 것	없는 것	5% 이하인 것
경결점	3% 이하인 것	5% 이하인 것	10% 이하인 것

[리시안사스의 크기 구분]

구 분 \ 호 칭	1급	2급	3급	1묶음의 본수(본)
1묶음 평균의 꽃대길이(cm)	70 이상	60 이상~70 미만	30 이상~60 미만	10

③ 용어의 정의

㉠ 크기의 고르기는 매 포장 단위마다 상단·중단·하단에서 각각 3묶음씩 총 9묶음의 표본을 추출하여 해당 크기 구분표에서 크기가 다른 것의 개수비율을 말한다.

㉡ 결점 혼입률은 포장 단위별로 전체 본에 대한 결점본의 개수비율을 말한다.

㉢ 중결점은 다음의 것을 말한다.

- 이품종화 : 품종이 다른 것
- 상처 : 꽃에 탈리, 열상, 자상, 압상 등이 심한 것
- 병충해 : 병해, 충해 등의 피해가 심한 것
- 생리장해 : 피해가 심한 것
- 형상불량, 파손, 굽힘, 개화 차이가 심히 불량한 것
- 기타 결점의 정도가 현저하게 품위에 영향을 미치는 것

㉣ 경결점은 다음의 것을 말한다.

- 품종 고유의 모양이 아닌 것
- 경미한 약해, 생리장해, 상처, 농약살포 등으로 외관이 떨어지는 것
- 손질 정도가 미비한 것
- 기타 결점의 정도가 경미한 것

(74) 안개꽃

① 적용 범위 : 본 규격은 국내에서 생산되어 신선한 상태로 유통되는 안개꽃에 적용하며, 수출용에는 적용하지 않는다.

② 등급규격

항목 \ 등급	특	상	보통
크기의 고르기	크기 구분표에서 크기가 다른 것이 없는 것	크기 구분표에서 크기가 다른 것이 5% 이하인 것	크기 구분표에서 크기가 다른 것이 10% 이하인 것
꽃	품종 고유의 모양으로 색택이 선명하고 뛰어난 것	품종 고유의 모양으로 색택이 선명하고 양호한 것	특·상에 미달하는 것
줄 기	세력이 강하고, 휘지 않으며 굵기가 일정한 것	세력이 강하고, 휘어진 정도가 약하며 굵기가 비교적 일정한 것	특·상에 미달하는 것
개화정도	전체의 소화 중 2/3 정도 개화된 것	전체의 소화 중 2/3 정도 개화된 것	특·상에 미달하는 것
손 질	마른 잎이나 이물질이 깨끗이 제거된 것	마른 잎이나 이물질 제거가 비교적 양호한 것	특·상에 미달하는 것
중결점	없는 것	없는 것	5% 이하인 것
경결점	3% 이하인 것	5% 이하인 것	10% 이하인 것

[안개꽃의 크기 구분]

구분 \ 호칭	1급	2급	3급	1묶음의 본수(본)
1묶음 평균의 꽃대길이(cm)	60 이상	50 이상~60 미만	30 이상~50 미만	20~50

③ 용어의 정의

㉠ 크기의 고르기는 매 포장 단위마다 상단·중단·하단에서 각각 3묶음씩 총 9묶음의 표본을 추출하여 해당 크기 구분표에서 크기가 다른 것의 개수비율을 말한다.

㉡ 결점 혼입률은 포장 단위별로 전체 본에 대한 결점본의 개수비율을 말한다.

㉢ 중결점 : 약해, 일소, 상처, 형상불량 등이 품질에 심한 영향을 미치는 것

㉣ 경결점 : 피해 정도가 품질에 경미한 영향을 미치는 것

(75) 스토크

① 적용 범위 : 본 규격은 국내에서 생산되어 신선한 상태로 유통되는 스토크에 적용하며, 수출용에는 적용하지 않는다.

② 등급규격

항 목 \ 등 급	특	상	보 통
크기의 고르기	크기 구분표에서 크기가 다른 것이 없는 것	크기 구분표에서 크기가 다른 것이 5% 이하인 것	크기 구분표에서 크기가 다른 것이 10% 이하인 것
꽃	품종 고유의 모양으로 색택이 선명하고 뛰어난 것	품종 고유의 모양으로 색택이 선명하고 양호한 것	특·상에 미달하는 것
줄 기	세력이 강하고, 휘지 않으며 굵기가 일정한 것	세력이 강하고, 휘어진 정도가 약하며 굵기가 비교적 일정한 것	특·상에 미달하는 것
개화정도	전체의 소화 중 1/3 정도 개화된 것	전체의 소화 중 2/3 정도 개화된 것	특·상에 미달하는 것
손 질	마른 잎이나 이물질이 깨끗이 제거된 것	마른 잎이나 이물질 제거가 비교적 양호한 것	특·상에 미달하는 것
중결점	없는 것	없는 것	5% 이하인 것
경결점	3% 이하인 것	5% 이하인 것	10% 이하인 것

[스토크의 크기 구분]

구 분 \ 호 칭	1급	2급	3급	1묶음의 본수(본)
1묶음 평균의 꽃대길이(cm)	70 이상	60 이상~70 미만	30 이상~60 미만	5 또는 10

③ 용어의 정의

㉠ 크기의 고르기는 매 포장 단위마다 상단·중단·하단에서 각각 3묶음씩 총 9묶음의 표본을 추출하여 해당 크기 구분표에서 크기가 다른 것의 개수비율을 말한다.

㉡ 결점 혼입률은 포장 단위별로 전체 본에 대한 결점본의 개수비율을 말한다.

㉢ 중결점은 다음의 것을 말한다.

- 이품종화 : 품종이 다른 것
- 상처 : 꽃봉오리 혹은 꽃잎, 잎에 탈리, 열상, 자상, 압상 등이 심한 것
- 병충해 : 병해, 충해 등의 피해가 심한 것
- 생리장해 : 양분결핍증, 경할현상, 일소 등의 피해가 심한 것
- 줄기가 심하게 휘어진 것
- 기타 결점의 정도가 현저하게 품위에 영향을 미치는 것

㉣ 경결점은 다음의 것을 말한다.

- 품종 고유의 모양이 아닌 것
- 경미한 약해, 생리장해, 상처, 농약살포 등으로 외관이 떨어지는 것
- 손질 정도가 미비한 것
- 기타 결점의 정도가 경미한 것

(76) 공작초

① 적용 범위 : 본 규격은 국내에서 생산되어 신선한 상태로 유통되는 공작초에 적용하며, 수출용에는 적용하지 않는다.

② 등급규격

항 목 \ 등 급	특	상	보 통
크기의 고르기	크기 구분표에서 크기가 다른 것이 없는 것	크기 구분표에서 크기가 다른 것이 5% 이하인 것	크기 구분표에서 크기가 다른 것이 10% 이하인 것
꽃	품종 고유의 모양으로 색택이 선명하고 뛰어난 것	품종 고유의 모양으로 색택이 선명하고 양호한 것	특·상에 미달하는 것
줄 기	세력이 강하고, 휘지 않으며 굵기가 일정한 것	세력이 강하고, 휘어진 정도가 약하며 굵기가 비교적 일정한 것	특·상에 미달하는 것
개화정도	전체의 꽃봉오리 중 1/3 정도 개화된 것	전체의 꽃봉오리 중 2/3 정도 개화된 것	특·상에 미달하는 것
손 질	마른 잎이나 이물질이 깨끗이 제거된 것	마른 잎이나 이물질 제거가 비교적 양호한 것	특·상에 미달하는 것
중결점	없는 것	없는 것	5% 이하인 것
경결점	3% 이하인 것	5% 이하인 것	10% 이하인 것

[공작초의 크기 구분]

구 분 \ 호 칭	1급	2급	3급	1묶음의 본수(본)
1묶음 평균의 꽃대길이(cm)	80 이상	70 이상~80 미만	30 이상~70 미만	10

③ 용어의 정의

㉠ 크기의 고르기는 매 포장 단위마다 상단·중단·하단에서 각각 3묶음씩 총 9묶음의 표본을 추출하여 해당 크기 구분표에서 크기가 다른 것의 개수비율을 말한다.

㉡ 결점 혼입률은 포장 단위별로 전체 본에 대한 결점본의 개수비율을 말한다.

㉢ 중결점 : 약해, 일소, 상처, 형상불량 등이 품질에 심한 영향을 미치는 것

㉣ 경결점 : 피해 정도가 품질에 경미한 영향을 미치는 것

(77) 알스트로메리아

① 적용 범위 : 본 규격은 국내에서 생산되어 신선한 상태로 유통되는 알스트로메리아에 적용하며, 수출용에는 적용하지 않는다.

② 등급규격

항 목 \ 등 급	특	상	보 통
크기의 고르기	크기 구분표에서 크기가 다른 것이 없는 것	크기 구분표에서 크기가 다른 것이 5% 이하인 것	크기 구분표에서 크기가 다른 것이 10% 이하인 것
꽃	품종 고유의 모양으로 색택이 선명하고 뛰어난 것	품종 고유의 모양으로 색택이 선명하고 양호한 것	특·상에 미달하는 것
줄 기	세력이 강하고, 휘지 않으며 굵기가 일정한 것	세력이 강하고, 휘어진 정도가 약하며 굵기가 비교적 일정한 것	특·상에 미달하는 것
개화정도	• 하계(5월~10월) : 꽃봉오리 중 가장 빠른 것의 개화가 1/3 정도인 것 • 동계(11월~익년 4월) : 꽃봉오리 중 가장 빠른 것의 개화가 2/3 정도인 것	• 하계(5월~10월) : 꽃봉오리 중 가장 빠른 것의 개화가 1/3 정도인 것 • 동계(11~4월) : 꽃봉오리 중 가장 빠른 것의 개화가 2/3 정도인 것	특·상에 미달하는 것
손 질	마른 잎이나 이물질이 깨끗이 제거된 것	마른 잎이나 이물질 제거가 비교적 양호한 것	특·상에 미달하는 것
중결점	없는 것	없는 것	5% 이하인 것
경결점	3% 이하인 것	5% 이하인 것	10% 이하인 것

[알스트로메리아의 크기 구분]

구 분 \ 호 칭	1급	2급	3급	1묶음의 본수(본)
1묶음 평균의 꽃대길이(cm)	80 이상	70 이상~80 미만	50 이상~70 미만	5 또는 10

③ 용어의 정의

㉠ 크기의 고르기는 매 포장 단위마다 상단·중단·하단에서 각각 3묶음씩 총 9묶음의 표본을 추출하여 해당 크기 구분표에서 크기가 다른 것의 개수비율을 말한다.

㉡ 결점 혼입률은 포장 단위별로 전체 본에 대한 결점본의 개수비율을 말한다.

㉢ 중결점 : 약해, 일소, 상처, 형상불량 등이 품질에 심한 영향을 미치는 것

㉣ 경결점 : 피해 정도가 품질에 경미한 영향을 미치는 것

(78) 포인세티아

① 적용 범위 : 본 규격은 국내에서 생산되어 신선한 상태로 유통되는 포인세티아에 적용하며, 수출용에는 적용하지 않는다.

② 등급규격

항목 \ 등급	특	상	보통
기본품질	잎이 풍성하며 화분의 흙이 보이지 않고, 병충해 및 상처가 없고 신선한 것	잎이 풍성하지 않고 화분의 흙이 약간 보이며 병충해 흔적 등 상처가 경미하게 있는 것	특·상에 미달하는 것
잎	잎의 색상이 선명한 것	잎의 색상의 선명도가 조금 떨어지는 것	특·상에 미달하는 것
개화정도	꽃가루가 터지지 않은 상태의 것	꽃가루가 조금 터진 상태의 것	특·상에 미달하는 것
착색정도	포엽과 착색엽이 완전히 착색된 것	포엽과 착색엽이 완전히 착색되지 않는 것	특·상에 미달하는 것
볼륨감	잎의 수가 일정수준 이상으로 30장 내외인 것	잎의 수가 일정수준 이상으로 25장 내외인 것	특·상에 미달하는 것
균형미 (초폭/초장)	1.6±0.2, 치우침 없음	1.6±0.2 초과, 치우침 없음	특·상에 미달하는 것

③ 용어의 정의

㉠ 포엽 : 하나의 꽃 또는 꽃차례를 안고 있는 소형의 잎

㉡ 착색엽 : 잎과 포엽 사이에 줄기가 형성되는 것으로 일부만 착색이 되는 경우도 있다.

㉢ 초장 : 지제부로부터 식물체 선단부까지의 높이

㉣ 초폭 : 식물의 가로폭으로 넓은 쪽을 측정한 것

㉤ 균형미 : 분과 조화롭고, 균형잡힌 구조/꽃의 높이 차이

④ 최소기준

㉠ 잎이나 꽃, 화분에 흙이 직접 닿지 않도록 주의한다.

㉡ 꽃대가 정상적으로 형성되어야 한다.

㉢ 충해에 의한 꽃대 손상이 없어야 한다.

㉣ 운반상자 및 포장재는 청결하게 유지해야 한다.

㉤ 수송기간 중 물리적 상처 및 수분손실이 없어야 한다.

㉥ 시든 꽃이 없고 꽃가루 등이 떨어져 있지 않아야 한다.

(79) 칼랑코에

① 적용 범위 : 본 규격은 국내에서 생산되어 신선한 상태로 유통되는 칼랑코에에 적용하며, 수출용에는 적용하지 않는다.

② 등급규격

항목 \ 등급	특	상	보통
기본품질	잎이 풍성하며 화분의 흙이 보이지 않고, 병충해 및 상처가 없는 것	잎이 풍성하지 않고 화분의 흙이 약간 보이며 병충해 흔적 등 상처가 경미하게 있는 것	특・상에 미달하는 것
꽃	품종 고유의 색상으로 화색이 선명한 것	품종 고유의 색상으로 화색이 조금 떨어지는 것	특・상에 미달하는 것
잎	잎의 색상, 무늬가 선명하고 윤기가 있는 것	잎의 색상, 무늬 선명도 및 윤기가 조금 떨어지는 것	특・상에 미달하는 것
개화정도	꽃대가 균일하게 올라오고 30~50% 개화된 것	꽃대가 균일하게 올라오는 정도는 약간 다르며 50~80% 개화된 것, 또는 30% 미만으로 개화된 것	특・상에 미달하는 것
분지수/꽃대수	7개/15대 이상	5~7개/10~15대	특・상에 미달하는 것
균형미 (초폭/초장)	1.5±0.2, 치우침 없음	1.5±0.2 초과, 치우침 없음	특・상에 미달하는 것

③ 용어의 정의

㉠ 분지수 : 한 줄기에서 분지되어 개화 가능한 가지

㉡ 꽃대수 : 분지된 가지에서 나온 전체 꽃대의 수

㉢ 초장 : 지제부로부터 식물체 선단부까지의 높이

㉣ 초폭 : 식물의 가로폭으로 넓은 쪽을 측정한 것

㉤ 균형미 : 분과 조화롭고, 균형잡힌 구조/꽃의 높이 차이

④ 최소기준

㉠ 잎이나 꽃, 화분에 흙이 직접 닿지 않도록 주의한다.

㉡ 꽃대가 정상적으로 형성되어야 한다.

㉢ 충해에 의한 꽃대 손상이 없어야 한다.

㉣ 운반상자 및 포장재는 청결하게 유지해야 한다.

㉤ 수송기간 중 물리적 상처 및 수분손실이 없어야 한다.

(80) 시클라멘

① 적용 범위 : 본 규격은 국내에서 생산되어 신선한 상태로 유통되는 시클라멘에 적용하며, 수출용에는 적용하지 않는다.

② 등급규격

항 목 \ 등 급	특	상	보 통
기본품질	잎이 풍성하며 화분의 흙이 보이지 않고, 병충해 및 상처가 없는 것	잎이 풍성하지 않고 화분의 흙이 약간 보이며 병충해 흔적 등 상처가 경미하게 있는 것	특·상에 미달하는 것
꽃	품종 고유의 색상으로 화색이 선명한 것	품종 고유의 색상으로 화색이 조금 떨어지는 것	특·상에 미달하는 것
잎	잎의 색상, 무늬가 선명하고 윤기가 있는 것	잎의 색상, 무늬가 선명도 및 윤기가 조금 떨어지는 것	특·상에 미달하는 것
개화정도	꽃대가 균일하게 올라오고 8개 이상 개화된 것(전체 10~13개)	꽃대가 균일하게 올라오는 정도는 약간 다르며 4~6개 개화된 것(전체 6~8개)	특·상에 미달하는 것
기형화	전체 꽃의 15% 이하	전체 꽃의 15~30% 이하	특·상에 미달하는 것
균형미 (초폭/초장)	1.6±0.2, 치우침 없음	1.6±0.2 초과, 치우침 없음	특·상에 미달하는 것

③ 용어의 정의

㉠ 대륜 : 꽃잎의 길이가 4.5cm 이상인 것

㉡ 소륜 : 꽃잎의 길이가 4.5cm 이하인 것

㉢ 기형화 : 꽃잎이 수평으로 피어 있는 비율이 25% 이상인 것

㉣ 초장 : 지제부로부터 식물체 선단부까지의 높이

㉤ 초폭 : 식물의 가로폭으로 넓은 쪽을 측정한 것

④ 최소기준

㉠ 잎이나 꽃, 화분에 흙이 직접 닿지 않도록 주의한다.

㉡ 꽃대가 정상적으로 형성되어야 한다.

㉢ 충해에 의한 꽃대 손상이 없어야 한다.

㉣ 운반상자 및 포장재는 청결하게 유지해야 한다.

㉤ 수송기간 중 물리적 상처 및 수분손실이 없어야 한다.

적중예상문제

01 농산물 표준규격상 등급규격에 대한 설명에서 (   ) 안에 들어갈 알맞은 말을 쓰시오.

> 농산물의 (①) 또는 (②)에 따라 고르기, 형태, 색깔, 신선도, 건조도, 결점, 숙도(熟度) 및 선별상태 등 (③)에 필요한 항목을 설정하여 (④), (⑤), (⑥)으로 정한 것을 말한다.

• 정답 • ① 품목, ② 품종별 특성, ③ 품질구분, ④ 특, ⑤ 상, ⑥ 보통

• 풀이 • **등급규격의 정의(농산물 표준규격 제2조 제3호)**

"등급규격"이란 농산물의 품목 또는 품종별 특성에 따라 고르기, 형태, 색깔, 신선도, 건조도, 결점, 숙도(熟度) 및 선별상태 등 품질구분에 필요한 항목을 설정하여 특, 상, 보통으로 정한 것을 말한다.

02 농산물 표준규격상 등급규격이 제정되어 있지 않은 농산물을 표준규격품으로 출하하는 방법에 대해 설명하시오.

• 정답 • 등급규격이 제정되어 있지 않은 품목의 표준규격품은 포장규격에 맞게 출하하는 농산물을 말한다.

• 풀이 • **표준규격품의 정의(농산물 표준규격 제2조 제1호)**

"표준규격품"이란 이 고시에서 정한 포장규격 및 등급규격에 맞게 출하하는 농산물을 말한다. 다만, 등급규격이 제정되어 있지 않은 품목은 포장규격에 맞게 출하하는 농산물을 말한다.

03 농산물 표준규격상 그물망과 플라스틱상자의 포장치수의 허용범위를 각각 쓰시오.

• 정답 •
- 그물망의 포장치수의 허용범위 : 길이의 ±10%, 너비의 ±10mm
- 플라스틱상자의 포장치수의 허용범위 : 길이・너비・높이의 ±3mm

• 풀이 • **포장치수의 허용범위(농산물 표준규격 제5조)**

① 골판지상자의 포장치수 중 길이, 너비의 허용범위는 ±2.5%로 한다.
② 그물망, 직물제 포대(PP대), 폴리에틸렌대(PE대)의 포장치수의 허용범위는 길이의 ±10%, 너비의 ±10mm, 지대의 경우에는 각각 길이・너비의 ±5mm, 발포폴리스티렌 상자의 경우는 길이・너비의 ±2mm로 한다.
③ 플라스틱상자의 포장치수의 허용범위는 각각 길이・너비・높이의 ±3mm로 한다.
④ 속포장의 규격은 사용자가 적정하게 정하여 사용할 수 있다.

04 농산물 표준규격상 포장재 표시중량의 허용범위에서 (   ) 안에 들어갈 알맞은 숫자를 쓰시오.

- 골판지상자의 표시중량 허용범위는 ±(①)%이다.
- 직물제 포대의 표시중량 허용범위는 ±(②)%이다.
- 그물망의 표시중량 허용범위는 ±(③)%이다.
- 발포폴리스티렌상자의 표시중량 허용범위는 ±(④)%이다.
- 지대의 표시중량 허용범위는 ±(⑤)%이다.

• 정답 • ① 5, ② 10, ③ 10, ④ 5, ⑤ 5

• 풀이 • **포장재 표시중량의 허용범위(농산물 표준규격 제5조의2)**

① 골판지상자, 폴리에틸렌대(PE대), 지대, 발포폴리스티렌상자의 경우 ±5%로 한다.
② 직물제 포대(PP대), 그물망의 경우 ±10%로 한다.

05 농산물 표준규격상 포장치수에 대한 설명에서 (   ) 안에 들어갈 알맞은 내용을 쓰시오.

농산물의 포장치수는 다음의 어느 하나에 해당하여야 한다.
- (①)에서 정한 수송포장 계열치수
- [별표2]에서 정하는 골판지상자, 지대, 폴리에틸렌대(PE대), 직물제 포대(PP대), 그물망, 플라스틱상자, 다단식 목재상자・금속재상자, 발포폴리스티렌상자의 포장규격
- (②) 또는 (③)의 평면 적재효율이 (④)인 것

• 정답 • ① 한국산업규격(KS T 1002)
② T-11형 팰릿(1,100×1,100mm)
③ T-12형 팰릿(1,200×1,000mm)
④ 90% 이상

• 풀이 • **포장치수(농산물 표준규격 제4조)**

① 농산물의 포장치수는 다음의 어느 하나에 해당하여야 한다.
1. 한국산업규격(KS T 1002)에서 정한 수송포장 계열치수
2. [별표2]에서 정하는 골판지상자, 지대, 폴리에틸렌대(PE대), 직물제 포대(PP대), 그물망, 플라스틱상자, 다단식 목재상자・금속재상자, 발포폴리스티렌상자의 포장규격
3. T-11형 팰릿(1,100×1,100mm) 또는 T-12형 팰릿(1,200×1,000mm)의 평면 적재효율이 90% 이상인 것

② 골판지 상자, 발포폴리스티렌 상자의 높이는 해당 농산물의 포장이 가능한 적정 높이로 한다.

06 농산물 표준규격상 표준규격품의 표시방법 중 권장 표시사항에서 당도표시를 할 수 있는 ① 과실류 품목 5가지, ② 채소류 품목 4가지를 쓰시오.

• 정답 • ① 사과, 배, 복숭아, 포도, 감귤, 금감, 단감, 자두
② 참외, 딸기, 수박, 조롱수박, 멜론

• 풀이 • **당도표시를 할 수 있는 품목(품종)과 등급별 당도규격(농산물 표준규격 제9조 관련 [별표 4])**

품 목		품 종	등 급	
			특	상
과실류	사 과	• 후지, 화홍, 감홍, 홍로 • 홍월, 서광, 홍옥, 쓰가루(착색계) • 쓰가루(비착색계)	14 이상 12 이상 10 이상	12 이상 10 이상 8 이상
	배	• 황금, 추황, 신화, 화산, 원황 • 신고(상 10 이상), 장십랑 • 만삼길	12 이상 11 이상 10 이상	10 이상 9 이상 8 이상
	복숭아	• 서미골드, 진미 • 찌요마루, 유명, 장호원황도, 천홍, 천중백도 • 백도, 선광, 수봉, 미백 • 포목, 창방, 대구보, 선프레, 암킹	13 이상 12 이상 11 이상 10 이상	10 이상 10 이상 9 이상 8 이상
	포 도	• 델라웨어, 새단, MBA, 샤인머스켓 • 거 봉 • 캠벨얼리	18 이상 17 이상 14 이상	16 이상 15 이상 12 이상
	감 귤	• 한라봉, 천혜향, 진지향 • 온주밀감(시설), 청견, 황금향 • 온주밀감(노지)	13 이상 12 이상 11 이상	12 이상 11 이상 10 이상
	금 감	• 특 : 12°Bx에 미달하는 것이 5% 이하인 것. 단, 10°Bx에 미달하는 것이 섞이지 않아야 한다. • 상 : 11°Bx에 미달하는 것이 5% 이하인 것. 단, 9°Bx에 미달하는 것이 섞이지 않아야 한다.		
	단 감	• 서촌조생, 차랑, 태추, 로망 • 부 유 • 대안단감	14 이상 13 이상 12 이상	12 이상 11 이상 11 이상
	자 두	• 포모사 • 대석조생	11 이상 10 이상	9 이상
채소류	참 외	–	11 이상	9 이상
	딸 기	–	11 이상	9 이상
	수 박	–	11 이상	9 이상
	조롱수박	–	12 이상	10 이상
	멜 론	–	13 이상	11 이상

07 농산물 표준규격상 표준규격품의 표시방법 중 의무 표시사항에서 품종을 표시하여야 하는 ① 과실류 2가지, ② 채소류 2가지, ③ 화훼류 2가지를 쓰시오.

• 정답 • ① 사과, 배, 복숭아, 포도, 단감, 감귤, 자두
② 멜론, 마늘
③ 국화, 카네이션, 장미, 백합

• 풀이 • **표준규격품의 표시사항에서 품종을 표시하는 품목과 표시방법(농산물 표준규격 제9조 관련 [별표 4])**

종 류	품 목	표시방법
과실류	사과, 배, 복숭아, 포도, 단감, 감귤, 자두	품종명을 표시
채소류	멜론, 마늘	품종명 또는 계통명 표시
화훼류	국화, 카네이션, 장미, 백합	품종명 또는 계통명 표시
위 품목 이외의 것		품종명 또는 계통명 생략 가능

08 농산물 표준규격상 신선편이 농산물 표준규격의 품질 규격 항목을 모두 쓰시오.

• 정답 • 색깔, 외관, 이물질, 신선도, 포장상태, 이취

• 풀이 • **신선편이 농산물 표준규격(농산물 표준규격 제11조 제2항 관련 [별표 7])**

1. 적용범위
2. 적용대상
3. 품질(적합) 규격
   • 색깔 : 농산물 품목별 고유의 색을 유지하여야 함
   • 외관 : 병충해, 상해 등의 피해가 발견되지 않아야 함
   • 이물질 : 포장된 신선편이 농산물의 원료이외에 이물질이 없어야 함
   • 신선도 : 표면이 건조되어 마른 증상이 없어야 하며, 부패된 것이 나타나지 않아야 함
   • 포장상태 : 유통 중 포장재에 핀홀(구멍)이 발생하거나 진공포장의 밀봉이 풀리지 않아야 함
   • 이취 : 포장재 개봉 직후 심한 이취가 나지 않아야하며, 이취가 발생하여도 약간만 느끼어 품목 고유의 향에 영향을 미치지 않아야 함
4. 포장규격
5. 표시사항

09 농산물 표준규격상 신선편이 농산물 표준규격에서 당근 절단면이 주로 건조되면서 나타나는 것으로 고유의 색이 하얗게 변하는 현상을 무엇이라고 하는지 쓰시오.

• 정답 • 백화현상

• 풀이 • **신선편이 농산물 표준규격의 용어의 설명(농산물 표준규격 제11조 제2항 관련 [별표7])**

- 신선편이 농산물이란 농산물을 편리하게 조리할 수 있도록 세척, 박피, 다듬기 또는 절단과정을 거쳐 포장되어 유통되는 조리용 채소류, 서류 및 버섯류 등의 농산물을 말한다.
- 변색이란 육안으로도 쉽게 식별할 수 있을 정도로 농산물 고유의 색이 다른 색으로 변해진 것을 말한다.
- 백화현상(White Blush)이란 당근 절단면이 주로 건조되면서 나타나는 것으로 고유의 색이 하얗게 변하는 것을 말한다.
- 갈변이란 절단 된 신선편이 농산물이 주로 효소작용에 의해 육안으로 판정하여 고유의 색이 아닌 붉은 색 또는 갈색을 띄는 것을 말한다.
- 녹변이란 마늘, 감자의 색이 육안으로 판정하여 구별될 수 있을 정도로 녹색으로 변한 것을 말한다.

10 농산물 표준규격상 ① 130개 감귤 한 상자의 공시량과 ② 25개 사과 한 상자의 공시량을 쓰시오.

• 정답 • ① 무작위로 추출한 감귤 50과
② 사과 25과(전량)

• 풀이 • **항목별 품위계측 및 감정방법에서 과실류의 공시량(농산물 표준규격 제12조 관련 [별표 6])**
포장단위 수량이 50과 이상은 50과를 무작위 추출하고, 50과 미만은 전량을 추출한다.

11 다음은 농산물 표준규격상 항목별 품위계측 및 감정방법에서 과일류의 당도측정에 대한 설명이다. ( ) 안에 들어갈 알맞은 내용을 쓰시오.

1과의 착즙은 씨방, 핵, 껍질, 씨 등을 제외한 (①)를 착즙함을 원칙으로 하되, 사과, 배, 단감, 복숭아, 자두, 감귤은 과실의 크기에 따라 꼭지를 중심으로 세로로 4~8등분하여 (②)과 (③)을 선택한 후 품목별 제거부위를 제외한 부위를 착즙한다.

• 정답 • ① 가식부 전체
② 품종 고유의 색깔이 가장 떨어지는 부분
③ 그 반대쪽

• 풀이 • **항목별 품위계측 및 감정방법에서 과실류의 당도(농산물 표준규격 제12조 관련 [별표 6])**

- 1과의 착즙은 씨방, 핵, 껍질, 씨 등을 제외한 가식부 전체를 착즙함을 원칙으로 하되, 품목별 특성을 고려하여 다음과 같이 착즙할 수 있다.
  - 금감 : 꼭지를 제거한 전체를 착즙한다.
  - 포도 : 1송이의 상·중·하에서 중간 품위의 낱알을 각각 5알씩 채취하여 착즙한다.
  - 사과, 배, 단감, 복숭아, 자두, 감귤 : 과실의 크기에 따라 꼭지를 중심으로 세로로 4~8등분하여 품종 고유의 색깔이 가장 떨어지는 부분과 그 반대쪽을 선택한 후 품목별 제거부위를 제외한 부위를 착즙한다.
- 당도측정 : 착즙한 측정액을 굴절당도계 프리즘(측정액을 넣는 곳)에 적당량을 넣은 후 측정한다.

12 다음은 농산물 표준규격상 항목별 품위계측 및 감정방법에서 과일류의 당도감정에 대한 설명이다. ( ) 안에 들어갈 알맞은 내용을 쓰시오.

공시량이 50개인 과실류는 (①) 과실 (②)과, 공시량이 50개 미만인 과실은 (①) 과실 (③)과를 측정한 평균값을 당도(°Bx)로 한다. 대상품목은 과실류 중 사과, 배, 복숭아, 포도, 감귤, 금감, 단감, 자두의 8품목으로 하고, 사과·배는 씨방, 단감은 씨, 감귤은 껍질과 씨, 복숭아·자두는 핵을 제거한 후 이용한다.

•정답• ① 품종 고유의 색깔이 가장 떨어지는
② 5
③ 3

•풀이• **항목별 품위계측 및 감정방법에서 과실류의 당도(농산물 표준규격 제12조 관련 [별표 6])**
- 대상품목은 과실류 중 사과, 배, 복숭아, 포도, 감귤, 금감, 단감, 자두의 8품목으로 한다.
- 공시량이 50개인 과실류는 품종 고유의 색깔이 가장 떨어지는 과실 5과, 공시량이 50개 미만인 과실은 품종 고유의 색깔이 가장 떨어지는 과실 3과를 측정한 평균값을 당도(°Bx)로 한다.
- 사과·배는 씨방, 단감은 씨, 감귤은 껍질과 씨, 복숭아·자두는 핵을 제거한 후 이용한다.

13 포도의 당도를 측정하고자 할 때, 착즙 방법을 쓰시오.

•정답• 1과의 착즙은 씨방, 핵, 껍질, 씨 등을 제외한 가식부 전체를 착즙함을 원칙으로 하며, 포도는 1송이의 상·중·하에서 중간 품위의 낱알을 각각 5알씩 채취하여 착즙한다.

•풀이• **항목별 품위계측 및 감정방법에서 과실류의 당도(농산물 표준규격 제12조 관련 [별표 6])**
과실류의 당도를 측정하고자 할 때 1과의 착즙은 씨방, 핵, 껍질, 씨 등을 제외한 가식부 전체를 착즙함을 원칙으로 하되, 포도의 경우 1송이의 상·중·하에서 중간 품위의 낱알을 각각 5알씩 채취하여 착즙한다.

14 다음 제시된 품목 중 표준규격품 출하 시 품종명 또는 계통명의 생략이 가능한 품목을 모두 고르시오.

토마토, 사과, 멜론, 마늘, 양파, 튤립, 복숭아, 오이, 고추

•정답• 토마토, 양파, 튤립, 오이, 고추

•풀이• **표준규격품의 표시사항에서 품종을 표시하는 품목과 표시방법(농산물 표준규격 제9조 관련 [별표 4])**

종 류	품 목	표시방법
과실류	사과, 배, 복숭아, 포도, 단감, 감귤, 자두	품종명을 표시
채소류	멜론, 마늘	품종명 또는 계통명 표시
화훼류	국화, 카네이션, 장미, 백합	품종명 또는 계통명 표시
위 품목 이외의 것		품종명 또는 계통명 생략 가능

15 토마토를 표준규격품으로 출하하고자 할 때, 의무 표시사항이 아닌 항목을 모두 골라 그 번호를 쓰시오.

① 산 지
② 등 급
③ 당도표시
④ 내용량 또는 개수
⑤ 생산자단체의 명칭
⑥ "표준규격품" 문구
⑦ 영양 · 주요 유효성분
⑧ 생산자단체의 전화번호
⑨ 포장치수 및 포장재 중량
⑩ 식품안전 사고 예방을 위한 안전사항 문구

• 정답 • ③, ⑦, ⑨

• 풀이 • **표준규격품의 표시사항(농산물 표준규격 제9조 관련 [별표 4])**

1. 의무 표시사항
   - "표준규격품" 문구
   - 품 목
   - 산 지
   - 품 종
   - 등 급
   - 내용량 또는 개수
   - 생산자 또는 생산자단체의 명칭 및 전화번호
   - 식품안전 사고 예방을 위한 안전사항 문구
2. 권장 표시사항
   - 당도 및 산도표시
   - 크기(무게, 길이, 지름)구분에 따른 구분표 또는 개수(송이수) 구분표 표시
   - 포장치수 및 포장재 중량
   - 영양 · 주요 유효성분

16 사과를 학교급식으로 40kg씩 포장하여 납품하고자 한다. 농산물 표준규격상 표준규격품으로 납품 가능 여부와 이유를 쓰시오.

• 정답 • 최대 거래단위 이상은 거래 당사자 간의 협의 또는 시장 유통여건에 따라 다른 거래단위를 사용할 수 있으므로 납품이 가능하다.

• 풀이 • **거래단위(농산물 표준규격 제3조)**

① 농산물의 표준거래단위는 [별표 1](사과의 표준거래단위는 2kg, 5kg, 7.5kg, 10kg이다)과 같다.
② 5kg 미만 또는 최대 거래단위 이상은 거래 당사자 간의 협의 또는 시장 유통여건에 따라 다른 거래단위를 사용할 수 있다.

17 **사과(후지) 1상자(10개)를 농산물 표준규격에 따라 품위를 계측한 결과가 다음과 같았다. 이 사과(후지)의 등급을 판정하고, 그 이유를 쓰시오(단, 주어진 항목 이외는 등급판정에 고려하지 않음).**

시료번호	1	2	3	4	5	6	7	8	9	10
착색비율(%)	70	39	65	60	70	65	70	58	70	70

• 정답 •
- 등급 : "보통"
- 이유 : 색택에 대한 등급에서 "상"은 "상"에 미달하는 것이 없어야하고, "보통"은 "보통"에 미달하는 것이 없어야한다. 2번과는 "보통"에 해당하므로 사과(후지) 1상자의 등급은 "보통"이다.

• 풀이 •
- 사과의 색택에 따른 등급규격

항목 \ 등급	특	상	보통
색 택	별도로 정하는 품종별·등급별 착색비율표에서 정하는 "특" 이외의 것이 섞이지 않은 것. 단, 쓰가루(비착색계)는 적용하지 않음	별도로 정하는 품종별·등급별 착색비율표에서 정하는 "상"에 미달하는 것이 없는 것. 단, 쓰가루(비착색계)는 적용하지 않음	별도로 정하는 품종별·등급별 착색비율표에서 정하는 "보통"에 미달하는 것이 없는 것

- 사과의 품종별·등급별 착색비율

품종 \ 등급	특	상	보통
홍옥, 홍로, 화홍, 양광 및 이와 유사한 품종	70% 이상	50% 이상	30% 이상
후지, 조나골드, 세계일, 추광, 서광, 선홍, 새나라 및 이와 유사한 품종	60% 이상	40% 이상	20% 이상
쓰가루(착색계) 및 이와 유사한 품종	20% 이상	10% 이상	–

18 사과(홍로) 20과 1상자를 농산물 표준규격에 따라 품위를 계측한 결과가 다음과 같았다. 이 사과(홍로)의 등급을 판정하고, 그 이유를 쓰시오(단, 주어진 항목 이외는 등급판정에 고려하지 않음).

① 윤기나고 껍질 수축현상 없음
② 중결점과 없음
③ 꼭지 빠진 것 1과
④ 착색비율은 75% 이상
⑤ 병해충의 피해가 과피에 그친 것 1과
⑥ 총 20과 중 190g 10개, 200g 8개, 210g 2개

• 정답 • • 등급 : "상"
• 이유 : ①·②·④·⑥은 "특"에 해당하지만, ③·⑤는 경결점과로 경결점과가 10%(20과 중 2과)이므로 "상" 등급에 해당한다.

• 풀이 • • 사과의 등급규격

항 목 \ 등 급	특	상	보 통
낱개의 고르기	별도로 정하는 크기 구분표에서 무게가 다른 것이 섞이지 않은 것	별도로 정하는 크기 구분표에서 무게가 다른 것이 5% 이하인 것. 단, 크기 구분표의 해당 무게에서 1단계를 초과할 수 없다.	특·상에 미달하는 것
신선도	윤기가 나고 껍질의 수축현상이 나타나지 않은 것	껍질의 수축현상이 나타나지 않은 것	특·상에 미달하는 것
경결점과	없는 것	10% 이하인 것	20% 이하인 것

• 사과의 경결점과
- 품종 고유의 모양이 아닌 것
- 경미한 녹, 일소, 약해, 생리장해 등으로 외관이 떨어지는 것
- 병해충의 피해가 과피에 그친 것
- 경미한 찰상 등 중결점과에 속하지 않는 상처가 있는 것
- 꼭지가 빠진 것
- 기타 결점의 정도가 경미한 것

• 사과의 크기 구분

구 분 \ 호 칭	3L	2L	L	M	S	2S
g/개	375 이상	300 이상 ~375 미만	250 이상 ~300 미만	214 이상 ~250 미만	188 이상 ~214 미만	167 이상 ~188 미만

• 사과의 품종별·등급별 착색비율

품 종 \ 등 급	특	상	보 통
홍옥, 홍로, 화홍, 양광 및 이와 유사한 품종	70% 이상	50% 이상	30% 이상

19 R과수원에서 사과(홍로)를 한창 수확 중이다. 수확한 사과를 선별기에서 선별해 보니 아래와 같았다.

1번 라인 선별결과(개당 무게 350g)	◕ : 13개, ◑ : 3개, ◔ : 1개
2번 라인 선별결과(개당 무게 300g)	◕ : 14개, ◑ : 3개, ◔ : 1개
3번 라인 선별결과(개당 무게 250g)	◕ : 15개, ◑ : 5개

※ ◕ : 착색비율 70%, ◑ : 착색비율 50%, ◔ : 착색비율 30%

5kg들이 "특" 등급 "상자1"은 다음과 같이 만들었고 나머지로 5kg들이 "특" 등급을 1상자 더 만들기 위해 사과 4개를 추가할 경우 "특"등급 "상자2"의 무게별 개수 및 착색비율을 쓰고 그 이유를 쓰시오(단, 사과는 350g, 300g, 250g 중에서 추가하며, 주어진 항목 외에는 등급판정에 고려하지 않음).

구 분	무게(착색비율) : 개수
"특" 등급 "상자1"	350g(70%) : 10개, 300g(70%) : 5개

• 정답 •

- 350g(70%) : 4개, 300g(70%) : 12개
- 사과 4개를 추가하여 "특" 등급의 5kg 상자를 만들어야 한다.
  - 사과(홍로)의 "특" 등급 착색비율은 70% 이상이다.
  - '상자1'을 만들고 남은 350g(70%) 사과는 3개, 300g(70%) 사과는 9개로, 모두 합쳐 3750g이다. 사과 4개로 나머지 1250g을 만들기 위해서는 350g(70%) 1개와 300g(70%) 3개를 추가해야 한다.
  - 250g 이상 300g 미만은 "L" 등급, 300g 이상 375g 미만은 "2L"인데, 무게가 다른 것이 섞이지 않아야 "특"이므로 250g 사과를 추가해서는 "특" 등급의 상자를 만들 수는 없다.

• 풀이 •

- 사과의 등급규격

등 급 / 항 목	특	상	보 통
낱개의 고르기	별도로 정하는 크기 구분표에서 무게가 다른 것이 섞이지 않은 것	별도로 정하는 크기 구분표에서 무게가 다른 것이 5% 이하인 것. 단, 크기 구분표의 해당 무게에서 1단계를 초과할 수 없다.	특·상에 미달하는 것
색 택	별도로 정하는 품종별·등급별 착색비율표에서 정하는 "특" 이외의 것이 섞이지 않은 것. 단, 쓰가루(비착색계)는 적용하지 않음	별도로 정하는 품종별·등급별 착색비율표에서 정하는 "상"에 미달하는 것이 없는 것. 단, 쓰가루(비착색계)는 적용하지 않음	별도로 정하는 품종별·등급별 착색비율표에서 정하는 "보통"에 미달하는 것이 없는 것

- 사과의 크기 구분

호 칭 / 구 분	3L	2L	L	M	S	2S
g/개	375 이상	300 이상 ~375 미만	250 이상 ~300 미만	214 이상 ~250 미만	188 이상 ~214 미만	167 이상 ~188 미만

- 사과의 품종별·등급별 착색비율

품 종 / 등 급	특	상	보 통
홍옥, 홍로, 화홍, 양광 및 이와 유사한 품종	70% 이상	50% 이상	30% 이상

20 다음에 제시된 품목 중 농산물 표준규격상 등급결정에 있어 과숙과를 중결점으로 판단하는 품목을 모두 고르시오.

사과, 배, 포도, 복숭아, 감귤, 매실, 단감, 참다래

•정답• 배, 복숭아, 매실, 참다래

•풀이• **중결점과 판단 기준**

- 사과 : 이품종과, 부패·변질과, 미숙과, 병충해과, 생리장해과, 내부갈변과, 상해과, 모양, 기타
- 배 : 이품종과, 부패·변질과, 미숙과, 과숙과, 병해충과, 상해과, 모양, 기타
- 포도 : 이품종과, 부패·변질과, 미숙과, 병충해과, 피해과
- 복숭아 : 이품종과, 부패·변질과, 미숙과, 과숙과, 병충해과, 상해과, 모양, 기타
- 감귤 : 이품종과, 부패·변질과, 미숙과, 일소과, 병충해과, 상해과, 모양, 경결점과에 속하는 사항으로 그 피해가 현저한 것
- 매실 : 이품종과, 부패·변질과, 과숙과, 병충해과, 상해과, 모양, 기타
- 단감 : 이품종과, 부패·변질과, 미숙과, 병충해과, 상해과, 꼭지, 모양, 기타
- 참다래 : 이품종과, 부패·변질과, 과숙과, 병충해과, 상해과, 모양, 기타

21 농산물 표준규격상 감귤의 등급규격 항목 중 껍질 뜬 정도의 ① 없음(○), ② 가벼움(1), ③ 중간정도(2), ④ 심함(3)에 대해 각각 설명하시오.

•정답• ① 없음(○) : 껍질이 뜨지 않은 것
② 가벼움(1) : 껍질 내표면적의 20% 이하가 뜬 것
③ 중간정도(2) : 껍질 내표면적의 20~50%가 뜬 것
④ 껍질 내표면적의 50% 이상이 뜬 것

•풀이• **감귤의 껍질 뜬 정도(농산물 표준규격 [별첨])**

없음(○)	가벼움(1)	중간정도(2)	심함(3)
껍질이 뜨지 않은 것	껍질 내표면적의 20% 이하가 뜬 것	껍질 내표면적의 20~50%가 뜬 것	껍질 내표면적의 50% 이상이 뜬 것

22 복숭아(백도) 70과를 농산물 표준규격에 따라 품위를 계측한 결과가 다음과 같고, 20과씩 3상자를 만들고자 한다. "특" 한 상자를 만들고 나머지 두 상자를 등급이 가장 높게 나오게 만들 때, ① 상자 각각의 등급과 각 상자의 구성 내용을 쓰고 ② 남은 과실의 등급규격을 각각 쓰시오(단, 주어진 항목 이외는 등급판정에 고려하지 않음).

• 무 게

300g	260g	230g	190g	180g
18과	3과	19과	19과	11과

• 결점항목
- 미숙과 : 5과
- 과숙과 : 3과
- 외관상 씨 쪼개짐이 두드러진 것 : 2과
- 경미한 일소 : 1과
- 품종 고유의 모양이 아닌 것 : 1과

• 정답 • ①

1번 상자	• 등급 : "특" • 상자의 구성 : 300g 18과, 260g 2과, 결점과 없음
2번 상자	• 등급 : 상" • 상자의 구성 : 260g 1과, 230g 19과, 경결점과 1과(경미한 일소 1과 또는 품종 고유의 모양이 아닌 것 1과)
3번 상자	• 등급 : 상" • 상자의 구성 : 190g 19과, 180g 1과, 경결점과 1과(경미한 일소 1과 또는 품종 고유의 모양이 아닌 것 1과)

② 남은 과실 등급규격 : 180g 10과, 중결점과 10과(미숙과 5과, 과숙과 3과, 외관상 씨 쪼개짐이 두드러진 것 2과)

• 풀이 • • 복숭아의 등급규격

등급 / 항목	특	상	보 통
낱개의 고르기	별도로 정하는 크기 구분표에서 무게가 다른 것이 섞이지 않은 것	별도로 정하는 크기 구분표에서 무게가 다른 것이 5% 이하인 것. 단, 크기 구분표의 해당 크기에서 1단계를 초과 할 수 없다.	특 · 상에 미달하는 것
색 택	품종 고유의 색택이 뛰어난 것	품종 고유의 색택이 양호한 것	특 · 상에 미달하는 것
중결점과	없는 것	없는 것	5% 이하인 것(부패 · 변질과는 포함할 수 없음)
경결점과	없는 것	5%이하인 것	20% 이하인 것

• 복숭아의 크기 구분

품 종 \ 호 칭		2L	L	M	S
1개의 무게(g)	유명, 장호원황도, 천중백도, 서미골드 및 이와 유사한 품종	375 이상	300 이상 ~375 미만	250 이상 ~300 미만	210 이상 ~250 미만
	백도, 천홍, 사자, 창방, 대구보, 진미. 미백 및 이와 유사한 품종	250 이상	215 이상 ~250 미만	188 이상 ~215 미만	150 이상 ~188 미만
	포목조생, 선광, 수봉 및 이와 유사한 품종	210 이상	180 이상 ~210 미만	150 이상 ~180 미만	120 이상 ~150 미만
	백미조생, 찌요마루, 선프레, 암킹 및 이와 유사한 품종	180 이상	150 이상 ~180 미만	125 이상 ~150 미만	100 이상 ~125 미만

• 복숭아의 중결점과
- 이품종과 : 품종이 다른 것
- 부패·변질과 : 과육이 부패 또는 변질된 것
- 미숙과 : 당도, 경도 및 색택으로 보아 성숙이 현저하게 덜된 것
- 과숙과 : 경도, 색택으로 보아 성숙이 지나치게 된 것
- 병충해과 : 복숭아탄저병, 세균성구멍병(천공병), 검은점무늬병(흑점병), 복숭아명나방, 복숭아심식나방 등 병해충의 피해가 과육까지 미친 것
- 상해과 : 열상, 자상 또는 압상이 있는 것. 다만 경미한 것은 제외한다.
- 모양 : 모양이 심히 불량한 것, 외관상 씨 쪼개짐이 두드러진 것
- 기타 : 경결점과에 속하는 사항으로 그 피해가 현저한 것

• 복숭아의 경결점과
- 품종 고유의 모양이 아닌 것
- 외관상 씨 쪼개짐이 경미한 것
- 병해충의 피해가 과피에 그친 것
- 경미한 일소, 약해, 찰상 등으로 외관이 떨어지는 것
- 기타 결점의 정도가 경미한 것

23 농산물 표준규격상 과일류의 크기 구분에서 무게 기준 없이 크기 기준만 있는 품목을 쓰시오.

• 정답 • 블루베리

• 풀이 • 과일류의 크기 구분 기준
• 사과 : g/개
• 배 : g/개
• 복숭아 : 1개의 무게(g)
• 포도 : 1송이의 무게(g)
• 감 귤
- 한라봉, 청견, 진지향 및 이와 유사한 품종 : 1개의 무게(g)
- 온주밀감 및 이와 유사한 품종 : 1개의 무게(g), 1개의 지름(mm)
• 금감 : 1개의 무게(g)
• 매실 : 1개의 무게(g), 1개의 지름(mm)
• 단감 : g/개
• 자두 : 1과의 기준 무게(g)
• 참다래 : g/개
• 블루베리 : 과실 횡경 기준(mm)

24 농산물 표준규격상 과일류의 크기 구분에서 1개의 지름과 1개의 무게를 모두 사용하는 품목 2가지를 쓰시오.

• 정답 • 감귤(온주밀감 및 이와 유사한 품종), 매실

• 풀이 • **과일류의 크기 구분 기준**

- 감 귤
  - 한라봉, 청견, 진지향 및 이와 유사한 품종 : 1개의 무게(g)
  - 온주밀감 및 이와 유사한 품종 : 1개의 무게(g), 1개의 지름(mm)
- 매실 : 1개의 무게(g), 1개의 지름(mm)
- 사과, 배, 복숭아, 포도, 금감, 단감, 자두, 참다래 : 무게(g)
- 블루베리 : 과실 횡경 기준(mm)

25 1월에 출하되는 온주밀감 100개를 농산물 표준규격에 따라 품위를 계측한 결과가 다음과 같았다. 이 온주밀감의 ① 중결점과와 경결점과의 비율을 각각 쓰고, ② 등급판정 결과와 이유를 쓰시오(단, 주어진 항목 이외는 등급판정에 고려하지 않음).

- 착색비율은 모두 84% 이상
- 무게는 모두 L에 해당
- 길이 8mm 일소 피해가 있는 것 1개
- 꼭지가 퇴색된 것 1개
- 경미한 약해 1개
- 정상과 97개

• 정답 • ① 중결점과 0%, 경결점과 3%

② 11월~익년 4월 출하되는 온주밀감의 착색비율은 85% 이상이 "특", 80% 이상이 "상"이다. 따라서 온주밀감의 등급판정 결과는 "상"이다.

• 풀이 • • 감귤의 품종별 · 등급별 착색 비율(%)

품 종	등 급	특	상	보 통
온주밀감	5~10월 출하	70 이상	60 이상	50 이상
	11~4월 출하	85 이상	80 이상	70 이상

- 감귤의 경결점과
  - 품종 고유의 모양이 아닌 것
  - 경미한 일소, 약해 등으로 외관이 떨어지는 것(지름 또는 길이 10mm 이상의 일소 피해가 있는 것은 중결점과)
  - 병해충의 피해가 과피에 그친 것
  - 경미한 찰상 등 중결점과에 속하지 않는 상처가 있는 것
  - 꼭지가 퇴색된 것
  - 기타 결점의 정도가 경미한 것

26 **농산물품질관리사 A씨가 도매시장에 출하하기 위해 감귤(청견) 10kg(44개들이) 1상자를 계측한 결과 다음과 같다. 농산물 표준규격에 따른 종합 판정등급과 해당 항목별 비율을 쓰시오(단, 주어진 항목 이외는 등급판정에 고려하지 않으며, 사사오입하여 소수점 첫째자리까지 구함).**

감귤(청견)의 무게(g)	감귤(청견)의 상태
• 210 이상~240 미만(평균 215) : 35과(7,525) • 240 이상~270 미만(평균 259) : 5과(1,295) • 270 이상~300 미만(평균 285) : 3과(855) • 300 이상~330 미만(평균 325) : 1과(325)	• 병해충의 피해가 과피에 그친 것 : 1과 • 품종 고유의 모양이 아닌 것 : 2과 • 꼭지가 퇴색된 것 : 1과 • 꼭지가 떨어진 것 : 2과 • 길이 5.5mm의 일소 피해가 있는 것 : 1과

① 종합 판정등급	② 경결점과 혼입률	③ 중결점과 혼입률	④ 낱개의 고르기 (크기 구분표에서 무게가 다른 것의 무게비율)
	%	%	%

• 정답 • ① 종합 판정등급 : "보통"
② 경결점과 혼입율 : 44개 중 5개, 11.4%
③ 중결점과 혼입율 : 44개 중 2개, 4.5%
④ 낱개의 고르기(크기 구분표에서 무게가 다른 것의 무게 비율) : 11.8%

• 풀이 • • 감귤의 등급규격

항 목 \ 등 급	특	상	보 통
낱개의 고르기	별도로 정하는 크기 구분표에서 무게 또는 지름이 다른 것이 5% 이하인 것. 단, 크기 구분표의 해당 크기(무게)에서 1단계를 초과할 수 없다.	별도로 정하는 크기 구분표에서 무게 또는 지름이 다른 것이 10% 이하인 것. 단, 크기 구분표의 해당 무게에서 1단계를 초과할 수 없다.	특·상에 미달하는 것
중결점과	없는 것	없는 것	5% 이하인 것(부패·변질과는 포함할 수 없음)
경결점과	5% 이내인 것	10% 이하인 것	20% 이하인 것

• 감귤의 크기 구분

구 분 \ 호 칭		2L	L	M	S	2S
1개의 무게(g)	한라봉, 천혜향 및 이와 유사한 품종	370 이상	300 이상 ~370 미만	230 이상 ~300 미만	150 이상 ~230 미만	150 미만
	청견, 황금향 및 이와 유사한 품종	330 이상	270 이상 ~330 미만	210 이상 ~270 미만	150 이상 ~210 미만	150 미만
	진지향 및 이와 유사한 품종	125 이상 ~165 미만	100 이상 ~125 미만	85 이상 ~100 미만	70 이상 ~85 미만	70 미만

• 감귤의 중결점과
- 이품종과 : 품종이 다른 것, 숙기(조생종, 중생종, 만생종)가 다른 것
- 부패·변질과 : 과육이 부패 또는 변질된 것(과숙에 의해 육질이 변질된 것을 포함한다)
- 미숙과 : 당도, 색택으로 보아 성숙이 현저하게 덜된 것(덜익은 과일을 수확하여 아세틸렌, 에틸렌 등의 가스로 후숙한 것을 포함한다)
- 일소과 : 지름 또는 길이 10mm 이상의 일소 피해가 있는 것
- 병충해과 : 더뎅이병, 궤양병, 검은점무늬병, 곰팡이병, 깍지벌레, 으름나방 등 병해충의 피해가 있는 것
- 상해과 : 열상, 자상 또는 압상이 있는 것. 다만, 경미한 것은 제외한다.

- 모양 : 모양이 심히 불량한 것, 꼭지가 떨어진 것
- 경결점과에 속하는 사항으로 그 피해가 현저한 것

• 감귤의 경결점과
- 품종 고유의 모양이 아닌 것
- 경미한 일소, 약해 등으로 외관이 떨어지는 것
- 병해충의 피해가 과피에 그친 것
- 경미한 찰상 등 중결점과에 속하지 않는 상처가 있는 것
- 꼭지가 퇴색된 것
- 기타 결점의 정도가 경미한 것

27 **다음은 감귤(청견) 10과의 착색 비율이다. 농산물 표준규격상 감귤(청견)의 등급판정 결과와 이유를 쓰시오(단, 주어진 항목 이외는 등급판정에 고려하지 않음).**

1번과	2번과	3번과	4번과	5번과	6번과	7번과	8번과	9번과	10번과
95	98	95	96	96	97	94	97	99	98

• 정답 • • 등급 : "상"

• 이유 : 감귤(청견) "특" 등급의 착색 비율은 95% 이상이고, 등급기준 색택 항목에서 "특" 등급은 품종별·등급별 착색비율표에서 정하는 "특" 이외의 것이 섞이지 않아야 하는데, 7번과의 착색 비율은 94%로 여기에 미달한다. 착색 비율은 90% 이상은 "상" 등급이다.

• 풀이 • • 감귤의 등급규격

등급 / 항목	특	상	보 통
색 택	별도로 정하는 품종별·등급별 착색비율표에서 정하는 "특" 이외의 것이 섞이지 않은 것	별도로 정하는 품종별·등급별 착색비율표에서 정하는 "상"에 미달하는 것이 없는 것	별도로 정하는 품종별·등급별 착색비율표에서 정하는 "보통"에 미달하는 것이 없는 것

• 감귤의 품종별·등급별 착색 비율(%)

품 종 / 등 급	특	상	보 통
한라봉, 천혜향, 청견, 황금향, 진지향 및 이와 유사한 품종	95 이상	90 이상	90 이상

28 농산물 표준규격상 포도의 미숙과에 대한 설명에서 (   ) 안에 들어갈 알맞은 말을 쓰시오.

포도의 미숙과란 (①), (②) 등으로 보아 성숙이 현저하게 덜된 것을 말한다.

•정답• ① 당도, ② 색택

•풀이• **포도의 중결점과**

- 이품종과 : 품종이 다른 것
- 부패·변질과 : 부패, 경화, 위축 등 변질된 것(과숙에 의해 육질이 변질된 것을 포함한다.)
- 미숙과 : 당도, 색택 등으로 보아 성숙이 현저하게 덜된 것
- 병충해과 : 탄저병, 노균병, 축과병 등 병해충의 피해가 있는 것
- 피해과 : 일소, 열과, 오염된 것 등의 피해가 현저한 것

29 포도 한 상자(20송이)를 농산물 표준규격에 따라 품위를 계측한 결과가 다음과 같다. 이 포도 상자의 ① 중결점과와 경결점과의 비율을 각각 쓰고, ② 등급판정 결과를 쓰시오(단, 주어진 항목 이외는 등급판정에 고려하지 않음).

- 품종 고유의 모양이 아닌 것 1송이
- 낱알의 밀착도가 지나친 것 1송이
- 정상과 18송이

•정답• ① 중결점과 비율 0%, 경결점과 비율 10%
② 등급 : "보통"

•풀이• • 포도의 등급규격

항목 \ 등급	특	상	보통
중결점과	없는 것	없는 것	5% 이하인 것(부패·변질과는 포함할 수 없음)
경결점과	없는 것	5% 이하인 것	20% 이하인 것

• 포도의 중결점과
- 이품종과
- 부패·변질과
- 미숙과
- 병충해과
- 피해과

• 포도의 경결점과
- 품종 고유의 모양이 아닌 것
- 낱알의 밀착도가 지나치거나 성긴 것
- 병해충의 피해가 경미한 것
- 기타 결점의 정도가 경미한 것

30 포도(캠벨얼리)의 무게를 측정한 결과가 다음과 같았다. 농산물 표준규격에 따른 등급판정 결과와 이유를 쓰시오(단, 주어진 항목 이외는 등급판정에 고려하지 않음).

1번과	2번과	3번과	4번과	5번과	6번과	7번과	8번과	9번과	10번과
350g	360g	365g	400g	420g	415g	330g	440g	420g	360g
11번과	**12번과**	**13번과**	**14번과**	**15번과**	**16번과**	**17번과**	**18번과**	**19번과**	**20번과**
445g	435g	390g	385g	410g	375g	340g	380g	420g	440g

• 정답 •
- 등급 : "특"
- 이유 : 크기 구분표에서 무게가 다른 것은 7번과와 17번과로, 10% 이하이다.

• 풀이 •
- 포도의 등급규격

항목 \ 등급	특	상	보통
낱개의 고르기	별도로 정하는 크기 구분표에서 무게가 다른 것이 10% 이하인 것. 단, 크기 구분표의 해당 무게에서 1단계를 초과할 수 없다.	별도로 정하는 크기 구분표에서 무게가 다른 것이 30% 이하인 것. 단, 크기 구분표의 해당 무게에서 1단계를 초과할 수 없다.	특·상에 미달하는 것

- 포도의 크기 구분

품종 \ 호칭	2L	L	M	S
캠벨얼리, 새단 등 이와 유사한 품종(1송이의 무게, g)	450 이상	350 이상 ~450 미만	300 이상 ~350 미만	300 미만

31 농산물 표준규격상 자두 미숙과의 정의를 쓰시오.

• 정답 • 맛, 육질, 색택 등으로 보아 성숙이 현저하게 덜된 것

• 풀이 • 자두의 중결점과
- 이품종과 : 품종이 다른 것
- 부패·변질과 : 과육이 부패 또는 변질된 것(과숙에 의해 육질이 변질된 것을 포함한다)
- 미숙과 : 맛, 육질, 색택 등으로 보아 성숙이 현저하게 덜된 것
- 병충해과 : 검은무늬병, 심식충 등 병충해의 피해가 있는 것
- 상해과 : 찰상, 자상, 압상 등의 상처가 있는 것. 다만 경미한 것은 제외한다.
- 모양 : 모양이 심히 불량한 것
- 기타 : 오염된 것 등 그 피해가 현저한 것

32 농산물 표준규격상 단감의 꼭지와 관련된 ① 중결점과 항목과 ② 경결점과 항목을 쓰시오.

•정답• ① 중결점과 : 꼭지가 빠지거나, 꼭지 부위가 갈라진 것
② 경결점과 : 꼭지가 돌아갔거나, 꼭지와 과육 사이에 틈이 있는 것

•풀이• • 단감의 중결점과
- 이품종과 : 품종이 다른 것
- 부패·변질과 : 과육이 부패 또는 변질된 것(과숙에 의해 육질이 변질된 것을 포함한다)
- 미숙과 : 당도(맛), 경도 및 색택으로 보아 성숙이 덜된 것(덜익은 과일을 수확하여 아세틸렌, 에틸렌 등의 가스로 후숙한 것을 포함한다)
- 병충해과 : 탄저병, 검은별무늬병, 감꼭지나방 등 병해충의 피해가 있는 것
- 상해과 : 열상, 자상 또는 압상이 있는 것. 다만 경미한 것을 제외한다.
- 꼭지 : 꼭지가 빠지거나, 꼭지 부위가 갈라진 것
- 모양 : 모양이 심히 불량한 것
- 기타 : 경결점과에 속하는 사항으로 그 피해가 현저한 것

• 단감의 경결점과
- 품종 고유의 모양이 아닌 것
- 경미한 일소, 약해 등으로 외관이 떨어지는 것
- 그을음병, 깍지벌레 등 병충해의 피해가 과피에 그친 것
- 꼭지가 돌아갔거나, 꼭지와 과육 사이에 틈이 있는 것
- 경미한 찰상 등 중결점과에 속하지 않는 상처가 있는 것
- 기타 결점의 정도가 경미한 것

33 포도(샤인머스켓)무게를 측정한 결과가 다음과 같았다. 농산물 표준규격에 따른 등급판정 결과와 이유를 쓰시오(단, 주어진 항목 이외는 등급판정에 고려하지 않음).

1번과	2번과	3번과	4번과	5번과	6번과	7번과	8번과	9번과	10번과
750g	760g	765g	700g	720g	690g	730g	740g	720g	760g
11번과	**12번과**	**13번과**	**14번과**	**15번과**	**16번과**	**17번과**	**18번과**	**19번과**	**20번과**
720g	730g	790g	785g	710g	695g	740g	780g	720g	740g

•정답• • 등급 : "특"
• 이유 : 크기 구분표에서 무게가 다른 것은 6번과와 16번과로, 10% 이하이다.

•풀이• • 포도의 등급규격

항목 \ 등급	특	상	보통
낱개의 고르기	별도로 정하는 크기 구분표에서 무게가 다른 것이 10% 이하인 것. 단, 크기 구분표의 해당 무게에서 1단계를 초과할 수 없다.	별도로 정하는 크기 구분표에서 무게가 다른 것이 30% 이하인 것. 단, 크기 구분표의 해당 무게에서 1단계를 초과할 수 없다.	특·상에 미달하는 것

• 포도의 크기 구분

품종 \ 호칭	2L	L	M	S
샤인머스켓, 거봉, 흑보석, 자옥 등 무핵(씨없는 것)과와 유사한 품종[1송이의 무게(g)]	700 이상	600 이상 ~700 미만	500 이상 ~600 미만	500 미만

34 단감 한 상자(100개)를 농산물 표준규격에 따라 품위 계측한 결과가 다음과 같았다. 이 단감의 등급판정 결과와 이유를 쓰시오(단, 주어진 항목 이외는 등급판정에 고려하지 않음).

- 무게 : 250g 이상이 95개, 230g이 5개
- 색택 : 90% 이상이 90개, 85%가 10개
- 경미한 약해 피해가 있는 것이 1과
- 깍지벌레 피해가 과피에 그친 것 1과
- 꼭지가 돌아간 것이 1과

• 정답 •
- 등급 : "특"
- 이 유
  - 크기 구분표에서 무게가 다른 것이 5개로, 5% 이하이므로 "특"
  - 색택은 착색비율이 모두 80% 이상이므로 "특"
  - 경결점과 3개로, 3% 이하이므로 "특"

• 풀이 •
- 단감의 등급규격

항목 \ 등급	특	상	보통
낱개의 고르기	별도로 정하는 크기 구분표에서 무게가 다른 것이 5% 이하인 것. 단, 크기 구분표의 해당 무게에서 1단계를 초과할 수 없다.	별도로 정하는 크기 구분표에서 무게가 다른 것이 10% 이하인 것. 단, 크기 구분표의 해당 무게에서 1단계를 초과할 수 없다.	특·상에 미달하는 것
색 택	착색비율이 80% 이상인 것	착색비율이 60% 이상인 것	특·상에 미달하는 것
경결점과	3% 이하인 것	5% 이하인 것	20% 이하인 것

- 단감의 크기 구분

구분 \ 호칭	2L	L	M	S	2S
1개의 무게(g)	250 이상	200 이상 ~250 미만	165 이상 ~200 미만	142 이상 ~165 미만	142 미만

- 단감의 경결점과
  - 품종 고유의 모양이 아닌 것
  - 경미한 일소, 약해 등으로 외관이 떨어지는 것
  - 그을음병, 깍지벌레 등 병충해의 피해가 과피에 그친 것
  - 꼭지가 돌아갔거나, 꼭지와 과육 사이에 틈이 있는 것
  - 경미한 찰상 등 중결점과에 속하지 않는 상처가 있는 것
  - 기타 결점의 정도가 경미한 것

35 농산물 표준규격상 참다래의 등급규격 항목을 모두 쓰시오.

• 정답 • 낱개의 고르기, 색택, 향미, 털, 중결점과, 경결점과

• 풀이 • **참다래의 등급규격**

등급 / 항목	특	상	보 통
낱개의 고르기	별도로 정하는 크기 구분표에서 무게가 다른 것이 5% 이하인 것. 단, 크기 구분표의 해당 무게에서 1단계를 초과할 수 없다.	별도로 정하는 크기 구분표에서 무게가 다른 것이 10% 이하인 것. 단, 크기 구분표의 해당 무게에서 1단계를 초과할 수 없다.	특·상에 미달하는 것
색 택	품종 고유의 색택이 뛰어난 것	품종 고유의 색택이 양호한 것	특·상에 미달하는 것
향 미	품종 고유의 향미가 뛰어난 것	품종 고유의 향미가 양호한 것	특·상에 미달하는 것
털	털의 탈락이 없는 것	털의 탈락이 경미한 것	털의 탈락이 심하지 않은 것
중결점과	없는 것	없는 것	5% 이하인 것(부패·변질과는 포함할 수 없음)
경결점과	5% 이하인 것	10% 이하인 것	20% 이하인 것

36 농산물 표준규격상 마른고추의 결점 항목 중 반점 및 변색과 상해과의 중결점, 경결점의 기준을 쓰시오.

• 정답 •
- 반점 및 변색
  - 중결점 : 황백색 또는 녹색이 과면의 10% 이상인 것 또는 과열로 검게 변한 것이 과면의 20% 이상인 것
  - 경결점 : 황백색 또는 녹색이 과면의 10% 미만인 것 또는 과열로 검게 변한 것이 과면의 20% 미만인 것(꼭지 또는 끝부분의 경미한 반점 또는 변색은 제외한다)
- 상해과
  - 중결점 : 잘라진 것 또는 길이의 1/2 이상이 갈라진 것
  - 경결점 : 길이의 1/2 미만이 갈라진 것

• 풀이 • **마른고추의 결점 항목**
- 중결점과
  - 반점 및 변색 : 황백색 또는 녹색이 과면의 10% 이상인 것 또는 과열로 검게 변한 것이 과면의 20% 이상인 것
  - 박피(薄皮) : 미숙으로 과피(껍질)가 얇고 주름이 심한 것
  - 상해과 : 잘라진 것 또는 길이의 1/2 이상이 갈라진 것
  - 병충해 : 흑색탄저병, 무름병, 담배나방 등 병충해 피해가 과면의 10% 이상인 것
  - 기타 : 심하게 오염된 것
- 경결점과
  - 반점 및 변색 : 황백색 또는 녹색이 과면의 10% 미만인 것 또는 과열로 검게 변한 것이 과면의 20% 미만인 것(꼭지 또는 끝부분의 경미한 반점 또는 변색은 제외한다)
  - 상해과 : 길이의 1/2 미만이 갈라진 것
  - 병충해 : 흑색탄저병, 무름병, 담배나방 등 병충해 피해가 과면의 10% 미만인 것
  - 모양 : 심하게 구부러진 것, 꼭지가 빠진 것
  - 기타 : 결점의 정도가 경미한 것

37 농산물 표준규격상 채소류의 낱개의 고르기에서 평균 길이 ±1.5cm를 초과하는 것을 기준으로 하는 품목 2가지를 쓰시오.

• 정답 • 마른고추, 다다기계 오이

• 풀이 • **채소류의 낱개의 고르기**

품 목	"특" 등급
마른고추	평균 길이에서 ±1.5cm를 초과하는 것이 10% 이하인 것
고 추	평균 길이에서 ±2.0cm를 초과하는 것이 10% 이하인 것(꽈리고추는 20% 이하)
오 이	평균 길이에서 ±2.0cm(다다기계는 ±1.5cm)를 초과하는 것이 10% 이하인 것
호 박	• 쥬키니 : 평균 길이에서 ±2.5cm를 초과하는 것이 10% 이하인 것 • 애호박 : 평균 길이에서 ±2.0cm를 초과하는 것이 10% 이하인 것 • 풋호박 : 평균 무게에서 ±50g을 초과하는 것이 10% 이하인 것
단호박·미니단호박	별도로 정하는 크기 구분표에서 무게가 다른 것이 섞이지 않은 것
가 지	평균 길이에서 ±2.5cm를 초과하는 것이 10% 이하인 것
토마토	별도로 정하는 크기 구분표에서 무게가 다른 것이 5% 이하인 것. 단, 크기 구분표의 해당 무게에서 1단계를 초과할 수 없다.
방울토마토	별도로 정하는 크기 구분표에서 무게 또는 지름이 다른 것이 10% 이하인 것. 단, 크기 구분표의 해당 무게에서 1단계를 초과할 수 없다.
송이토마토	–
참 외	별도로 정하는 크기 구분표에서 무게가 다른 것이 3% 이하인 것. 단, 크기 구분표의 해당 무게에서 1단계를 초과할 수 없다.
딸 기	별도로 정하는 크기 구분표에서 무게가 다른 것이 10% 이하인 것
수 박	–
조롱수박	별도로 정하는 크기 구분표에서 무게가 다른 것이 없는 것
멜 론	별도로 정하는 크기 구분표에서 무게가 다른 것이 섞이지 않은 것
피망·파프리카	별도로 정하는 크기 구분표에서 무게가 다른 것이 5% 이하인 것
양 파	별도로 정하는 크기 구분표에서 크기가 다른 것이 10% 이하인 것
마 늘	별도로 정하는 크기 구분표에서 크기가 다른 것이 10% 이하인 것. 단, 크기 구분표의 해당 크기에서 1단계를 초과할 수 없다.
무	별도로 정하는 크기 구분표에서 무게가 다른 것이 10% 이하인 것
결구배추	별도로 정하는 크기 구분표에서 무게가 다른 것이 섞이지 않은 것
양배추	별도로 정하는 크기 구분표에서 무게가 다른 것이 섞이지 않은 것
당 근	별도로 정하는 크기 구분표에서 무게가 다른 것이 10% 이하인 것
녹색꽃양배추(브로콜리)	별도로 정하는 크기 구분표에서 무게가 다른 것이 섞이지 않은 것
비 트	별도로 정하는 크기 구분표에서 무게가 다른 것이 10% 이하인 것. 단, 크기 구분표의 해당 무게에서 1단계를 초과할 수 없다.

38 농산물 표준규격상 고추의 경결점과인 상해과를 설명하시오.

• 정답 • 꼭지 빠진 것, 잘라진 것, 갈라진 것

• 풀이 • **고추의 경결점과**

- 과숙과 : 붉은색인 것(풋고추, 꽈리고추에 적용)
- 미숙과 : 색택으로 보아 성숙이 덜된 녹색과(홍고추에 적용)
- 상해과 : 꼭지 빠진 것, 잘라진 것, 갈라진 것
- 발육이 덜 된 것
- 기형과 등 기타 결점의 정도가 경미한 것

39 다음은 고추의 결점 항목이다. 농산물 표준규격상 중결점과 경결점으로 구분하여 그 번호를 쓰시오.

① 꼭지 빠진 것
② 오염이 심한 것
③ 붉은색인 것(풋고추, 꽈리고추에 적용)
④ 잘라진 것
⑤ 씨가 검게 변색된 것
⑥ 발육이 덜 된 것
⑦ 갈라진 것
⑧ 탄저병, 무름병 등 병해충의 피해가 현저한 것

• 정답 •
- 중결점 : ②, ⑤, ⑧
- 경결점 : ①, ③, ④, ⑥, ⑦

• 풀이 • **고추의 결점**

- 중결점
  - 부패·변질과 : 부패 또는 변질된 것
  - 병충해 : 탄저병, 무름병, 담배나방 등 병해충의 피해가 현저한 것
  - 기타 : 오염이 심한 것, 씨가 검게 변색된 것
- 경결점
  - 과숙과 : 붉은색인 것(풋고추, 꽈리고추에 적용)
  - 미숙과 : 색택으로 보아 성숙이 덜된 녹색과(홍고추에 적용)
  - 상해과 : 꼭지 빠진 것, 잘라진 것, 갈라진 것
  - 발육이 덜 된 것
  - 기형과 등 기타 결점의 정도가 경미한 것

40 농산물 표준규격에 따라 풋고추 5kg의 품위를 계측한 결과가 다음과 같았다. 이 고추의 등급판정 결과와 이유를 쓰시오(단, 주어진 항목 이외는 등급판정에 고려하지 않음).

- 길이 : 평균 길이 8.5cm, 10.5cm 초과 200g, 6.5cm 미만 300g
- 과숙과 35g
- 꼭지 빠진 것 45g
- 갈라진 것 15g
- 발육이 덜된 것 10g
- 기형과 10g
- 잘라진 것 25g

• 정답 •
- 등급 : "특"
- 이유 : 평균 길이 ±2.0cm 초과하는 것이 500g으로 10%, 경결점이 140g으로 2.8%이다.

• 풀이 •
- 고추의 등급규격

항 목 \ 등 급	특	상	보 통
낱개의 고르기	평균 길이에서 ±2.0cm를 초과하는 것이 10% 이하인 것(꽈리고추는 20% 이하)	평균 길이에서 ±2.0cm를 초과하는 것이 20% 이하(꽈리고추는 50% 이하)로 혼입된 것	특·상에 미달하는 것
경결점과	3% 이하인 것	5% 이하인 것	20% 이하인 것

- 고추의 경결점
  - 과숙과 : 붉은색인 것(풋고추, 꽈리고추에 적용)
  - 미숙과 : 색택으로 보아 성숙이 덜된 녹색과(홍고추에 적용)
  - 상해과 : 꼭지 빠진 것, 잘라진 것, 갈라진 것
  - 발육이 덜 된 것
  - 기형과 등 기타 결점의 정도가 경미한 것

41 농산물 표준규격상 오이의 등급규격 항목 중 모양에 있어 "특", "상"의 기준을 계통별로 구분하여 쓰시오.

• 정답 •
- "특" : 품종 고유의 모양을 갖춘 것으로 처음과 끝의 굵기가 일정하며 구부러진 정도가 다다기계·취청계는 1.5cm 이내, 가시계는 2.0cm 이내인 것
- "상" : 품종 고유의 모양을 갖춘 것으로 처음과 끝의 굵기가 대체로 일정하며 구부러진 정도가 다다기계·취청계는 3.0cm 이내, 가시계는 4.0cm 이내인 것

• 풀이 • 오이의 등급규격

항 목 \ 등 급	특	상	보 통
모 양	품종 고유의 모양을 갖춘 것으로 처음과 끝의 굵기가 일정하며 구부러진 정도가 다다기·취청계는 1.5cm 이내, 가시계는 2.0cm 이내인 것	품종 고유의 모양을 갖춘 것으로 처음과 끝의 굵기가 대체로 일정하며 구부러진 정도가 다다기·취청계는 3.0cm 이내, 가시계는 4.0cm 이내인 것	특·상에 미달한 것

42 다음은 농산물 표준규격에 따라 꽈리고추 10kg의 품위를 계측한 결과이다. 이 꽈리고추의 등급판정 결과와 이유를 쓰시오(단, 주어진 항목 이외는 등급판정에 고려하지 않음).

- 평균 길이 5.5cm, 7.5cm 초과 1.4kg, 3.5cm 미만 800g
- 붉은색 고추 80g
- 잘라진 것 50g
- 갈라진 것 20g
- 발육이 덜된 것 20g
- 오염된 것은 없음
- 기형과 10g

•정답•
- 등급 : "상"
- 이유 : 경결점 180g으로 "특"의 등급규격이다. 하지만 낱개의 고르기 ±2.0cm을 초과하는 것이 2.2kg으로 22%이며, 길이 4.0~7.0cm에 해당하는 것이 80%가 되지 못한다.

•풀이•
- 고추의 등급규격

항목 \ 등급	특	상	보통
낱개의 고르기	평균 길이에서 ±2.0cm를 초과하는 것이 10% 이하인 것(꽈리고추는 20% 이하)	평균 길이에서 ±2.0cm를 초과하는 것이 20% 이하(꽈리고추는 50% 이하)로 혼입된 것	특·상에 미달하는 것
길이(꽈리고추에 적용)	4.0~7.0cm인 것이 80% 이상		
경결점과	3% 이하인 것	5% 이하인 것	20% 이하인 것

- 경결점(180g) : 붉은색 고추 80g, 잘라진 것 50g, 갈라진 것 20g, 발육이 덜된 것 20g, 기형과 10g

43 다음은 다다기계 오이 길이를 측정한 결과이다. 농산물 표준규격에 따른 등급판정 결과와 이유를 쓰시오(단, 주어진 항목 이외는 등급판정에 고려하지 않음).

	1번과	2번과	3번과	4번과	5번과	6번과	7번과	8번과	9번과	10번과
길이(cm)	18.5	20.0	19.5	19.0	21.5	18.0	18.5	17.5	20.5	18.0

•정답•
- 등급 : "상"
- 이유 : 평균길이는 19.1cm로, ±1.5cm를 초과하는 것은 5번과와 8번과 2개로 20%이다.

•풀이• 오이의 등급규격

항목 \ 등급	특	상	보통
모 양	평균 길이에서 ±2.0cm(다다기계는 ±1.5cm)를 초과하는 것이 10% 이하인 것	평균 길이에서 ±2.0cm(다다기계는 ±1.5cm)를 초과하는 것이 20% 이하인 것	특·상에 미달하는 것

44 4월에 출하된 중소형계 완숙토마토 100개를 검사하였더니 다음과 같은 결과가 나왔다. 농산물 표준규격에 따른 등급판정 결과와 이유를 쓰시오(단, 주어진 항목 이외는 등급판정에 고려하지 않음).

- 착색 62% 내외
- 꼭지는 시들지 않음
- 꽃자리 흔적은 거의 눈에 띄지 않음
- 무게 72~78g인 것 95개, 88g인 것 3개, 92g인 것 2개
- 경미한 형상불량 2개
- 선첨과 1개
- 공동과 1개

• 정답 •
- 등급 : "보통"
- 이유 : 착색 기준, 신선도, 꽃자리 흔적을 고려할 때에는 "특" 등급이다. 하지만 낱개의 고르기에서 크기 구분표의 해당 무게 1단계를 초과하고, 중결점과(선첨과, 공동과)가 2개로 2%에 해당하므로 "보통" 등급에 해당한다.

• 풀이 •
- 토마토의 등급규격

항 목 \ 등 급	특	상	보 통
낱개의 고르기	별도로 정하는 크기 구분표에서 무게가 다른 것이 5% 이하인 것. 단, 크기 구분표의 해당 무게에서 1단계를 초과할 수 없다.	별도로 정하는 크기 구분표에서 무게가 다른 것이 10% 이하인 것. 단, 크기 구분표의 해당 무게에서 1단계를 초과할 수 없다.	특·상에 미달하는 것
색 택	출하 시기별로 착색 기준표의 착색기준에 맞고, 착색 상태가 균일한 것	출하 시기별로 착색 기준표의 착색기준에 맞고, 착색 상태가 균일한 것	특·상에 미달하는 것
신선도	꼭지가 시들지 않고 껍질의 탄력이 뛰어난 것	꼭지가 시들지 않고 껍질의 탄력이 양호한 것	특·상에 미달하는 것
꽃자리 흔적	거의 눈에 띄지 않은 것	두드러지지 않은 것	특·상에 미달하는 것
중결점과	없는 것	없는 것	5% 이하인 것(부패·변질과는 포함할 수 없음)
경결점과	없는 것	5% 이하인 것	20% 이하인 것

- 토마토의 크기 구분

품 종 \ 호 칭	3L	2L	L	M	S	2S
중소형계(흑토마토) 1과의 무게(g)	90 이상	80 이상 ~90 미만	70 이상 ~80 미만	60 이상 ~70 미만	50 이상 ~60 미만	50 미만

- 토마토의 착색 기준

출하시기	완숙 토마토 착색비율	일반 토마토 착색비율
3월~5월	전체 면적의 60% 내외	전체 면적의 20% 내외
6월~10월	전체 면적의 50% 내외	전체 면적의 10% 내외
11월~익년 2월	전체 면적의 70% 내외	전체 면적의 30% 내외

• 토마토의 중결점과
- 이품종과 : 품종이 다른 것
- 부패 · 변질과 : 과육이 부패 또는 변질된 것
- 과숙과 : 색깔 또는 육질로 보아 성숙이 지나친 것
- 병충해과 : 배꼽썩음병 등 병해충의 피해가 것. 다만 경미한 것은 제외한다.
- 상해과 : 생리장해로 육질이 섬유질화한 것. 열상, 자상, 압상 등의 상처가 있는 것. 다만 경미한 것은 제외한다.
- 형상불량과 : 품종의 특성이 아닌 타원과, 선첨과(先尖果), 난형과(亂形果), 공동과(空胴果) 등 기형과 및 열과(裂果)

• 토마토의 경결점과
- 형상불량 정도가 경미한 것
- 중결점에 속하지 않는 상처가 있는 것
- 병충해, 상해의 정도가 경미한 것
- 기타 결점정도가 경미한 것

45 딸기 100개의 무게를 계측한 결과가 다음과 같았다. 25개씩 포장을 할 때 ① 등급규격 "특"은 몇 상자가 나오는지 쓰고, ② 각 상자의 농산물 표준규격에 따른 크기를 구분하여 쓰시오(단, 주어진 항목 이외는 등급판정에 고려하지 않음).

28g~30g	25g~27g	23g~24g	21g~22g	17g~20g	16g	10g
13개	10개	23개	26개	22개	2개	4개

• 정답 • ① "특" 등급 4상자

②

상자1	상자2	상자3	상자4
2L 23개, L 2개	L 23개, M 2개	L 23개, S 2개	L 23개, S 2개

• 풀이 • • 딸기의 등급규격

항목 \ 등급	특	상	보 통
낱개의 고르기	별도로 정하는 크기 구분표에서 무게가 다른 것이 10% 이하인 것	별도로 정하는 크기 구분표에서 무게가 다른 것이 20% 이하인 것	특 · 상에 미달하는 것

• 딸기의 크기 구분

구분 \ 호칭	2L	L	M	S
1개의 무게(g)	25 이상	17 이상~25 미만	12 이상~17 미만	12 미만

28g~30g	25g~27g	23g~24g	21g~22g	17g~20g	16g	10g
13개	10개	23개	26개	22개	2개	4개
2L		L			M	S
23개		71개			2개	4개

46 농산물 표준규격상 수박의 미숙과에 대한 설명에서 (   ) 안에 들어갈 알맞은 말을 쓰시오.

미숙과는 (①), (②) 등으로 보아 과육의 성숙이 덜된 것을 말한다.

• 정답 • ① 타공음
② 무늬의 선명도

• 풀이 • **수박의 중결점과**

- 부패 · 변질 : 과육이 부패 또는 변질된 것
- 과숙과 : 성숙이 지나치거나 과육이 연화된 것
- 미숙과 : 타공음, 무늬의 선명도 등으로 보아 과육의 성숙이 덜된 것
- 병충해 : 역병 등 병충해의 피해가 있는 것
- 상해 : 열상, 자상 등의 상처가 있는 것. 다만 경미한 것은 제외한다.
- 형상불량 : 기형구, 공동구(속이 빈 것), 색택불량 등 그 결점의 정도가 현저한 것

47 농산물 표준규격상 '씨없는 수박'의 정의를 쓰시오.

• 정답 • 껍질이 단단하며, 성숙한 배(胚)를 가진 것으로, 수박을 꼭지부위에서 세로로 한번, 중간부위에서 가로로 한번 잘라 4등분 한 단면에 보이는 씨가 7개 이하인 것을 말한다. 단, 미숙한 하얀색 종피 종자는 제외한다.

• 풀이 • **수박의 용어 정의**

- 경결점과
  - 병충해, 상해의 피해가 경미한 것
  - 품종 고유의 모양이 아닌 것
  - 기타 결점의 정도가 경미한 것
- '씨없는 수박'이란 껍질이 단단하며, 성숙한 배(胚)를 가진 것으로 수박을 4등분(꼭지부위에서 세로로 한번, 중간부위에서 가로로 한번)으로 자른 단면에 보이는 씨가 7개 이하인 것을 말한다(단, 미숙한 하얀색 종피 종자는 제외).

48 농산물 표준규격상 양파의 중결점구인 상해구에 대해 설명하시오.

• 정답 • 자상, 압상이 육질에 미친것, 심하게 오염된 것

• 풀이 • **양파의 중결점구**

- 부패 · 변질구 : 엽육이 부패 또는 변질된 것
- 병충해 : 병해충의 피해가 있는 것
- 상해구 : 자상, 압상이 육질에 미친 것, 심하게 오염된 것
- 형상 불량구 : 쌍구, 열구, 이형구, 싹이 난 것, 추대된 것
- 기타 : 경결점구에 속하는 사항으로 그 피해가 현저한 것

49 생산자 A씨는 수확한 양파를 소비지 도매시장에 출하하려고 20kg 그물망에 담겨있는 양파 60개를 계측한 결과 다음과 같다. 농산물 표준규격에 따른 등급과 이유를 쓰시오(단, 주어진 항목 이외는 등급판정에 고려하지 않음).

항 목	낱개의 고르기	모 양	손 질	결점구
계측 결과	• "2L" : 3개 • "L" : 55개 • "M" : 2개	품종 고유의 모양	흙 등 이물질이 잘 제거됨	• 병해충의 피해가 외피에 그친 것 : 2개 • 상해의 정도가 경미한 것 : 3개

• 정답 •
- 등급 : "상"
- 이유 : 낱개의 고르기에서 크기가 다른 것이 10% 이하이므로 "특", 모양에서 품종 고유의 모양이므로 "특", 손질에서 흙 등 이물질이 잘 제거되었으므로 "특"에 해당한다. 하지만 병해충의 피해가 외피에 그친 것 2개와 상해의 정도가 경미한 것 3개는 모두 경결점이므로 경결점 비율 8%로 "상"의 등급규격 10% 이하에 해당한다.

• 풀이 •
- 양파의 등급규격

항 목 \ 등 급	특	상	보 통
낱개의 고르기	별도로 정하는 크기 구분표에서 크기가 다른 것이 10% 이하인 것	별도로 정하는 크기 구분표에서 크기가 다른 것이 20% 이하인 것	특·상에 미달하는 것
모 양	품종 고유의 모양인 것	품종 고유의 모양인 것	특·상에 미달하는 것
손 질	흙 등 이물이 잘 제거된 것	흙 등 이물이 제거된 것	특·상에 미달하는 것
경결점과	5% 이하인 것	10% 이하인 것	20% 이하인 것

- 양파의 경결점구
  - 품종 고유의 모양이 아닌 것
  - 병해충의 피해가 외피에 그친 것
  - 상해 및 기타 결점의 정도가 경미한 것

50 농산물 표준규격상 마늘의 열구에 대하여 설명하시오.

• 정답 • 마늘쪽의 일부 또는 전부가 줄기로부터 벌어져 있는 것으로 포장단위 전체 마늘에 대한 개수 비율을 말한다. 단, 마늘통 높이의 3/4 이상이 외피에 싸여 있는 것은 제외한다.

• 풀이 • **마늘 용어의 정의**
- 열구 : 마늘쪽의 일부 또는 전부가 줄기로부터 벌어져 있는 것으로 포장단위 전체 마늘에 대한 개수 비율을 말한다. 단, 마늘통 높이의 3/4 이상이 외피에 싸여 있는 것은 제외한다.
- 쪽마늘 : 포장단위별로 전체 마늘 중 마늘통의 줄기로부터 떨어져 나온 마늘쪽을 말한다.

51 농산물 표준규격상 마늘의 중결점구에서 완전한 줄기가 2개 이상 발생한 2차 생성구를 무엇이라 하는지 쓰시오.

• 정답 • 벌마늘

• 풀이 • **마늘의 중결점구**

- 병충해구 : 병충해의 증상이 뚜렷하거나 진행성인 것
- 부패·변질구 : 육질이 부패 또는 변질된 것
- 형상불량구 : 기형 및 벌마늘(완전한 줄기가 2개 이상 발생한 2차 생성구), 싹이 난 것, 뿌리가 난 것
- 상해구 : 기계적 손상이 마늘쪽의 육질에 미친 것

52 다음 결점 항목 중 농산물 표준규격상 마늘의 중결점구에 해당하는 것을 모두 찾아 그 번호를 쓰시오.

① 벌마늘
② 싹이 난 것
③ 뿌리 턱이 빠진 것
④ 육질이 부패 또는 변질된 것
⑤ 병충해의 증상이 진행성인 것
⑥ 외피에 기계적 손상을 입은 것

• 정답 • ①, ②, ④, ⑤

• 풀이 • **마늘의 결점구**

- 중결점구
  - 병충해구 : 병충해의 증상이 뚜렷하거나 진행성인 것
  - 부패·변질구 : 육질이 부패 또는 변질된 것
  - 형상불량구 : 기형 및 벌마늘(완전한 줄기가 2개 이상 발생한 2차 생성구), 싹이 난 것, 뿌리가 난 것
  - 상해구 : 기계적 손상이 마늘쪽의 육질에 미친 것
- 경결점구
  - 마늘쪽이 마늘통의 줄기로부터 1/4 이상 떨어져 나간 것
  - 외피에 기계적 손상을 입은 것
  - 뿌리 턱이 빠진 것
  - 기타 중결점구에 속하지 않는 결점이 있는 것

53 농산물 표준규격상 통마늘과 풋마늘의 ① 정의와 ② 등급규격에 따른 손질 등급규격을 각각 쓰시오.

• 정답 • ① 통마늘 : 적당히 건조되어 저장용으로 출하되는 마늘
풋마늘 : 수확 후 신선한 상태로 출하되는 마늘(4~6월 중에 출하되는 것에 한함)
② 통마늘 : "특", "상", "보통" 모두 줄기는 마늘통으로부터 2.0cm 이내로 절단한 것
풋마늘 : "특", "상", "보통" 모두 줄기는 마늘통으로부터 5.0cm 이내로 절단한 것

• 풀이 • • 마늘의 구분
- 통마늘 : 적당히 건조되어 저장용으로 출하되는 마늘
- 풋마늘 : 수확 후 신선한 상태로 출하되는 마늘(4~6월 중에 출하되는 것에 한함)

• 마늘의 등급규격

항 목 \ 등 급	특	상	보 통
손 질	• 통마늘의 줄기는 마늘통으로부터 2.0cm 이내로 절단한 것 • 풋마늘의 줄기는 마늘통으로부터 5.0cm 이내로 절단한 것	• 통마늘의 줄기는 마늘통으로부터 2.0cm 이내로 절단한 것 • 풋마늘의 줄기는 마늘통으로부터 5.0cm 이내로 절단한 것	• 통마늘의 줄기는 마늘통으로부터 2.0cm 이내로 절단한 것 • 풋마늘의 줄기는 마늘통으로부터 5.0cm 이내로 절단한 것

54 마늘 난지형(남도종) 1망(100개, 10kg)을 농산물 표준규격에 따라 품위를 계측한 결과가 다음과 같았다. ① 중결점과 경결점 비율을 쓰고, ② 등급판정 결과와 ③ 그 이유를 쓰시오(단, 주어진 항목 이외는 등급판정에 고려하지 않음).

- 열구가 12개
- 쪽마늘 500g
- 외피에 기계적 손상 입은 것 2구
- 마늘쪽이 줄기로부터 1/4 이상 떨어진 것 1구
- 뿌리 턱 빠진 것 1구
- 외피에 기계적 손상을 입은 것 1구
- 지름이 4.5cm 이상~5.5cm 미만인 것이 92구, 지름이 5.5cm 이상인 것이 8구

• 정답 • ① 중결점 : 없음, 경결점 : 5%
② 등급 : "상"
③ 이유 : 낱개의 고르기, 열구, 경결점은 "특"에 해당하나, 쪽마늘이 5%로 "특"의 등급규격 4%를 초과하고 "상"의 등급규격 10% 이하에 해당한다.
- 낱개의 고르기 : 8% "특"
- 열구 : 12% "특"
- 경결점 : 5% "특"
- 쪽마늘 : 5% "상"

• 풀이 • • 마늘의 등급규격

항 목 \ 등 급	특	상	보 통
낱개의 고르기	별도로 정하는 크기 구분표에서 크기가 다른 것이 10% 이하인 것. 단, 크기 구분표의 해당 크기에서 1단계를 초과할 수 없다.	별도로 정하는 크기 구분표에서 크기가 다른 것이 20% 이하인 것. 단, 크기 구분표의 해당 크기에서 1단계를 초과할 수 없다.	특·상에 미달하는 것
열구 (난지형에 한한다)	20% 이하인 것	30% 이하인 것	특·상에 미달하는 것
쪽마늘	4% 이하인 것	10% 이하인 것	15% 이하인 것
중결점과	없는 것	없는 것	5% 이하인 것(부패·변질구는 포함할 수 없음)
경결점과	5% 이하인 것	10% 이하인 것	20% 이하인 것

• 마늘의 크기 구분

구 분 \ 호 칭			2L	L	M	S
1개의 지름 (cm)	한지형		5.0 이상	4.0 이상~5.0 미만	3.0 이상~4.0 미만	2.0 이상~3.0 미만
	난지형	남도종	5.5 이상	4.5 이상~5.5 미만	4.0 이상~4.5 미만	3.5 이상~4.0 미만
		대서종	6.0 이상	5.0 이상~6.0 미만	4.0 이상~5.0 미만	3.5 이상~4.0 미만

※ 크기는 마늘통의 최대 지름을 말한다.

55 **마늘 난지형 310개를 농산물 표준규격에 따라 계측한 결과가 다음과 같았다. ① 100개씩 3망을 등급이 최대가 나오도록 선별하고, ② 남은 10개의 등급규격을 쓰시오(단, 주어진 항목 이외는 등급 판정에 고려하지 않음).**

- 싹이 난 것 2개
- 마늘쪽이 마늘통의 줄기로부터 1/4 이상 떨어져 나간 것 3개
- 벌마늘 4개
- 기계적 손상이 육질에 미친 것 4개
- 열구 30개
- 뿌리턱이 빠진 것 5개
- 정상마늘 262개

• 정답 • ① 각 망에 열구(30개) 20% 이하, 경결점(마늘쪽이 마늘통의 줄기로부터 1/4 이상 떨어져 나간 것 3개, 뿌리턱이 빠진 것 5개) 비율 5% 이하로 만들어 "특" 등급 3망을 만든다.
예시)
- '망1' : 정상마늘 87개, 열구 10개, 마늘쪽이 마늘통의 줄기로부터 1/4 이상 떨어져 나간 것 3개
- '망2' : 정상마늘 85개, 열구 10개, 뿌리턱이 빠진 것 5개
- '망3' : 정상마늘 90개, 열구 10개,

② 중결점에 해당하는 싹이 난 것 2개, 벌마늘 4개, 기계적 손상이 육질에 미친 것 4개가 남는다.

• 풀이 • • 마늘의 등급규격

항목 \ 등급	특	상	보통
열구(난지형에 한한다)	20% 이하인 것	30% 이하인 것	특·상에 미달하는 것
중결점과	없는 것	없는 것	5% 이하인 것(부패·변질구는 포함할 수 없음)
경결점과	5% 이하인 것	10% 이하인 것	20% 이하인 것

- 마늘의 중결점구
  - 병충해구 : 병충해의 증상이 뚜렷하거나 진행성인 것
  - 부패·변질구 : 육질이 부패 또는 변질된 것
  - 형상불량구 : 기형 및 벌마늘(완전한 줄기가 2개 이상 발생한 2차 생성구), 싹이 난 것, 뿌리가 난 것
  - 상해구 : 기계적 손상이 마늘쪽의 육질에 미친 것
- 마늘의 경결점구
  - 마늘쪽이 마늘통의 줄기로부터 1/4 이상 떨어져 나간 것
  - 외피에 기계적 손상을 입은 것
  - 뿌리 턱이 빠진 것
  - 기타 중결점구에 속하지 않는 결점이 있는 것

56 농산물 표준규격상 무의 잎 길이와 당근의 손질에 있어 "특"의 기준을 각각 쓰시오.

• 정답 • • 무의 잎 길이 : 저장 무는 3.0cm 이하(김장용은 적용하지 아니 함)
• 당근의 손질 : 잎은 1.0cm 이하로 자르고 흙과 수염뿌리를 제거한 것

• 풀이 • • 무의 등급규격

항 목 \ 등 급	특	상	보 통
잎 길이	저장 무는 3.0cm 이하(김장용은 적용하지 아니 함)	저장 무는 3.0cm 이하(김장용은 적용하지 아니 함)	저장 무는 3.0cm 이하(김장용은 적용하지 아니 함)

• 당근의 등급규격

항 목 \ 등 급	특	상	보 통
손 질	잎은 1.0cm 이하로 자르고 흙과 수염뿌리를 제거한 것	잎은 1.0cm 이하로 자르고 흙과 수염뿌리를 제거한 것	잎은 1.0cm 이하로 자른 것

57 농산물 표준규격상 무의 중결점 중 형상불량에 해당하는 것을 4가지 이상 쓰시오.

• 정답 • 부러진 것, 심하게 굽은 것, 원뿌리가 2개 이상인 것, 쪼개진 것, 바람들이가 있는 것, 추대된 것

• 풀이 • **무의 중결점**
• 부패 · 변질 : 뿌리가 부패 또는 변질된 것
• 병해, 충해, 냉해 등의 피해가 있는 것
• 형상불량 : 부러진 것, 심하게 굽은 것, 원뿌리가 2개 이상인 것, 쪼개진 것, 바람들이가 있는 것, 추대된 것
• 기타 : 기타 경결점에 속하는 사항으로 그 피해가 현저한 것

58 농산물 표준규격상 등급규격 항목에 결구 항목이 있는 품목 2가지를 쓰시오.

• 정답 • 양배추, 녹색꽃양배추(브로콜리)

• 풀이 • • 양배추의 등급규격 항목 : 낱개의 고르기, 결구, 신선도, 다듬기, 중결점, 경결점
• 녹색꽃양배추(브로콜리)의 등급규격 항목 : 낱개의 고르기, 결구, 신선도, 다듬기, 중결점, 경결점

59 농산물 표준규격상 당근의 중결점 중 형상불량에 해당하는 것을 4가지 이상 쓰시오.

• 정답 • 부러진 것, 심하게 굽은 것, 원뿌리가 2개 이상인 것, 쪼개진 것, 바람들이가 있는 것, 녹변이 심한 것

• 풀이 • **당근의 중결점**

- 부패 · 변질 : 뿌리가 부패 또는 변질된 것
- 병해, 충해, 냉해 등의 피해가 있는 것
- 형상불량 : 부러진 것, 심하게 굽은 것, 원뿌리가 2개 이상인 것, 쪼개진 것, 바람들이가 있는 것, 녹변이 심한 것
- 기타 : 기타 경결점에 속하는 사항으로 그 피해가 현저한 것

60 농산물 표준규격상 당근의 등급항목 중 손질의 "특"과 "상", "보통"의 조건을 쓰시오.

• 정답 •
- "특" : 잎은 1.0cm 이하로 자르고 흙과 수염뿌리를 제거한 것
- "상" : 잎은 1.0cm 이하로 자르고 흙과 수염뿌리를 제거한 것
- "보통" : 잎은 1.0cm 이하로 자른 것

• 풀이 • **당근의 등급규격**

항목 \ 등급	특	상	보통
낱개의 고르기	별도로 정하는 크기 구분표에서 무게가 다른 것이 10% 이하인 것	별도로 정하는 크기 구분표에서 무게가 다른 것이 20% 이하인 것	특 · 상에 미달하는 것
색택	품종 고유의 색택이 뛰어난 것	품종 고유의 색택이 양호한 것	특 · 상에 미달하는 것
모양	표면이 매끈하고 꼬리 부위의 비대가 양호한 것	표면이 매끈하고 꼬리 부위의 비대가 양호한 것	특 · 상에 미달하는 것
손질	잎은 1.0cm 이하로 자르고 흙과 수염뿌리를 제거한 것	잎은 1.0cm 이하로 자르고 흙과 수염뿌리를 제거한 것	잎은 1.0cm 이하로 자른 것
중결점과	없는 것	없는 것	5% 이하인 것(부패 · 변질된 것은 포함할 수 없음)
경결점과	5% 이하인 것	10% 이하인 것	20% 이하인 것

61 농산물 표준규격상 녹색꽃양배추(브로콜리)의 등급 항목 중 신선도와 다듬기의 "특"과 "상", "보통"의 조건을 쓰시오.

• 정답 •

- 신선도
  - "특" : 화구가 황화되지 아니하고 싱싱하며 청결한 것
  - "상" : 화구가 황화되지 아니하고 싱싱하며 청결한 것
  - "보통" : 화구의 황화 정도가 전체 면적의 5% 이하인 것
- 다듬기
  - "특" : 화구 줄기 7cm 이하에 나머지 부위는 깨끗하게 다듬은 것
  - "상" : 화구 줄기 7cm 이하에 나머지 부위는 깨끗하게 다듬은 것
  - "보통" : "특"·"상"에 미달하는 것

• 풀이 • **녹색꽃양배추(브로콜리)의 등급규격**

항목 \ 등급	특	상	보통
낱개의 고르기	별도로 정하는 크기 구분표에서 무게가 다른 것이 섞이지 않은 것	별도로 정하는 크기 구분표에서 무게가 다른 것이 섞이지 않은 것	특·상에 미달하는 것
결 구	양손으로 만져 단단한 정도가 뛰어난 것	양손으로 만져 단단한 정도가 양호한 것	특·상에 미달하는 것
신선도	화구가 황화되지 아니하고 싱싱하며 청결한 것	화구가 황화되지 아니하고 싱싱하며 청결한 것	화구의 황화 정도가 전체 면적의 5% 이하인 것
다듬기	화구 줄기 7cm 이하에 나머지 부위는 깨끗하게 다듬은 것	화구 줄기 7cm 이하에 나머지 부위는 깨끗하게 다듬은 것	특·상에 미달하는 것
중결점	없는 것	없는 것	10% 이하인 것(부패·변질된 것은 포함할 수 없음)
경결점	없는 것	없는 것	20% 이하인 것

62 농산물 표준규격상 고구마의 호칭과 병행하여 형태를 표기하는 방법과 장폭비에 관하여 설명하시오.

• 정답 • 장폭비는 '길이 ÷ 두께'를 말하며, 장폭비가 3.0 이하인 것이 80% 이상은 '둥근형', 3.1 이상인 것이 80% 이상은 '긴형'으로 표기할 수 있다.

• 풀이 • **고구마의 크기 구분**

구분 \ 호칭	2L	L	M	S
1개의 무게(g)	250 이상	150 이상~250 미만	100 이상~150 미만	40 이상~100 미만

※ 호칭과 병행하여 장폭비(길이÷두께)가 3.0 이하인 것이 80% 이상은 "둥근형", 3.1 이상인 것이 80% 이상은 "긴형"의 형태를 표기할 수 있다.

63 참깨 1kg을 농산물 표준규격에 따라 검사하였더니 다음과 같은 결과가 나왔다. 등급판정 결과와 이유를 쓰시오(단, 주어진 항목 이외는 등급판정에 고려하지 않음).

• 수분 : 9.6%	• 검정참깨 : 8g	• 들깨 : 9g
• 용적중 : 620g/L	• 잡초씨 : 3g	• 당해연도 산이다.

• 정답 • • 등급 : "상"
• 이유 : 수분, 이종피색립(검정참깨), 용적중, 당해 연도 산 등은 모두 "특" 조건에 해당한다. 하지만 들깨 9g과 잡초씨 3g이 이물이므로, 이물 1.2%로 "상"의 조건에 해당한다.

• 풀이 • • 참깨의 등급규격

항목 \ 등급	특	상	보통
모 양	품종 고유의 모양과 색택을 갖춘 것으로 껍질이 얇고, 충실하며 고르고 윤기가 있는 것		특·상에 미달하는 것
수 분	10.0% 이하인 것	10.0% 이하인 것	10.0% 이하인 것
용적중(g/L)	600 이상인 것	580 이상인 것	550 이상인 것
이종피색립	1.0% 이하인 것	2.0% 이하인 것	5.0% 이하인 것
이 물	1.0% 이하인 것	2.0% 이하인 것	5.0% 이하인 것
조 건	생산 연도가 다른 참깨가 혼입된 경우나, 수확 연도로부터 1년이 경과되면 "특"이 될 수 없음		

• 참깨의 용어 정의
– 백분율(%) : 전량에 대한 무게의 비율을 말한다.
– 용적중 : 농산물 표준규격 [별표 6] 항목별 품위계측 및 감정방법에 따라 측정한 1L의 무게를 말한다.
– 이종피색립 : 껍질의 색깔이 현저하게 다른 참깨를 말한다.
– 이물 : 참깨 외의 것을 말한다.

64 농산물 표준규격에 따라 2020년 8월에 참깨 1kg을 검사하였더니 다음과 같은 결과가 나왔다. 등급판정 결과와 이유를 쓰시오(단, 주어진 항목 이외는 등급판정에 고려하지 않음).

• 수분 : 9.6%	• 검정참깨 : 8g	• 들깨 : 5g
• 용적중 : 620g/L	• 잡초씨 : 1g	• 2018년 산이다.

• 정답 • • 등급 : "상"
• 이유 : 수분, 이종피색립, 이물, 용적중 등 다른 조건은 모두 "특"에 해당한다. 하지만 생산 연도가 다른 참깨가 혼입된 경우나, 수확 연도로부터 1년이 경과되면 "특"이 될 수 없다.

• 풀이 • • 수분 9.6% : 10.0% 이하인 것은 "특"
• 검정참깨 8g : 이종피색립이 1.0% 이하인 것은 "특"
• 들깨 5g, 잡초씨 1g : 이물이 1.0% 이하인 것은 "특"
• 용적중 620g/L : 600 이상인 것은 "특"
• 2018년 산 : 생산 연도가 다른 참깨가 혼입된 경우나, 수확 연도로부터 1년이 경과되면 "특"이 될 수 없음

65 농산물품질관리사 A씨가 들깨(1kg)의 등급판정을 위하여 계측한 결과가 다음과 같았다. 농산물 표준규격에 따라 계측항목별 등급과 이유, 종합 판정등급과 이유를 쓰시오(단, 주어진 항목 이외는 등급판정에 고려하지 않으며, 혼입비율은 소수점 둘째자리에서 반올림하여 첫째자리까지 구함).

공시량	계측결과
300g	• 심하게 파쇄된 들깨의 무게 : 1.2g • 껍질의 색깔이 현저히 다른 들깨의 무게 : 7.5g • 흙과 먼지의 무게 : 0.9g

• 정답 •
- 피해립
  - 등급 : "특"
  - 이유 : 피해립은 병해립, 충해립, 변질립, 변색립, 파쇄립 등을 말한다. 다만, 들깨 품위에 영향을 미치지 아니할 정도의 것은 제외한다. 피해립의 "특" 기준은 0.5% 이하인 것으로, 파쇄립 1.2g은 0.4%에 해당한다.
- 이종피색립
  - 등급 : "상"
  - 이유 : 이종피색립은 껍질의 색깔이 현저하게 다른 들깨를 말한다. 이종피색립 "특"의 기준은 2.0% 이하이고 "상"의 기준은 5.0% 이하인 것으로, 껍질의 색깔이 현저히 다른 들깨 7.5g은 2.5%이므로 "상"에 해당한다.
- 이 물
  - 등급 : "특"
  - 이유 : 이물은 들깨 외의 것을 말한다. 이물 "특"의 조건이 0.5% 이하인 것으로, 흙과 먼지 0.9g은 0.3%에 해당한다.
- 종합 판정등급 : "상"
- 종합 판정등급 이유 : 피해립, 이물의 조건은 "특"에 해당하나 이종피색립이 "상"이다.

• 풀이 •
- 들깨의 등급규격

항 목 \ 등 급	특	상	보 통
모 양	낟알의 모양과 크기가 균일하고 충실한 것		특·상에 미달하는 것
수 분	10.0% 이하인 것	10.0% 이하인 것	10.0% 이하인 것
용적중(g/L)	500 이상인 것	470 이상인 것	440 이상인 것
피해립	0.5% 이하인 것	1.0% 이하인 것	2.0% 이하인 것
이종곡립	0.0% 이하인 것	0.3% 이하인 것	0.5% 이하인 것
이종피색립	2.0% 이하인 것	5.0% 이하인 것	10.0% 이하인 것
이 물	0.5% 이하인 것	1.0% 이하인 것	2.0% 이하인 것
조 건	생산 연도가 다른 들깨가 혼입된 경우나, 수확 연도로부터 1년이 경과되면 "특"이 될 수 없음		

- 들깨의 용어 정의
  - 백분율(%) : 전량에 대한 무게의 비율을 말한다.
  - 용적중 : 농산물 표준규격 [별표 6] 항목별 품위계측 및 감정방법에 따라 측정한 1L의 무게를 말한다.
  - 피해립 : 병해립, 충해립, 변질립, 변색립, 파쇄립 등을 말한다. 다만, 들깨 품위에 영향을 미치지 아니할 정도의 것은 제외한다.
  - 이종곡립 : 들깨 외의 다른 곡립을 말한다.
  - 이종피색립 : 껍질의 색깔이 현저하게 다른 들깨를 말한다.
  - 이물 : 들깨 외의 것을 말한다.

66 **수삼 10kg의 등급판정을 위하여 계측한 결과가 다음과 같았다. 농산물 표준규격에 따른 등급판정 결과와 이유를 쓰시오(단, 주어진 항목 이외는 등급판정에 고려하지 않음).**

• 무 게

g	95	80	70	60	35
개 수	2	67	50	10	10

• 표피가 몸통 전체 5% 이하로 붉게 변한 것 : 10개
• 표피가 몸통 전체 8%가 붉게 변한 것 : 2개
• 균열 길이가 1cm 이하인 것 : 5개
• 균열 길이가 2.5cm인 것 : 2개
• 몸통이 거의 없고 뿌리가 수평으로 발달한 것 : 10개

• 정답 • • 등급 : "보통"
• 이 유
– 수삼의 크기 구분에서 무게가 다른 것은 전체 139개 중 22개이므로 15.8%로 "보통"
– 표피가 몸통 전체 5% 이하로 붉게 변한 것, 균열 길이가 1cm 이하인 것, 몸통이 거의 없고 뿌리가 수평으로 발달한 것 등이 경결점이다. 전체 139개 중 경결점은 25개로 18.0%이므로 "보통"
– 표피가 몸통 전체 8%가 붉게 변한 것, 균열 길이가 2.5cm인 것 등이 중결점이다. 중결점은 전체 139개 중 4개로 2.9%이므로 "보통"

• 풀이 • • 수삼의 등급규격

항목 \ 등급	특	상	보통
낱개의 고르기	별도로 정하는 크기 구분표에서 무게가 다른 것이 10% 이하인 것. 단, 크기 구분표의 해당 무게에서 1단계를 초과할 수 없다.	별도로 정하는 크기 구분표에서 무게가 다른 것이 15% 이하인 것	별도로 정하는 크기 구분표에서 무게가 다른 것이 30% 이하인 것
모 양	수삼의 고유 형태인 머리, 몸통, 다리의 모양을 갖춘 것	수삼의 고유 형태인 머리, 몸통, 다리의 모양을 갖춘 것	특·상에 미달하는 것
육 질	조직이 치밀하고 탄력이 있는 것	조직이 치밀하고 탄력이 있는 것	특·상에 미달하는 것
색 택	표피의 색이 연한 황색 또는 황백색인 것	표피의 색이 연한 황색 또는 황백색인 것	특·상에 미달하는 것
손 질	• 수삼 : 흙 등 이물질이 적당히 제거된 것 • 세척수삼 : 흙 등 이물질이 완전히 제거된 것	• 수삼 : 흙 등 이물질이 적당히 제거된 것 • 세척수삼 : 흙 등 이물질이 완전히 제거된 것	특·상에 미달하는 것
신선도	수확당시 수준의 신선도를 유지하고 있는 것	수확당시 수준의 신선도를 유지하고 있는 것	특·상에 미달하는 것
중결점	없는 것	없는 것	10% 이하인 것(부패·변질된 것은 포함할 수 없음)
경결점	5% 이하인 것	10% 이하인 것	20% 이하인 것

• 수삼의 크기 구분

구분 \ 호칭	2L	L	M	S
개체(1뿌리)당 무게(g)	94 이상	68 이상~94 미만	50 이상~68 미만	50 미만
750g당 뿌리수	8 이하	9 이상~11 미만	12 이상~15 미만	16 이상

g	95	80	70	60	35
개수(총 139개)	2	67	50	10	10
무게(총 10kg)	190g	5,360g	3,500g	600g	350g
호 칭	2L	L		M	S

• 수삼의 중결점 : 은피삼, 주름삼, 결빙된 삼, 눈(芽)이 완전히 개열된 삼, 상해, 충해, 적변삼, 균열삼 등으로 품위에 영향을 미치는 정도가 현저한 것을 말한다.

• 수삼의 경결점
- 상해・충해 : 피해 정도가 몸통면적의 5% 이하인 것
- 적변삼 : 표피가 몸통면적의 5% 이하로 붉게 변한 것
- 균열삼 : 균열의 길이가 1cm 이하인 것
- 난발삼 : 몸통이 거의 없고 뿌리가 수평으로 발달한 것("상" 이하에서는 적용하지 않음)

67 농산물 표준규격에 따라 큰느타리버섯(새송이버섯) 6kg을 검사하였더니 다음과 같은 결과가 나왔다. 등급판정 결과와 이유를 쓰시오(단, 주어진 항목 이외는 등급판정에 고려하지 않음).

• 크기 구분

1개의 무게(g)	95~110g	60~80g	30~40g
총 무게	300g	5.2kg	500g

• 버섯파리 피해가 있는 것 150g
• 달팽이 피해가 있는 것 200g
• 오염된 것 250g

• 정답 • • 등급 : "상"
• 이유
- 크기 구분표에서 무게가 다른 것이 800g으로 13%이므로 "상"
- 버섯파리 피해가 있는 것, 달팽이 피해가 있는 것, 오염된 것 등 피해품은 600g으로 10%이므로 "상"

• 풀이 • • 큰느타리버섯(새송이버섯)의 등급규격

항 목 \ 등 급	특	상	보 통
낱개의 고르기	별도로 정하는 크기 구분표에서 무게가 다른 것의 혼입이 10% 이하인 것. 단, 크기 구분표의 해당 무게에서 1단계를 초과할 수 없다.	별도로 정하는 크기 구분표에서 무게가 다른 것의 혼입이 20% 이하인 것. 단, 크기 구분표의 해당 무게에서 1단계를 초과할 수 없다.	특·상에 미달하는 것
갓의 모양	갓은 우산형으로 개열되지 않고, 자루는 굵고 곧은 것	갓은 우산형으로 개열이 심하지 않으며, 자루가 대체로 굵고 곧은 것	특·상에 미달하는 것
갓의 색깔	품종 고유의 색깔을 갖춘 것	품종 고유의 색깔을 갖춘 것	특·상에 미달하는 것
신선도	육질이 부드럽고 단단하며 탄력이 있는 것으로 고유의 향기가 뛰어난 것	육질이 부드럽고 단단하며 탄력이 있는 것으로 고유의 향기가 양호한 것	특·상에 미달하는 것
피해품	5% 이하인 것	10% 이하인 것	20% 이하인 것
이 물	없는 것	없는 것	없는 것

• 큰느타리버섯(새송이버섯)의 크기 구분

구 분 \ 호 칭	L	M	S
1개의 무게(g)	90 이상	45 이상~90 미만	20 이상~45 미만

1개의 무게(g)	105~110g	90~100g	60~80g
총 무게	300g	500g	5.2kg
호 칭	L		M

• 큰느타리버섯(새송이버섯)의 피해품
- 병충해품 : 곰팡이, 달팽이, 버섯파리 등 병해충의 피해가 있는 것. 다만 경미한 것은 제외한다.
- 상해품 : 갓 또는 자루가 손상된 것. 다만 경미한 것은 제외한다.
- 기형품 : 갓 또는 자루가 심하게 변형된 것
- 오염된 것 등 기타 피해의 정도가 현저한 것

68 농산물 표준규격품으로 공영도매시장에 출하할 새송이버섯 1상자(무게 6kg, 84개)를 계측한 결과 다음과 같다. 종합적인 판정등급과 각각의 계측 결과를 답란에 쓰시오(단, 주어진 항목 이외는 등급판정에 고려하지 않으며, 낱개의 고르기는 사사오입하여 소수점 첫째 자리까지 구함).

버섯의 무게(g)	버섯의 상태
• 51~59(평균 55) : 21개(1,155) • 61~69(평균 65) : 20개(1,300) • 71~79(평균 75) : 19개(1,425) • 81~89(평균 85) : 18개(1,530) • 91~99(평균 95) : 4개(380) • 101~109(평균 105) : 2개(210)	• 버섯파리에 의한 피해가 있는 것 : 2개(110g) • 갓이 심하게 손상된 것 : 1개(65g) • 자루가 심하게 변형된 것 : 1개(85g)

• 정답 • ① 종합 판정등급 : "특"
② 각각의 계측 결과
– 크기 구분표에서 "M"인 것의 개수 : 78개
– 크기 구분표에서 "L"인 것의 개수 : 6개
– 낱개의 고르기(크기 구분표에서 무게가 다른 것의 무게 비율) : 9.8%

• 풀이 • 낱개의 고르기에서 무게가 다른 것의 혼입이 9.8%(6kg 중 590g)이므로 "특", 버섯파리에 의한 피해가 있는 것과 갓이 심하게 손상된 것과 자루가 심하게 변형된 것은 피해품으로 4.3%(6kg 중 260g)이므로 "특" 등급에 해당한다.

큰느타리버섯(새송이버섯) 등급규격

항 목 \ 등 급	특	상	보 통
낱개의 고르기	별도로 정하는 크기 구분표에서 무게가 다른 것의 혼입이 10% 이하인 것. 단, 크기 구분표의 해당 무게에서 1단계를 초과할 수 없다.	별도로 정하는 크기 구분표에서 무게가 다른 것의 혼입이 20% 이하인 것. 단, 크기 구분표의 해당 무게에서 1단계를 초과할 수 없다.	특·상에 미달하는 것
피해품	5% 이하인 것	10% 이하인 것	20% 이하인 것

큰느타리버섯(새송이버섯) 용어의 정의

• 낱개의 고르기 : 포장단위별로 전체 버섯 중 크기 구분표에서 무게가 다른 것의 무게비율을 말한다.
• 피해품 : 포장단위별로 전체 버섯에 대한 무게비율을 말한다.
– 병충해품 : 곰팡이, 달팽이, 버섯파리 등 병해충의 피해가 있는 것. 다만 경미한 것은 제외한다.
– 상해품 : 갓 또는 자루가 손상된 것. 다만 경미한 것은 제외한다.
– 기형품 : 갓 또는 자루가 심하게 변형된 것
– 오염된 것 등 기타 피해의 정도가 현저한 것

69 양송이버섯 1kg을 농산물 표준규격에 따라 검사하였더니 다음과 같은 결과가 나왔다. 등급판정 결과와 이유를 쓰시오(단, 주어진 항목 이외는 등급판정에 고려하지 않음).

• 갓의 지름 6.0~6.3cm 600g	• 갓의 지름 5.0~5.9cm 360g
• 갓의 지름 4.5~4.9cm 40g	• 자루길이는 모두 1.1~1.5cm 사이
• 경미한 버섯모기 피해 15g	• 버섯 모양의 변형이 경미한 것 15g

• 정답 •
- 등급 : "상"
- 이유
  - 낱개의 고르기에서 갓의 지름 6.0~6.3cm인 것과 5.0~5.9cm인 것은 "L"이고, 4.5~4.9cm인 것은 "M"이다. 따라서 크기가 다른 것이 4%이므로 "특" 등급에 해당한다.
  - 자루길이가 모두 1.1~1.5cm 사이이므로 "상" 등급에 해당한다.
  - 경미한 버섯모기 피해와 버섯 모양의 변형이 경미한 것은 경결점으로, 경결점이 3%이므로 "특" 등급에 해당한다.

• 풀이 •
- 양송이버섯의 등급규격

항 목 \ 등 급	특	상	보 통
낱개의 고르기	별도로 정하는 크기 구분표에서 크기가 다른 것이 5% 이하인 것. 다만, 크기 구분표의 해당 크기에서 1단계를 초과할 수 없다.	별도로 정하는 크기 구분표에서 크기가 다른 것이 10% 이하인 것. 다만, 크기 구분표의 해당 크기에서 1단계를 초과할 수 없다.	특·상에 미달하는 것
갓의 모양	버섯 갓과 자루 사이의 피막이 떨어지지 아니하고 육질이 두껍고 단단하며 색택이 뛰어난 것	버섯 갓과 자루 사이의 피막이 떨어지지 아니하고 육질이 두껍고 단단하며 색택이 양호한 것	특·상에 미달하는 것
신선도	버섯 갓이 펴지지 않고 탄력이 있는 것	버섯 갓이 펴지지 않고 탄력이 있는 것	특·상에 미달하는 것
자루길이	1.0cm 이하로 절단된 것	2.0cm 이하로 절단된 것	특·상에 미달하는 것
이 물	없는 것	없는 것	없는 것
중결점	없는 것	없는 것	5% 이하인 것(부패·변질된 것은 포함할 수 없음)
경결점	3% 이하인 것	5% 이하인 것	20% 이하인 것

- 양송이버섯의 크기 구분

구 분 \ 호 칭	L	M	S
갓의 지름(cm)	5.0 이상	3.0 이상~5.0 미만	3.0 미만

- 양송이버섯의 중결점
  - 병충해 : 갈색무늬병, 곰팡이 또는 세균성 무늬병, 버섯모기, 진드기 등 품질에 영향을 미치는 정도가 현저한 것
  - 자상, 찰상 등의 정도가 현저한 것
  - 기형 : 버섯 모양의 변형이 현저한 것
  - 부패·변질된 것, 기타 피해 정도가 현저한 것
- 양송이버섯의 경결점 : 병충해 및 기타 결점의 정도가 경미한 것을 말한다.

70 다음은 농산물 표준규격에 따라 갓의 크기 항목을 기준으로 한 등급규격이다. 설명에 해당하는 버섯을 쓰시오.

- "특" : 갓의 최대 지름이 1.0cm 이상인 것이 5개 이내(150g 기준)
- "상" : 갓의 최대 지름이 1.0cm 이상인 것이 20개 이내(150g 기준)
- "보통" : 적용하지 않음

•정답• 팽이버섯

•풀이• **팽이버섯의 등급규격**

항 목 \ 등 급	특	상	보 통
갓의 모양	갓이 펴지지 않은 것	갓이 펴지지 않은 것	특·상에 미달하는 것
갓의 크기	갓의 최대 지름이 1.0cm 이상인 것이 5개 이내인 것(150g 기준)	갓의 최대 지름이 1.0cm 이상인 것이 20개 이내인 것(150g 기준)	적용하지 않음
색 택	품종 고유의 색택이 뛰어난 것	품종 고유의 색택이 양호한 것	특·상에 미달하는 것
신선도	육질의 탄력이 있으며 고유의 향기가 있는 것	육질의 탄력이 있으며 고유의 향기가 있는 것	특·상에 미달하는 것
이 물	없는 것	없는 것	없는 것
중결점	없는 것	없는 것	5% 이하인 것(부패·변질된 것은 포함할 수 없음)
경결점	3% 이하인 것	5% 이하인 것	10% 이하인 것

71 농산물 표준규격상 영지버섯의 등급규격에서 사용하는 다음 용어를 정의를 쓰시오.

① 절편의 넓이 : ② 갓의 크기 :
③ 갓의 두께 : ④ 자루길이 :

•정답• ① 가장 넓은 곳의 크기
② 갓의 가장 넓은 직경
③ 정상적인 버섯 10개의 평균 두께
④ 갓의 하단 부위에서 자루 절단 부위까지의 길이

•풀이• **용어의 정의**

- 낱개의 고르기는 포장단위별로 크기 구분표에서 크기가 다른 것의 무게비율을 말한다.
- 절편의 넓이 : 가장 넓은 곳의 크기 말한다.
- 갓의 크기 : 갓의 가장 넓은 직경을 말한다.
- 갓의 두께 : 정상적인 버섯 10개의 평균 두께를 말한다.
- 자루길이 : 갓의 하단 부위에서 자루 절단 부위까지의 길이를 말한다.
- 이물 : 영지버섯 외의 것을 말한다.
- 결점 혼입율은 포장단위별로 전체 버섯 중 결점이 있는 버섯의 무게비율을 말한다.
- 중결점
  - 병충해, 부패·변질 등이 품질에 영향을 미치는 정도가 현저한 것
  - 갓의 변형 정도가 심한 것
  - 기타 피해의 정도가 심한 것
- 경결점 :병충해 및 기타 결점의 정도가 경미한 것을 말한다.

72 농산물 표준규격상 영지버섯의 등급항목별 "특"의 조건을 쓰시오.

• 정답 • ① 낱개의 고르기
- 원형 : 별도로 정하는 크기 구분표에서 크기가 다른 것이 섞이지 않은 것
- 절편 : 절편길이가 9.0cm 이상인 것이 40% 이상이고, 5.0cm 이하인 것이 10% 이하인 것

② 갓의 모양 : 품종 고유의 모양과 색택을 갖추고 조직이 단단한 것
③ 절편의 넓이 : 2~8mm인 것
④ 갓의 두께 : 1.0cm 이상인 것
⑤ 자루길이 : 2.0cm 이하인 것
⑥ 수분 : 13.0% 이하인 것
⑦ 이물감 : 없는 것
⑧ 중결점 : 없는 것
⑨ 경결점 : 없는 것

• 풀이 • **영지버섯의 등급규격**

항목 \ 등급	특	상	보 통
낱개의 고르기	• 원형 : 별도로 정하는 크기 구분표에서 크기가 다른 것이 섞이지 않은 것 • 절편 : 절편길이가 9.0cm 이상인 것이 40% 이상이고, 5.0cm 이하인 것이 10% 이하인 것	• 원형 : 별도로 정하는 크기 구분표에서 크기가 다른 것이 섞이지 않은 것 • 절편 : 절편길이가 7.0cm 이상인 것이 40% 이상이고, 5.0cm 이하인 것이 10% 이하인 것	특·상에 미달하는 것
갓의 모양	품종 고유의 모양과 색택을 갖추고 조직이 단단한 것	품종 고유의 모양과 색택을 갖추고 조직이 단단한 것	특·상에 미달하는 것
절편의 넓이	2~8mm인 것	2~8mm인 것	2~8mm인 것
갓의 두께	1.0cm 이상인 것	0.7cm 이상인 것	적용하지 않음
자루길이	2.0cm 이하인 것	3.0cm 이하인 것	3.0cm 이하인 것
수 분	13.0% 이하인 것	13.0% 이하인 것	13.0% 이하
이 물	없는 것	없는 것	없는 것
중결점	없는 것	없는 것	5% 이하인 것(부패·변질된 것은 포함할 수 없음)
경결점	없는 것	5% 이하인 것	10% 이하인 것

73 **농산물 표준규격에 따라 국화(스프레이) 100본을 검사하였더니 다음과 같은 결과가 나왔다. 등급판정 결과와 이유를 쓰시오(단, 주어진 항목 이외는 등급판정에 고려하지 않음).**

- 농약살포 등으로 외관이 떨어지는 것 1개
- 꽃봉오리는 6개가 개화
- 중결점이 없다.
- 꽃대 길이는 63~69cm
- 품종 고유의 모양이 아닌 것 1개
- 품종 고유의 색택이 선명하고 뛰어니다.

• 정답 •
- 등급 : "상"
- 이유
  - 크기의 고르기에서 크기가 다른 것이 없으므로 "특"
  - 꽃이 품종 고유의 색택이 선명하고 뛰어나므로 "특"
  - 개화정도에서 꽃봉오리 6개가 개화했으므로 "상"
  - 중결점이 없으므로 "특" 또는 "상"
  - 경결점이 2개(농약살포 등으로 외관이 떨어지는 것 1개, 품종 고유의 모양이 아닌 것 1개)로 2%이므로 "특"

• 풀이 •
- 국화의 등급규격

항 목 \ 등 급	특	상	보 통
크기의 고르기	크기 구분표에서 크기가 다른 것이 없는 것	크기 구분표에서 크기가 다른 것이 5% 이하인 것	크기 구분표에서 크기가 다른 것이 10% 이하인 것
꽃	품종 고유의 모양으로 색택이 선명하고 뛰어난 것	품종 고유의 모양으로 색택이 선명하고 양호한 것	특·상에 미달하는 것
줄 기	세력이 강하고, 휘지 않으며, 굵기가 일정한 것	세력이 강하고, 휘지 않으며, 굵기가 일정한 것	특·상에 미달하는 것
개화정도	• 스탠다드 : 꽃봉오리가 1/2정도 개화된 것 • 스프레이 : 꽃봉오리가 3~4개 정도 개화되고 전체적인 조화를 이룬 것	• 스탠다드 : 꽃봉오리가 2/3정도 개화된 것 • 스프레이 : 꽃봉오리가 5~6개 정도 개화되고, 전체적인 조화를 이룬 것	특·상에 미달하는 것
손 질	마른 잎이나 이물질이 깨끗이 제거된 것	마른 잎이나 이물질 제거가 비교적 양호한 것	특·상에 미달하는 것
중결점	없는 것	없는 것	5% 이하인 것
경결점	3% 이하인 것	5% 이하인 것	10% 이하인 것

- 국화의 크기 구분

구 분 \ 호 칭		1급	2급	3급	1묶음의 본수(본)
1묶음 평균의 꽃대길이(cm)	스탠다드	80 이상	70 이상~80 미만	30 이상~70 미만	20
	스프레이	70 이상	60 이상~70 미만	30 이상~60 미만	5 또는 10

- 크기의 고르기는 매 포장 단위마다 상단·중단·하단에서 각각 3묶음씩 총 9묶음의 표본을 추출하여 해당 크기 구분표에서 크기가 다른 것의 개수비율을 말한다.
- 결점 혼입률은 포장 단위별로 전체 본에 대한 결점본의 개수비율을 말한다.

- 중결점
  - 이품종화 : 품종이 다른 것
  - 상처 : 자상, 압상 동상, 열상 등이 있는 것
  - 병충해 : 병해, 충해 등의 피해가 심한 것
  - 생리장해 : 기형화, 노심현상, 버들눈, 관생화 등이 있는 것
  - 형상불량, 파손, 굽힘, 개화 차이가 심히 불량한 것
  - 기타 결점의 정도가 현저하게 품위에 영향을 미치는 것
- 경결점은 다음의 것을 말한다.
  - 품종 고유의 모양이 아닌 것
  - 경미한 약해, 생리장해, 상처, 농약살포 등으로 외관이 떨어지는 것
  - 손질 정도가 미비한 것
  - 기타 결점의 정도가 경미한 것

74 농산물 표준규격에 따라 국화(스탠다드) 100본을 검사하였더니 다음과 같은 결과가 나왔다. 등급판정 결과와 이유를 쓰시오(단, 주어진 항목 이외는 등급판정에 고려하지 않음).

- 농약살포 등으로 외관이 떨어지는 것 1개
- 마른잎이 깨끗이 제거되었다.
- 경미한 생리장해 1개
- 꽃대길이 모두 80cm 이상
- 품종 고유의 색택이 선명하고 뛰어나다.
- 꽃봉오리는 2/3 개화
- 경미한 약해 1개
- 경미한 상처 1개
- 품종 고유의 모양이 아닌 것 1개

• 정답 •
- 등급 : "상"
- 이유 : 크기의 고르기, 꽃, 손질, 중결점 등은 "특"에 해당한다. 하지만 경결점 5%, 개화정도 등은 "상"에 해당한다.

• 풀이 •

크기의 고르기	꽃대길이가 모두 80cm 이상이므로 모두 "1급"에 해당하며, 크기 구분표에서 크기가 다른 것이 없으므로 "특"
꽃	품종 고유의 색택이 선명하고 뛰어나므로 "특"
개화정도	꽃봉오리가 2/3 정도 개화되었으므로 "상"
손 질	마른 잎이 깨끗이 제거되었으므로 "특"
중결점	없으므로 "특" 또는 "상"
경결점	5개(농약살포 등으로 외관이 떨어지는 것 1개, 경미한 생리장해 1개, 경미한 약해 1개, 경미한 상처 1개, 품종 고유의 모양이 아닌 것 1개)로 5%이므로 "상"

75 국화(스탠다드) 1상자(400본)에 대해 농산물 표준규격에 따라 등급판정을 하고자 한다. 다음 조건에 해당하는 종합적인 판정등급과 이유를 쓰시오(단, 주어진 항목 이외는 등급판정에 고려하지 않음).

- 1묶음 평균의 꽃대 길이 : 70cm 이상~80cm 미만
- 품종이 다른 것 : 없음
- 품종 고유의 모양이 아닌 것 : 5본
- 농약살포로 외관이 떨어지는 것 : 4본
- 기형화가 있는 것 : 2본
- 손질 정도가 미비한 것 : 2본

•정답•
- 등급 : "보통"
- 이유 : 크기의 고르기에서 크기가 다른 것이 없고, 경결점이 2.75%이므로 "특"에 해당한다. 하지만 중결점이 0.5%이므로 "보통"에 해당한다. 중결점은 기형화가 있는 것 2본이고, 경결점은 품종 고유의 모양이 아닌 것 5본, 농약살포로 외관이 떨어지는 것 4본, 손질 정도가 미비한 것 2본으로 총 11본이다.

•풀이•

크기의 고르기	꽃대길이가 모두 70cm 이상~80cm 미만이므로 "2급"에 해당하며, 크기 구분표에서 크기가 다른 것이 없으므로 "특"
중결점	기형화가 있는 것이 2본이고 0.5%에 해당하므로 "보통"
경결점	품종 고유의 모양이 아닌 것 5본, 농약살포로 외관이 떨어지는 것 4본, 손질 정도가 미비한 것 2본으로 총 11본이고 2.7%에 해당하므로 "특"

76 다음은 농산물 표준규격상 장미의 크기 고르기에 대한 설명이다. ( ) 안에 들어갈 알맞은 말을 쓰시오.

크기의 고르기는 매 포장 단위마다 (①)·(②)·(③)에서 각각 (④)씩 총 (⑤)의 표본을 추출하여 해당 크기 구분표에서 크기가 다른 것의 개수비율을 말한다.

•정답• ① 상 단
② 중 단
③ 하 단
④ 3묶음
⑤ 9묶음

•풀이•
- 장미의 등급규격

항 목 \ 등 급	특	상	보 통
크기의 고르기	크기 구분표에서 크기가 다른 것이 없는 것	크기 구분표에서 크기가 다른 것이 5% 이하인 것	크기 구분표에서 크기가 다른 것이 10% 이하인 것

- 크기의 고르기 : 매 포장 단위마다 상단·중단·하단에서 각각 3묶음씩 총 9묶음의 표본을 추출하여 해당 크기 구분표에서 크기가 다른 것의 개수비율을 말한다.

77 생산자 P씨는 국화(스프레이) 100본을 수확하였다. 1상자당 50본씩 2개 상자를 등급 "특"으로 표시하여 도매시장에 출하하고자 농산물품질관리사 K씨에게 등급 판정의 적정 여부를 의뢰하였다. K씨는 "특" 2개 상자를 점검하여 농산물 표준규격에 따라 등급 판정을 하여 출하자가 표시한 등급을 수정하였다. 농산물품질관리사가 판정한 등급과 이유를 쓰시오(단, 주어진 항목 이외는 등급판정에 고려하지 않음).

구 분	A 상자	B 상자
점검 결과	• 꽃봉오리가 3~4개 정도 개화된 것 50본 • 마른 잎이나 이물질이 깨끗이 제거된 것 50본 • 자상이 있는 것 2본	• 꽃봉오리가 3~4개 정도 개화된 것 50본 • 마른 잎이나 이물질이 깨끗이 제거된 것 50본 • 품종 고유의 모양이 아닌 것 1본

• 정답 •
• A상자
- 등급 : "보통"
- 이유 : 개화정도와 손질은 "특"에 해당하나, 자상이 있는 것은 중결점이다. 50본 중 2본이 중결점이고, 4%에 해당하므로 "보통"이다.

• B상자
- 등급 : "특"
- 이유 : 개화정도 및 손질의 조건이 "특"에 해당하고, 품종 고유의 모양이 아닌 것이 경결점이나 2%로 "특"의 조건 3% 이내이므로 "특"에 해당한다.

• 풀이 •
• A상자

개화정도	꽃봉오리가 3~4개 정도 개화되었으므로 "특"
손 질	마른 잎이나 이물질이 깨끗이 제거되었으므로 "특"
중결점	자상, 압상, 동상, 열상 등의 상처가 있는 것은 중결점이고, 중결점이 4%이므로 "보통"

• B상자

개화정도	꽃봉오리가 3~4개 정도 개화되었으므로 "특"
손 질	마른 잎이나 이물질이 깨끗이 제거되었으므로 "특"
경결점	품종 고유의 모양이 아닌 것은 경결점이고, 경결점이 2%이므로 "특"

78 A농가에서 장미(스탠다드)를 재배하고 있는데 금년 8월 1일 모든 꽃봉오리가 동일하게 맺혔고 개화 시작 직전이다. 8월 1일부터 1일 경과할 때마다 각 꽃봉오리가 매일 10%씩 개화가 진행된다면 "특" 등급에 해당하는 장미를 생산할 수 있는 날짜와 그 이유를 쓰시오 (단, 개화정도로만 등급을 판정하며 주어진 항목 이외는 등급판정에 고려하지 않음).

• 정답 •
• 날짜 : 8월 3일
• 이유 : 개화정도에 다른 "특"의 조건은 꽃봉오리가 1/5 정도 개화된 것이다. 매일 10%씩 개화하므로 2일 후 20%가 개화되므로 1/5 정도 개화가 진행되는 것은 8월 3일이다.

• 풀이 • 장미의 개화정도에 따른 등급규격

등급 / 항목	특	상	보 통
개화정도	• 스탠다드 : 꽃봉오리가 1/5정도 개화된 것 • 스프레이 : 꽃봉오리가 1~2개 정도 개화된 것	• 스탠다드 : 꽃봉오리가 2/5정도 개화된 것 • 스프레이 : 꽃봉오리가 3~4개 정도 개화된 것	특·상에 미달하는 것

79 장미(스탠다드) 100본을 농산물 표준규격에 따라 검사하였더니 다음과 같은 결과가 나왔다. 등급판정 결과와 이유를 쓰시오(단, 주어진 항목 이외는 등급판정에 고려하지 않음).

• 손질 정도가 미미한 것 1개	• 꽃봉오리는 2/5 개화
• 중결점 없음	• 꽃대 길이는 73~79cm
• 품종고유의 모양이 아닌 것 1개	• 꽃의 색택이 선명하고 양호함

• 정답 •
- 등급 : "상"
- 이유 : 크기의 고르기에서 크기가 다른 것이 없는 것, 경결점이 2%인 것은 "특"에 해당한다. 하지만 개화정도가 2/5인 것, 꽃의 색택이 선명하고 양호한 것은 "상"에 해당한다.

• 풀이 •
- 장미의 등급규격

항 목 \ 등 급	특	상	보 통
크기의 고르기	크기 구분표에서 크기가 다른 것이 없는 것	크기 구분표에서 크기가 다른 것이 5% 이하인 것	크기 구분표에서 크기가 다른 것이 10% 이하인 것
꽃	품종 고유의 모양으로 색택이 선명하고 뛰어난 것	품종 고유의 모양으로 색택이 선명하고 양호한 것	특·상에 미달하는 것
줄 기	세력이 강하고, 휘지 않으며 굵기가 일정한 것	세력이 강하고, 휘어진 정도가 약하며 굵기가 비교적 일정한 것	특·상에 미달하는 것
개화정도	• 스탠다드 : 꽃봉오리가 1/5정도 개화된 것 • 스프레이 : 꽃봉오리가 1~2개 정도 개화된 것	• 스탠다드 : 꽃봉오리가 2/5정도 개화된 것 • 스프레이 : 꽃봉오리가 3~4개 정도 개화된 것	특·상에 미달하는 것
손 질	마른 잎이나 이물질이 깨끗이 제거된 것	마른 잎이나 이물질 제거가 비교적 양호한 것	특·상에 미달하는 것
중결점	없는 것	없는 것	5% 이하인 것
경결점	3% 이하인 것	5% 이하인 것	10% 이하인 것

- 장미의 크기 구분

구 분 \ 호 칭		1급	2급	3급	1묶음의 본수(본)
1묶음 평균의 꽃대길이(cm)	스탠다드	80 이상	70 이상~80 미만	20 이상~70 미만	10
	스프레이	70 이상	60 이상~70 미만	30 이상~60 미만	5 또는 10

- 장미의 중결점
  - 이품종화 : 품종이 다른 것
  - 상처 : 자상, 압상 동상, 열상 등이 있는 것
  - 병충해 : 병해, 충해 등의 피해가 심한 것
  - 생리장해 : 꽃목굽음, 기형화 등의 피해가 심한 것
  - 형상불량, 파손, 굽힘, 개화 차이가 심히 불량한 것
  - 기타 결점의 정도가 현저하게 품위에 영향을 미치는 것
- 장미의 경결점
  - 품종 고유의 모양이 아닌 것
  - 경미한 약해, 생리장해, 상처, 농약살포 등으로 외관이 떨어지는 것
  - 손질 정도가 미비한 것
  - 기타 결점의 정도가 경미한 것

80 농산물 표준규격상 거베라의 등급규격 항목 중 조건에 대하여 기술하시오.

•정답• 거베라의 등급규격 항목 중 "특"·"상"의 조건은 '봉오리에 캡을 씌우고 줄기 18cm까지 테이핑한 것'이다.

•풀이• 거베라의 등급규격

항 목 \ 등 급	특	상	보 통
크기의 고르기	크기 구분표에서 크기가 다른 것이 없는 것	크기 구분표에서 크기가 다른 것이 5% 이하인 것	크기 구분표에서 크기가 다른 것이 10% 이하인 것
꽃	품종 고유의 모양으로 색택이 선명하고 뛰어난 것	품종 고유의 모양으로 색택이 선명하고 양호한 것	특·상에 미달하는 것
줄 기	세력이 강하고, 휘지 않으며 굵기가 일정한 것	세력이 강하고, 휘어진 정도가 약하며 굵기가 비교적 일정한 것	특·상에 미달하는 것
개화정도	4/5 정도 개화된 것	완전히 개화된 것	특·상에 미달하는 것
손 질	이물질이 깨끗이 제거된 것	이물질 제거가 비교적 양호한 것	특·상에 미달하는 것
중결점	없는 것	없는 것	5% 이하인 것
경결점	3% 이하인 것	5% 이하인 것	10% 이하인 것
조 건	꽃봉오리에 캡을 씌우고 줄기 18cm까지 테이핑한 것	꽃봉오리에 캡을 씌우고 줄기 18cm까지 테이핑한 것	

81 농산물 표준규격상 칼라의 개화정도에 따른 등급 구분에서 "특"과 "상" 등급을 꽃의 색을 구별하여 쓰시오.

•정답•
- "특"
  - 백색 : 꽃봉오리가 1/3 정도 개화된 것
  - 유색 : 꽃봉오리가 2/3 정도 개화된 것
- "상"
  - 백색 : 꽃봉오리가 2/3 정도 개화된 것
  - 유색 : 꽃봉오리가 완전히 개화된 것

•풀이• 칼라의 등급규격

항 목 \ 등 급	특	상	보 통
크기의 고르기	크기 구분표에서 크기가 다른 것이 없는 것	크기 구분표에서 크기가 다른 것이 5% 이하인 것	크기 구분표에서 크기가 다른 것이 10% 이하인 것
꽃	품종 고유의 모양으로 색택이 선명하고 뛰어난 것	품종 고유의 모양으로 색택이 선명하고 양호한 것	특·상에 미달하는 것
줄 기	세력이 강하고, 휘지 않으며 굵기가 일정한 것	세력이 강하고, 휘어진 정도가 약하며 굵기가 비교적 일정한 것	특·상에 미달하는 것
개화정도	• 백색 : 꽃봉오리가 1/3 정도 개화된 것 • 유색 : 꽃봉오리가 2/3 정도 개화된 것	• 백색 : 꽃봉오리가 2/3 정도 개화된 것 • 유색 : 꽃봉오리가 완전히 개화된 것	특·상에 미달하는 것
손 질	마른 잎이나 이물질이 깨끗이 제거된 것	마른 잎이나 이물질 제거가 비교적 양호한 것	특·상에 미달하는 것
중결점	없는 것	없는 것	5% 이하인 것
경결점	3% 이하인 것	5% 이하인 것	10% 이하인 것

82 농산물 표준규격상 알스트로메리아의 개화정도에 따른 등급 구분에서 출하시기별 "특" 등급을 설명하시오.

• 정답 •
- 하계(5월~10월) : 꽃봉오리 중 가장 빠른 것의 개화가 1/3 정도인 것
- 동계(11월~익년 4월) : 꽃봉오리 중 가장 빠른 것의 개화가 2/3 정도인 것

• 풀이 • 알스트로메리아의 등급규격

항목＼등급	특	상	보통
크기의 고르기	크기 구분표에서 크기가 다른 것이 없는 것	크기 구분표에서 크기가 다른 것이 5% 이하인 것	크기 구분표에서 크기가 다른 것이 10% 이하인 것
꽃	품종 고유의 모양으로 색택이 선명하고 뛰어난 것	품종 고유의 모양으로 색택이 선명하고 양호한 것	특·상에 미달하는 것
줄 기	세력이 강하고, 휘지 않으며 굵기가 일정한 것	세력이 강하고, 휘어진 정도가 약하며 굵기가 비교적 일정한 것	특·상에 미달하는 것
개화정도	• 하계(5월~10월) : 꽃봉오리 중 가장 빠른 것의 개화가 1/3 정도인 것 • 동계(11월~익년 4월) : 꽃봉오리 중 가장 빠른 것의 개화가 2/3 정도인 것	• 하계(5월~10월) : 꽃봉오리 중 가장 빠른 것의 개화가 1/3 정도인 것 • 동계(11~4월) : 꽃봉오리 중 가장 빠른 것의 개화가 2/3 정도인 것	특·상에 미달하는 것
손 질	마른 잎이나 이물질이 깨끗이 제거된 것	마른 잎이나 이물질 제거가 비교적 양호한 것	특·상에 미달하는 것
중결점	없는 것	없는 것	5% 이하인 것
경결점	3% 이하인 것	5% 이하인 것	10% 이하인 것

83 다음은 농산물 표준규격상 포인세티아의 최소기준에 대한 설명이다. (　) 안에 들어갈 알맞은 내용을 쓰시오.

> • (①)에 흙이 직접 닿지 않도록 주의한다.
> • (②)가 정상적으로 형성되어야 한다.
> • (③)에 의한 꽃대 손상이 없어야 한다.
> • 수송기간 중 (④)이 없어야 한다.
> • (⑤)이 없고 (⑥) 등이 떨어져 있지 않아야 한다.

• 정답 • ① 잎이나 꽃, 화분
② 꽃 대
③ 충 해
④ 물리적 상처 및 수분손실
⑤ 시든 꽃
⑥ 꽃가루

• 풀이 • • 용어의 정의
- 포엽 : 하나의 꽃 또는 꽃차례를 안고 있는 소형의 잎
- 착색엽 : 잎과 포엽 사이에 줄기가 형성되는 것으로 일부만 착색이 되는 경우도 있다.
- 초장 : 지제부로부터 식물체 선단부의까지의 높이
- 초폭 : 식물의 가로폭으로 넓은 쪽을 측정한 것
- 균형미 : 분과 조화롭고, 균형잡힌 구조/꽃의 높이 차이

• 최소기준
- 잎이나 꽃, 화분에 흙이 직접 닿지 않도록 주의한다.
- 꽃대가 정상적으로 형성되어야 한다.
- 충해에 의한 꽃대 손상이 없어야 한다.
- 운반상자 및 포장재는 청결하게 유지하여야 한다.
- 수송기간 중 물리적 상처 및 수분손실이 없어야 한다.
- 시든 꽃이 없고 꽃가루 등이 떨어져 있지 않아야 한다.

84 농산물 표준규격상 칼랑코에의 등급규격 항목 중 개화정도와 분지수/꽃대수의 "특"과 "상" 등급을 설명하시오.

• 정답 •
- 개화정도
  - "특" : 꽃대가 균일하게 올라오고 30~50% 개화된 것
  - "상" : 꽃대가 균일하게 올라오는 정도는 약간 다르며 50~80% 개화된 것, 또는 30% 미만으로 개화된 것
- 분지수/꽃대수
  - "특" : 7개/15대 이상
  - "상" : 5~7개/10~15대

• 풀이 • 칼랑코에의 등급규격

항목 \ 등급	특	상	보통
기본품질	잎이 풍성하며 화분의 흙이 보이지 않고, 병충해 및 상처가 없는 것	잎이 풍성하지 않고 화분의 흙이 약간 보이며 병충해 흔적 등 상처가 경미하게 있는 것	특·상에 미달하는 것
꽃	품종 고유의 색상으로 화색이 선명한 것	품종 고유의 색상으로 화색이 조금 떨어지는 것	특·상에 미달하는 것
잎	잎의 색상, 무늬가 선명하고 윤기가 있는 것	잎의 색상, 무늬 선명도 및 윤기가 조금 떨어지는 것	특·상에 미달하는 것
개화정도	꽃대가 균일하게 올라오고 30~50% 개화된 것	꽃대가 균일하게 올라오는 정도는 약간 다르며 50~80% 개화된 것, 또는 30% 미만으로 개화된 것	특·상에 미달하는 것
분지수/꽃대수	7개/15대 이상	5~7개/10~15대	특·상에 미달하는 것
균형미 (초폭/초장)	1.5±0.2, 치우침 없음	1.5±0.2초과, 치우침 없음	특·상에 미달하는 것

제2편

농산물품질관리사 2차

과년도+최근 기출문제

제10회(2013년)~제11회(2014년)	과년도 기출복원문제
제12회(2015년)~제19회(2022년)	과년도 기출문제
제20회(2023년)	최근 기출문제

※ 시험과 관련하여 법률 · 규정 등을 적용하여 정답을 구하여야 하는 문제는 시험시행일을 기준으로 시행 중인 법률 · 기준 등을 적용하여 그 정답을 구하여야 합니다.

※ 관련 법령의 경우 수산물 분야는 제외합니다.

2013년 제10회 과년도 기출복원문제

※ 2013~2014년 기출복원문제는 수험생의 후기를 통해 복원한 문제로 실제 문제와 다소 차이가 있을 수 있으며, 본 저작물의 무단전제 및 복제를 금합니다.

단답형

01 포도의 이력추적관리 '표시항목'을 쓰시오[단, 품목(품종), 중량 · 개수, 생산자 제외].

• 정답 • ① 산 지
② 이력추적관리번호

• 풀이 • **이력추적관리 농산물의 표시항목(농수산물 품질관리법 시행규칙 제49조제1항 및 제2항 관련 [별표 12])**
- 산지 : 농산물을 생산한 지역으로 시 · 군 · 구 단위까지 적음
- 품목(품종) : 종자산업법 제2조 제4호나 이 규칙 제6조 제2항 제3호에 따라 표시
- 중량 · 개수 : 포장단위의 실중량이나 개수
- 생산 연도 : 쌀만 해당한다.
- 생산자 : 생산자 성명이나 생산자단체 · 조직명, 주소, 전화번호(유통자의 경우 유통자 성명, 업체명, 주소, 전화번호)
- 이력추적관리번호 : 이력추적이 가능하도록 붙여진 이력추적관리번호

02 A씨가 표준규격이 아닌 농산물에 표준규격을 표시하여, 2012년 12월 25일 위반을 하여 벌금 100만원의 형을 받은 후 2013년 8월 25일 농산물 우수관리인증을 신청하였다. 가능, 불가능 여부와 그 이유를 쓰시오.

• 정답 •
- 불가능
- 이유 : 우수관리인증이 취소된 후 1년이 지나지 아니한 자 또는 이 법에 위반하여 벌금형이 확정된 후 1년이 지나지 아니한 자는 우수관리인증을 신청할 수 없다.

• 풀이 • **농산물우수관리의 인증(농수산물 품질관리법 제6조 제3항)**
우수관리인증을 받으려는 자는 우수관리인증기관에 우수관리인증의 신청을 하여야 한다. 다만, 다음의 어느 하나에 해당하는 자는 우수관리인증을 신청할 수 없다.
① 우수관리인증이 취소된 후 1년이 지나지 아니한 자
② 벌금 이상의 형이 확정된 후 1년이 지나지 아니한 자

03 A 농산물센터에서 다음의 농산물과 검사날짜가 발견되었다. 검사날짜가 지난 농산물과 그 농산물의 검사기간을 쓰시오(단, 기준일은 8월 17일 현재로 한다).

• 쌀 : 6월 27일	• 현미 : 6월 27일
• 땅콩 : 6월 27일	• 양파 : 7월 7일
• 사과 : 8월 7일	• 단감 : 7월 7일

• 정답 • 쌀 : 40일, 양파 : 30일, 단감 : 20일

• 풀이 • 농산물검사의 유효기간(농수산물 품질관리법 시행규칙 제109조 관련 [별표 23])

종 류	품 목	검사시행시기	유효기간(일)
곡 류	벼 · 콩	5.1.~9.30.	90
		10.1.~4.30.	120
	겉보리 · 쌀보리 · 팥 · 녹두 · 현미 · 보리쌀	5.1.~9.30.	60
		10.1.~4.30.	90
	쌀	5.1.~9.30.	40
		10.1.~4.30.	60
특용작물류	참깨 · 땅콩	1.1.~12.31.	90
과실류	사과 · 배	5.1.~9.30.	15
		10.1.~4.30.	30
	단 감	1.1.~12.31.	20
	감 귤	1.1.~12.31.	30
채소류	고추 · 마늘 · 양파	1.1.~12.31.	30
잠사류(蠶絲類)	누에씨	1.1.~12.31.	365
	누에고치	1.1.~12.31.	7
기 타	농림축산식품부장관이 검사대상 농산물로 정하여 고시하는 품목의 검사유효기간은 농림축산식품부장관이 정하여 고시한다.		

04 물류표준화는 농산물의 운송 · 보관 · 하역 · 포장 등 물류의 각 단계에서 사용되는 기기 · 용기 · 설비 · 정비 등을 (①)하여 (②)과 (③)(을)를 원활히 하는 것을 말한다.

• 정답 • ① 규격화, ② 호환성, ③ 연계성

05 약용작물(인삼류 제외)의 우수관리인증의 유효기간은 (①)년이고 이력추적관리 등록의 유효기간은 (②)년이다.

• 정답 • ① 6, ② 6

06 시료축분법은 원칙적으로 균분기를 사용하나 균분기가 없어 보조방법인 (①)(으)로 축분하고자 한다. 4,000g을 250g으로 균분하려면 (②)회를 축분해야 하는지 쓰시오.

• 정답 • ① 4분법, ② 4

• 풀이 • **시료축분법**

시료축분은 원칙적으로 균분기를 사용한다. 다만, 균분기가 없을 경우 또는 균분기로 축분할 수 없는 시료에 대하여는 그 보조방법으로 4분법에 따라 축분한다.

4분법(보조방법)

- 시료는 축분 전에 충분히 혼합한다.
- 혼합된 시료를 다음 그림과 같이 원형으로 평평히 엷게 펴놓고 종횡으로 선을 그어 4등분한다.

[4분법 도해]

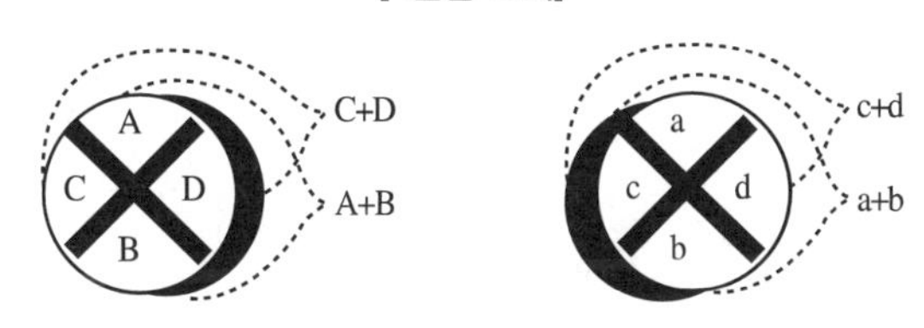

- 4등분된 시료는 대각의 부분끼리 모아 2개로 축분한다.
- 2개로 축분된 시료 중 그 하나를 임의로 택하여 이와 같은 방법으로 소요량이 될 때까지 반복하여 축분한다.

균분기를 사용한 시료축분법

- 시료는 축분 전에 충분히 혼합한다.
- 균분기를 수평으로 안치한 후 깔때기에 시료를 넣고 개폐기를 일시에 가볍게 완전히 연다.
- 2분된 시료 중 임의로 그 하나를 선택하여 소요량이 될 때까지 반복하여 축분한다.

07 다음 농산물 표준거래단위에서 해당하는 것을 적으시오.

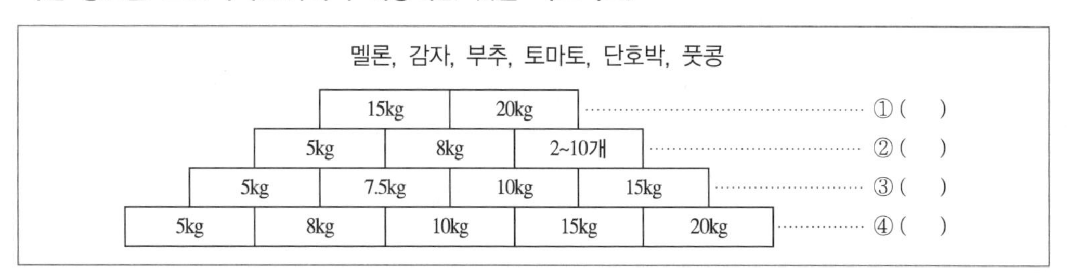

• 정답 • ① 풋콩, ② 멜론

※ 농산물 표준규격 개정(2023.11.23.)으로 토마토, 감자, 부추의 표준거래단위 변경되어 ③, ④ 정답없음

08 사과(후지)의 다음 조건을 보고 등급판정을 하고, 표준규격품 표시사항 중 의무표시사항만 표시하시오.

경상남도 밀양의 A산지유통센터가 생산하였고, 당도 14°bx, 색택 60%, 결점과 없고, 무게가 다른 것 없다. A산지유통센터의 포장치수는 길이 (510)mm × 너비 (366)mm이고, 포장재용량은 10kg이다.

표준규격품					
품 목	( )	등 급	( )	생산자단체	( )
품 종	( )	당 도	( )	성 명	김미영
산 지	경상남도	무 게	15kg	전화번호	062-123-4567
포장재 규격	( )	결점과	( )	주 소	( )

• 정답 •
- 품목 : 사과
- 품종 : 후지
- 등급 : 특
- 생산자단체 : A산지유통센터

• 풀이 • **의무 표시사항**
- "표준규격품" 문구
- 품 목
- 산 지
- 품 종
- 등 급
- 내용량 또는 개수
- 생산자 또는 생산자단체의 명칭 및 전화번호

권장 표시사항
- 당도 및 산도표시
- 크기(무게, 길이, 지름) 구분에 따른 구분표 또는 개수(송이수) 구분표 표시
- 포장치수 및 포장재 중량
- 영양 – 주요 유효성분

09 비파괴 검사 시 다음 항목에서 근적외선 흡수파장에 맞는 것을 쓰시오.

- 엽록소 : 660nm
- 수분 : 970nm, 1,190nm, 1,450nm, 1,940nm, 2,700nm
- 당 · 에틸렌 : 1,780nm, 2,300nm

• 정답 •
- 수분 : 970nm, 1,190nm, 1,450nm, 1,940nm
- 당 · 에틸렌 : 1,780nm, 2,300nm

10 도정도 감정에 해당하는 사항 중 맞는 것을 다음 [보기]에서 골라 쓰고, 도정도 표시기준 '부적'의 정의를 쓰시오.

보기

A : 아이오딘염색 시 자색과 갈색으로 변색된다.
B : GOP시약을 사용한다.
C : ME시약을 사용한다.
D : ME시약 조제 시 메탄올 및 트리에탄올아민을 사용한다.

• 정답 •
- C
- 부적 : 도정도가 상당히 낮은 정도

• 풀이 • **도정도 표시기준**

① 적 : 도정도가 표준품과 같은 정도
② 약간 저하 : 도정도가 표준품보다 약간 낮다는 느낌을 가질 정도
③ 저하 : 도정도가 낮음을 식별할 수 있는 정도
④ 부적 : 도정도가 상당히 낮은 정도

11 농산물 검사·검정의 표준계측 및 감정방법 고시에 사용하는 용어의 정의를 쓰시오.

- 일정기간의 실험을 통하여 농산물의 변화 등을 밝혀내는 것을 말한다. (①)
- 농산물의 품위 등을 일정한 시험방법에 따라 어떤 성질을 수량적으로 수치화하는 것을 말한다. (②)
- 농산물 등의 품위·성분 및 유해물질 등을 기계기구 또는 약품 등을 사용하여 농산물 등을 측정·시험·분석하여 수치로 나타내는 것을 말한다. (③)

• 정답 • ① 시험, ② 측정, ③ 검정

• 풀이 • **용어의 정의**

- "검사"라 함은 농산물의 상품적 가치를 평가하기 위하여 정해진 기준에 따라 검정 또는 감정하여 등급 또는 적·부로 판정하는 것을 말한다.
- "검정"이라 함은 농산물 등의 품위·성분 및 유해물질 등을 기계기구 또는 약품 등을 사용하여 농산물 등을 측정·시험·분석하여 수치로 나타내는 것을 말한다.
- "감정"이라 함은 농산물의 품위 등을 이화학적 방법 등을 통하여 농산물의 가치를 판정하는 것을 말한다.
- "측정"이라 함은 농산물의 품위 등을 일정한 시험방법에 따라 어떤 성질을 수량적으로 수치화하는 것을 말한다.
- "시험"이라 함은 일정기간의 실험을 통하여 농산물의 변화 등을 밝혀내는 것을 말한다.
- "분석"이라 함은 농산물 등이 함유하고 있는 유기·무기성분 및 잔류농약 등을 정성·정량적으로 검출하는 것을 말한다.

12 4개의 업체가 농산물우수관리시설 지정을 신청하였다. 다음 중 지정을 받지 못하는 업체를 쓰시오.

- A업체 : 대학에서 학사학위를 취득한 사람 1명
- B업체 : 전문대학에서 전문학사학위를 취득 후 농업관련 단체 등에서 농산물의 품질관리업무를 2년 이상 담당한 경력 있는 사람 1명
- C업체 : 종자산업기사를 취득한 사람 1명
- D업체 : 농산물품질관리사 자격증을 취득 후 농산물의 품질관리업무를 2년 이상 담당한 경력이 있는 사람 1명

• 정답 • C업체

13 토마토를 3과씩 다음과 같이 포장하여 상온보관하였다. 밀봉 10일이 지난 후 변화에 대한 평가를 다음 지문에 알맞게 ○, ×로 채워 넣으시오.

- A포장은 PE 0.03mm 1겹
- B포장은 PE 0.03mm 2겹

① A포장은 B포장보다 착색이 더 빠르다. (　　)
② B포장은 A포장보다 산소농도가 더 빨리 낮아진다. (　　)
③ A포장은 B포장보다 에틸렌 발생량이 많다. (　　)
④ A포장은 B포장보다 경도가 높다. (　　)

• 정답 • ① ○, ② ○, ③ ○, ④ ×

14 오이 품온이 29℃이고 냉각수 온도가 5℃일 때 1회 반감시간이 20분 소요된다. 예랭효율 7/8까지 예랭했을 때 반감시간과 온도를 쓰시오.

• 정답 • ① 반감시간 : 60분
1회 반감시간이 20분이란 목표온도가 1/2이다. 즉, 20분 후 1/2, 40분 후 3/4, 60분 후 7/8상태이다.
② 온도 : 8℃
60분 동안 5℃의 냉각수로 29℃의 오이를 예랭하면 8℃가 된다.

- 20분 후 → $\frac{29+5}{2}=17℃$
- 40분 후 → $\frac{17+5}{2}=11℃$
- 60분 후 → $\frac{11+5}{2}=8℃$

15 원예산물을 저장하기 위한 저장고의 냉장설비 설계 시 냉장용량의 결정에 관련된 열의 종류는 (①), (②), 전도열, 기기열, 대류열 등이 있다.

• 정답 • ① 포장열, ② 호흡열

16 Q_{10}계수(호흡계수)법칙에 의해 온도계수 (①)(은)는 10℃ 높은 온도에서의 (②)(을)를 10℃ 낮은 온도에서 호흡률로 나눈 것이다.

• 정답 • ① Q_{10}, ② 호흡률

• 풀이 • 온도가 10℃ 변화할 때 호흡의 변화량을 Q_{10}이라 한다. 즉, 온도 민감성은 Q_{10}으로 나타낼 수 있으며, Q_{10} = RT/RT−10으로 계산한다. 대부분의 생물학적 Q_{10} 값은 2와 3 사이에 있는데 이는 온도가 10℃ 증가함에 따라 반응 속도가 2배 또는 3배가 된다는 뜻이다.

17 PG는 과실 세포벽의 (　　　)의 가수분해와 관련이 있다.

• 정답 • 펙 틴

18 다음 중 무게 "L" 이상을 특으로 판정하는 품목을 골라 쓰시오.

토마토, 포도, 멜론, 양배추, 복숭아

• 정답 • 양배추, 복숭아
※ 농산물 표준규격 개정에 따라 30개 품목의 등급규격 항목에서 무게(크기) 삭제

19 다음 오이의 등급규격에서 특 · 상 조건이 똑같은 것을 골라 쓰시오.

낱개의 고르기, 색택, 모양, 신선도, 중결점과, 경결점과

• 정답 • 신선도, 중결점과

20 다음 중 크기의 고르기 항목이 없는 화훼류를 골라 쓰시오.

스타티스, 리시안사스, 포인세티아, 프리지아, 칼랑코에

•정답• 포인세티아, 칼랑코에

서술형

21 감귤의 과균비율을 구하는 계산과정과 비율을 쓰시오(단, 소수점 둘째자리에서 반올림하여 소수점 첫째자리까지 구하시오).

- A : 최대감정과 5과의 평균지름 70mm
- B : 최소감정과 5과의 평균지름 50mm
- C : 최대감정과 3과의 평균지름 70mm
- D : 최소감정과 3과의 평균지름 50mm
- E : 전체 평균지름 58mm

•정답•

$$\text{과균비율} = \frac{\text{최대감정과 3과의 평균지름} - \text{최소감정과 3과의 평균지름}}{\text{최대감정과 3과의 평균지름} + \text{최소감정과 3과의 평균지름}} \times 100\%$$

$$= \frac{70-50}{120} \times 100\% = 16.66 \fallingdotseq 16.7$$

22 풋고추 10kg 상자에서 50과를 추출해 검사하였다. 다음 풋고추의 등급과 경결점과 혼입율을 구하시오.

- 오염이 심한 것 3개
- 꼭지가 빠진 것 1개
- 씨가 검게 변한 것 1개
- 부패 · 변질과 2개
- 붉은색인 것 3개
- 잘라진 것 2개

•정답•
- 등급 : 등급판정불가
- 경결점과 혼입율 : $\frac{6}{50} \times 100 = 12\%$

23 참외 44개 중 평균 430g이 42개, 520g이 1개, 320g이 1개이고 결점은 없다. 참외의 등급을 쓰고 이유를 설명하시오.

• 정답 • • 등급 : 상
• 이유 : 낱개의 고르기에서 특은 무게가 다른 것이 3% 이하인 것이고, 상은 5% 이하일 때이다. 전체 44개 중에서 무게가 다른 것이 2개이면 4.54%이다(2/44×100). 따라서 상 등급에 해당한다.

24 A농가에서 무 10개를 '특'으로 출하하였다. 다음 내용을 보고 적정·부적정 여부와 이유를 쓰시오(적정, 부적정으로 표시하시오).

낱개의 고르기	모 양	신선도	잎 길이
무게가 다른 것이 2개	껍질이 매끄럽고 잔뿌리가 적다.	뿌리가 시들지 아니하고 싱싱하며 청결하다.	• 1개 1.5cm 이하 • 1개 2.5cm 이하

• 정답 • • 부적정
• 이유 : 모양, 신선도, 잎 길이는 특에 해당하나, 낱개의 고르기에서 특은 무게가 다른 것이 10% 이하인 것, 상은 20% 이하인 것이다. 무게가 다른 것이 2개이면 20%에 해당하여 상에 해당된다.

25 다음 국화 스탠다드 1묶음본수가 20개일 때 국화의 각 항목별 품위판정 후 종합적으로 품위를 판정하고 이유를 설명하시오.

등급규격항목	등 급	
크기의 고르기 – 꽃대의 길이 70~75cm가 19개, 79cm 이상인 것이 1개	(①)	• 종합 등급 : • 이유 :
개화정도 – 2/3 정도	(②)	
결점 – 형상불량 1개	(③)	

• 정답 • ① 특, ② 상, ③ 보통
• 종합등급 : 보통
• 이유 : 크기의 고르기는 특, 개화정도는 상 등급에 해당하나 형상불량은 중결점 5%에 해당하여 보통등급에 해당한다.

26 진공예랭식의 원리를 쓰시오.

• 정답 • 청과물의 증발열을 빼앗는 원리를 이용하여 냉각하는 예랭법

27 통마늘(한지형) 100개 중 공시량이 50개이다. 조건을 보고 등급판정 및 이유를 쓰시오.

[조 건]

낱개의 고르기	손 질	결점구
크기 L 48개, M 2개	통마늘의 줄기는 마늘 통으로부터 2.0cm 이내로 절단	외피에 기계적 손상을 입은 것 3개

•정답• • 등급 : 상
• 이유 : 낱개의 고르기(10% 이하), 손질은 특에 해당하나 경결점이 6%로 상에 해당한다. 특은 경결점구 5% 이하인 것, 상은 경결점구 10% 이하인 것이다.

28 토마토 100개 중 L이 93개, M이 7개이고 경결점과는 3개이다(낱개고르기 최대한도치까지 적용한다). 50과씩 두 박스로 나누어 포장할 때 한 상자는 '특'으로 하고 나머지 한 상자에 대해 등급을 정하고 이유를 쓰시오.

등 급	L	M	경결점
특	(①)	(②)	(③)
(④)	(⑤)	(⑥)	(⑦)

•정답• ① 48, ② 2, ③ 0, ④ 보통, ⑤ 45, ⑥ 5, ⑦ 3
이유 : 낱개의 고르기에서 특은 무게가 다른 것이 5% 이하인 것으로 M무게의 토마토는 2개를 넣을 수 있다. 따라서 L무게의 토마토는 48개, 경결점과는 없어야 한다. 나머지 한 상자는 L무게 45개, M무게 5개로 낱개 고르기 항목에서는 상에 해당하나, 경결점과 3개는 6%로 보통에 해당된다.

29 4월 1일 출하하는 온주밀감이 50개일 때, 지름 S(3번과) 55~56mm 48개, S(4번과) 57~58mm 2개이고, 꼭지가 퇴색된 것 5개, 착색비율이 78.5%이다. 온주밀감의 등급을 쓰고 이유를 설명하시오.

•정답• • 등급 : 보통
• 이유 : 크기구분에서 3번과, 4번과는 모두 S크기로 특에 해당하고, 꼭지가 퇴색된 것 5개는 경결점 10%로 상에 해당한다. 그러나 착색비율이 78.5%이므로 보통에 해당한다. 온주밀감의 11~4월 출하제품의 착색비율은 특 85% 이상, 상 80% 이상, 보통 70% 이상이다(5~10월 출하제품의 착색비율은 특 70% 이상, 상 60% 이상, 보통 50% 이상이다).

과년도 기출복원문제

단답형

01 2014년 8월 16일 A농가에서 다음과 같이 일반계 완숙토마토 1상자(20개 들이)를 '특'등급으로 표시한 후 도매시장에 출하하였다. 농산물 표준규격에 따른 등급 표시가 적합한지 여부를 판단하고 그 이유를 쓰시오(단, 주어진 항목 외는 등급 판정에 고려하지 않음, 적합 여부는 '적합' 또는 '부적합'으로 작성).

- 착색비율이 전체 면적의 70% 내외이면서 착색상태가 균일한 것 : 20개
- 무게 : 215g 4개, 230g 8개, 235g 5개, 245g 3개
- 꼭지가 시들지 않고 껍질의 탄력이 뛰어난 것 : 20개

•정답• • 적합 여부 : 부적합
• 이유 : 신선도 및 사이즈는 "특"의 조건에 부합하나, 착색비율이 "특"의 조건을 초과하므로 부적합 판정이다.

•풀이• 출하시기별 착색기준

출하시기	완숙토마토
6~10월	전체 면적의 50% 내외
3~5월	전체 면적의 60% 내외
11~익년 2월	전체 면적의 70% 내외

02 다음 난지형 마늘의 주어진 조건을 보고 등급을 쓰시오.

조 건	등 급
• 마늘 공시시료 : 50구 • 마늘 1개의 지름(cm) : 4.0 이상~4.5 미만 • 마늘쪽의 일부 또는 전부가 줄기로부터 벌어진 것으로, 마늘통 높이의 3/4 이상이 외피에 싸여있는 것 제외 : 8구 • 기계적 상처가 외피에 그친 것 : 2구 • 뿌리 턱이 빠진 것 : 4구	• 마늘 크기 : (상) – 이상 • 열구 : 16%(특) – 20% 이하인 것 • 경결점구 : 12%(보통) – 10% 이상~20% 이하인 것

•정답• 보 통

•풀이• ① 마늘 공시시료 : 50구
② 열구 : (8/50) × 100 = 16%
③ 경결점구 : [(기계적 상처가 외피에 그친 것 2구 + 뿌리 턱이 빠진 것 4구)/50] × 100 = 12%
※ 농산물 표준규격 개정(2023.11.23.)으로 난지형 마늘이 남도종과 대서종으로 세분화 됨

03 15kg 1상자(55개 들이)의 낱개 고르기를 계측한 결과 무게가 다음과 같았다. 이 상자를 표준 규격품 중 '특' 등급으로 구성 가능한 품목을 다음에서 선택하고, '특' 등급에 해당하는 이유를 쓰시오(단, 주어진 항목 이외에는 등급판정에 고려하지 않음).

1과의 무게	선택 가능 품목
• 240~249g 범위 : 2과(평균 245g) • 251~269g 범위 : 30과(평균 265g) • 280~290g 범위 : 20과(평균 285g) • 291~299g 범위 : 3과(평균 295g)	배, 단감, 사과, 감귤(청견)

• 정답 • • "특"적용 품목 : 단감

• 이유 : 무게가 다른 것이 5% 이하이며, 1단계를 초과할 수 없으므로 모두 조건에 충족함
- 사과, 배 : 무게가 다른 것이 섞이지 않는 것(×)
- 감귤(청견) : 무게 L, M, S인 것은 '특'의 조건에 충족하지만, 낱개 고르기의 무게가 다른 것이 5% 이하인 조건을 충족하지 못함(×)
- 단감 : L(240~249g 범위) : 2과(평균 245g), 2L(251~269g 범위 : 30과(평균 265g), 280~290g 범위 : 20과(평균 285g), 291~299g 범위 : 3과(평균 295g)이므로, 무게가 다른 것은 5% 이하(약 3.63%)임

04 농가에서 딸기를 수확하여 출하하고자 한다. 다음 조건을 보고 20개씩 '특'으로 몇 상자를 출하할 수 있는지 상자 수와 이유를 쓰시오.

[딸기 크기 구분(총 100개) 및 기타 조건]
- 16g : M(12g 이상~17g 미만) : 46개
- 18g : L(17g 이상~25g 미만) : 25개
- 20g : L(17g 이상~25g 미만) : 29개
- 기타 조건(경결점과) : 품종 고유의 모양이 아닌 것 2개, 병해충의 피해가 과피에 그친 것 1개

• 정답 • • "특" 상자수 : 3상자

상 자	L 개수	M 개수	기 준
a	18	2	무게가 다른 것 10%
b	18	2	–
c	18	2	–
계	54	6	–

• 이유 : "특" 무게조건은 "L" 이상인 것, 낱개 고르기 무게가 다른 것 10% 이하인 것

※ 농산물 표준규격 개정(2018.12.26)으로 30개 품목의 등급규격 항목에서 무게(크기) 삭제

05 다음 상재배느타리버섯의 조건을 보고 등급을 쓰시오.

[상재배느타리버섯 2kg]
- 갓의 지름 2cm 이상~4cm 미만 : 1,900g(호칭 M)
- 갓의 지름 4cm 이상~6cm 미만 : 100g(호칭 L)

• 정답 •
- 특
- 이유 : 갓의 크기 기준에서 특은 "M"이지만, 낱개 고르기의 특 기준 20% 범위 내에 "M" 이외의 것이 포함될 수 있다.

06 주어진 장미의 조건을 보고 각 조건의 등급과 최종 등급 판정을 쓰시오.

[장미(스탠다드)]
- 크기의 고르기 : 1묶음 19본 꽃대길이 75cm, 1본은 65cm
- 개화 정도 : 꽃봉오리가 20% 정도 개화된 것
- 경결점 : 200본 중 9본

• 정답 • 상
- 크기의 고르기 : 등급(상)~크기가 다른 것이 5% 이하인 것
- 개화정도 : 등급(특)~꽃봉오리가 1/5 정도 개화된 것
- 경결점 : 등급(상)~5% 이하인 것

07 주어진 조건을 보고 제현율 계산공식과 제현율(%)을 구하여 답을 쓰시오.

- 체 위 활성 현미 : 38g
- 체 위 사미 : 2g
- 체 밑 활성 현미 : 0.8g
- 체 밑 사미 : 0.6g
- 왕겨와 이물 : 8.6g
- 공시 시료 : 50g

• 정답 •

$$\text{제현율(\%)} = \frac{\text{활성현미 무게} + \text{체 위 사미 무게}}{\text{공시 무게}} \times 100$$ (단, 체밑 활성 현미는 체위 활성 현미에 환원함)

$$= \frac{(38g + 0.8) + 2g}{50g} \times 100$$

$$= 81.6\%$$

08 복숭아 표준규격품을 출하하는 자가 당해 물품의 포장 표면에 "표준규격품"이라는 문구와 함께 다음의 사항을 각각 표시하여야 한다. 다음에서 옳지 않는 사항을 쓰고, 이유를 서술하시오.

- 품 종 : 백도
- 생산자(수입자) : 영농조합법인
- 원산지 : 국산
- 등 급 : 특
- 무 게 : 7.5kg
- 표시사항 : 해당 사항 없음

• 정답 •
- 무게 : 7.5kg
- 이유 : 복숭아의 표준거래단위는 3kg, 4kg, 4.5kg, 5kg, 10kg, 15kg이다.

09 절화류 국화의 줄기 절단면이 목질화되어 있고, 양액의 침전물이 쌓여 탁하여 빠른 "시들음 현상"이 발생하였다. 그 이유를 간단히 서술하시오.

• 정답 • 줄기의 절단면이 목질화 되어 수분흡수 능력의 저하를 초래하였고, 또한 양액의 오염으로 인한 용존산소의 부족과 미생물의 영향을 받았기 때문이다.

10 지리적표시 이의신청에 관한 내용이다. 옳지 않은 부분을 바르게 수정하시오.

- 이의신청은 공고일로부터 3개월 이내이다.
- 등록신청을 받은 날로부터 30일 이내이다.
- ㅇㅇ군수

• 정답 •
- 이의신청은 공고일로부터 2개월 이내이다.
- 등록신청을 받은 날로부터 30일 이내이다.
- 법 인

11 지리적표시품이 아닌 농수산물 또는 농수산 가공품의 포장·용기·선전물 및 관련 서류에 지리적표시나 이와 비슷한 표시를 한 자에 대한 최고 벌금액을 쓰시오.

• 정답 • 3천만원 이하

12 유전자변형농산물의 표시 위반에 대한 공표명령의 기준·방법의 표시위반물량은 (①)톤이며, 표시위반물량의 판매가격 환산금액은 (②)원이다.

•정답• ① 100, ② 10억

13 보리 2013년산을 2014년산으로 허위검사를 받았다. 해당 농산물의 행정처분과 허위로 한 사람에게 벌칙 처분을 쓰시오.

•정답• • 행정처분 : 검사판정의 취소
• 벌칙처분 : 3년 이하의 징역 또는 3천만원 이하의 벌금

14 우수관리인증기관의 지정, 취소 및 우수관리인증 업무의 정지에 관한 행정처분기준이다. [보기]에서 옳은 사항을 쓰시오.

보기

업무정지 1개월, 3개월, 6개월, 시정명령, 취소

• A기관 : 조직·시설·인력 중 둘 이상 기준 미달
• B기관 : 교육 미이수
• C기관 : 업무정지 기간 중 업무
• D기관 : 인증취소 등 기준을 잘못 적용한 경우

•정답• • A기관 : 업무정지 3개월
• B기관 : 시정명령
• C기관 : 취소
• D기관 : 업무정지 1개월

15 다음은 도정수율에 관한 내용이다. 물음에 대하여 ○ 또는 ×를 하시오.

① 최저한도 수치를 초과하지 아니하는 범위 ② 산술최고치를 시험성적으로 한다. ③ 도정도는 검정의뢰인이 요구하는 수준으로 한다. ④ 시험용 기계에 의한 방법 공사량은 1점당 3,000kg 이상으로 한다.

• 정답 • ① ×, ② ×, ③ ○, ④ ×

16 다음은 증산량에 관한 내용이다. 물음에 대하여 ○ 또는 ×를 하시오.

① 온도가 높을수록 증산량 많다. ② 압력이 클수록 증산량 많다. ③ 증산량이 많을수록 보관력이 저하한다.

• 정답 • ① ○, ② ○, ③ ○

• 풀이 • **증산작용의 증가**

- 온도가 높을수록 증산량이 증가한다.
- 상대습도가 낮을수록 증산량이 증가한다.
- 공기유동량이 많을수록 증산량이 증가한다.
- 부피에 비해 표면적이 넓을수록 증산량이 증가한다.

17 착색 40% 이상, 무게 120g 이상일 때 '특'인 품목과 품종을 쓰시오.

품 목	품 종
단감, 자두, 사과, 감귤	포모사, 대석조생, 후지, 서촌조생, 부유

• 정답 • 품목 : 자두, 품종 : 포모사

※ 농산물 표준규격 개정(2018.12.26)으로 30개 품목의 등급규격 항목에서 무게(크기) 삭제

18 다음 [보기] 중 무게 항목이 없는 것은?

보기

호박, 오이, 토마토, 멜론

• 정답 • 오 이

※ 농산물 표준규격 개정(2018.12.26)으로 30개 품목의 등급규격 항목에서 무게(크기) 삭제

19 다음 [보기]에서 당도의 "특" 기준이 큰 순으로 배열하시오.

보기

품목 및 품종
사과(후지), 배(신고), 복숭아(천중백도), 포도(거봉)

• 정답 • 포도(거봉) > 사과(후지) > 복숭아(천중백도) > 배(신고)

표준규격품의 표시방법 – 당도 및 산도표시(농산물 표준규격 제9조 관련 [별표 4])

당도표시를 할 수 있는 품목(품종)과 등급별 당도규격

품 목	품 종	등 급	
		특	상
사 과	• 후지, 화홍, 감홍, 홍로 • 홍월, 서광, 홍옥, 쓰가루(착색계) • 쓰가루(비착색계)	14 이상 12 이상 10 이상	12 이상 10 이상 8 이상
배	• 황금, 추황, 신화, 화산, 원황 • 신고(상 10이상), 장십랑 • 만삼길	12 이상 11 이상 10 이상	10 이상 9 이상 8 이상
복숭아	• 서미골드, 진미 • 찌요마루, 유명, 장호원황도, 천홍, 천중백도 • 백도, 선광, 수봉, 미백 • 포목, 창방, 대구보, 선프레, 암킹	13 이상 12 이상 11 이상 10 이상	10 이상 10 이상 9 이상 8 이상
포 도	• 델라웨어, 새단, MBA, 샤인머스켓 • 거 봉 • 캠벨얼리	18 이상 17 이상 14 이상	16 이상 15 이상 12 이상

※ 당도표시 대상은 등급규격의 특·상품에 한하며, 당도를 표시할 경우에는 등급규격에 등급별 당도규격을 포함하여 특·상으로 표시하여야 한다.

20 다음 [보기] 중 품종 또는 계통을 표시해야 하는 것은?

보기

사과, 마늘, 배, 단감, 복숭아, 포도, 멜론, 국화, 감귤, 자두

• 정답 • 마늘, 멜론, 국화

서술형

21 검정항목별 검정기관 측정 품위 검정항목의 정립, 세맥, 조회분 등 공시량 보존기간은 얼마인가?

• 정답 • 6개월

22 기능성 포장재 중 계면활성제를 첨가한 (①)(은)는 (②)(을)를 방지하여 부패균의 발생을 방지한다.

• 정답 • ① 방담 필름, ② 결로 현상

23 [보기]에서 '특'기준의 수분 조건이 14% 이하가 아닌 것을 고르고, 몇 %인지 적으시오.

보기
현미, 보리쌀, 찰수수, 메밀

• 정답 • 현미, 찰수수쌀

품 목	현 미	보리쌀, 메밀	찰수수쌀
단위(%)	16	14 이하	15

24 유효염소 4% NaOCl(차아염소산나트륨)을 사용하여 300L의 물에 80ppm의 유효염소 농도를 갖는 염소수를 만들 때 NaOCl은 얼마나 필요한가?

• 정답 • 600mL

• 풀이 • $\text{NaOCl의 양} = \dfrac{\text{원하는 유효 염소 농도} \times \text{수조 용량}}{\text{NaOCl \%농도}} \times 10{,}000$

$$= \dfrac{80\text{ppm} \times 300{,}000\text{mL}}{4\%\ \text{NaOCl}} \times 10{,}000 = 600\text{mL}$$

25 단감을 0.06mm PE필름으로 포장했을 경우 색택의 변화와 조직 무름 등의 변화가 일어났다. 이와 같은 현상을 무엇이라 하는가?

• 정답 • 탈삽 및 연화현상

26 검정항목 "항생물질"의 검정기관인 농산물품질관리원의 (①), (②)에게 신청하며, 보관용 시료의 보관기간은 (③)일이다.

• 정답 • ① 시험연구소장, ② 지정검정기관의장, ③ 30

27 신선도 감정은 GOP 시약처리 방법을 원칙으로 한다. GOP 시약처리에 사용하는 시약 중 파라페닐엔 디아민을 제외한 2가지 약품명을 쓰시오.

• 정답 • 구아야콜, 과산화수소

28 [보기]를 참고하여 사과 50과의 경결점 비율을 구하시오.

보기
• 품종 고유의 모양 아닌 것 2개 • 꼭지가 빠진 것 1개 • 경미한 녹, 일소, 약해 등으로 외관이 떨어진 것 2개 • 공시시료는 50과

• 정답 •

$$혼입율(\%) = \frac{경결점\ 개수}{공시\ 개수} \times 100$$

$$= \frac{5}{50} \times 100 = 10\%$$

29 다음 [보기]에서 주어진 조건 중 농산물의 표준거래단위 무게 또는 개수에 해당하는 품목을 쓰시오.

보기

농산물의 표준거래단위 무게와 개수
① 5kg, 8kg, 10kg, 50개
② 5kg, 10kg, 15kg, 50개, 100개
③ 10kg, 15kg, 20kg, 50개, 100개
④ 8kg, 10kg, 15kg, 20~50개

• 정답 • ① 가지, ② 마늘, ③ 오이, ④ 풋옥수수

• 풀이 • 농산물의 표준거래단위(농산물 표준규격 제3조 관련 [별표 1])

품 목	표준거래단위
오 이	10kg, 15kg, 20kg, 50개, 100개
가 지	5kg, 8kg, 10kg, 50개
풋옥수수	8kg, 10kg, 15kg, 20개, 30개, 40개, 50개
마 늘	1kg, 5kg, 10kg, 15kg, 20kg, 50개, 100개

※ 농산물 표준규격 개정(2023.11.23.)으로 마늘의 표준거래단위 변경되어 ② 정답없음

과년도 기출문제

단답형

01 다음은 이력추적관리 등록의 유효기간에 관한 내용이다. 괄호 안에 알맞은 숫자를 쓰시오. [2점]

> 이력추적관리 등록의 유효기간은 등록한 날부터 (①)년으로 한다. 다만, 인삼류를 제외한 약용 작물류는 (②)년 이내의 유효기간을 정해 등록기관의 장이 고시한다.

• 정답 • ① 3년, ② 6년

• 풀이 • **이력추적관리 등록의 유효기간 등**

- 이력추적관리 등록의 유효기간은 등록한 날부터 3년으로 한다. 다만, 품목의 특성상 달리 적용할 필요가 있는 경우에는 10년의 범위에서 농림축산식품부령으로 유효기간을 달리 정할 수 있다(농수산물 품질관리법 제25조 제1항).
- 유효기간을 달리 적용할 유효기간은 다음의 구분에 따른 범위 내에서 등록기관의 장이 정하여 고시한다(농수산물 품질관리법 시행규칙 제50조).
  - 인삼류 : 5년이내
  - 약용작물류 : 6년 이내

02 다음은 농수산물 품질관리법령상 농산물 검사와 관련된 내용이다. 괄호 안에 알맞은 말을 쓰시오. [4점]

> 농산물 검사의 검사항목은 포장단위당 (①), 포장자재, 포장방법과 (②) 등으로 하며, 검사 방법은 (③) 또는(④)의 방법으로 한다.

• 정답 • ① 무게, ② 품위, ③ 전수, ④ 표본추출

• 풀이 • **농산물의 검사 항목 및 기준 등(농수산물 품질관리법 시행규칙 제94조)**

농산물(축산물은 제외한다)의 검사항목은 포장단위당 무게, 포장자재, 포장방법 및 품위 등으로 하며, 검사기준은 농림축산식품부장관이 검사대상 품목별로 정하여 고시한다.

농산물의 검사방법(농수산물 품질관리법 시행규칙 제95조)

농산물의 검사방법은 전수(全數) 또는 표본추출의 방법으로 하며, 시료의 추출·계측·감정·등급 판정 등 검사방법에 관한 세부사항은 국립농산물품질관리원장 또는 시·도지사(시·도지사는 누에씨 및 누에고치에 대한 검사만 해당한다)가 정하여 고시한다.

03 국립농산물품질관리원에서 농산물우수관리인증기관으로 지정받은 4개 기관을 대상으로 조사한 결과, 다음과 같은 위반행위를 적발하였다. 농수산물 품질관리법령상 '경고', '업무정지 1개월', '업무정지 6개월' 중 해당 행정처분기준을 쓰시오(단, 처분기준은 개별기준을 적용하며, 경감 사유는 없고, 위반횟수는 1회임). [4점]

기관별 위반행위 행정처분기준	행정처분기준
A 기관 : 우수관리인증의 기준을 잘못 적용하여 인증을 한 경우	①
B 기관 : 인증 외의 업무를 수행하여 인증업무가 불공정하게 수행된 경우	②
C 기관 : 농산물우수관리기준을 지키는지 조사·점검을 하지 않은 경우	③
D 기관 : 우수관리인증 취소 등의 기준을 잘못 적용하여 처분한 경우	④

• 정답 • ① 경고, ② 업무정지 6개월, ③ 경고, ④ 업무정지 1개월

• 풀이 • 우수관리인증기관의 지정 취소, 우수관리인증 업무의 정지 및 우수관리시설 지정 업무의 정지에 관한 처분기준(농수산물 품질관리법 시행규칙 제22조 제1항 관련 [별표 4])

위반행위	위반횟수별 처분기준		
	1회	2회	3회 이상
아. 우수관리인증 또는 우수관리시설 지정의 기준을 잘못 적용하는 등 우수관리인증 또는 우수관리시설의 지정 업무를 잘못한 경우			
1) 우수관리인증 또는 우수관리시설 지정의 기준을 잘못 적용하여 인증을 한 경우	경 고	업무정지 1개월	업무정지 3개월
2) [별표 3] 제3호 나목부터 아목까지 또는 제4호 각 목의 규정 중 둘 이상을 이행하지 않은 경우	경 고	업무정지 1개월	업무정지 3개월
3) 우수관리인증 또는 우수관리시설의 지정 외의 업무를 수행하여 우수관리인증 또는 우수관리시설의 지정 업무가 불공정하게 수행된 경우	업무정지 6개월	지정 취소	
4) 우수관리인증 또는 우수관리시설 지정의 기준을 지키는지 조사·점검을 하지 않은 경우	경 고	업무정지 1개월	업무정지 3개월
5) 우수관리인증 또는 우수관리시설의 지정 취소 등의 기준을 잘못 적용하여 처분한 경우	업무정지 1개월	업무정지 3개월	지정 취소
6) 정당한 사유 없이 법 제8조 제1항 또는 제12조 제1항에 따른 처분을 하지 않은 경우	경 고	업무정지 1개월	업무정지 3개월

04 농수산물의 원산지 표시에 관한 법령상 원산지의 표시대상에 관한 설명이다. 밑줄친 것 중 잘못된 부분을 찾아 수정하시오. [2점]

> • 김치류 가공품 중 고춧가루를 사용하는 품목은 ① 배합비율이 가장 높은 원료와 고춧가루를 원산지의 표시대상으로 한다.
> • 집단급식소에서 원형을 유지하여 조리·판매하는 경우로서 밥으로 제공하는 ② 보리쌀도 원산지의 표시대상에 포함하며, ③ 죽과 식혜는 원산지의 표시대상에서 제외한다.

• 정답 • ① 고춧가루 및 소금을 제외한 원료 중 배합 비율이 가장 높은 순서의 2순위까지의 원료와 고춧가루 및 소금

• 풀이 • **원산지의 표시 대상(농수산물의 원산지 표시 등에 관한 시행령 제3조 제2항 제1호)**

라. 농수산물 가공품의 원료에 대한 원산지 표시대상에서 김치류 및 절임류(소금으로 절이는 절임류에 한정한다)의 경우에는 다음의 구분에 따른 원료

1) 김치류 중 고춧가루(고춧가루가 포함된 가공품을 사용하는 경우에는 그 가공품에 사용된 고춧가루를 포함한다)를 사용하는 품목은 고춧가루 및 소금을 제외한 원료 중 배합 비율이 가장 높은 순서의 2순위까지의 원료와 고춧가루 및 소금

원산지 표시(농수산물의 원산지 표시 등에 관한 법률 제5조 제3항)

식품접객업 및 집단급식소 중 대통령령으로 정하는 영업소나 집단급식소를 설치·운영하는 자는 대통령령으로 정하는 농수산물이나 그 가공품을 조리하여 판매·제공하는 경우(조리하여 판매 또는 제공할 목적으로 보관·진열하는 경우를 포함한다)에 그 농수산물이나 그 가공품의 원료에 대하여 원산지(쇠고기는 식육의 종류를 포함한다)를 표시하여야 한다. 다만, 식품산업진흥법 제22조의2에 따른 원산지인증의 표시를 한 경우에는 원산지를 표시한 것으로 보며, 쇠고기의 경우에는 식육의 종류를 별도로 표시하여야 한다.

원산지의 표시대상(농수산물의 원산지 표시 등에 관한 법률 시행령 제3조 제5항)

"대통령령으로 정하는 농수산물이나 그 가공품을 조리하여 판매·제공하는 경우"란 다음 각 호의 것을 조리하여 판매·제공하는 경우를 말한다. 이 경우 조리에는 날 것의 상태로 조리하는 것을 포함하며, 판매·제공에는 배달을 통한 판매·제공을 포함한다.

6. 밥, 죽, 누룽지에 사용하는 쌀(쌀가공품을 포함하며, 쌀에는 찹쌀, 현미 및 찐쌀을 포함한다)

※ 법 개정으로 쌀의 원산지 표시 기준이 변경되어 ②, ③번 정답없음

쌀 원산지 표시방법(영업소 및 집단급식소의 원산지 표시방법(농수산물의 원산지 표시 등에 관한 법률 시행규칙 제3조 제2호 관련 [별표 4])

쌀(찹쌀, 현미, 찐쌀을 포함) 또는 그 가공품의 원산지 표시방법 : 쌀 또는 그 가공품의 원산지는 국내산(국산)과 외국산으로 구분하고, 다음의 구분에 따라 표시한다.

• 국내산(국산)의 경우 "밥(쌀 : 국내산)", "누룽지(쌀 : 국내산)"로 표시한다.
• 외국산의 경우 쌀을 생산한 해당 국가명을 표시한다. 예 밥(쌀 : 미국산), 죽(쌀 : 중국산)

05 A산지유통센터는 B농수산물도매시장에 '배(신고)'를 표준규격품으로 출하하려고 한다. [보기]에서 농산물표준규격상 '권장표시사항'을 모두 골라 쓰시오. [2점]

보기

품종명, 당도, 무게, 생산자주소, 등급, 신선도, 포장치수

• 정답 • 당도, 포장치수

• 풀이 • 표준규격품의 표시방법

의무 표시사항	권장 표시사항
• "표준규격품" 문구 • 품 목 • 산 지 • 품종(배는 품종명 표시) • 등 급 • 내용량 또는 개수 • 생산자 또는 생산자단체의 명칭 및 전화번호 • 식품안전 사고 예방을 위한 안전사항 문구	• 당도 및 산도표시 • 크기(무게, 길이, 지름) 구분에 따른 구분표 또는 개수(송이수) 구분표 표시 • 포장치수 및 포장재 중량 • 영양・주요 유효성분

06 농산물 표준규격상 표준거래단위 중 15kg 단위가 없는 품목을 [보기]에서 모두 골라 쓰시오. [2점]

보기

마른고추, 토마토, 사과, 오이, 풋옥수수, 풋콩, 깐마늘

• 정답 • 사과, 깐마늘

• 풀이 •

품 목	표준거래단위
마른고추	6kg, 12kg, 15kg
토마토	2kg, 2.5kg, 4kg, 5kg, 7.5kg, 10kg, 15kg
사 과	2kg, 5kg, 7.5kg, 10kg
오 이	10kg, 15kg, 20kg, 50개, 100개
풋옥수수	8kg, 10kg, 15kg, 20개, 30개, 40개, 50개
풋 콩	15kg, 20kg
깐마늘, 마늘종	5kg, 10kg, 20kg

07 화훼류 품목 중 농산물 표준규격상 표준거래단위는 있으나 등급규격이 설정되어 있지 않은 품목을 [보기]에서 모두 골라 쓰시오. [2점]

보기

리아트리스, 스타티스, 금어초, 데이지, 극락조화, 칼라

•정답• 리아트리스, 극락조화

•풀이• **농산물의 등급규격**

규격번호	품목(품종 · 종류)	규격내용
8121	스타티스	별 첨
8111	금어초	〃
8141	칼 라	〃

08 다음은 농산물 표준규격상 신선편이 농산물에 관한 '용어의 정의'이다. 해당 용어를 쓰시오. [4점]

① 당근 절단면이 주로 건조되면서 나타나는 것으로 고유의 색이 하얗게 변하는 것
② 신선편이 엽채류의 잎이 더운물에 데친 것 같은 증상을 나타내는 것
③ 마늘, 감자의 색이 육안으로 판정하여 구별될 수 있을 정도로 녹색으로 변한 것
④ 농산물 수분이 감소되어 당초보다 부피가 작아지거나 모양이 변형된 것

•정답• ① 백화현상(White Blush), ② 잠긴(수침) 증상, ③ 녹변, ④ 마른 증상

09 다음은 농산물품질관리사 L씨가 도매시장에 상장된 딸기 33개들이 1상자(1kg)에 대해 농산물 표준규격에 따라 계측 및 감정을 실시하는 과정이다. 밑줄친 것 중 잘못된 부분을 찾아 수정하시오. [2점]

① 33개를 공시료로 추출하여 ② 중결점과를 제외하고 무게를 각각 계측하니 모두 25g 이상으로 크기 구분표상 2L에 해당하여 ③ 무게는 '특' 기준에 적합하다고 판단하였으며, 품종 고유의 색깔이 가장 떨어지는 것 ④ 5개를 골라 당도를 측정하여 평균값을 산출하였더니 10°Bx가 나와 ⑤ 당도는 '상' 기준에 적합하다고 판단하였다.

•정답• ④ 3개를 골라 당도를 측정

•풀이• **채소류 품위계측 및 감정방법(농산물 표준규격 제12조 관련 [별표 6])**

- 공시량 : 포장단위 수량이 50과 이상은 50과를 무작위 추출하고, 50과 미만은 전량을 추출한다.
- 낱개의 고르기 : 마른고추, 고추, 오이, 호박, 가지를 제외한 채소류는 공시량 중에서 중결점과를 제외하고 전량의 무게(또는 크기)를 계측하여 무게(또는 크기) 구분표에서 무게(또는 크기)가 다른 것의 개수 비율을 구한다.
- 당도 : 공시량이 50개인 과채류는 품종 고유의 색깔이 가장 떨어지는 과채류 5개, 공시량이 50개 미만인 과채류는 품종 고유의 색깔이 가장 떨어지는 과채류 3개를 측정한 평균값을 당도(°Bx)로 한다.

10 농산물 검사·검정의 표준계측 및 감정방법에 따른 검정항목에서 보관용 시료의 보존기간 기준이 30일이 아닌 것 2개를 [보기]에서 골라 쓰시오. [2점]

보기

아이오딘, 당도, 항생제, 아플라톡신 B_1, 발아율

• 정답 • 당도, 발아율

11 농산물 검사·검정의 표준계측 및 감정방법에 따른 '용어의 정의'이다. (　) 안에 알맞은 용어를 쓰시오. [2점]

- (①)이라 함은 농산물의 품위 등을 이화학적 방법 등을 통하여 농산물의 가치를 판정하는 것을 말한다.
- (②)이라 함은 일정기간의 실험을 통하여 농산물의 변화 등을 밝혀내는 것을 말한다.

• 정답 • ① 감정, ② 시험

12 농산물 검사·검정의 표준계측 및 감정방법에 따른 '도정도 감정'에 사용되는 시약을 [보기]에서 2개를 골라 쓰시오. [2점]

보기

아이오딘화칼륨, 파라페닐엔디아민, 과산화수소, 메탄올, 페놀프탈레인

• 정답 • 아이오딘화칼륨, 메탄올

• 풀이 • **도정도 감정 시약 처리방법**

- 엠이시약 염색법
  - 엠이시약 조제 : 메탄올
  - 트리에탄올아민(Triethanolamine, 착색 촉매제) 시약 조제 : 트리에탄올아민
- 아이오딘 염색법(Iodine 염색법) : 시약은 아이오딘 0.5g, 아이오딘화칼륨(Potassium Iodide) 0.5g

※ 농산물 검사·검정의 표준계측 및 감정방법은 2018. 11. 1. 폐지

13 농산물 검사·검정의 표준계측 및 감정방법에 따라 멥쌀 50g 중 싸라기 비율을 측정하고자 한다. 다음의 조건에서 멥쌀의 싸라기 비율을 구하여 쓰시오(단, 싸라기 중 세로로 쪼개진 것은 없으며, 다음의 조건 외에는 싸라기 비율 측정에 고려하지 않음). [2점]

- 호칭치수 1.7mm의 금속망 체로 쳐서 체를 통과하지 아니하는 낟알 중 그 길이가 완전한 낟알 평균길이의 4분의 3 미만인 것 : 2.0g
- 호칭치수 1.7mm의 금속망 체로 쳐서 체를 통과하는 것 : 2.5g
- 호칭치수 1.7mm의 금속망 체로 쳐서 체를 통과하는 낟알 중 그 길이가 완전한 낟알 평균 길이의 2분의 1 미만인 것 : 0.8g
- 호칭치수 1.7mm의 금속망 체를 통과하고 호칭치수 1.4mm의 금속망 체를 통과하지 아니하는 것 : 1.0g

• 정답 • 4%

$$싸라기(\%) = \frac{싸라기\ 무게(g)}{공시\ 무게(g)} \times 100 = \frac{2}{50} \times 100 = 4\%$$

• 풀이 • **싸라기**

- 싸라기는 호칭치수 1.7mm의 금속망 체로 쳐서 체를 통과하지 아니하는 낟알 중 그 길이가 완전한 낟알 평균길이의 4분의 3 미만인 것을 말한다. 다만, 1.7mm의 금속망 체를 통과하지 아니하는 싸라기 중 세로로 쪼개진 것은 그 길이에 상관없이 싸라기로 간주한다.
- 보리쌀의 큰싸라기는 호칭치수 1.7mm의 금속망 체로 쳐서 체를 통과하지 아니하는 싸라기로서, 그 길이가 완전한 낟알 평균길이의 2분의 1 미만인 것을 말한다. 다만, 1.7mm의 금속망 체를 통과하지 아니하는 싸라기 중 세로로 쪼개진 것은 그 길이에 상관없이 싸라기로 간주한다.
- 보리쌀의 잔싸라기는 호칭치수 1.7mm의 금속망 체를 통과하고 호칭치수가 1.4mm의 금속망체를 통과하지 아니하는 싸라기를 말한다.
- 시료의 양은 각 품목별로 특별히 정해진 경우를 제외하고 잔싸라기 계측용 시료는 약 1.5kg, 싸라기 및 큰싸라기 계측용 시료는 호칭치수 1.7mm의 금속망 체 위의 시료 중 50g 이상을 시료 축분법에 따라 채취하여 사용한다.

14 농산물도매시장에 출하되고 있는 배 1상자(15kg, 개수 24과)에 들어있는 각 과의 무게를 측정하였더니 다음과 같다. 농산물검사·검정의 표준계측 및 감정방법에 따라 과균비율의 최대치와 최소치를 각각 구하시오(단, 수치는 소수점 둘째자리에서 반올림하여 소수점 첫째자리까지 구함). [4점]

- 해당 시료 중 최대 감정과 5과 각각의 무게 : 720g, 710g, 700g, 700g, 680g
- 해당 시료 중 최소 감정과 5과 각각의 무게 : 620g, 620g, 610g, 600g, 600g
- 해당 시료 24과 전체의 평균 무게 : 640g

• 정답 • ① 최대치 : (+)10.9%, ② 최소치 : (−)5.7%

15 다음은 농산물 검사·검정의 표준계측 및 감정방법에서 정하고 있는 수치의 취급방법이다. ( ) 안에 알맞은 내용을 쓰시오. [2점]

• 계측에 있어서 (①)은/는 규격수치 단위 이하 1위까지 산출한다.
• (②)은/는 규격수치 단위 이하 1위에서 4사5입한 수치로 한다.

• 정답 • ① 측정치, ② 검정치

16 MA(Modified Atmosphere) 포장을 이용한 저장의 효과를 최대화하려면 작물의 종류, 가스 투과성 등을 고려하여야 한다. [보기]의 포장재 중 산소투과율이 높은 순서대로 번호를 쓰시오. [2점]

보기

① 저밀도폴리에틸렌(LDPE)
② 폴리비닐클로라이드(PVC)
③ 폴리스티렌(PS)
④ 폴리에스터(PET)

• 정답 • ① > ③ > ② > ④

• 풀이 • 필름의 종류별 가스투과성

필름의 종류	가스투과성(ml/m^2 · 0.025mm · 1일)	
	이산화탄소	산 소
저밀도폴리에틸렌(LDPE)	7,700~77,000	3,900~13,000
폴리스티렌(PS)	10,000~26,000	2,600~2,700
폴리비닐클로라이드(PVC)	4,263~8,138	620~2,248
폴리에스터(PET)	180~390	52~130

17 다음은 저장 중 전처리에 관한 설명이다. 괄호 안에 알맞은 답을 쓰시오. [2점]

수확한 후 일정기간 동안 방치하여 농산물 외층의 수분함량을 낮추는 (①) 처리를 할 경우 저장 중 증산작용을 억제하여 부패율을 경감시킬 수 있으며, 수확과정에서 발생된 농산물의 물리적 상처 부위에 코르크층을 형성시키는 (②) 처리를 할 경우 수분증발과 미생물의 침입을 줄일 수 있다.

• 정답 • ① 예건, ② 큐어링

• 풀이 •
• 예건 : 수확한 농산물을 저장 및 유통 전에 통풍이 잘되고 직사광선이 닿지 않는 곳에서 식물의 외층을 미리 건조시키는 방법으로 수분을 제거하거나 품질변화를 야기하는 효소 등을 불활성화 시켜 농산물의 신선도를 연장하기 위해 처리하는 기술이다.
• 큐어링 : 수확 시 받은 상처를 아물게 하거나 코르크층을 형성시켜 수분증발 및 미생물의 침입을 줄이는 방법이다.

18 **농산물의 Cold-Chain 시스템 과정 중 농산물이 외부 온습도의 변화가 급격한 환경에 노출될 경우 수분이 응결되어 골판지 상자의 강도가 약해지거나 농산물의 표면에 얼룩이 생기는 원인이 되는 현상을 쓰시오. [2점]**

• 정답 • 결로현상

• 풀이 • 표면온도와 외기의 차이에 의해 작은 물방울이 표면에 서로 붙는 현상으로 이러한 이슬 맺힘 현상은 건축물 및 시설에 발생하여 곰팡이 발생 등의 문제를 일으키기도 하는데, 특히 농산물에서는 과수 및 신선채소의 저온저장 후 상온유통에서 발생하여 미생물의 오염, 골판지의 약화 등으로 상품성을 저하시키는 원인이 되기도 한다. 방지법으로는 상온유통 24시간 전에 온도를 조금씩 상승시키며, 선풍기를 이용하여 물방울을 말리는 방법과 비닐포장재를 씌워 외기와의 접촉을 차단하는 방법 등이 있다.

19 **다음 중 ( ) 안에 알맞은 답을 쓰시오. [2점]**

농산물 저장 시 빙결점 이하에서는 세포 내 결빙에 의한 (①)(장)해가 발생되며, 일부 농산물은 0℃ 이상에서 한계온도 이하에 일정기간 노출될 경우 세포막의 상전환과 원형질 분리에 의해 (②) (장)해가 발생되므로 품목에 따른 적정온도 설정에 유의해야 한다.

• 정답 • ① 동해, ② 저온

• 풀이 • ① 동해 : 빙결점 이하의 온도에서 나타나는 식물의 피해를 의미하며, 한해(寒害)라고도 한다. 식물의 세포가 결빙하면서 세포막이 파손되거나 세포 내의 탈수현상에 의해 식물이 고사하게 된다.
② 저온장해 : 작물의 종류에 따라 빙점 이상의 온도에서 저온에 의한 생리적 장해를 입는 경우가 있다. 특이한 한계온도 이하의 저온에 노출될 때 영구적인 생리장해가 나타나는데, 이를 저온장해라고 한다. 빙점 이하에서 조직의 결빙으로 인해 나타나는 동해와는 구별된다. 저온장해를 입는 한계온도는 작물에 따라 다르며, 저장기간과는 관계없이 장해가 나타나기 시작하는 온도가 한계온도이다. 온대 작물에 비해 열대・아열대 원산의 작물이 저온에 민감하다.

20 **과실의 수확 후 성숙 및 숙성과정에서 나타나는 대사산물의 변화에 관한 설명이다. 설명이 옳으면 ○, 옳지 않으면 ×를 괄호 안에 표시하시오. [4점]**

① 세포 내에 전분이 축적되어 세포벽이 단단해진다.	( )
② 유기산이 감소하여 사과, 키위 등의 신맛이 감소한다.	( )
③ 과실표면의 왁스 물질이 합성되거나 분비된다.	( )
④ 휘발성 에스터의 합성이 저해된다.	( )

• 정답 • ① ×, ② ○, ③ ○, ④ ×

• 풀이 •
- 과일은 채소류와 달리 세포벽과 세포 사이에 Pectin이 들어있는데, 미숙과일 때는 불용성 팩틴인 Protopectin이 과일이 성숙되면서 수용성의 Pectin으로 변화되어 조직이 부드럽고 식감이 좋아진다.
- 유기산의 호흡작용으로 인해 신맛이 감소하고 맛이 부드러워진다.
- 과실의 표면 왁스물질이 합성되거나 분비된다.
- 휘발성 에스터가 합성된다.

서술형

21 농산물 검사 · 검정의 표준계측 및 감정방법에 따라 맥주보리 종자의 발아세 시험을 하려고 한다. 시료의 발아를 촉진하기 위한 다음 각각의 생리적 휴면타파 방법을 쓰시오. [5점]

구 분	처리방법
① 예 랭	
② 예 열	
③ 지베렐린산 처리	

• 정답 •
- 예랭 : 치상하여 젖은 배지 상태로 5~10℃로 7일간 유지한다.
- 예열 : 30~35℃의 조건에 7일간 환기가 잘되는 곳에 둔다.
- 지베렐린산 처리 : 물 1L에 GA3 500mg을 녹인 0.05% 액으로 배지를 적신다.

22 A업체는 제품명이 '콩 미숫가루'라는 곡류가공품(식품의 유형)을 개발하여 생산 · 판매할 목적으로 원산지를 표시하려고 한다. 이 제품에 사용된 농산물 원료의 배합비율이 다음과 같은 경우 농수산물의 원산지 표시에 관한 법령에 따른 원산지의 표시대상과 그 이유를 쓰시오. [5점]

쌀(50%), 보리쌀(30%), 율무쌀(15%), 콩(5%)

• 정답 •
- 표시대상 : 쌀, 보리쌀, 율무쌀, 콩
- 이유 : 배합비율이 높은 순서의 3순위까지의 원료

• 풀이 • **원료 배합비율에 따른 표시대상(농수산물의 원산지 표시 등에 관한 법률 시행령 제3조 제2항 제1호)**

가. 사용된 원료의 배합비율에서 한 가지 원료의 배합비율이 98% 이상인 경우에는 그 원료

나. 사용된 원료의 배합비율에서 두 가지 원료의 배합비율의 합이 98% 이상인 원료가 있는 경우에는 배합비율이 높은 순서의 2순위까지의 원료

다. 그 외의 경우에는 배합비율이 높은 순서의 3순위까지의 원료

원산지의 표시대상(농수산물의 원산지 표시 등에 관한 법률 시행령 제3조 제3항)

제2항을 적용할 때 원료(가공품의 원료를 포함한다) 농수산물의 명칭을 제품명 또는 제품명의 일부로 사용하는 경우에는 그 원료 농수산물이 원산지 표시대상이 아니더라도 그 원료 농수산물의 원산지를 표시해야 한다.

23 창원의 A농가는 단감을 수확한 후 50μm PE 필름에 5개씩 포장하여 저온에 저장한 결과 장기간 동안 조직감이 단단하고 풍미를 우수하게 유지시킬 수 있었다. 필름포장이 신선도 유지 효과를 나타내는 원리를 설명하시오. [5점]

• 정답 • PE 필름을 이용한 저장에 의해 수분증산 억제효과가 현저하고 포장봉지 내의 Gas 조성이 저장에 적합한 상태로 유지되기 때문에 단감의 중량 감소를 억제할 수 있다.

24 전북의 A농가는 0℃와 10℃의 저장고를 보유하고 있다. 이 농가에서 수확한 포도, 토마토, 마늘, 오이의 저장특성을 고려하여 선도를 오래 유지시키고자 할 때 저장온도에 따라 품목을 분류한 후 그 이유를 설명하시오. [5점]

• 정답 •

구 분	0℃ 저장고	10℃ 저장고
품 목	포도, 마늘	토마토, 오이
이 유	포도는 약 0℃의 비교적 낮은 온도가, 토마토, 오이는 약 10℃ 정도의 온도가 적절한 저장온도이기 때문이다.	

25 귀농한 K씨가 생산하여 '특' 등급을 표시한 풋고추 1상자(10kg)에서 공시료 50개를 무작위 추출하여 계측해보니 다음과 같았다. 농산물 표준규격에 따른 해당 등급표시가 적합한지 여부를 판단하고 그 이유를 쓰시오(단, 주어진 항목 외에는 등급판정에 고려하지 않으며, 적합 여부는 '적합' 또는 '부적합'으로 작성). [5점]

• 평균 길이에서 ±2.0cm를 초과하는 것 : 4개
• 꼭지 빠진 것 : 1개

• 정답 •
• 적합 여부 : 적합
• 이유 : "특" 등급은 낱개의 고르기는 평균길이에서 ±2.0cm를 초과하는 것이 10% 이하, 경결점 3% 이하이며, 보기는 낱개의 고르기가 8%에 속하고, 경결점과(꼭지 빠진 것)는 2%에 속하기 때문이다.

• 풀이 • 고추의 등급규격 "특"
• 낱개의 고르기 : 평균 길이에서 ±2.0cm를 초과하는 것이 10% 이하인 것(꽈리고추는 20% 이하)
• 길이(꽈리고추에 적용) : 4.0~7.0cm인 것이 80% 이상
• 색 택
  – 풋고추, 꽈리고추 : 짙은 녹색이 균일하고 윤기가 뛰어난 것
  – 홍고추(물고추) : 품종 고유의 색깔이 선명하고 윤기가 뛰어난 것
• 신선도 : 꼭지가 시들지 않고 신선하며, 탄력이 뛰어난 것
• 중결점과 : 없는 것
• 경결점과 : 3% 이하인 것

26 A작목반은 감자(수미)를 10kg 단위로 공동선별하여 B물류센터에 유통하게 되었다. B물류센터에서는 1상자에서 50개를 무작위 채취하여 농산물품질관리사에게 등급판정을 의뢰하여 계측한 결과는 다음과 같다. 농산물 표준규격에 따른 등급과 이유를 쓰시오(단, 주어진 항목 외에는 등급판정에 고려하지 않음). [5점]

구 분	크기 구분(개)	경결점 수
계측결과	3L(4개), 2L(43개), L(3개)	2개

•정답•
- 등급 : "상"
- 이유 : 낱개의 고르기에서 무게가 다른 것이 14%에 속하고, 경결점 수가 4%에 속하며, "상" 등급의 무게가 다른 것이 20% 이하, 경결점 수가 10% 이하인 것에 해당하기 때문이다.

•풀이• 감자의 등급규격 "상"
- 낱개의 고르기 : 별도로 정하는 크기 구분표에서 무게가 다른 것이 20% 이하인 것
- 손질 : 흙 등 이물질 제거 정도가 양호하고 표면이 적당하게 건조된 것
- 중결점 : 없는 것
- 경결점 : 10% 이하인 것

27 A미곡종합처리장에서 가공·생산한 멥쌀을 포장하여 B마트에 출하하고자 한다. 출하 전 등급 표시를 위하여 채취한 멥쌀 1kg을 이용하여 계측한 결과가 다음과 같을 때, 이 쌀의 농산물 표준규격상 해당되는 등급과 그 이유를 쓰시오(단, 주어진 항목 및 계측결과 외에는 등급판정에 고려하지 않음). [5점]

- 공시량 1kg 계측결과 : 열손립 3립, 기타이물 0.8g
- 공시량 500g 계측결과 : 생리장해립 0.4g, 충해립 0.8g

•정답•
- 등급 : "보통"
- 이유 :

피해립	열손립	기타이물
2.4%	3립	0.08%

•풀이• 쌀의 등급기준

항 목 / 등 급	최고한도(%)					
	수 분	싸라기	분상질립	피해립	열손립	기타이물
특	16.0	3.0	2.0	1.0	0.0	0.1
상		7.0	6.0	2.0	0.0	0.3
보 통		20.0	10.0	4.0	0.1	0.6

※ 농산물 표준규격 개정(2018.12.26)으로 곡류(16개 품목)의 등급규격 삭제

28 농산물품질관리사 A씨가 시중에 유통되는 국내산 콩나물콩(10kg, PE대)을 구입하여 계측한 결과는 다음과 같다. 농산물 표준규격상의 해당 등급과 그 이유를 쓰시오(단, 주어진 항목 외에는 등급판정에 고려하지 않음). [5점]

공시량	300g	100g		
항 목	낟알의 굵기	피해립	정 립	이 물
계측결과	체눈의 직경이 7.10mm인 체를 통과하고 6.30mm인 체 위에 남는 것 : 250g	4.8g	95.0g	0.1g

•정답• • 등급 : "상"
• 이유 :

낟알의 굵기	피해립	정 립	이 물
중·소립종	4.8%	95%	0.1%

•풀이• 콩나물콩의 등급규격 "상"
• 모양 : 품종 고유의 모양과 색택을 갖춘 것으로 낟알이 충실하고 고른 것
• 수분 : 14.0% 이하인 것
• 발아율 : 85% 이상인 것(콩나물콩에 적용)
• 낟알의 굵기 : 중·소립종인 것(콩나물콩에 적용)
• 정립 : 85.0% 이상인 것
• 피해립 : 15.0% 이하인 것
• 이종곡립 : 0.1% 이하인 것
• 이종피색립 : 0.2% 이하인 것
• 이물 : 0.2% 이하인 것

낟알의 굵기 : 낟알의 굵기 구분은 해당 호칭의 둥근 눈의 체로 쳐서 구분하되, 해당 무게비율이 80% 이상이어야 한다.

구 분	구분방법
중립종	체 눈의 직경이 7.10mm인 체를 통과하고 6.30mm인 체 위에 남는 것
소립종	체 눈의 직경이 6.30mm인 체를 통과하고 4.00mm인 체 위에 남는 것

29 생산자 P씨는 국화(스프레이) 100본을 수확하였다. 1상자당 50본씩 2개 상자를 등급 "특"으로 표시하여 도매시장에 출하하고자 농산물품질관리사 K씨에게 등급 판정의 적정 여부를 의뢰하였다. K씨는 "특" 2개 상자를 점검하여 농산물 표준규격에 따라 등급 판정을 하여 출하자가 표시한 등급을 수정하였다. 농산물품질관리사가 판정한 등급과 그 이유를 쓰시오(단, 주어진 항목 외에는 등급판정에 고려하지 않음). [5점]

구 분	A 상자	B 상자
점검결과	• 꽃봉오리가 3~4개 정도 개화된 것 50본 • 마른 잎이나 이물질이 깨끗이 제거된 것 50본 • 자상이 있는 것 2본	• 꽃봉오리가 3~4개 정도 개화된 것 50본 • 마른 잎이나 이물질이 깨끗이 제거된 것 50본 • 품종 고유의 모양이 아닌 것 1본

• 정답 •

구 분	A 상자	B 상자
등 급	보 통	특
판정 이유	개화 정도와 손질은 "특"에 해당하나 중결점(자상)이 4% 있는 관계로 "보통"으로 판정된다.	개화 정도와 손질은 "특"에 해당하고 경결점(품종 고유의 모양이 아닌 것)이 있으나 3% 이하이므로 "특"으로 판정된다.

• 풀이 • 국화의 등급규격 "특", "보통"

구 분	특	보 통
크기의 고르기	크기 구분표에서 크기가 다른 것이 없는 것	크기 구분표에서 크기가 다른 것이 10% 이하인 것
꽃	품종 고유의 모양으로 색택이 선명하고 뛰어난 것	특·상에 미달하는 것
줄 기	세력이 강하고, 휘지 않으며, 굵기가 일정한 것	특·상에 미달하는 것
개화 정도	• 스탠다드 : 꽃봉오리가 1/2 정도 개화된 것 • 스프레이 : 꽃봉오리가 3~4개 정도 개화되고 전체적인 조화를 이룬 것	특·상에 미달하는 것
손 질	마른 잎이나 이물질이 깨끗이 제거된 것	특·상에 미달하는 것
중결점	없는 것	5% 이하인 것
경결점	3% 이하인 것	10% 이하인 것

30 R과수원에서 사과(홍로)를 한창 수확 중이다. 수확된 사과를 선별기에서 선별해 보니 다음과 같았다.

1번 라인 선별결과(개당 무게 350g)	◕ : 13개, ◑ : 3개, ◔ : 1개
2번 라인 선별결과(개당 무게 300g)	◕ : 14개, ◑ : 3개, ◔ : 1개
3번 라인 선별결과(개당 무게 250g)	◕ : 15개, ◑ : 5개

※ ◕ : 착색비율 70%, ◑ : 착색비율 50%, ◔ : 착색비율 30%

5kg들이 "특" 등급 "상자1"은 다음과 같이 만들었고 나머지로 5kg들이 "특" 등급을 1상자 더 만들기 위해 사과 4개를 추가할 경우 "특"등급 "상자2"의 무게별 개수 및 착색비율을 쓰고 그 이유를 쓰시오(단, 사과는 350g, 300g, 250g 중에서 추가하며, 주어진 항목 외에는 등급판정에 고려하지 않음). [5점]

• 정답 •

구 분	무게(착색비율) : 개수
"특" 등급 "상자1"	350g(70%) : 10개, 300g(70%) : 5개
"특" 등급 "상자2"	350g(70%) : 4개, 300g(70%) : 12개
이 유	350g(70%) : 1개, 300g(70%) : 3개 추가한다.

• 풀이 • 사과의 등급규격 "특"

- 낱개의 고르기 : 별도로 정하는 크기 구분표에서 무게가 다른 것이 섞이지 않은 것
- 색택 : 별도로 정하는 품종별·등급별 착색비율표에서 정하는 "특"이외의 것이 섞이지 않은 것. 단, 쓰가루(비착색계)는 적용하지 않음
- 신선도 : 윤기가 나고 껍질의 수축현상이 나타나지 않은 것
- 중결점과 : 없는 것
- 경결점과 : 없는 것

사과의 크기 구분

구 분 \ 호 칭	3L	2L	L	M	S	2S
g/개	375 이상	300 이상 ~375 미만	250 이상 ~300 미만	214 이상 ~250 미만	188 이상 ~214 미만	167 이상 ~188 미만

사과의 품종별 · 등급별 착색비율

품 종 \ 등 급	특	상	보 통
홍옥, 홍로, 화홍, 양광 및 이와 유사한 품종	70% 이상	50% 이상	30% 이상

2016년 제13회 과년도 기출문제

단답형

01 (　　) 안에 들어갈 내용을 답란에 쓰시오. [2점]

> 원산지 표시의 위반행위자에 대하여 농림축산식품부장관이 내린 표시의 삭제 명령을 이행하지 아니한 자는 농수산물의 원산지 표시에 관한 법률상 벌칙기준으로 (①) 이하의 징역이나 (②) 이하의 벌금에 처한다.

•정답• ① 1년, ② 1천만원

02 **농수산물 품질관리법령상 정부가 수매하거나 수출 또는 수입하는 농산물은 농림축산식품부장관의 검사를 받아야 한다. 검사를 받으려는 자가 검사신청서를 제출하지 않아도 되는 경우를 다음 ①~④에서 모두 골라 답란에 쓰시오. [2점]**

> ① 생산자단체가 정부를 대행하여 농산물을 수입하는 경우
> ② 검사를 받은 농산물의 내용물을 바꾸기 위해 다시 검사를 받는 경우
> ③ 농산물검사관이 참여하여 농산물을 가공하는 경우
> ④ 농업 관련 법인이 정부를 대행하여 농산물을 수매하는 경우

•정답• ③ 농산물검사관이 참여하여 농산물을 가공하는 경우
④ 농업 관련 법인이 정부를 대행하여 농산물을 수매하는 경우

•풀이• **농산물의 검사신청 절차 등(농수산물 품질관리법 시행규칙 제96조 제1항)**
농산물의 검사를 받으려는 자는 국립농산물품질관리원장, 시·도지사 또는 지정받은 농산물검사기관(이하 '농산물 지정검사기관')의 장에게 검사를 받으려는 날의 3일 전까지 농산물 검사신청서(국립농산물품질관리원장 또는 시·도지사가 따로 정한 서식이 있는 경우에는 그 서식을 말한다)를 제출하여야 한다. 다만, 다음의 경우에는 검사신청서를 제출하지 아니할 수 있다.
- 정부가 수매하거나 생산자단체 등이 정부를 대행하여 수매하는 경우
- 농산물검사관이 참여하여 농산물을 가공하는 경우
- 국립농산물품질관리원장, 시·도지사 또는 농산물 지정검사기관의 장이 검사신청인의 편의를 도모하기 위하여 필요하다고 인정하는 경우

03 농수산물 품질관리법령상 지리적표시품에 대한 1차 위반 시의 처분내용을 [보기]에서 골라 답란에 쓰시오(단, 기타 경감사유가 없는 것으로 가정함). [3점]

① 지리적표시품 생산계획의 이행이 곤란하다고 인정되는 경우
② 등록된 지리적표시품이 아닌 제품에 지리적표시를 한 경우
③ 지리적표시품이 등록기준에 미치지 못하게 된 경우
④ 내용물과 다르게 거짓표시나 과장된 표시를 한 경우

보기

- 시정명령
- 표시정지 1개월
- 표시정지 3개월
- 표시정지 6개월
- 판매금지 3개월
- 판매금지 6개월
- 등록취소

• 정답 • ① 등록취소, ② 등록취소, ③ 표시정지 3개월, ④ 표시정지 1개월

• 풀이 • **시정명령 등의 처분기준 – 지리적표시품(농산물 품질관리법 시행령 제11조 및 제16조 관련 [별표 1])**

위반행위	행정처분 기준		
	1차 위반	2차 위반	3차 위반
1) 지리적표시품 생산계획의 이행이 곤란하다고 인정되는 경우	등록취소	–	–
2) 등록된 지리적표시품이 아닌 제품에 지리적표시를 한 경우	등록취소	–	–
3) 지리적표시품이 등록기준에 미치지 못하게 된 경우	표시정지 3개월	등록취소	–
4) 의무표시사항이 누락된 경우	시정명령	표시정지 1개월	표시정지 3개월
5) 내용물과 다르게 거짓표시나 과장된 표시를 한 경우	표시정지 1개월	표시정지 3개월	등록취소

04 농수산물 품질관리법령상 이력추적관리농산물을 유통 또는 판매하는 자 중 이력추적관리기준의 준수 의무가 있는 자를 다음 ①~④에서 모두 골라 답란에 쓰시오. [2점]

① 복숭아를 행상으로 판매하는 자 ② 오이를 생산하여 우편으로 직접 판매하는 자 ③ 수박을 노점에서 판매하는 자 ④ 인터넷쇼핑몰을 통하여 사과를 판매하는 유통업자

• 정답 • ④ 인터넷쇼핑몰을 통하여 사과를 판매하는 유통업자

• 풀이 • **이력추적관리(농수산물 품질관리법 제24조)**

① 다음의 어느 하나에 해당하는 자 중 이력추적관리를 하려는 자는 농림축산식품부장관에게 등록하여야 한다.
   ㉠ 농산물(축산물은 제외)을 생산하는 자
   ㉡ 농산물을 유통 또는 판매하는 자(표시 · 포장을 변경하지 아니한 유통 · 판매자는 제외)

② ①에도 불구하고 대통령령으로 정하는 농산물을 생산하거나 유통 또는 판매하는 자는 농림축산식품부장관에게 이력추적관리의 등록을 하여야 한다.

③ ① 또는 ②에 따라 이력추적관리의 등록을 한 자는 농림축산식품부령으로 정하는 등록사항이 변경된 경우 변경 사유가 발생한 날부터 1개월 이내에 농림축산식품부장관에게 신고하여야 한다.

④ 농림축산식품부장관은 ③에 따른 변경신고를 받은 날부터 10일 이내에 신고수리 여부를 신고인에게 통지하여야 한다.

⑤ 농림축산식품부장관이 ④에서 정한 기간 내에 신고수리 여부 또는 민원 처리 관련 법령에 따른 처리기간의 연장을 신고인에게 통지하지 아니하면 그 기간(민원 처리 관련 법령에 따라 처리기간이 연장 또는 재연장된 경우에는 해당 처리기간)이 끝난 날의 다음 날에 신고를 수리한 것으로 본다.

⑥ ①에 따라 이력추적관리의 등록을 한 자는 해당 농산물에 농림축산식품부령으로 정하는 바에 따라 이력추적관리의 표시를 할 수 있으며, ②에 따라 이력추적관리의 등록을 한 자는 해당 농산물에 이력추적관리의 표시를 하여야 한다.

⑦ ①에 따라 등록된 농산물 및 ②에 따른 농산물(이하 '이력추적관리농산물')을 생산하거나 유통 또는 판매하는 자는 이력추적관리에 필요한 입고 · 출고 및 관리 내용을 기록하여 보관하는 등 농림축산식품부장관이 정하여 고시하는 기준(이하 '이력추적관리기준')을 지켜야 한다. 다만, 이력추적관리 농산물을 유통 또는 판매하는 자 중 행상 · 노점상 등 대통령령으로 정하는 자는 예외로 한다.

⑧ 농림축산식품부장관은 ① 또는 ②에 따라 이력추적관리의 등록을 한 자에 대하여 이력추적관리에 필요한 비용의 전부 또는 일부를 지원할 수 있다.

⑨ 이력추적관리의 대상품목, 등록절차, 등록사항, 그 밖에 등록에 필요한 세부적인 사항은 농림축산식품부령으로 정한다.

이력추적관리기준 준수 의무 면제자(농수산물 품질관리법 시행령 제10조)

"행상 · 노점상 등 대통령령으로 정하는 자"란 부가가치세법 시행령 제71조 제1항 제1호에 해당하는 노점이나 행상을 하는 사람과 우편 등을 통하여 유통업체를 이용하지 아니하고 소비자에게 직접 판매하는 생산자를 말한다.

05 다음 [보기]는 농산물 표준규격에서 '당도'를 표시할 수 있는 품목이다. '특' 등급에 해당하는 당도 기준이 같은 것 2개를 골라 답란에 쓰시오(단, 품종명을 포함하여 기재). [2점]

보기

- 사과(홍로)
- 배(신고)
- 복숭아(백도)
- 포도(거봉)
- 감귤(청견)
- 단감(부유)

• 정답 • 배(신고), 복숭아(백도)

• 풀이 • **당도 표시를 할 수 있는 품목(품종)과 등급별 당도규격**

<table>
<tr><th rowspan="2">품 목</th><th rowspan="2">품 종</th><th colspan="2">등 급</th></tr>
<tr><th>특</th><th>상</th></tr>
<tr><td>사 과</td><td>• 후지, 화홍, 감홍, 홍로
• 홍월, 서광, 홍옥, 쓰가루(착색계)
• 쓰가루(비착색계)</td><td>14 이상
12 이상
10 이상</td><td>12 이상
10 이상
8 이상</td></tr>
<tr><td>배</td><td>• 황금, 추황, 신화, 화산, 원황
• 신고(상 10이상), 장십랑
• 만삼길</td><td>12 이상
11 이상
10 이상</td><td>10 이상
9 이상
8 이상</td></tr>
<tr><td>복숭아</td><td>• 서미골드, 진미
• 찌요마루, 유명, 장호원황도, 천홍, 천중백도
• 백도, 선광, 수봉, 미백
• 포목, 창방, 대구보, 선프레, 암킹</td><td>13 이상
12 이상
11 이상
10 이상</td><td>10 이상
10 이상
9 이상
8 이상</td></tr>
<tr><td>포 도</td><td>• 델라웨어, 새단, MBA, 샤인머스켓
• 거 봉
• 캠벨얼리</td><td>18 이상
17 이상
14 이상</td><td>16 이상
15 이상
12 이상</td></tr>
<tr><td>감 귤</td><td>• 한라봉, 천혜향, 진지향
• 온주밀감(시설), 청견, 황금향
• 온주밀감(노지)</td><td>13 이상
12 이상
11 이상</td><td>12 이상
11 이상
10 이상</td></tr>
<tr><td>단 감</td><td>• 서촌조생, 차량, 태추, 로망
• 부 유
• 대안단감</td><td>14 이상
13 이상
12 이상</td><td>12 이상
11 이상
11 이상</td></tr>
</table>

※ 당도 표시대상은 등급규격의 특·상품에 한하며, 당도를 표시할 경우에는 등급규격에 등급별 당도규격을 포함하여 특·상으로 표시하여야 한다.

06 농산물 표준규격 중 '낱개의 고르기'가 평균 길이에서 ±2.5cm를 초과하는 것이 10% 이하일 경우 '특' 등급에 해당하는 것이 아닌 품목을 [보기]에서 모두 골라 답란에 쓰시오. [2점]

보기

가지, 마른고추, 쥬키니호박, 오이

• 정답 • 마른고추, 오이

• 풀이 • **낱개의 고르기 "특" 등급규격**

- 가지 : 평균 길이에서 ±2.5cm를 초과하는 것이 10% 이하인 것
- 마른고추 : 평균 길이에서 ±1.5cm를 초과하는 것이 10% 이하인 것
- 쥬키니호박 : 평균 길이에서 ±2.5cm를 초과하는 것이 10% 이하인 것
- 오이 : 평균 길이에서 ±2.0cm(다다기계는 ±1.5cm)를 초과하는 것이 10% 이하인 것

07 [보기]에서 농산물 표준거래단위가 옳지 않은 품목을 고르고, 잘못된 표준거래단위를 수정하여 답란에 쓰시오. [2점]

보기

- 단감 : 3kg, 4kg, 4.5kg, 5kg, 10kg, 15kg
- 포도 : 3kg, 4kg, 5kg
- 오이 : 10kg, 15kg, 20kg, 50개, 100개
- 고구마 : 5kg, 7kg, 10kg, 15kg

• 정답 •

종 류	품 목	표준거래단위
과실류	단 감	3kg, 4kg, 4.5kg, 5kg, 10kg, 15kg
	포 도	2kg, 3kg, 4kg, 5kg
채소류	오 이	10kg, 15kg, 20kg, 50개, 100개
서 류	고구마	2kg, 5kg, 10kg, 15kg

08 농산물 표준규격상 신선편이 농산물에 사용되는 원료 농산물을 분류하여 답란에 쓰시오. [3점]

양파, 치커리, 피망, 마늘, 연근, 시금치, 오이, 호박

• 정답 •
- 엽채류 : 치커리, 시금치
- 근채류 : 양파, 마늘, 연근
- 과채류 : 피망, 오이, 호박

• 풀이 • **신선편이 농산물에 사용되는 원료 농산물의 분류**
- 채소류 : 엽채류, 엽경채류, 근채류, 과채류
  - 엽채류 : 상추, 양상추, 배추, 양배추, 치커리, 시금치 등
  - 엽경채류 : 파, 미나리, 아스파라거스, 부추 등
  - 근채류 : 무, 양파, 마늘, 당근, 연근, 우엉 등
  - 과채류 : 오이, 호박, 토마토, 고추, 피망, 수박 등
- 서류 : 감자, 고구마
- 버섯류 : 느타리버섯, 새송이버섯, 팽이버섯, 양송이버섯 등

09 홍길동씨는 전라남도 해남군에서 생산된 참다래(품종 : 한라골드) 5kg(개당 무게 88~90g) 1상자(56개들이)를 표준규격품으로 출하하면서 의무표시사항을 다음과 같이 표시하였다. ①~④ 중 잘못 표시한 항목을 모두 골라 답란에 쓰시오. [2점]

<table>
<tr><th colspan="6">표준규격품</th></tr>
<tr><td>품 목</td><td>참다래</td><td>③ 등 급</td><td>특</td><td colspan="2">생산자</td></tr>
<tr><td>① 품 종</td><td>생 략</td><td rowspan="2">④ 무게(개수)</td><td rowspan="2">5kg(56개)</td><td>이 름</td><td>홍길동</td></tr>
<tr><td>② 산 지</td><td>해남군</td><td>전화번호</td><td>010-1111-1111</td></tr>
</table>

• 정답 • ③ 등급 상

• 풀이 •

<table>
<tr><th colspan="2">구 분 \ 호 칭</th><th>2L</th><th>L</th><th>M</th><th>S</th><th>2S</th></tr>
<tr><td rowspan="4">1개의 무게 (g)</td><td>홍 양</td><td>95 이상</td><td>75 이상~95 미만</td><td>55 이상~75 미만</td><td>40 이상~55 미만</td><td>40 미만</td></tr>
<tr><td>스위트골드</td><td>115 이상</td><td>95 이상~115 미만</td><td>75 이상~95 미만</td><td>60 이상~75 미만</td><td>60 미만</td></tr>
<tr><td>헤이워드, 해금</td><td>125 이상</td><td>105 이상~125 미만</td><td>85 이상~105 미만</td><td>70 이상~85 미만</td><td>70 미만</td></tr>
<tr><td>골드원</td><td>140 이상</td><td>120 이상~140 미만</td><td>100 이상~120 미만</td><td>90 이상~100 미만</td><td>90 미만</td></tr>
</table>

※ 농산물 표준규격 개정(2023.11.23.)으로 참다래의 품종별 크기 구분 세분화되어 정답을 구할 수 없음

10 농산물 검사·검정의 표준계측 및 감정방법에서 정하고 있는 양곡의 '도정도 판별'에 관한 설명이다. 괄호 안에 알맞은 내용을 답란에 쓰시오. [3점]

> 도정도 판별 : (①)은(는) 녹색, (②)은(는) 청색, (③)은(는) 도색으로 착색 되므로 청색 또는 녹색 부분의 많고 적음에 따라 판별한다.

• 정답 • ① 외피, ② 호분층, ③ 배유부

11 농산물 표준규격에서 300본이 표준거래단위로 포함되지 않은 화훼 품목을 [보기]에서 모두 골라 답란에 쓰시오. [2점]

보기

> 석죽, 스토크, 공작초, 칼라, 아이리스

• 정답 • 공작초, 아이리스

• 풀이 • 농산물의 표준거래단위(농산물 표준규격 제3조 관련 [별표 1])

종 류	품 목	표준거래단위
화훼류	카네이션, 석죽	300~1,000본
	튜울립, 아이리스, 리아트리스, 공작초	400~500본
	금어초, 칼라, 리시안사스	300~350본
	스토크	250~300본

12 농산물 검사·검정의 표준계측 및 감정방법의 시료 축분 및 체별방법에 관한 설명이다. ①~⑤ 중 옳은 것을 모두 골라 답란에 쓰시오. [2점]

> ① 시료 축분은 원칙적으로 사동기를 사용한다.
> ② 시료는 축분 전에 충분히 혼합한다.
> ③ 축분 보조방법으로 2분법에 따라 축분한다.
> ④ 사동기를 사용할 경우 진동폭이 250mm인 사동기를 사용한다.
> ⑤ 수동으로 체별할 경우 체별 횟수 및 시간은 25±0.5초 동안에 왕복 30회를 체별한다.

• 정답 • ② 시료는 축분 전에 충분히 혼합한다.
④ 사동기를 사용할 경우 진동폭이 250mm인 사동기를 사용한다.

• 풀이 • ① 시료 축분은 원칙적으로 균분기를 사용한다.
③ 축분 보조방법으로 4분법에 따라 축분한다.
⑤ 수동으로 체별할 경우 체별 횟수 및 시간은 20초 동안에 좌우 30회를 체별한다.

13 농산물 검사·검정의 표준계측 및 감정방법의 세맥(細麥)에 관한 설명이다. ( ) 안에 알맞은 내용을 답란에 쓰시오. [3점]

> 세맥은 (①)을(를) 체 눈의 크기가 (②)mm인 세로눈의 판체로 쳤을 때 통과하는 낟알을 말하며, 공시량에 대한 세맥의 무게 백분비로 표시한다. 또한, 시료는 이물과 (③)을(를) 제외한 시료 중에서 시료축분법에 따라 50g 이상을 축분하여 계량한 후 사용한다.

• 정답 • ① 맥주보리, ② 2.2, ③ 이종곡립

14 농산물 검사·검정의 표준계측 및 감정방법에 따른 착색비율에 관한 설명이다. 밑줄 친 부분을 수정하여 답란에 쓰시오. [3점]

> • 공시량 중에서 품종 고유의 ① 모양이 가장 떨어지는 ② 10과의 착색비율을 평균한 것으로 한다.
> • 금감은 공시량 전량에 대하여 등급별 착색비율에 미달하는 것의 ③ 무게비율을 구한다.

• 정답 •

잘못된 부분	①	②	③
수정 내용	색 깔	5	개 수

15 원예작물의 호흡에 관한 설명이다. ( ) 안에 맞는 용어를 답란에 쓰시오. [3점]

> • 호흡식 : (①) + $6O_2$ → 6(②) + $6H_2O$ + Energy
> • 호흡속도는 온도 10℃ 증가에 따라 약 2~3배 증가하며, 이러한 10℃ 차이에 대한 온도계수를 (③)(이)라고 한다.

• 정답 • ① $C_6H_{12}O_6$, ② CO_2, ③ Q_{10}

• 호흡과정 : 포도당 + 산소 → 이산화탄소 + 수분 + 에너지(대사에너지 + 열)
• 화학식 : $C_6H_{12}O_6 + 6O_2 \rightarrow 6CO_2 + 6H_2O$ + 에너지

16 원예작물의 수확 후 에틸렌의 작용을 억제하거나 에틸렌을 제거하는 목적으로 사용할 수 있는 물질 3개를 [보기]에서 골라 답란에 쓰시오. [3점]

보기

① 과망간산칼륨($KMnO_4$)	② 일산화탄소(CO)
③ Ethephon	④ 1-MCP
⑤ Auxin	⑥ 오존(O_3)

• 정답 • ① 과망간산칼륨($KMnO_4$), ④ 1-MCP, ⑥ 오존(O_3)

• 풀이 •
- 과망간산칼륨($KMnO_4$) : 에틸렌 산화에 효과적이고, 다공성 지지체(벽돌이나 질석 등)에 과망간산칼륨을 흡수시켜 저장고에 넣어 두면 에틸렌이 흡착·제거된다. 에틸렌 제거효율이 우수하여, 에틸렌 발생량이 많은 작물에 효과적이다.
- 1-MCP : 에틸렌수용체에 결합하여 에틸렌작용을 억제하는 물질로서, 여러 과일과 채소 등의 연화 억제, 색택 유지, 중량 감소 억제, 호흡 억제 등의 효과가 있다.
- 오존(O_3) : 오존의 산화력을 이용하여 에틸렌을 제거할 수 있으며, 살균효과도 기대할 수 있는 장점이 있다.

17 원예작물의 품질에 관한 다음 설명이 옳으면 ○, 옳지 않으면 ×를 괄호 안에 표시하시오. [4점]

① 색차측정기의 L, a, b값 중 b값은 붉은색을 나타낸다. (　　)
② 아이오딘 반응검사는 가용성 고형분의 함량을 측정하는 방법이다. (　　)
③ 조직의 경도단위는 대부분 N(Newton)으로 나타낸다. (　　)
④ 굴절당도계의 당도단위는 °Brix이다. (　　)

• 정답 • ① ×, ② ×, ③ ○, ④ ○

• 풀이 • ① 색차측정기의 L(명도), a(적록), b(황청)값 중 b값은 황색 또는 청색을 나타낸다.
② 아이오딘 반응검사는 전분 함량을 측정하는 방법이다.

18 괄호 안에 들어갈 용어를 답란에 쓰시오. [2점]

> 바나나를 냉장 저장하면 과피가 급속히 변색된다. 이와 같이 원산지가 열대 또는 아열대인 작물을 보통의 상업적 저장온도인 0~4℃에서 저장할 경우 발생되는 변색, 과육연화, 조직함몰 등의 증상을 (　　)(이)라 한다.

• 정답 • 저온장해

• 풀이 • 빙점 이상의 온도에서 저온에 의한 생리적 장해를 입는 것을 저온장해라고 하며, 고추, 오이, 호박, 토마토, 바나나, 멜론, 파인애플, 고구마, 가지, 옥수수 등 온대 작물에 비해 열대・아열대 작물이 저온에 민감하다. 저온장해를 입으면 표피조직의 함몰과 변색, 세포의 손상으로 인한 조직의 수침현상, 과육변색 등의 현상이 나타난다.

19 원예작물을 장기 저장할 경우 적정 저장 온도가 낮은 품목부터 차례로 [보기]에서 골라 답란에 쓰시오. [2점]

> 보기
>
> 배, 감귤, 마늘, 고구마

• 정답 • 마늘 → 배 → 감귤 → 고구마

• 풀이 • **원예산물별 최적 저장온도**

- 0℃ 혹은 그 이하 : 콩 , 브로콜리, 당근, 셀러리, 마늘, 버섯, 양파, 파슬리, 시금치 등
- 0~2℃ : 아스파라거스, 사과, 배, 복숭아, 매실, 포도, 단감, 자두 등
- 2~7℃ : 서양호박(주키니) 등
- 4~5℃ : 감귤 등

20 원예작물의 수확 후 처리 중 큐어링(Curing)의 효과가 큰 품목을 [보기]에서 3가지를 골라 답란에 쓰시오. [3점]

> 보기
>
> 당근, 고구마, 고추, 마늘, 양파, 감자

• 정답 • 고구마, 마늘, 양파, 감자

서술형

21 농산물 우수관리인증기관으로 지정된 A기관은 2016년 7월 25일에 '시설지정기준 미달'과 '시설변경 1개월 이내 미신고'로 적발되었다. 금회 적발된 시설지정기준 미달은 두 번째 적발이고, 시설변경 미신고 적발은 첫 번째 적발이다. 농수산물 품질관리법령상 가장 무거운 행정처분과 그 산정방법을 쓰시오(단, 최근 1년간의 위반행위이며, 기타 경감사유가 없는 것으로 가정함). [5점]

> • 행정처분 :
> • 산정방법
> ① 시설변경 1개월 이내 미신고 1회에 대한 처분 :
> ② 시설지정기준 미달 2회에 대한 처분 :
> ③ 최종 행정처분 사유 :

• 정답 • • 행정처분 : 업무정지 3개월
• 산정방법
① 시설변경 1개월 이내 미신고 1회에 대한 처분 : 경고
② 시설지정기준 미달 2회에 대한 처분 : 업무정지 3개월
③ 최종 행정처분 사유 : 위반행위가 둘 이상인 경우에는 그중 무거운 처분기준에 따라야 하므로, 3개월의 업무정지를 처분한다.

• 풀이 • **우수관리인증기관의 지정 취소, 우수관리인증 업무의 정지 및 우수관리시설 지정 업무의 정지에 관한 처분기준(농수산물 품질관리법 시행규칙 제22조 제1항 관련 [별표 4])**

• 위반행위가 둘 이상인 경우에는 그중 무거운 처분기준에 따른다. 다만, 둘 이상의 처분기준이 모두 업무정지인 경우에는 각 처분기준을 합산한 기간을 넘지 않는 범위에서 무거운 처분기준에 나머지 처분기준의 2분의 1 범위에서 가중한다.
• 위반행위의 횟수에 따른 행정처분의 기준은 최근 1년간 같은 위반행위로 행정처분을 받은 경우에 적용한다. 이 경우 기간의 계산은 위반행위에 대하여 처분을 받은 날과 그 처분 후 다시 같은 위반행위를 하여 적발된 날을 기준으로 한다.

위반행위	위반횟수별 처분기준		
	1회	2회	3회 이상
라. 변경신고를 하지 않고 우수관리인증 업무를 계속한 경우	-	-	-
1) 조직・인력 및 시설 중 어느 하나가 변경되었으나 1개월 이내에 신고하지 않은 경우	경 고	업무정지 1개월	업무정지 3개월
2) 조직・인력 및 시설 중 둘 이상이 변경되었으나 1개월 이내에 신고하지 않은 경우	업무정지 1개월	업무정지 3개월	업무정지 6개월
바. 지정기준을 갖추지 않은 경우			
1) 조직・인력 및 시설 중 어느 하나가 지정기준에 미달할 경우	업무정지 1개월	업무정지 3개월	업무정지 6개월
2) 조직・인력 및 시설 중 둘 이상이 지정기준에 미달할 경우	업무정지 3개월	업무정지 6개월	지정취소

22 음식점을 운영하는 A씨는 점심으로 정읍산 한우 쇠고기 20kg을 구입하여 육수를 만들고 고기는 호주산 쇠고기 1kg을 넣어 설렁탕으로 판매하고자 하며, 저녁으로는 호주산 쇠고기(70%)와 정읍산 한우 쇠고기(30%)를 섞어 불고기를 판매하고자 할 때 올바른 원산지 표시방법을 답란에 쓰시오. [5점]

- 설렁탕 :
- 불고기 :

• 정답 • • 설렁탕 : 육수 – 국내산 한우, 쇠고기 – 호주산
• 불고기 : 호주산과 국내산 한우를 섞음

• 풀이 • 원산지가 다른 2개 이상의 동일 품목을 섞은 경우에는 섞음 비율이 높은 순서대로 표시한다.
㉮ 국내산(국산)의 섞음 비율이 외국산보다 높은 경우 – 쇠고기
불고기(쇠고기 : 국내산 한우와 호주산을 섞음), 설렁탕(육수 : 국내산 한우, 쇠고기 : 호주산), 국내산 한우 갈비뼈에 호주산 쇠고기를 접착(接着)한 경우 : 소갈비(갈비뼈 : 국내산 한우, 쇠고기 : 호주산) 또는 소갈비(쇠고기 : 호주산)

23 진공식 예랭방식에 가장 적합한 품목 2가지를 [보기]에서 골라 쓰고, 예랭 시 이들 작물의 품온이 낮아지는 원리를 설명하시오. [5점]

보기

토마토, 고구마, 미나리, 애호박, 브로콜리, 시금치

• 정답 • • 품목 : 미나리, 시금치
• 원리 : 원예산물의 주변 압력을 낮추어 산물로부터 수분증발을 촉진시켜 증발잠열을 빼앗는 원리를 이용하여 냉각한다.

• 풀이 • 원예산물의 주변 압력을 낮추어 산물로부터 수분증발을 촉진시켜 증발잠열을 빼앗는 원리를 이용하여 단시간에 냉각한다. 물은 1기압(760mmHg) 100℃에서 증발하지만, 압력이 저하되면 비등점도 낮아져 4.6mmHg에서는 0℃에서 끓기 시작하고, 0℃의 물 1kg이 증발할 때 597kcal의 열을 빼앗긴다. 엽채류의 냉각속도는 빠르지만 토마토, 피망 등은 속도가 느려 부적당하다. 또한 동일 품목에서도 크기에 따라 냉각속도가 달라진다.

24 단감의 장기저장으로 MA(Modified Atmosphere)저장법이 보편화되어 있다. 다음 물음에 답하시오. [5점]

① 장기저장을 위한 적정 저장온도 및 MA포장규격(재질, 두께)을 구체적으로 쓰시오(단, 포장 단위는 5과임).
② 단감에서 MA 저장의 효과를 설명하시오.

• 정답 • ① 온도 0℃, 0.06mm PE필름 이용
② 단감의 호흡에 의한 산소의 저하와 이산화탄소의 증가로 호흡이 억제되며, 증산 억제의 효과가 있다.

25 **A농가에서 단감 1상자(10kg)를 '특' 등급으로 표시한 후 도매시장에 출하하였다. 농산물 표준규격에 따른 등급표시가 적합한지 여부를 판단하고, 그 이유를 쓰시오(단, 주어진 항목 외에는 등급판정에 고려하지 않으며, 적합 여부는 '적합' 또는 '부적합'으로 작성). [5점]**

- 낱개의 고르기 : 크기 구분표에서 무게가 'L'인 것이 40개, 'M'인 것이 2개
- 꼭지와 과육에 틈이 있는 것 : 1개
- 꼭지가 돌아간 것 : 1개
- 착색비율 : 84.4%

• 정답 •
- 적합 여부 : 부적합
- 이유 : 꼭지와 과육에 틈이 있는 것 1개와 꼭지가 돌아간 것 1개는 경결점으로 42개 중 2개로 3%를 초과하고 5% 이하이므로 상 등급에 해당한다.

• 풀이 • **단감의 등급규격**

등급 \ 항목	특	상	보 통
낱개의 고르기	별도로 정하는 크기 구분표에서 무게가 다른 것이 5% 이하인 것. 단, 크기 구분표의 해당 무게에서 1단계를 초과할 수 없다.	별도로 정하는 크기 구분표에서 무게가 다른 것이 10% 이하인 것. 단, 크기 구분표의 해당 무게에서 1단계를 초과할 수 없다.	특·상에 미달하는 것
색 택	착색비율이 80% 이상인 것	착색비율이 60% 이상인 것	특·상에 미달하는 것
숙 도	숙도가 양호하고 균일한 것	숙도가 양호하고 균일한 것	특·상에 미달하는 것
중결점과	없는 것	없는 것	5% 이하인 것(부패·변질과는 포함할 수 없음)
경결점과	3% 이하인 것	5% 이하인 것	20% 이하인 것

- 단감의 경결점과
  - 품종 고유의 모양이 아닌 것
  - 경미한 일소, 약해 등으로 외관이 떨어지는 것
  - 그을음병, 깍지벌레 등 병충해의 피해가 과피에 그친 것
  - 꼭지가 돌아갔거나, 꼭지와 과육 사이에 틈이 있는 것
  - 경미한 찰상 등 중결점과에 속하지 않는 상처가 있는 것
  - 기타 결점의 정도가 경미한 것

26 생산자 A씨는 수확한 양파를 소비지 도매시장에 출하하려고 20kg 그물망에 담겨 있는 양파 60개를 계측한 결과 다음과 같다. 농산물 표준규격에 따른 등급과 그 이유를 답란에 쓰시오(단, 주어진 항목 외에는 등급판정에 고려하지 않음). [5점]

항 목	낱개의 고르기	모 양	손 질	결점구
계측결과	'2L' 3개 'L' 55개 'M' 2개	품종 고유의 모양	흙 등 이물질이 잘 제거됨	• 병해충의 피해가 외피에 그친 것 : 2개 • 상해의 정도가 경미한 것 : 3개

• 정답 • • 등급 : 상
• 이유 : 낱개의 고르기가 10% 이하로 특, 품종 고유의 모양이므로 특, 흙 등 이물질이 잘 제거되었으므로 특에 해당하지만, 병해충의 피해가 외피에 그친 것 2개와 상해의 정도가 경미한 것 3개는 모두 경결점이므로 경결점 비율 8%로 특의 조건 5%를 초과하고 상의 조건 10% 이하에 해당한다.

• 풀이 • 양파의 등급규격

항 목 / 등 급	특	상	보 통
낱개의 고르기	별도로 정하는 크기 구분표에서 크기가 다른 것이 10% 이하인 것	별도로 정하는 크기 구분표에서 크기가 다른 것이 20% 이하인 것	특·상에 미달하는 것
모 양	품종 고유의 모양인 것	품종 고유의 모양인 것	특·상에 미달하는 것
색 택	품종 고유의 선명한 색택으로 윤기가 뛰어난 것	품종 고유의 선명한 색택으로 윤기가 뛰어난 것	특·상에 미달하는 것
손 질	흙 등 이물질이 잘 제거된 것	흙 등 이물질이 잘 제거된 것	특·상에 미달하는 것
중결점구	없는 것	없는 것	5% 이하인 것(부패·변질구는 포함할 수 없음)
경결점구	5% 이하인 것	10% 이하인 것	20% 이하인 것

• 양파의 경결점구
  - 품종 고유의 모양이 아닌 것
  - 병해충의 피해가 외피에 그친 것
  - 상해 및 기타 결점의 정도가 경미한 것

27 농산물품질관리사 A씨가 도매시장에 출하하기 위해 감귤(청견) 10kg(44개들이) 1상자를 계측한 결과 다음과 같다. 농산물 표준규격에 따른 종합 판정등급과 해당 항목별 비율을 쓰시오(단, 주어진 항목 이외는 등급판정에 고려하지 않으며, 사사오입하여 소수점 첫째자리까지 구함). [5점]

감귤(청견)의 무게(g)	감귤(청견)의 상태
• 210 이상~240 미만(평균 215) : 35과(7,525) • 240 이상~270 미만(평균 259) : 5과(1,295) • 270 이상~300 미만(평균 285) : 3과(855) • 300 이상~330 미만(평균 325) : 1과(325)	• 병해충의 피해가 과피에 그친 것 : 1과 • 품종 고유의 모양이 아닌 것 : 2과 • 꼭지가 퇴색된 것 : 1과 • 꼭지가 떨어진 것 : 2과 • 길이 5.5mm의 일소 피해가 있는 것 : 1과

① 종합 판정등급	② 경결점과 혼입률	③ 중결점과 혼입률	④ 낱개의 고르기 (크기 구분표에서 무게가 다른 것의 무게비율)
	%	%	%

• 정답 •

종합 판정등급	경결점과 혼입률	중결점과 혼입률	낱개의 고르기 (크기 구분표에서 무게가 다른 것의 무게비율)
보 통	11.4%	4.5%	11.8%

중결점 비율이 4.5%('상'의 없는 것을 초과하고, '보통'의 5% 이하에 해당), 경결점 비율이 11.4%('상'의 10% 이하를 초과하고, '보통'의 20% 이하에 해당)로 등급은 보통에 해당한다.

• 풀이 • 감귤의 결점과

• 중결점과
- 이품종과 : 품종이 다른 것, 숙기(조생종, 중생종, 만생종)가 다른 것
- 부패, 변질과 : 과육이 부패 또는 변질된 것(과숙에 의해 육질이 변질된 것을 포함한다)
- 미숙과 : 당도, 색택으로 보아 성숙이 현저하게 덜된 것(덜익은 과일을 수확하여 아세틸렌, 에틸렌 등의 가스로 후숙한 것을 포함한다)
- 일소과 : 지름 또는 길이 10mm 이상의 일소 피해가 있는 것
- 병충해과 : 더뎅이병, 궤양병, 검은점무늬병, 곰팡이병, 깍지벌레, 으름나방 등 병해충의 피해가 있는 것
- 상해과 : 열상, 자상 또는 압상이 있는 것. 다만, 경미한 것은 제외한다.
- 모양 : 모양이 심히 불량한 것, 꼭지가 떨어진 것
- 경결점과에 속하는 사항으로 그 피해가 현저한 것

• 경결점과
- 품종 고유의 모양이 아닌 것
- 경미한 일소, 약해 등으로 외관이 떨어지는 것
- 병해충의 피해가 과피에 그친 것
- 경미한 찰상 등 중결점과에 속하지 않는 상처가 있는 것
- 꼭지가 퇴색된 것
- 기타 결점의 정도가 경미한 것

28 국화(스탠다드) 1상자(400본)에 대해 등급판정을 하고자 한다. 다음 조건에 해당하는 종합적인 판정 등급과 그 이유를 쓰시오(단, 주어진 항목 외에는 등급판정에 고려하지 않음). [5점]

- 1묶음 평균의 꽃대길이 : 70cm 이상~80cm 미만
- 품종이 다른 것 : 없음
- 품종 고유의 모양이 아닌 것 : 5본
- 농약살포로 외관이 떨어지는 것 : 4본
- 기형화가 있는 것 : 2본
- 손질 정도가 미비한 것 : 2본

•정답•
- 등급 : 보통
- 이유 : 경결점이 11본으로 '특'의 3% 이하에 해당하지만, 중결점(기형화)이 0.5%로 "상"의 없는 것을 초과하고 "보통"의 5% 이하에 해당한다.

•풀이• **국화의 등급규격**

항 목 \ 등 급	특	상	보 통
크기의 고르기	크기 구분표에서 크기가 다른 것이 없는 것	크기 구분표에서 크기가 다른 것이 5% 이하인 것	크기 구분표에서 크기가 다른 것이 10% 이하인 것
중결점	없는 것	없는 것	5% 이하인 것
경결점	3% 이하인 것	5% 이하인 것	10% 이하인 것

국화의 중결점
- 이품종화 : 품종이 다른 것
- 상처 : 자상, 압상, 동상, 열상 등이 있는 것
- 병충해 : 병해, 충해 등의 피해가 심한 것
- 생리장해 : 기형화, 노심현상, 버들눈, 관생화 등이 있는 것
- 형상불량, 파손, 굽힘, 개화 차이가 심히 불량한 것
- 기타 결점의 정도가 현저하게 품위에 영향을 미치는 것

국화의 경결점
- 품종 고유의 모양이 아닌 것
- 경미한 약해, 생리장해, 상처, 농약살포 등으로 외관이 떨어지는 것
- 손질 정도가 미비한 것
- 기타 결점의 정도가 경미한 것

29 농산물 표준규격품으로 공영도매시장에 출하할 새송이버섯 1상자(무게 6kg, 84개)를 계측한 결과 다음과 같다. 종합적인 판정등급과 각각의 계측 결과를 답란에 쓰시오(단, 주어진 항목 외에는 등급 판정에 고려하지 않으며, 낱개의 고르기는 사사오입하여 소수점 첫째자리까지 구함). [5점]

버섯의 무게(g)	버섯의 상태
• 51~59(평균 55) : 21개(1,155) • 61~69(평균 65) : 20개(1,300) • 71~79(평균 75) : 19개(1,425) • 81~89(평균 85) : 18개(1,530) • 91~99(평균 95) : 4개(380) • 101~109(평균 105) : 2개(210)	• 버섯파리에 의한 피해가 있는 것 : 2개(110g) • 갓이 심하게 손상된 것 : 1개(65g) • 자루가 심하게 변형된 것 : 1개(85g)

① 종합 판정등급	② 호칭이 'M'인 것의 개수	③ 호칭이 'L'인 것의 개수	④ 낱개의 고르기 (크기 구분표에서 무게가 다른 것의 무게비율)
	개	개	%

• 정답 •

종합 판정등급	호칭이 'M'인 것의 개수	호칭이 'L'인 것의 개수	낱개의 고르기 (크기 구분표에서 무게가 다른 것의 무게비율)
특	78개	6개	9.8%

호칭이 다른 것의 개수는 6개이고 무게는 380g(4개) + 210g(2개) = 590g이다. 따라서 낱개의 고르기는 9.8%(590/6,000 × 100)로 '특'의 10% 이하에 해당한다.

• 풀이 • 낱개의 고르기에서 무게가 다른 것의 혼입이 9.8%(6kg 중 590g)이므로 "특", 버섯파리에 의한 피해가 있는 것과 갓이 심하게 손상된 것과 자루가 심하게 변형된 것은 피해품으로 4.3%((6kg 중 260g)이므로 "특" 등급에 해당한다.

큰느타리버섯(새송이버섯) 등급규격

항 목 \ 등 급	특	상	보 통
낱개의 고르기	별도로 정하는 크기 구분표에서 무게가 다른 것의 혼입이 10% 이하인 것. 단, 크기 구분표의 해당 무게에서 1단계를 초과할 수 없다.	별도로 정하는 크기 구분표에서 무게가 다른 것의 혼입이 20% 이하인 것. 단, 크기 구분표의 해당 무게에서 1단계를 초과할 수 없다.	특·상에 미달하는 것
피해품	5% 이하인 것	10% 이하인 것	20% 이하인 것

큰느타리버섯(새송이버섯) 용어의 정의

- 낱개의 고르기 : 포장단위별로 전체 버섯 중 크기 구분표에서 무게가 다른 것의 무게비율을 말한다.
- 피해품 : 포장단위별로 전체 버섯에 대한 무게비율을 말한다.
  - 병충해품 : 곰팡이, 달팽이, 버섯파리 등 병해충의 피해가 있는 것. 다만 경미한 것은 제외한다.
  - 상해품 : 갓 또는 자루가 손상된 것. 다만 경미한 것은 제외한다.
  - 기형품 : 갓 또는 자루가 심하게 변형된 것
  - 오염된 것 등 기타 피해의 정도가 현저한 것

30 금년에 생산하여 도정한 '찹쌀' 1포대(20kg)의 품위를 측정한 결과 다음과 같다. 농산물 표준규격에 따른 등급과 그 이유를 답란에 쓰시오(단, 주어진 항목 외에는 등급판정에 고려하지 않음). [5점]

측정결과(%)					
수 분	멥쌀혼입	싸라기	피해립	열손립	기타 이물
15.0	2.8	2.5	1.4	0.0	0.1

• 정답 •
- 등급 : 상
- 이유 : 모든 항목이 '특'에 해당하지만, 피해립 1.4%는 '특'의 1.0%를 초과하고 '상'의 2.0% 이하이다.

• 풀이 • **찹쌀의 등급규격**

항목 \ 등급	특	상	보 통
모 양	강층이 완전히 제거되고 낟알의 윤기가 뛰어나고, 충실한 것	강층이 완전히 제거되고 낟알의 윤기가 뛰어나고, 충실한 것	특·상에 미달하는 것
냄 새	곰팡이 및 묵은 냄새가 없는 것	곰팡이 및 묵은 냄새가 없는 것	곰팡이 및 묵은 냄새가 없는 것
수 분	16.0% 이하인 것	16.0% 이하인 것	16.0% 이하인 것
멥쌀혼입	3.0% 이하인 것	8.0% 이하인 것	15.0% 이하인 것
싸라기	3.0% 이하인 것	7.0% 이하인 것	20.0% 이하인 것
피해립	1.0% 이하인 것	2.0% 이하인 것	6.0% 이하인 것
열손립	0.0% 이하인 것	0.1% 이하인 것	0.5% 이하인 것
기타 이물	0.1% 이하인 것	0.3% 이하인 것	1.0% 이하인 것
조 건	생산 연도가 다른 찹쌀이 혼입된 경우나, 수확 연도로부터 1년이 경과되면 "특"이 될 수 없음		

제14회 과년도 기출문제

단답형

01 농수산물 품질관리법령에 따른 지리적표시의 등록에 관한 설명이다. (   ) 안에 들어갈 내용을 답란에 쓰시오. [3점]

> 지리적표시 등록 신청 공고결정을 할 경우, 농림축산식품부장관은 신청된 지리적표시가 상표법에 따른 타인의 상표에 저촉되는지에 대하여 미리 (①)의 의견을 들어야 하며, 공고결정을 할 때에는 그 결정 내용을 관보와 인터넷 홈페이지에 공고하고, 공고일부터 (②)개월간 지리적표시 등록 신청서류 및 그 부속서류를 일반인이 열람할 수 있도록 하여야 한다. 또한, 누구든지 공고일부터 (③)개월 이내에 이의 사유를 적은 서류와 증거를 첨부하여 농림축산식품부장관에게 이의신청을 할 수 있다.

• 정답 • ① 특허청장, ② 2, ③ 2

• 풀이 • **지리적표시의 등록(농수산물 품질관리법 제32조)**

- 농림축산식품부장관 또는 해양수산부장관은 등록 신청을 받으면 지리적표시 등록심의 분과위원회의 심의를 거쳐 등록거절 사유가 없는 경우 지리적표시 등록 신청 공고결정("공고결정"이라 한다)을 하여야 한다. 이 경우 농림축산식품부장관 또는 해양수산부장관은 신청된 지리적표시가 상표법에 따른 타인의 상표(지리적표시 단체표장을 포함한다)에 저촉되는지에 대하여 미리 특허청장의 의견을 들어야 한다.
- 농림축산식품부장관 또는 해양수산부장관은 공고결정을 할 때에는 그 결정 내용을 관보와 인터넷 홈페이지에 공고하고, 공고일부터 2개월간 지리적표시 등록 신청서류 및 그 부속서류를 일반인이 열람할 수 있도록 하여야 한다.
- 누구든지 공고일부터 2개월 이내에 이의 사유를 적은 서류와 증거를 첨부하여 농림축산식품부장관 또는 해양수산부장관에게 이의신청을 할 수 있다.

02 다음은 농수산물 품질관리법령상 이력추적관리 농산물의 표시항목 내용의 일부이다. 틀린 부분만 찾아 답란에 옳게 수정하여 쓰시오. [2점]

① 산지 : 농산물을 생산한 지역으로 시·군·구 단위까지 적음
② 품목(품종) : 식품산업진흥법 제2조 제4호나 이 규칙 제6조 제2항 제3호에 따라 표시
③ 중량·개수 : 포장단위의 실중량이나 개수
④ 생산 연도 : 곡류만 해당한다.

•정답•

틀린 부분	②	④
수정 내용	식품산업진흥법 → 종자산업법	곡류 → 쌀

•풀이• 이력추적관리 농산물의 표시항목(농산물 품질관리법 시행규칙 [별표 12])
- 산지 : 농산물을 생산한 지역으로 시·군·구 단위까지 적음
- 품목(품종) : 종자산업법 제2조 제4호나 이 규칙 제6조 제2항 제3호에 따라 표시
- 중량·개수 : 포장단위의 실중량이나 개수
- 생산 연도 : 쌀만 해당한다.
- 생산자 : 생산자 성명이나 생산자단체·조직명, 주소, 전화번호(유통자의 경우 유통자 성명, 업체명, 주소, 전화번호)
- 이력추적관리번호 : 이력추적이 가능하도록 붙여진 이력추적관리번호

03 호주에서 수입한 소를 국내에서 2개월간 사육한 후 도축하여 갈비를 음식점에서 판매하고자 한다. 농수산물의 원산지 표시에 관한 법령에 따라 메뉴판에 기재할 옳은 원산지 표시를 (　　) 안에 쓰시오. [2점]

•정답• 소갈비(쇠고기 : 호주산)

•풀이• 축산물의 원산지 표시방법(농수산물의 원산지 표시에 관한 법률 시행규칙 [별표 4])
국내산(국산)의 경우 "국산"이나 "국내산"으로 표시하고, 식육의 종류를 한우, 젖소, 육우로 구분하여 표시한다. 다만, 수입한 소를 국내에서 6개월 이상 사육한 후 국내산(국산)으로 유통하는 경우에는 "국산"이나 "국내산"으로 표시하되, 괄호 안에 식육의 종류 및 출생국가명을 함께 표시한다.

04 다음은 농산물 검사·검정의 표준계측 및 감정방법 중 용적중에 관한 설명이다. (　　) 안에 옳은 용어를 답란에 쓰시오. [3점]

용적중(容積重)은 (①) 측정곡립계로 측정함을 원칙으로 하되, 이와 동등한 측정 결과를 얻을 수 있는 (②) 곡립계, (③) 곡립계를 보조방법으로 사용할 수 있다.

•정답• ① 1L 용적중, ② 브라웰, ③ 전기식

05 다음은 농산물 검사·검정의 표준계측 및 감정방법에서 사용하는 용어의 정의에 대한 사례를 설명한 것이다. 각 사례별 해당하는 용어를 각각 쓰시오. [3점]

① 농산물검사관인 A씨가 공공비축벼에 대해 '농산물의 품위 검사규격'에 따라 1등으로 등급을 판정하는 것
② 국립농산물품질관리원 시험연구소에서 시금치에 잔류하는 클로르피리포스(Chlorpyrifos) 농약성분을 검출하는 것
③ 아이오딘 처리에 의한 배유부분의 정색반응이 자색으로 판별되어 메벼로 최종 판정하는 것

• 정답 • ① 검사, ② 분석, ③ 감정

- 검사 : 농산물의 상품적 가치를 평가하기 위하여 정해진 기준에 따라 검정 또는 감정하여 등급 또는 적/부로 판정하는 것을 말한다.
- 분석 : 농산물 등이 함유하고 있는 유기, 무기성분 및 잔류농약 등을 정성, 정량적으로 검출하는 것을 말한다.
- 감정 : 농산물의 품위 등을 이화학적 방법 등을 통하여 농산물의 가치를 판정하는 것을 말한다.

06 다음 (   ) 안에 있는 옳은 것을 선택하여 답란에 쓰시오. [3점]

'캠벨얼리' 포도의 숙성 중 안토시아닌 함량은 ① (증가, 감소)하고, 주석산 함량은 ② (증가, 감소)하며, 불용성 펙틴 함량은 ③ (증가, 감소)한다.

• 정답 • ① 증가, ② 감소, ③ 감소

• 풀이 •
- 안토시아닌은 꽃이나 과실 등에 주로 포함되어 있는 색소로 수소 이온 농도에 따라 다양한 색을 띠는데, 포도가 숙성할수록 안토시아닌 함량이 증가하게 된다.
- 주석산은 포도의 신맛을 내는 유기산으로, 과일은 숙성할수록 신맛(유기산)이 감소하고 맛이 부드러워진다.
- 과일은 채소류와 달리 세포벽과 세포 사이에 Pectin이 들어있는데, 과일이 숙성할수록 불용성 팩틴인 Protopectin이 수용성 Pectin으로 변화되어 조직이 부드럽고 식감이 좋아진다.

07 예건과 치유에 관한 다음의 설명에서 틀린 부분을 찾아 쓰고 옳게 수정하여 쓰시오. [4점]

마늘은 다습한 조건에서 외피조직을 건조시켜 내부조직의 수분손실을 방지하며, 고구마는 상처부위를 통한 미생물 침입을 방지하기 위해 치유처리를 하는데, 이때 상대습도가 낮을수록 코르크층 형성이 빠르다.

• 정답 •

틀린 부분	다습한 조건에서	상대습도가 낮을수록
수정 내용	건조한 조건에서	상대습도가 높을수록

08 저온저장고의 온습도 관리에 관한 설명이다. 옳으면 ○, 틀리면 ×를 (　　) 안에 표시하시오. [4점]

① 공기가 포함할 수 있는 수증기의 양은 온도가 높을수록 증가한다. (　　)
② 저장고의 온도 편차는 상대습도 편차를 일으키는 원인이 된다. (　　)
③ 저장고의 정확한 온도관리를 위해 제상주기는 짧을수록 좋다. (　　)
④ 증발기에서 나오는 공기의 온도가 저온저장고의 설정온도보다 현저히 낮으면 성에가 형성된다. (　　)

• 정답 • ① ○, ② ○, ③ ×, ④ ○

• 풀이 • ① 같은 부피의 공기에 포함할 수 있는 수증기의 양은 온도가 높을수록 증가하고, 온도가 낮을수록 감소한다. 온도가 높아지면 공기가 포함할 수 있는 수증기의 양이 증가해 물의 증발이 일어나고, 온도가 낮아지면 수증기의 응결이 일어난다.
② 저장고 설비의 오류, 냉장용량의 부족, 공기통로의 부족, 온도관리의 부주의 등으로 온도편차가 커지면 상대습도의 변화도 커지고, 저장력도 떨어진다.
③ 저장고에 결로가 생겨 열교환이 일어나지 않으면 저장고 온도유지가 어려워지므로 제상장치를 이용하여 서리를 제거해야 한다. 주기적인 제상작업은 저장기의 온도유지에 유리하지만, 그 주기가 짧을수록 온도유지에 유리하다고 볼 수는 없다.
④ 증발기에서 나오는 공기의 온도가 저온저장고의 설정온도 보다 현저히 낮으면 성애가 형성되는데, 성에가 많이 생기면 열교환 성능이 약해져 저장고의 온도가 상승할 수 있으므로 주기적인 관리가 필요하다.

09 농산물을 입고하기 전 저장고 내부의 위생관리를 위해 유황훈증소독 방법을 사용할 때의 문제점과 대체소독방법을 각각 1가지씩 쓰시오. [4점]

• 정답 • • 문제점 : 훈증 시 발생되는 아황산가스는 인체에 유독할 뿐만 아니라 금속을 부식시키는 작용을 한다.
• 대체소독방법 : 초산훈증법

10 다음 (　　) 안에 있는 옳은 것을 선택하여 답란에 쓰시오. [2점]

녹숙 및 적숙 토마토를 4℃에서 20일 동안 저장한 후 상온에서 3일 동안 유통 시 ① (녹숙, 적숙) 토마토에서 수침현상, 과육의 섬유질화와 같은 저온장해현상이 더 많이 발생되었으며, 이때 전기전도계로 측정된 이온용출량은 ② (낮게, 높게) 나타났다.

• 정답 • ① 녹숙, ② 높게

• 풀이 • 녹숙 토마토의 적정 저장온도는 10~13℃이며, 적숙 토마토의 적정 저장온도는 8~10℃이다.

서술형

11 신선편이 농산물은 일반 농산물에 비해 품질 하락이 빠르고 유통기한이 짧다. 그 이유 3가지를 쓰시오. [6점]

• 정답 • ① 물리적 상처에 의한 호흡 증가 및 에틸렌 발생량의 증가
② 박피 공정에 따른 껍질의 제거로 증산량의 증가와 미생물에 의한 부패율 증가
③ 절단에 따른 표면적의 증가로 증산량의 증가와 미생물에 의한 부패율 증가

• 풀이 • **신선편이 농산물의 특징**

- 농산물의 선택에 있어서도 간편성과 합리성을 추구하면서 구입 후 다듬거나 세척할 필요 없이 바로 먹을 수 있거나 조리에 사용할 수 있는 농산물이다.
- 일반적으로 절단·세절하거나 미생물 침입을 막아 주는 표피와 껍질 등을 제거하며, 호흡열이 높고, 에틸렌 발생량이 많다.
- 노출된 표면적이 크고, 취급단계가 복잡하여 스트레스가 심하며, 가공작업이 물리적 상처로 작용하는 특성이 있다.

12 원예산물 수송 시 컨테이너에 드라이아이스(Dry-Ice)를 넣었더니 연화, 부패 등 품질손실이 경감되었다. 그 주된 이유 2가지를 쓰시오. [5점]

• 정답 • 드라이아이스는 이산화탄소를 고체화시킨 것으로 고체에서 기체로 승화되면서 주변 온도를 낮추며 이산화탄소를 공급한다. 따라서 온도가 낮아지면서 호흡의 감소, 숙성과 노화 지연, 연화의 지연, 증산 감소 및 미생물 증식을 억제하며, 이산화탄소 농도가 높아져 호흡감소, 숙성과 노화의 지연, 연화 지연 및 호기성 미생물 증식을 억제하므로 품질손실을 경감시킨다.

• 풀이 • **저온유통체계의 장점** : 호흡 억제, 숙성 및 노화 억제, 연화 억제, 증산량 감소, 미생물 증식 억제, 부패 억제 등

13 원예산물 저장 시 사용되는 다음 물질들의 에틸렌 제어원리를 설명하시오. [10점]

• 정답 •
- 과망간산칼륨($KMnO_4$) : 에틸렌을 흡착·제거한다.
- AVG(Aminoethoxyvinyl Glycine) : 에틸렌의 합성을 억제한다.
- 제올라이트(Zeolite) : 에틸렌을 흡착·제거한다.
- 1-MCP(1-methylcyclopropene) : 원예산물 내 에틸렌 수용체와 결합하여 에틸렌의 작용을 불활성화시킨다.

14 생산자 A씨가 '특' 등급으로 표시한 마른고추 1포대(15kg)에서 농산물품질관리사 B씨가 공시료 300g을 무작위 채취하여 계측한 결과가 다음과 같았다. 농산물 표준규격에 따른 해당 항목별 등급을 판정하여 쓰고, '특' 등급표시의 적합 여부를 기재하고 그 이유를 쓰시오(단, 주어진 항목 외에는 등급판정에 고려하지 않으며, 적합 여부는 적합 또는 부적합으로 작성하고, 혼입비율은 소수점 둘째 자리에서 반올림하여 첫째자리까지 구함). [5점]

항 목	낱개의 고르기	결점과
계측결과	평균길이에서 ±1.5cm 를 초과하는 것 22.5g	• 길이의 1/2 미만이 갈라진 것 6.0g • 꼭지가 빠진 것 7.5g

① 낱개의 고르기 등급	
② 결점과 등급	
③ 적합 여부	
④ 적합 여부에 따른 이유	

• 정답 • ① 특, ② 특, ③ 적합,
④ 낱개고르기가 7.5%로 특의 기준 '평균 길이에서 ±1.5cm를 초과하는 것이 10% 이하인 것'에 해당하며, 결점과는 모두 경결점이고 4.5%로 특의 기준 '5.0% 이하인 것'에 해당한다.

• 풀이 • **마른고추의 등급규격 – 특**
- 낱개의 고르기 : 평균길이에서 ±1.5cm를 초과하는 것이 10% 이하인 것
- 색택 : 품종 고유의 색택으로 선홍색 또는 진홍색으로서 광택이 뛰어난 것
- 수분 : 15% 이하로 건조된 것
- 중결점과 : 없는 것
- 경결점과 : 5.0% 이하인 것
- 탈락씨 : 0.5% 이하인 것
- 이물 : 0.5% 이하인 것

마른고추의 경결점과
- 반점 및 변색 : 황백색 또는 녹색이 과면의 10% 미만인 것 또는 과열로 검게 변한 것이 과면의 20% 미만인 것(꼭지 또는 끝부분의 경미한 반점 또는 변색은 제외한다)
- 상해과 : 길이의 1/2 미만이 갈라진 것
- 병충해 : 흑색탄저병, 무름병, 담배나방 등 병충해 피해가 과면의 10% 미만인 것
- 모양 : 심하게 구부러진 것, 꼭지가 빠진 것
- 기타 : 결점의 정도가 경미한 것

15 **조롱수박을 생산하는 A씨가 K시장에 출하하고자 하는 1상자(5개)를 농산물 표준규격에 따라 품위를 계측한 결과가 다음과 같다. 이 조롱수박의 등급을 판정하고, 그 이유를 쓰시오(단, 주어진 항목 외에는 등급판정에 고려하지 않음). [7점]**

항 목	낱개의 고르기	무 게	신선도	결점과
계측결과	크기 구분표에서 무게(호칭)가 다른 것이 없음	0.8kg(1개), 1.0kg(1개), 1.1kg(2개), 1.2kg(1개)	꼭지가 마르지 않고 싱싱함	중결점 및 경결점 없음

•정답• • 등급 : 상

• 이유 : 낱개고르기, 신선도, 결점과는 특에 해당하나 무게가 특의 기준 "별도로 정하는 크기 구분표에서 2L, L, M인 것"에 미달하는 S에 해당한다.

구 분 \ 호 칭	2L	L	M	S
1개의 무게(kg)	2.5 이상	1.7 이상 2.5 미만	1.3 이상 1.7 미만	1.3 미만

※ 농산물 표준규격 개정(2018.12.26)으로 30개 품목의 등급규격 항목에서 무게(크기) 삭제

16 **생산자 A씨가 녹색꽃양배추(브로콜리)를 수확하여 선별한 결과가 [보기]와 같다. 농산물 표준규격에 따라 8kg들이 '특' 등급 상자를 만들고자 할 때 만들 수 있는 최대 상자수와 그 이유를 쓰시오(단, 주어진 항목 외에는 등급판정에 관여하지 않으며, 1상자의 실중량은 8kg을 초과할 수 없음). [6점]**

[예 시]
상자당 무게별 개수 : (250g 5개 + 300g 5개), …

보기

• 화구 1개의 무게가 250g인 것 : 42개(10,500g)
• 화구 1개의 무게가 280g인 것 : 25개(7,000g)
• 화구 1개의 무게가 300g인 것 : 15개(4,500g)
• 화구 1개의 무게가 350g인 것 : 10개(3,500g)

•정답• • 최대 상자수 : 1상자

• 상자당 무게별 개수 : 280g 20개(5,600g) + 300g 8개(2,400g)
• 이유 : 낱개고르기 특의 조건은 "별도로 정하는 크기 구분표에서 무게가 다른 것이 섞이지 않은 것"이며, 무게 특의 조건은 "별도로 정하는 크기 구분표에서 L인 것"이므로 L에 해당하는 무게 270g 이상 330g 미만에 해당한다.

※ 농산물 표준규격 개정(2018.12.26)으로 30개 품목의 등급규격 항목에서 무게(크기) 삭제

17 블루베리를 생산하는 A씨가 수확 후 '2kg 소포장품'으로 판매하고자 선별한 결과는 다음과 같다. 각 항목별 농산물 표준규격상의 낱개의 고르기, 호칭의 총 무게와 이를 모두 종합하여 판정한 등급과 이유를 쓰시오(단, 주어진 항목 이외는 등급판정에 고려하지 않으며, 소수점 둘째자리에서 반올림하여 첫째자리까지 구함). [6점]

과실의 횡경기준별 총 무게		선별상태
• 11.1~11.9mm : 240g	• 12.1~12.9mm : 300g	• 색택 : 품종 고유의 색택을 갖추고, 과분의 부착이 양호
• 13.1~13.9mm : 160g	• 14.1~14.9mm : 500g	• 낱알의 형태 : 낱알 간 숙도의 고르기가 뛰어남
• 15.1~15.9mm : 600g	• 16.1~16.9mm : 200g	• 결점과 : 없음

항목	결과
낱개의 고르기(크기가 다른 것의 무게비율)	(①)%
크기 구분표에 따른 호칭 'L'의 총무게	(②)g
종합판정등급	(③)등급
종합판정의 주된 이유	(④)

• 정답 • ① 35, ② 1,300, ③ "보통", ④ 낱개의 고르기상의 기준이 "별도로 정하는 크기 구분표에서 크기가 다른 것이 30% 이하인 것. 단, 크기 구분표의 해당 무게에서 1단계를 초과할 수 없다."이므로 무게 구분표상 'L'이 65%, 'M'이 35%로 무게가 다른 것의 비율이 30%를 초과하였다.

18 농산물품질관리사 A씨가 들깨(1kg)의 등급판정을 위하여 계측한 결과가 다음과 같았다. 농산물 표준규격에 따라 계측항목별 등급과 이유를 쓰고, 종합판정등급과 이유를 쓰시오(단, 주어진 항목 외에는 등급판정에 고려하지 않으며, 혼입비율은 소수점 둘째자리에서 반올림하여 첫째자리까지 구함). [8점]

공시량	계측결과
300g	• 심하게 파쇄된 들깨의 무게 : 1.2g • 껍질의 색깔이 현저히 다른 들깨의 무게 : 7.5g • 흙과 먼지의 무게 : 0.9g

항목	내용
피해립	① 등급
	② 이유
이종피색립	③ 등급
	④ 이유
이 물	⑤ 등급
	⑥ 이유
⑦ 종합 판정등급	
⑧ 종합 판정등급 이유	

• 정답 • ① 특, ② 피해립은 "병해립, 충해립, 변질립, 변색립, 파쇄립 등을 말한다. 다만, 들깨 품위에 영향을 미치지 아니할 정도의 것은 제외한다."이고 특의 기준은 0.5% 이하인 것이며 파쇄립 1.2g은 0.4%이므로
③ 상, ④ 이종피색립의 기준은 "껍질의 색깔이 현저하게 다른 들깨를 말한다."이고 특의 기준은 2.0% 이하인 것이며 이에 해당하는 들깨의 무게 7.5g은 2.5%이므로
⑤ 특, ⑥ 이물의 특의 조건은 0.5% 이하인 것이고 이에 해당하는 이물의 무게 0.9g은 0.3%이므로
⑦ 상, ⑧ 피해립과 이물의 조건은 특에 해당하나, 이종피색립의 조건이 상에 해당하므로

19 A농가에서 장미(스탠다드)를 재배하고 있는데, 금년 8월 1일 모든 꽃봉오리가 동일하게 맺혔고 개화 시작 직전이다. 8월 1일부터 1일 경과할 때마다 각 꽃봉오리가 매일 10%씩 개화가 진행된다면 '특' 등급에 해당하는 장미를 생산할 수 있는 날짜와 그 이유를 쓰시오(단, 개화 정도로만 등급을 판정하며 주어진 항목 외에는 등급판정에 고려하지 않음). [7점]

•정답•
- '특' 등급을 생산할 수 있는 날짜 : 8월 3일
- 이유 : 개화 정도에 따른 특의 조건은 꽃봉오리가 1/5 정도 개화된 것으로, 매일 10%씩 개화하면 2일 후 20%가 개화된다. 따라서 1/5 정도 개화의 진행은 8월 3일부터이다.

20 수확된 사과(품종 – 후지)를 선별기에서 선별해 보니 다음과 같았다.

선별기 라인	착색비율 및 개수
1번(개당 무게 350g)	70% : 12개, 60% : 2개, 30% : 6개
2번(개당 무게 300g)	70% : 11개, 50% : 15개, 40% : 10개, 30% : 3개
3번(개당 무게 250g)	60% : 9개, 50% : 2개, 40% : 5개, 30% : 1개

7.5kg들이 '특' 등급 1상자는 농산물 표준규격에 따라 다음과 같이 구성하였으며, 남은 사과로 '상' 등급 1상자(7.5kg)를 만들고자 한다. 실중량은 7.5kg의 1.0%를 초과하지 않으면서 무거운 것을, 같은 무게에서는 착색비율이 높은 것을 우선으로 구성하여 무게별 개수 및 착색비율과 낱개의 고르기 비율을 쓰시오(단, 주어진 항목 외에는 등급판정에 고려하지 않음). [10점]

구 분	무게(착색비율) 및 개수
"특"등급 1상자	350g(70%) 12개 + 300g(70%) 11개
"상"등급 1상자	350g(60%) 2개 + [①]
"상"등급(1상자)에 해당하는 낱개의 고르기 비율	(②)%

•정답• ① 300g(50%) 15개 + 300g(40%) 7개 + 250g(60%) 1개
② 4

2018년 제15회

과년도 기출문제

단답형

01 농수산물 품질관리법령상 검사를 받은 농산물에 대한 '검사판정 취소'에 해당하는 사유를 다음에서 모두 찾아 번호를 쓰시오. [4점]

① 농림축산식품부령으로 정하는 검사 유효기간이 지난 경우
② 검사 결과의 표시 또는 검사증명서를 위조하거나 변조한 사실이 확인된 경우
③ 거짓이나 그 밖의 부정한 방법으로 검사를 받은 사실이 확인된 경우
④ 검사 결과의 표시가 없어지거나 명확하지 아니하게 된 경우
⑤ 검사를 받은 농산물의 포장이나 내용물을 바꾼 사실이 확인된 경우

• 정답 • ②, ③, ⑤

• 풀이 • **검사판정의 취소(농수산물 품질관리법 제87조)**

농림축산식품부장관은 검사나 재검사를 받은 농산물이 다음의 어느 하나에 해당하면 검사판정을 취소할 수 있다. 다만, ①에 해당하면 검사판정을 취소하여야 한다.
① 거짓이나 그 밖의 부정한 방법으로 검사를 받은 사실이 확인된 경우
② 검사 또는 재검사 결과의 표시 또는 검사증명서를 위조하거나 변조한 사실이 확인된 경우
③ 검사 또는 재검사를 받은 농산물의 포장이나 내용물을 바꾼 사실이 확인된 경우

02 농수산물 품질관리법령상 농산물 생산자단체가 농산물 우수관리인증을 신청할 때 신청서에 첨부하여 제출하여야 할 서류 2가지를 쓰시오. [4점]

• 정답 • ① 우수관리인증농산물의 위해요소관리계획서
② 생산자단체 또는 그 밖의 생산자 조직의 사업운영계획서

• 풀이 • **우수관리인증의 신청(농수산물 품질관리법 시행규칙 제10조)**

① 우수관리인증을 받으려는 자는 농산물우수관리인증 (신규 · 갱신)신청서에 다음의 서류를 첨부하여 우수관리인증기관으로 지정받은 기관에 제출하여야 한다.
   ㉠ 우수관리인증농산물의 위해요소관리계획서
   ㉡ 생산자단체 또는 그 밖의 생산자조직의 사업운영계획서(생산자집단이 신청하는 경우만 해당한다)
② 우수관리인증농산물의 위해요소관리계획서와 사업운영계획서에 포함되어야 할 사항, 우수관리인증의 신청 방법 및 절차 등에 필요한 세부사항은 국립농산물품질관리원장이 정하여 고시한다.

03 다음 농수산물 품질관리법령에 관한 내용 중 아래 (　)에 들어갈 내용을 [보기]에서 찾아 쓰시오. [4점]

- 임산물을 생산하는 A영농조합법인은 (①)에게 지리적표시의 등록을 신청
- 임산물을 생산하는 B농가는 (②)에게 농산물 이력추적관리 등록을 신청
- (③)은 농산물우수관리기준을 제정하여 고시
- (④)은 유전자변형농산물 중 식용으로 적합하다고 인정하는 품목을 유전자변형농산물 표시대상으로 고시

보기

식품의약품안전처장　　농촌진흥청장
산림청장　　농림축산검역본부장
국립농산물품질관리원장

•정답• ① 산림청장, ② 국립농산물품질관리원장, ③ 농촌진흥청장, ④ 식품의약품안전처장

•풀이• ① 지리적표시의 등록 및 변경(농수산물 품질관리법 시행규칙 제56조 제1항) : 지리적표시의 등록을 받으려는 자는 지리적표시 등록(변경)신청서에 필요한 서류를 첨부하여 농산물(임산물은 제외한다)은 국립농산물품질관리원장, 임산물은 산림청장, 수산물은 국립수산물품질관리원장에게 각각 제출하여야 한다.
② 이력추적관리의 등록절차 등(농수산물 품질관리법 시행규칙 제47조 제1항) : 이력추적관리 등록을 하려는 자는 농산물이력추적관리 등록(신규 · 갱신)신청서에 필요한 서류를 첨부하여 국립농산물품질관리원장에게 제출하여야 한다.
③ 권한의 위임(농수산물 품질관리법 시행령 제42조 제3항) : 농림축산식품부장관은 농산물우수관리기준의 고시에 관한 권한을 농촌진흥청장에게 위임한다.
④ 유전자변형농수산물의 표시대상품목(농수산물 품질관리법 시행령 제19조) : 유전자변형농수산물의 표시대상품목은 식품위생법 제18조에 따른 안전성 평가 결과 식품의약품안전처장이 식용으로 적합하다고 인정하여 고시한 품목(해당 품목을 싹틔워 기른 농산물을 포함한다)으로 한다.

04 다음 농산물 검사 · 검정의 표준계측 및 감정방법의 내용 중 (　)에 들어갈 용어를 쓰시오. [4점]

- 쌀의 (①) 감정은 아이오딘 처리에 의한 배유부분의 정색반응에 따른다. 시료를 유리판 위에 놓고 아이오딘액을 적당량 떨어뜨려 자색과 갈색의 색깔로 판별한다.
- 양곡의 (②) 감정은 엠이(M.E ; Methylene Blue, Eosin Y) 시약 처리에 의하여 강층의 벗겨진 정도를 표준품과 비교 감정함을 원칙으로 하되, 보조방법으로 아이오딘염색법(Iodine염색법)을 따를 수 있다.
- 미곡, 맥류 및 두류 등의 (③) 감정은 GOP시약 처리에 의한 산화효소작용의 정도로 판별 감정한다. GOP시약 처리 방법을 원칙으로 하되, 보조방법으로 (④) 처리에 따른 방법을 활용할 수 있다.

•정답• ① 메 · 찰, ② 도정도, ③ 신선도, ④ 구아야콜

05 벼 제현율을 측정하고자 할 때, 다음 조건에서의 ① 제현율 계산식과 ② 제현율(%)을 쓰시오(단, 제현율은 수치 취급방법에 따른 검정치로 기재). [4점]

[조 건]

- 공시무게 : 50g
- 활성현미 무게 : 32.4g
- 체위현미 중 사미 무게 : 5.2g
- 기준한계치 : 8.0

• 정답 •

① $제현율(\%) = \frac{활성현미\ 무게(g) + 체\ 위\ 사미\ 무게(g)}{공시\ 무게(g)} \times 100$

② 75.2%

• 풀이 • ① 체위현미 중 사미가 차지하는 비율이 동일 계통의 쌀 검사기준상 "분상질립 · 피해립 · 열손립"의 최고한도를 더한 수치 이내일 때

$$제현율(\%) = \frac{활성현미\ 무게(g) + 체\ 위\ 사미\ 무게(g)}{공시\ 무게(g)} \times 100$$

06 다음은 원예작물의 성숙과정과 숙성과정에서 일어나는 일련의 대사과정이다. (   )에 올바른 내용을 쓰시오. [4점]

- 토마토는 성숙을 거쳐 숙성을 하면서 푸른색의 (①)이/가 감소하고, 빨간색의 리코핀이 증가한다.
- 떫은감의 떫은맛을 내는 물질은 (②)이며, 연화가 되면서 가용성(②)이/가 불용성(②)으로 전환된다.
- 과육이 연화되는 이유는 (③)이/가 붕괴되기 때문이다.

• 정답 • ① 클로로필, ② 탄닌, ③ 세포벽

• 풀이 • ① 원예생산물의 기본색을 조절하는 식물색소는 플라보노이드(붉은색의 안토시아닌과 노란색의 플라본), 클로로필(녹색) 및 카로티노이드(노랑~주황) 등이 있다.

② 변비의 원인이 되는 물질은 감 내부의 떫은맛을 내는 가용성 탄닌이다. 이 가용성 탄닌은 감이 익어 가거나 (단감 종류) 홍시가 되면 불용성 탄닌으로 변화한다.

③ 과일의 과육이 연화되는 것은 펙틴분해효소를 비롯한 과실의 노화에 관계하는 효소가 활성화되기 때문이다.

07 다음 내용에서 옳으면 ○, 틀리면 ×를 순서대로 쓰시오. [4점]

① 원예작물은 품온을 낮추기 위해 예랭을 빨리 실시하여야 하며, 예랭 후에는 저온에 유통시키는 것이 바람직하다.
② 수확시기 판정에서 호흡급등형(Climacteric-type) 과실은 에틸렌 발생 증가와는 무관하다.
③ 결로현상은 원예작물의 품온과 외기온도가 같을 때 가장 많이 발생한다.
④ 원예작물의 객관적 품질인자에는 경도, 당도, 산도, 색도 등이 있다.

• 정답 • ① ○, ② ×, ③ ×, ④ ○

• 풀이 • ① 예랭은 농가 산지에서 원예산물을 수확 후 호흡, 증산, 추열 등 생리작용을 억제하기 위해 품온을 급냉각시켜 신선도를 가진 고품질의 원예산물을 공급하는데 목적이 있다. 예랭은 농산물의 콜드체인 시스템(Cold Chain System), 즉 저온 아래에서 유통시키기 위한 첫 단추 역할을 한다.
② 호흡 급등형 과일은 익어 가는 과정에서 이산화탄소와 에틸렌 발생율이 크게 증가하는 경향을 보인다.
③ 결로현상은 비닐하우스 외부온도와 실내온도의 차이가 발생하여 비닐하우스 내부 표면에 이슬이 맺히는 현상으로, 원예작물의 품온과 외기온도의 차이가 클 때 많이 발생한다.
④ 일반적으로 품질은 평가주체에 따라 주관적 품질과 객관적 품질로 분류한다.
㉠ 주관적 품질은 개인의 취향에 따른 기호성, 선호도 등 사람이 평가 주체가 되어 관능성을 평가하는 것을 말한다.
㉡ 객관적 품질은 정량분석이 가능한 중량, 크기, 성분함량 등 기기 분석 자료에 의해 정량적으로 표현되는 품질을 말한다.

[품질을 결정짓는 요소별 주요인자]

주요요소	품질인자
외 관	양적요소 : 길이, 폭, 두께, 부피, 밀도, **색도**
	관능요소 : 모양, 색깔, 광택, 결함 등
조직감	양적요소 : 수분함량, **경도**, 세포벽효소 활성 등
	관능요소 : 씹는 맛과 촉감(단단함, 연함, 다즙성 등) 등
풍 미	양적요소 : **당함량**, **산함량**, 염도, 탄닌함량 등
	관능요소 : 단맛, 신맛, 짠맛, 쓴맛 등
기능성	탄수화물, 단백질, 지질, 비타민, 무기성분, 기능성분 등
안전성	화학적 안전성 : 천연독성물질, 잔류농약, 중금속 등
	물리적 안전성 : 이물질 등
	생물학적 안전성 : Mycotoxin, 미생물 오염 등

08 일반적으로 단감은 APC에서 11월경에 0.06mm 폴리에틸렌(PE) 필름에 5개씩 밀봉하여 저장 및 유통을 한다. 다음 물음에 답하시오(단, 단감의 수분함량은 90%, 저장온도는 0℃이다). [4점]

① 밀봉 1개월이 지난 후에 필름 내 상대습도를 쓰시오.

② 저온저장 2~3개월 후에도 밀봉한 단감이 물러지지 않고, 단단함을 유지하는 이유를 쓰시오.

• 정답 • ① 필름 내 상대습도 : 90%
② PE 필름 밀봉하여 저장하였으므로, 포장 내 산소농도는 감소하고 이산화탄소 농도는 증가하여 작물의 호흡작용을 억제한다. 또한, 포장 내에 높은 습도가 유지되어 증산작용을 억제시켜 농산물의 품질을 유지할 수 있게 된다.

• 풀이 • ① 단감에서 증산된 수분이 포장 외부로 빠져 나가지 못해 단감의 수분 함량과 비슷한 정도가 되어 수분평형이 일어나 더 이상 증산이 나타나지 않는다.
② 단감의 호흡에 의하여 산소가 감소하고 이산화탄소가 증가하여 호흡이 감소되고 숙성, 노화가 지연되었기 때문이다.

09 배의 수확 후 생리적 장해증상에 관한 설명이다. [보기 1]에 해당하는 생리적 장해를 쓰고, 이를 억제할 수 있는 방법을 [보기 2]에서 찾아 해당 번호를 쓰시오. [4점]

보기 1

- 배의 품종 중 '추황배', '신고'에서 많이 발생한다.
- 배를 저온저장 할 때 초기에 많이 발생하고, 고습조건에서 더욱 촉진된다.
- 배의 과피에 존재하는 폴리페놀이 산화효소에 의해 멜라닌을 형성하여 과피에 반점을 발생시킨다.

보기 2

① 배의 품온을 낮추기 위해 수확 직후 0~2℃의 냉각수로 세척한다.
② 배 수확 직후 온도 30℃, 상대습도 90% 조건에서 5일 정도 저장한다.
③ 배 수확 직후 저장고 내에서 이산화탄소를 처리한다(처리온도 0℃, 상대습도 90%, 이산화탄소 농도 30%, 처리시간 3시간).
④ 배 수확 직후 바람이 잘 통하는 곳에서 7~10일간 통풍처리를 한 다음 저장한다.

• 정답 • 생리적 장해 : 과피흑변, 억제방법 : ④

• 풀이 • **배의 과피흑변**

- 저온저장 초기에 발생하며 과피에 짙은 흑색의 반점이 생기는 증상이다.
- 재배 중 질소비료 과다시용으로 많이 발생하며 수확이 늦어진 과일의 저장고 입고시, 저장고 내의 과습에 의해서도 많이 발생한다.
- 저온 저장 전에 예건하여 과피의 수분함량을 감소시켜 과피흑변을 줄일 수 있다.

10 다음과 같은 설명에 적합한 ① 수확 후 처리기술과 ② 이에 알맞은 원예작물 2개를 쓰시오. [4점]

- 수확 시 발생한 물리적 상처를 제어한다.
- 상처 제어 시 코르크층을 형성하여 수분 증발 및 미생물 침입을 억제한다.
- 수확 후 처리조건은 일반적으로 저온보다는 고온이다.

• 정답 • ① 큐어링(Curing)
② 고구마, 감자, 생강 등

• 풀이 • **큐어링**
- 수확과정에서 발생된 농산물의 물리적 상처 부위에 코르크층을 형성시키는 처리과정이다.
- 수확 시 원예산물이 받은 상처에 상처 치료를 목적으로 유상조직을 발달시킨다.
- 땅속에서 자라는 생강, 감자, 고구마는 수확 시 많은 물리적인 상처를 입게 되고, 마늘, 양파 등은 잘라낸 줄기부위가 제대로 아물고 바깥의 보호엽이 제대로 건조되어야 장기저장을 할 수 있다.
- 수확 시 입은 상처는 병균의 침입구가 되므로 빠른 시일 내에 치유가 되어야 수확 후 손실을 줄일 수 있다.

서술형

11 농산물품질관리사는 해외로 수출되는 한국산 원예작물의 검역과정에서 아래와 같은 증상을 발견하였다. 다음 물음에 답하시오. [7점]

- 증상 1 : 딸기, 포도, 복숭아의 과피나 과경에 미생물에 의한 부패 발생
- 증상 2 : 참외 과피에 반점이 생기고, 하얀 골에도 갈변이 발생
- 증상 3 : 단감은 필름에 밀봉되어 있는데 필름 내부에 이슬이 맺혀서 단감이 잘 보이지 않음

① 증상 1이 발생되지 않도록 하는 방법을 쓰시오.

② 증상 2의 발생원인과 예방법을 쓰시오.

③ 증상 3의 발생이 억제되도록 고안된 필름이 무엇인지 쓰시오.

• 정답 • ① 수확 후 이산화황(SO_2)이나 이산화염소(ClO_2)로 훈증처리한다.
② 발생원인 : 수분손실, 저온장애, 표피상처
예방법 : MA(Modified Atmosphere)포장으로 신선도 유지, 수분 손실, 저온장해 및 미생물 번식 억제효과를 얻을 수 있다.
③ 방담필름

• 풀이 • ① 포도는 수확 후 곰팡이 등 부패 미생물에 의한 품질저하 속도가 매우 빠른 과실로, 수확 후에는 이산화황(SO_2)으로 훈증하는 것이 일반적이며, 장기간 수송이나 수출 시에도 이산화황패드를 이용해 과실 주변에 산재해 있는 미생물을 제어하고 있다. 또한 보다 강력한 살균력을 갖고 있는 이산화염소(ClO_2)를 이용하여 포도 수확 후 훈증시스템을 개발했다. 수확한 포도를 즉시 산지유통센터로 이동, 이산화염소 발생장치를 이용해 2~4ppm농도로 20분간 처리하면 관행유통과 비교했을 때 선도 유지에 탁월한 효과가 있는 것으로 나타났다.

② 참외 과피 반점 및 골 갈변 발생원인과 예방법

㉠ 참외 수확 후 품질 변화 발생요인

• 수분손실로 인한 과골(과일 골짜기부문) 갈변 등 색깔 변화가 발생한다.
  – 백색 과골 부위에 황색 과면보다 기공이 많이 분포하고 조밀도가 낮아 수분손실이 더 쉽게 발생하며 갈변하여 상품성을 잃는다.
• 저온장해가 발생한다.
  – 과골을 중심으로 과피(과일껍질)가 갈변하거나 수침상 반점이 나타난 지점의 조직 연화에 따른 부패로 발생한다.
• 과실표피, 상처 부위 등을 통해 부패균이 증식한다.
  – 재배 중 수상에서 해충 및 미생물이 표피와 상처 등에 감염되어 유통 중 부적절한 온습도 관리 등에 의해 진행이 빨라진다.

㉡ 예방법

• 온도관리 : 예랭 및 저온 저장
  – 저온 유지로 호흡, 증산 및 기타 효소 활성을 억제한다.
  – 미생물 증식 억제로 인한 부패 지연효과가 있다.
  – 적정 예랭 및 저장·유통온도 설정 : 4.5~10℃
  ※ 호흡 억제 및 저온장해 회피로 품질 유지효과가 있다.
• 습도 관리 : 수분 증산 억제
  – 수확 후 수분 증발로 인한 급격한 품질 저하를 막고, 조직감 유지효과가 있다.
• 포장저장 : 포장 내부의 기체환경 조절
  – MA(Modified Atmosphere)포장으로 신선도 유지와 수분 손실, 저온장해 및 미생물 번식 억제 효과를 얻을 수 있다.

③ 방담필름(Anti-Fogging Film) : 필름 표면에 결로현상(수증기가 물방울 형태로 응축되어 있는 상태)이 생기지 않도록 기능을 첨가한 필름으로서 수중에서 증식되기 쉬운 미생물 발생을 방지하여 저장 중인 원예산물(과일, 채소 등)의 신선도를 유지시켜 주며 내용물이 잘 보이도록 한다.

12 APC에서 5개월 저장된 사과(후지)를 대량으로 구매한 대형마트의 농산물 판매책임자는 사과를 판매한 후에 소비자로부터 다음과 같은 불만을 들었다. 다음 물음에 답하시오. [6점]

[불 만] "사과 과육이 부분적으로 갈변이 되어서 먹을 수가 없다."

① 불만이 발생한 사과의 생리적 원인을 쓰시오.

② 불만을 해결하기 위한 사과 저장기간 동안의 수확 후 관리방법을 쓰시오.

• 정답 • ① 생리적 원인 : 사과의 과육갈변과 과심갈변은 고농도 이산화탄소에 의해 일어난다.
② 사과 저장기간 동안의 수확 후 관리방법 : 사과, 배는 CA 저장의 경우 고농도의 이산화탄소에 의해서 과육갈변 등의 장해 유발을 막기 위해 이산화탄소 농도를 1% 이하로 제한한다.

13 APC에서 사과(홍로)와 혼합 저장한 브로콜리에 생리적 장해가 발생하여 판매를 할 수 없는 상황이 발생하였다. 다음 물음에 답하시오. [7점]

[저장조건 및 장해증상]

저장조건	저장온도 0℃, 상대습도 90%(저장고 규모 30평, 높이 6m, 온도편차 상하 1℃)
저장기간	4주
혼합품목	사과(홍로), 브로콜리
저장물량	• 사과(홍로) 2,000상자(20kg/PT상자) • 브로콜리 100상자(8kg/PT상자) ※ 단, 모든 품목은 MA처리를 하지 않음
생리적 장해증상	브로콜리 : 황화현상

① 위와 같은 생리적 장해증상의 발생원인을 쓰시오.

② 위와 같은 생리적 장해증상을 저장 초기에 경감하기 위한 유용한 방법 2가지를 쓰시오.

• 정답 • ① 사과에서 발생되는 에틸렌 가스
② 혼합저장을 피한다, 에틸렌 제거 및 억제를 위해 과망가니즈산칼륨이나 오존 등을 활용한다.

• 풀이 • ① 사과에서 발생되는 에틸렌 가스에 의해 저장고 내 에틸렌 농도가 높아지면 엽채류 잎이나 포도 과립이 떨어지는 탈리현상이 촉진되고, 잎이 노란색으로 변하는 황화현상, 당근의 쓴맛 증가, 아스파라거스 순의 조직이 질겨지는 경화현상 등이 일어난다.
② 원예산물 저장 중 에틸렌의 피해를 방지하는 방법
- 혼합저장 회피 : 사과와 함께 보관하지 않는다.
- 화학적 제거(과망가니즈산칼륨, 활성탄 및 변형활성탄, 브롬화 활성탄, 백금촉매처리, 이산화티타늄, 오존처리)
- CA 이용
- 환 기

14 다음은 A 집단급식소 메뉴 게시판의 원산지 표시이다. 표시방법이 잘못된 부분을 모두 찾아 번호와 그 이유를 쓰시오(단, 돼지갈비는 국내산 30%, 호주산 70% 사용). [6점]

[메뉴 게시판]

① 등심(쇠고기 : 국내산)	② 공기밥(쌀 : 국내산)
③ 훈제오리(오리고기 : 중국산)	④ 돼지갈비(돼지고기 : 국내산, 호주산)

• 정답 • ① 국내산(국산)의 경우 "국산"이나 "국내산"으로 표시하고, 식육의 종류를 한우, 젖소, 육우로 구분하여 표시하여야 하므로, 등심(쇠고기 : 국내산 육우)으로 표기하는 것이 옳다.

④ 원산지가 다른 2개 이상의 동일 품목을 섞은 경우에는 섞음 비율이 높은 순서대로 표시해야 하므로 70%인 호주산을 먼저 표기하고 30%인 국내산은 뒤에 표기해야 한다. 따라서 돼지갈비(돼지고기 : 호주산과 국내산을 섞음)으로 표기해야 한다.

• 풀이 • **원산지 표시대상별 표시방법(농산물의 원산지 표시에 관한 법률 시행규칙[별표 4])**

① 등심(쇠고기 : 국내산 육우)

국내산(국산)의 경우 "국산"이나 "국내산"으로 표시하고, 식육의 종류를 한우, 젖소, 육우로 구분하여 표시한다. 다만, 수입한 소를 국내에서 6개월 이상 사육한 후 국내산(국산)으로 유통하는 경우에는 "국산"이나 "국내산"으로 표시하되, 괄호 안에 식육의 종류 및 출생국가명을 함께 표시한다.

예 소갈비(쇠고기 : 국내산 한우), 등심(쇠고기 : 국내산 육우), 소갈비[쇠고기 : 국내산 육우(출생국 : 호주)]

② 공기밥(쌀 : 국내산)

쌀(찹쌀, 현미, 찐쌀을 포함한다) 또는 그 가공품의 원산지는 국내산(국산)과 외국산으로 구분하고, 다음의 구분에 따라 표시한다.

- 국내산(국산)의 경우 "밥(쌀 : 국내산)", "누룽지(쌀 : 국내산)"로 표시한다.
- 외국산의 경우 쌀을 생산한 해당 국가명을 표시한다.

예 밥(쌀 : 미국산), 죽(쌀 : 중국산)

③ 훈제오리(오리고기 : 중국산)

돼지고기, 닭고기, 오리고기 및 양고기(염소 등 산양 포함)의 원산지를 표시할 때 외국산의 경우 해당 국가명을 표시한다.

예 삼겹살(돼지고기 : 덴마크산), 염소탕(염소고기 : 호주산), 삼계탕(닭고기 : 중국산), 훈제오리(오리고기 : 중국산)

④ 돼지갈비(돼지고기 : 호주산과 국내산을 섞음)

돼지갈비는 국내산 30%, 호주산 70%를 사용하였기에 원산지가 다른 2개 이상의 동일 품목을 섞은 경우에는 섞음 비율이 높은 순서대로 표시한다.

예 국내산(국산)의 섞음 비율이 외국산보다 낮은 경우 : 불고기(쇠고기 : 호주산과 국내산 한우를 섞음), 죽(쌀 : 미국산과 국내산을 섞음), 낙지볶음(낙지 : 일본산과 국내산을 섞음)

15 국립농산물품질관리원 소속 공무원 A는 공영도매시장에 2018년 7월 출하된 등급이 '특'으로 표시된 표준규격품 일반 토마토 1상자(5kg들이, 26과)를 표본으로 추출하여 계측한 결과 다음과 같았다. 국립농산물품질관리원장은 계측 결과를 근거로 출하자에게 표준규격품 표시위반으로 행정처분을 하였다. ① 계측결과를 종합하여 판정한 등급과 ② 그 이유, 출하자에게 적용된 농수산물 품질관리법령에 따른 ③ 행정처분 기준을 쓰시오(단, 의무표시사항 중 등급 이외 항목은 모두 적정하게 표시되었고, 위반회수는 1차임). [6점]

1과의 무게 분포	계측 결과
210g 이상~250g 미만 : 1과 180g 이상~210g 미만 : 24과 150g 이상~180g 미만 : 1과	• 색택 : 착색상태가 균일하고, 각 과의 착색비율이 전체면적의 10% 내외임 • 신선도 : 꼭지가 시들지 않고 껍질의 탄력이 뛰어남 • 꽃자리 흔적 : 거의 눈에 띄지 않음 • 중결점과 및 경결점과 : 없음

• 정답 • ① 계측결과를 종합하여 판정한 등급 : 상
② 이유 : 다른 등급항목은 '특'에 해당하나 낱개의 고르기 항목에서 무게가 다른 것이 5% 이상이므로
③ 행정처분 기준 : 표시정지 1개월

• 풀이 • ① 등급규격

항 목 \ 등 급	특
낱개의 고르기	별도로 정하는 크기 구분표에서 무게가 다른 것이 5% 이하인 것. 단, 크기 구분표의 해당 무게에서 1단계를 초과할 수 없다.
색 택	출하 시기별로 착색 기준표의 착색 기준에 맞고, 착색 상태가 균일한 것
신선도	꼭지가 시들지 않고 껍질의 탄력이 뛰어난 것
꽃자리 흔적	거의 눈에 띄지 않은 것
중결점과	없는 것
경결점과	없는 것

② 이유 : 낱개의 고르기 항목에서 무게가 다른 것이 5% 이하여야 하는데 26개 중 2개는 약 7.7%이므로 등급항목은 '상'이다.
③ 행정처분 기준 : 시정명령 등의 처분기준(농산물 품질관리법 시행령 제11조 및 제16조 관련 [별표 1])의 개별기준에 따른 내용물과 다르게 거짓표시나 과장된 표시를 한 경우이고, 1차 위반이므로 표시정지 1개월의 행정처분에 해당한다.

16 농산물품질관리사가 장미(스탠다드) 1상자(20묶음 200본)를 계측한 결과 다음과 같았다. 다음에서 농산물 표준규격에 따른 항목별 등급(①~③)을 쓰고, 이를 종합하여 판정한 등급(④)과 이유(⑤)를 쓰시오(단, 크기의 고르기는 9묶음 추출하고, 주어진 항목 이외는 등급판정에 고려하지 않음). [6점]

평균길이 계측결과	개화 정도 및 결점
• 평균 50cm짜리 1묶음 • 평균 62cm짜리 5묶음 • 평균 68cm짜리 3묶음	• 개화 정도 : 꽃봉오리가 1/5 정도 개화됨 • 결점 : 품종 고유의 모양이 아닌 것 2본, 손질 정도가 미비한 것 5본

항 목	해당 등급	종합 판정 및 이유
가. 크기의 고르기	(①)	라. 등급 : (④)
나. 개화정도	(②)	마. 이유 : (⑤)
다. 결 점	(③)	

• 정답 • ① 특, ② 특, ③ 상, ④ 상, ⑤ 이유 : 경결점이 3.5%로 상에 해당한다.

• 풀이 • 장미의 등급규격

항 목 \ 등 급	특	상	보 통
크기의 고르기	크기 구분표에서 크기가 다른 것이 없는 것	크기 구분표에서 크기가 다른 것이 5% 이하인 것	크기 구분표에서 크기가 다른 것이 10% 이하인 것
꽃	품종 고유의 모양으로 색택이 선명하고 뛰어난 것	품종 고유의 모양으로 색택이 선명하고 양호한 것	특·상에 미달하는 것
줄 기	세력이 강하고, 휘지 않으며 굵기가 일정한 것	세력이 강하고, 휘어진 정도가 약하며 굵기가 비교적 일정한 것	특·상에 미달하는 것
개화 정도	• 스탠다드 : 꽃봉오리가 1/5 정도 개화된 것 • 스프레이 : 꽃봉오리가 1~2개 정도 개화된 것	• 스탠다드 : 꽃봉오리가 2/5 정도 개화된 것 • 스프레이 : 꽃봉오리가 3~4개 정도 개화된 것	특·상에 미달하는 것
손 질	마른 잎이나 이물질이 깨끗이 제거된 것	마른 잎이나 이물질 제거가 비교적 양호한 것	특·상에 미달하는 것
중결점	없는 것	없는 것	5% 이하인 것
경결점	3% 이하인 것	5% 이하인 것	10% 이하인 것

장미의 크기 구분

구 분 \ 호 칭		1급	2급	3급	1묶음의 본수(본)
1묶음 평균의 꽃대길이(cm)	스탠다드	80 이상	70 이상 ~80 미만	20 이상 ~70 미만	10
	스프레이	70 이상	60 이상 ~70 미만	30 이상 ~60 미만	5 또는 10

17 생산자 K는 사과(품종 : 홍옥)를 도매시장에 출하하기 위해 표본으로 1상자(10kg들이)를 계측한 결과 다음과 같았다. 농산물 표준규격에 따른 항목별 등급(①~③)을 쓰고, 이를 종합하여 판정한 등급(④)과 이유(⑤)를 쓰시오(단, 주어진 항목 이외는 등급판정에 고려하지 않음). [6점]

항 목	크기 구분	착색비율	결점과
계측결과 (40과)	2L : 1과 L : 38과 M : 1과	75%	• 생리장해 등으로 외관이 떨어지는 것 : 2개 • 품종 고유의 모양이 아닌 것 : 1개 • 꼭지가 빠진 것 : 1개

항 목	해당 등급	종합 판정 및 이유
가. 낱개의 고르기	(①)	라. 등급 : (④)
나. 색 택	(②)	마. 이유 : (⑤)
다. 결점과	(③)	

• 정답 • ① 상, ② 특, ③ 상, ④ 상,
⑤ 이유 : 낱개의 고르기 항목에서 무게가 다른 것이 2개이므로 5%로 상에 해당하고, 경결점과 4개는 10%로 상에 해당하여 종합 상으로 판정

• 풀이 • 사과의 등급규격

항 목 \ 등 급	특	상	보 통
낱개의 고르기	별도로 정하는 크기 구분표에서 무게가 다른 것이 섞이지 않은 것	별도로 정하는 크기 구분표에서 무게가 다른 것이 5% 이하인 것. 단, 크기 구분표의 해당 무게에서 1단계를 초과할 수 없다.	특·상에 미달하는 것
색 택	별도로 정하는 품종별·등급별 착색비율표에서 정하는 "특" 이외의 것이 섞이지 않은 것. 단, 쓰가루(비착색계)는 적용하지 않음	별도로 정하는 품종별·등급별 착색비율표에서 정하는 "상"에 미달하는 것이 없는 것. 단, 쓰가루(비착색계)는 적용하지 않음	별도로 정하는 품종별·등급별 착색비율표에서 정하는 "보통"에 미달하는 것이 없는 것
신선도	윤기가 나고 껍질의 수축현상이 나타나지 않은 것	껍질의 수축현상이 나타나지 않은 것	특·상에 미달하는 것
중결점과	없는 것	없는 것	5% 이하인 것(부패·변질과는 포함할 수 없음)
경결점과	없는 것	10% 이하인 것	20% 이하인 것

사과의 크기 구분

구 분 \ 호 칭	3L	2L	L	M	S	2S
g/개	375 이상	300 이상 ~375 미만	250 이상 ~300 미만	214 이상 ~250 미만	188 이상 ~214 미만	167 이상 ~188 미만

사과의 품종별·등급별 착색비율

품 종 \ 등 급	특	상	보 통
홍옥, 홍로, 화홍, 양광 및 이와 유사한 품종	70% 이상	50% 이상	30% 이상

18 올해 생산한 벼를 가공한 찰현미 1포대(10kg들이)의 품위를 계측한 결과가 다음과 같았다. 농산물 표준규격에 따른 ① 등급을 판정하고, ② 그 이유를 쓰시오(단, 주어진 항목 이외는 등급판정에 고려하지 않음). [5점]

항 목	수 분	정 립	피해립	사 미	메현미
계측결과(%)	15.5	91.2	2.8	3.4	2.0

• 정답 • ① 상, ② 이유 : 사미항목이 '특' 기준을 넘겨서

• 풀이 • 현미의 등급규격

항 목 \ 등 급	특	상	보 통
모 양	품종 고유의 모양으로 낟알 표면의 굵힘이 거의 없고 광택이 뛰어나며 낟알이 충실하고 고른 것	품종 고유의 모양으로 낟알 표면의 굵힘이 거의 없고 광택이 뛰어나며 낟알이 충실하고 고른 것	특·상에 미달하는 것
용적중(g/L)	810 이상인 것	800 이상인 것	780이상인 것
정 립	85.0% 이상인 것	75.0% 이상인 것	70.0% 이상인 것
수 분	16.0% 이하인 것	16.0% 이하인 것	16.0% 이하인 것
사 미	3.0% 이하인 것	6.0% 이하인 것	10.0% 이하인 것
피해립	5.0% 이하인 것	7.0% 이하인 것	10.0% 이하인 것
열손립	0.0% 이하인 것	0.1% 이하인 것	0.3% 이하인 것
메현미 혼입	3.0% 이하인 것 (찰현미에만 적용)	8.0% 이하인 것 (찰현미에만 적용)	15.0% 이하인 것 (찰현미에만 적용)
돌	없는 것	없는 것	없는 것
뉘, 이종곡립 (15kg 중)	없는 것	없는 것	3개 이하인 것
이 물	0.0% 이하인 것	0.3% 이하인 것	0.5% 이하인 것
조 건	생산연도가 다른 현미가 혼입된 경우나 수확 연도로부터 1년이 경과되면 "특"이 될 수 없음		

19 농산물품질관리사가 시중에 유통되고 있는 양파 1망(20kg들이)을 농산물 표준규격에 따라 품위를 계측한 결과가 다음과 같았다. 농산물 표준규격에 따른 ① 종합등급을 판정하고, ② 그 이유를 쓰시오(단, 주어진 항목 이외는 등급판정에 고려하지 않음). [5점]

항 목	1구의 지름(cm)	결점구
계측결과 (50구)	• 9.0 이상 : 1구 • 8.0 이상~9.0 미만 : 46구 • 7.0 이상~8.0 미만 : 3구	• 압상이 육질에 미친 것 : 1구 • 병해충의 피해가 외피에 그친 것 : 2구

• 정답 • ① 종합등급 : 보통

② 이유 : 특, 상 모두 중결점구가 없어야 하나 중결점구가 2%이므로 보통에 해당한다.

㉠ 낱개의 고르기 : 크기가 다른 것이 4구이므로 8%로 특

㉡ 중결점구 : 1개는 2%로 보통

㉢ 경결점구 : 2개는 4%로 특

• 풀이 • 양파의 등급규격

항 목 \ 등 급	특	상	보 통
낱개의 고르기	별도로 정하는 크기 구분표에서 크기가 다른 것이 10% 이하인 것	별도로 정하는 크기 구분표에서 크기가 다른 것이 20% 이하인 것	특·상에 미달하는 것
모 양	품종 고유의 모양인 것	품종 고유의 모양인 것	특·상에 미달하는 것
색 택	품종 고유의 선명한 색택으로 윤기가 뛰어난 것	품종 고유의 선명한 색택으로 윤기가 양호한 것	특·상에 미달하는 것
손 질	흙 등 이물이 잘 제거된 것	흙 등 이물이 제거된 것	특·상에 미달하는 것
중결점과	없는 것	없는 것	5% 이하인 것(부패·변질구는 포함할 수 없음)

양파의 크기 구분

구 분 \ 호 칭	2L	L	M	S
1구의 지름(cm)	9 이상	8 이상~9 미만	6 이상~8 미만	6 미만
1개의 무게(g)	340 이상	230 이상~340 미만	110 이상~230 미만	110 미만

※ 농산물 표준규격 개정(2023.11.23.)으로 양파의 크기 구분이 지름에서 지름 또는 무게기준으로 변경됨

20 A농가가 멜론(네트계)을 수확하여 선별하였더니 다음과 같았다. 1상자에 4개씩 담아 표준규격품으로 출하하려고 할 때, 등급별로 만들 수 있는 최대 상자수(①~③)와 등급별 상자들의 구성내용(④~⑥)을 쓰시오(단, '특', '상', '보통' 순으로 포장하여야 하며, 주어진 항목 이외는 등급에 고려하지 않음). [6점]

1개의 무게	총 개수	정상과	결점과
2.7kg	6	4	탄저병의 피해가 있는 것 : 1개, 과육의 성숙이 지나친 것 : 1개
2.3kg	8	8	
1.9kg	8	6	품종 고유의 모양이 아닌 것 : 1개, 탄저병의 피해가 있는 것 : 1개
1.5kg	8	6	품종 고유의 모양이 아닌 것 : 1개, 열상이 있는 것 : 1개

등 급	최대 상자수	상자별 구성내용
특	(①)	(④)
상	(②)	(⑤)
보 통	(③)	(⑥)

구성내용 예시) (00kg 00개), (00kg 00개+00kg 00개), …

• 정답 • ① 5, ② 0, ③ 1,
④ 2.7kg 4개, 2.3kg 4개, 2.3kg 4개, 1.9kg 4개, 1.5kg 4개,
⑤ 없음, ⑥ 1.9kg 2개+1.5kg 2개

• 풀이 • 특의 규정에 무게가 다른 것이 섞이지 않아야 하고 또 주어진 항목 이외는 등급에 고려하지 않으므로

멜론의 등급규격

항 목 \ 등 급	특	상	보 통
낱개의 고르기	별도로 정하는 크기 구분표에서 무게가 다른 것이 섞이지 않은 것	별도로 정하는 크기 구분표에서 무게가 다른 것이 섞이지 않은 것	특·상에 미달하는 것
색 택	품종 고유의 모양과 색택이 뛰어나며 네트계 멜론은 그물 모양이 뚜렷하고 균일한 것	품종 고유의 모양과 색택이 양호하며 네트계 멜론은 그물 모양이 양호한 것	특·상에 미달하는 것
신선도, 숙도	꼭지가 시들지 아니하고 과육의 성숙도가 적당한 것	꼭지가 시들지 아니하고 과육의 성숙도가 적당한 것	특·상에 미달하는 것
중결점과	없는 것	없는 것	5% 이하인 것(부패·변질과는 포함할 수 없음)
경결점과	없는 것	없는 것	20% 이하인 것

[멜론의 크기 구분]

구 분 \ 호 칭		2L	L	M	S
1개의 무게 (kg)	네트계	2.6 이상	2.0 이상 ~2.6 미만	1.6 이상 ~2.0 미만	1.6 미만
	백피계·황피계	2.2 이상	1.8 이상 ~2.2 미만	1.3 이상 ~1.8 미만	1.3 미만
	파파야계	1.0 이상	0.75 이상 ~1.0 미만	0.60 이상 ~0.75 미만	0.60 미만

제16회 과년도 기출문제

단답형

01 **농수산물 품질관리법령상 안전관리계획에 관한 내용이다. (　　)에 들어갈 내용을 쓰시오. [3점]**

> (①)은 농수산물(축산물은 제외)의 품질향상과 안전한 농수산물의 생산·공급을 위한 안전관리계획을 매년 수립·시행하여야 한다. 그 내용에는 관련 법조항에 따른 (②)조사, (③)평가 및 잔류조사, 농어업인에 대한 교육, 그 밖에 총리령으로 정하는 사항을 포함하여야 한다.

•정답• ① 식품의약품안전처장, ② 안전성, ③ 위험

•풀이• **안전관리계획(농수산물 품질관리법 제60조)**

① 식품의약품안전처장은 농수산물(축산물은 제외한다)의 품질향상과 안전한 농수산물의 생산·공급을 위한 안전관리계획을 매년 수립·시행하여야 한다.

② 시·도지사 및 시장·군수·구청장은 관할 지역에서 생산·유통되는 농수산물의 안전성을 확보하기 위한 세부추진계획을 수립·시행하여야 한다.

③ ①에 따른 안전관리계획 및 ②에 따른 세부추진계획에는 안전성조사, 위험평가 및 잔류조사, 농어업인에 대한 교육, 그 밖에 총리령으로 정하는 사항을 포함하여야 한다.

02 **배추김치(고춧가루를 사용한 제품)와 돼지고기를 사용한 김치찌개를 조리하여 판매하고 있는 일반 음식점에 대한 원산지 단속과정에서 조사공무원이 아래의 [메뉴판] 표시내용을 보고 음식점 주인 Y씨와 다음과 같은 대화를 가졌다. 밑줄에 들어갈 Y씨의 원산지 표기사유에 대한 답변내용을 쓰시오(단, 주어진 내용 이외는 고려하지 않음). [4점]**

[메뉴판]
김치찌개(배추김치 : 중국산, 돼지고기 : 멕시코산)

[대화내용]

- 조사공무원 : "김치찌개의 원산지 중 배추김치에 대하여 배추와 고춧가루의 원산지를 각각 표시하지 않고 왜 중국산으로만 표시하였나요?"
- Y씨 : "______________________________."
- 조사공무원 : "아, 그렇군요. 그러면 원산지 표시가 현재 맞는다고 판단됩니다.

• 정답 • 중국에서 제조 · 가공한 배추김치를 수입하여 사용했다.

• 풀이 • **배추김치의 원산지 표시방법 (농수산물의 원산지 표시에 관한 법률 시행규칙 제3조 제2호 관련[별표 4])**

- 국내에서 배추김치를 조리하여 판매 · 제공하는 경우에는 "배추김치"로 표시하고, 그 옆에 괄호로 배추김치의 원료인 배추(절인 배추를 포함한다)의 원산지를 표시한다. 이 경우 고춧가루를 사용한 배추김치의 경우에는 고춧가루의 원산지를 함께 표시한다.
  예 배추김치(배추 : 국내산, 고춧가루 : 중국산), 배추김치(배추 : 중국산, 고춧가루 : 국내산)
  고춧가루를 사용하지 않은 배추김치 : 배추김치(배추 : 국내산)
- 외국에서 제조 · 가공한 배추김치를 수입하여 조리하여 판매 · 제공하는 경우에는 배추김치를 제조 · 가공한 해당 국가명을 표시한다.
  예 배추김치(중국산)

03 농수산물 품질관리법령상 농산물이력추적관리를 등록한 생산자 A씨의 신규 등록, 행정처분 및 적발 등 일자별 추진상황은 다음과 같다. 이 경우 A씨가 국립농산물품질관리원장으로부터 받게 될 행정처분의 기준을 쓰시오(단, 경감사유는 없음). [3점]

추진일자	세부 추진상황
2018년 3월 8일	국립농산물품질관리원장으로 부터 농산물이력추적관리 신규등록증 발급받음
2018년 9월 4일	농산물이력추적관리 등록변경신고를 하지 않아 국립농산물품질관리원장으로부터 시정명령 처분을 받음
2019년 5월 9일	농산물이력추적관리 등록변경신고 사항이 있음에도 신고하지 않아 국립농산물품질관리원 조사공무원이 적발

• 정답 • 표시정지 1개월

• 풀이 • 이력추적관리의 등록취소 및 표시정지 등의 기준(농수산물 품질관리법 시행규칙 제54조 관련 [별표 14])

- 일반기준

  위반행위의 횟수에 따른 행정처분의 기준은 최근 1년간 같은 위반행위로 행정처분을 받은 경우에 적용한다. 이 경우 행정처분 기준의 적용은 같은 위반행위에 대하여 최초로 행정처분을 한 날과 다시 같은 위반행위를 적발한 날을 기준으로 한다.

- 개별기준

위반행위	위반횟수별 처분기준		
	1차 위반	2차 위반	3차 위반
다. 이력추적관리 등록변경신고를 하지 않은 경우	시정명령	표시정지 1개월	표시정지 3개월

04 국립농산물품질관리원 조사공무원은 농수산물 품질관리법령에 따라 우수관리인증기관으로 지정된 Y기관을 대상으로 점검한 결과, 조직·인력기준 1건과 시설기준 2건이 지정기준에 미달되었다. 국립농산물품질관리원장이 조치할 수 있는 행정처분의 기준을 쓰시오(단, 처분기준은 개별기준을 적용하며, 경감사유는 없고, 위반횟수는 1회임). [3점]

• 정답 • 업무정지 3개월

• 풀이 • 우수관리인증기관의 지정 취소, 우수관리인증 업무의 정지 및 우수관리시설 지정 업무의 정지에 관한 처분 기준(농수산물 품질관리법 시행규칙 제22조 제1항 관련 [별표 4])

위반행위	위반횟수별 처분기준		
	1차 위반	2차 위반	3차 위반
바. 지정기준을 갖추지 않은 경우			
1) 조직·인력 및 시설 중 어느 하나가 지정기준에 미달할 경우	업무정지 1개월	업무정지 3개월	업무정지 6개월
2) 조직·인력 및 시설 중 둘 이상이 지정기준에 미달할 경우	업무정지 3개월	업무정지 6개월	지정 취소

05 A미곡종합처리장은 농산물우수관리시설로 지정 받고자 우수관리인증기관에 지정신청서를 제출함에 따라 2019년 8월 13일 심사를 받은 결과, 지정기준에 적합하지 않다고 통보받았다. 심사결과를 고려하여 적합판정을 받을 수 있는 방법을 쓰시오(단, 주어진 항목만으로 판정하고, 이외 항목은 고려하지 않으며 A미곡종합처리장은 지리적 여건상 상수도를 사용할 수 없음). [6점]

항 목	심사결과
수처리 설비	① 지하수를 사용하고 있으며, 화장실이 취수원으로부터 10m 떨어진 곳에 위치 ② 2017년 8월 16일 발행된 지하수 수질검사성적서(결과 : 먹는물 수질기준에 적합) 비치

• 정답 • ① 화장실을 취수원으로부터 20m 이상 떨어진 곳으로 이전
② 지하수 수질검사 재실시

• 풀이 • 우수관리시설의 지정기준(농수산물 품질관리법 시행규칙 제23조 제1항 관련 [별표 5])

미곡종합처리장의 수처리 설비	가) 곡물의 세척 또는 가공에 사용되는 물은 먹는물관리법에 따른 먹는물 수질 기준에 적합해야 한다. 지하수 등을 사용하는 경우 취수원은 화장실, 폐기물처리설비, 동물사육장, 그 밖에 지하수가 오염될 우려가 있는 장소로부터 20미터 이상 떨어진 곳에 있어야 한다. 나) 곡물에 사용되는 용수가 지하수일 경우에는 1년에 1회 이상 먹는물 수질 기준에 적합한지 여부를 확인해야 한다. 다) 용수저장용기는 밀폐가 되는 덮개 및 잠금장치를 설치하여 오염물질의 유입을 사전에 방지할 수 있는 구조여야 한다.

06 수확한 농산물의 수분손실을 줄이기 위한 방법으로 옳으면 ○, 틀리면 ×를 순서대로 모두 쓰시오. [5점]

- 진공식보다 차압식 예랭방식을 선택한다. (①)
- 저장고의 밀폐도를 높이고 가습기를 설치한다. (②)
- 저장고 냉기유속을 빠르게 유지한다. (③)
- 저장고의 증발코일에 응축된 수분은 신속히 제거한다. (④)

• 정답 • ① ×, ② ○, ③ ×, ④ ○

• 풀이 • ① 차압식이 진공식에 비해 증산량이 클 수 있다.
② 저장고의 밀폐도를 높이고 가습기의 설치로 저장고 내 높은 습도유지가 가능하다.
③ 증산작용에 영향을 주는 대표적인 요인에는 습도, 온도, 공기의 유속 등이 있다. 증산작용은 건조하고 온도가 높을수록, 그리고 공기의 움직임이 많을수록 촉진된다. 따라서 냉기의 유속을 빠르게 유지할 경우 증산이 촉진될 수 있다.
④ 코일에 성에가 많이 생기면 저장고 내의 상대습도가 감소하여 증산작용이 일어나므로, 주기적인 제거가 필요하다.

07 아래 ( )에 들어갈 내용을 [보기]에서 모두 찾아 순서대로 쓰시오. [4점]

과일의 유기산 함량은 착과 후 성숙단계에 이르기까지 (①)하며, 숙성이 진행되면 급격히 (②)한다. 유기산의 상대적 함량을 측정하기 위해 일정한 (③)의 과즙에 0.1N (④)용액을 첨가하여 pH 8.2까지 적정한 후 적정산도를 산출한다.

보기

- 감 소
- 증 가
- 부 피
- 중 량
- NaCl
- NaOH

• 정답 • ① 증가, ② 감소, ③ 부피, ④ NaOH

08 세 농가에서 수집된 '후지' 사과를 농가별로 아이오딘검사를 실시한 후, 사과 절단면의 청색 부분 면적을 측정하여 아래와 같은 결과를 얻었다. 다음 물음에 답하시오. [6점]

A 농가 : 절단면의 50%
B 농가 : 절단면의 30%
C 농가 : 절단면의 10%

① 아이오딘검사에서 측정하고자 하는 대상성분을 쓰시오.

② 오래 저장할 수 있는 농가를 순서대로 나열하시오.

• 정답 • ① 전분, ② A → B → C

• 풀이 • 아이오딘(요오드) 검사

- 전분은 아이오딘과 반응하여 청색을 나타내는데, 사과는 성숙이 진행될수록 반응이 약해져 완전히 숙성된 과일은 반응이 나타나지 않는다.
- 청색의 부분이 많다는 것은 전분이 당으로 가수분해된 양이 상대적으로 적은 미숙과를 의미한다.
- 사과를 장기저장하는데는 완숙과보다는 미숙과가 유리하다.
- 아이오딘 반응의 정도에 따라 장기저장용, 단기저장용, 직출하용으로 나누어 수확기를 결정할 수 있다.

09 다음은 생강이나 고구마와 같이 땅속에서 자라는 작물의 치유처리에 관한 설명이다. ①~④ 중 틀린 설명 2가지를 찾아 번호를 쓰고, 옳게 수정하시오. [4점]

① 상대습도가 높을수록 치유효과가 높아진다.
② 미생물 증식을 고려하여 치유 처리 시 35℃ 이상은 피한다.
③ 상처 부위에 펙틴과 같은 치유조직이 형성된다.
④ 치유조직은 증산에 대한 저항성을 낮춰 준다.

• 정답 • ③ 상처 부위에 코르크층과 같은 치유조직이 형성된다.
④ 치유조직은 증산에 대한 저항성을 높여 준다.

• 풀이 • **작물의 치유(큐어링) 처리**
수확 시 원예산물이 받은 상처의 치료를 목적으로 유상조직을 발달시키는 처리과정을 '치유'라고 한다. 땅속에서 자라 수확 시 많은 물리적인 상처를 입는 감자와 고구마, 마늘이나 양파 등은 잘라 낸 부위가 제대로 아물고 바깥의 보호엽이 제대로 건조되어야 장기저장할 수 있다. 또한 수확 시 입은 상처는 병균의 침입구가 되므로 빠른 시일 내에 치유가 되어야 수확 후 손실을 줄일 수 있다. 물리적 상처 부위가 아물어 코르크층과 같은 치유조직이 생기는데, 코르크층은 일반적으로 상대습도가 높을수록 빠르게 형성된다. 손상부위의 표면조직을 단단하게 하는 코르크층이 형성되면 수분 증발을 줄일 수 있다.

10 다음은 과실의 품질 유지를 위해 사용되는 각종 기술에 관한 설명이다. 수확 전후 처리기술이 잘못 설명된 곳을 ①~④ 모두에서 1군데씩 찾아 옳게 수정하시오. [4점]

① 단감은 과피흑변을 줄이기 위해 수확기 관수량을 늘리고 LDPE 필름으로 밀봉한다.
② 사과는 껍질덴병을 예방하기 위해 적기에 수확하며 훈증을 실시한다.
③ 배는 과피흑변을 막기 위해 재배 중 질소질 시비량을 늘리며 예건을 실시한다.
④ 감귤은 껍질의 강도를 높이고 산미를 감소시키기 위해 예랭을 실시한다.

• 정답 • ① 단감은 과피흑변을 줄이기 위해 수확기 관수량을 줄이고 LDPE 필름으로 밀봉한다.
② 사과는 껍질덴병을 예방하기 위해 적기에 수확하며 항산화제 처리한다.
③ 배는 과피흑변을 막기 위해 재배 중 질소질 시비량을 줄이며 예건을 실시한다.
④ 감귤은 껍질의 강도를 높이고 산미를 감소시키기 위해 예조를 실시한다.

• 풀이 • ① 과피흑변은 과피조직에 흑변현상이 나타나는 것으로, 흑변조직을 제거하면 과육에는 이상이 없으나 외관이 불량하여 상품성이 떨어지게 된다. 단감의 과피흑변을 줄이기 위해서는 수확기에 관수량을 줄이는 것이 좋다.
② 껍질덴병은 사과의 표피가 불규칙하게 갈변되어 건조되는 증상이다. 과피 바로 아래의 과육조직은 정상적이지만 증상이 심하게 진전되면 과육조직도 갈변하며, 병원균의 침입통로로 작용한다. 사과의 껍질덴병을 예방하기 위해서는 적기에 수확하며 항산화제 처리를 한다.
③ 배의 과피흑변은 저온저장 초기에 발생하며, 과피에 짙은 흑색의 반점이 생긴다. 재배 중 질소비료 과다시용으로 인해 많이 발생하며, 수확이 늦어진 과일의 저장고 입고 시 그리고 저장고 내의 과습에 의해서도 많이 발생한다. 저온저장 전에 예건하여 과피의 수분 함량을 감소시키면 장해를 줄일 수 있다.
④ 예건(예조)이란 수확 후 과일 껍질의 수분을 줄여 감귤 껍질의 강도를 높여 부패를 방지하고, 품질 이 저하되는 것을 방지하고, 저장력을 증대시키기 위하여 일정기간 자연 상태에서 건조시키는 작업을 말한다. 특히 감귤을 저장할 때에는 반드시 철저한 예건을 통해서 감귤이 저장 중 부패하는 것을 사전에 예방하는 것이 좋다. 감귤은 수확 직후 산미가 강하여 맛이 떨어지는 것이 보통이지만, 과실을 일정기간 동안 저장하면 저장 중에 산미 감소로 품질향상을 도모할 수 있다.

서술형

11 A그룹(감귤류, 딸기, 포도 등)의 작물은 완전히 익은 후에 수확하나, B그룹(바나나, 토마토, 키위 등)의 작물은 완전히 익기 전에도 수확할 수 있다. A, B 그룹의 호흡 유형을 분류하여 숙성 특성을 비교 설명하시오. [6점]

• 정답 • ① A그룹 : 비호흡상승과로 성숙과정에서 호흡상승현상을 나타내지 않으며 호흡상승과에 비해 느린 성숙 변화를 보인다.
② B그룹 : 호흡상승과로 성숙과정에서 호흡이 최저에 달하다가 급격히 증가하는 호흡급등현상을 보인다.

• 풀이 • **비호흡상승과와 호흡상승과**

- 비호흡상승과
  성숙과정에서 호흡 상승이 나타나지 않는 작물들을 말하며, 호흡상승과에 비하여 숙성이 느리며, 대부분의 채소류는 비호흡상승과로 분류된다. 비호흡상승과에는 포도, 감귤, 오렌지, 레몬, 고추, 가지, 오이, 딸기, 호박, 파인애플 등이 있다.
- 호흡상승과
  성숙과정에서 호흡 상승 현저하게 나타나는 작물들을 말하며, 호흡상승과에는 사과, 배, 복숭아, 참다래, 바나나, 아보카도, 토마토, 수박, 살구, 멜론, 감, 키위, 망고, 파파야 등이 있다.

12 일반음식점 영업을 하는 ○○식당은 [메뉴판]에 원산지 표시를 하지 않고 영업을 하다가 원산지 미표시로 적발되어 과태료를 부과 받았다. ① 과태료 부과 총금액을 쓰고, (②~⑤) 품목별로 표시대상 원료인 농축산물명과 그 원산지를 표시하시오(단, 감경사유가 없는 1차위반의 경우이며, [메뉴판] 음식은 각각 10인분을 당일 판매 완료하였으며, 모든 원료 및 재료는 국내산이며 쇠고기는 한우임). [6점]

[메뉴판]

소갈비(②) 30,000원(1인분)
돼지갈비(③) 12,000원(1인분)
콩국수(④) 7,000원(1그릇)
누룽지(⑤) 1,000원(1그릇)

• 정답 •
① 쇠고기(100) + 돼지고기(30) + 콩(30) + 쌀(30) = 190만원
② 소갈비(쇠고기 : 국내산 한우)
③ 돼지갈비(돼지고기 : 국내산)
④ 콩국수(콩 : 국내산)
⑤ 누룽지(쌀 : 국내산)

• 풀이 • 과태료 부과기준(농수산물의 원산지 표시에 관한 법률 시행령 제10조 관련 [별표 2])

위반행위	과태료 금액			
	1차 위반	2차 위반	3차 위반	4차 이상 위반
나. 법 제5조 제3항을 위반하여 원산지 표시를 하지 않은 경우				
2) 쇠고기의 원산지를 표시하지 않은 경우	100만원	200만원	300만원	300만원
3) 쇠고기 식육의 종류만 표시하지 않은 경우	30만원	60만원	100만원	100만원
4) 돼지고기의 원산지를 표시하지 않은 경우	30만원	60만원	100만원	100만원
8) 쌀의 원산지를 표시하지 않은 경우	30만원	60만원	100만원	100만원
10) 콩의 원산지를 표시하지 않은 경우	30만원	60만원	100만원	100만원

13 농수산물 품질관리법령상 지리적표시 등록심의 분과위원회에서 지리적표시 무효심판을 청구할 수 있는 경우 1가지만 쓰시오. [3점]

• 정답 • 1. 제32조 제9항에 따른 등록거절 사유에 해당함에도 불구하고 등록된 경우
2. 제32조에 따라 지리적표시 등록이 된 후에 그 지리적표시가 원산지 국가에서 보호가 중단되거나 사용되지 아니하게 된 경우

• 풀이 • **지리적표시의 무효심판(농수산물 품질관리법 제43조)**

① 지리적표시에 관한 이해관계인 또는 제3조 제6항에 따른 지리적표시 등록심의 분과위원회는 지리적표시가 다음의 어느 하나에 해당하면 무효심판을 청구할 수 있다.
  1. 등록거절 사유에 해당함에도 불구하고 등록된 경우
  2. 지리적표시 등록이 된 후에 그 지리적표시가 원산지 국가에서 보호가 중단되거나 사용되지 아니하게 된 경우

② 제1항에 따른 심판은 청구의 이익이 있으면 언제든지 청구할 수 있다.

③ 제1항 제1호에 따라 지리적표시를 무효로 한다는 심결이 확정되면 그 지리적표시권은 처음부터 없었던 것으로 보고, 제1항 제2호에 따라 지리적표시를 무효로 한다는 심결이 확정되면 그 지리적표시권은 그 지리적표시가 제1항 제2호에 해당하게 된 때부터 없었던 것으로 본다.

④ 심판위원회의 위원장은 제1항의 심판이 청구되면 그 취지를 해당 지리적표시권자에게 알려야 한다.

14 농산물품질관리사가 포도(거봉) 1상자(5kg)에 대해서 점검한 결과가 다음과 같을 때 낱개의 고르기 등급과 그 이유를 쓰시오(단, 주어진 항목 이외는 등급판정에 고려하지 않음). [5점]

[포도(거봉) 송이별 무게 구분]

- 350~379g 범위 : 720g
- 380~399g 범위 : 770g
- 400~419g 범위 : 830g
- 420~449g 범위 : 2,220g
- 450~469g 범위 : 460g

낱개의 고르기	등급판정 이유
등급 : (①)	이유 : (②)

• 정답 • ① "특", ② 무게가 다른 것이 0으로 "특"등급 기준의 10% 이하에 해당됨

• 풀이 • 포도의 등급규격

항 목 \ 등 급	특	상	보 통
낱개의 고르기	별도로 정하는 크기 구분표에서 무게가 다른 것이 10% 이하인 것. 단, 크기 구분표의 해당 무게에서 1단계를 초과할 수 없다.	별도로 정하는 크기 구분표에서 무게가 다른 것이 30% 이하인 것. 단, 크기 구분표의 해당 무게에서 1단계를 초과할 수 없다.	특・상에 미달하는 것
색 택	품종 고유의 색택을 갖추고, 과분의 부착이 양호한 것	품종 고유의 색택을 갖추고, 과분의 부착이 양호한 것	특・상에 미달하는 것
낱알의 형태	낱알 간 숙도와 크기의 고르기가 뛰어난 것	낱알 간 숙도와 크기의 고르기가 양호한 것	특・상에 미달하는 것
중결점과	없는 것	없는 것	5% 이하인 것(부패・변질과는 포함할 수 없음)
경결점과	없는 것	5% 이하인 것	20% 이하인 것

포도의 크기 구분

품 종 \ 호 칭	2L	L	M	S
샤인머스켓, 거봉, 흑보석, 자옥 등 무핵(씨없는 것)과와 유사한 품종[1송이의 무게(g)]	700 이상	600 이상 ~700 미만	500 이상 ~600 미만	500 미만

15 한지형 마늘 1망(100개들이)을 농산물품질관리사가 점검한 결과이다. 낱개의 고르기 등급과 경결점의 비율을 쓰고, 종합판정 등급과 그 이유를 쓰시오(단, 주어진 항목 이외는 등급판정에 고려하지 않음). [6점]

1개의 지름	점검결과
• 5.1~5.5cm : 15개 • 5.6~6.0cm : 40개 • 6.1~6.5cm : 30개 • 6.6~7.0cm : 15개	• 마늘쪽이 마늘통의 줄기로부터 1/4 이상 떨어져 나간 것 : 2개 • 뿌리 턱이 빠진 것 : 1개 • 뿌리가 난 것 : 3개 • 벌마늘인 것 : 1개

낱개의 고르기	경결점	종합판정등급 및 이유	
등급 : (①)	비율 : (②)%	등급 : (③)	이유 : (④)

• 정답 • ① 특
② 3%
③ 보 통
④ 낱개의 고르기와 경결점은 특에 해당하나 뿌리가 난 것 3개와 벌마늘 1개가 중결점으로 중결점이 4%로 상의 조건 없는 것을 초과하고 보통의 조건 5% 이하에 해당하므로 "보통" 등급으로 판정한다.

• 풀이 • 마늘의 등급규격

항 목 \ 등 급	특	상	보 통
낱개의 고르기	별도로 정하는 크기 구분표에서 크기가 다른 것이 10% 이하인 것. 단, 크기 구분표의 해당 크기에서 1단계를 초과할 수 없다.	별도로 정하는 크기 구분표에서 크기가 다른 것이 20% 이하인 것. 단, 크기 구분표의 해당 크기에서 1단계를 초과할 수 없다.	특·상에 미달하는 것
모 양	품종 고유의 모양이 뛰어나며, 각 마늘쪽이 충실하고 고른 것	품종 고유의 모양을 갖추고 각 마늘쪽이 대체로 충실하고 고른 것	특·상에 미달하는 것
손 질	• 통마늘의 줄기는 마늘통으로부터 2.0cm 이내로 절단한 것 • 풋마늘의 줄기는 마늘통으로부터 5.0cm 이내로 절단한 것		
열구 (난지형에 한한다)	20% 이하인 것	30% 이하인 것	특·상에 미달하는 것
쪽마늘	4% 이하인 것	10% 이하인 것	15% 이하인 것
중결점과	없는 것	없는 것	5% 이하인 것(부패·변질구는 포함할 수 없음)
경결점과	5% 이하인 것	10% 이하인 것	20% 이하인 것

마늘의 크기 구분

구 분 \ 호 칭			2L	L	M	S
1개의 지름 (cm)	한지형		5.0 이상	4.0 이상~5.0 미만	3.0 이상~4.0 미만	2.0 이상~3.0 미만
	난지형	남도종	5.5 이상	4.5 이상~5.5 미만	4.0 이상~4.5 미만	3.5 이상~4.0 미만
		대서종	6.0 이상	5.0 이상~6.0 미만	4.0 이상~5.0 미만	3.5 이상~4.0 미만

• 중결점구는 다음의 것을 말한다.
 – 병충해구 : 병충해의 증상이 뚜렷하거나 진행성인 것
 – 부패, 변질구 : 육질이 부패 또는 변질된 것
 – 형상불량구 : 기형 및 벌마늘(완전한 줄기가 2개 이상 발생한 2차 생성구), 싹이 난 것, 뿌리가 난 것
 – 상해구 : 기계적 손상이 마늘쪽의 육질에 미친 것
• 경결점구는 다음의 것을 말한다.
 – 마늘쪽이 마늘통의 줄기로부터 1/4 이상 떨어져 나간 것
 – 외피에 기계적 손상을 입은 것
 – 뿌리 턱이 빠진 것
 – 기타 중결점구에 속하지 않는 결점이 있는 것

16 **백합을 재배하는 K씨는 백합 20묶음(200본)을 수확하여 1상자에 담아 농산물표준규격에 따라 '상' 등급으로 표시하여 출하하고자 하였으나 농산물품질관리사 A씨가 점검한 결과, 표준규격품으로 출하가 불가함을 통보하였다. 개화정도의 해당등급과 경결점 비율을 구하고, 표준규격품 출하 불가 이유를 쓰시오(단, 주어진 항목 이외는 등급판정에 고려하지 않으며, 비율은 소수점 첫째자리까지 구함). [7점]**

[점검결과]
• 꽃봉오리가 1/3정도 개화되었음
• 열상의 상처가 있는 것 : 8본
• 손질 정도가 미비한 것 : 4본
• 품종 고유의 모양이 아닌 것 : 1본
• 품종이 다른 것 : 3본
• 상처로 외관이 떨어지는 것 : 2본
• 농약 살포로 외관이 떨어진 것 : 2본

개화정도	경결점	표준규격품 출하 불가 이유
등급 : (①)	비율 : (②)%	이유 : (③)

• 정답 • ① 상, ② 4.5%
③ 개화정도는 상에 해당하고 경결점 9본 4.5%로 특의 조건 3% 초과하고 상의 조건 5% 이하에 해당하나 열상의 상처 8본, 품종이 다른 것 3본이 중결점 5.5%로 보통의 조건 5% 초과에 해당하므로 등외에 해당한다.

•풀이• 백합의 등급규격

항 목 \ 등 급	특	상	보 통
크기의 고르기	크기 구분표에서 크기가 다른 것이 없는 것	크기 구분표에서 크기가 다른 것이 5% 이하인 것	크기 구분표에서 크기가 다른 것이 10% 이하인 것
꽃	품종 고유의 모양으로 색택이 선명하고 뛰어나며 크기가 균일한 것	품종 고유의 모양으로 색택이 선명하고 양호한 것	특・상에 미달하는 것
줄 기	세력이 강하고, 휘지 않으며 굵기가 일정한 것	세력이 강하고, 휘어진 정도가 약하며 굵기가 비교적 일정한 것	특・상에 미달하는 것
개화정도	꽃봉오리 상태에서 화색이 보이고 균일한 것	꽃봉오리가 1/3정도 개화된 것	특・상에 미달하는 것
손 질	마른 잎이나 이물질이 깨끗이 제거된 것	마른 잎이나 이물질 제거가 비교적 양호하며 크기가 균일한 것	특・상에 미달하는 것
중결점	없는 것	없는 것	5% 이하인 것
경결점	3% 이하인 것	5% 이하인 것	10% 이하인 것

• 중결점은 다음의 것을 말한다.
  - 이품종화 : 품종이 다른 것
  - 상처 : 자상, 압상, 동상, 열상 등이 있는 것
  - 병충해 : 병해, 충해 등의 피해가 심한 것
  - 생리장해 : 블라스팅, 엽소, 블라인드, 기형화 등의 피해가 심한 것
  - 형상불량, 파손, 굽힘, 개화 차이가 심히 불량한 것
  - 기타 결점의 정도가 현저하게 품위에 영향을 미치는 것
• 경결점은 다음의 것을 말한다.
  - 품종 고유의 모양이 아닌 것
  - 경미한 약해, 생리장해, 상처, 농약살포 등으로 외관이 떨어지는 것
  - 손질 정도가 미비한 것
  - 기타 결점의 정도가 경미한 것

17 새송이버섯(2kg, 소포장품) 1상자를 표준규격품으로 출하하고자 선별한 결과이다. 농산물 표준규격에 따른 낱개의 고르기 등급을 쓰고, 종합판정등급과 그 이유를 쓰시오(단, 주어진 항목 이외는 등급판정에 고려하지 않음). [6점]

무게 구분	점검결과
• 60~69g : 260g • 70~79g : 800g • 80~89g : 750g • 90~99g : 190g	• 달팽이의 피해가 있는 것 : 70g • 갓이 손상되었으나 자루는 정상인 것 : 60g • 경미한 버섯파리 피해가 있는 것 : 300g • 갓의 색깔 : 품종 고유의 색깔을 갖추었음 • 신선도 : 육질이 부드럽고 단단하며 탄력이 있음

낱개의 고르기	종합판정등급	종합판정등급 이유
등급 : (①)	등급 : (②)	이유 : (③)

• 정답 •
① "특"
② "상"
③ 낱개의 고르기에서 무게가 다른 것의 혼입이 9.5%로 "특", 갓의 색깔에서 "특", 신선도에서 "특"에 해당한다. 하지만 달팽이의 피해가 있는 것과 갓이 손상되었으나 자루는 정상인 것은 피해품으로 6.5% "상" 등급에 해당하므로, 종합적으로 "상" 등급으로 판정한다.

• 풀이 •

무게 구분	점검결과
• 60~69g : 260g – M • 70~79g : 800g – M • 80~89g : 750g – M • 90~99g : 190g – L	• 달팽이의 피해가 있는 것 : 70g – 피해품 • 갓이 손상되었으나 자루는 정상인 것 : 60g – 피해품 • 경미한 버섯파리 피해가 있는 것 : 300g – 정상품 • 갓의 색깔 : 품종 고유의 색깔을 갖추었음 – 특 • 신선도 : 육질이 부드럽고 단단하며 탄력이 있음 – 특

큰느타리버섯(새송이버섯)의 등급규격

항목 \ 등급	특	상	보통
낱개의 고르기	별도로 정하는 크기 구분표에서 무게가 다른 것의 혼입이 10% 이하인 것. 단, 크기 구분표의 해당 무게에서 1단계를 초과할 수 없다.	별도로 정하는 크기 구분표에서 무게가 다른 것의 혼입이 20% 이하인 것. 단, 크기 구분표의 해당 무게에서 1단계를 초과할 수 없다.	특·상에 미달하는 것
갓의 모양	갓은 우산형으로 개열되지 않고, 자루는 굵고 곧은 것	갓은 우산형으로 개열이 심하지 않으며, 자루가 대체로 굵고 곧은 것	특·상에 미달하는 것
갓의 색깔	품종 고유의 색깔을 갖춘 것	품종 고유의 색깔을 갖춘 것	특·상에 미달하는 것
신선도	육질이 부드럽고 단단하며 탄력이 있는 것으로 고유의 향기가 뛰어난 것	육질이 부드럽고 단단하며 탄력이 있는 것으로 고유의 향기가 양호한 것	특·상에 미달하는 것
피해품	5% 이하인 것	10% 이하인 것	20% 이하인 것
이 물	없는 것	없는 것	없는 것

큰느타리버섯(새송이버섯)의 크기 구분

구분 \ 호칭	L	M	S
1개의 무게(g)	90 이상	45 이상~90 미만	20 이상~45 미만

• 피해품은 포장단위별로 전체 버섯에 대한 무게비율을 말한다.
 - 병충해품 : 곰팡이, 달팽이, 버섯파리 등 병해충의 피해가 있는 것. 다만 경미한 것은 제외한다.
 - 상해품 : 갓 또는 자루가 손상된 것. 다만 경미한 것은 제외한다.
 - 기형품 : 갓 또는 자루가 심하게 변형된 것
 - 오염된 것 등 기타 피해의 정도가 현저한 것

18 **농산물품질관리사 A씨가 꽈리고추 1박스를 농산물 표준규격 등급판정을 위해 계측한 결과가 다음과 같았다. 낱개의 고르기 등급, 결점의 종류와 혼입율을 쓰고, 종합판정 등급과 그 이유를 쓰시오(단, 주어진 항목 이외는 등급판정에 고려하지 않음). [7점]**

계측수량	낱개의 고르기	결점과
50개	평균 길이에서 ±2.0cm를 초과하는 것 : 8개	• 과숙과(붉은 색인 것) : 1개 • 꼭지 빠진 것 : 1개

낱개의 고르기	결점의 종류와 혼입율		종합판정 등급 및 이유	
등급 : (①)	종류 : (②)	혼입률 : (③)	등급 : (④)	이유 : (⑤)

• 정답 • ① 특, ② 경결점, ③ 4%, ④ 상
⑤ 낱개의 고르기에서 평균 길이 ±2.0cm를 초과하는 것이 16%로 "특"에 해당하지만, 과숙과와 꼭지 빠진 것은 경결점으로 4%이므로 "상"의 조건에 해당한다. 따라서 종합판정등급은 "상"이다.

• 풀이 • 고추의 등급규격

항목 \ 등급	특	상	보통
낱개의 고르기	평균 길이에서 ±2.0cm를 초과하는 것이 10% 이하인 것(꽈리고추는 20% 이하)	평균 길이에서 ±2.0cm를 초과하는 것이 20% 이하(꽈리고추는 50% 이하)로 혼입된 것	특·상에 미달하는 것
길이 (꽈리고추에 적용)	4.0~7.0cm인 것이 80% 이상		
중결점과	없는 것	없는 것	5% 이하인 것(부패·변질과는 포함할 수 없음)
경결점과	3% 이하인 것	5% 이하인 것	20% 이하인 것

고추의 경결점과
• 과숙과 : 붉은색인 것(풋고추, 꽈리고추에 적용)
• 미숙과 : 색택으로 보아 성숙이 덜된 녹색과(홍고추에 적용)
• 상해과 : 꼭지 빠진 것, 잘라진 것, 갈라진 것
• 발육이 덜 된 것
• 기형과 등 기타 결점의 정도가 경미한 것

19 단감을 생산하는 농업인 K씨가 농산물 도매시장에 표준규격 농산물로 출하하고자 단감 1상자(15kg)를 표준규격 기준에 따라 단감 50개를 계측한 결과가 다음과 같았다. 농산물 표준규격상의 낱개의 고르기와 착색비율의 등급을 쓰고, 종합판정 등급과 그 이유를 쓰시오(단, 주어진 항목 이외는 등급 판정에 고려하지 않음). [6점]

단감의 무게(g)	착색비율	결점과
• 250g 이상~300g 미만 : 1개 • 214g 이상~250g 미만 : 46개 • 188g 이상~214g 미만 : 2개 • 167g 이상~188g 미만 : 1개	착색비율 70%	• 품종 고유의 모양이 아닌 것 : 1개 • 꼭지와 과육 사이에 틈이 있는 것 : 1개

낱개의 고르기	착색비율	종합판정 등급 및 이유	
등급 : (①)	등급 : (②)	등급 : (③)	이유 : (④)

• 정답 • ① 보통, ② 상, ③ 보통,

④ 착색비율은 특의 조건 80%에 미달하고 상의 조건 60% 이상에 해당하므로 상, 경결점 2개 4%로 특의 조건 3%를 초과하고 5% 이하에 해당하므로 상, 낱개의 고르기가 무게구분표상 무게가 다른 것이 4개로 8% 상에 해당하지만 L를 중심으로 S이 포함되어 있어 무게구분표상 1단계를 초과한 2단계이므로 상이 될 수 없고 보통에 해당한다.

• 풀이 • 단감의 등급규격

항 목 \ 등 급	특	상	보 통
낱개의 고르기	별도로 정하는 크기 구분표에서 무게가 다른 것이 5% 이하인 것. 단, 크기 구분표의 해당 무게에서 1단계를 초과할 수 없다.	별도로 정하는 크기 구분표에서 무게가 다른 것이 10% 이하인 것. 단, 크기 구분표의 해당 무게에서 1단계를 초과할 수 없다.	특·상에 미달하는 것
색 택	착색비율이 80% 이상인 것	착색비율이 60% 이상인 것	특·상에 미달하는 것
숙 도	숙도가 양호하고 균일한 것	숙도가 양호하고 균일한 것	특·상에 미달하는 것
중결점과	없는 것	없는 것	5% 이하인 것(부패·변질과는 포함할 수 없음)
경결점과	3% 이하인 것	5% 이하인 것	20% 이하인 것

단감의 크기 구분

구 분 \ 호 칭	2L	L	M	S	2S
1개의 무게(g)	250 이상	200 이상~250 미만	165 이상~200 미만	142 이상~165 미만	142 미만

※ 농산물 표준규격 개정(2023.11.23.)으로 단감의 크기 구분이 7단계(3L~3S)에서 5단계(2L~2S)로 간소화되어 정답을 구할 수 없음

20 1개의 무게가 100g인 참다래 200개를 선별하여 동일한 등급으로 4상자를 만들어 표준규격품으로 출하하고자 한다. 1상자당(5kg들이) 50과로 구성하며, 정상과는 48개씩 넣고 [보기] 내용에서 2과를 추가하여 상자를 구성할 경우, 4상자 모두를 동일 등급으로 구성할 수 있는 최고 등급을 쓰고, 최고 등급을 가능하게 할 2과를 [보기]에서 찾아 번호를 쓰시오(단, 주어진 항목 이외는 상자의 구성 및 등급판정을 고려하지 않으며, (②~⑤)에는 1개 번호만 답란에 기재하며 중복은 허용하지 않음). [6점]

보기

(1번) 햇볕에 그을려 외관이 떨어지는 것 : 2과
(2번) 녹물에 오염된 것 : 2과
(3번) 품종이 다른 것 : 2과
(4번) 깍지벌레의 피해가 있는 것 : 2과
(5번) 품종 고유의 모양이 아닌 것 : 2과
(6번) 시든 것 : 2과
(7번) 약해로 외관이 떨어지는 것 : 2과
(8번) 바람이 들어 육질에 동공이 생긴 것 : 2과

4상자의 등급	상자당 구성내용
등급 : (①)	• 상자(A) : 정상과 48과 + (②) • 상자(B) : 정상과 48과 + (③) • 상자(C) : 정상과 48과 + (④) • 상자(D) : 정상과 48과 + (⑤)

• 정답 • ① 특, ② 1번, ③ 2번, ④ 5번, ⑤ 7번

• 풀이 •
• 중결점과(3번, 4번, 6번, 8번)
  - 이품종과 : 품종이 다른 것
  - 부패, 변질과 : 과육이 부패 또는 변질된 것
  - 과숙과 : 육질, 경도로 보아 성숙이 지나치게 된 것
  - 병충해과 : 연부병, 깍지벌레, 풍뎅이 등 병해충의 피해가 있는 것
  - 상해과 : 열상, 자상 또는 압상이 있는 것. 다만 경미한 것은 제외한다.
  - 모양 : 모양이 심히 불량한 것
  - 기타 : 바람이 들어 육질에 동공이 생긴 것, 시든 것, 기타 경결점과에 속하는 사항으로 그 피해가 현저한 것
• 경결점(1번, 2번, 5번, 7번)
  - 품종 고유의 모양이 아닌 것
  - 일소, 약해 등으로 외관이 떨어지는 것
  - 병해충의 피해가 경미한 것
  - 경미한 찰상 등 중결점과에 속하지 않는 상처가 있는 것
  - 녹물에 오염된 것, 이물이 붙어 있는 것
  - 기타 결점의 정도가 경미한 것

과년도 기출문제

단답형

01 **다음은 농수산물 품질관리법령상 농산물우수관리인증에 관한 내용이다. ①~③ 중 틀린 내용의 번호와 틀린 부분을 옳게 수정하시오(수정 예 ① : ○○○ → □□□). [3점]**

> ① 농산물우수관리인증기관은 인증의 유효기간이 끝나기 3개월 전까지 신청인에게 갱신절차와 갱신신청 기간을 미리 알려야 한다.
> ② 농산물우수관리기준에 따라 농산물을 생산·관리하는 자는 국립농산물품질관리원으로부터 인증을 받을 수 있다.
> ③ 농산물우수관리인증품이 아닌 농산물에 농산물우수관리인증품의 표시를 하거나 이와 비슷한 표시를 한 자는 1년 이하의 징역 또는 1천만원 이하의 벌금에 처한다.

•정답• ① 3개월 → 2개월
② 국립농산물품질관리원 → 우수관리인증기관
③ 1년 이하의 징역 또는 1천만원 이하의 벌금 → 3년 이하의 징역 또는 3천만원 이하의 벌금

•풀이• ① 우수관리인증기관은 유효기간이 끝나기 2개월 전까지 신청인에게 갱신절차와 갱신신청 기간을 미리 알려야 한다. 이 경우 통지는 휴대전화 문자메세지, 전자우편, 팩스, 전화 또는 문서 등으로 할 수 있다(농수산물 품질관리법 시행규칙 제15조 제3항).
② 우수관리기준에 따라 농산물(축산물은 제외한다)을 생산·관리하는 자 또는 우수관리기준에 따라 생산·관리된 농산물을 포장하여 유통하는 자는 지정된 농산물우수관리인증기관("우수관리인증기관"이라 한다)으로부터 농산물우수관리의 인증("우수관리인증"이라 한다)을 받을 수 있다(농수산물 품질관리법 제6조 제2항).
③ 우수표시품이 아닌 농수산물(우수관리인증농산물이 아닌 농산물의 경우에는 승인을 받지 아니한 농산물을 포함한다) 또는 농수산가공품에 우수표시품의 표시를 하거나 이와 비슷한 표시를 한 자는 3년 이하의 징역 또는 3천만원 이하의 벌금에 처한다(농수산물 품질관리법 제119조 제1호).

02 다음은 농수산물의 원산지 표시 등에 관한 법률상 농산물의 원산지를 거짓으로 표시하여 적발된 경우에 대한 벌칙 및 처분기준이다. (　)에 알맞은 내용을 쓰시오. [5점]

> • 벌칙 : 7년 이하의 징역이나 (①)원 이하의 벌금
> • 과징금 : 최근 (②)년간 2회 이상 원산지를 거짓표시한 자에게 그 위반금액의 5배 이하에 해당하는 금액을 과징금으로 부과 · 징수
> • 위반업체 공표 : 국립농산물품질관리원, 한국소비자원, 인터넷정보 제공 사업자 등의 홈페이지에 처분이 확정된 날부터 (③)개월간 공표

• 정답 • ① 1억, ② 2, ③ 12

• 풀이 • ① 제6조(거짓 표시 등의 금지) 제1항 또는 제2항을 위반한 자는 7년 이하의 징역이나 1억원 이하의 벌금에 처하거나 이를 병과(倂科)할 수 있다(농수산물의 원산지 표시 등에 관한 법률 제14조 제1항).

② 농림축산식품부장관, 해양수산부장관, 관세청장, 특별시장 · 광역시장 · 특별자치시장 · 도지사 · 특별자치도지사(이하 '시 · 도지사') 또는 시장 · 군수 · 구청장(자치구의 구청장을 말한다)은 제6조(거짓 표시 등의 금지) 제1항 또는 제2항을 2년 이내에 2회 이상 위반한 자에게 그 위반금액의 5배 이하에 해당하는 금액을 과징금으로 부과 · 징수할 수 있다. 이 경우 제6조(거짓 표시 등의 금지) 제1항을 위반한 횟수와 같은 조 제2항을 위반한 횟수는 합산한다(농수산물의 원산지 표시에 관한 법률 제6조의2 제1항).

③ 홈페이지 공표의 기준 · 방법(농수산물의 원산지 표시 등에 관한 법률 시행령 제7조 제2항)

1. 공표기간 : 처분이 확정된 날부터 12개월
2. 공표방법
   가. 농림축산식품부, 해양수산부, 관세청, 국립농산물품질관리원, 국립수산물품질관리원, 특별시 · 광역시 · 특별자치시 · 도 · 특별자치도(이하 '시 · 도'), 시 · 군 · 구(자치구를 말한다) 및 한국소비자원의 홈페이지에 공표하는 경우 : 이용자가 해당 기관의 인터넷 홈페이지 첫 화면에서 볼 수 있도록 공표
   나. 주요 인터넷 정보제공 사업자의 홈페이지에 공표하는 경우 : 이용자가 해당 사업자의 인터넷 홈페이지 화면 검색창에 "원산지"가 포함된 검색어를 입력하면 볼 수 있도록 공표

03 농수산물 품질관리법령상 안전성조사에 관한 설명이다. (　)에 알맞은 용어를 쓰시오. [2점]

> 식품의약품안전처장이나 시 · 도지사는 농산물의 안전관리를 위하여 농산물에 대하여 다음의 안전성조사를 하여야 한다.
> • (①)단계 : 총리령으로 정하는 안전기준에의 적합 여부
> • (②)단계 : 식품위생법 등 관계 법령에 따른 유해물질의 잔류허용기준 등의 초과 여부

• 정답 • ① 생산, ② 유통 · 판매

• 풀이 • **안전성조사(농수산물 품질관리법 제61조 제1항)**

식품의약품안전처장이나 시 · 도지사는 농수산물의 안전관리를 위하여 농산물 또는 농산물의 생산에 이용 · 사용하는 농지 · 어장 · 용수(用水) · 자재 등에 대하여 다음의 조사("안전성조사"라 한다)를 하여야 한다.

1. 농산물의 생산단계 : 총리령으로 정하는 안전기준에의 적합 여부
2. 농산물의 유통 · 판매 단계 : 식품위생법 등 관계 법령에 따른 유해물질의 잔류허용기준 등의 초과 여부

04 일반음식점 B식당은 2019년 3월 5일에 배추김치의 원산지를 표시하지 않아 과태료 처분을 받은 사실이 있다. B식당이 2020년 7월 5일에 돼지고기의 원산지와 쌀의 원산지를 표시하지 않아 단속 공무원에게 재차 적발되었다면 농수산물의 원산지 표시에 관한 법률상 과태료의 부과기준에 따라 처분될 수 있는 과태료를 쓰시오(단, 처분기준은 개별 기준을 적용하며, 경감사유는 없다). [4점]

과태료 : 돼지고기 – (①)만원, 쌀 – (②)만원

• 정답 • ① 30, ② 30

• 풀이 • 위반행위의 횟수에 따른 과태료의 기준은 최근 1년간을 기준으로 하기 때문에 일반음식점 B식당의 경우 1차 위반에 해당한다. 따라서 돼지고기의 원산지를 표시하지 않은 경우의 과태료는 30만원, 쌀의 원산지를 표시하지 않은 경우의 과태료는 30만원이다.

※ 법 개정(2022.9.16)으로 정답을 구할 수 없음

과태료의 부과기준(농수산물의 원산지 표시 등에 관한 법률 시행령 제10조 관련 [별표 2])

1. 일반기준
   가. 위반행위의 횟수에 따른 과태료의 가중된 부과기준은 최근 2년간 같은 유형의 위반행위로 과태료 부과처분을 받은 경우에 적용한다. 이 경우 기간의 계산은 위반행위에 대하여 과태료 부과처분을 받은 날과 그 처분 후 다시 같은 위반행위를 하여 적발된 날을 기준으로 한다.
   나. 가.에 따라 가중된 부과처분을 하는 경우 가중처분의 적용 차수는 그 위반행위 전 부과처분 차수(가.에 따른 기간 내에 과태료 부과처분이 둘 이상 있었던 경우에는 높은 차수를 말한다)의 다음 차수로 한다.
2. 개별기준

위반행위	과태료			
	1차 위반	2차 위반	3차 위반	4차 이상 위반
가. 법 제5조 제1항을 위반하여 원산지 표시를 하지 않은 경우	5만원 이상 1,000만원 이하			
나. 법 제5조 제3항을 위반하여 원산지 표시를 하지 않은 경우				
1) 쇠고기의 원산지를 표시하지 않은 경우	100만원	200만원	300만원	300만원
2) 쇠고기 식육의 종류만 표시하지 않은 경우	30만원	60만원	100만원	100만원
3) 돼지고기의 원산지를 표시하지 않은 경우	30만원	60만원	100만원	100만원
4) 닭고기의 원산지를 표시하지 않은 경우	30만원	60만원	100만원	100만원
5) 오리고기의 원산지를 표시하지 않은 경우	30만원	60만원	100만원	100만원
6) 양고기 또는 염소고기의 원산지를 표시하지 않은 경우	품목별 30만원	품목별 60만원	품목별 100만원	품목별 100만원
7) 쌀의 원산지를 표시하지 않은 경우	30만원	60만원	100만원	100만원
8) 배추 또는 고춧가루의 원산지를 표시하지 않은 경우	30만원	60만원	100만원	100만원
9) 콩의 원산지를 표시하지 않은 경우	30만원	60만원	100만원	100만원

05 에틸렌 수용체에 결합하여 에틸렌의 작용을 억제하는 물질로서 현재 과일과 채소류에서 비교적 활발하게 응용되고 있는 물질의 명칭을 쓰시오. [3점]

• 정답 • 1-MCP(1-methylcyclopropene)

• 풀이 • 농산물 저장분야에서 에틸렌을 효과적으로 제어하기 위하여 사용하는 생장조절제는 1-MCP(1-methylcyclopropene)이다. 1-MCP는 1992년 미국 환경청(EPA)에 등록되었고, 2004년에 미국 식품의약안전청(FDA)으로부터 식품사용허가를 받은 물질로, 인체유해성 및 식물에 대한 자극이 없는 안전성이 검증되었다. 1-MCP는 식물체 내에 있는 에틸렌 수용기에 에틸렌 대신 자신이 결합하여 에틸렌의 발생과 작용을 근본적으로 차단하는 물질이다.

06 원예산물의 저장 중 증산작용에 영향을 미치는 환경요인에 관한 설명이 옳으면 ○, 틀리면 ×를 쓰시오. [5점]

• 저장고 내 상대습도가 높을수록 증산속도가 증가한다.	(①)
• 저장온도가 높을수록 증산속도가 증가한다.	(②)
• 저장고 내 공기 유속이 빠를수록 증산속도가 증가한다.	(③)
• 저장고 내 광이 많을수록 증산속도가 증가한다.	(④)

• 정답 • ① ×, ② ○, ③ ○, ④ ○

• 풀이 • **증산작용의 속도**

- 저장고 내 온도가 높을수록 증산속도가 증가한다.
- 저장고 내 상대습도가 낮을수록 증산속도가 증가한다.
- 저장고 내 공기유동량이 많을수록 증산속도가 증가한다.
- 저장고 내 광이 많을수록 증산속도가 증가한다.
- 부피에 비해 표면적이 넓을수록 증산속도가 증가한다.
- 큐티클층이 얇을수록 증산속도가 증가한다.
- 표피조직의 상처나 절단 부위를 통해 증산속도가 증가한다.

07 M농산물품질관리사는 내부 온도가 0℃와 10℃인 2개의 다른 저장고에 [보기]의 농산물을 적정 온도에 맞게 저장하려고 한다. ① 0℃의 저장고에 저장할 농산물과 ② 10℃의 저장고에 저장할 농산물을 구분하여 [보기]에서 모두 찾아 쓰시오(단, 상대습도, 공기의 속도 등 저장고의 다른 환경조건은 무시한다). [5점]

보기

오이, 양배추, 무, 고구마, 토마토, 당근

구 분	0℃ 저장고	10℃ 저장고
품 목	(①)	(②)

• 정답 • ① 양배추, 무, 당근
② 오이, 고구마, 토마토

• 풀이 • 저온장해란 빙점 이상의 온도에서 저온에 의한 생리적 장해를 입는 것으로, 빙점 이하에서 조직의 결빙으로 인해 나타나는 동해와는 구별된다. 저온장해를 입는 한계온도는 작물에 따라 다르며, 저장기간과는 관계없이 장해가 나타나기 시작하는 온도가 한계온도이다. 온대 작물에 비해 열대·아열대 원산의 작물이 저온에 민감하며, 대표적인 작물에는 오이, 토마토, 고구마, 고추, 가지, 호박, 바나나, 멜론, 파인애플, 옥수수 등이 있다.

08 A영농조합법인이 APC에서 저온저장된 '자두'를 상온 탑차에 실어 가락동 공영도매시장으로 출하하였다. 출하된 '자두'는 외부 온·습도의 급격한 환경변화로 과피에 물방울이 맺혀 일부 '자두'는 얼룩이 생겨 제값을 받기 어려웠다. 얼룩이 생긴 '자두'에 발생한 현상을 쓰시오. [3점]

• 정답 • 결로현상

• 풀이 • 저온저장고 내 산물을 상온으로 출고할 때 온도가 10℃ 이상 차이나면 결로현상에 의한 품질 저하가 발생한다. 결로현상이란 대기 중 수증기가 차가운 쪽에 맺히는 것을 말한다.

09 다음에서 ( )에 들어갈 용어를 쓰시오. [3점]

> 배의 과피 흑변은 저온저장 초기에 발생되며 유전적 요인에 의해 영향을 받는다. 특히 (①)계통인 '신고'와 '추황배'에서 주로 나타나며, 재배 중에는 (②)비료의 과다시용으로 발생하기 쉽다.

• 정답 • ① 금촌추
② 질 소

• 풀이 • **배의 과피흑변**
- 금촌추 품종(신고, 추황배 등)의 피를 받은 품종에서 발생한다.
- 과피흑변은 과피부분에 많이 함유되어 있는 폴리페놀 물질이 저온 다습한 조건에서 산화효소의 작용에 의해 변색되는 것이다.
- 저온저장 초기에 발생하며 과피에 짙은 흑색의 반점이 생기는 증상이다.
- 재배 중 질소비료 과다시용으로 많이 발생한다.
- 저온 저장 전에 예건하여 과피의 수분함량을 감소시켜 과피흑변을 줄일 수 있다.
- 재배 중 질소 시비량을 줄이면 과피흑변을 줄일 수 있다.

10 다음은 원예작물의 성숙과정과 숙성과정에서 일어나는 일련의 대사과정이다. ( )에 올바른 내용을 쓰시오. [5점]

> - 토마토는 성숙을 거쳐 숙성이 되면서 녹색의 (①)이/가 감소하고, 빨간색의 라이코펜이 증가한다.
> - 사과는 숙성이 진행되면서 (②)이/가 당으로 분해되어 단맛이 증가한다.
> - 과육이 연화되는 이유는 펙틴이 분해되어 (③)이/가 붕괴되기 때문이다.

• 정답 • ① 엽록소(클로로필)
② 전 분
③ 세포벽

• 풀이 • ① 토마토의 붉은색은 카로티노이드 때문이며, 라이코펜이 주성분이다. 덜 익은 토마토에는 엽록소(클로로필)가 많이 들어 있다.
② 잘 익은 사과는 전분이 당으로 변하여 단맛이 증가한다.
③ 과육의 연화는 세포벽 속에 함유되어 있는 펙틴이 효소작용에 의하여 분해되어 일어나는 현상이다.

서술형

11 종합할인마트에 근무하고 있는 B농산물품질관리사는 판매대에 진열한 '양파'와 '자몽'에 대하여 다음과 같은 방법으로 원산지를 표시하려고 한다. 농수산물의 원산지 표시에 관한 법률상 '양파'와 '자몽'의 원산지 표시(①, ③)와 최소 글자 크기(②, ④)를 쓰시오. [6점]

진열 상태		원산지 표시방법
생산지가 전남 무안군인 '양파'를 판매대에 벌크 상태로 진열하고, 일괄 안내표시판에 표시	→	• '양파' 글자 크기 : 30 포인트 • 원산지 표시 : (①) • 원산지의 최소 글자 크기 : (②) 포인트
생산지가 미국인 '자몽'을 판매대에 벌크 상태로 진열하고, 직경 4cm 크기의 스티커를 각각 부착하는 방법으로 표시	→	• '자몽' 글자 크기 : 30 포인트 • 원산지 표시 : (③) • 원산지의 최소 글자 크기 : (④) 포인트

• 정답 • ① 원산지 : 전남 무안
② 20
③ 원산지 : 미국산
④ 15

• 풀이 • **원산지의 표시기준(농수산물의 원산지 표시 등에 관한 법률 시행령 제5조 제1항 관련 [별표 1])**

• 국산 농산물의 원산지 표시기준 : "국산"이나 "국내산" 또는 그 농산물을 생산 · 채취한 지역의 시 · 도명이나 시 · 군 · 구명을 표시한다.

• 수입 농수산물과 그 가공품의 원산지 표시기준 : 대외무역법에 따른 원산지를 표시한다.

농수산물 등의 원산지 표시방법(농수산물의 원산지 표시 등에 관한 법률 시행규칙 제3조 제1호 관련 [별표 1])

포장재에 원산지를 표시하기 어려운 경우 원산지 표시방법

1) 푯말, 안내표시판, 일괄 안내표시판, 상품에 붙이는 스티커 등을 이용하여 다음의 기준에 따라 소비자가 쉽게 알아볼 수 있도록 표시한다. 다만, 원산지가 다른 동일 품목이 있는 경우에는 해당 품목의 원산지는 일괄 안내표시판에 표시하는 방법 외의 방법으로 표시하여야 한다.
   가) 푯말 : 가로 8cm × 세로 5cm × 높이 5cm 이상
   나) 안내표시판
      (1) 진열대 : 가로 7cm × 세로 5cm 이상
      (2) 판매장소 : 가로 14cm × 세로 10cm 이상
      (3) 축산물 위생관리법 시행령 제21조 제7호 가목에 따른 식육판매업 또는 같은 조 제8호에 따른 식육즉석판매가공업의 영업자가 진열장에 진열하여 판매하는 식육에 대하여 식육판매표지판을 이용하여 원산지를 표시하는 경우의 세부 표시방법은 식품의약품안전처장이 정하여 고시하는 바에 따른다.
   다) 일괄 안내표시판
      (1) 위치 : 소비자가 쉽게 알아볼 수 있는 곳에 설치하여야 한다.
      (2) 크기 : 나)(2)에 따른 기준 이상으로 하되, 글자 크기는 20포인트 이상으로 한다.
   라) 상품에 붙이는 스티커 : 가로 3cm × 세로 2cm 이상 또는 직경 2.5cm 이상이어야 한다.
2) 문자 : 한글로 하되, 필요한 경우에는 한글 옆에 한문 또는 영문 등으로 추가하여 표시할 수 있다.
3) 원산지를 표시하는 글자(일괄 안내표시판의 글자는 제외한다)의 크기는 제품의 명칭 또는 가격을 표시한 글자 크기의 1/2 이상으로 하되, 최소 12포인트 이상으로 한다.

12 사과를 0℃와 10℃에서 각각 저장하면서 호흡률을 측정한 결과 0℃에서 5mgCO_2/kg · hr, 10℃에서는 12.5mgCO_2/kg · hr 이었다. 이 때 호흡의 ① 온도계수(Q_{10})를 구하고, ② '공기조성'이 호흡에 미치는 영향에 대해 간략히 설명하시오. [5점]

• 정답 • ① 2.5
② 원예 생산물은 충분한 산소 농도에서는 호기성 호흡을 하지만, 산소의 농도가 낮아지고 이산화탄소의 농도가 높아지면 호흡이 억제된다.

• 풀이 • ① 온도가 10℃ 변화할 때의 호흡률 변화량을 온도상수 Q_{10}이라 한다. 즉, 온도민감성은 Q_{10}으로 나타낼 수 있는데, Q_{10}은 높은 온도에서의 호흡률(R_2)을 10℃ 낮은 온도에서의 호흡률(R_1)로 나눈 값이다(Q_{10} = R_2/R_1).
② 식물은 충분한 산소조건에서 호기성 호흡을 하며, 대부분의 작물은 산소 농도가 21%에서 2~3%까지 떨어질 때 호흡률과 대사과정이 감소한다. 저장산물 주변의 이산화탄소 농도가 증가하게 되면 호흡을 감소시키고, 노화를 지연시키며, 균의 생장을 지연시킨다. 하지만 저농도 산소조건 하에서의 높은 이산화탄소 농도는 발효과정을 촉진시킬 수 있다.

13 신선편이 농산물의 살균소독을 위해 염소수 세척을 하려고 한다. 유효염소 5%가 함유되어 있는 차아염소산나트륨(NaOCl)을 이용하여 100ppm의 유효염소 농도를 갖는 염소수 400L를 만들고자 할 때 필요한 차아염소산나트륨의 양(mL)을 구하시오(단, 계산 과정을 포함한다). [6점]

• 정답 • NaOCl의 양 = (원하는 유효염소 농도 × 수조용량) / (NaOCl% 농도 × 10,000)
= (100ppm × 400,000mL) / (5 × 10,000)
= 40,000,000 / 50,000
= 800mL

14 단감을 플라스틱 필름으로 포장하여 저장하였더니 연화가 억제되고 저장성이 증대되었다. 이 ① 저장법의 명칭과 ② 원리를 설명하고, 현재 단감의 저장에 가장 많이 사용되고 있는 ③ 플라스틱 포장재료 1가지를 쓰시오. [6점]

• 정답 • ① MA(Modified Atmosphere) 저장
② 필름 포장을 통하여 내용물의 수분증발이 억제되고, 필름에 따른 기체투과도와 내용물의 호흡작용에 의해 포장 내의 공기조성이 일반 대기보다 낮은 산소농도와 높은 이산화탄소 농도가 유지되어 산물의 호흡률이 감소되므로 저장 기간 중 농산물의 품질 변화를 지연시킨다.
③ Polyethylene(PE) 필름

• 풀이 • **MA(Modified Atmosphere) 저장**
- 필름이나 피막제를 이용하여 산물을 하나씩 또는 소량 포장하여 외부와 차단하고, 포장 내 호흡에 의한 산소 농도 저하와 이산화탄소 농도 증가로 인해 조성된 적정 대기를 통해 품질 변화를 억제하는 방법이다.
- 각종 플라스틱 필름으로 원예산물을 포장하는 경우 필름의 기체투과성, 산물로부터 발생한 기체의 양과 종류 등에 의해 포장 내부의 기체조성이 대기와 현저하게 달라지는 점을 이용한 저장방법이다.
- MA 저장에 사용되는 필름은 수분투과성과 이산화탄소나 산소 및 다른 공기의 투과성이 무엇보다도 중요하다.

15 K생산자가 화훼공판장에 출하하기 위해 포장한 카네이션(스탠다드) 1상자(20묶음 400본)의 품위를 계측한 결과 다음과 같았다. 농산물 표준 규격에 따른 항목별 등급(①~④)을 쓰고, 종합등급(⑤)과 그 이유(⑥)를 쓰시오(단, 크기의 고르기는 9묶음을 추출하여 꽃대의 길이를 측정하였고, 주어진 항목 이외는 등급판정에 고려하지 않는다). [7점]

1묶음 평균의 꽃대의 길이	꽃, 개화정도 및 결점
• 82cm짜리 : 2묶음 • 78cm짜리 : 5묶음 • 74cm짜리 : 2묶음	• 품종 고유의 모양으로 색택이 선명하고 양호함 • 꽃봉오리가 1/4정도 개화됨 • 품종 고유의 모양이 아닌 것 : 28본

항 목	해당 등급	종합등급 및 이유
크기의 고르기	(①)	종합등급 : (⑤)
꽃	(②)	
개화 정도	(③)	종합등급 판정 이유 : (⑥)
결 점	(④)	

• 정답 • ① "특", ② "상", ③ "특", ④ "보통", ⑤ "보통",

⑥ 카네이션(스탠다드)의 크기 구분에서 1묶음 평균의 꽃대 길이가 70cm 이상이면 1급으로 크기의 고르기에서 크기가 다른 것이 없으므로 "특", 꽃은 품종 고유의 모양으로 색택이 선명하고 양호하므로 "상", 개화정도는 꽃봉오리가 1/4 정도 개화되었으므로 "특", 품종 고유의 모양이 아닌 것은 경결점으로 7%(400본 중 28본)이므로 "보통"이다. 따라서 종합등급은 "보통"으로 판정한다.

• 풀이 • 카네이션의 등급규격

항 목 \ 등 급	특	상	보 통
크기의 고르기	크기 구분표에서 크기가 다른 것이 없는 것	크기 구분표에서 크기가 다른 것이 5% 이하인 것	크기 구분표에서 크기가 다른 것이 10% 이하인 것
꽃	품종 고유의 모양으로 색택이 선명하고 뛰어난 것	품종 고유의 모양으로 색택이 선명하고 양호한 것	특·상에 미달하는 것
개화정도	• 스탠다드 : 꽃봉오리가 1/4정도 개화된 것 • 스프레이 : 꽃봉오리가 1~2개 정도 개화되고 전체적인 조화를 이룬 것	• 스탠다드 : 꽃봉오리가 1/2정도 개화된 것 • 스프레이 : 꽃봉오리가 3~4개 정도 개화되고 전체적인 조화를 이룬 것	특·상에 미달하는 것
경결점	3% 이하인 것	5% 이하인 것	10% 이하인 것

카네이션의 크기 구분

구 분 \ 호 칭		1급	2급	3급	1묶음의 본수(본)
1묶음 평균의 꽃대길이(cm)	스탠다드	70 이상	60 이상~70 미만	30 이상~60 미만	20
	스프레이	60 이상	50 이상~60 미만	30 이상~50 미만	10

카네이션의 경결점

• 품종 고유의 모양이 아닌 것
• 경미한 약해, 생리장해, 상처, 농약살포 등으로 외관이 떨어지는 것
• 손질 정도가 미비한 것
• 기타 결점의 정도가 경미한 것

16 K농산물품질관리사가 공영도매시장에 출하된 마른고추 6kg들이 1포대를 농산물 표준규격 '항목별 품위계측 및 감정방법'에 따라 계측한 결과 다음과 같았다. ① 낱개의 고르기 등급, ② 탈락씨의 등급, 결점과(③~④) 및 ⑤ 종합등급을 쓰시오(단, 주어진 항목 이외는 등급판정에 고려하지 않는다). [6점]

낱개의 고르기	탈락씨	결점과
평균길이에서 ±1.5cm를 초과하는 것 : 4개	25g	• 길이의 1/3이 갈라진 것 : 2개 • 꼭지 빠진 것 : 2개

낱개의 고르기	탈락씨	결점과		종합등급
		종 류	혼입율	
(①)	(②)	(③)	(④)	(⑤)

※ 결점과 종류 : 경결점과, 중결점과 중에서 선택

• 정답 • ① "특"
② "특"
③ 경결점
④ 8%
⑤ "상"

• 풀이 • ① 마른고추의 낱개의 고르기는 공시량 중에서 중결점 및 경결점, 심하게 구부러진 것 등을 제외하고 매개의 길이 또는 무게를 측정하여 평균을 구하고 품목(품종)별 허용길이 또는 무게를 초과하거나 미달하는 것의 개수 비율을 구한다. 채소류의 공시량은 포장단위 수량이 50과 이상은 50과를 무작위 추출하고, 50과 미만은 전량을 추출한다(농산물 표준규격 제12조 관련 [별표 6]). 평균길이에서 ±1.5cm를 초과하는 것이 8%(공시량 50개 중 4개)이므로 "특" 등급이다.

② 탈락씨는 0.42%(6kg 중 25g)이므로 "특" 등급이다.

③ 마른고추의 경결점
- 반점 및 변색 : 황백색 또는 녹색이 과면의 10% 미만인 것 또는 과열로 검게 변한 것이 과면의 20% 미만인 것(꼭지 또는 끝부분의 경미한 반점 또는 변색은 제외한다)
- 상해과 : 길이의 1/2 미만이 갈라진 것
- 병충해 : 흑색탄저병, 무름병, 담배나방 등 병충해 피해가 과면의 10% 미만인 것
- 모양 : 심하게 구부러진 것, 꼭지가 빠진 것
- 기타 : 결점의 정도가 경미한 것

④ 길이의 1/3이 갈라진 것과 꼭지 빠진 것은 경결점으로 8%(공시량 50개 중 4개)이므로 "상" 등급이다.
결점 혼입률 산출식(농산물 표준규격 제12조 관련 [별표 6])

$$\text{혼입률(\%)} = \frac{\text{중결점(경결점) 개수}}{\text{공시 개수}} \times 100$$

⑤ 낱개의 고르기와 탈락씨의 경우 "특" 등급이지만, 경결점과의 경우 "상" 등급이므로, 종합등급은 "상"으로 판정한다.

마른고추의 등급규격

항 목 \ 등 급	특	상	보 통
낱개의 고르기	평균 길이에서 ±1.5cm를 초과하는 것이 10% 이하인 것	평균 길이에서 ±1.5cm를 초과하는 것이 20% 이하인 것	특·상에 미달하는 것
경결점과	5.0% 이하인 것	15.0% 이하인 것	25.0% 이하인 것
탈락씨	0.5% 이하인 것	1.0% 이하인 것	2.0% 이하인 것

17 C농산물품질관리사가 도매시장에서 포도(품종 : 거봉) 1상자(5kg)에 대해서 품위를 계측한 결과 다음과 같았다. 농산물 표준규격에 따른 ① 낱개의 고르기 등급과 ② 그 이유를 쓰시오(단, 주어진 항목 이외는 등급판정에 고려하지 않는다). [5점]

포도(거봉) 송이별 무게 구분	• 360g~399g 범위 : 1송이 • 400g~429g 범위 : 6송이 • 430g~459g 범위 : 3송이 • 460g~499g 범위 : 2송이

• 정답 • ① "특", ② 무게가 다른 것이 0으로 "특"등급 기준의 10% 이하에 해당됨

• 풀이 • 포도의 등급규격

등급 / 항목	특	상	보통
낱개의 고르기	별도로 정하는 크기 구분표에서 무게가 다른 것이 10% 이하인 것. 단, 크기 구분표의 해당 무게에서 1단계를 초과할 수 없다.	별도로 정하는 크기 구분표에서 무게가 다른 것이 30% 이하인 것. 단, 크기 구분표의 해당 무게에서 1단계를 초과할 수 없다.	특·상에 미달하는 것

포도의 크기 구분

호칭 / 품종	2L	L	M	S
샤인머스켓, 거봉, 흑보석, 자옥 등 무핵(씨없는 것)과와 유사한 품종[1송이의 무게(g)]	700 이상	600 이상~700 미만	500 이상~600 미만	500 미만

18 농업인 A씨가 농산물 도매시장에 표준규격 농산물로 출하한 단감 1상자(10kg)를 표준 규격품 기준에 따라 단감 40개를 계측한 결과 다음과 같았다. 농산물 표준규격상 ① 낱개의 고르기 등급, ② 색택 등급, ③ 경결점과 등급을 쓰고, ④ 종합등급과 ⑤ 그 이유를 쓰시오(단, 주어진 항목 이외는 등급판정에 고려하지 않는다). [6점]

단감의 무게(g)	색 택	경결점과
• 350g 이상~ : 1개 • 214g 이상~250g 미만 : 38개 • 188g 이상~214g 미만 : 1개	착색비율 85%	• 품종 고유의 모양이 아닌 것 : 1 개 • 약해 등으로 외관이 떨어지는 것 : 1개

항 목	해당 등급	종합등급 및 이유
낱개의 고르기	(①)	종합등급 : (④)
색 택	(②)	
경결점과	(③)	종합등급 판정 이유 : (⑤)

• 정답 • ① "보통", ② "특", ③ "상", ④ "보통", ⑤ 단감의 크기 구분표에서 350g 이상은 "3L", 214g 이상~250g 미만은 "L", 188g 이상~214g 미만은 "M"이다. 낱개의 고르기에서 "특"과 "상"은 크기 구분표의 해당 무게에서 1단계를 초과할 수 없으므로 "보통"으로 판정한다. 색택은 착색비율 85%이므로 "특", 경결점과는 5%(40개 중 2개)이므로 "상"이다. 따라서 종합등급은 "보통"으로 판정한다.

• 풀이 • 단감의 등급규격

항 목 \ 등 급	특	상	보 통
낱개의 고르기	별도로 정하는 크기 구분표에서 무게가 다른 것이 5% 이하인 것. 단, 크기 구분표의 해당 무게에서 1단계를 초과 할 수 없다.	별도로 정하는 크기 구분표에서 무게가 다른 것이 10% 이하인 것. 단, 크기 구분표의 해당 무게에서 1단계를 초과 할 수 없다.	특·상에 미달하는 것
색 택	착색비율이 80% 이상인 것	착색비율이 60% 이상인 것	특·상에 미달하는 것
경결점과	3% 이하인 것	5%이하인 것	20% 이하인 것

단감의 크기 구분

구 분 \ 호 칭	2L	L	M	S	2S
1개의 무게(g)	250 이상	200 이상~250 미만	165 이상~200 미만	142 이상~165 미만	142 미만

※ 농산물 표준규격 개정(2023.11.23.)으로 단감의 크기 구분이 7단계(3L~3S)에서 5단계(2L~2S)로 간소화되어 정답을 구할 수 없음

단감의 경결점과

• 품종 고유의 모양이 아닌 것
• 경미한 일소, 약해 등으로 외관이 떨어지는 것
• 그을음병, 깍지벌레 등 병충해의 피해가 과피에 그친 것
• 꼭지가 돌아갔거나, 꼭지와 과육 사이에 틈이 있는 것
• 경미한 찰상 등 중결점과에 속하지 않는 상처가 있는 것
• 기타 결점의 정도가 경미한 것

19 A농산물품질관리사가 시중에 유통되고 있는 참깨(1포대, 20kg들이)를 농산물 표준규격에 따라 품위를 계측한 결과 다음과 같았다. 농산물 표준규격에 따른 항목별 등급(①~③)을 쓰고, 종합등급(④)과 그 이유(⑤)를 쓰시오(단, 주어진 항목 이외는 등급 판정에 고려하지 않는다). [6점]

구 분	이 물	이종피색립	용적중
계측결과	0.5%	1.2%	605g/L

항 목	해당 등급	종합등급 및 이유
이 물	(①)	종합등급 : (④)
이종피색립	(②)	
용적중	(③)	종합등급 판정 이유 : (⑤)

• 정답 • ① "특"
② "상"
③ "특"
④ "상"
⑤ 이물은 0.5%이므로 "특", 이종피색립은 1.2%이므로 "상", 용적중은 605g/L이므로 "특"이다. 따라서 종합등급은 "상"으로 판정한다.

• 풀이 • 참깨의 등급규격

항 목 \ 등 급	특	상	보 통
용적중(g/L)	600 이상인 것	580 이상인 것	550 이상인 것
이종피색립	1.0% 이하인 것	2.0% 이하인 것	5.0% 이하인 것
이 물	1.0% 이하인 것	2.0% 이하인 것	5.0% 이하인 것

20 A농가가 참외를 수확하여 선별하였더니 다음과 같았다. 5kg들이 상자에 담아 표준규격품으로 출하하려고 할 때, 등급별로 포장할 수 있는 최대 상자수(①~③)와 등급별 상자의 구성 내용(④~⑥)을 쓰시오(단, 주어진 참외를 모두 이용하여 "특", "상", "보통" 순으로 포장하여야 하며 "등외"는 제외한다. 주어진 항목 이외는 등급에 고려하지 않는다). [9점]

1개의 무게	개 수	총 중량	정상과	결점과
750g	7	5,250g	7	없 음
700g	5	3,500g	5	없 음
600g	5	3,000g	5	없 음
500g	7	3,500g	5	• 열상의 피해가 경미한 것 : 1개 • 품종 고유의 모양이 아닌 것 : 1개
계	24	15,250g	22	2개

등 급	최대 상자수	구성 내용
특	(①)상자	(④)
상	(②)상자	(⑤)
보 통	(③)상자	(⑥)

※ 구성 내용 예시 : (○○○g □개), (○○○g □개 + ○○○g □개)

• 정답 • ① 2
② 0
③ 0
④ (750g 7개), (700g 5개 + 500g 3개)
⑤ 없 음
⑥ (600g 5개 + 500g 4개) *경결점과 2개 포함 시 22.2%로 '보통' 등급을 초과하므로 등외로 판정

• 풀이 • 참외의 등급규격

항 목 \ 등 급	특	상	보 통
낱개의 고르기	별도로 정하는 크기 구분표에서 무게가 다른 것이 3% 이하인 것. 단, 크기 구분표의 해당 무게에서 1단계를 초과할 수 없다.	별도로 정하는 크기 구분표에서 무게가 다른 것이 5% 이하인 것. 단, 크기 구분표의 해당 무게에서 1단계를 초과할 수 없다.	특·상에 미달하는 것
경결점과	3% 이하인 것	5% 이하인 것	20% 이하인 것

참외의 크기 구분

구 분 \ 호 칭	2L	L	M	S	2S	3S
1개의 무게(g)	500 이상	330 이상 ~500 미만	250 이상 ~330 미만	200 이상 ~250 미만	165 이상 ~200 미만	165 미만

※ 농산물 표준규격 개정(2023.11.23.)으로 참외의 크기 구분이 7단계(3L~3S)에서 6단계(2L~3S)로 간소화 됨

참외의 경결점과
• 병충해, 상해의 피해가 경미한 것
• 품종 고유의 모양이 아닌 것
• 기타 결점의 정도가 경미한 것

과년도 기출문제

단답형

01 오리농장과 음식점을 함께 운영하고 있는 A씨는 미국에서 수입한 오리를 국내에서 45일간 사육한 후 국내산으로 판매하려고 한다. 본인의 오리전문 일반음식점에서 오리탕 메뉴로 사용할 경우 농수산물의 원산지 표시에 관한 법령에 따른 메뉴판의 원산지 표시를 쓰시오. [3점]

• 정답 • 오리탕(오리고기 : 국내산(출생국 : 미국))

• 풀이 • **원산지 표시대상별 표시방법(농수산물의 원산지 표시 등에 관한 법률 시행규칙 [별표 4])**
국내산(국산)의 경우 "국산"이나 "국내산"으로 표시한다. 다만, 수입한 닭 또는 오리를 국내에서 1개월 이상 사육한 후 국내산(국산)으로 유통하는 경우에는 "국산"이나 "국내산"으로 표시하되, 괄호 안에 출생국가명을 함께 표시한다.

02 농수산물 품질관리법령상 이력추적관리 등록에 관한 내용이다. 다음 (　)에 들어갈 내용을 쓰시오. [4점]

농산물에 대한 이력추적관리 등록의 유효기간은 등록한 날부터 (①)년으로 한다. 다만, 품목의 특성상 달리 적용할 필요가 있는 경우에는 (②)년의 범위에서 농림축산식품부령으로 유효기간을 달리 정할 수 있다. 유효기간을 달리 적용할 유효기간은 인삼류는 (③)년 이내, 약용작물류는 (④)년 이내의 범위 내에서 등록기관의 장이 정하여 고시한다.

• 정답 • ① 3, ② 10, ③ 5, ④ 6

• 풀이 • **이력추적관리 등록의 유효기간 등(농수산물 품질관리법 제25조)**
이력추적관리 등록의 유효기간은 등록한 날부터 3년으로 한다. 다만, 품목의 특성상 달리 적용할 필요가 있는 경우에는 10년의 범위에서 농림축산식품부령으로 유효기간을 달리 정할 수 있다. 유효기간을 달리 적용할 유효기간은 다음의 구분에 따른 범위 내에서 등록기관의 장이 정하여 고시한다.
1. 인삼류 : 5년 이내
2. 약용작물류 : 6년 이내

03 2021년 4월 14일 K시장에서 농산물 원산지 표시 실태 단속결과, 참깨를 판매하는 A점포와 녹두를 판매하는 B점포를 적발하였고 위반 내용은 아래와 같다. 농산물의 원산지 표시에 관한 법률상 다음 (　)에 들어갈 내용을 쓰시오(단, 벌금 액수는 '1천5백만' 형식으로 기재할 것). [3점]

구 분	위반 내용	벌칙 및 처분 기준
A점포	국산과 수입산을 혼합하여 판매하면서 원산지를 국산으로 표시함. 또한, 4년 전에 동일한 행위의 죄로 형을 선고받고 그 형이 확정(2017년 4월 11일)된 바 있음.	• (①)년 이상 (②)년 이하의 징역 • (③)원 이상 (④)원 이하의 벌금 • 이를 병과할 수 있다.
B점포	원산지 표시를 혼동하게 할 목적으로 그 표시를 손상시킴. 이 점포는 과거에 원산지 표시 위반 사례는 없음.	• (⑤)년 이하의 징역 • (⑥)원 이하의 벌금 • 이를 병과할 수 있다.

• 정답 • ① 1, ② 10, ③ 5백만, ④ 1억5천만, ⑤ 7, ⑥ 1억

• 풀이 • 벌칙(농수산물의 원산지 표시 등에 관한 법률 제14조)

① 제6조 제1항 또는 제2항을 위반한 자는 7년 이하의 징역이나 1억원 이하의 벌금에 처하거나 이를 병과할 수 있다.

② ①의 죄로 형을 선고받고 그 형이 확정된 후 5년 이내에 다시 위반한 자는 1년 이상 10년 이하의 징역 또는 500만원 이상 1억5천만원 이하의 벌금에 처하거나 이를 병과할 수 있다.

※ 거짓 표시 등의 금지(농수산물의 원산지 표시 등에 관한 법률 제6조 제1항)
누구든지 다음의 행위를 하여서는 아니 된다.

1. 원산지 표시를 거짓으로 하거나 이를 혼동하게 할 우려가 있는 표시를 하는 행위
2. 원산지 표시를 혼동하게 할 목적으로 그 표시를 손상·변경하는 행위
3. 원산지를 위장하여 판매하거나, 원산지 표시를 한 농수산물이나 그 가공품에 다른 농수산물이나 가공품을 혼합하여 판매하거나 판매할 목적으로 보관이나 진열하는 행위

04 A씨는 상추를 재배하면서 2020년 7월 1일자로 농산물우수관리인증을 취득하였으나 시장의 수급문제로 상추 대신 딸기로 품목을 변경하여 농산물우수관리인증을 신청하고자 한다. 농수산물 품질관리 법령에 따라 A씨의 향후 농산물우수관리인증 변경 신청서 제출과 관련한 다음을 답하시오. [3점]

- 제출처 : (①)
- 우수관리인증 변경 신청서 첨부서류 : (②)
- 신청가능 최종일 : (③)

• 정답 • ① 우수관리인증기관, ② 우수관리인증농산물의 위해요소관리계획서, ③ 2022년 6월 30일

• 풀이 • **우수관리인증의 유효기간 등(농수산물 품질관리법 제7조 제4항)**
우수관리인증의 유효기간이 끝나기 전에 생산계획 등 농림축산식품부령으로 정하는 중요 사항을 변경하려는 자는 미리 우수관리인증의 변경을 신청하여 해당 우수관리인증기관의 승인을 받아야 한다.
※ 우수관리인증의 유효기간 등(농수산물 품질관리법 제7조 제1항)
우수관리인증의 유효기간은 우수관리인증을 받은 날부터 2년으로 한다. 다만, 품목의 특성에 따라 달리 적용할 필요가 있는 경우에는 10년의 범위에서 농림축산식품부령으로 유효기간을 달리 정할 수 있다.
우수관리인증의 변경(농수산물 품질관리법 시행규칙 제17조 제1항)
우수관리인증을 변경하려는 자는 농산물우수관리인증 변경신청서에 다음의 서류 중 변경사항이 있는 서류를 첨부하여 우수관리인증기관에 제출하여야 한다.
1. 우수관리인증농산물의 위해요소관리계획서
2. 생산자단체 또는 그 밖의 생산자 조직의 사업운영계획서(생산자집단이 신청하는 경우만 해당한다)

05 다음 ( )에 들어갈 올바른 내용을 [보기]에서 찾아 쓰시오. [4점]

원예산물에서는 일반적으로 (①) 고형물의 함량을 당도로 표현하며, 표시단위는 (②)(으)로 한다. 고형물의 함량은 (③)당도계를 이용하여 측정하는데 이는 과즙을 통과하는 빛이 녹아 있는 고형물에 의해 (④)지는 원리를 이용한 것이다.

보기

°Brix, RPM, 굴절, 회절, 가용성, 불용성, 느려, 빨라

• 정답 • ① 가용성, ② °Brix, ③ 굴절, ④ 느려

• 풀이 • 과실의 단맛을 내는 성분은 포도당이나 과당과 같은 단당류와 자당과 같은 소당류로 수용성(가용성) 고형분에 해당한다. 이러한 단맛의 정도를 당도라고 하며, 굴절당도계로 측정하여 °Brix로 나타낸다. 굴절당도계는 소량의 과즙을 짜내어 과즙을 통과하는 빛이 녹아 있는 고형물에 의해 느려지는 원리를 이용한 것이다.

06 딸기와 복숭아에서 상업적으로 이용되고 있는 물질로서 10%~20% 정도의 고농도로 처리했을 때 수확 후 부패방지 및 품질유지에 효과적인 가스형태의 물질명을 쓰시오. [3점]

• 정답 • 이산화탄소

• 풀이 • 딸기나 복숭아 수확 후 부패 방지 및 품질유지를 위해 10%~20% 정도 고농도의 이산화탄소(CO_2)로 처리한다.

07 다음은 원예산물에서 무기원소에 관한 설명이다. (   )에 들어갈 물질을 쓰시오. [3점]

- (①) : 엽록소의 성분이며 원예산물에서 녹색의 정도와 관계된다.
- (②) : 주로 세포벽에 결합되어 있으며 사과의 고두병, 토마토의 배꼽썩음병과 관련이 있다.
- (③) : 세포막 구성 지질의 주요 성분이며 탄수화물대사와 에너지전달에 중요한 역할을 한다.

• 정답 • ① 마그네슘, ② 칼슘, ③ 인

• 풀이 • ① 엽록소의 주요 성분인 마그네슘이 부족하게 되면 점차 황백화되며 광합성을 하지 못해 죽을 수도 있다.
② 사과 고두병, 양배추 흑심병, 토마토 배꼽썩음병, 배의 콜크스폿, 상추 잎끝마름병 등은 칼슘 부족으로 인해 발생하는 장해이다.
③ 인(P)은 세포막의 구성 물질인 인지질의 주요 성분이며, 질소와 결합하여 지방 및 탄수화물대사에도 관여한다. 또한, 에너지 전달 물질인 ATP의 구성 원소로 쓰여 에너지전달에 중요한 역할을 한다.

08 다음 (   )에 들어갈 올바른 내용을 쓰시오. [4점]

원예산물에서 수확 후 증산작용에 의한 (①)손실은 세포팽압, 중량 등의 감소로 인한 품질저하를 가져온다. 증산계수란 단위무게, 단위시간당 발생하는 수분증발을 말하며 수치가 (②)수록 수분증발이 심한 것을 의미한다. 0℃, 상대습도 80%, 공기유동이 없는 동일조건에서 당근, 시금치, 토마토 중 증산계수가 가장 낮은 작물은 (③)이다. 일반적으로 사과, 자두 등은 저장 및 유통기간 중 감모율을 줄이기 위해 과피에 (④)와(과) 같은 코팅제를 처리하기도 한다.

• 정답 • ① 수분, ② 클 ③ 토마토, ④ 왁스(WAX)

• 풀이 • ① 증산작용은 식물체에서 수분이 빠져 나가는 현상으로, 일반적으로 수분이 5% 정도 소실되면 상품가치를 잃게 된다.
② 증산계수=전체증산량/전체건물중으로 계산한다.
③ 동일 환경 조건에서 작물별 증산계수는 시금치 > 당근 > 토마토 순으로 나타난다.

09 다음에서 (   )에 들어갈 올바른 내용을 쓰시오. [3점]

> 농업인 A씨는 농산물품질관리사로부터 딸기 '설향'을 (①)저장하면 비타민 C의 함량 저하가 지연되고 과피색도 양호하게 유지된다는 설명을 들었다. 그러나 (①)저장은 질소발생기 등 자재 및 시설을 구축하여야 하므로 실용적으로 실시가 어려운 점이 있어 폴리에틸렌 필름을 이용한 (②)저장을 이용하기로 결정하였다. 이에 농업인 A씨는 (②)저장의 효과를 최대화하기 위해 필름의 두께와 (③)의 투과성 등을 고려하여 구매하고 이용하려고 한다.

• 정답 • ① CA, ② MA, ③ 가스

• 풀이 • ① CA 저장은 대기조성과는 다른 공기조성을 갖는 조건하에 저장하는 것으로, 호흡, 연화, 성분 변화와 같은 생화학적 · 생리적 변화와 연관된 작물의 노화를 방지할 수 있으나 시설비와 유지비가 많이 든다.

② MA 저장은 필름이나 피막제를 이용하여 산물을 하나씩 또는 소량 포장하여 외부와 차단하고, 포장 내 호흡에 의한 산소 농도 저하와 이산화탄소 농도 증가로 인해 조성된 적정 대기를 통해 품질 변화를 억제하는 방법이다.

③ MA 저장의 고려사항
- 작물의 종류
- 성숙도에 따른 호흡속도
- 에틸렌 발생량 및 감응도
- 필름의 두께
- 종류에 따른 가스투과성
- 피막제 특성

10 B농가에서는 [보기]에 있는 품목의 원예산물을 수확하였다. 수확 후 즉시 저장을 하였으나 상처부위가 아물지 않아 상품성이 떨어진 품목이 있었다. 농산물품질관리사가 B농가에게 수확 후 치유(큐어링)를 하면 품질을 향상시키고 저장성을 높일 수 있다고 지도한 원예산물을 [보기]에서 찾아 모두 쓰시오. [2점]

> 보기
>
> 오이, 감자, 고구마, 브로콜리, 상추

• 정답 • 감자, 고구마

• 풀이 • **품목별 큐어링 방법**
- 감자 : 수확 후 온도 15~20℃, 습도 85~90%의 환경조건에서 2주일 정도 큐어링하여 코르크층이 형성되면 수분 손실과 부패균의 침입을 막을 수 있다.
- 고구마 : 수확 후 1주일 이내에 온도 30~33℃, 습도 85~90%의 환경조건에서 4~5일간 큐어링한 후 열을 방출시키고 저장하면 상처가 잘 치유되고 당분 함량이 증가한다.
- 양파와 마늘 : 양파와 마늘은 보호엽이 형성되고, 건조되어야 저장 중 손실이 적다. 일반적으로 밭에서 1차 건조시키고, 저장 전에 선별장에서 완전히 건조시켜 입고한 후 온도를 낮추기 시작한다.

서술형

11 **다음은 농산물 지리적표시권의 승계와 관련하여 개인자격으로 지리적표시를 등록한 A씨(지리적표시권자)와 B씨(담당공무원) 간의 대화 내용이다. A씨의 고충을 상담한 담당공무원 B씨의 (   )에 들어갈 답변을 간략히 쓰시오(주어진 내용 이외는 고려하지 않음). [5점]**

> • A씨 : 지리적표시권의 승계에 대해 궁금해서 전화 드렸습니다.
> • B씨 : 농수산물 품질관리법 제35조에 따라 지리적표시권은 타인에게 이전하거나 승계를 할 수가 없으나 합당한 사유에 해당하면 (①)의 사전 승인을 받아 승계를 할 수 있습니다.
> • A씨 : 아, 그렇군요. 제가 승계를 고민하는 이유가 있습니다. 저는 조상의 전통을 계승하여 가업으로 물려받은 독보적인 기술을 보유하고 있으며, 국내에서 지리적 특성을 가진 유일한 제품을 독자적으로 제조 및 가공 생산하고 있으며 재정상태도 매우 우수합니다. 이제 나이가 들어 자녀에게 승계하고 3년 정도 함께 일하면서 기술을 전수하고 은퇴하고 싶어서 승계를 고민하고 있습니다. 이런 경우 지리적표시권이 자녀에게 승계가 가능한가요? 불가능한가요?
> • B씨 : 현시점에서 승계는 불가합니다. 그 이유는 (②).
> • A씨 : 예, 잘 알겠습니다.

• 정답 • ① 농림축산식품부장관
② 개인 자격으로 등록한 지리적표시권자가 사망한 경우에만 이전하거나 승계할 수 있습니다.

• 풀이 • **지리적표시권의 이전 및 승계(농수산물 품질관리법 제35조)**
지리적표시권은 타인에게 이전하거나 승계할 수 없다. 다만, 다음의 어느 하나에 해당하면 농림축산식품부장관 또는 해양수산부장관의 사전 승인을 받아 이전하거나 승계할 수 있다.
1. 법인 자격으로 등록한 지리적표시권자가 법인명을 개정하거나 합병하는 경우
2. 개인 자격으로 등록한 지리적표시권자가 사망한 경우

12 **C영농조합법인에서는 품온이 27℃ 인 참외를 5℃ 냉각수를 이용하여 예랭하고자 한다. 1회 반감기까지 20분이 소요되었고, 일반적으로 권장되는 경제적 예랭수준(7/8 수준)까지 예랭하였을 때 ① 반감기 경과 횟수에 따른 품온과 ② 소요시간을 계산하시오(단, 주어진 조건 이외는 고려하지 않음). [6점]**

• 정답 • ① 1회 16℃, 2회 10.5℃, 3회 7.75℃, ② 60분

• 풀이 • 27℃를 5℃로 만들 경우 7/8에 해당하는 온도는 7.75℃이다.
반감기란 어떤 양이 초기값의 절반이 되는 데 걸리는 시간이므로,
27℃ → 16℃ → 10.5℃ → 7.75℃ 이다.
20분 20분 20분
따라서 7/8 지점에 도달하는 시간은 60분이고, 온도는 7.75℃이다.

13 사과, 토마토 등에서 상업적으로 사용되고 있는 AVG(Aminoethoxyvinyl Glycine)와 과망가니즈산칼륨($KMnO_4$)의 에틸렌에 대한 화학적 제어원리를 각각 설명하시오. [6점]

• 정답 •
- AVG : ACC(에텔렌 전구물질)의 합성효소의 활성을 방해하여 에틸렌의 합성을 억제한다.
- 과망가니즈산칼륨 : 에틸렌의 이중결합을 깨뜨려 산화시킴으로써 에틸렌을 흡착·제거한다.

• 풀이 •
- AVG(Aminoethoxyvinyl Glycine)는 Rhizobium 박테리아에 의해 생성되는 물질(Phytotoxin)로서, 에틸렌 전구물질인 ACC의 합성효소의 활성을 특이적으로 억제한다.
- 과망가니즈산칼륨($KMnO_4$)은 에틸렌이 가지고 있는 이중결합을 분해함으로써 저장공간 내의 에틸렌을 제거한다.

14 농산물품질관리사 A씨가 녹숙상태의 토마토와 감귤을 상온에 저장하였는데, 저장 7일 후 과실표면의 착색변화가 관찰되었다. 두 작물의 ① 호흡특성과 ② 색소대사에 대해 각각 설명하시오. [8점]

• 정답 •
① 토마토는 호흡상승과로, 성숙과정에서 호흡이 최저에 달하다가 급격히 증가하는 호흡급등현상을 보인다. 감귤은 비호흡상승과로 성숙과정에서 호흡상승현상을 나타내지 않으며 호흡상승과에 비해 느린 성숙 변화를 보인다.
② 토마토는 성숙과정을 거치면서 녹색의 클로로필이 감소하고, 빨간색의 리코핀이 증가한다. 감귤은 성숙해면서 엽록소가 점차 분해되며, 카로티노이드의 황색이 나타나게 된다.

• 풀이 •
- 호흡상승과 : 성숙과정에서 호흡 상승 현저하게 나타나는 작물들을 말하며, 호흡상승과에는 사과, 배, 복숭아, 참다래, 바나나, 아보카도, 토마토, 수박, 살구, 멜론, 감, 키위, 망고, 파파야 등이 있다.
- 비호흡상승과 : 성숙과정에서 호흡 상승이 나타나지 않는 작물들을 말하며, 호흡상승과에 비하여 숙성이 느리며, 대부분의 채소류는 비호흡상승과로 분류된다. 비호흡상승과에는 포도, 감귤, 오렌지, 레몬, 고추, 가지, 오이, 딸기, 호박, 파인애플 등이 있다.

15 농산물품질관리사 H씨가 당근 1상자(10kg)에 대해서 품위를 계측한 결과 다음과 같다. 농산물 표준규격상 낱개의 고르기 및 손질상태의 등급, 경결점과의 비율을 쓰고, 종합판정한 등급과 그 이유를 쓰시오(단, 주어진 항목 이외는 등급판정에 고려하지 않으며, 비율은 소수점 첫째자리까지 구함). [7점]

계측수량	1상자 무게(g) 분포	항목별 계측결과
45개	• 160g 이상~180g 미만 : 520g • 180g 이상~200g 미만 : 570g • 200g 이상~215g 미만 : 3,180g • 215g 이상~235g 미만 : 3,220g • 235g 이상~250g 미만 : 1,470g • 250g 이상~265g 미만 : 1,040g	• 표면이 매끈하고 꼬리 부위의 비대가 양호하다. • 잎은 1.0cm 이하로 자르고 흙과 수염뿌리가 제거가 되어 있다. • 선충에 의한 피해가 표면에 발생한 흔적이 있는 것이 3개가 있다. • 품종 고유의 모양이 아닌 것이 1개가 있다.

〈등급판정〉

낱개의 고르기	손질상태	경결점과 비율	종합판정 등급 및 이유	
등급 : (①)	등급 : (②)	(③)%	등급 : (④)	이유 : (⑤)

※ 이유 답안 예시 : △△항목이 ○○%로 "○"등급 기준의 ○○% 이하(미만) 또는 이상(초과)에 해당됨

• 정답 • ① 보통, ② 특, ③ 8.89, ④ 보통,
⑤ 낱개의 고르기 항목에서 무게가 다른 것이 21.3%로, "특(무게가 다른 것이 10% 이하인 것)"과 "상(무게가 다른 것이 20% 이하인 것)" 등급에 미달한다.

• 풀이 •
- 낱개의 고르기 : 무게가 다른 것이 21.3%이므로 "보통"
  - 150g 이상~200g 미만 : 520g + 570g = 1,090g(10.9%)
  - 200g 이상~250g 미만 : 3,180g + 3,220g + 1,470g = 7,870g(78.7%)
  - 250g 이상 : 1,040g(10.4%)
- 손질 상태 : 잎은 1.0cm 이하로 자르고 흙과 수염뿌리가 제거가 되어 있으므로 등급 "특"
- 경결점과 비율 : 경결점과 비율이 8.89%이므로 등급 "상"
- 종합판정 등급 : 낱개의 고르기 항목에서 무게가 다른 것이 21.3%로, "특(무게가 다른 것이 10% 이하인 것)"과 "상(무게가 다른 것이 20% 이하인 것)" 등급에 미달하므로 등급 "보통"

당근 등급 규격

항목/등급	특	상	보 통
낱개의 고르기	별도로 정하는 크기 구분표에서 무게가 다른 것이 10% 이하인 것	별도로 정하는 크기 구분표에서 무게가 다른 것이 20% 이하인 것	특·상에 미달하는 것
색 택	품종 고유의 색택이 뛰어난 것	품종 고유의 색택이 양호한 것	특·상에 미달하는 것
모 양	표면이 매끈하고 꼬리 부위의 비대가 양호한 것	표면이 매끈하고 꼬리 부위의 비대가 양호한 것	특·상에 미달하는 것
손 질	잎은 1.0cm 이하로 자르고 흙과 수염뿌리를 제거한 것	잎은 1.0cm 이하로 자르고 흙과 수염뿌리를 제거한 것	잎은 1.0cm 이하로 자른 것
중결점과	없는 것	없는 것	5% 이하인 것(부패·변질된 것은 포함할 수 없음)
경결점과	5% 이하인 것	10% 이하인 것	20% 이하인 것

당근의 크기 구분

구분/호칭	2L	L	M	S
1개의 무게(g)	250 이상	200 이상 ~250 미만	150 이상 ~200 미만	100 이상 ~150 미만

당근의 결점과

중결점과	경결점과
• 부패·변질 : 뿌리가 부패 또는 변질된 것 • 병해, 충해, 냉해 등의 피해가 있는 것 • 형상불량 : 부러진 것, 심하게 굽은 것, 원뿌리가 2개 이상인 것, 쪼개진 것, 바람들이가 있는 것, 녹변이 심한 것 • 기타 : 기타 경결점에 속하는 사항으로 그 피해가 현저한 것	• 품종 고유의 모양이 아닌 것 • 병충해가 외피에 그친 것 • 상해 및 기타 결점의 정도가 경미한 것

16 참외 생산자 H씨가 농산물 도매시장에 표준규격품으로 출하하고자 1상자(20kg, 40개 들이)를 계측한 결과가 다음과 같다. 농산물 표준규격상의 각 항목별 등급과 종합판정 등급 및 그 이유를 쓰시오(단, 주어진 항목 이외에는 등급판정에 고려하지 않음). [7점]

항 목	낱개의 고르기	색 택	경결점과
계측 결과	• 500g 이상~715g 미만 : 2개 • 375g 이상~500g 미만 : 38개	착색비율 95%	품종 고유의 모양이 아닌 것 : 1개
항목별 등급	(①)	(②)	(③)
종합판정 및 이유	• 종합판정 등급 : (④)	• 이유 : (⑤)	

※ 이유 답안 예시 : △△항목이 ○○%로 "○"등급 기준의 ○○% 이하(미만) 또는 이상(초과)에 해당됨

• 정답 • ① 상, ② 특, ③ 특, ④ 상,
⑤ "낱개의 고르기" 항목에서 무게가 다른 것이 5%로, "특(무게가 다른 것이 3% 이하인 것)" 등급에 미달한다.

• 풀이 • ① 낱개의 고르기 : 무게가 다른 것이 5%이므로 등급 "상"
② 색택 : 착색비율 95%이므로 등급 "특"
③ 경결점과 비율 : 2.5%이므로 등급 "특"
④ · ⑤ 종합판정 등급 : "낱개의 고르기" 항목에서 무게가 다른 것이 5%로, "특(무게가 다른 것이 3% 이하인 것)" 등급에 미달하므로 "상"

참외의 등급규격

항목/등급	특	상	보 통
낱개의 고르기	별도로 정하는 크기 구분표에서 무게가 다른 것이 3% 이하인 것. 단, 크기 구분표의 해당 무게에서 1단계를 초과할 수 없다.	별도로 정하는 크기 구분표에서 무게가 다른 것이 5% 이하인 것. 단, 크기 구분표의 해당 무게에서 1단계를 초과할 수 없다.	특 · 상에 미달하는 것
색 택	착색비율이 90% 이상인 것	착색비율이 80% 이상인 것	특 · 상에 미달하는 것
신선도, 숙도	과육의 성숙 정도가 적당하며, 과피에 갈변현상이 없고 신선도가 뛰어난 것	과육의 성숙 정도가 적당하며, 과피에 갈변현상이 경미하고 신선도가 양호한 것	특 · 상에 미달하는 것
중결점과	없는 것	없는 것	5% 이하인 것(부패 · 변질과는 포함할 수 없음)
경결점과	3% 이하인 것	5% 이하인 것	20% 이하인 것

참외의 크기 구분

구 분 \ 호 칭	2L	L	M	S	2S	3S
1개의 무게(g)	500 이상	330 이상 ~500 미만	250 이상 ~330 미만	200 이상 ~250 미만	165 이상 ~200 미만	165 미만

참외의 결점과

중결점과	경결점과
• 이품종과 : 품종이 다른 것 • 부패 · 변질과 : 과육이 부패 또는 변질된 것 • 과숙과 : 성숙이 지나치거나 과육이 연화된 것 • 미숙과 : 당도, 경도, 착색으로 보아 성숙이 현저하게 덜된 것 • 병충해과 : 탄저병 등 병해충의 피해가 있는 것. 다만, 경미한 것은 제외한다. • 상해과 : 열상, 자상 또는 압상 등이 있는 것. 다만, 경미한 것은 제외한다. • 모양 : 모양이 불량한 것	• 병충해, 상해의 피해가 경미한 것 • 품종 고유의 모양이 아닌 것 • 기타 결점의 정도가 경미한 것

17 C씨는 2019년에 수확한 들깨를 저온저장고에 보관하던 중 2021년 7월에 소분해서 판매하고자 1kg을 계측한 결과가 다음과 같았다. 농산물 표준규격에 따라 각 항목별 등급과 종합판정 등급 및 그 이유를 쓰시오(단, 주어진 조건 및 항목 이외에는 등급판정에 고려하지 않음). [7점]

- 품위에 영향을 미치는 충해립의 무게 : 1.5g
- 파쇄된 들깨의 무게 : 2.5g
- 껍질의 색깔이 현저하게 다른 들깨의 무게 : 18g
- 들깨 외의 흙이나 먼지의 무게 : 4g

〈등급판정〉

항 목	해당 등급	종합판정 등급 및 이유
피해립	(①)	종합판정 등급 : (④)
이종피색립	(②)	이유 : (⑤)
이 물	(③)	

• 정답 • ① 특, ② 특, ③ 특, ④ 상,
⑤ 주어진 항목에서 등급판정이 모두 "특"에 해당하지만, 수확 연도로부터 1년이 경과하면 "특"이 될 수 없다.

• 풀이 • ① 피해립 : 0.4%이므로 등급 "특"
② 이종피색립 : 1.8%이므로 등급 "특"
③ 이물 : 0.4%이므로 등급 "특"
④·⑤ 주어진 항목에서 등급판정이 모두 "특"에 해당하지만, 2019년에 수확한 들깨를 2021년에 소분해서 판매하고자 하였으므로 수확 연도로부터 1년이 경과하였다. 수확 연도로부터 1년이 경과하면 "특"이 될 수 없으므로 "상"에 해당한다.

들깨의 등급규격

항목/등급	특	상	보 통
모 양	낟알의 모양과 크기가 균일하고 충실한 것		특·상에 미달하는 것
수 분	10.0% 이하인 것	10.0% 이하인 것	10.0% 이하인 것
용적중(g/L)	500 이상인 것	470 이상인 것	440 이상인 것
피해립	0.5% 이하인 것	1.0% 이하인 것	2.0% 이하인 것
이종곡립	0.0% 이하인 것	0.3% 이하인 것	0.5% 이하인 것
이종피색립	2.0% 이하인 것	5.0% 이하인 것	10.0% 이하인 것
이 물	0.5% 이하인 것	1.0% 이하인 것	2.0% 이하인 것
조 건	생산 연도가 다른 들깨가 혼입된 경우나, 수확 연도로부터 1년이 경과되면 "특"이 될 수 없음		

들깨의 용어 정의

- 피해립 : 병해립, 충해립, 변질립, 변색립, 파쇄립 등을 말한다. 다만, 들깨 품위에 영향을 미치지 아니할 정도의 것은 제외한다.
- 이종피색립 : 껍질의 색깔이 현저하게 다른 들깨를 말한다.
- 이물 : 들깨 외의 것을 말한다.

18 **농산물품질관리사 A씨가 11월에 출하한 온주밀감 1상자(10kg, 100개 들이)를 농산물 표준규격 등급판정을 위해 계측한 결과가 다음과 같았다. 항목 등급, 결점과 종류와 비율, 종합판정 등급과 그 이유를 쓰시오(단, 비율은 소수점 첫째자리까지 구하고, 주어진 항목 이외는 등급 판정에 고려하지 않음). [7점]**

계측수량	껍질 뜬 정도	색 택	결점과
50개	껍질 내표면적의 11%	착색 비율 86%	• 꼭지가 퇴색된 것 : 1개 • 지름 3mm 일소 피해 : 1개

〈등급판정〉

껍질 뜬 것	결점과 종류	결점과 비율	종합판정 등급 및 이유	
등급 : (①)	(②)	(③)%	등급 : (④)	이유 : (⑤)

※ 이유 답안 예시 : △△항목이 ○○%로 "○"등급 기준의 ○○% 이하(미만) 또는 이상(초과)에 해당됨

• 정답 • ① 상, ② 경결점과, ③ 4, ④ 상, ⑤ "껍질 뜬 정도"에서 껍질 내표면적의 11%로, 가벼움(1)에 해당하므로 등급 "상"

• 풀이 • ① 껍질 뜬 정도가 가벼움(1)에 해당하므로 "상"
② 꼭지가 퇴색된 것과 경미한 일소과는 경결점과에 해당한다.
③ 50개 중 경결점과가 2개이므로 결점과 비율은 4%이다.
④ 껍질 뜬 정도에서 껍질 내표면적의 11%는 가벼움(1)에 해당하므로 등급 "상"에 해당한다.

감귤의 등급규격

항목/등급	특	상	보 통
낱개의 고르기	별도로 정하는 크기 구분표에서 무게 또는 지름이 다른 것이 5% 이하인 것. 단, 크기 구분표의 해당 크기(무게)에서 1단계를 초과할 수 없다.	별도로 정하는 크기 구분표에서 무게 또는 지름이 다른 것이 10% 이하인 것. 단, 크기 구분표의 해당 무게에서 1단계를 초과할 수 없다.	특·상에 미달하는 것
색 택	별도로 정하는 품종별·등급별 착색비율표에서 정하는 "특" 이외의 것이 섞이지 않은 것	별도로 정하는 품종별·등급별 착색비율표에서 정하는 "상"에 미달하는 것이 없는 것	별도로 정하는 품종별·등급별 착색비율표에서 정하는 "보통"에 미달하는 것이 없는 것
과 피	품종 고유의 과피로써, 수축현상이 나타나지 않은 것	품종 고유의 과피로써, 수축현상이 나타나지 않은 것	특·상에 미달하는 것
껍질뜬 것 (부피과)	별도로 정하는 껍질 뜬 정도에서 정하는 "없음(○)"에 해당하는 것	별도로 정하는 껍질 뜬 정도에서 정하는 "가벼움(1)" 이상에 해당하는 것	별도로 정하는 껍질 뜬 정도에서 정하는 "중간정도(2)" 이상에 해당하는 것
중결점과	없는 것	없는 것	5% 이하인 것(부패·변질과는 포함할 수 없음)
경결점과	5% 이내인 것	10% 이하인 것	20% 이하인 것

감귤의 껍질 뜬 정도

없음(0)	가벼움(1)	중간정도(2)	심함(3)
껍질이 뜨지 않은 것	껍질 내표면적의 20% 이하가 뜬 것	껍질 내표면적의 20~50%가 뜬 것	껍질 내표면적의 50% 이상이 뜬 것

감귤의 결점과

중결점과	경결점과
• 이품종과 : 품종이 다른 것, 숙기(조생종, 중생종, 만생종)가 다른 것 • 부패·변질과 : 과육이 부패 또는 변질된 것(과숙에 의해 육질이 변질된 것을 포함한다) • 미숙과 : 당도, 색택으로 보아 성숙이 현저하게 덜된 것(덜익은 과일을 수확하여 아세틸렌, 에틸렌 등의 가스로 후숙한 것을 포함한다.) • 일소과 : 지름 또는 길이 10mm 이상의 일소 피해가 있는 것 • 병충해과 : 더뎅이병, 궤양병, 검은점무늬병, 곰팡이병, 깍지벌레, 으름나방 등 병해충의 피해가 있는 것 • 상해과 : 열상, 자상 또는 압상이 있는 것. 다만, 경미한 것은 제외한다. • 모양 : 모양이 심히 불량한 것, 꼭지가 떨어진 것 • 경결점과에 속하는 사항으로 그 피해가 현저한 것	• 품종 고유의 모양이 아닌 것 • 경미한 일소, 약해 등으로 외관이 떨어지는 것 • 병해충의 피해가 과피에 그친 것 • 경미한 찰상 등 중결점과에 속하지 않는 상처가 있는 것 • 꼭지가 퇴색된 것 • 기타 결점의 정도가 경미한 것

19 국립농산물품질관리원 소속 공무원 A씨는 도매시장에 농산물 표준규격품 사후관리를 위한 출장 시 표준규격품으로 출하된 고구마(15kg) 1상자를 전량 계측한 결과, 출하자에게 표준규격품 등급 표시위반으로 행정처분 하였다. 계측 결과에 따라 낱개의 고르기 등급과 비율, 결점의 종류와 비율을 쓰시오(단, 비율은 소수점 첫째자리까지 구함). [7점]

1상자 무게(g) 분포	결점과
• 100~120g 범위 : 22개 • 121~130g 범위 : 58개 • 131~149g 범위 : 19개 • 150~159g 범위 : 21개	검은무늬병이 외피에 발생한 것 : 10개

낱개의 고르기		결점의 종류	결점 비율
등급 : (①)	비율 : (②)%	(③)	(④)%

• 정답 • ① 상, ② 17.5, ③ 경결점, ④ 8.3

• 풀이 • • 낱개의 고르기에서 무게가 다른 것이 17.5%이므로 등급 "상"이다.
- 크기 M(100g 이상~150g 미만) : 22개+58개+19개=99개(82.5%)
- 크기 L(150g 이상~250g 미만) : 21개(17.5%)

• 병충해(검은무늬병)이 외피에 그쳤으므로 경결점에 해당하며, 120개 중 10개가 해당하므로 결점 비율은 8.3%이다.

고구마 등급규격

항목/등급	특	상	보통
낱개의 고르기	별도로 정하는 크기 구분표에서 무게가 다른 것이 10% 이하인 것	별도로 정하는 크기 구분표에서 무게가 다른 것이 20% 이하인 것	특·상에 미달하는 것
손 질	흙, 줄기 등 이물질 제거 정도가 뛰어나고 표면이 적당하게 건조된 것	흙, 줄기 등 이물질 제거 정도가 양호하고 표면이 적당하게 건조된 것	흙, 줄기 등 이물질을 제거하고 표면이 적당하게 건조된 것
중결점	없는 것	없는 것	5% 이하인 것(부패·변질된 것은 포함할 수 없음)
경결점	5% 이하인 것	10% 이하인 것	20% 이하인 것

고구마의 크기 구분

구분/호칭	2L	L	M	S
1개의 무게(g)	250 이상	150 이상 ~250 미만	100 이상 ~150 미만	40 이상 ~100 미만

고구마의 결점

중결점	경결점
• 이품종 : 품종이 다른 것 • 부패·변질 : 고구마가 부패 또는 변질된 것 • 병충해 : 검은무늬병, 검은점박이병, 근부병, 굼벵이 등의 피해가 육질까지 미친 것 • 자상, 찰상 등 상처가 심한 것	• 품종 고유의 모양이 아닌 것 • 병충해가 외피에 그친 것 • 상해 및 기타 결점의 정도가 경미한 것

20 한라봉(1과 무게 375g) 100과를 선별하여 농산물 표준규격품(상자당 7.5kg, 20과들이)으로 출하하고자 한다. 이 농가의 최대 수익차원(정상과와 결점과는 반드시 혼합구성)에서의 한라봉 출하 상자를 구성하시오(단, 주어진 항목이외에는 등급판정을 고려하지 않으며, 동일 등급 상자의 구성 내용은 모두 같음). [8점]

정상과	A형	결점과 없는 것 : 85과
결점과	B형	꼭지가 떨어진 것과 깍지벌레 피해가 있는 것 : 2과
	C형	품종 고유의 모양이 아닌 것과 꼭지가 퇴색된 것 : 13과

등 급	최대 상자수	1상자 구성 내용
특	1상자	(①)
상	(②)상자	(③)
보 통	(④)상자	(⑤)

※ 구성 내용 예시 : A형 00과+B형 00과+C형 00과

• 정답 • ① A형 19과 + C형 1과
② 2
③ A형 18과 + C형 2과
④ 2
⑤ A형 15과 + B형 1과 + C형 4과

• 풀이 •
- 결점과 중 B형은 꼭지가 떨어진 것과 깍지벌래 피해가 있는 것이므로 중결점과(2개)에 해당하며, 결점과 중 C형은 품종 고유의 모양이 아닌 것과 꼭지가 퇴색된 것이므로 경결점과(13개)에 해당한다.
- "특" 등급은 중결점과는 없고, 경결점과가 5% 이내인 것이므로 A형 19과와 C형 1과로 구성한다. "상" 등급은 중결점과는 없고, 경결점과가 10% 이하인 것이므로 A형 18과와 C형 2과로 구성하여 2상자를 구성한다. "보통" 등급은 중결점과 5% 이하인 것, 경결점과가 20%이하인 것이므로 A형 15과와 B형 1과와 C형 4과로 구성하여 2상자를 구성한다.

감귤의 등급규격

항목/등급	특	상	보 통
낱개의 고르기	별도로 정하는 크기 구분표에서 무게 또는 지름이 다른 것이 5% 이하인 것. 단, 크기 구분표의 해당 크기(무게)에서 1단계를 초과할 수 없다.	별도로 정하는 크기 구분표에서 무게 또는 지름이 다른 것이 10% 이하인 것. 단, 크기 구분표의 해당 무게에서 1단계를 초과할 수 없다.	특·상에 미달하는 것
중결점과	없는 것	없는 것	5% 이하인 것(부패·변질과는 포함할 수 없음)
경결점과	5% 이내인 것	10% 이하인 것	20% 이하인 것

감귤의 결점과

중결점과	경결점과
• 이품종과 : 품종이 다른 것, 숙기(조생종, 중생종, 만생종)가 다른 것 • 부패·변질과 : 과육이 부패 또는 변질된 것(과숙에 의해 육질이 변질된 것을 포함한다) • 미숙과 : 당도, 색택으로 보아 성숙이 현저하게 덜된 것(덜익은 과일을 수확하여 아세틸렌, 에틸렌 등의 가스로 후숙한 것을 포함한다) • 일소과 : 지름 또는 길이 10mm 이상의 일소 피해가 있는 것 • 병충해과 : 더뎅이병, 궤양병, 검은점무늬병, 곰팡이병, 깍지벌레, 으름나방 등 병해충의 피해가 있는 것 • 상해과 : 열상, 자상 또는 압상이 있는 것. 다만, 경미한 것은 제외한다. • 모양 : 모양이 심히 불량한 것, 꼭지가 떨어진 것 • 경결점과에 속하는 사항으로 그 피해가 현저한 것	• 품종 고유의 모양이 아닌 것 • 경미한 일소, 약해 등으로 외관이 떨어지는 것 • 병해충의 피해가 과피에 그친 것 • 경미한 찰상 등 중결점과에 속하지 않는 상처가 있는 것 • 꼭지가 퇴색된 것 • 기타 결점의 정도가 경미한 것

2022년 제19회

과년도 기출문제

단답형

01 농수산물 품질관리법령상 농산물 지리적표시권은 타인에게 이전하거나 승계할 수 없다. 다만, 농림축산식품부장관의 사전 승인을 받은 경우 이전이나 승계가 가능하다. 사전 승인을 받으면 이전 또는 승계가 가능한 경우를 쓰시오. [2점]

• 정답 •
• 법인 자격으로 등록한 지리적표시권자가 법인명을 개정하거나 합병하는 경우
• 개인 자격으로 등록한 지리적표시권자가 사망한 경우

• 풀이 • **지리적표시권의 이전 및 승계(농수산물 품질관리법 제35조)**

지리적표시권은 타인에게 이전하거나 승계할 수 없다. 다만, 다음의 어느 하나에 해당하면 농림축산식품부장관의 사전 승인을 받아 이전하거나 승계할 수 있다.

1. 법인 자격으로 등록한 지리적표시권자가 법인명을 개정하거나 합병하는 경우
2. 개인 자격으로 등록한 지리적표시권자가 사망한 경우

02 농수산물의 원산지 표시 등에 관한 법률상 수입농산물 등의 유통이력관리에 관한 내용이다. ( )에 알맞은 내용을 쓰시오. [3점]

- 자료보관 : 유통이력 신고 의무가 있는 자는 유통이력을 장부에 기록하고, 그 자료를 거래일부터 (①)년간 보관하여야 한다.
- 신고 : 유통이력 신고 의무가 있는 자는 유통이력관리 수입농산물의 양도일부터 (②)일 이내에 수입농산물등 유통이력관리시스템에 접속하여 신고하여야 한다.
- 과태료 : 유통이력 신고 의무가 있는 자가 유통이력을 신고하지 않은 경우 과태료 부과 기준은 1차 위반은 (③)만 원이다.

• 정답 • ① 1, ② 5, ③ 50

• 풀이 •

- 자료보관 : 유통이력 신고 의무가 있는 자는 유통이력을 장부에 기록(전자적 기록방식을 포함한다)하고, 그 자료를 거래일부터 1년간 보관하여야 한다(농수산물의 원산지 표시 등에 관한 법률 제10조의2 제2항).
- 신고 : 유통이력 신고는 유통이력관리 수입농산물 등의 양도일부터 5일 이내에 수입농산물등유통이력관리시스템에 접속하여 유통이력의 범위에 해당하는 사항을 입력하는 방식으로 해야 한다(농수산물의 원산지 표시 등에 관한 법률 시행규칙 제6조의2 제1항 참조).

  ※ 유통이력의 범위(농수산물의 원산지 표시 등에 관한 법률 시행규칙 제1조의2)
  - 양수자의 업체(상호)명 · 주소 · 성명(법인인 경우 대표자의 성명) 및 사업자등록번호(법인인 경우 법인등록번호)
  - 양도 물품의 명칭, 수량 및 중량
  - 양도일
  - 농림축산식품부장관이 유통이력 관리에 필요하다고 인정하여 고시하는 사항
- 과태료의 부과기준-개별기준(농수산물의 원산지 표시 등에 관한 법률 시행령 [별표 2])

위반행위	과태료			
	1차 위반	2차 위반	3차 위반	4차 이상 위반
자. 유통이력을 신고하지 않거나 거짓으로 신고한 경우				
1) 유통이력을 신고하지 않은 경우	50만원	100만원	300만원	500만원
2) 유통이력을 거짓으로 신고한 경우	100만원	200만원	400만원	500만원

03 농수산물 품질관리법령상 농산물우수관리인증의 유효기간과 갱신에 관한 설명이다. (   )에 알맞은 내용을 쓰시오. [3점]

> 농산물우수관리인증의 유효기간은 우수관리인증을 받은 날부터 (①)년으로 한다. 다만, 품목의 특성에 따라 달리 적용할 필요가 있는 경우에는 (②)년의 범위에서 농림축산식품부령으로 유효기간을 달리 정할 수 있으며, 우수관리인증을 받은 자가 우수관리인증을 갱신하려는 경우에는 그 유효기간이 끝나기 (③)개월 전까지 우수관리인증기관에 농산물우수관리인증 신청서를 제출하여야 한다.

• 정답 • ① 2, ② 10, ③ 1

• 풀이 • **우수관리인증의 유효기간 등(농수산물 품질관리법 제7조 제1항)**

우수관리인증의 유효기간은 우수관리인증을 받은 날부터 2년으로 한다. 다만, 품목의 특성에 따라 달리 적용할 필요가 있는 경우에는 10년의 범위에서 농림축산식품부령으로 유효기간을 달리 정할 수 있다.

우수관리인증의 갱신(농수산물 품질관리법 시행규칙 제15조 제1항)

우수관리인증을 받은 자가 우수관리인증을 갱신하려는 경우에는 농산물우수관리인증 (신규・갱신)신청서에 '우수관리인증농산물의 위해요소관리계획서' 및 '생산자집단의 사업운영계획서(생산자집단이 신청하는 경우만)' 중 변경사항이 있는 서류를 첨부하여 그 유효기간이 끝나기 1개월 전까지 우수관리인증기관에 제출하여야 한다.

04 다음은 농수산물 품질관리법령상 지리적표시의 심판에 관한 내용이다. ①~④ 중 틀린 내용의 번호와 밑줄 친 부분을 옳게 수정하시오(수정 예 : ① ○○○ → □□□). [2점]

> ① 지리적표시 심판위원회는 위원장 1명을 포함한 <u>10명</u> 이내의 심판위원으로 구성한다.
> ② 취소심판은 취소 사유에 해당하는 사실이 없어진 날부터 <u>5년</u> 이내에 청구해야 한다.
> ③ 등록거절 또는 등록취소에 대한 심판은 통보받은 날부터 <u>3개월</u> 이내에 심판을 청구할 수 있다.
> ④ 심판은 3명의 심판위원으로 구성되는 합의체가 한다.

• 정답 • ② 5년 → 3년, ③ 3개월 → 30일

• 풀이 • ② 취소심판은 취소 사유에 해당하는 사실이 없어진 날부터 3년이 지난 후에는 청구할 수 없다(농수산물 품질관리법 제44조 제2항).

③ 지리적표시 등록의 거절을 통보받은 자 또는 등록이 취소된 자는 이의가 있으면 등록거절 또는 등록취소를 통보받은 날부터 30일 이내에 심판을 청구할 수 있다(농수산물 품질관리법 제45조).

① 농수산물 품질관리법 제42조 제2항

④ 농수산물 품질관리법 제49조 제1항

05 농산물을 필름 포장했을 때 수증기 포화에 의해 포장 내부에 물방울이 형성되어 농산물의 품질 확인이 어려운 문제를 방지하기 위해 표면에 계면활성제를 처리하여 만든 기능성 필름은 무엇인지 쓰시오. [2점]

• 정답 • 방담 필름

• 풀이 • **방담필름(Anti-Fogging Film)**
표면에 결로현상(수증기가 물방울 형태로 응축된 상태)이 생기지 않도록 계면활성제를 처리한 필름으로, 수중에서 증식하기 쉬운 미생물 발생을 방지하여 저장 중인 원예산물(과일, 채소 등)의 신선도를 유지하여 주며 내용물이 잘 보이도록 한 기능성 포장재이다.

06 다음은 농산물의 수확 후 품질관리 기술에 관한 설명이다. 설명이 옳으면 ○, 옳지 않으면 ×를 순서대로 쓰시오. [4점]

① 딸기의 수확 후 품온 급등을 막기 위해 차압예랭을 실시한다.	( )
② 감자는 저온저장 시 전분이 당으로 전환되는 대사가 억제된다.	( )
③ 옥수수는 수확 후 예조처리를 통해 당 함량을 증가시킨다.	( )
④ 생강은 상처부위의 코르크층 형성 촉진을 위해 저온건조를 실시한다.	( )

• 정답 • ① ○, ② ×, ③ ×, ④ ×

• 풀이 • ① 딸기를 수확한 뒤 품온(농산물이 가진 온도)을 떨어뜨리기 위해 예비냉장(3~5시간)을 거쳐 저온(5℃)보관한 결과, 상온(20℃)에서 보관했을 때보다 상품성 유지 기간이 1.5~3배까지 늘어남을 확인했다. 특히 겨울용 딸기는 예랭방식 중 차압식 예랭과 강제통풍식 예랭이 권장되며 차압식 예랭은 2.5~3시간의 단시간 안에 과실온도를 4~5℃까지 낮추는 반면 저온실을 이용한 강제통풍식 예랭은 속도가 느려 제한적으로 사용하고 있다.
② 감자는 저온저장(4℃ 이하) 시 전분이 당으로 전환되는 대사가 활발해지면서 저온당화(Low Temperature Sweetening) 현상이 발생한다.
③ 옥수수는 수확 후 예랭처리를 통해 당 함량을 증가시킨다. 예조처리란 농산물 수확 후 일정 기간 방치하여 농산물 외층의 수분함량을 낮추어 저장 중 증산작용을 억제함으로써 부패율을 경감시키는 품질관리 기술이며, 이러한 처리를 하는 대표적인 농산물은 감귤이다.
④ 생강은 상처 부위의 코르크층 형성 촉진을 위해 큐어링 처리를 실시하며, 이를 통해 수분 증발과 미생물의 침입을 줄일 수 있다.

07 농산물의 증산작용에 관한 내용이다. 틀린 설명을 모두 골라 번호를 쓰고 옳게 수정하여 쓰시오. [6점]

> 대부분의 농산물은 수분함량이 90% 이상이며 생체중량의 5~10%까지 줄어들면 상품성이 상실되므로 증산을 억제하는 것이 매우 중요하다. 증산작용은 ① 상대습도가 높아질수록 증가하고, ② 작물의 부피 대비 표면적의 비율이 높을수록 감소하며, ③ 표피가 두껍고 치밀할수록 감소하고, ④ 과실이 성숙될수록 증가하는 표면의 왁스물질에 의해 감소한다.

• 정답 • ① 상대습도가 낮을수록 증가하고
② 작물의 부피 대비 표면적의 비율이 높을수록 증가하며

• 풀이 • **증산작용**

식물체에서 수분이 빠져나가는 현상으로, 식물 생장에는 필수적인 대사작용이지만 수확한 산물에는 여러 가지 나쁜 영향을 미친다.

증산작용의 속도

- 저장고 내 온도가 높을수록 증산속도가 증가한다.
- 저장고 내 상대습도가 낮을수록 증산속도가 증가한다.
- 저장고 내 공기유동량이 많을수록 증산속도가 증가한다.
- 저장고 내 광이 많을수록 증산속도가 증가한다.
- 부피에 비해 표면적이 넓을수록 증산속도가 증가한다.
- 큐티클층이 얇을수록 증산속도가 증가한다.
- 표피조직의 상처나 절단 부위를 통해 증산속도가 증가한다.
- 표피가 두껍고 치밀할수록 증산속도가 감소한다.
- 과실이 성숙될수록 증가하는 표면의 왁스물질에 의해 증산속도가 감소한다.

08 '후지'사과에서 많이 발생되는 밀증상(Water Core) 부위에 ① 비정상적으로 축적되는 성분명을 쓰고, 이 증상이 있는 과실을 장기저장하거나 저장고 내부의 이산화탄소 농도가 높을 때 발생이 촉진되는 ② 생리장해를 쓰시오. [4점]

• 정답 • ① 솔비톨, ② 내부갈변

• 풀이 • **밀증상(Water Core)**

- 사과의 유관속 주변이 투명해지는 수침현상을 말하며, 솔비톨이라는 당류가 과육의 특정 부위에 비정상적으로 축적되어 나타나는 현상이다.
- 심한 경우 에탄올이나 아세트알데히드가 축적되어 조직 내 혐기상태를 형성하여 과육 갈변이나 내부조직의 붕괴를 일으킨다.
- 밀증상이 있는 사과는 가급적 저장하지 않는 것이 좋으며 저온저장하더라도 단기간 저장하고 출하하는 것이 좋다.
- 수확이 늦은 과실일수록 발생률이 높으며, 연화될수록 정도가 심화되어 상품성이 저하되므로 적기에 수확하는 것이 중요하다.

내부갈변

- 과육에 갈변이 퍼지는 현상을 말하며, 중심 부분이나 바깥 과육이 영향을 받고, 심한 경우 모든 내부조직에 퍼진다.
- 저장고 내의 이산화탄소 축적으로 인해 발생하며, 밀증상이 많은 사과일수록 증상이 심하다.
- 밀증상이 심한 사과는 저장하지 않는 것이 좋으며, 저장고 내의 이산화탄소 축적을 막아야 한다.

09 다음은 MA 저장기술에 관한 설명이다. 옳은 설명이 되도록 (　)에 알맞은 내용을 순서대로 쓰시오. [3점]

> 인위적인 기체 조절 장치 없이 수확된 농산물의 (①) 작용을 통한 공기 조성 변화를 이용하는 방식을 MA 저장이라 한다. 저장되고 있는 농산물 주변의 (②) 농도는 낮아지고 (③) 농도는 높아져 농산물의 저장성을 높이는 효과를 가져온다.

• 정답 • ① 호흡, ② 산소, ③ 이산화탄소

• 풀이 • **MA(Modified Atmosphere) 저장**

- 필름이나 피막제를 이용하여 산물을 하나씩 또는 소량 포장하여 외부와 차단하고, 포장 내 호흡에 의한 산소 농도 저하와 이산화탄소 농도 증가로 인해 조성된 적정 대기를 통해 품질 변화를 억제하는 방법이다.
- 각종 플라스틱 필름으로 원예산물을 포장하는 경우 필름의 기체투과성, 산물로부터 발생한 기체의 양과 종류 등에 의해 포장 내부의 기체조성이 대기와 현저하게 달라지는 점을 이용한 저장방법이다.
- MA 저장에 사용되는 필름은 수분투과성과 이산화탄소나 산소 및 다른 공기의 투과성이 무엇보다도 중요하다.

10 다음은 농산물의 품질평가 방법을 서술한 것이다. 각 문장에서 틀린 부분을 쓰고 옳게 고치시오. [4점]

> ① 조직감을 나타내는 경도는 물성분석기를 통해 측정하며 %로 나타낸다.
> ② 당도는 과즙의 고형물에 의해 통과하는 빛의 속도가 빨라지는 원리를 이용하여 측정한다.
> ③ 적정산도 산출식에 대입하는 딸기의 주요 유기산 지표는 주석산이다.
> ④ 색차측정값 중 CIE L*값은 붉은 정도를 나타낸다.

• 정답 • ① % → N(Newton)
② 속도가 빨라지는 원리 → 굴절률(공기 중에서의 빛의 속도에 대비한 물질 속에서의 빛의 속도비)
③ 주석산 → 구연산
④ 붉은 정도 → 반사율(밝기)

• 풀이 • **농산물의 품질평가 방법**

- 경도 : 압축특성 즉, 과실이 얼마나 단단한가를 나타내는 척도로 흔히 경도계를 사용한다.
- 당도 : 단맛의 정도를 당도라고 하며, 흔히 굴절당도계로 측정한다.
- 산도 : 유기산(신맛)이 함유된 정도를 말한다[유기산 함유 품목–구연산(딸기, 감귤류), 주석산(포도, 바나나), 사과산(사과, 수박), 옥살산(시금치, 양배추, 토마토)].
- 색도 : CIE 표색계
  - L*값 : 반사율(밝기), 명도
  - a*값 : 적녹색(+a*는 빨간색, –a*는 녹색값 방향)
  - b*값 : 황청색(+b*는 노란색, –b*는 파란색값 방향)

서술형

11 다음은 농산물 원산지표시 위반과 관련하여 식품접객업을 운영하는 음식점 업주와 조사 공무원간의 전화통화 내용이다. (　)에 들어갈 내용을 쓰시오. (단, 쇠고기 식육종류 표시여부와 과태료 감경 조건은 고려하지 않음) [3점]

[대화내용]

- 음식점 업주 : 음식점 원산지표시 과태료 부과에 대해 문의하고자 합니다. 국산 닭고기와 수입산 오리고기를 각각 조리하여 원산지를 표시하지 않고 판매 과정에 적발되면 과태료 부과금액은 얼마인가요?
- 조사 공무원 : 농수산물 원산지표시 등에 관한 법률상 1차 위반인 경우 품목별 (①)원 입니다.
- 음식점 업주 : 과태료 처분을 받은 날 이후 1년이 지나 같은 식당에서 쇠고기 구이, 돼지고기찌개, 쌀밥, 배추김치의 고춧가루를 원산지 미표시 위반으로 적발되면 품목별 과태료는 얼마인가요?
- 조사 공무원 : (②)원 입니다.

• 정답 • ① 30만, ② 쇠고기 200만 원, 돼지고기 · 쌀 · 고춧가루 60만

• 풀이 • **과태료 부과기준(농수산물의 원산지표시에 관한 법률 시행령 제10조 관련 [별표 2])**

1. 일반기준
   가. 위반행위의 횟수에 따른 과태료의 가중된 부과기준은 최근 2년간 같은 유형의 위반행위로 과태료 부과처분을 받은 경우에 적용한다. 이 경우 기간의 계산은 위반행위에 대하여 과태료 부과처분을 받은 날과 그 처분 후 다시 같은 위반행위를 하여 적발된 날을 기준으로 한다.
   나. 가.에 따라 가중된 부과처분을 하는 경우 가중처분의 적용 차수는 그 위반행위 전 부과처분 차수(가.에 따른 기간 내에 과태료 부과처분이 둘 이상 있었던 경우에는 높은 차수를 말한다)의 다음 차수로 한다.
2. 개별기준

위반행위	과태료			
	1차 위반	2차 위반	3차 위반	4차 이상 위반
나. 법 제5조제3항을 위반하여 원산지 표시를 하지 않은 경우				
1) 쇠고기의 원산지를 표시하지 않은 경우	100만원	200만원	300만원	300만원
2) 쇠고기 식육의 종류만 표시하지 않은 경우	30만원	60만원	100만원	100만원
3) 돼지고기의 원산지를 표시하지 않은 경우	30만원	60만원	100만원	100만원
4) 닭고기의 원산지를 표시하지 않은 경우	30만원	60만원	100만원	100만원
5) 오리고기의 원산지를 표시하지 않은 경우	30만원	60만원	100만원	100만원
7) 쌀의 원산지를 표시하지 않은 경우	30만원	60만원	100만원	100만원
8) 배추 또는 고춧가루의 원산지를 표시하지 않은 경우	30만원	60만원	100만원	100만원

12 아래 농산물을 동시에 취급해야 할 때 각 품목의 생리적 특성을 고려하여 3개 저장고에 나누어 저장하도록 분류하고 그 이유를 각각 설명하시오. [10점]

사과, 가지, 아스파라거스, 브로콜리, 오이

• 정답 • 1. 사과 : 에틸렌이 많이 발생하고 저온에 저장해야 하는 품목이다.
2. 오이, 가지 : 에틸렌이 발생하고 저온장해가 있는 품목이다.
3. 브로콜리, 아스파라거스 : 에틸렌이 발생하고 저온에 저장해야 하는 품목이다.

• 풀이 • **원예산물별 최적 저장온도**
- 0℃ 혹은 그 이하 : 콩, 브로콜리, 당근, 셀러리, 마늘, 버섯, 양파, 파슬리, 시금치 등
- 0~2℃ : 아스파라거스, 사과, 배, 복숭아, 매실, 포도, 단감, 자두 등
- 2~7℃ : 서양호박(주키니) 등
- 4~5℃ : 감귤 등
- 10℃ 이상 : 오이, 가지

13 사과의 수확기를 판정하는 방법 중 ① 요오드반응 검사와 관련된 숙성과정에서의 성분변화, ② 요오드반응 검사 방법, ③ 검사결과 해석 방법을 서술하시오. [7점]

• 정답 • ① 전분의 함량 변화
② 물 1L에 요오드 칼륨 10g을 넣고 완전히 녹인 다음 요오드 3g을 넣어 녹여 요오드 시약을 만들고, 직사광선을 받지 않도록 갈색 병 혹은 알루미늄 포일로 싸둔 후, 검사할 사과를 반으로 쪼개 그 절단면을 만들어둔 요오드 시약에 30초 동안 침지한 후 수돗물로 씻는다. 이때 전분이 있는 부분은 청색을 나타내고 전분이 없는 부분은 흰색을 나타낸다.
③ 전분은 요오드(아이오딘)와 반응하면 청색을 나타내므로, 청색 부분이 많다는 것은 전분이 당으로 가수분해된 양이 상대적으로 적은 미숙과를 의미하며, 흰색 부분이 많다는 것은 전분이 당으로 가수분해된 양이 상대적으로 많은 성숙과를 의미한다.

• 풀이 • **사과의 수확 시기 판정을 위한 요오드(아이오딘) 검사**
- 판정지표 : 전분 함량
- 사과는 성숙하는 중에 과실 내 전분의 함량이 줄어들면서 당으로 변하여 단맛을 내므로 전분 함량의 변화를 조사하여 수확 시기를 결정할 수 있다.
- 전분은 요오드(아이오딘)와 반응하여 청색을 나타내는데, 사과는 성숙이 진행될수록 반응이 약해져 완전히 숙성된 과일은 반응이 나타나지 않는다.
- 청색 부분이 많다는 것은 전분이 당으로 가수분해된 양이 상대적으로 적은 미숙과를 의미한다.
- 사과를 장기저장하는 데는 완숙과보다는 미숙과가 유리하다.
- 요오드(아이오딘) 반응의 정도에 따라 장기저장용, 단기저장용, 직출하용으로 나누어 수확기를 결정할 수 있다.

14 에틸렌 제거 방식 중 ① 과망간산칼륨($KMnO_4$)과 ② 활성탄 처리 방식 각각의 작용 원리와 사용 시 유의사항을 설명하시오. [8점]

• 정답 • ① 과망간산칼륨($KMnO_4$)

- 작용 원리 : 에틸렌의 이중결합을 깨뜨려 산화시킴으로써 에틸렌을 흡착·제거한다.
- 사용 시 유의사항
  - 과망간산칼륨 용액과 작물이 접촉하는 경우 변색이 되므로 주의하여야 한다.
  - 과망간산칼륨 용액을 주기적으로 교환하여야 한다.
  - 중금속과 망간을 포함하고 있어 폐기 시 매우 주의하여야 한다.

② 활성탄

- 작용 원리 : 모세관 흡착작용 기능을 이용하여 에틸렌을 흡착·제거한다.
- 사용 시 유의사항
  - 포화되기 전에 교체하여야 한다.
  - 후에는 흡착된 에틸렌이 누출될 가능성이 있다.

• 풀이 • **에틸렌의 화학적 제거 방식 중 과망간산칼륨($KMnO_4$)과 활성탄 처리 방식**

구분	내용
과망간산칼륨 ($KMnO_4$)	• 에틸렌의 이중결합을 깨뜨려 산화시킴으로써 에틸렌을 흡착·제거한다. • 다공성 지지체(벽돌·질석 등)에 과망간산칼륨을 흡수시켜 저장고에 넣어 두면 에틸렌이 흡착·제거된다. • 에틸렌 제거효율이 우수하며, 에틸렌 발생량이 많은 작물에 효과적이다. • 과망간산칼륨 용액과 작물이 접촉하는 경우 변색이 되므로 주의하여야 한다. • 과망간산칼륨 용액을 주기적으로 교환하여야 한다. • 중금속과 망간을 포함하고 있어 폐기 시 매우 주의하여야 한다.
활성탄	• 활성탄은 다공질의 흡착성이 높은 탄소질 물질이며 모세관 흡착작용 기능을 이용하여 에틸렌을 흡착·제거한다. • 환경친화적이며 저농도 에틸렌 제거에 유리하다. • 가열 건조할 경우 재생이 가능하다. • 포화되기 전에 교체하여야 한다. • 포화된 후에는 흡착된 에틸렌이 누출될 가능성이 있다.

15 농산물 유통업체에서 근무하는 농산물품질관리사가 풋고추 1상자(5kg)를 품질평가한 결과이다. 농산물 표준규격에서 규정하고 있는 기준에 따라 이 제품에 대한 항목별 등급 및 종합판정 등급을 쓰고, 그 판정이유를 쓰시오(단, 주어진 항목 이외에는 등급판정에 고려하지 않음). [6점]

항 목	품질평가 결과	비 고
낱개의 고르기	평균 길이에서 ±2.0cm를 초과하는 것이 10%	
색 택	짙은 녹색이 균일하고 윤기가 뛰어남	
경결점과	4%	

〈등급판정〉

낱개의 고르기	색 택	경결점과	종합판정 등급 및 이유	
등급 : (①)	등급 : (②)	등급 : (③)	등급 : (④)	이유 : (⑤)

※ 이유 답안 예시 : △△항목이 ○○%로 '○'등급 기준의 ○○% 이하(미만) 또는 이상(초과)에 해당됨

• 정답 • ① 특, ② 특, ③ 상, ④ 상,
⑤ 경결점과 항목이 4%로 '상'등급 기준의 5% 이하에 해당됨

• 풀이 • 고추의 등급규격

항 목 \ 등 급	특	상	보 통
낱개의 고르기	평균 길이에서 ±2.0cm를 초과하는 것이 10% 이하인 것(꽈리고추는 20% 이하)	평균 길이에서 ±2.0cm를 초과하는 것이 20% 이하(꽈리고추는 50% 이하)로 혼입된 것	특·상에 미달하는 것
길이 (꽈리고추에 적용)	4.0~7.0cm인 것이 80% 이상		
색 택	• 풋고추, 꽈리고추 : 짙은 녹색이 균일하고 윤기가 뛰어난 것 • 홍고추(물고추) : 품종 고유의 색깔이 선명하고 윤기가 뛰어난 것	• 풋고추, 꽈리고추 : 짙은 녹색이 균일하고 윤기가 있는 것 • 홍고추(물고추) : 품종고유의 색깔이 선명하고 윤기가 있는 것	특·상에 미달하는 것
신선도	꼭지가 시들지 않고 신선하며, 탄력이 뛰어난 것	꼭지가 시들지 않고 신선하며, 탄력이 양호한 것	특상에 미달하는 것
중결점과	없는 것	없는 것	5% 이하인 것(부패·변질과는 포함할 수 없음)
경결점과	3% 이하인 것	5% 이하인 것	20% 이하인 것

16 생산자 A는 복숭아(품종 : 백도)를 생산하여 농산물 도매시장에 표준규격 농산물로 출하하려고 1상자(10kg, 45과)를 농산물 표준규격에 따라 계측한 결과가 다음과 같았다. 농산물 표준규격에 따른 항목별 등급을 쓰고, 종합판정 등급과 그 이유를 쓰시오(단, 주어진 항목 이외에는 등급판정에 고려하지 않음). [6점]

크기 구분(g)	색 택	결점과
• 250 이상 : 1과 • 215 이상~250 미만 : 43과 • 188 이상~215 미만 : 1과	품종 고유의 색택이 뛰어남	• 외관상 씨 쪼개짐이 경미한 것 : 2과 • 병충해의 피해가 과피에 그친 것 : 1과

〈등급판정〉

항 목	해당 등급	종합판정 등급 및 이유
낱개의 고르기	(①)	등급 : (④)
색 택	(②)	이유 : (⑤)
결점과	(③)	

※ 이유 답안 예시 : △△항목이 ○○%로 '○'등급 기준의 ○○% 이하(미만) 또는 이상(초과)에 해당됨

• 정답 • ① 상, ② 특, ③ 보통, ④ 보통

⑤ 낱개의 고르기 항목이 4.44%로 '상'등급 기준의 5% 이하에 해당되고, 경결점과가 약 6.67%로 '보통'등급 기준의 20% 이하에 해당됨

• 풀이 • 복숭아의 등급규격

항 목 \ 등 급	특	상	보 통
낱개의 고르기	별도로 정하는 크기 구분표에서 무게가 다른 것이 섞이지 않은 것	별도로 정하는 크기 구분표에서 무게가 다른 것이 5% 이하인 것. 단, 크기 구분표의 해당 크기에서 1단계를 초과 할 수 없다.	특·상에 미달하는 것
색 택	품종 고유의 색택이 뛰어난 것	품종 고유의 색택이 양호한 것	특·상에 미달하는 것
중결점과	없는 것	없는 것	5% 이하인 것(부패·변질과는 포함할 수 없음)
경결점과	없는 것	5% 이하인 것	20% 이하인 것

복숭아(백도)의 크기 구분

품 종 \ 호 칭		2L	L	M	S
1개의 무게(g)	백도, 천홍, 사자, 창방, 대구보, 진미·미백 및 이와 유사한 품종	250 이상	215 이상~250 미만	188 이상~215 미만	150 이상~188 미만

복숭아의 경결점과

• 품종 고유의 모양이 아닌 것
• 외관상 씨 쪼개짐이 경미한 것
• 병해충의 피해가 과피에 그친 것
• 경미한 일소, 약해, 찰상 등으로 외관이 떨어지는 것
• 기타 결점의 정도가 경미한 것

17 **농산물품질관리사 A가 오이(계통 : 다다기) 1상자(100개)를 농산물 표준규격에 따라 계측한 결과가 다음과 같았다. 낱개의 고르기, 모양 및 결점과의 등급을 쓰고, 종합판정 등급 및 그 이유를 쓰시오(단, 주어진 항목 이외에는 등급판정에 고려하지 않음). [6점]**

낱개의 고르기	모 양	결점과
• 평균 길이에서 ±1.5cm 이하인 것 : 46개 • 평균 길이에서 ±1.5cm를 초과하는 것 : 4개	품종 고유의 모양을 갖춘 것으로 처음과 끝의 굵기가 일정하며 구부러진 정도가 1cm 이내인 것	• 형상불량 정도가 경미한 것 : 2개 • 병충해의 정도가 경미한 것 : 1개

〈등급판정〉

낱개의 고르기	모 양	결점과		종합판정 등급 및 이유	
등급 : (①)	등급 : (②)	혼입률 : (③)	등급 : (④)	등급 : (⑤)	이유 : (⑥)

※ 이유 답안 예시 : △△항목이 ○○%로 '○'등급 기준의 ○○% 이하(미만) 또는 이상(초과)에 해당됨

• 정답 • ① 특, ② 특, ③ 3%, ④ 상, ⑤ 상
⑥ 결점과 항목에서 혼입율이 3%로 '상'등급 기준의 5% 이하에 해당됨

• 풀이 • 오이의 등급규격

항 목 \ 등 급	특	상	보 통
낱개의 고르기	평균 길이에서 ±2.0cm(다다기계는 ±1.5cm)를 초과하는 것이 10% 이하인 것	평균 길이에서 ±2.0cm(다다기계는 ±1.5cm)를 초과하는 것이 20% 이하인 것	특·상에 미달하는 것
색 택	품종 고유의 색택이 뛰어난 것	품종 고유의 색택이 양호한 것	특·상에 미달한 것
모 양	품종 고유의 모양을 갖춘 것으로 처음과 끝의 굵기가 일정하며 구부러진 정도가 다다기·취청계는 1.5cm 이내, 가시계는 2.0cm 이내인 것	품종 고유의 모양을 갖춘 것으로 처음과 끝의 굵기가 대체로 일정하며 구부러진 정도가 다다기·취청계는 3.0cm 이내, 가시계는 4.0cm 이내인 것	특·상에 미달한 것
신선도	꼭지와 표피가 메마르지 않고 싱싱한 것	꼭지와 표피가 메마르지 않고 싱싱한 것	특·상에 미달한 것
중결점과	없는 것	없는 것	5% 이하인 것(부패·변질과는 포함할 수 없음)
경결점과	없는 것	5% 이하인 것	20% 이하인 것

오이의 경결점과
• 형상불량 정도가 경미한 것
• 병충해, 상해의 정도가 경미한 것
• 기타 결점의 정도가 경미한 것

18 국립농산물품질관리원 소속 조사공무원 A는 생산자 B가 농산물도매시장에 출하한 감자(품종 : 수미) 중에서 등급이 '특'으로 표시된 1상자(20kg)를 표본으로 추출하여 계측하였더니 다음과 같았다. 계측 결과를 종합하여 판정한 등급과 그 이유를 쓰고, 농수산물 품질관리법령상 국립농산물품질관리원장이 생산자 B에게 조치하는 행정처분 기준을 쓰시오(단, 의무표시사항 중 등급 이외 항목은 모두 적정하게 표시되었으며 주어진 항목 이외에는 등급판정에 고려하지 않음. 생산자 B는 농수산물 품질관리법령 위반 이력이 없으며 감경사유 없음). [7점]

1개의 무게(개수)	결점과
300g (8개), 270g (35개), 240g (4개), 210g (2개), 180g (1개)	• 병충해가 외피에 그친 것 : 1개 • 품종 고유의 모양이 아닌 것 : 1개

〈등급판정〉

종합판정 등급	이 유	행정처분 기준
(①)	(②)	(③)

※ 이유 답안 예시 : △△항목이 ○○%로 '○'등급 기준의 ○○% 이하(미만) 또는 이상(초과)에 해당됨

• 정답 • ① 보통
② 낱개의 고르기 항목이 2%로 '보통' 등급 기준의 특 · 상에 미달하는 것에 해당됨
③ 표시정지 1개월

• 풀이 • 감자의 등급규격

항 목 \ 등 급	특	상	보 통
낱개의 고르기	별도로 정하는 크기 구분표에서 무게가 다른 것이 10% 이하인 것	별도로 정하는 크기 구분표에서 무게가 다른 것이 20% 이하인 것	특 · 상에 미달하는 것
손 질	흙 등 이물질 제거 정도가 뛰어나고 표면이 적당하게 건조된 것	흙 등 이물질 제거 정도가 양호하고 표면이 적당하게 건조된 것	특 · 상에 미달하는 것
중결점	없는 것	없는 것	5% 이하인 것(부패 · 변질된 것은 포함할 수 없음)
경결점	5% 이하인 것	10% 이하인 것	20% 이하인 것

감자(수미)의 크기 구분

품 종 \ 호 칭		3L	2L	L	M	S	2S
1개의 무게 (g)	수미 및 이와 유사한 품종	280 이상	220 이상~280 미만	160 이상~220 미만	100 이상~160 미만	40 이상~100 미만	40 미만

행정처분 기준 : 시정명령 등의 처분기준(농산물 품질관리법 시행령 제11조 및 제16조 관련 [별표 1])의 개별기준에 따른 내용물과 다르게 거짓표시나 과장된 표시를 한 경우이고, 1차 위반이므로 표시정지 1개월의 행정처분에 해당한다.

19 농산물품질관리사 A가 시중에 유통되고 있는 피땅콩(1포대, 20kg)을 농산물 표준규격에 따라 품위를 계측한 결과 다음과 같았다. 농산물 표준규격에 따른 항목별 등급을 쓰고, 종합하여 판정한 등급과 그 이유를 쓰시오(단, 주어진 항목 이외에는 등급판정에 고려하지 않음). [6점]

구 분	빈 꼬투리	피해 꼬투리	이 물
계측결과	3.8%	1.2%	0.2%

〈등급판정〉

빈 꼬투리	피해 꼬투리	이 물	종합판정 등급 및 이유	
등급 : (①)	등급 : (②)	등급 : (③)	등급 : (④)	이유 : (⑤)

※ 이유 답안 예시 : △△항목이 ○○%로 '○'등급 기준의 ○○% 이하(미만) 또는 이상(초과)에 해당됨

•정답• ① 상, ② 특, ③ 특, ④ 상, ⑤ 빈 꼬투리 항목이 3.8%로 '상'등급 기준의 5.0% 이하에 해당됨

•풀이• 피땅콩의 등급규격

항 목 \ 등 급	특	상	보 통
모양	품종 고유의 모양과 색택으로 크기가 균일하고 충실한 것	품종 고유의 모양과 색택으로 크기가 균일하고 충실한 것	특·상에 미달하는 것
수분	10.0% 이하인 것	10.0% 이하인 것	10.0% 이하인 것
빈 꼬투리	3.0% 이하인 것	5.0% 이하인 것	10.0% 이하인 것
피해 꼬투리	3.0% 이하인 것	5.0% 이하인 것	10.0% 이하인 것
이물	0.5% 이하인 것	1.0% 이하인 것	2.0% 이하인 것

용어의 정의

- 백분율(%) : 전량에 대한 무게의 비율을 말한다.
- 빈 꼬투리 : 수정불량 등으로 알땅콩이 정상 발육되지 않은 것
- 피해꼬투리 : 병해충, 부패, 변질, 파손 등 알땅콩에 영향을 현저하게 미친 것
- 이물 : 땅콩 외의 것을 말한다.

20 생산자 A는 수확한 사과(품종 : 후지)를 선별하였더니 다음과 같았다. 선별한 사과를 이용하여 5kg 들이 상자에 담아 표준규격품으로 출하하려고 할 때 '특'등급에 해당하는 최대 상자 수와 그 구성 내용을 쓰시오(단, 상자의 구성은 1과당 무게와 색택이 우수한 것부터 구성하고, 주어진 항목 이외에는 등급판정에 고려하지 않음). [8점]

1과당 무게	개 수	중 량	착색비율별 개수
400g	13개	5,200g	◕ : 2개, ◐ : 9개, ◑ : 2개
350g	13개	4,550g	◕ : 3개, ◐ : 8개, ◑ : 2개
300g	14개	4,200g	◐ : 11개, ◑ : 2개, ◔ : 1개
250g	20개	5,000g	◕ : 4개, ◐ : 12개, ◑ : 2개, ◔ : 2개
계	60개	18,950g	◕ : 9개, ◐ : 40개, ◑ : 8개, ◔ : 3개

※ 착색비율 : ◕ : 70%, ◐ : 60%, ◑ : 50%, ◔ : 40%

등 급	최대 상자 수	상자별 구성 내용
특	(①)상자	(②)

※ 구성 내용 예시 : OOOg(색택, ◇◇%) □개 + OOOg(색택, ◇◇%) □개 + ...

•정답• • 1상자
• 350g(색택, 70%) 3개 + 350g(색택, 60%) 7개 + 300g(색택, 60%) 5개

•풀이• 사과의 등급규격

항 목 \ 등 급	특	상	보 통
낱개의 고르기	별도로 정하는 크기 구분표에서 무게가 다른 것이 섞이지 않은 것	별도로 정하는 크기 구분표에서 무게가 다른 것이 5% 이하인 것. 단, 크기 구분표의 해당 무게에서 1단계를 초과할 수 없다.	특·상에 미달하는 것
색 택	별도로 정하는 품종별/등급별 착색비율에서 정하는 "특"이외의 것이 섞이지 않은 것. 단, 쓰가루(비착색계)는 적용하지 않음	별도로 정하는 품종별/등급별 착색비율에서 정하는 "상"에 미달하는 것이 없는 것. 단, 쓰가루(비착색계)는 적용하지 않음	별도로 정하는 품종별/등급별 착색비율에서 정하는 "보통"에 미달하는 것이 없는 것
신선도	윤기가 나고 껍질의 수축현상이 나타나지 않은 것	껍질의 수축현상이 나타나지 않은 것	특·상에 미달하는 것
중결점과	없는 것	없는 것	5% 이하인 것(부패·변질과는 포함할 수 없음)
경결점과	없는 것	10% 이하인 것	20% 이하인 것

사과의 크기 구분

호 칭 / 구 분	3L	2L	L	M	S	2S
g/개	375 이상	300 이상~ 375 미만	250 이상~ 300 미만	214 이상~ 250 미만	188 이상~ 214 미만	167 이상~ 188 미만

사과의 품종별/등급별 착색비율

등 급 / 품 종	특	상	보 통
홍옥, 홍로, 화홍, 양광 및 이와 유사한 품종	70% 이상	50% 이상	30% 이상
후지, 조나골드, 세계일, 추광, 서광, 선홍, 새나라 및 이와 유사한 품종	60% 이상	40% 이상	20% 이상
쓰가루(착색계) 및 이와 유사한 품종	20% 이상	10% 이상	–

제20회 최근 기출문제

단답형

01 A업체가 '들깨미숫가루'라는 상품을 출시하려고 한다. 이 제품에 사용된 원료의 배합비율을 보고 농수산물의 원산지 표시 등에 관한 법령상 원산지 표시대상을 순서대로 쓰시오(단, 원산지 표시를 생략할 수 있는 원료는 제외함). [3점]

원 료	쌀	보리쌀	당 류	율 무	현 미	들 깨	기 타
비율(%)	50	15	12	10	8	3	2

• 정답 • 쌀, 보리쌀, 율무

• 풀이 • **원산지의 표시대상(농수산물의 원산지 표시 등에 관한 법률 시행령 제3조 제2항 제1호)**

법에 따른 농수산물 가공품의 원료에 대한 원산지 표시대상은 다음과 같다. 다만, 물, 식품첨가물, 주정(酒精) 및 당류(당류를 주원료로 하여 가공한 당류가공품을 포함)는 배합 비율의 순위와 표시대상에서 제외한다.

1. 원료 배합 비율에 따른 표시대상
   - 가. 사용된 원료의 배합 비율에서 한 가지 원료의 배합 비율이 98% 이상인 경우에는 그 원료
   - 나. 사용된 원료의 배합 비율에서 두 가지 원료의 배합 비율의 합이 98% 이상인 원료가 있는 경우에는 배합 비율이 높은 순서의 2순위까지의 원료
   - 다. 가목 및 나목 외의 경우에는 배합 비율이 높은 순서의 3순위까지의 원료
   - 라. 가목부터 다목까지의 규정에도 불구하고 김치류 및 절임류(소금으로 절이는 절임류에 한정)의 경우에는 다음의 구분에 따른 원료
     1) 김치류 중 고춧가루(고춧가루가 포함된 가공품을 사용하는 경우에는 그 가공품에 사용된 고춧가루를 포함)를 사용하는 품목은 고춧가루 및 소금을 제외한 원료 중 배합 비율이 가장 높은 순서의 2순위까지의 원료와 고춧가루 및 소금
     2) 김치류 중 고춧가루를 사용하지 아니하는 품목은 소금을 제외한 원료 중 배합 비율이 가장 높은 순서의 2순위까지의 원료와 소금
     3) 절임류는 소금을 제외한 원료 중 배합 비율이 가장 높은 순서의 2순위까지의 원료와 소금. 다만, 소금을 제외한 원료 중 한 가지 원료의 배합 비율이 98% 이상인 경우에는 그 원료와 소금으로 한다.

02 **농수산물 품질관리법령상 지리적표시의 등록거절 사유의 세부기준에 관한 내용의 일부이다. (　　)에 들어갈 내용을 쓰시오. [3점]**

> • 해당 품목의 (①)과 (②) 또는 그 밖의 특성이 본질적으로 특정지역의 생산 환경적 요인과 인적 요인 모두에 기인하지 아니한 경우
> • 해당 품목이 지리적표시 대상지역에서 생산된 (③)가 깊지 않은 경우

• 정답 • ① 명성, ② 품질, ③ 역사

• 풀이 • **지리적표시의 등록거절 사유의 세부기준(농수산물 품질관리법 시행령 제15조)**

1. 해당 품목이 농수산물인 경우에는 지리적표시 대상지역에서만 생산된 것이 아닌 경우

1의2. 해당 품목이 농수산가공품인 경우에는 지리적표시 대상지역에서만 생산된 농수산물을 주원료로 하여 해당 지리적표시 대상지역에서 가공된 것이 아닌 경우

2. 해당 품목의 우수성이 국내 및 국외에서 모두 널리 알려지지 아니한 경우
3. 해당 품목이 지리적표시 대상지역에서 생산된 역사가 깊지 않은 경우
4. 해당 품목의 명성·품질 또는 그 밖의 특성이 본질적으로 특정지역의 생산환경적 요인과 인적 요인 모두에 기인하지 아니한 경우
5. 그 밖에 농림축산식품부장관 또는 해양수산부장관이 지리적표시 등록에 필요하다고 인정하여 고시하는 기준에 적합하지 않은 경우

03 노점상을 하는 A씨는 중국산으로 표시된 볶은 땅콩 15kg 1상자를 도매상으로부터 75,000원(kg당 5,000원)에 구입하였다. 이를 용기에 소분하여 K전통시장에서 kg당 8,000원씩 판매를 목적으로 5kg을 진열하여 소비자에게 원산지를 표시하지 않고 판매하다가 원산지 미표시로 적발되었다. 이때 원산지조사 공무원이 노점상 A씨에게 부과할 과태료 금액을 쓰시오(단, 1차 위반이며, 감경사유는 없음). [3점]

• 정답 • 12만원

• 풀이 • **원산지 표시(농수산물의 원산지 표시 등에 관한 법률 제5조 제1항)**

대통령령으로 정하는 농수산물 또는 그 가공품을 수입하는 자, 생산·가공하여 출하하거나 판매(통신판매를 포함)하는 자 또는 판매할 목적으로 보관·진열하는 자는 다음에 대하여 원산지를 표시하여야 한다.

1. 농수산물
2. 농수산물 가공품(국내에서 가공한 가공품은 제외)
3. 농수산물 가공품(국내에서 가공한 가공품에 한정)의 원료

과태료의 부과기준(농수산물의 원산지 표시 등에 관한 법률 시행령 제10조 관련 [별표 2])

• 개별기준

위반행위	과태료			
	1차 위반	2차 위반	3차 위반	4차 이상 위반
법 제5조 제1항을 위반하여 원산지 표시를 하지 않은 경우	5만 원 이상 1,000만 원 이하			

• 원산지 표시를 하지 않은 경우의 세부 부과기준

– 농수산물 가공품(통관 단계 이후의 수입 농수산물 등 또는 반입 농수산물 등을 국내에서 가공한 것을 포함, 통신판매의 경우는 제외) 판매업자

ⓐ 과태료 부과금액은 원산지 표시를 하지 않은 물량(판매를 목적으로 보관 또는 진열하고 있는 물량을 포함)에 적발 당일 해당 업소의 판매가격을 곱한 금액으로 하고, 위반행위의 횟수에 따른 과태료의 부과기준은 다음 표와 같다.

과태료 부과금액		
1차 위반	2차 위반	3차 이상 위반
ⓐ의 금액	ⓐ의 금액의 200%	ⓐ의 금액의 300%

따라서 과태료 금액은 15kg × 8,000 = 120,000원이다.

04 국립농산물품질관리원 특별사법경찰관 L주무관은 농산물 원산지 표시를 조사하던 중 K농산물 판매점에서 다음과 같이 콩의 원산지 표시방법 위반사례를 적발하였다. K농산물 판매점에 부과할 과태료 금액을 쓰시오(단, 1차 위반이며, 감경사유는 없음). [4점]

- 적발된 경위 : 중국산 콩 1kg 포장품 40개를 진열·판매하다가 적발됨
- 소비자 판매가격 : 7,000원/kg
- 원산지 표시 : 글자색이 내용물의 색깔과 동일한 색깔로 선명하지 않게 표시됨

•정답• 14만원

•풀이• **농수산물 등의 원산지 표시방법–포장재에 원산지를 표시할 수 있는 경우(농수산물의 원산지 표시 등에 관한 법률 시행규칙 제3조 제1호 [별표 1])**

4) 글자색 : 포장재의 바탕색 또는 내용물의 색깔과 다른 색깔로 선명하게 표시한다.

과태료의 부과기준(농수산물의 원산지 표시 등에 관한 법률 시행령 제10조 관련 [별표 2])

• 개별기준

위반행위	과태료			
	1차 위반	2차 위반	3차 위반	4차 이상 위반
법 제5조 제4항에 따른 원산지의 표시방법을 위반한 경우	5만 원 이상 1,000만 원 이하			

• 원산지의 표시방법을 위반한 경우의 세부 부과기준
- 농수산물(통관 단계 이후의 수입 농수산물 등 및 반입 농수산물 등을 포함하며, 통신판매의 경우와 식품접객업을 하는 영업소 및 집단급식소에서 조리하여 판매·제공하는 경우 제외)
  ⓐ 원산지 표시를 하지 않은 경우의 과태료 부과금액의 100분의 50을 부과한다.

따라서 40개 × 7,000원 = 280,000원의 100분의 50인 140,000원이다.

05 농수산물 품질관리법상 지리적표시의 등록에 관한 내용이다. 밑줄 친 것 중 잘못된 부분을 모두 찾아 수정하시오(수정 예 : ① ○○○ → □□□). [4점]

지리적표시의 등록은 ① 특정지역에서 지리적 특성을 가진 농수산물 또는 농수산가공품을 생산하거나 ② 제조·가공하는 자로 구성된 ③ 단체만 신청할 수 있다. 다만, 지리적 특성을 가진 농수산물 또는 농수산가공품의 생산자 또는 가공업자가 ④ 5인 미만인 경우에는 예외적으로 등록신청을 할 수 있다.

•정답• ③ 단체 → 법인, ④ 5인 → 1인

•풀이• **지리적표시의 등록(농수산물 품질관리법 제32조 제2항)**

지리적표시의 등록은 특정지역에서 지리적 특성을 가진 농수산물 또는 농수산가공품을 생산하거나 제조·가공하는 자로 구성된 법인만 신청할 수 있다. 다만, 지리적 특성을 가진 농수산물 또는 농수산가공품의 생산자 또는 가공업자가 1인인 경우에는 법인이 아니라도 등록신청을 할 수 있다.

06 다음은 원예작물의 숙성과정에서 일어나는 일련의 대사과정에 관한 설명이다. 설명이 옳으면 ○, 옳지 않으면 ×를 쓰시오. [4점]

① 바나나는 숙성이 진행되면서 환원당인 포도당과 과당의 결합으로 전분이 합성되어 단맛이 증가한다. ( )
② 사과는 적색으로 착색이 진행되면서 안토시아닌(Anthocyanin)이 감소하고 엽록소가 증가한다. 이때 측정 Hunter 'a' 값은 양에서 음으로 전환된다. ( )
③ 포도는 숙성이 진행되면서 주요 유기산인 주석산과 말산이 감소되어 신맛이 약해진다. ( )
④ 토마토는 Polygalacturonase(PG)가 발현되어 세포벽의 펙틴(Pectin)을 가수분해하여 과실의 연화를 촉진한다. ( )

• 정답 • ① ×, ② ×, ③ ○, ④ ○

• 풀이 • ① 바나나는 숙성과정에서 전분이 당으로 가수분해되어 단맛이 증가한다.
② 사과의 적색 부분은 안토시아닌 색소에 기인한 것이다. 사과가 적색으로 착색이 진행되면서 안토시아닌이 증가하고 Hunter 'a' 값은 음에서 양으로 전환된다.
헌터 색도는 적녹색도(a), 황청색도(b), 명도(L)로 계산하여 수치와 색도 간의 연관성을 명료하게 나타낼 수 있기 때문에 널리 사용된다.

[헌터 색도]

a값(적녹)	(+) 적색 ← 0 → 녹색 (−)
b값(황청)	(+) 황색 ← 0 → 청색 (−)
L값(명도)	색상의 밝기를 의미하며, 100에 가까울수록 흰색을 나타낸다.

③ 포도의 유기산 함량은 착과 후 성숙단계에 이르기까지 증가하며, 숙성이 진행되면서 주요 유기산인 주석산과 말산이 급격히 감소되어 신맛이 약해진다.
④ Polygalacturonase(PG)는 식물 세포벽을 유지하는 펙틴(Pectin)을 분해하는 효소로 펙틴이 절단되면 연화과정이 시작되어 과실이 물러진다.

07 증산계수란 단위무게, 단위수증기압차, 단위시간당 발생하는 수분증발을 말한다. [보기]의 수확적기에 수확된 원예산물 중 증산계수가 높은 것부터 낮은 것 순서로 해당 번호를 쓰시오 (단, 온도 0℃, 상대습도 80%, 공기유동이 없는 동일조건). [4점]

보기

① 셀러리 ② 시금치
③ 토마토 ④ 오 이

• 정답 • ② – ① – ④ – ③

• 풀이 • 증산계수가 클수록 수분증발이 심한 것을 의미한다. 증산계수 = 전체증산량 / 전체건물중으로 계산하며, 동일 환경 조건에서 작물별 증산계수(mg/hr/mmHg)는 시금치 31 > 셀러리 11 > 오이 2.5 > 토마토 0.3 순이다.

08 다음 ( )에 있는 옳은 것을 선택하여 쓰시오. [4점]

> 원예산물에서는 일반적으로 호흡기질의 ①(합성, 분해)에 따라 수분과 ②(산소, 이산화탄소)가 생성된다. 이때 발생한 호흡열은 생체중량의 부가적인 ③(감소, 증가)를 초래하며 호흡열에 의해 높아진 조직 내의 열은 대기 쪽으로 전이되어 수분 증발을 ④(낮추, 높이)게 된다.

• 정답 • ① 분해, ② 이산화탄소, ③ 감소, ④ 높이

• 풀이 • **원예산물의 호흡**

- 호흡은 살아 있는 식물체에서 발생하는 주된 물질대사 과정으로서 전분, 당, 탄수화물 및 유기산 등의 저장 양분(기질)이 산화(분해)되는 과정이다.
- 호흡과정 : 포도당 + 산소 $\xrightarrow[\text{산화(분해)}]{}$ 이산화탄소 + 수분 + 에너지(대사에너지 + 열)
- 화학식 : $C_6H_{12}O_6 + 6O_2 \rightarrow 6CO_2 + 6H_2O$ + 에너지
- 호흡열을 식히는 기능인 증산작용으로 인해 수분 증발이 높아지고 생체중량은 감소한다.

09 다음 ( )에 들어갈 올바른 내용을 [보기]에서 찾아 쓰시오. [3점]

> 고구마는 수확 후 상처 입은 표피조직을 아물게 하여 미생물 침입을 방지하고, 저장성을 향상시키고자 (①) 처리를 하는데, 이때 적정온도의 범위는 약 (②), 상대습도는 (③)수록 코르크층 형성에 효과적이다.

보기

> 예건, 큐어링, 9~12℃, 29~32℃, 낮을, 높을

• 정답 • ① 큐어링, ② 29~32℃, ③ 높을

• 풀이 • **큐어링(Curing)**

- 수확과정에서 발생된 농산물의 물리적 상처 부위에 코르크층을 형성시키는 처리과정이다.
- 수확 시 입은 상처는 병균의 침입구가 되므로 빠른 시일 내에 치유가 되어야 수확 후 손실을 줄일 수 있다.
- 수확 후 큐어링으로 품질을 향상시키고 저장성을 높일 수 있는 품목
  - 고구마 : 수확 후 1주일 이내에 온도 30~33℃, 습도 85~90%의 환경조건에서 4~5일간 큐어링한 후 열을 방출시키고 저장하면 상처가 잘 치유되고 당분 함량이 증가한다.
  - 감자 : 수확 후 온도 15~20℃, 습도 85~90%의 환경조건에서 2주일 정도 큐어링하여 코르크층이 형성되면 수분 손실과 부패균의 침입을 막을 수 있다.
  - 양파와 마늘 : 양파와 마늘은 보호엽이 형성되고, 건조되어야 저장 중 손실이 적다. 일반적으로 밭에서 1차 건조시키고, 저장 전에 선별장에서 완전히 건조시켜 입고한 후 온도를 낮추기 시작한다.

10 다음의 원예산물에 대하여 5℃ 동일조건에서 호흡속도를 측정하였다. 각 호흡속도(mg CO_2/kg · hr)의 범위 (A, B)에 해당하는 품목을 [보기]에서 모두 찾아 쓰시오. [4점]

보기

버섯, 양파, 사과, 아스파라거스

- A(5~10mg CO_2/kg · hr) : ①
- B(>60mg CO_2/kg · hr) : ②

• 정답 • ① 양파, 사과, ② 버섯, 아스파라거스

• 풀이 • 호흡속도는 원예생산물의 저장력과 밀접한 관련이 있어 저장력의 지표로 사용된다.
수확 후 호흡속도는 원예생산물의 형태적 구조나 숙도에 따라 결정되는데, 생리적으로 미숙한 식물이나 표면적이 큰 엽채류는 호흡속도가 빠르고, 감자나 양파 등의 저장기관이나 성숙한 식물은 호흡속도가 느리다. 호흡속도가 빠른 식물은 저장력이 약하다.

호흡속도에 따른 원예생산물의 분류
- 매우 높음 : 버섯, 강낭콩, 아스파라거스, 브로콜리 등
- 높음 : 딸기, 아욱, 콩 등
- 중간 : 서양배, 살구, 바나나, 체리, 복숭아, 자두 등
- 낮음 : 사과, 감귤, 포도, 키위, 망고, 감자, 양파 등
- 매우 낮음 : 견과류, 대추야자 열매류 등

서술형

11 토마토를 4℃에서 20일 동안 저장한 후 상온에서 3일 동안 유통 시 비정상적인 착색, 부패, 과일표면이 움푹 패는 현상 등 저온장해가 발생하였다. 이때 전기전도계로 측정된 전해질누출량이 저장 초기보다 증가되었다. 전해질누출량이 높아진 원인을 세포막의 이중 층을 구성하는 막지질의 특성과 관련하여 설명하시오. [6점]

• 정답 • 저온장해 현상이 많이 발생할수록 전해질누출량도 높게 나타난다. 저온에 의한 노출 기간이 길어지면 막지질이 유동성 있는 액정상에서 겔상으로 물리적인 상전이가 발생하게 된다. 이로 인해 막의 세포구획 손실이 일어나서 용질이 유출되는 현상이 나타난다.

• 풀이 •
- 작물의 종류에 따라 한계온도 이하의 저온에 노출될 때 영구적인 생리장해가 나타나는데 이를 저온장해라고 하며, 열대 · 아열대 원산의 작물이 저온에 민감하다.
- 저온장해 현상이 많이 발생할수록 전해질누출량도 높게 나타난다. 저온에 의한 노출 기간이 길어지면 유동성 있는 액정상(Liquid Crystal Phase)에서 겔상(Gel Phase)으로 막지질의 물리적인 상전이(Phase Transition)가 발생하게 된다. 이는 막의 세포구획 손실, 용질 유출, 광합성률 감소 등의 반응을 초래하며, 저온에 의한 노출 기간이 더욱 길어지면 저온장해의 증상이 나타나게 된다.

12 **사과(후지)와 브로콜리를 0.03mm PE 필름으로 혼합 · 밀봉하여 상온에서 3일간 저장하였더니 브로콜리에서 황화현상이 발생했다. 이러한 생리장해의 원인이 되는 ① 식물호르몬의 명칭과 이것을 ② 흡착하여 제거할 수 있는 물질 2가지를 쓰시오. [6점]**

• 정답 • ① 에틸렌, ② 과망가니즈산칼륨, 활성탄 등

• 풀이 • ① 사과에서 발생되는 에틸렌 가스에 의해 저장고 내 에틸렌 농도가 높아지면 엽채류 잎이나 포도 과립이 떨어지는 탈리현상이 촉진되고, 잎이 노란색으로 변하는 황화현상, 당근의 쓴맛 증가, 아스파라거스 순의 조직이 질겨지는 경화현상 등이 일어난다.

② 원예산물 저장 중 에틸렌의 피해를 방지하는 방법

- 혼합저장 회피 : 사과와 함께 보관하지 않는다.
- 화학적 제거(과망가니즈산칼륨, 활성탄 및 변형활성탄, 브로민화 활성탄, 백금촉매처리, 이산화타이타늄, 오존처리)
- CA 이용
- 환 기

13 **다음은 생산자 A씨(양파, 생산계획량 ○○톤, 재배면적 5,000m^2 등으로 농산물 우수관리인증을 받은 자)와 B씨(담당공무원) 간의 대화 내용 중 (　)에 들어갈 답변을 간략히 쓰시오(단, 주어진 내용 외에는 고려하지 않음). [6점]**

[대화내용]

A씨 : 2022년 9월에 1,000m^2 농지를 타인에게 매각하여 2023년 5월부터 4,000m^{2}에서 양파를 우수관리인증 농산물로 출하 중인데 우수관리인증과 관련한 법 위반사항이 발생하여 저에게 행정처분을 한다고 연락을 받았습니다.
B씨 : 귀하의 처분사유는 농수산물 품질관리법 위반사항에 해당됩니다.
A씨 : 제가 위반한 행위가 무엇인지 알 수 있을까요?
B씨 : 귀하가 위반한 사항은 (①)한 경우에 해당됩니다.
A씨 : 아 제가 잘못을 했네요. 그렇다면 위반행위에 대한 처분기준은 어찌되나요?
B씨 : 1차 위반이고 경감사항이 없으므로 (②)입니다.
A씨 : 혹시, 제가 해외에 있어 행정조치를 이행하지 못하여 2차 위반에 해당될 경우에는 어쩌되나요?
B씨 : 2차 위반 시에는 (③)입니다.

• 정답 • ① 우수관리인증의 변경승인을 받지 않고 중요 사항을 변경, ② 표시정지 1개월, ③ 표시정지 3개월

• 풀이 • **우수관리인증의 유효기간 등(농수산물 품질관리법 제7조 제4항)**

우수관리인증의 유효기간이 끝나기 전에 생산계획 등 농림축산식품부령으로 정하는 중요 사항을 변경하려는 자는 미리 우수관리인증의 변경을 신청하여 해당 우수관리인증기관의 승인을 받아야 한다.

※ 우수관리인증의 변경(시행규칙 제17조 제2항)

법 제7조 제4항에서 "농림축산식품부령으로 정하는 중요 사항"이란 다음의 사항을 말한다.

1. 우수관리인증농산물의 위해요소관리계획 중 생산계획(품목, 재배면적, 생산계획량, 수확 후 관리시설)
2. 우수관리인증을 받은 생산자집단의 대표자(생산자집단의 경우만 해당)
3. 우수관리인증을 받은 자의 주소(생산자집단의 경우 대표자의 주소)
4. 우수관리인증농산물의 재배필지(생산자집단의 경우 각 구성원이 소유한 재배필지를 포함)

우수관리인증의 취소 및 표시정지에 관한 처분기준-개별기준(농수산물 품질관리법 시행규칙 [별표 2])

위반행위	위반횟수별 처분기준		
	1차 위반	2차 위반	3차 위반
법 제7조 제4항에 따른 우수관리인증의 변경승인을 받지 않고 중요 사항을 변경한 경우	표시정지 1개월	표시정지 3개월	인증취소

14 사과, 배의 유관 속 조직 주변이 투명해지는 수침현상을 밀증상(Water Core)이라고 한다. 이러한 현상이 발생하는 기작을 설명하시오. [6점]

• 정답 • 밀증상은 솔비톨이 비정상적으로 축적되어 나타나는 현상으로 갈변이나 내부조직 붕괴의 원인이 된다.

• 풀이 • **사과의 밀증상**

- 사과의 유관 속 주변이 투명해지는 수침현상을 말하며, 솔비톨이라는 당류가 과육의 특정 부위에 비정상적으로 축적되어 나타나는 현상이다.
- 심한 경우 에탄올이나 아세트알데하이드가 축적되어 조직 내 혐기상태를 형성하여 과육 갈변이나 내부조직의 붕괴를 일으킨다.
- 밀증상이 있는 사과는 가급적 저장하지 않는 것이 좋으며 저온저장 하더라도 단기간 저장하고 출하해야 한다.
- 수확이 늦은 과실일수록 발생률이 높으며, 연화될수록 정도가 심화되어 상품성이 저하되므로 적기에 수확하는 것이 중요하다.

15 화훼농가인 B씨가 농산물 표준규격으로 출하하고자 선별한 장미(스탠다드)에 대해 농산물 품질관리사 A씨가 9묶음(90본)에 대해 점검한 결과는 아래와 같다. ①~⑤에 해당하는 답을 쓰시오(단, 주어진 항목 외에는 등급판정에 고려하지 않으며, 경결점은 소수점 한 자리까지만 기재함). [6점]

꽃대의 길이(cm)	개화정도	결점의 정도
• 31~40cm : 1본 • 41~50cm : 86본 • 51~60cm : 3본	꽃봉오리가 2/5 정도 개화됨	• 품종 고유의 모양이 아닌 것 : 1본 • 농약살포로 외관이 떨어지는 것 : 1본 • 열상의 상처가 있는 것 : 1본 • 생리장해로 외관이 떨어지는 것 : 1본

크기의 고르기	개화정도	경결점	종합판정	
등급 : (①)	등급 : (②)	비율 : (③)%	등급 : (④)	이유 : (⑤)

• 정답 • ① 특, ② 상, ③ 3.3%, ④ 보통, ⑤ 열상은 중결점 항목에 해당함

• 풀이 • 장미의 등급규격

항목 \ 등급	특	상	보 통
크기의 고르기	크기 구분표에서 크기가 다른 것이 없는 것	크기 구분표에서 크기가 다른 것이 5% 이하인 것	크기 구분표에서 크기가 다른 것이 10% 이하인 것
꽃	품종 고유의 모양으로 색택이 선명하고 뛰어난 것	품종 고유의 모양으로 색택이 선명하고 양호한 것	특·상에 미달하는 것
줄 기	세력이 강하고, 휘지 않으며 굵기가 일정한 것	세력이 강하고, 휘어진 정도가 약하며 굵기가 비교적 일정한 것	특·상에 미달하는 것
개화정도	• 스탠다드 : 꽃봉오리가 1/5 정도 개화된 것 • 스프레이 : 꽃봉오리가 1~2개 정도 개화된 것	• 스탠다드 : 꽃봉오리가 2/5 정도 개화된 것 • 스프레이 : 꽃봉오리가 3~4개 정도 개화된 것	특·상에 미달하는 것
손 질	마른 잎이나 이물질이 깨끗이 제거된 것	마른 잎이나 이물질 제거가 비교적 양호한 것	특·상에 미달하는 것
중결점	없는 것	없는 것	5% 이하인 것
경결점	3% 이하인 것	5% 이하인 것	10% 이하인 것

장미의 크기 구분

구분 \ 호칭		1급	2급	3급	1묶음의 본수(본)
1묶음 평균의 꽃대 길이(cm)	스탠다드	80 이상	70 이상~80 미만	20 이상~70 미만	10
	스프레이	70 이상	60 이상~70 미만	30 이상~60 미만	5 또는 10

장미의 결점

중결점	경결점
• 이품종화 : 품종이 다른 것 • 상처 : 자상, 압상 동상, 열상 등이 있는 것 • 병충해 : 병해, 충해 등의 피해가 심한 것 • 생리장해 : 꽃목굽음, 기형화 등의 피해가 심한 것 • 형상불량, 파손, 굽힘, 개화 차이가 심히 불량한 것 • 기타 결점의 정도가 현저하게 품위에 영향을 미치는 것	• 품종 고유의 모양이 아닌 것 • 경미한 약해, 생리장해, 상처, 농약살포 등으로 외관이 떨어지는 것 • 손질 정도가 미비한 것 • 기타 결점의 정도가 경미한 것

16 농산물품질관리사 A씨가 농산물 도매시장에 출하된 난지형 마늘 1망(50개)에 대해서 농산물 표준규격에 따라 계측한 결과이다. 각 항목별 등급과 종합판정 등급 및 그 이유를 쓰시오(단, 주어진 항목 외에는 등급판정에 고려하지 않음). [6점]

낱개의 고르기(1개의 지름, cm)	결점의 정도
• 4.5 이상~5.0cm 미만 : 3개 • 5.0 이상~5.5cm 미만 : 6개 • 5.5 이상~6.0cm 미만 : 25개 • 6.0 이상~6.5cm 미만 : 16개	• 마늘쪽이 마늘통의 줄기로부터 1/4 이상 떨어져 나간 것 : 3개 • 외피에 기계적 손상을 입은 것 : 4개 • 뿌리턱이 빠진 것 : 2개

크기의 고르기	경결점	종합판정	
등급 : (①)	비율 : (②)%	등급 : (③)	이유 : (④)

※ 이유 답안 예시 : △△항목이 ○○%로 "○"등급 기준의 ○○% 이하(미만) 또는 이상(초과)에 해당함

• 정답 • ① 상, ② 18, ③ 보통, ④ 경결점 항목이 18%로 "보통"등급 기준의 20% 이하에 해당함

• 풀이 • 마늘의 등급규격

항 목 \ 등 급	특	상	보통
낱개의 고르기	별도로 정하는 크기 구분표에서 크기가 다른 것이 10% 이하인 것. 단, 크기 구분표의 해당 크기에서 1단계를 초과할 수 없음	별도로 정하는 크기 구분표에서 크기가 다른 것이 20% 이하인 것. 단, 크기 구분표의 해당 크기에서 1단계를 초과할 수 없음	특·상에 미달하는 것
모 양	품종 고유의 모양이 뛰어나며, 각 마늘쪽이 충실하고 고른 것	품종 고유의 모양을 갖추고 각 마늘쪽이 대체로 충실하고 고른 것	특·상에 미달하는 것
손 질	• 통마늘의 줄기는 마늘통으로부터 2.0cm 이내로 절단한 것 • 풋마늘의 줄기는 마늘통으로부터 5.0cm 이내로 절단한 것	• 통마늘의 줄기는 마늘통으로부터 2.0cm 이내로 절단한 것 • 풋마늘의 줄기는 마늘통으로부터 5.0cm 이내로 절단한 것	• 통마늘 줄기는 마늘통으로부터 2.0cm 이내로 절단한 것 • 풋마늘의 줄기는 마늘통으로부터 5.0cm 이내로 절단한 것
열구(난지형에 한함)	20% 이하인 것	30% 이하인 것	특·상에 미달하는 것
쪽마늘	4% 이하인 것	10% 이하인 것	15% 이하인 것
중결점과	없는 것	없는 것	5% 이하인 것(부패·변질구는 포함할 수 없음)
경결점과	5% 이하인 것	10% 이하인 것	20% 이하인 것

마늘의 크기 구분

구 분 \ 호 칭			2L	L	M	S
1개의 지름 (cm)	한지형		5.0 이상	4.0 이상~5.0 미만	3.0 이상~4.0 미만	2.0 이상~3.0 미만
	난지형	남도종	5.5 이상	4.5 이상~5.5 미만	4.0 이상~4.5 미만	3.5 이상~4.0 미만
		대서종	6.0 이상	5.0 이상~6.0 미만	4.0 이상~5.0 미만	3.5 이상~4.0 미만

※ 크기는 마늘통의 최대 지름을 말한다.

마늘의 결점

중결점구	경결점구
• 병충해구 : 병충해의 증상이 뚜렷하거나 진행성인 것 • 부패, 변질구 : 육질이 부패 또는 변질된 것 • 형상불량구 : 기형 및 벌마늘(완전한 줄기가 2개 이상 발생한 2차 생성구), 싹이 난 것, 뿌리가 난 것 • 상해구 : 기계적 손상이 마늘쪽의 육질에 미친 것	• 마늘쪽이 마늘통의 줄기로부터 1/4 이상 떨어져 나간 것 • 외피에 기계적 손상을 입은 것 • 뿌리 턱이 빠진 것 • 기타 중결점구에 속하지 않는 결점이 있는 것

※ 농산물 표준규격 개정(2023.11.23.)으로 난지형 마늘이 남도종과 대서종으로 세분화됨

17 단감 1상자에 20개씩 담아 농산물 표준규격품으로 공영도매시장에 출하하고자 한다. 출하 시 도매시장의 상자당 가격(특품 : 30,000원/상품 : 25,000원/보통품 : 20,000원)을 감안하여 높은 등급부터 출하상자를 구성하고자 한다. 결점과 삽입여부가 등급에 영향을 미치지 않는 경우 정상과를 우선 사용하여 단감 모두를 출하하고자 한다. 이 농가의 최대 수익을 위한 포장방법 ①~⑦에 해당하는 답을 쓰시오(단, 주어진 항목 외에는 등급판정에 고려하지 않음). [8점]

1과 무게(g)	총개수	색택(착색비율)			결점의 정도
		90%	80%	70%	
310	4	10과	60과	30과	• A : 미숙과 1과 • B : 품종 고유의 모양이 아닌 것 1과 • C : 꼭지와 과육 사이에 틈이 있는 것 1과 • D : 꼭지가 돌아간 것 1과
250	90				
240	6				

등 급	최대 상자수	상자별 구성내용 (000g 0과+000g 0과…)	상자별 결점과 포함내용 (0, A~D 중 기재)
특	(①)상자	(②)	0
상	(③)상자	(④)	(⑤)
보 통	1상자	(⑥)	(⑦)

• 정답 • ① 3, ② 310g 1과 + 250g 19과,
③ 1, ④ 310g 1과 + 250g 19과, ⑤ 0,
⑥ 250g 14과 + 240g 6과, ⑦ A, B, C, D

• 풀이 • **단감의 등급규격**

항목 \ 등급	특	상	보통
낱개의 고르기	별도로 정하는 크기 구분표에서 무게가 다른 것이 5% 이하인 것. 단, 크기 구분표의 해당 무게에서 1단계를 초과할 수 없음	별도로 정하는 크기 구분표에서 무게가 다른 것이 10% 이하인 것. 단, 크기 구분표의 해당 무게에서 1단계를 초과할 수 없음	특·상에 미달하는 것
색택	착색비율이 80% 이상인 것	착색비율이 60% 이상인 것	특·상에 미달하는 것
숙도	숙도가 양호하고 균일한 것	숙도가 양호하고 균일한 것	특·상에 미달하는 것
중결점과	없는 것	없는 것	5% 이하인 것(부패·변질과는 포함할 수 없음)
경결점과	3% 이하인 것	5%이하인 것	20% 이하인 것

단감의 크기 구분

구분 \ 호칭	2L	L	M	S	2S
1개의 무게(g)	250 이상	200 이상~250 미만	165 이상~200 미만	142 이상~165 미만	142 미만

단감의 결점

중결점과	경결점과
• 이품종과 : 품종이 다른 것 • 부패, 변질과 : 과육이 부패 또는 변질된 것(과숙에 의해 육질이 변질된 것을 포함한다) • 미숙과 : 당도(맛), 경도 및 색택으로 보아 성숙이 덜된 것(덜익은 과일을 수확하여 아세틸렌, 에틸렌 등의 가스로 후숙한 것을 포함한다) • 병충해과 : 탄저병, 검은별무늬병, 감꼭지나방 등 병해충의 피해가 있는 것 • 상해과 : 열상, 자상 또는 압상이 있는 것. 다만 경미한 것을 제외한다. • 꼭지 : 꼭지가 빠지거나, 꼭지 부위가 갈라진 것 • 모양 : 모양이 심히 불량한 것 • 기타 : 경결점과에 속하는 사항으로 그 피해가 현저한 것	• 품종 고유의 모양이 아닌 것 • 경미한 일소, 약해 등으로 외관이 떨어지는 것 • 그을음병, 깍지벌레 등 병충해의 피해가 과피에 그친 것 • 꼭지가 돌아갔거나, 꼭지와 과육 사이에 틈이 있는 것 • 경미한 찰상 등 중결점과에 속하지 않는 상처가 있는 것 • 기타 결점의 정도가 경미한 것

※ 농산물 표준규격 개정(2023.11.23.)으로 단감의 크기 구분이 7단계(3L~3S)에서 5단계(2L~2S)로 간소화됨

18 M작목반은 양파를 수확하여 1망 8kg(50개) 단위로 포장을 마친 후 K농산물품질관리사에게 등급판정을 의뢰하였다. 이에 K농산물품질관리사가 계측한 결과는 다음과 같았다. 농산물 표준규격에 따른 ①~③에 해당하는 답을 쓰시오(단, 주어진 항목 외에는 등급판정에 고려하지 않음). [6점]

구 분	크기 구분(개)	결점 내용
계측결과	2L(7개), L(43개)	병해충 피해가 외피에 그친 것 : 2개

낱개의 고르기	종합판정	
등급 : (①)	등급 : (②)	이유 : (③)

※ 이유 답안 예시 : △△항목이 ○○%로 "○"등급 기준의 ○○% 이하(미만) 또는 이상(초과)에 해당함

• 정답 • ① 상, ② 상, ③ 낱개의 고르기 항목이 14%로 "상"등급 기준의 20% 이하에 해당함

• 풀이 • 양파의 등급규격

항목 \ 등급	특	상	보 통
낱개의 고르기	별도로 정하는 크기 구분표에서 크기가 다른 것이 10% 이하인 것	별도로 정하는 크기 구분표에서 크기가 다른 것이 20% 이하인 것	특·상에 미달하는 것
모 양	품종 고유의 모양인 것	품종 고유의 모양인 것	특·상에 미달하는 것
색 택	품종 고유의 선명한 색택으로 윤기가 뛰어난 것	품종 고유의 선명한 색택으로 윤기가 양호한 것	특·상에 미달하는 것
손 질	흙 등 이물이 잘 제거된 것	흙 등 이물이 제거된 것	특·상에 미달하는 것
중결점과	없는 것	없는 것	5% 이하인 것(부패·변질구는 포함할 수 없음)
경결점과	5% 이하인 것	10% 이하인 것	20% 이하인 것

양파의 크기 구분

구 분 \ 호 칭	2L	L	M	S
1구의 지름 (cm)	9 이상	8 이상~9 미만	6 이상~8 미만	6 미만
1개의 무게(g)	340 이상	230 이상~340 미만	110 이상~230 미만	110 미만

양파의 결점

중결점구	경결점구
• 부패·변질구 : 엽육이 부패 또는 변질된 것 • 병충해 : 병해충의 피해가 있는 것 • 상해구 : 자상, 압상이 육질에 미친 것, 심하게 오염된 것 • 형상 불량구 : 쌍구, 열구, 이형구, 싹이 난 것, 추대된 것 • 기타 : 경결점구에 속하는 사항으로 그 피해가 현저한 것	• 품종 고유의 모양이 아닌 것 • 병해충의 피해가 외피에 그친 것 • 상해 및 기타 결점의 정도가 경미한 것

※ 농산물 표준규격 개정(2023.11.23.)으로 양파의 크기 구분이 지름에서 지름 또는 무게기준으로 변경됨

19 자두(대과종)를 생산하는 M씨가 농산물 도매시장에 표준규격 농산물로 출하하고자 1상자(10kg)에서 50개를 무작위 추출하여 계측한 결과가 다음과 같았다. 농산물 표준규격상 다음 ①~④에 해당하는 답을 쓰시오(단, 주어진 항목 외에는 등급판정에 고려하지 않음). [6점]

1과의 무게(g)	색 택	결점의 정도
•150 이상~160g 미만 : 1개 •130 이상~150g 미만 : 48개 •120 이상~130g 미만 : 1개	착색비율 : 45~55%	•품종 고유의 모양이 아닌 것 : 1개 •약해 피해가 경미한 것 : 1개

크기의 고르기	착색비율	종합판정	
등급 : (①)	등급 : (②)	등급 : (③)	이유 : (④)

※ 이유 답안 예시 : △△항목이 ○○%로 "○"등급 기준의 ○○% 이하(미만) 또는 이상(초과)에 해당함

• 정답 • ① 특, ② 특, ③ 상, ④ 경결점과 항목이 4%로 "상"등급 기준의 5% 이하에 해당함

• 풀이 • 자두의 등급규격

항 목 \ 등 급	특	상	보 통
낱개의 고르기	별도로 정하는 크기 구분표에서 무게가 다른 것이 5% 이하인 것. 단, 크기 구분표의 해당 무게에서 1단계를 초과할 수 없음	별도로 정하는 크기 구분표에서 무게가 다른 것이 10% 이하인 것. 단, 크기 구분표의 해당 무게에서 1단계를 초과할 수 없음	특·상에 미달하는 것
색 택	착색비율이 40% 이상인 것	착색비율이 20% 이상인 것	특·상에 미달하는 것
중결점과	없는 것	없는 것	5% 이하인 것(부패·변질과는 포함할 수 없음)
경결점과	3% 이하인 것	5% 이하인 것	20% 이하인 것

자두의 크기 구분

품 종 \ 호 칭			2L	L	M	S
1개의 무게 (g)	대과종	포모사, 솔담, 산타로사, 캘시(피자두) 및 이와 유사한 품종	150 이상	120 이상 ~150 미만	90 이상 ~120 미만	90 미만
	중과종	대석조생, 비유티 및 이와 유사한 품종	100 이상	80 이상 ~100 미만	60 이상 ~80 미만	60 미만

자두의 결점

중결점과	경결점과
• 이품종과 : 품종이 다른 것 • 부패, 변질과 : 과육이 부패 또는 변질된 것(과숙에 의해 육질이 변질된 것을 포함한다) • 미숙과 : 맛, 육질, 색택 등으로 보아 성숙이 현저하게 덜된 것 • 병충해과 : 검은무늬병, 심식충 등 병충해의 피해가 있는 것 • 상해과 : 찰상, 자상, 압상 등의 상처가 있는 것. 다만 경미한 것은 제외한다. • 모양 : 모양이 심히 불량한 것 • 기타 : 오염된 것 등 그 피해가 현저한 것	• 품종 고유의 모양이 아닌 것 • 약해, 일소 등 피해가 경미한 것 • 병충해, 상해의 정도가 경미한 것 • 기타 결점의 정도가 경미한 것

20 K농가는 배를 수확하여 선별 후 동일 중량 200과(1과의 무게 500g) 전량에 대해 상자당 20개씩 넣어 10kg들이 상자에 포장하여 거래처로 출하하고자 선별한 결과는 다음과 같았다. 상자당 가격이 특품 90,000원 / 상품 80,000원 / 보통품 60,000원일 경우, K농가의 최대 수익을 위한 포장방법 ①~⑤에 해당하는 답을 쓰시오(단, 주어진 항목 외에는 등급판정을 고려하지 않으며, "상"등급 상자에는 동일 경결점 유형이 포함되지 않아야 함). [8점]

선별 결과		개수(과)
정상과	결점이 없는 것(A형)	191
결점과	경미한 찰상이 있는 것(B형)	2
	꼭지가 빠진 것(C형)	6
	품종이 다른 것(D형)	1

등 급	상자수	1상자 구성 내용
특	(①)	(②)
상	(③)	(④)
보 통	1	A형 15개+(⑤)형 1개+C형 4개

※ 1상자 구성 내용 예시 : A형 00과, B형 00과+C형 00과+…

• 정답 • ① 7, ② A형 20개, ③ 2, ④ A형 18개+B형 1개+C형 1개, ⑤ D

• 풀이 • 배의 등급규격

항 목 \ 등 급	특	상	보 통
낱개의 고르기	별도로 정하는 크기 구분표에서 무게가 다른 것이 섞이지 않은 것	별도로 정하는 크기 구분표에서 무게가 다른 것이 5% 이하인 것. 단, 크기 구분표의 해당 무게에서 1단계를 초과할 수 없음	특·상에 미달하는 것
색 택	품종 고유의 색택이 뛰어난 것	품종 고유의 색택이 양호한 것	특·상에 미달하는 것
신선도	껍질의 수축현상이 나타나지 않은 것	껍질의 수축현상이 나타나지 않은 것	특·상에 미달하는 것
중결점과	없는 것	없는 것	5% 이하인 것(부패·변질과는 포함할 수 없음)
경결점과	없는 것	10% 이하인 것	20% 이하인 것

배의 크기 구분

구 분 \ 호 칭	3L	2L	L	M	S	2S
1개의 무게(g)	750 이상	600 이상 ~750 미만	500 이상 ~600 미만	430 이상 ~500 미만	375 이상 ~430 미만	333 이상 ~375 미만

배의 결점

<table>
<tr><th>중결점과</th><th>경결점과</th></tr>
<tr><td>• 이품종과 : 품종이 다른 것
• 부패, 변질과 : 과육이 부패 또는 변질된 것
• 미숙과 : 당도, 경도 및 색택으로 보아 성숙이 현저하게 덜된 것(성숙 이전에 인공 착색한 것을 포함한다)
• 과숙과 : 경도, 색택으로 보아 성숙이 지나치게 된 것
• 병해충과 : 붉은별무늬병(적성병), 검은별무늬병(흑성병), 겹무늬병, 심식충류, 매미충류 등 병해충의 피해가 과육까지 미친 것
• 상해과 : 열상, 자상 또는 압상이 있는 것. 다만 경미한 것은 제외한다.
• 모양 : 모양이 심히 불량한 것
• 기타 : 경결점과에 속하는 사항으로 그 피해가 현저한 것</td><td>• 품종 고유의 모양이 아닌 것
• 경미한 과피흑점, 얼룩, 녹, 일소 등으로 외관이 떨어지는 것
• 병해충의 피해가 과피에 그친 것
• 경미한 찰상 등 중결점과에 속하지 않는 상처가 있는 것
• 꼭지가 빠진 것
• 기타 결점의 정도가 경미한 것</td></tr>
</table>

제3편

농산물품질관리사 2차

최종 모의고사

제 1 회 최종모의고사

단답형

01 A지역의 작목반에서 단체로 우수관리인증을 받으려 한다. 우수관리인증기관에 농산물우수관리인증 신청서를 제출할 때 첨부해야 하는 서류를 쓰시오.

• 정답 • ① 우수관리인증농산물의 위해요소관리계획서
② 생산자집단이 신청하는 경우에는 생산자집단의 사업운영계획서

• 풀이 • **우수관리인증의 신청(농수산물 품질관리법 시행규칙 제10조 제1항)**
우수관리인증을 받으려는 자는 농산물우수관리인증 (신규 · 갱신)신청서에 다음의 서류를 첨부하여 우수관리인증기관으로 지정받은 기관에 제출하여야 한다.
1. 우수관리인증농산물의 위해요소관리계획서
2. 생산자단체 또는 그 밖의 생산자 조직(이하 '생산자집단')의 사업운영계획서(생산자집단이 신청하는 경우만 해당한다)

02 지리적표시 등록신청 자격에 대하여 설명하시오.

• 정답 • 특정지역 안에서 지리적표시의 등록대상품목을 생산·가공하는 단체(법인에 한함), 예외로 생산자 또는 가공업자가 1인인 경우에도 허용

• 풀이 • **지리적표시의 등록(농수산물 품질관리법 제32조 제2항)**
지리적표시의 등록은 특정지역에서 지리적 특성을 가진 농수산물 또는 농수산가공품을 생산하거나 제조 · 가공하는 자로 구성된 법인만 신청할 수 있다. 다만, 지리적 특성을 가진 농수산물 또는 농수산가공품의 생산자 또는 가공업자가 1인인 경우에는 법인이 아니라도 등록신청을 할 수 있다.

03 농수산물 품질관리법령에 따른 지리적표시의 등록에 관한 설명이다. (   ) 안에 들어갈 내용을 답란에 쓰시오.

> 지리적표시 등록신청 공고결정을 할 경우, 농림축산식품부장관은 신청된 지리적표시가 상표법에 따른 (①)에 저촉되는지에 대하여 미리 (②)의 의견을 들어야 하며, 공고결정을 할 때에는 그 결정 내용을 관보와 인터넷 홈페이지에 공고하고, 공고일부터 (③)개월간 지리적표시 등록 신청서류 및 그 부속서류를 일반인이 열람할 수 있도록 하여야 한다. 또한, (④) 공고일부터 2개월 이내에 이의 사유를 적은 서류와 증거를 첨부하여 농림축산식품부장관에게 이의 신청을 할 수 있다.

• 정답 • ① 타인의 상표, ② 특허청장, ③ 2, ④ 누구든지

• 풀이 • **지리적표시의 등록(농산물 품질관리법 제32조)**

- 농림축산식품부장관 또는 해양수산부장관은 제3항에 따라 등록 신청을 받으면 제3조 제6항에 따른 지리적표시 등록심의 분과위원회의 심의를 거쳐 제9항에 따른 등록거절 사유가 없는 경우 지리적표시 등록 신청 공고결정("공고결정"이라 한다)을 하여야 한다. 이 경우 농림축산식품부장관 또는 해양수산부장관은 신청된 지리적표시가 상표법에 따른 타인의 상표(지리적표시 단체표장을 포함한다)에 저촉되는지에 대하여 미리 특허청장의 의견을 들어야 한다.
- 농림축산식품부장관 또는 해양수산부장관은 공고결정을 할 때에는 그 결정 내용을 관보와 인터넷 홈페이지에 공고하고, 공고일부터 2개월간 지리적표시 등록 신청서류 및 그 부속서류를 일반인이 열람할 수 있도록 하여야 한다.
- 누구든지 제5항에 따른 공고일부터 2개월 이내에 이의 사유를 적은 서류와 증거를 첨부하여 농림축산식품부장관 또는 해양수산부장관에게 이의신청을 할 수 있다.

04 A 제과회사에서 '참깨강정'이라는 상품을 출시하고자 한다. 사용되는 원료의 배합비율을 보고 농수산물의 원산지 표시에 관한 법령에 맞게 원산지를 표시하시오.

- 쌀 50%(중국산 40%, 태국산 30%, 베트남산 20%, 국산 10% 혼합)
- 물엿 20%(중국산 50%, 국산 50% 혼합)
- 밀가루 15%(미국산 100%)
- 콩 10%(중국산 50%, 미국산 30%, 국산 20%)
- 참깨 1%(인도산 50%, 중국산 30%, 국산 20% 혼합)
- 기타 4%

• 정답 •
- 쌀 50%(중국산 40%, 태국산 30%)
- 밀가루 15%(미국산 100%)
- 콩 10%(중국산 50%, 미국산 30%)
- 참깨 1%(인도산 50%, 중국산 30%)

• 풀이 • 두 가지 원료의 배합 비율의 합이 98% 미만이므로 배합 비율이 높은 순서의 3순위까지의 원료가 표시대상이 되지만, 물엿은 당류로 표시대상이 아니다. 그리고 제품명의 일부에 원료 농산물의 명칭인 참깨가 포함되어 있으므로 참깨의 원산지를 표시해야 한다. 그리고 원산지가 다른 동일 원료를 혼합하여 사용한 경우에는 혼합 비율이 높은 순서로 2개 국가(지역, 해역 등)까지의 원료 원산지와 그 혼합 비율을 표시하면 된다.

원료 배합 비율에 따른 원산지의 표시대상(농수산물의 원산지 표시 등에 관한 법률 시행령 제3조 제2항)

농수산물 가공품의 원료에 대한 원산지 표시대상은 다음과 같다. 다만, 물, 식품첨가물, 주정(酒精) 및 당류(당류를 주원료로 하여 가공한 당류가공품을 포함한다)는 배합 비율의 순위와 표시대상에서 제외한다.

가. 사용된 원료의 배합 비율에서 한 가지 원료의 배합 비율이 98% 이상인 경우에는 그 원료

나. 사용된 원료의 배합 비율에서 두 가지 원료의 배합 비율의 합이 98% 이상인 원료가 있는 경우에는 배합 비율이 높은 순서의 2순위까지의 원료

다. 가목 및 나목 외의 경우에는 배합 비율이 높은 순서의 3순위까지의 원료

농수산물의 명칭을 제품명의 일부로 사용하는 경우의 원산지의 표시대상(농수산물의 원산지 표시 등에 관한 법률 시행령 제3조 제3항)

원료(가공품의 원료를 포함한다) 농수산물의 명칭을 제품명 또는 제품명의 일부로 사용하는 경우에는 그 원료 농수산물이 같은 항에 따른 원산지 표시대상이 아니더라도 그 원료 농수산물의 원산지를 표시해야 한다.

농수산물 가공품의 원산지의 표시기준(농수산물의 원산지 표시 등에 관한 법률 시행령 제5조 제1항 관련 [별표 1])

원산지가 다른 동일 원료를 혼합하여 사용한 경우에는 혼합 비율이 높은 순서로 2개 국가(지역, 해역 등)까지의 원료 원산지와 그 혼합 비율을 각각 표시한다.

05 다음 괄호 안에 있는 옳은 것을 선택하여 답란에 쓰시오.

> '후지' 사과의 숙성 중 안토시아닌 함량은 ① (증가, 감소)하고, 전분함량은 ② (증가, 감소) 사과산 함량은 ③ (증가, 감소)하며, 가용성 펙틴 함량은 ④ (증가, 감소) 한다.

• 정답 • ① 증가, ② 감소, ③ 감소, ④ 증가

• 풀이 • ① 사과의 적색 부분은 안토시아닌 색소에 기인한 것으로, 숙성 과정에서 안토시아닌의 함량이 증가하게 된다.
② 잘 익은 사과는 전분이 당으로 변하여 단맛이 증가한다.
③ 사과산은 사과의 신맛을 내는 유기산으로, 과일은 숙성할수록 신맛(유기산)이 감소한다.
④ 성숙이 진행됨에 따라 불용성 펙틴류가 효소에 의해 가용성으로 분해된다.

06 저장고 소독 및 부패방지, 저장기간 연장을 위한 처리방법을 보기에서 고르시오.

> [보 기]
> 유황훈증, 방사선처리, 칼슘처리, 초산훈증, 질소처리

① 친환경저장고 소독 :

② 사과의 고두병 방지 :

• 정답 • ① 초산훈증, ② 칼슘처리

• 풀이 • ① 초산훈증 : 친환경 저장고 소독법으로, 수확한 포도를 저장할 때 초산으로 훈증 처리하면 저장성이 높아지는 것으로 나타났다. 초산훈증은 포도의 저장 중 가장 큰 문제점인 과립의 탈립과 병해의 경감에 탁월한 효과가 있다.
② 사과의 고두병 : 칼슘 함량의 부족으로 생기는 병으로, 과실 껍질 바로 밑의 과육에 죽은 부위가 나타나고, 점차 갈색 병반이 생기면서 약간 오목하게 들어간다. 주로 저장 중에 많이 발생한다.

07 다음 제시된 플라스틱 필름을 이산화탄소 투과도가 높은 것부터 순서대로 나열하시오.

> 폴리비닐클로라이드(PVC), 폴리스티렌(PS), 폴리에스터(PET), 폴리프로필렌(PP), 저밀도폴리에틸렌(LDPE)

• 정답 • 저밀도폴리에틸렌(LDPE), 폴리스티렌(PS), 폴리프로필렌(PP), 폴리비닐클로라이드(PVC), 폴리에스터(PET)

• 풀이 • **필름 종류별 가스투과성**

필름 종류	가스투과성(mL/m^2 · 0.025mm · 1day)	
	이산화탄소	산 소
저밀도폴리에틸렌(LDPE)	7,700~77,000	3,900~13,000
폴리비닐클로라이드(PVC)	4,263~8,138	620~2,248
폴리프로필렌(PP)	7,700~21,000	1,300~6,400
폴리스티렌(PS)	10,000~26,000	2,600~2,700
폴리에스터(PET)	180~390	52~130

08 APC에서 사과(후지)와 혼합 저장한 녹색꽃양배추에 생리적 장해가 발생하여 판매를 할 수 없는 상황이 발생하였다. 발생원인에 대하여 설명하시오.

[저장조건 및 장해증상]

저장조건	저장온도 0℃, 상대습도 90%(저장고 규모 30평, 높이 6m, 온도편차 상하1℃)
저장기간	3주
혼합품목	사과(후지), 녹색꽃양배추
생리적 장해증상	녹색꽃양배추 : 황화현상

• 정답 • 사과에서 발생된 에틸렌가스

• 풀이 • 사과에서 발생되는 에틸렌 가스에 의해 저장고 내 에틸렌 농도가 높아지면 엽채류 잎이나 포도 과립이 떨어지는 탈리현상이 촉진되고, 잎이 노란색으로 변하는 황화현상, 당근의 쓴맛 증가, 아스파라거스 순의 조직이 질겨지는 경화현상 등이 일어난다. 원예산물 저장 중 에틸렌의 피해를 방지하기 위해서는 혼합저장을 피하고, 과망간산칼륨 등과 같은 에틸렌 제거제를 사용해야 한다.

09 농산물 표준규격에서 규정하는 포장재 중 폴리에틸렌대(PE대)와 직물제 포대(PP대)의 포장재 표시중량의 허용범위를 쓰시오.

• 정답 • 폴리에틸렌대(PE대) : ±5%, 직물제 포대(PP대) : ±10%

• 풀이 • **포장재 표시중량의 허용범위(농산물 표준규격 제5조의2)**

- 골판지상자, 폴리에틸렌대(PE대), 지대, 발포폴리스티렌상자의 경우 ±5%로 한다.
- 직물제 포대(PP대), 그물망의 경우 ±10%로 한다.

10 다음 제시된 품목 중 표준규격품 출하 시 품종 또는 계통명의 생략이 가능한 품목을 모두 고르시오.

딸기, 사과, 배, 마늘, 양파, 장미, 복숭아, 오이, 고추, 블루베리

• 정답 • 딸기, 양파, 오이, 고추, 블루베리

• 풀이 • **표준규격품의 표시사항에서 품종을 표시하는 품목과 표시방법(농산물 표준규격 제9조 관련 [별표4])**

종 류	품 목	표시방법
과실류	사과, 배, 복숭아, 포도, 단감, 감귤, 자두	품종명을 표시
채소류	멜론, 마늘	품종명 또는 계통명 표시
화훼류	국화, 카네이션, 장미, 백합	품종명 또는 계통명 표시
위 품목 이외의 것		품종명 또는 계통명 생략 가능

서술형

11 생산자 A씨가 "특" 등급으로 표시한 마른고추 1포대(15kg)에서 농산물품질관리사 B씨가 공시료 500g을 무작위 채취하여 계측한 결과가 다음과 같았다. 농산물 표준규격에 따른 해당 항목별 등급을 판정하여 쓰고, "특" 등급표시의 적합여부를 기재하고 그 이유를 쓰시오(단, 주어진 항목 외에는 등급판정에 고려하지 않으며, 적합여부는 적합 또는 부적합으로 작성하고, 혼입비율은 소수점 둘째 자리에서 반올림하여 첫째자리까지 구함).

항 목	계측결과
낱개의 고르기	평균길이에서 ±1.5cm를 초과하는 것 30g
결점과	• 잘라진 것 : 1.2g • 길이의 1/2 미만 갈라진 것 : 2g • 꼭지가 빠진 것 : 3g

낱개의 고르기 등급	①
중결점과 등급	②
경결점과 등급	③
적합여부	④
적합여부에 따른 이유	⑤

•정답• ① "특"
② "보통"
③ "특"
④ 부적합
⑤ 낱개의 고르기에서 평균 길이에서 ±1.5cm를 초과하는 것이 6%로 "특", 길이의 1/2 미만이 갈라진 것과 꼭지가 빠진 것은 경결점과로 1%이므로 "특", 잘라진 것은 중결점과로 0.24%이므로 "보통"에 해당한다. 따라서 최종등급은 "보통"이다.

•풀이• **마른고추의 중결점과**
- 반점 및 변색 : 황백색 또는 녹색이 과면의 10% 이상인 것 또는 과열로 검게 변한 것이 과면의 20% 이상인 것
- 박피(薄皮) : 미숙으로 과피(껍질)가 얇고 주름이 심한 것
- 상해과 : 잘라진 것 또는 길이의 1/2 이상이 갈라진 것
- 병충해 : 흑색탄저병, 무름병, 담배나방 등 병충해 피해가 과면의 10% 이상인 것
- 기타 : 심하게 오염된 것

마른고추의 경결점과
- 반점 및 변색 : 황백색 또는 녹색이 과면의 10% 미만인 것 또는 과열로 검게 변한 것이 과면의 20% 미만인 것(꼭지 또는 끝부분의 경미한 반점 또는 변색은 제외한다)
- 상해과 : 길이의 1/2 미만이 갈라진 것
- 병충해 : 흑색탄저병, 무름병, 담배나방 등 병충해 피해가 과면의 10% 미만인 것
- 모양 : 심하게 구부러진 것, 꼭지가 빠진 것
- 기타 : 결점의 정도가 경미한 것

12 A농가에서 국화(스탠다드)를 재배하고 있는데 금년 8월 1일 모든 꽃봉오리가 동일하게 맺혔고 개화 시작 직전이다. 8월 1일부터 1일 경과할 때마다 각 꽃봉오리가 매일 10%씩 개화가 진행된 다면 "특" 등급에 해당하는 국화(스탠다드)를 생산할 수 있는 날짜와 그 이유를 쓰시오(단, 개화정도로만 등급을 판정하며 주어진 항목 외에는 등급판정에 고려하지 않음).

• 정답 •
- "특" 등급을 생산할 수 있는 날짜 : 8월 6일
- 이유 : 개화정도에 다른 "특"의 조건은 꽃봉오리가 1/2 정도 개화된 것이므로, 매일 10%씩 개화하므로 5일 후 50%가 개화되므로 1/2 정도 개화의 진행은 8월 6일부터이다.

• 풀이 • 국화의 등급 규격

등 급 / 항 목	특	상	보 통
크기의 고르기	크기 구분표에서 크기가 다른 것이 없는 것	크기 구분표에서 크기가 다른 것이 5% 이하인 것	크기 구분표에서 크기가 다른 것이 10% 이하인 것
꽃	품종 고유의 모양으로 색택이 선명하고 뛰어난 것	품종 고유의 모양으로 색택이 선명하고 양호한 것	특·상에 미달하는 것
줄 기	세력이 강하고, 휘지 않으며, 굵기가 일정한 것	세력이 강하고, 휘지 않으며, 굵기가 일정한 것	특·상에 미달하는 것
개화정도	• 스탠다드 : 꽃봉오리가 1/2 정도 개화된 것 • 스프레이 : 꽃봉오리가 3~4개 정도 개화되고 전체적인 조화를 이룬 것	• 스탠다드 : 꽃봉오리가 2/3 정도 개화된 것 • 스프레이 : 꽃봉오리가 5~6개 정도 개화되고, 전체적인 조화를 이룬 것	특·상에 미달하는 것
손 질	마른 잎이나 이물질이 깨끗이 제거된 것	마른 잎이나 이물질 제거가 비교적 양호한 것	특·상에 미달하는 것
중결점	없는 것	없는 것	5% 이하인 것
경결점	3% 이하인 것	5% 이하인 것	10% 이하인 것

13 다음은 감자와 고구마의 큐어링 방법이다. (　　) 내용 중 옳은 것을 선택하시오.

- 감자 : 수확 후 온도 ① (15~20℃ / 30~33℃)에서 습도 ② (60~70% / 85~90%)에서 실시한다.
- 고구마 : 수확 후 온도 ③ (15~20℃ / 30~33℃)에서 습도 ④ (60~70% / 85~90%)에서 실시한다.

• 정답 •
① 15~20℃
② 85~90%
③ 30~33℃
④ 85~90%

• 풀이 • 품목별 큐어링 방법
- 감자 : 수확 후 온도 15~20℃, 습도 85~90%의 환경조건에서 2주일 정도 큐어링하여 코르크층이 형성되면 수분 손실과 부패균의 침입을 막을 수 있다.
- 고구마 : 수확 후 1주일 이내에 온도 30~33℃, 습도 85~90%의 환경조건에서 4~5일간 큐어링한 후 열을 방출시키고 저장하면 상처가 잘 치유되고 당분 함량이 증가한다.
- 양파와 마늘 : 양파와 마늘은 보호엽이 형성되고, 건조되어야 저장 중 손실이 적다. 일반적으로 밭에서 1차 건조시키고, 저장 전에 선별장에서 완전히 건조시켜 입고한 후 온도를 낮추기 시작한다.

14 호흡속도와 저장력과의 관계를 설명하시오.

• 정답 • 호흡은 저장양분을 소모시키는 대사작용으로 호흡속도가 빠르면
① 숙성, 노화 촉진
② 연화 촉진
③ 에틸렌 발생량 증가
④ 내부성분 변화
⑤ 호흡열에 의한 증산량 증가 등의 현상이 나타난다.
따라서 호흡속도가 빠른 작물은 저장가능기간이 줄어들고, 호흡속도가 느린 작물은 상대적으로 저장가능기간이 길어진다.

• 풀이 • 수확한 원예생산물에서의 호흡은 숙성 진행과 생명 유지를 위해서는 필요하지만, 신선도 유지 및 저장의 측면에서는 나쁜 영향을 끼칠 수 있으므로, 농산물의 대사작용에 장해가 되지 않는 선에서 호흡작용을 억제하는 것이 신선도 유지에 효과적이다. 호흡속도가 빠르면 숙성・노화・연화가 촉진되고, 에틸렌 발생량이 증가하기 때문에 저장가능기간이 줄어들고, 호흡속도가 느리면 저장가능기간이 늘어나게 된다.

15 저장 중 증산량의 증가가 농가 수입에 미치는 영향에 대하여 서술하시오.

• 정답 • 원예산물에서 수분이 증발되는 증산현상의 결과
① 생체중의 감소로 농가 수취가격이 감소하며
② 원예산물의 시듦현상으로 상품성 하락에 따라 가격이 하락한다.
따라서 농가의 수입은 감소한다.

• 풀이 • 일반적으로 증산으로 인한 중량 감소는 호흡으로 발생하는 중량 감소보다 10배 정도 크다. 증산작용에 의한 중량 감소는 농가의 수입 감소로 이어지고, 증산작용에 의한 상품가치 하락 또한 농가의 수입 감소를 야기한다.

16 사과의 Hunter값을 시차를 두고 측정하였더니 a값이 −23에서 25로 변화하였다. 이 변화에 따른 색소의 변화를 다음 제시된 색소를 중심으로 2가지 이상의 색소명을 들어 설명하시오.

• 플라본
• 카로티노이드
• 클로로필
• 안토시아닌
• 리코펜

• 정답 • 클로로필 감소 : 녹색, 안토시아닌 증가 : 붉은색

• 풀이 • a값(적녹)은 '(+) 적색 ← 0 → 녹색 (−)'을 의미하므로, a값이 (−)에서 (+)가 되었다는 것은 녹색에서 적색으로 변한 것이다. 사과의 적색 부분은 안토시아닌 색소에 기인한다.

헌터(Hunter)의 색차계

a값(적녹)	(+) 적색 ← 0 → 녹색 (−)
b값(황청)	(+) 황색 ← 0 → 청색 (−)
L값(명도)	색상의 밝기를 의미하며, 100에 가까울수록 흰색을 나타낸다.

17 원예작물의 수확 후 에틸렌의 작용을 억제하거나 에틸렌을 제거하는 목적으로 사용할 수 있는 물질 3개를 [보기]에서 골라 쓰시오.

[보 기]

① 과망간산칼륨($KMnO_4$)	② 일산화탄소(CO)
③ Ethephon	④ 1-MCP
⑤ Auxin	⑥ 오존(O_3)

• 정답 • ① 과망간산칼륨($KMnO_4$), ④ 1-MCP, ⑥ 오존(O_3)

• 풀이 •
- 과망간산칼륨($KMnO_4$) : 에틸렌 산화에 효과적이고, 다공성 지지체(벽돌이나 질석 등)에 과망간산칼륨을 흡수시켜 저장고에 넣어 두면 에틸렌이 흡착 • 제거된다. 에틸렌 제거효율이 우수하여, 에틸렌 발생량이 많은 작물에 효과적이다.
- 1-MCP : 에틸렌수용체에 결합하여 에틸렌작용을 억제하는 물질로서, 여러 과일과 채소 등의 연화 억제, 색택 유지, 중량 감소 억제, 호흡 억제 등의 효과가 있다.
- 오존(O_3) : 오존의 산화력을 이용하여 에틸렌을 제거할 수 있으며, 살균효과도 기대할 수 있는 장점이 있다.

18 다음은 복숭아 품종 장호원황도 70과의 조건이다. 20과씩 3상자를 만들려고 한다. "특"한 상자를 만들고 나머지 2상자를 등급이 가장 높게 나오게 만들 때 2상자의 등급과 함께 각 상자의 구성 내용을 쓰고 남은 과실의 조건을 각각 쓰시오.

• 무 게

400g	380g	330g	290g	240g
18과	3과	19과	19과	11과

• 결점항목
- 미숙과 : 5과
- 과숙과 : 3과
- 외관상 씨 쪼개짐이 두드러진 것 : 2과
- 경미한 일소 : 1과
- 품종 고유의 모양이 아닌 것 : 1과

• 정답 •
- 1번 상자 : "특", 400g – 18과, 380g – 2과, 결점과 – 포함 없음
- 2번 상자 : "상", 280g – 1과, 330g – 19과, 결점과 – 경미한 일소 1과
- 3번 상자 : "상", 290g – 19과, 240g – 1과, 결점과 – 품종 고유의 모양이 아닌 것 1과
- 남은 과실 조건
  - 240g : 10과
  - 미숙과 5과, 과숙과 3과, 외관상 씨 쪼개짐이 두드러진 것 2과

• 풀이 • 복숭아의 등급 규격

등급 항목	특	상	보통
낱개의 고르기	별도로 정하는 크기 구분표에서 무게가 다른 것이 섞이지 않은 것	별도로 정하는 크기 구분표에서 무게가 다른 것이 5% 이하인 것. 단, 크기 구분표의 해당 크기에서 1단계를 초과할 수 없다.	특·상에 미달하는 것
색 택	품종 고유의 색택이 뛰어난 것	품종 고유의 색택이 양호한 것	특·상에 미달하는 것
중결점과	없는 것	없는 것	5% 이하인 것(부패·변질과는 포함할 수 없음)
경결점과	없는 것	5% 이하인 것	20% 이하인 것

복숭아의 크기 구분

품종	호칭	2L	L	M	S
1개의 무게(g)	유명, 장호원황도, 천중백도, 서미골드 및 이와 유사한 품종	375 이상	300 이상 ~375 미만	250 이상 ~300 미만	210 이상 ~250 미만
	백도, 천홍, 사자, 창방, 대구보, 진미, 미백 및 이와 유사한 품종	250 이상	215 이상 ~250 미만	188 이상 ~215 미만	150 이상 ~188 미만
	포목조생, 선광, 수봉 및 이와 유사한 품종	210 이상	180 이상 ~210 미만	150 이상 ~180 미만	120 이상 ~150 미만
	백미조생, 찌요마루, 선프레, 암킹 및 이와 유사한 품종	180 이상	150 이상 ~180 미만	125 이상 ~150 미만	100 이상 ~125 미만

• 복숭아의 중결점과
  - 이품종과 : 품종이 다른 것
  - 부패·변질과 : 과육이 부패 또는 변질된 것
  - 미숙과 : 당도, 경도 및 색택으로 보아 성숙이 현저하게 덜된 것
  - 과숙과 : 경도, 색택으로 보아 성숙이 지나치게 된 것
  - 병충해과 : 복숭아탄저병, 세균성구멍병(천공병), 검은점무늬병(흑점병), 복숭아명나방, 복숭아심식나방 등 병해충의 피해가 과육까지 미친 것
  - 상해과 : 열상, 자상 또는 압상이 있는 것. 다만 경미한 것은 제외한다.
  - 모양 : 모양이 심히 불량한 것, 외관상 씨 쪼개짐이 두드러진 것
  - 기타 : 경결점과에 속하는 사항으로 그 피해가 현저한 것
• 복숭아의 경결점과
  - 품종 고유의 모양이 아닌 것
  - 외관상 씨 쪼개짐이 경미한 것
  - 병해충의 피해가 과피에 그친 것
  - 경미한 일소, 약해, 찰상 등으로 외관이 떨어지는 것
  - 기타 결점의 정도가 경미한 것

19 **다음은 마늘 난지형(남도종) 1망(100개, 10kg)의 조건이다. 중결점과 경결점 비율을 쓰고 등급과 이유를 설명하시오(단, 나머지 조건은 특에 해당한다).**

• 열구가 18개	• 쪽마늘 800g
• 외피에 기계적 손상 입은 것 2구	• 마늘쪽이 줄기로부터 1/4 이상 떨어진 것 1구
• 뿌리턱 빠진 것 1구	• 벌마늘 2구
• 직경이 4.5~5.4cm인 것이 92구	• 직경이 5.5cm 이상인 것이 8구

• 정답 •
- 중결점 : 2%, 경결점 : 4%
- 등급 : "보통"
- 이유 : 낱개의 고르기, 열구, 경결점은 "특", 쪽마늘 "특"의 조건 4%를 초과하고 "상"의 조건 10% 이하인 8%에 해당하나, 중결점이 2%로 보통에 해당한다.
  - 낱개고르기 : 8%로 특
  - 열구 : 18% 특
  - 경결점 : 4% 특
  - 쪽마늘 : 8% 상
  - 중결점 : 2% 보통

• 풀이 • **마늘의 등급 규격**

항 목 \ 등 급	특	상	보 통
낱개의 고르기	별도로 정하는 크기 구분표에서 크기가 다른 것이 10% 이하인 것. 단, 크기 구분표의 해당 크기에서 1단계를 초과할 수 없다.	별도로 정하는 크기 구분표에서 크기가 다른 것이 20% 이하인 것. 단, 크기 구분표의 해당 크기에서 1단계를 초과할 수 없다.	특·상에 미달하는 것
모 양	품종 고유의 모양이 뛰어나며, 각 마늘쪽이 충실하고 고른 것	품종 고유의 모양을 갖추고 각 마늘쪽이 대체로 충실하고 고른 것	특·상에 미달하는 것
손 질	• 통마늘의 줄기는 마늘통으로부터 2.0cm 이내로 절단한 것 • 풋마늘의 줄기는 마늘통으로부터 5.0cm 이내로 절단한 것		
열구(난지형에 한한다)	20% 이하인 것	30% 이하인 것	특·상에 미달하는 것
쪽마늘	4% 이하인 것	10% 이하인 것	15% 이하인 것
중결점과	없는 것	없는 것	5% 이하인 것(부패·변질구는 포함할 수 없음)
경결점과	5% 이하인 것	10% 이하인 것	20% 이하인 것

마늘의 크기 구분

구 분 \ 호 칭			2L	L	M	S
1개의 지름(cm)	한지형		5.0 이상	4.0 이상~5.0 미만	3.0 이상~4.0 미만	2.0 이상~3.0 미만
	난지형	남도종	5.5 이상	4.5 이상~5.5 미만	4.0 이상~4.5 미만	3.5 이상~4.0 미만
		대서종	6.0 이상	5.0 이상~6.0 미만	4.0 이상~5.0 미만	3.5 이상~4.0 미만

마늘의 중결점구
- 병충해구 : 병충해의 증상이 뚜렷하거나 진행성인 것
- 부패·변질구 : 육질이 부패 또는 변질된 것
- 형상불량구 : 기형 및 벌마늘(완전한 줄기가 2개 이상 발생한 2차 생성구), 싹이 난 것, 뿌리가 난 것
- 상해구 : 기계적 손상이 마늘쪽의 육질에 미친 것

마늘의 경결점구
- 마늘쪽이 마늘통의 줄기로부터 1/4 이상 떨어져 나간 것
- 외피에 기계적 손상을 입은 것
- 뿌리 턱이 빠진 것
- 기타 중결점구에 속하지 않는 결점이 있는 것

20 **국화(스탠다드) 1상자(400본)에 대해 등급판정을 하고자 한다. 다음 조건에 해당하는 종합적인 판정 등급과 그 이유를 쓰시오(단, 주어진 항목 외에는 등급판정에 고려하지 않음).**

- 1묶음 평균의 꽃대길이 : 70cm 이상~80cm 미만
- 품종이 다른 것 : 없음
- 품종 고유의 모양이 아닌 것 : 5본
- 농약살포로 외관이 떨어지는 것 : 4본
- 기형화가 있는 것 : 2본
- 손질 정도가 미비한 것 : 2본

• 정답 •
- 등급 : 보통
- 이유 : 크기의 고르기에서 크기가 다른 것이 없으므로 "특", 품종 고유의 모양이 아닌 것과 농약살포로 외관이 떨어지는 것과 손질 정도가 미비한 것은 경결점으로 11본(2.75%)으로 "특"이지만, 기형화가 있는 것은 중결점으로 2본(0.5%)이므로 "보통" 등급에 해당한다.

• 풀이 • **국화의 등급 규격**

항목 \ 등급	특	상	보통
크기의 고르기	크기 구분표에서 크기가 다른 것이 없는 것	크기 구분표에서 크기가 다른 것이 5% 이하인 것	크기 구분표에서 크기가 다른 것이 10% 이하인 것
중결점	없는 것	없는 것	5% 이하인 것
경결점	3% 이하인 것	5% 이하인 것	10% 이하인 것

국화의 중결점
- 이품종화 : 품종이 다른 것
- 상처 : 자상, 압상, 동상, 열상 등이 있는 것
- 병충해 : 병해, 충해 등의 피해가 심한 것
- 생리장해 : 기형화, 노심현상, 버들눈, 관생화 등이 있는 것
- 형상불량, 파손, 굽힘, 개화 차이가 심히 불량한 것
- 기타 결점의 정도가 현저하게 품위에 영향을 미치는 것

국화의 경결점
- 품종 고유의 모양이 아닌 것
- 경미한 약해, 생리장해, 상처, 농약살포 등으로 외관이 떨어지는 것
- 손질 정도가 미비한 것
- 기타 결점의 정도가 경미한 것

제 2 회 최종모의고사

단답형

01 농산물 품질관리법령상 농산물이력추적관리의 등록신청서를 제출할 때 첨부하는 서류 2가지를 쓰시오.

• 정답 • 이력추적관리농산물의 관리계획서, 이상이 있는 농산물에 대한 회수조치 등 사후관리계획서

• 풀이 • **이력추적관리의 등록절차(농수산물 품질관리법 시행규칙 제47조 제1항)**

이력추적관리 등록을 하려는 자는 농산물이력추적관리 등록(신규 · 갱신)신청서에 다음의 서류를 첨부하여 국립농산물품질관리원장에게 제출하여야 한다.

1. 이력추적관리농산물의 관리계획서
2. 이상이 있는 농산물에 대한 회수 조치 등 사후관리계획서

02 농수산물 품질관리법상 지리적표시의 취소심판을 청구할 수 있는 사유 2가지를 쓰시오.

• 정답 • ① 지리적표시의 등록을 한 자가 단체의 가입을 실질적으로 허용하지 아니한 경우 또는 그 지리적표시를 사용할 수 없는 자에 대하여 등록 단체의 가입을 허용한 경우

② 지리적표시를 잘못 사용함으로써 수요자로 하여금 상품의 품질에 대하여 오인하게 하거나 지리적 출처에 대하여 혼동하게 한 경우

• 풀이 • **지리적표시의 취소심판 청구(농수산물 품질관리법 제44조 제1항)**

지리적표시가 다음의 어느 하나에 해당하면 그 지리적표시의 취소심판을 청구할 수 있다.

1. 지리적표시 등록을 한 후 지리적표시의 등록을 한 자가 그 지리적표시를 사용할 수 있는 농수산물 또는 농수산가공품을 생산 또는 제조 · 가공하는 것을 업으로 하는 자에 대하여 단체의 가입을 금지하거나 어려운 가입등급규격을 규정하는 등 단체의 가입을 실질적으로 허용하지 아니한 경우 또는 그 지리적표시를 사용할 수 없는 자에 대하여 등록 단체의 가입을 허용한 경우
2. 지리적표시 등록 단체 또는 그 소속 단체원이 지리적표시를 잘못 사용함으로써 수요자로 하여금 상품의 품질에 대하여 오인하게 하거나 지리적 출처에 대하여 혼동하게 한 경우

03 농수산물 품질관리법령상 검사를 받은 농산물이 '검사판정 실효'에 해당하는 사유를 다음에서 모두 찾아 번호를 쓰시오.

① 농림축산식품부령으로 정하는 검사 유효기간이 지난 경우
② 검사 결과의 표시 또는 검사증명서를 위조하거나 변조한 사실이 확인된 경우
③ 거짓이나 그 밖의 부정한 방법으로 검사를 받은 사실이 확인된 경우
④ 검사 결과의 표시가 없어지거나 명확하지 아니하게 된 경우
⑤ 검사를 받은 농산물의 포장이나 내용물을 바꾼 사실이 확인된 경우

• 정답 • ①, ④

• 풀이 • **검사판정의 실효(농수산물 품질관리법 제86조)**
제1항에 따라 검사를 받은 농산물이 다음 어느 하나에 해당하면 검사판정의 효력이 상실된다.
1. 농림축산식품부령으로 정하는 검사 유효기간이 지난 경우
2. 제84조에 따른 검사 결과의 표시가 없어지거나 명확하지 아니하게 된 경우

검사판정의 취소(농수산물 품질관리법 제87조)
농림축산식품부장관은 제79조에 따른 검사나 제85조에 따른 재검사를 받은 농산물이 다음 어느 하나에 해당하면 검사판정을 취소할 수 있다. 다만, 제1호에 해당하면 검사판정을 취소하여야 한다.
1. 거짓이나 그 밖의 부정한 방법으로 검사를 받은 사실이 확인된 경우
2. 검사 또는 재검사 결과의 표시 또는 검사증명서를 위조하거나 변조한 사실이 확인된 경우
3. 검사 또는 재검사를 받은 농산물의 포장이나 내용물을 바꾼 사실이 확인된 경우

04 농수산물의 원산지 표시에 관한 법령상 영업소 및 집단급식소의 원산지 표시방법에서 수입한 소 및 돼지의 원산지를 다음과 같이 표시할 수 있는 경우를 각각 쓰시오.

① 소갈비(쇠고기 : 국내산 육우(출생국 : 호주))
② 삼겹살(돼지고기 : 국내산(출생국 : 덴마크))

• 정답 • ① 호주에서 수입한 소를 국내에서 6개월 이상 사육한 후 국내산(국산)으로 유통하는 경우
② 덴마크에서 수입한 돼지를 국내에서 2개월 이상 사육한 후 국내산(국산)으로 유통하는 경우

• 풀이 • **영업소 및 집단급식소의 원산지 표시방법(농수산물의 원산지 표시 등에 관한 법률 시행규칙 제3조 제2호 관련 [별표4])**
축산물의 원산지 표시방법 : 축산물의 원산지는 국내산(국산)과 외국산으로 구분하고, 다음의 구분에 따라 표시한다.
- 쇠고기 : 국내산(국산)의 경우 "국산"이나 "국내산"으로 표시하고, 식육의 종류를 한우, 젖소, 육우로 구분하여 표시한다. 다만, 수입한 소를 국내에서 6개월 이상 사육한 후 국내산(국산)으로 유통하는 경우에는 "국산"이나 "국내산"으로 표시하되, 괄호 안에 식육의 종류 및 출생국가명을 함께 표시한다.
- 돼지고기, 닭고기, 오리고기 및 양고기(염소 등 산양 포함) : 국내산(국산)의 경우 "국산"이나 "국내산"으로 표시한다. 다만, 수입한 돼지 또는 양을 국내에서 2개월 이상 사육한 후 국내산(국산)으로 유통하거나, 수입한 닭 또는 오리를 국내에서 1개월 이상 사육한 후 국내산(국산)으로 유통하는 경우에는 "국산"이나 "국내산"으로 표시하되, 괄호 안에 출생국가명을 함께 표시한다.

05 저온저장고의 온・습도 관리에 관한 설명이다. 옳으면 ○, 틀리면 ×를 표시하시오.

① 저장고 내 증산작용은 온도가 높을수록 증가한다.	( )
② 저장고의 온도 편차는 결로를 일으키는 가장 큰 원인이 된다.	( )
③ 저장고 내 에틸렌 제거를 위해 환기주기는 짧을수록 좋다.	( )
④ 고온에서 수확하는 농산물을 예랭하지 않은 상태로 입고 시 포장열 제거에 필요한 냉장용량을 많이 차지하게 된다.	( )

• 정답 • ① ○, ② ○, ③ ×, ④ ○

• 풀이 • ① 증산작용은 온도가 높을수록, 상대습도가 낮을수록, 공기유동량이 많을수록 증가한다.
② 저장고 내의 온도 편차는 결로를 일으키는데, 냉각기에 결로가 많이 생겨 열교환이 일어나지 않으면 저장고의 온도유지가 어려워진다.
③ 에틸렌 축적이 예상될 경우에는 환기를 시켜 에틸렌 농도를 낮출 필요성이 있다. 저장고와 외부의 온도 차이에 따라 저장고 온도의 급격한 변화가 생기지 않는 범위 내에서 환기를 하는 것이 좋다.
④ 포장열은 수확한 작물이 지니고 있는 열을 말하는데, 고온에서 수확하는 농산물은 품온이 높아 예랭하지 않은 상태로 입고하는 경우 포장열 제거에 필요한 냉장용량을 많이 차지하게 된다.

06 다음 제시된 품목을 매장에 진열하고자 한다. 4℃를 기준으로 높은 온도와 낮은 온도에서 보관할 품목을 구분하시오.

사과, 포도, 단감, 미숙토마토, 멜론, 느타리버섯, 바나나, 고구마, 오이

• 정답 • • 높은 온도 : 미숙토마토, 멜론, 바나나, 오이, 고구마
• 낮은 온도 : 사과, 포도, 단감, 느타리버섯

• 풀이 • 작물의 종류에 따라 빙점 이상의 온도에서 저온에 의한 생리적 장해를 입는 경우가 있다. 한계온도 이하의 저온에 노출될 때 영구적인 생리장해가 나타나는데, 이를 저온장해라고 한다. 저온장해를 입는 한계온도는 작물에 따라 다르며, 저장기간과는 관계없이 장해가 나타나기 시작하는 온도가 한계온도이다. 온대 작물에 비해 열대・아열대 원산의 작물이 저온에 민감하다. 저온에 민감한 작물에는 고추, 오이, 호박, 토마토, 바나나, 멜론, 파인애플, 고구마, 가지 등이 있다.

07 일반적으로 단감은 APC에서 11월경에 필름에 5개씩 밀봉하여 저장 및 유통을 한다. 다음 물음에 답하시오(단, 단감의 수분함량은 90%, 저장온도는 0℃이며, PE필름을 이용하여 밀봉하였다).

① 밀봉 1개월이 지난 후에 필름 내 상대습도를 쓰시오.

② 저온저장 2~3개월 후 갈변현상이 발생하였다. 필름의 제조사를 교체한 것 외 다른 조건이 모두 바르게 처리되었다면 갈변의 원인과 처리상 문제점 설명하시오.

• 정답 • ① 단감의 수분함량과 비슷한 90% 정도가 된다.
② 이산화탄소 농도가 높아 갈변현상이 발생하였다. 이산화탄소의 투과가 충분하게 이루어져야 하기 때문에 일반적으로 0.06mm PE필름이 이용되는데, 이보다 두께가 두꺼우면 충분한 이산화탄소의 투과가 이루어지지 않는다.

• 풀이 • ① 단감에서 증산된 수분이 포장 외부로 빠져 나가지 못해 단감의 수분 함량과 비슷한 정도가 되어 수분평형이 일어나고 더 이상 증산이 증가하지 않는다.
② 단감을 저장할 때 산소 농도가 지나치게 낮아지거나 이산화탄소 농도가 급격히 증가하면 갈변현상이 나타나는데, 단감의 과피뿐만 아니라 과육까지 갈변하여 과실 전체에 피해를 준다.

08 포장재료 중 그물망과 플라스틱상자의 포장치수 허용범위를 쓰시오.

① 골판지상자 : ② 직물제 포대(PP대) : ③ 플라스틱상자 : ④ 발포폴리스티렌상자 :

• 정답 • ① 골판지상자 : 길이, 너비의 ±2.5%
② 직물제 포대(PP대) : 길이의 ±10%, 너비의 ±10mm
③ 플라스틱상자 : 길이, 너비, 높이의 ±3mm
④ 발포폴리스티렌상자 : 길이, 너비의 ±2mm

• 풀이 • **포장치수의 허용범위**
- 골판지상자의 포장치수 중 길이, 너비의 허용범위는 ±2.5%로 한다.
- 그물망, 직물제 포대(PP대), 폴리에틸렌대(PE대)의 포장치수의 허용범위는 길이의 ±10%, 너비의 ±10mm, 지대의 경우에는 각각 길이・너비의 ±5mm, 발포폴리스티렌상자의 경우는 길이・너비의 ±2mm로 한다.
- 플라스틱상자의 포장치수의 허용범위는 각각 길이・너비・높이의 ±3mm로 한다.
- 속포장의 규격은 사용자가 적정하게 정하여 사용할 수 있다.

09 신선편이 농산물을 개봉하였을 때 신선편이 농산물 고유의 냄새가 아닌 알콜취가 났다. 원인되는 물질은?

• 정답 • 아세트알데히드

• 풀이 • 포장된 농산물을 개봉하였을 때 신선편이 농산물 고유의 냄새가 아닌 알콜취 등의 다른 냄새가 나는 것을 이취라고 한다. 신선편이 농산물에서 발생하는 이취의 원인이 되는 물질은 아세트알데하이드이다.

10 다음 제시된 품목의 검사 내용과 관련된 검사 방법을 연결하시오.

품목의 검사 내용	비파괴검사 방법
• 수박 과육의 자동 선별 • 사과의 무게 • 복숭아의 당도 • 온주밀감의 크기	• 드럼식 형상 선별법 • 근적외선 분광분석법 • MRI 분석방법법 • 스프링식 중량선별법

• 정답 •
• 수박 과육의 자동 선별 : MRI 분석방법법
• 사과의 무게 : 스프링식 중량선별법
• 복숭아의 당도 : 근적외선 분광분석법
• 온주밀감의 크기 : 드럼식 형상 선별법

• 풀이 • **선별방법**
• 스프링식 중량선별법 : 배, 사과, 감, 복숭아 등에 적합, 크기가 작은 감귤, 키위 등은 적합하지 않음
• 전자식 중량선별법 : 전자저울, 전자식 콤퍼레이터 이용, 배, 사과, 감, 토마토 등에 이용
• 회전원통 드럼식 형상선별법 : 과종별 크기에 따라 드럼교환이 가능하며 토마토, 감귤, 감자, 양파, 방울토마토 등에 이용
• 핵자기공명법(MRI) : 청과물의 숙도 및 내부상태를 판정
• 근적외선 분광법 : 수분, 단백질, 지질, 당산도 등 성분의 정량분석
• 절화류 선별법 : CCD 카메라와 컴퓨터 영상처리를 이용하여 보다 정밀하게 선별
• 영상처리기법 : 각종 농산물의 크기, 형상, 색채, 외부결점 등 주로 외관 판정

서술형

11 **농산물품질관리사 A씨가 들깨(1kg)의 등급판정을 위하여 계측한 결과가 다음과 같았다. 농산물 표준규격에 따라 계측항목별 등급과 이유를 쓰고, 종합판정등급과 이유를 쓰시오(단, 주어진 항목 외에는 등급판정에 고려하지 않으며, 혼입비율은 소수점 둘째자리에서 반올림하여 첫째자리까지 구함).**

공시량	계측결과
300g	• 심하게 파쇄된 들깨의 무게 : 1.2g • 껍질의 색깔이 현저히 다른 들깨의 무게 : 7.5g • 흙과 먼지의 무게 : 0.9g

• 정답 •

항목	내용
피해립	① 등급 : "특"
	② 이유 : 피해립은 병해립, 충해립, 변질립, 변색립, 파쇄립 등을 말한다. 다만, 들깨 품위에 영향을 미치지 아니할 정도의 것은 제외한다. 피해립 "특"의 기준이 0.5% 이하인 것으로 파쇄립 1.2g은 0.4%에 해당하므로
이종피색립	③ 등급 : "상"
	④ 이유 : 이종피색립 껍질의 색깔이 현저하게 다른 들깨를 말한다. 이종피색립 "특"의 기준이 2.0% 이하이고 "상"의 기준은 5.0% 이하인 것으로 이에 해당하는 들깨의 무게 7.5g은 2.5%에 해당하므로
이 물	⑤ 등급 : "특"
	⑥ 이유 : 이물의 "특"의 조건이 0.5% 이하인 것인데, 이물의 무게가 0.9g으로 0.3%에 해당하므로

⑦ 종합 판정등급 : "상"

⑧ 종합 판정등급 이유 : 피해립, 이물의 조건은 "특"에 해당하나 이종피색립이 "상"이므로

• 풀이 •

• 들깨의 등급규격

항 목 \ 등 급	특	상	보 통
모 양	낟알의 모양과 크기가 균일하고 충실한 것		특·상에 미달하는 것
수 분	10.0% 이하인 것	10.0% 이하인 것	10.0% 이하인 것
용적중(g/L)	500 이상인 것	470 이상인 것	440 이상인 것
피해립	0.5% 이하인 것	1.0% 이하인 것	2.0% 이하인 것
이종곡립	0.0% 이하인 것	0.3% 이하인 것	0.5% 이하인 것
이종피색립	2.0% 이하인 것	5.0% 이하인 것	10.0% 이하인 것
이 물	0.5% 이하인 것	1.0% 이하인 것	2.0% 이하인 것
조 건	생산 연도가 다른 들깨가 혼입된 경우나, 수확 연도로부터 1년이 경과되면 "특"이 될 수 없음		

• 들깨의 용어 정의

- 백분율(%) : 전량에 대한 무게의 비율을 말한다.
- 용적중 : 농산물 표준규격 [별표6] 항목별 품위계측 및 감정방법에 따라 측정한 1ㄴ의 무게를 말한다.
- 피해립 : 병해립, 충해립, 변질립, 변색립, 파쇄립 등을 말한다. 다만, 들깨 품위에 영향을 미치지 아니할 정도의 것은 제외한다.
- 이종곡립 : 들깨 외의 다른 곡립을 말한다.
- 이종피색립 : 껍질의 색깔이 현저하게 다른 들깨를 말한다.
- 이물 : 들깨 외의 것을 말한다.

12 수확된 사과(품종 : 후지)를 선별기에서 선별해 보니 아래와 같았다.

선별기 라인	착색비율 및 개수
1번(개당 무게 350g)	70% : 12개, 60% : 2개, 30% : 6개
2번(개당 무게 300g)	70% : 11개, 50% : 15개, 40% : 10개, 30% : 3개
3번(개당 무게 250g)	60% : 9개, 50% : 2개, 40% : 5개, 30% : 1개

7.5kg들이 “특” 등급 1상자는 농산물 표준규격에 따라 다음과 같이 구성하였으며, 남은 사과로 “상” 등급 1상자(7.5 kg)를 만들고자 한다. 실중량은 7.5kg의 1.0%를 초과하지 않으면서 무거운 것을, 같은 무게에서는 착색비율이 높은 것을 우선으로 구성하여 무게별 개수 및 착색비율과 낱개의 고르기 비율을 쓰시오(단, 주어진 항목 외에는 등급판정에 고려하지 않음).

• 정답 •

구 분	무게별 개수(착색비율)
“특” 등급 1상자	350g(70%) 12개 + 300g(70%) 11개
“상” 등급 1상자	350g(60%) 2개 + (①)
“상” 등급(1상자)에 해당하는 ‘낱개의 고르기’ 비율	(②)

① 300g(50%) 15개 + 300g(40%) 7개 + 250g(60%) 1개

② 4%

• 풀이 • 사과의 등급 규격

항 목 \ 등 급	특	상	보 통
낱개의 고르기	별도로 정하는 크기 구분표에서 무게가 다른 것이 섞이지 않은 것	별도로 정하는 크기 구분표에서 무게가 다른 것이 5% 이하인 것. 단, 크기 구분표의 해당 무게에서 1단계를 초과할 수 없다.	특·상에 미달하는 것
색 택	별도로 정하는 품종별·등급별 착색비율표에서 정하는 “특” 이외의 것이 섞이지 않은 것. 단, 쓰가루(비착색계)는 적용하지 않음	별도로 정하는 품종별·등급별 착색비율표에서 정하는 “상”에 미달하는 것이 없는 것. 단, 쓰가루(비착색계)는 적용하지 않음	별도로 정하는 품종별·등급별 착색비율표에서 정하는 “보통”에 미달하는 것이 없는 것

사과의 크기 구분

구 분 \ 호 칭	3L	2L	L	M	S	2S
g/개	375 이상	300 이상 ~375 미만	250 이상 ~300 미만	214 이상 ~250 미만	188 이상 ~214 미만	167 이상 ~188 미만

사과의 품종별·등급별 착색비율

품 종 \ 등 급	특	상	보통
홍옥, 홍로, 화홍, 양광 및 이와 유사한 품종	70% 이상	50% 이상	30% 이상
후지, 조나골드, 세계일, 추광, 서광, 선홍, 새나라 및 이와 유사한 품종	60% 이상	40% 이상	20% 이상
쓰가루(착색계) 및 이와 유사한 품종	20% 이상	10% 이상	–

13 품온 34℃ 복숭아를 수확하여 2℃ 차압통풍식 예랭고에 입고하여 예랭을 실시할 때 반감기가 90분이라면 7/8 지점에 도달하는 시간과 온도를 쓰시오.

• 정답 • 270분, 6℃

• 풀이 • 반감기란 원예산물의 온도가 목표온도의 절반까지 줄어드는 데 소요되는 시간을 말한다.

$$34℃ \underset{90분}{\rightarrow} 18℃ \underset{90분}{\rightarrow} 10℃ \underset{90분}{\rightarrow} 6℃$$

34℃를 2℃로 만들 경우 7/8에 해당하는 온도는 6℃이다.

14 호흡속도가 빨라졌을 때 저장에 미치는 영향과 결과에 대하여 쓰시오.

• 정답 • ① 영향 : 호흡속도가 빨라지면
- 숙성, 노화 촉진
- 연화 촉진
- 에틸렌 발생량 증가
- 호흡기질로 양분의 소모 및 노화에 따른 내부성분 변화
- 호흡열에 의한 증산량 증가

② 결과 : 호흡속도가 빨라질수록 저장가능기간은 짧아진다.

• 풀이 • 호흡은 살아 있는 식물체에서 발생하는 주된 물질대사 과정으로서 전분, 당, 탄수화물 및 유기산 등의 저장양분(기질)이 산화(분해)되는 과정이다. 호흡속도가 빨라지면 노화의 촉진, 연화의 촉진, 에틸렌 발생량 증가, 내부성분의 변화, 증산량 증가 등의 현상이 나타나고, 저장가능기간이 짧아진다.

15 신선편이 농산물의 상품화 공정 중 박피, 절단 공정이 상품에 미치는 영향과 유통기간과의 관계를 설명하시오.

• 정답 • ① 박피, 절단 공정이 상품에 미치는 영향 : 호흡 증가, 숙성 • 노화 촉진, 에틸렌 발생량 증가, 연화 촉진, 증산량 증가, 미생물의 침입 용이 등의 현상이 나타난다.
② 유통기간과의 관계 : 유통가능기간이 짧아진다.

• 풀이 • 신선편이 농산물은 농산물을 편리하게 조리할 수 있도록 세척, 박피, 다듬기 또는 절단과정을 거쳐 포장되어 유통되는 채소류, 서류, 버섯류 등의 농산물을 대상으로 한다. 신선편이 농산물은 호흡열이 높고, 에틸렌 발생이 높으며, 미생물 침입에 취약하고, 노출된 표면적이 크며, 취급단계가 복잡하여 스트레스가 심하고, 가공작업이 물리적이므로 상처로 작용하는 등의 특징이 있어 신선도 유지 및 안전성 향상을 위한 각별한 노력이 요구된다. MAP 포장 시 이산화탄소를 충전하고 반드시 저온유통을 시켜야 한다.

16 원예작물의 호흡에 관한 설명이다. 괄호 안에 맞는 용어를 쓰시오.

- 호흡식 : (①) + $6O_2$ → 6(②) + $6H_2O$ + Energy
- 호흡속도는 온도 10℃ 증가에 따라 약 2~3배 증가하며 이러한 10℃ 차이에 대한 온도 계수를 (③)(이)라고 한다.

• 정답 • ① $C_6H_{12}O_6$, ② CO_2, ③ Q_{10}

• 풀이 • • 호흡과정

포도당	+	산 소	→	이산화탄소	+	수 분	+	에너지(대사에너지 + 열)
$C_6H_{12}O_6$	+	$6O_2$	→	$6CO_2$	+	$6H_2O$	+	에너지

• 호흡에 영향을 미치는 환경요인 – 온도
– 온도는 대사과정에서 호흡 등의 생물학적 반응에 크게 영향을 주기 때문에 수확 후 저장수명에 가장 큰 영향을 주는 요인으로, 온도 상승은 호흡반응의 기하급수적인 상승을 유도한다.
– 생물학적 반응속도는 온도 10℃ 상승 시 2~3배 정도 상승하고, 온도 10℃ 간격에 대한 온도상수를 Q_{10}이라 부르고, Q_{10}은 높은 온도에서의 호흡률(R_2)을 10℃ 낮은 온도에서의 호흡률(R_1)로 나눈 값이다($Q_{10} = R_2/R_1$).

17 A농가에서 단감 1상자(10kg)를 "특" 등급으로 표시한 후 도매시장에 출하하였다. 농산물 표준규격에 따른 등급 표시가 적합한지 여부를 판단하고, 그 이유를 쓰시오(단, 주어진 항목 외에는 등급판정에 고려하지 않으며, 적합여부는 '적합' 또는 '부적합'으로 작성).

- 낱개의 고르기 : 크기 구분표에서 무게가 '235g'인 것이 40개, '270g'인 것이 2개
- 꼭지와 과육에 틈이 있는 것 : 1개
- 꼭지가 빠진 것 : 1개
- 착색비율 : 83%

• 정답 •
- 적합여부 : 부적합
- 이유 : 낱개의 고르기는 무게가 다른 것이 4.8%로 "특", 착색비율은 83%로 "특", 꼭지와 과육에 틈이 있는 것 1개는 경결점으로 42개 중 1개 2.4%로 "특"에 해당하나, 꼭지가 빠진 것 1개는 중결점으로 2.4%에 해당하므로 "보통"에 해당한다.

• 풀이 • 단감의 등급 규격

등급 / 항목	특	상	보통
낱개의 고르기	별도로 정하는 크기 구분표에서 무게가 다른 것이 5% 이하인 것. 단, 크기 구분표의 해당 무게에서 1단계를 초과할 수 없다.	별도로 정하는 크기 구분표에서 무게가 다른 것이 10% 이하인 것. 단, 크기 구분표의 해당 무게에서 1단계를 초과할 수 없다.	특·상에 미달하는 것
색택	착색비율이 80% 이상인 것	착색비율이 60% 이상인 것	특·상에 미달하는 것
숙도	숙도가 양호하고 균일한 것	숙도가 양호하고 균일한 것	특·상에 미달하는 것
중결점과	없는 것	없는 것	5% 이하인 것(부패·변질과는 포함할 수 없음)
경결점과	3% 이하인 것	5% 이하인 것	20% 이하인 것

단감의 크기 구분

호칭 / 구분	2L	L	M	S	2S
1개의 무게(g)	250 이상	200 이상~250 미만	165 이상~200 미만	142 이상~165 미만	142 미만

18 농산물 표준규격품으로 공영도매시장에 출하할 새송이버섯 1상자(무게 6kg, 84개)를 계측한 결과 다음과 같다. 종합적인 판정등급과 각각의 계측 결과를 답란에 쓰시오(단, 주어진 항목 외에는 등급판정에 고려하지 않으며, 낱개의 고르기는 사사오입하여 소수점 첫째자리까지 구함).

버섯의 무게(g)	버섯의 상태
• 51~59(평균 55) : 21개(1,155) • 61~69(평균 65) : 20개(1,300) • 71~79(평균 75) : 19개(1,425) • 81~89(평균 85) : 18개(1,530) • 91~99 (평균 95) : 4개(380) • 101~109(평균 105) : 2개(210)	• 버섯파리에 의한 피해가 있는 것 : 2개(110g) • 갓이 심하게 손상된 것 : 1개(65g) • 자루가 심하게 변형된 것 : 1개(85g)

• 정답 • • 종합 판정등급 : "특"
• 호칭이 "M"인 것의 개수 : 78개
• 호칭이 "L"인 것의 개수 : 6개
• 낱개의 고르기(크기 구분표에서 무게가 다른 것의 무게 비율) : 9.8%

• 풀이 • 낱개의 고르기에서 무게가 다른 것의 혼입이 9.8%(6kg 중 590g)이므로 "특", 버섯파리에 의한 피해가 있는 것과 갓이 심하게 손상된 것과 자루가 심하게 변형된 것은 피해품으로 4.3%(6kg 중 260g)이므로 "특" 등급에 해당한다.

큰느타리버섯(새송이버섯) 등급 규격

항 목 \ 등 급	특	상	보 통
낱개의 고르기	별도로 정하는 크기 구분표에서 무게가 다른 것의 혼입이 10% 이하인 것. 단, 크기 구분표의 해당 무게에서 1단계를 초과할 수 없다.	별도로 정하는 크기 구분표에서 무게가 다른 것의 혼입이 20% 이하인 것. 단, 크기 구분표의 해당 무게에서 1단계를 초과할 수 없다.	특・상에 미달하는 것
피해품	5% 이하인 것	10% 이하인 것	20% 이하인 것

큰느타리버섯(새송이버섯) 용어의 정의

• 낱개의 고르기 : 포장단위별로 전체 버섯 중 크기 구분표에서 무게가 다른 것의 무게비율을 말한다.
• 피해품 : 포장단위별로 전체 버섯에 대한 무게비율을 말한다.
  - 병충해품 : 곰팡이, 달팽이, 버섯파리 등 병해충의 피해가 있는 것. 다만 경미한 것은 제외한다.
  - 상해품 : 갓 또는 자루가 손상된 것. 다만 경미한 것은 제외한다.
  - 기형품 : 갓 또는 자루가 심하게 변형된 것
  - 오염된 것 등 기타 피해의 정도가 현저한 것

19 다음은 꽈리고추 5kg의 조건이다. 등급을 쓰고 이유를 쓰시오(단, 주어진 조건 외의 조건은 모두 특에 해당한다).

• 평균길이 5.5cm	• 7.5cm 초과 700g
• 3.5cm 미만 400g	• 붉은색 고추 40g
• 잘라진 것 25g	• 갈라진 것 10g
• 발육이 덜된 것 10g	• 오염된 것은 없음
• 기형과 5g	

•정답• • 등급 : "상"

• 이유 : 경결점 90g(1.8%)으로 "특"의 조건이나, 낱개의 고르기 ±2.0cm을 초과하는 것이 1,100g으로 22%이며, 길이 4.0~7.0cm에 해당하는 것이 80%가 되지 못하므로 "상" 등급이다.

•풀이• 고추의 등급 규격

항 목 \ 등 급	특	상	보 통
낱개의 고르기	평균 길이에서 ±2.0cm를 초과하는 것이 10% 이하인 것(꽈리고추는 20% 이하)	평균 길이에서 ±2.0cm를 초과하는 것이 20% 이하(꽈리고추는 50% 이하)로 혼입된 것	특·상에 미달하는 것
길이 (꽈리고추에 적용)	4.0~7.0cm인 것이 80% 이상		
중결점과	없는 것	없는 것	5% 이하인 것(부패·변질과는 포함할 수 없음)
경결점과	3% 이하인 것	5% 이하인 것	20% 이하인 것

고추의 경결점과

• 과숙과 : 붉은색인 것(풋고추, 꽈리고추에 적용)
• 미숙과 : 색택으로 보아 성숙이 덜된 녹색과(홍고추에 적용)
• 상해과 : 꼭지 빠진 것, 잘라진 것, 갈라진 것
• 발육이 덜 된 것
• 기형과 등 기타 결점의 정도가 경미한 것

20 생산자 A씨는 카네이션(스프레이) 100본을 수확하였다. 1상자당 50본씩 2개 상자를 등급 "특"으로 표시하여 도매시장에 출하하고자 농산물품질관리사 K씨에게 등급 판정의 적정 여부를 의뢰하였다. K씨는 "특" 2개 상자를 점검하여 농산물 표준규격에 따라 등급 판정을 하여 출하자가 표시한 등급을 수정하였다. 농산물품질관리사가 판정한 등급과 그 이유를 쓰시오(단, 주어진 항목 외에는 등급판정에 고려하지 않음).

구 분	A 상자	B 상자
점검 결과	• 꽃봉오리가 3~4개 정도 개화된 것 50본 • 마른 잎이나 이물질이 깨끗이 제거된 것 50본 • 압상이 있는 것 2본	• 꽃봉오리가 1~2개 정도 개화된 것 50본 • 마른 잎이나 이물질이 깨끗이 제거된 것 50본 • 품종 고유의 모양이 아닌 것 1본
등 급	①	③
이 유	②	④

• 정답 • ① "보통"
② 손질은 "특"에 해당하지만 개화정도는 "상", 압상이 있는 것은 중결점으로 4%에 해당하므로 "보통"에 해당한다.
③ "특"
④ 개화정도는 "특", 손질도 "특", 품종 고유의 모양이 아닌 것은 경결점으로 2%이므로 "특"에 해당한다.

• 풀이 • **카네이션의 등급 규격**

항 목 \ 등 급	특	상	보 통
크기의 고르기	크기 구분표에서 크기가 다른 것이 없는 것	크기 구분표에서 크기가 다른 것이 5% 이하인 것	크기 구분표에서 크기가 다른 것이 10% 이하인 것
꽃	품종 고유의 모양으로 색택이 선명하고 뛰어난 것	품종 고유의 모양으로 색택이 선명하고 양호한 것	특·상에 미달하는 것
줄 기	세력이 강하고, 휘지 않으며 굵기가 일정한 것	세력이 강하고, 휘어진 정도가 약하며 굵기가 비교적 일정한 것	특·상에 미달하는 것
개화정도	• 스탠다드 : 꽃봉오리가 1/4 정도 개화된 것 • 스프레이 : 꽃봉오리가 1~2개 정도 개화되고 전체적인 조화를 이룬 것	• 스탠다드 : 꽃봉오리가 1/2 정도 개화된 것 • 스프레이 : 꽃봉오리가 3~4개 정도 개화되고 전체적인 조화를 이룬 것	특·상에 미달하는 것
손 질	마른 잎이나 이물질이 깨끗이 제거된 것	마른 잎이나 이물질 제거가 비교적 양호한 것	특·상에 미달하는 것
중결점	없는 것	없는 것	5% 이하인 것
경결점	3% 이하인 것	5% 이하인 것	10% 이하인 것

카네이션의 중결점
• 이품종화 : 품종이 다른 것
• 상처 : 자상, 압상, 동상, 열상 등이 있는 것
• 병충해 : 병해, 충해 등의 피해가 심한 것
• 생리장해 : 악할, 관생화, 수곡, 변색 등의 피해가 심한 것
• 형상불량, 파손, 굽힘, 개화 차이가 심히 불량한 것
• 기타 결점의 정도가 현저하게 품위에 영향을 미치는 것

카네이션의 경결점
• 품종 고유의 모양이 아닌 것
• 경미한 약해, 생리장해, 상처, 농약살포 등으로 외관이 떨어지는 것
• 손질 정도가 미비한 것
• 기타 결점의 정도가 경미한 것

참 / 고 / 문 / 헌

- 국가전문행정연수원. 농업연수부, 「과수반 교재」, 1999
- 권원달, 「농산물유통론」, 선진문화사, 2009
- 김동환・김재식・김병률 「농산물유통론」, 농민신문사, 2003
- 김병삼, 「신선 청과물의 선도제고와 콜드체인시스템의 보급을 위한 산지예랭기술의 도입」, 한국식품개발연구원, 1997
- 김상범, 「농산물 물류표준화 및 품질관리」, 농수산물유통공사 유통교육원, 2009
- 김재식 외, 「유통관리」, 교육인적자원부, 2009
- 김종기, 「수출원예작물의 품질보전」, 농산물무역정보, 1994
- 노화준, 「정책평가론」, 법문사, 1995
- 농산물 유통 공사, 「과실 채소 유통 교육 교재」, 1985
- 농약공업협회, 「농약사용지침서」, 2002
- 농촌진흥청 농업과학기술원, 「채소 병해충 진단과 방제」, 아카데미서적, 2000
- 농촌진흥청, 「과수(배, 사과, 포도, 복숭아, 과수 전지 전정)」, 2000
- 농촌진흥청, 「사과, 배, 포도, 복숭아, 농기계, 영농 설계 교육 교재」, 1998
- 농촌진흥청, 「원예산물 수확 후 관리. 표준 영농 교본-112」, 2001
- 박우동, 「품질경영」, 법문사, 2009
- 박윤문, 「알기 쉬운 농산물 수확 후 관리」(저장기술 및 저장고 환경관리), 농수산물유통공사 유통교육원, 2007
- 박찬수, 「마케팅 원리」, 법문사, 2000
- 성기혜 외, 「콜드체인시스템 구축을 통한 식품유통구조의 개선」, 한국보건사회연구원, 1996
- 안태호, 「현대물류론」, 범한, 2008
- 양용준・서정남, 「농산물품질관리사」, 부민문화사, 2008
- 오세조, 「시장지향적 유통관리」, 박영사, 1996
- 유동근, 「인적판매의 원리와 실제」, 선학사, 1996
- 전태갑, 「최신농업경제학」, 유풍출판사, 2000
- 최양부・김종기・김동환, 「산지유통센터 활성화 방안」, 농협중앙회, 2000
- 한국직업능력개발원, 「농산물유통」, 교육인적자원부, 교학사, 2007
- 한희영, 「상품학 총론」, 삼영사, 1984
- 허신행 외, 「농축산물 콜드체인시스템 구축방안」, 한국농촌경제연구원, 1997
- 황용수, 「알기 쉬운 농산물 수확 후 관리」(에틸렌의 역할과 이용), 농수산물유통공사 유통교육원, 2007
- Dioxin : summary of the dioxin reassessment science. 2000. US Environmental Protection Agency
- Hardenburg, R.E., A.E. Watada. 1986. The commercial storage of fruits, vegetables, and nursery stocks.
- Kays. S,J. 1991. Postharvest physiology of perishable plant products. AVI
- MaGregor. B.M. 1987. Tropical products handbook. USDA. AMS.
- Postharvest IPM(Integrated Pest Management). University of California. 1995
- Snowdon, A.L. 1991. A colour atlas of post-harvest disease and disorder of fruit and vegetables. Wolfe
- Thompson, J.F., F.G., Mitchell, T.R., Rumsey, R.F., Kasmire, and C.H. Cristo. 1998. Commercial cooling of fruits, vegetables, and flowers. UC-Davis.
- USDA AH 66
- Welby, E.M. 1987. Agricultural export handbook. USDA. AMS.

참 / 고 / 사 / 이 / 트

- www.at.or.kr 한국농수산식품유통공사
- www.naqs.go.kr 국립농산물품질관리원

농산물품질관리사 2차 필답형 실기

개정13판1쇄 발행	2024년 05월 10일 (인쇄 2024년 03월 14일)
초 판 발 행	2011년 07월 15일 (인쇄 2011년 05월 23일)
발 행 인	박영일
책 임 편 집	이해욱
편 저	정현철
편 집 진 행	윤진영 · 장윤경
표지디자인	권은경 · 길전홍선
편집디자인	정경일
발 행 처	(주)시대고시기획
출 판 등 록	제10-1521호
주 소	서울시 마포구 큰우물로 75 [도화동 538 성지 B/D] 9F
전 화	1600-3600
팩 스	02-701-8823
홈 페 이 지	www.sdedu.co.kr
I S B N	979-11-383-6887-2(13520)
정 가	31,000원